河南出版基金
HENAN PUBLICATION FOUNDATION

黄河流域生态保护和高质量发展重大国家战略丛书

黄河来水对黄河三角洲湿地生态的影响研究

宫晓东 周 振 邢 华 陈 萍 陈怡宁 著

黄河水利出版社
·郑州·

图书在版编目(CIP)数据

黄河来水对黄河三角洲湿地生态的影响研究/宫晓东等著. -- 郑州:黄河水利出版社,2024. 12.

ISBN 978-7-5509-3945-5

Ⅰ. P942. 520. 78

中国国家版本馆 CIP 数据核字第 2024070FL8 号

策划编辑 岳晓娟 电话:0371-66020903 E-mail:2250150882@ qq. com

责任编辑	王燕燕 岳晓娟	责任校对	陈彦霞
封面设计	张心怡	责任监制	常红昕
出版发行	黄河水利出版社		
	地址:河南省郑州市顺河路 49 号 邮政编码:450003		
	网址:www. yrcp. com E-mail:hhslcbs@ 126. com		
	发行部电话:0371-66020550		
承印单位	河南匠心印刷有限公司		
开 本	787 mm×1 092 mm 1/16		
印 张	24		
字 数	570 千字		
版次印次	2024 年 12 月第 1 版	2024 年 12 月第 1 次印刷	
定 价	128. 00 元		

前　言

为研究和评价黄河来水对黄河三角洲国家级自然保护区湿地生态环境的影响，利用清水沟及刁口河流路湿地监测井，在2011～2017年、2023～2024年相继开展地下水位和水质的连续观测，积累相应的长系列野外观测数据资料，并对观测数据进行资料整编和分析，为今后研究黄河河口地区生态环境提供必要的资料储备和技术支撑。

2022年7月，宫晓东被水利部黄河水利委员会授予黄河水利委员会优秀青年人才荣誉称号。为进一步探究黄河来水对河口湿地地下水环境的作用机制，宫晓东组建了年龄结构合理、专业搭配科学的课题组，凭借丰富的研究经验和原型数据，成功申报并承担黄委优秀青年人才科技项目“生态补水对刁口河流路湿地生态的影响研究”（HQK-202301）。

本书对2011～2017年的研究成果进行了总结。严格按照黄委优秀青年人才科技项目要求开展完成了以下内容的研究：2023～2024年根据黄河来水水位与地下水位的监测结果对比，分析了黄河来水与地下水位之间的相关程度，确定了生态调水对湿地地下水位的影响范围、响应时间及水位动态成因类型；根据黄河来水与地下水水质各指标的对比，结合水文地质条件，分析了生态调水与地下水水质各指标的相关程度，生态调水对湿地地下水水质的影响范围、响应时间，揭示了该地区浅层地下水化学特征及其空间分布规律，确定了海水-混合区、蒸发-盐水区及风化-淡水区三种水文地质化学区。深入分析该地区土壤理化性质和植被群落分布的时空变化规律，分析黄河过水、降水、蒸发、海水入侵等情况对河口湿地地下水生态环境的影响，为进一步输水和湿地生态恢复提供科学参考。

研究结果表明：

（1）地下水位和矿化度的影响因素复杂，黄河来水、降水、蒸发、人类活动是黄河三角洲湿地地下水位和矿化度变化的主要影响因素。

（2）生态调水对刁口河流路湿地地下水位和矿化度影响显著，影响程度随着距河距离的增大而减小，水位的影响距离为1 000～2 000 m，矿化度的影响距离为800～1 400 m。

（3）刁口河故道湿地浅层地下水中溶解性总固体（TDS）浓度较高，其中Na^+和Cl^-占绝对优势，K^+、CO_3^{2-}及HCO_3^-浓度较低，整体呈现$Na^+>Mg^{2+}>Ca^{2+}>K^+$、$Cl^->SO_4^{2-}>HCO_3^->CO_3^{2-}$的趋势。TDS与$Na^+$、$Mg^{2+}$、$Cl^-$及$SO_4^{2-}$四种离子浓度呈现显著正相关性，表明四种离子是影响TDS浓度的主要离子，其中Na^+与Cl^-对TDS浓度起决定作用。

（4）刁口河湿地浅层地下水化学特征在不同区域存在显著差异，水文地质化学过程明显不同。通过Ca^{2+}/Cl^-、Mg^{2+}/Ca^{2+}和Na^+/HCO_3^-离子比率、Piper三线图及水文地质条件确定了三个不同的水文地质化学区，分别为海水-混合区（Ⅰ区）、蒸发-盐水区（Ⅱ区）及风化-淡水区（Ⅲ区）。

（5）氯离子（Cl^-）是植物群落土壤中的主要盐分离子，且对研究区内植物群落的生长发育与变化演替具有主要效用。全盐(TS)、土壤水分含量(WC)、速效氮(AN)是影响黄河三角洲滨海湿地植物群落变化与演替的主要因子。

(6)黄河来水是驱动现行河口湿地植被景观演变的关键因素,湿地面积及植被面积均与黄河来水呈明显的正相关。生态补水为区域湿地恢复和植被发育提供了驱动力,为植被正序演替创造了条件。

(7)黄河调水调沙、刁口河流路恢复过水试验、现行流路保护区和刁口河尾闾湿地修复等工程,在对黄河三角洲区域退化湿地的修复与湿地管理方面取得了一定成效,黄河三角洲刁口河尾闾湿地生态系统退化趋势得到有效控制,且良性发展趋势日益明显。

本书共分11章,撰写分工如下:宫晓东撰写第1章、第2章、第3章3.1~3.3,约计13万字;周振撰写第3章3.4至第4章4.3、第11章,约计13万字;邢华撰写第4章4.4至第5章5.2,约计10万字;陈萍撰写第5章5.3至第6章,约计11万字;陈怡宁撰写第7章至第10章,约计10万字。

本书入选了2024年河南出版基金资助项目,是课题组成员共同努力的结晶。感谢水利部黄河水利委员会给予的研究经费支持!感谢黄河水利委员会山东黄河河务局在项目攻关过程中给予的科学指导!感谢山东黄河河务局黄河河口管理局在黄河三角洲湿地生态研究工作上给予的大力支持!感谢黄河水利出版社提供的专业出版服务!

作者对黄河来水对黄河三角洲湿地生态的影响研究水平和能力仍需丰富、完善、提高,加上相关研究十分复杂,本书错误之处在所难免,热忱欢迎读者提出宝贵意见。

作　者

2024年5月

目　录

第1章　概　述

1.1　项目研究背景

黄河三角洲地区新生土地成土年幼,熟化程度低,土壤养分少,土壤含盐量高,地表蒸发快,极易盐渍化,从而导致了黄河三角洲地区生态系统具有明显的脆弱性。黄河是黄河三角洲地区的主要淡水来源,黄河来水除使河道、滩地的地表径流发生变化外,还使地下水发生了变化。因此,黄河来水过程对黄河三角洲地区生态系统的影响较大。刁口河流路作为黄河首选的备用流路具有重要的战略意义。1992年,国家计划委员会批复的《黄河入海流路规划》中明确刁口河故道作为黄河入海首选备用流路,需加强保护和管理。2009年7月,黄河水利委员会(简称黄委)提出了“启用刁口河流路,实施生态调水”的战略,于2010年黄河调水调沙时期,对刁口河进行了生态调水。

为进一步研究和评价黄河来水来沙对黄河三角洲自然保护区湿地生态系统地下水位及水质的影响,利用原型监测手段,2011年、2012~2013年、2014~2015年、2016~2017年、2023~2024年在研究区布设相应的观测站点,进行实地观测及取样化验,分析地下水位及水质的时空变化规律,并通过对观测数据的归纳、计算及偏相关分析验证,研究刁口河生态调水、黄河调水调沙对湿地地下水位及水质的影响,进而科学地评价生态调水对刁口河湿地、调水调沙对清水沟流路湿地的影响。

1.2　研究范围和研究内容

1.2.1　研究范围

研究范围本着具有实际代表性、易于观测判断、易于排除干扰因素等原则进行选取。2011年,选择黄河三角洲国家级自然保护区内清7断面右岸为研究区(见图1-1),布设监测断面1个,垂直于河道,监测断面上共布设监测井10个,地下水监测井布设位置见表1-1,其中最近的1号井距主河槽50 m,最远的10号井距主河槽950 m。

2012~2013年选择刁口河流路一千二管理站附近为研究区(见图1-2)。在刁口河流路湿地范围附近设置两条垂直于刁口河河道的监测断面,两条断面间距1.5 km,上游监测断面取名桩埕路监测断面,下游监测断面取名一千二管理站监测断面。每个监测断面布设10个监测井,共布设20个,其中最近的1号井距离主河槽100 m,最远的10号井距离主河槽3 000 m。地下水监测井距主河槽距离及位置坐标见表1-2、表1-3。

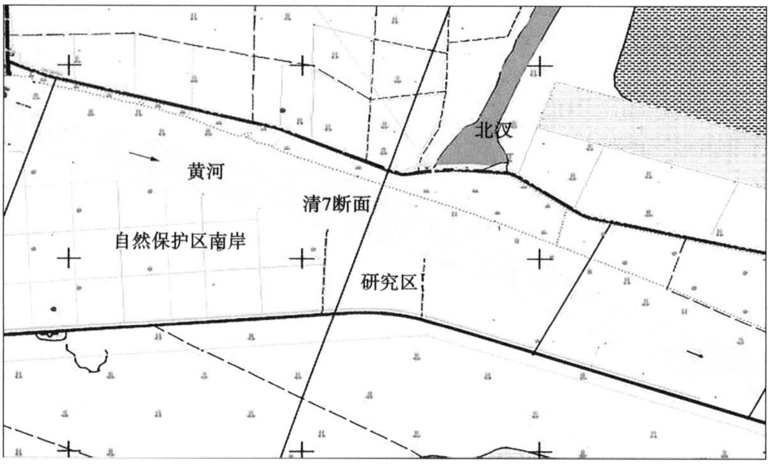

图 1-1　2011 年研究区地理位置示意图

表 1-1　地下水监测井布设位置

井号	1	2	3	4	5	6	7	8	9	10
距主河槽距离/m	50	100	150	200	250	350	450	550	750	950

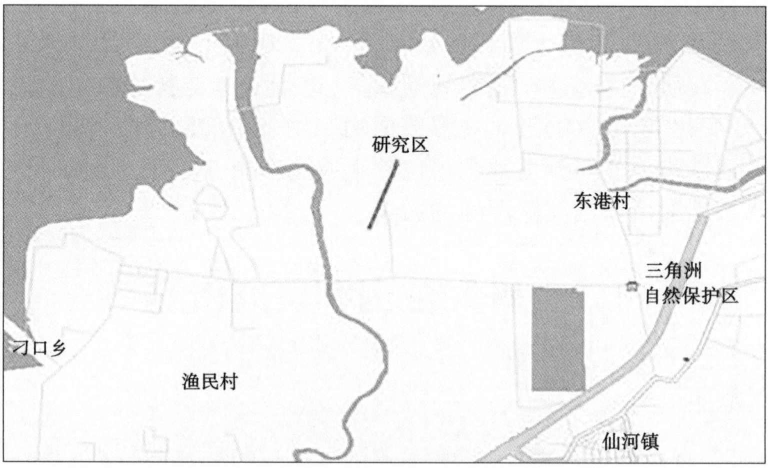

图 1-2　2012~2013 年研究区地理位置示意图

表 1-2　桩埕路监测断面地下水监测井距主河槽距离及位置坐标

井号	桩 1 井	桩 2 井	桩 3 井	桩 4 井	桩 5 井	桩 6 井	桩 7 井	桩 8 井	桩 9 井	桩 10 井
L/m	100	200	300	400	500	600	1 000	1 400	2 200	3 000
东经	118°43′ 09.66″	118°43′ 19.63″	118°43′ 30.14″	118°43′ 43.06″	118°43′ 54.80″	118°44′ 11.06″	118°44′ 30.51″	118°44′ 55.11″	118°45′ 18.55″	118°45′ 35.85″
北纬	38° 02′ 59.70″	38° 03′ 2.19″	38° 03′ 1.73″	38° 02′ 58.73″	38° 02′ 58.39″	38° 02′ 57.93″	38° 02′ 58.46″	38° 02′ 59.51″	38° 02′ 58.83″	38° 02′ 58.98″

注：*L* 为监测井距主河槽距离；坐标系采用 1980 西安坐标系。

表 1-3 一千二管理站监测断面地下水监测井距主河槽距离及位置坐标

井号	站 1 井	站 2 井	站 3 井	站 4 井	站 5 井	站 6 井	站 7 井	站 8 井	站 9 井	站 10 井
L/m	100	200	300	400	500	600	1 000	1 400	2 200	3 000
东经	118°43′08.28″	118°43′17.26″	118°43′27.51″	118°43′39.82″	118°43′52.19″	118°44′09.96″	118°44′28.50″	118°44′54.62″	118°45′19.14″	118°45′40.26″
北纬	38° 03′20.13″	38° 03′21.46″	38° 03′22.48″	38° 03′23.88″	38° 03′24.89″	38° 03′26.51″	38° 03′26.86″	38° 03′29.88″	38° 03′29.07″	38° 03′29.26″

注:L 为监测井距主河槽距离;坐标系采用 1980 西安坐标系。

需要说明的是,两个监测断面布设的目的是不同的。上游桩埕路监测断面几乎不受人类活动的影响,观测数据可直接反映刁口河生态调水对地下水位的影响;而下游一千二管理站监测断面,保护区湿地有人工引水渠系从刁口河引水,补给距刁口河较远的湿地,观测数据可综合反映刁口河生态调水和人工引水渠系引水补给湿地两种因素对地下水位的影响。

为同时研究清水沟流路的地下水位变化,2014~2015 年研究区比 2012~2013 年增加清水沟流路清 8 断面附近区域,地理位置示意图见图 1-3。除在刁口河流路湿地附近设置两条垂直于刁口河河道的监测断面——桩埕路监测断面和一千二管理站监测断面外,在清水沟流路清 8 断面附近布设一条监测断面,取名大汶流监测断面,该断面共布设 5 个井,其中最近的大汶流 1 井距主河槽 100 m,最远的大汶流 5 井距主河槽 2 000 m(见表 1-4)。

图 1-3 2014~2015 年研究区地理位置示意图

表 1-4 大汶流监测断面地下水监测井距主河槽距离及位置坐标

井号	大汶流 1 井	大汶流 2 井	大汶流 3 井	大汶流 4 井	大汶流 5 井
L/m	100	300	500	1 000	2 000
东经	68°09′07.06″	68°09′07.06″	68°09′07.06″	68°09′07.06″	68°09′07.06″
北纬	41°08′03.46″	41°08′03.62″	41°08′03.86″	41°08′04.23″	41°08′04.76″

注：*L* 为监测井距主河槽距离；坐标系采用 1954 北京坐标系。

2016~2017 年研究区范围与 2014~2015 年一致。

为进一步揭示生态补水对备用流路的良性改良过程，2023~2024 年在刁口河流路湿地设置一条垂直于刁口河河道的监测断面，每隔 100 m 布设 1 个监测井，共布设 12 个，断面长度 1.2 km，见表 1-5。按照一定的频次对监测井进行观测和取样，对地下水位、水质、土壤等指标进行监测。结合水沙变化和净降水情况，分析生态补水对湿地地下水位、水质和土壤的影响规律，总结湿地生态系统的改善作用机制。

表 1-5 水位监测井布设计划 单位：m

井位编号	1	2	3	4	5	6	7	8	9	10	11	12
距河距离	100	200	300	400	500	600	700	800	900	1 000	1 100	1 200

1.2.2 研究内容

1.2.2.1 黄河来水对湿地地下水位的影响

（1）2011 年根据调水调沙前、调水调沙洪峰期和调水调沙长时间段河流水位（西河口水位）与研究区地下水位的监测结果对比，分析河流水位与地下水位的变化关系，包括两者的变化趋势是否一致，地下水位的变化对河流水位变化的延迟时间，两者的变化幅度等。

（2）2012~2017 年、2023~2024 年通过分析刁口河流路与地下水监测井水位数据，分别绘制观测期不同时间尺度上地下水位变化曲线，直观反映该区域地下水位在生态调水前、中、后三个时段的变化规律，进而结合刁口河过水、降水、蒸发、人类活动等情况，掌握生态调水对刁口河湿地地下水位的影响趋势。

（3）分别分析桩埕路监测断面与一千二管理站监测断面距河不同距离条件下地下水监测井的水位数据，绘制观测期地下水位在横向距离上的变化曲线，总结生态调水对刁口河湿地地下水位的影响范围。

（4）通过分析刁口河流路不同断面上距河同一距离条件下地下水监测井水位的数据，绘制观测期生态调水前、中、后三个时段内地下水位在纵向距离上的变化曲线，结合人类活动等情况，分析刁口河湿地地下水位在纵向距离上的变化规律及影响因素。

（5）对刁口河生态补水的水位、水质和土壤变化规律进行了分析，确定了水位动态成因类型、水化学类型和土壤理化特征，分析了地下水的补给过程、范围、速度，识别了地下水化学特征、盐分来源及驱动因素，揭示了补水对湿地生态环境的改良过程。

（6）根据清水沟流路地下水监测井水位监测所得数据，在现行流路来水来沙条件下，总结该区域地下水位的时空变化趋势,分析黄河过水、降水、蒸发等情况对清水沟流路湿地地下水位的影响。

1.2.2.2　黄河来水对湿地地下水水质的影响

地下水水质指标主要包括 Na^{+}、Mg^{2+}、Ca^{2+}、Fe^{2+}、Fe^{3+}、NH_4^{+}、HCO_3^{-}、SO_4^{2-}、Cl^{-}、NO_3^{-}、NO_2^{-}、F^{-}、CO_3^{2-}、OH^{-}、矿化度、pH 值、总硬度、暂时硬度、负硬度、总碱度、游离 CO_2、可溶性 SiO_2、Mn 等。其中,水的矿化度是指水中溶解组分的总量,包括溶解于地下水中各种离子、分子、化合物的总量,但不包括悬浮物和溶解气体,以 g/L 表示,是影响植被生长的主要水质指标,因此本书以地下水矿化度为代表指标来研究地下水水质。

(1)根据调水调沙前、调水调沙洪峰期和调水调沙长时间段地下水的矿化度变化,分析研究区地下水矿化度与黄河来水、距主河槽距离、不同时间的变化特性。

(2)2023~2024 年通过分析刁口河流路与地下水监测井矿化度数据,分别绘制观测期不同时间尺度上地下水矿化度变化曲线,直观反映该区域地下水矿化度在生态调水前、中、后三个时段的变化规律,进而结合刁口河流路矿化度、生态补水量、降水、蒸发、人类活动等情况,掌握生态调水对刁口河湿地地下水矿化度的影响趋势。

(3)分别分析桩埕路监测断面与一千二管理站监测断面距河不同距离条件下地下水监测井的矿化度数据,绘制观测期地下水矿化度在横向距离上的变化曲线,总结生态调水对刁口河湿地地下水矿化度的影响范围。

(4)通过分析刁口河流路不同断面上距河同一距离条件下地下水监测井的矿化度数据,绘制观测期生态调水前、中、后三个时段内地下水矿化度在纵向距离上的变化曲线,结合人类活动等情况,分析刁口河湿地地下水矿化度在纵向距离上的变化规律及影响因素。

(5)在野外调查、水样分析的基础上,结合数理统计、Piper 三线图、离子比例系数等方法,利用 SPSS 软件对水文化学参数进行相关性分析,利用 Aquachem 3.7 软件绘制 Piper 三线图,分析其水化学类型。

(6)分析刁口河生态补水的水位、水质和土壤变化规律,确定水位动态成因类型、水化学类型和土壤理化特征。通过分析地下水的补给过程、范围、速度,识别地下水化学特征、盐分来源及驱动因素,揭示补水对湿地生态环境的改良过程。

(7)根据清水沟流路地下水监测井水质监测所得数据,结合黄河过水情况,总结现行流路所在区域湿地地下水矿化度的时空变化趋势,分析其影响因素。

1.3　研究技术路线

(1)2011 年在清 7 断面右岸设置 1 个监测断面,布设 10 个监测井,获取相应地下水位及矿化度的观测资料。4 月 1 日至 10 月 31 日,每隔 7 d 监测一次水位和矿化度,调水调沙期间,监测频率加密到 3~4 d 一次。水位与矿化度采用现场监测数据,其他化学分析指标在现场取样,送化验室分析,严格按照地下水检测行业相关标准进行。

(2)2012~2013 年在刁口河流路湿地范围附近设置两条垂直于流路的监测断面,每个断面布设 10 个监测井,共布设 20 个。2012 年 4 月 28 日至 2013 年 4 月 28 日进行原型监测,其中包括水位、矿化度现场测量观测,2012 年 4~10 月每隔 14 d 监测一次,2012 年

11月至2013年4月每隔30 d监测一次,调水调沙期间,监测频率加密到7 d一次。在监测断面选取一定数量的监测井,进行地下水水质全分析。

(3)2014~2015年在刁口河流路湿地范围附近设置两条垂直于流路的监测断面,每个断面布设10个监测井,共布设20个;清水沟流路湿地范围设置一条垂直于流路的监测断面,共布设5个监测井。2014年1月13日至2015年10月31日进行原型监测,其中包括水位、矿化度现场测量观测,每年4~10月每隔14 d监测一次,每年11月至次年4月每隔30 d监测一次,调水调沙期间,在监测频率加密到7 d一次。在监测断面选取一定数量的监测井,进行地下水水质全分析。

(4)2016~2017年在刁口河流路湿地附近设置两条垂直于流路的监测断面,每个断面布设10个监测井,共布设20个;清水沟流路湿地范围设置一条垂直于流路的监测断面,共布设5个监测井。2016年1月10日至2017年12月31日进行原型监测,其中包括水位、矿化度现场测量观测,每隔14 d监测一次,调水调沙期间,监测频率加密到7 d一次。在监测断面选取一定数量的监测井,进行地下水水质全分析。

(5)2023~2024年在刁口河流路湿地设置一条垂直于刁口河河道的监测断面,每隔100 m布设1个监测井,共布设12个,断面长度1.2 km。2023年3月1日至2024年10月31日进行原型监测,其中包括水位、矿化度现场测量每月一次,水质全分析每月一次。生态补水期(6月、7月)观测频次加密,每月三次,并选取监测井进行土壤理化指标分析。

(6)利用SPSS软件对河流和地下水之间的水位、矿化度相关程度进行分析,排除净降水量(降水量-蒸发量)的影响,并计算影响范围和延迟时间。

(7)河流水位采用断面水位站的观测数据;降水采用东营市气象局的观测数据;地下水位由黄河河口管理局直接观测;水质全分析委托有资质的单位进行化验。

(8)本次研究所采用的国家及行业标准如下:

①《地下水监测规范》(SL 183—2005);

②《水环境监测规范》(SL 219—2013);

③《地下水质量标准》(GB/T 14848—2017)。

1.4　SPSS软件介绍及应用

1.4.1　SPSS软件介绍

SPSS(statistical product and service solutions)是统计产品与服务解决方案软件。由美国斯坦福大学的三位研究生于20世纪60年代末研制,同时成立了SPSS公司,并于1975年在芝加哥组建了SPSS总部。SPSS软件由于其操作简单,已经在我国的社会科学、自然科学的各个领域发挥了巨大作用。该软件还可以应用于经济学、生物学、心理学、地理学、医疗卫生、体育、农业、林业、商业、金融等各个领域。

SPSS for Windows是一个组合式软件包,它集数据整理、分析功能于一身。SPSS软件的基本功能包括数据管理、统计分析、图表分析、输出管理等。SPSS软件统计分析过程包括描述性统计、均值比较、一般线性模型、相关分析、回归分析、对数线性模型、聚类分析、数据简化、生存分析、时间序列分析、多重响应等几大类，每类中又分几个统计过程，如回归分析中又分线性回归分析、曲线估计、Logistic 回归、Probit 回归、加权估计、两阶段最小二乘法、非线性回归等多个统计过程，而且每个过程中又允许用户选择不同的方法及参数。SPSS 软件也有专门的绘图系统，可以根据数据绘制各种图形。

SPSS 软件的分析结果清晰、直观、易学易用，而且可以直接读取 Excel 及 DBF 数据文件，现已推广到各种操作系统的计算机上，它和 SAS、BMDP 并称为国际上最有影响的三大统计软件。在国际学术界有条不成文的规定，即在国际学术交流中，凡是用 SPSS 软件完成的计算和统计分析，可以不必说明算法，由此可见其影响之大和信誉之高。

1.4.2　SPSS 软件应用

本书采用的 SPSS 软件版本为 IBM SPSS Statistics 19。

在分析河流水位与地下水位动态变化，以及分析河流来水与地下水水质动态变化时，由于地下含水层与河水具有相互影响和调蓄作用，因此地下水位对河水位涨落的响应具有一定的滞后效应，具体表现在地下水位的峰值总是出现在河流洪峰过后的某一时刻，用 Δt 表示两者间隔的时间，其主要受离河距离的变化影响及河床沉积物侧向渗透系数大小的影响。

假设一参数实测系列为 $X(t)$，另一参数实测系列为 $Y(t)$，则两者相关系数的表达式为

$$Y_c(\Delta t) = \frac{\mathrm{Cov}[X(t), Y(t+\Delta t)]}{\sqrt{DX(t)}\sqrt{DY(t+\Delta t)}} \tag{1-1}$$

利用 SPSS 软件对河流水位和地下水位之间进行动态变化相关分析时，由于降水蒸发会对地下水位产生影响，因此在分析时需要采用一定的方法剔除降水蒸发的影响，即

$$Y_{xy-z} = \frac{Y_{xy} - Y_{xz}Y_{yz}}{\sqrt{1-Y_{xz}^2}\sqrt{1-Y_{yz}^2}} \tag{1-2}$$

式中：x、y、z 分别为河流水位、地下水位、净降水量（降水量-蒸发量）。

同理，利用 SPSS 软件进行河流来水与地下水水质相关分析时，降水、蒸发仍然对地下水质产生影响，式（1-2）中 x、y 则分别为河流累计径流量、地下水质相应指标（如矿化度），z 仍然是净降水量（降水量-蒸发量）。

SPSS 软件中的偏相关分析就是根据式（1-2）的原理进行计算分析的，运用 SPSS 软件进行偏相关分析能够排除净降水量的影响。

1.4.3　SPSS 软件在本书中的验证

为了减轻工作量，提高工作效率，本书运用 SPSS 软件对数据进行相关性分析，为了验证其准确率，对式（1-1）、式（1-2）进行数学建模并运用计算机编程进行推算，进而验证 SPSS 软件在本书中的可行性。

用 FFT 方法求互相关函数，首先要知道为什么在 FFT 变换时就补了 0，如果不补 0 也可以求互相关函数，但求出的是循环相关函数。

rm=real(ifft(conj(xk).*yk))；求了互功率谱，再反变换就是互相关系数。

rm=[rm(k+2:2*k) rm(1:k)]；由于补0的安排，要把序列以 $k+1$ 为中心点，左右换置，相当于执行 ifftshift 函数。

m=(-k+1):(k-1)；互相关函数对应的延迟量。

程序源代码如下：

```
x=[132621-201532-3012031];
y=[000132621-201532-3012031];
k=length(y);
e=randn(1,k);
y=y+e;
xk=fft(x,2*k);
yk=fft(y,2*k);
rm=real(ifft(conj(xk).*yk));
rm=ifftshift(rm);
m=-k:k-1;
stem(m,rm)
xlabel('m');
ylabel('幅度');
title('x与y的互相关函数')。
```

对于式(1-1)，将相关数值加入上述源代码即可。

```
x=[x1, x2,…,xN1 ];
y=[y1, y2,…,yN2];
```

假设 x 为河水位时间序列，共有 N_1 个。

假设 y 为某一点的地下水位时间序列，共有 N_2 个。注意，x 序列和 y 序列的时间间隔需要相同。

```
k=length(y);
xk=fft(x,2*k);
yk=fft(y,2*k);
rm=real(ifft(conj(xk).*yk));
rm=[rm(k+2:2*k) rm(1:k)];
rm=ifftshift(rm);
m=-k:k-1;
stem(m,rm);
xlabel('延滞时间');
ylabel('幅度');
title('地下水与河水位的仿自相关函数');
Yxy=rm。
```

rm 即为河水与地下水的仿自相关系数 Yxy。

通过对上述代码进行计算机VB编程,得出结果(河水位-地下水位,河水位-降水量,地下水位-降水量)之后,即得到Yxz,Yyz。然后运行下面程序:

```
Yxy_z= (Yxy-Yxz.*Yyz)./sqrt(1-Yxz.*Yxz)./sqrt(1-Yyz.*Yyz);
stem(m,rm);
xlabel('延滞时间');
ylabel('幅度');
title('扣除降水影响的仿自相关函数')。
```

根据计算机编程,将地下水位、河水位、净降水量值输入以后,得出的扣除降水影响的相关系数值与SPSS数值一致。因此,通过验证,SPSS软件可以在本书中运用。

第2章 研究区基本情况介绍

2.1 研究区地下水基本情况

地下水,是贮存于包气带以下地层空隙的水,包括岩石孔隙、裂隙和溶洞之中的水,是水资源的重要组成部分,是农业灌溉、工矿和城市的重要水源之一。但在一定条件下,特别是蒸发大的情况下,地下水的变化也会引起沼泽化、盐渍化等不利自然现象。

黄河三角洲地下水主要赋存于第四系及新近系孔隙含水层中。冲洪积地层是黄河三角洲地区地下淡水的主要赋存体,随着冲洪积地层由南向北减少,表现为地下水淡水体减少、咸水体增加;由广饶县南部石村—颜徐—稻庄一线以南的全淡水区过渡到上咸下淡的二层结构区以及利津—东营—六户一线以北的全咸水区。根据地下水埋藏条件和水力性质,区内含水层组可划分为浅层潜水-微承压水、中层承压水和深层承压水三个含水层组。

2.1.1 浅层地下水

浅层地下水指地质结构中位于第一透水层中、第一隔水层之上的地下水,由大气降水、地表径流透水形成,埋藏浅,更新较快,水质较差,水质与水量均受降水和径流影响,典型代表为井水,一般埋藏于地面以下0~60 m深度。按水化学特性可划分为浅层淡水-微咸水、浅层半咸水和咸水、浅层盐水及浅层卤水。

浅层淡水主要分布于小清河以南的冲洪积平原、黄河现行河道漫滩、黄河故道、古河道带及黄河决口扇形地内。以石村—颜徐—稻庄—西水磨一线为分界,以南为鲁中山北麓山前淄河冲洪积扇的中尾部,浅层地下水为淡水;浅层淡水由于埋藏浅、易污染、规模小、稳定性差,只能作为农业和乡镇小型供水水源。研究区以北向海陆相、海相沉积过渡,地下水由淡水-微咸水向咸水、卤水逐渐过渡。

2.1.2 中深层地下水含水层组

黄河三角洲地区中深层地下水含水层组顶板埋深60~150 m,底板埋深150~250 m。地下水类型为咸水和盐水,局部地段有少量的卤水分布。中深层淡水分布于广饶县陈官乡卧佛庄—丁庄乡丁屋—广北农场一线以南,该线以北均为微咸水、咸水,中深层卤水主要分布于五号桩西北。

受沉积环境的影响,中深层地下水在石村—颜徐—稻庄—长行官庄以南为全淡水区,该线以北为上咸下淡二元结构区,淡水顶界面由西南向东北倾斜,在东北部的高儿港一带,淡水顶界面埋深已达120 m。含水砂层主要岩性为粉细砂、细砂,局部有中粗砂和小砾石,含水层厚度由南向北逐渐变薄,砂层的累计厚度一般为20~30 m,单井涌水量

1 000~1 500 m^3/d。中深层地下水矿化度小于 1 g/L。

2.1.3　深层地下水含水层组

黄河三角洲地区深层地下水是指埋深 250 m 至 600 m 深度。有淡水,也有咸水和盐水,局部地段尚有卤水分布。

深层淡水分布于利津县前刘乡—东营区史口北—东营电厂—广利水库一线以南的地区,该线以北均为微咸水、咸水,深层卤水分布于以东营市西城为中心的 700 km^2 范围内。

浅层地下水主要接受大气降水补给,以垂直交替为特点,以潜水蒸发为主要排泄途径。中深层地下水主要接受来自南部鲁中山区地下水侧向径流补给和上部含水层的越流补给。深层地下水主要接受来自南部鲁中山区地下水侧向径流补给,补给途径相对较近,并以径流方式向下游排泄。

2.2　黄河三角洲植被情况

黄河三角洲地区属于暖温带落叶阔叶林区域,由于近、现代黄河三角洲成陆时间短,地势低平,地下水位高,没有形成大面积自然原生暖温带落叶阔叶林。区内无地带性植被类型,植被的分布主要受水分、土壤含盐量、潜水水位、矿化度和地貌类型的制约及人类活动的影响,木本植物较少,以草甸景观为主体。植物区系的特点是植被类型少、结构简单、组成单纯。在天然植被中,以滨海盐生植被为主,占天然植被的 56.5%,沼生植被和水生植被占天然植被的 21%,灌木柽柳等占天然植被的 21%,阔叶林仅占天然植被的 1.5%。

植物群落分布为:

(1)黄须菜群丛,占土壤面积的 10.6%;

(2)柽柳-黄须菜群丛,占土壤面积的 2.2%;

(3)马绊草群丛,占土壤面积的 4.99%;

(4)芦苇群丛,占土壤面积的 5.38%;

(5)一年生禾本科群丛,占土壤面积的 3.59%;

(6)白茅-芦苇群丛,占土壤面积的 1.75%。

人工植被中以农田植被为主。木本栽培植被仅占人工植被的 4.3%左右,农田植被占人工植被的 95.7%左右。植被中以禾本科、菊科草本植物最多。在草本植物中,以多年生根茎禾草为主,尤以各种盐生植物占显著地位。

2.2.1　林树种

黄河三角洲范围内共有木本植物 44 科 79 属 179 种(含变种),其中针叶树种有 3 科 8 属 17 种,阔叶树种有 41 科 71 属 162 种(含变种)。现有木本植物中以蔷薇科、杨柳科为多,木犀科和豆科次之。

常见乔木树种:旱柳、白榆、杨类、桑、泡桐、国槐、臭椿、香椿等;灌木以紫穗槐、柽柳、杞柳为主;另外,还有少量枸杞、胡枝子等。

引进树种:刺槐、苦楝、绒毛白蜡、侧柏、沙枣、花椒、火炬树、木槿、皂角、河北柃、法国梧桐、软枣、文冠果、槭树等,多为典型的华北种类。此外,亚热带北绿树种在市域内也有少量栽植,如漆树、乌桕等。

常见观赏树种:雪松、黑松、桧柏、龙柏、垂柳、垂槐、龙爪柳、江南槐、合欢、黄杨等。

果树类:全地区共有栽培、半栽培及野生的果树资源 10 科 19 属 34 种近 150 个品种或类型,主要有苹果、梨、葡萄、桃、枣,其次有杏、山楂、柿、核桃、李、石榴、无花果、文冠果等。

2.2.2　野生植物资源

黄河三角洲国家级自然保护区内野生植物种类较多,分布广、面积大。在滨海潮土、滨海盐化潮土上生长着茅草、芦苇、曲曲菜、黄花草木樨、胡绿豆、狗尾草、柽柳、野麦梃等;在滨海滩地盐土上的植物群落以盐生植被马绊草、黄须菜、柽柳、卤蓬、羊角草、野芜菁、罗布麻等为主;在低洼积水处生长着水生植物水蓼、芦苇、莎草、蒲子、水稗等。野生植物、植被的存在,增加了土壤的覆盖,减少了土壤水分的蒸发,降低了土壤的返盐程度。

2.2.3　草场资源

据畜牧部门调查统计,草场面积为 288 万亩❶,其中可利用草场面积 202 万亩,占草场总面积的 70%。

2.3　研究时段内气象变化情况

黄河口地区年平均降水量为 620.25 mm,降水量 400~900 mm 的年份占 81%。由于当地每年夏季风势的强弱差异颇大,故降水量年际变化较大。季节降水不均,春季平均降水量 34.25 mm,占全年降水量的 5%;夏季平均降水量 339.05 mm,占全年降水量的 55%;秋季平均降水量 220.20 mm,占全年降水量的 36%;冬季平均降水量 26.75 mm,占全年降水量的 4%。一年中以 7 月降水量最多,约占全年降水量的 33%;1 月降水量最少,仅占全年降水量的 0.4%。据《东营市志(1996—2013)》记载,黄河口地区 1996~2013 年各月平均降水量变化情况见图 2-1。

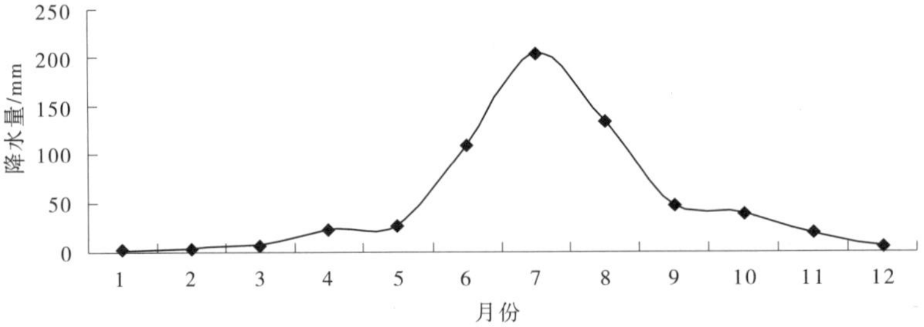

图 2-1　黄河口地区 1996~2013 年各月平均降水量变化情况

---

❶ 1 亩 = 1/15 hm^2,全书同。

2.3.1　2011 年气象资料

根据东营港气象观测站提供的 2011 年 4～10 月的气象资料，绘制调水调沙前、调水调沙洪峰期、调水调沙长时间段研究区降水量、蒸发量及净降水量变化曲线（见图 2-2～图 2-4）。

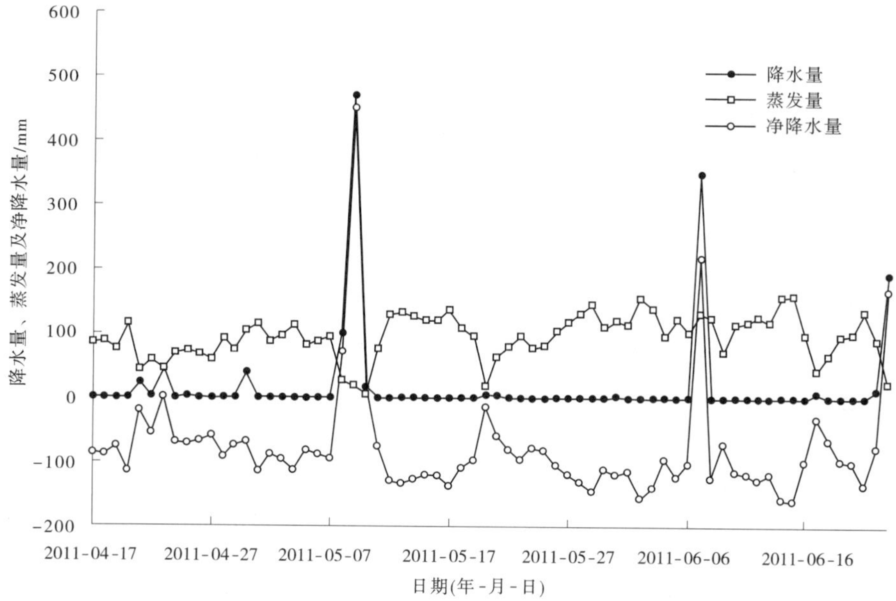

图 2-2　2011 年调水调沙前研究区降水量、蒸发量及净降水量变化曲线

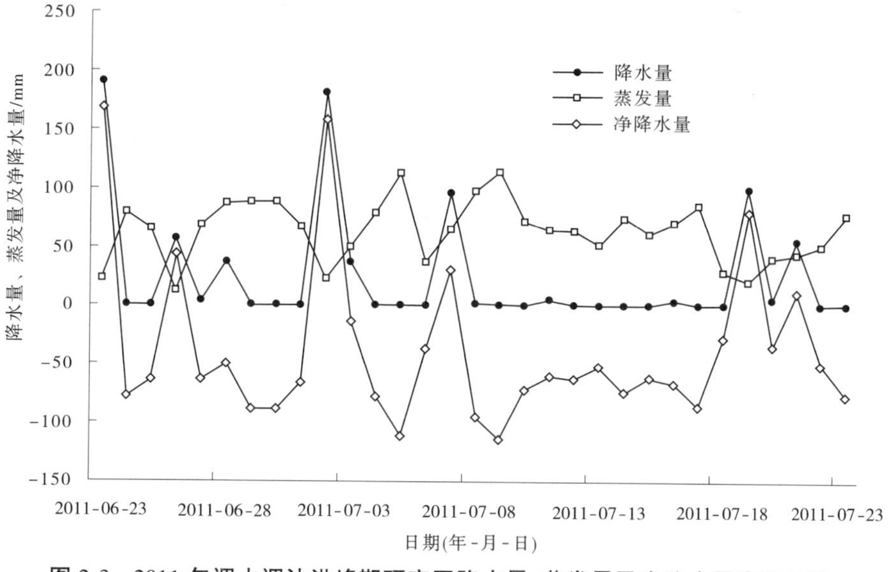

图 2-3　2011 年调水调沙洪峰期研究区降水量、蒸发量及净降水量变化曲线

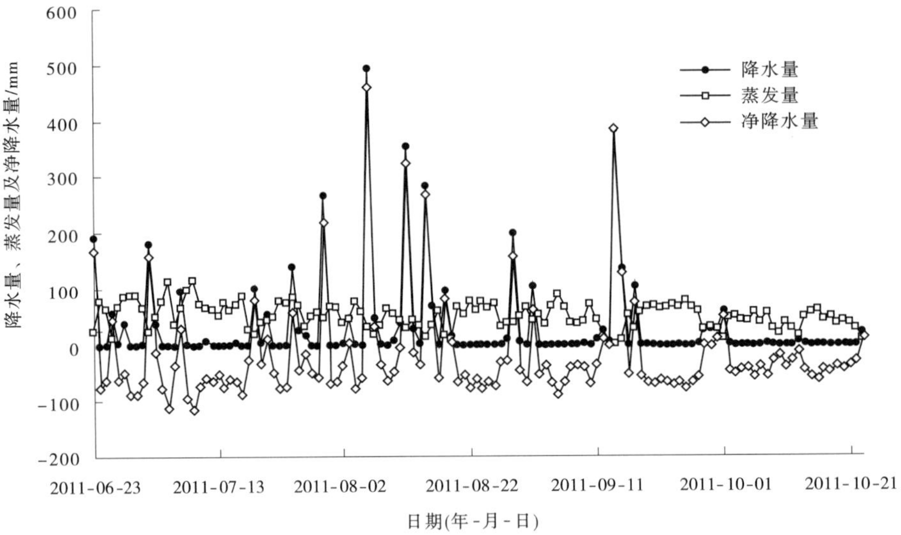

图 2-4　2011 年调水调沙长时间段研究区降水量、蒸发量及净降水量变化曲线

2.3.2　2012~2013 年气象资料

根据东营港气象观测站提供的 2012 年 4 月至 2013 年 4 月的气象资料，绘制了生态调水前期、生态调水期、生态调水后期和整个观测期研究区降水量、蒸发量及净降水量变化曲线（见图 2-5~图 2-8）。

(1)生态调水前期降水量为 89 mm，蒸发量为 584.4 mm，蒸降比约为 6.6∶1。

(2)生态调水期降水量为 47.4 mm，蒸发量为 97.9 mm，蒸降比约为 2.1∶1。

(3)生态调水后期降水量为 509.6 mm，蒸发量为 1 109.6 mm，蒸降比为 2.2∶1。

(4)整个观测期内降水量为 646 mm，蒸发量为 1 791.9 mm，蒸降比约为 2.8∶1。

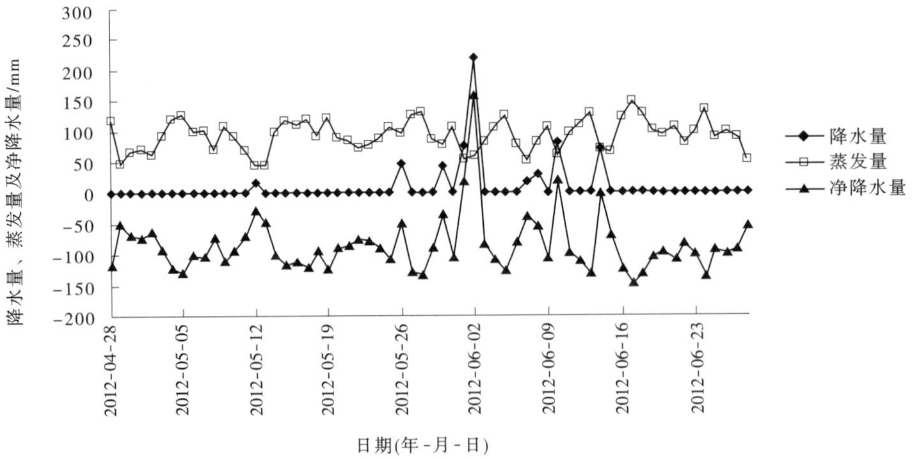

图 2-5　2012 年生态调水前期研究区降水量、蒸发量及净降水量变化曲线

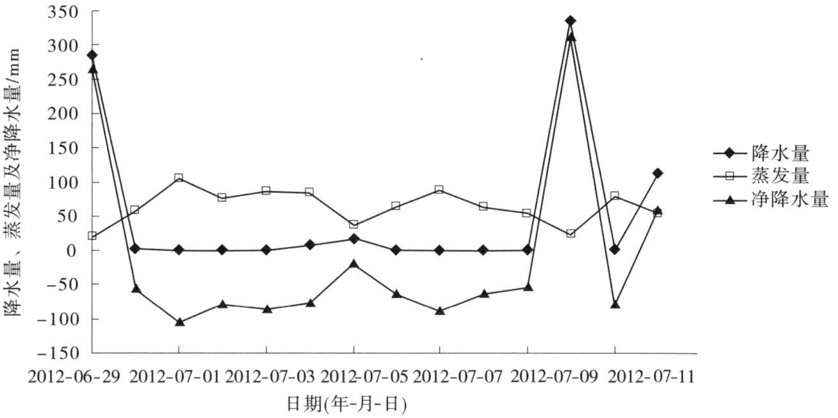

图 2-6　2012 年生态调水期研究区降水量、蒸发量及净降水量变化曲线

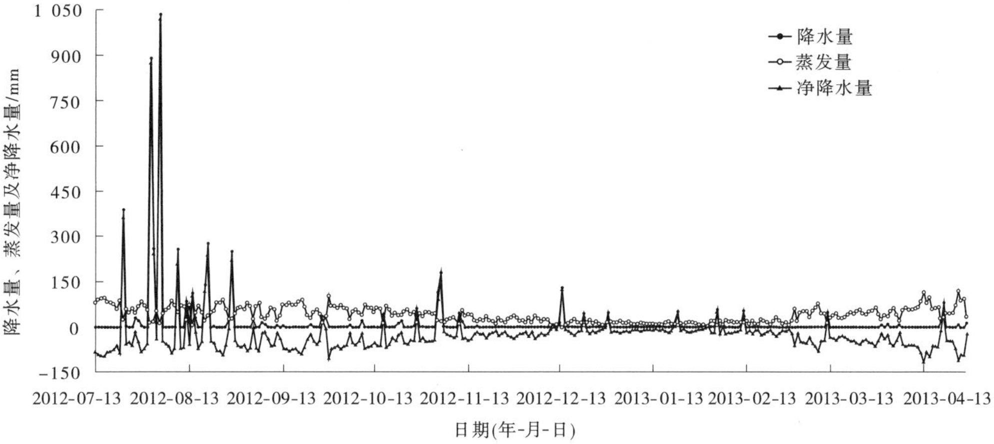

图 2-7　2012~2013 年生态调水后期研究区降水量、蒸发量及净降水量变化曲线

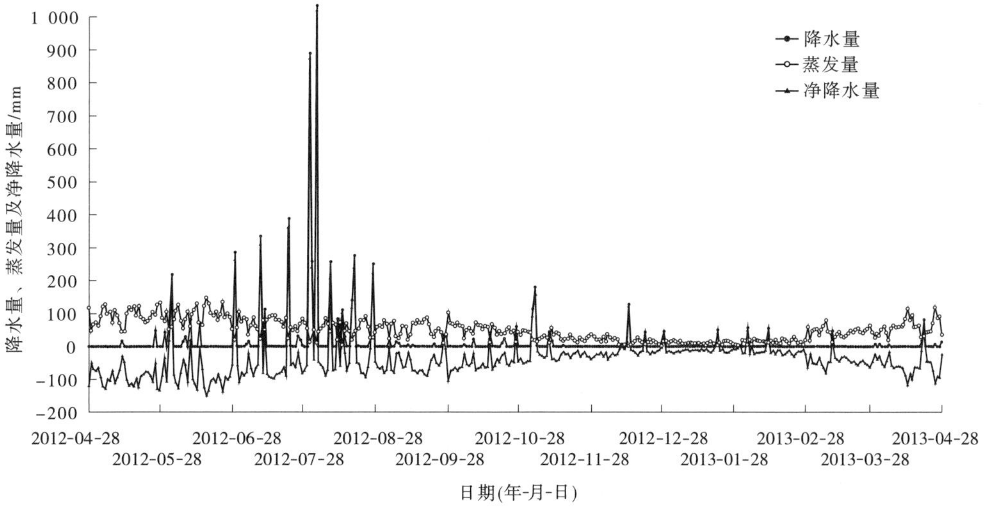

图 2-8　2012~2013 年整个观测期研究区降水量、蒸发量及净降水量变化曲线

2.3.3　2014~2015 年气象资料

根据东营港气象观测站提供的 2014 年 1 月至 2015 年 10 月的气象资料，绘制了 2014 年、2015 年整个观测期研究区降水量、蒸发量及净降水量变化曲线(见图 2-9、图 2-10)。

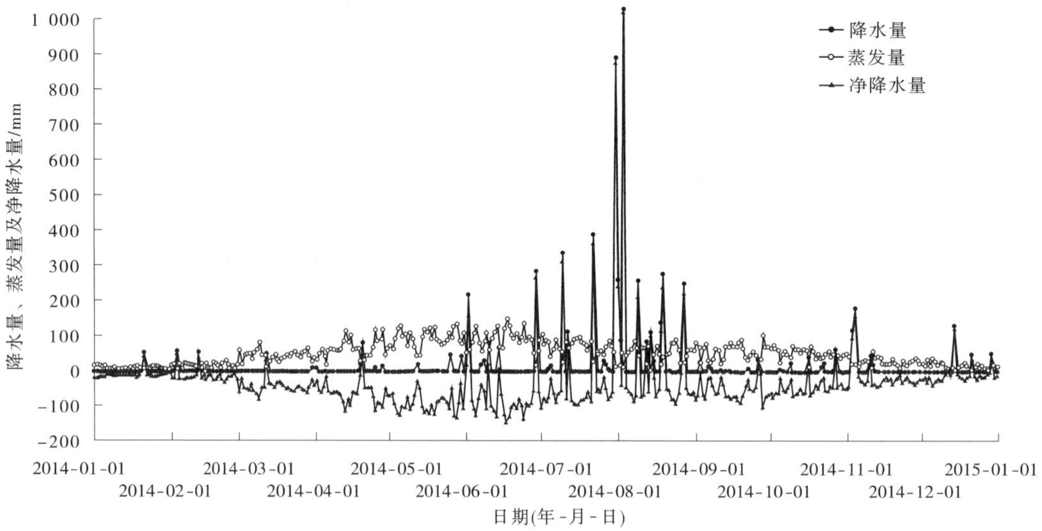

图 2-9　2014 年整个观测期研究区降水量、蒸发量及净降水量变化曲线

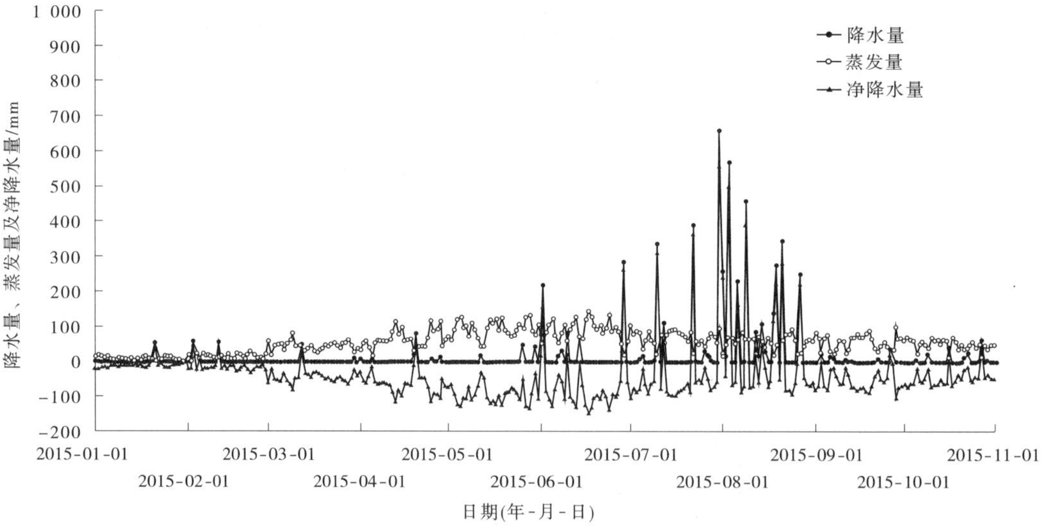

图 2-10　2015 年整个观测期研究区降水量、蒸发量及净降水量变化曲线

2014 年整个观测期内降水量为 634. 4 mm，蒸发量为 1 770. 9 mm，蒸降比约为 2. 8∶1；生态调水前期降水量为 81 mm，蒸发量为 576. 3 mm，蒸降比约为 7. 1∶1；生态调水期降水量为 52 mm，蒸发量为 98. 3 mm，蒸降比约为 1. 9∶1；生态调水后期降水量为 501. 4 mm，蒸发量为 1 096. 3 mm，蒸降比为 2. 2∶1。

2015 年整个观测期内降水量为 647.4 mm,蒸发量为 1 790.5 mm,蒸降比约为 2.8∶1;生态调水前期降水量为 94 mm,蒸发量为 575.3 mm,蒸降比约为 6.1∶1;生态调水期降水量为 52 mm,蒸发量为 99.5 mm,蒸降比约为 1.9∶1;生态调水后期降水量为 501.4 mm,蒸发量为 1 115.7 mm,蒸降比为 2.2∶1。

2.3.4 2016~2017 年气象资料

根据东营港气象观测站提供的 2016 年 1 月至 2017 年 12 月的气象资料,绘制了 2016 年、2017 年整个观测期研究区降水量、蒸发量及净降水量变化曲线(见图 2-11、图 2-12)。

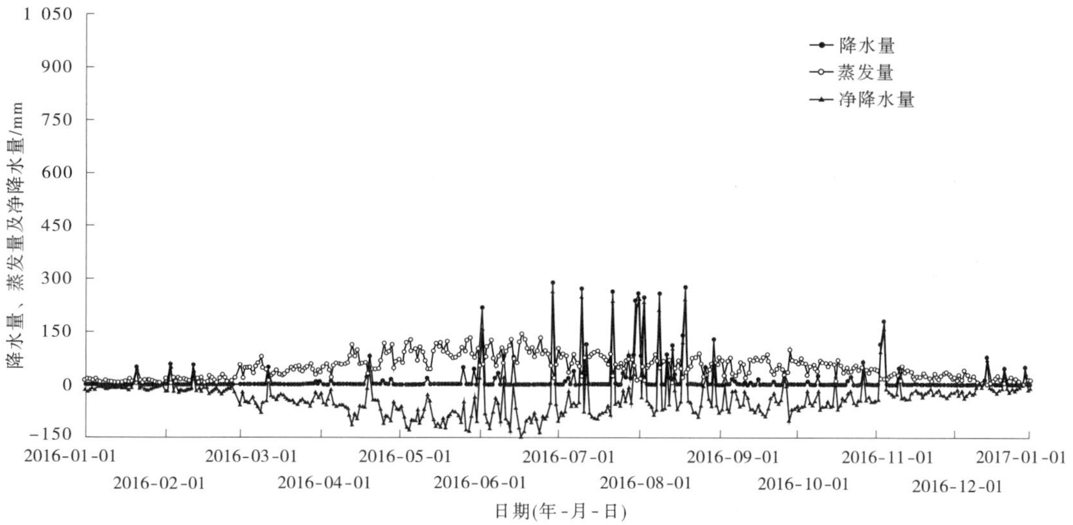

图 2-11 2016 年整个观测期研究区降水量、蒸发量及净降水量变化曲线

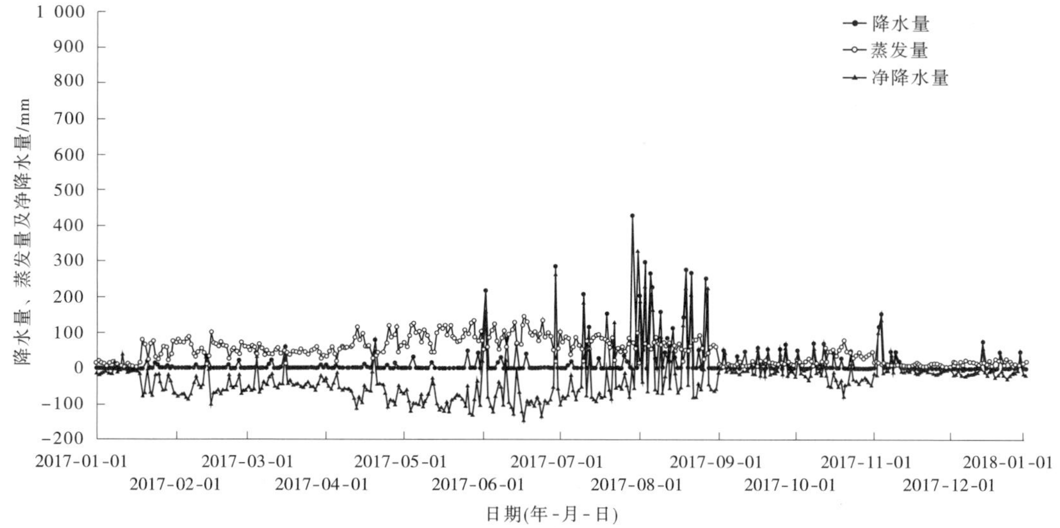

图 2-12 2017 年整个观测期研究区降水量、蒸发量及净降水量变化曲线

2016 年整个观测期内降水量为 675.1 mm,蒸发量为 1 824.3 mm,蒸降比约为 2.7∶1;生态调水前期降水量为 79 mm,蒸发量为 581.6 mm,蒸降比约为 7.4∶1;生态调水期降水量为 134.7 mm,蒸发量为 199.3 mm,蒸降比约为 1.5∶1;生态调水后期降水量为 461.4 mm,蒸发量为 1 043.4 mm,蒸降比约为 2.3∶1。

2017 年整个观测期内降水量为 629.4 mm,蒸发量为 1 869.5 mm,蒸降比约为 3.0∶1;生态调水前期降水量为 84.9 mm,蒸发量为 551.8 mm,蒸降比约为 6.5∶1;生态调水期降水量为 76.8 mm,蒸发量为 162.1 mm,蒸降比约为 2.1∶1;生态调水后期降水量为 467.7 mm,蒸发量为 1 155.6 mm,蒸降比约为 2.5∶1。

2.4　刁口河生态调水情况

根据黄委《关于黄河三角洲生态调水暨刁口河流路恢复过水试验工程扬水时间及规模的批复》(黄水调电〔2010〕3 号),刁口河流路恢复过水试验利用调水调沙高水位时自流引水。黄河水经崔家护滩节制闸自流或崔家护滩扬水船扬水,进入闸后 2.4 km 的渠道,穿罗家屋子闸入刁口河故道,利用2010 年山东黄河三角洲国家级自然保护区在故道桩号 43+100 处开挖的一条引水渠道(设计输水能力 10 m^3/s)向尾闾湿地补水,经油田生产公路泄水闸入海。

2.4.1　2012 年刁口河生态调水情况

2012 年 6 月 29 日 20 时 16 分崔家节制闸提闸自流引水,20 时 45 分通过罗家屋子闸(闸前水位 5.88 m)入刁口河河道。

2012 年 7 月 2 日 22 时油田生产公路泄水闸开闸(闸前水位 2.56 m),7 月 9 日 16 时关闸(闸前水位 3.11 m)。

2012 年 7 月 6 日小浪底水库开始异重流排沙,7 月 9~14 日,黄河含沙量居高不下,利津站 7 月 10 日 8 时含沙量达到最高(38.9 kg/m^3),为防止刁口河河道淤积,7 月 12 日 9 时崔家节制闸关闸。截至关闸前,罗家屋子闸自流连续引水 14 d,累计水量为 2 284.9 万 m^3。

2012 年生态调水期间罗家屋子闸流量过程曲线见图 2-13。2012 年刁口河生态调水情况统计结果见表 2-1。

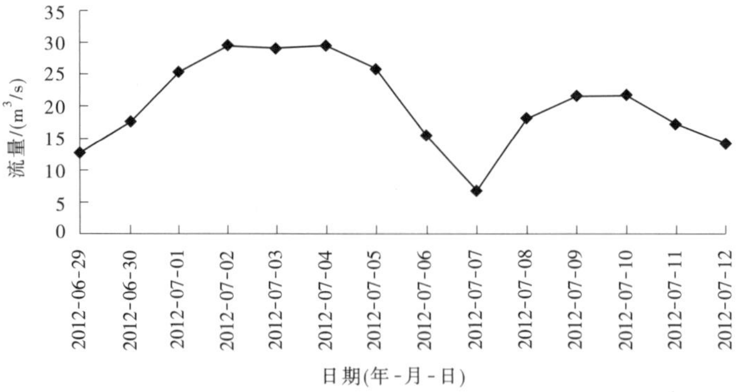

图 2-13　2012 年生态调水期间罗家屋子闸流量过程曲线

表 2-1　2012 年刁口河生态调水情况统计结果

日期	利津站 8 时流量/(m^3/s)	罗家屋子闸		
		当日平均流量/(m^3/s)	当日水量/万 m^3	累计水量/万 m^3
6 月 29 日	2 910	12.7	17.07	17.07
6 月 30 日	3 100	17.6	152.1	169.2
7 月 1 日	3 260	25.2	217.7	386.9
7 月 2 日	3 350	29.5	254.9	641.8
7 月 3 日	3 420	29.0	250.5	892.3
7 月 4 日	3 450	29.5	254.9	1 147.2
7 月 5 日	3 070	25.8	222.9	1 370.1
7 月 6 日	2 270	15.3	132.2	1 502.3
7 月 7 日	1 960	6.7	57.4	1 559.7
7 月 8 日	2 680	18.0	155.6	1 715.3
7 月 9 日	2 920	21.6	186.6	1 901.9
7 月 10 日	2 890	21.9	189.2	2 091.1
7 月 11 日	2 700	17.1	147.7	2 238.8
7 月 12 日	2 270	14.2	46.1	2 284.9

2.4.2　2014~2015 年刁口河生态调水情况

2014 年,崔家节制闸自 7 月 4 日 10 时 50 分开始提闸放水,7 月 13 日 0 时关闭,放水期间,罗家屋子闸最大过水流量 29.5 m^3/s,最小过水流量 4.21 m^3/s,累计过水量 1 325.1 万 m^3,输沙量 10.958 3 万 t。2015 年,崔家节制闸自 7 月 4 日 10 时 58 分开始提闸放水,7 月 15 日 14 时关闭,放水期间,罗家屋子闸最大过水流量 16.5 m^3/s。7 月 16 日 12 时 30 分崔家扬水船开启,7 月 24 日 9 时 56 分崔家扬水船停止提水,刁口河流路历时 21 d,累计过水量 1 743.6 万 m^3,输沙量 7.479 万 t。2014~2015 年生态调水期间罗家屋子闸实测流量过程曲线见图 2-14。2014~2015 年刁口河流路湿地生态调水情况统计结果见表 2-2。

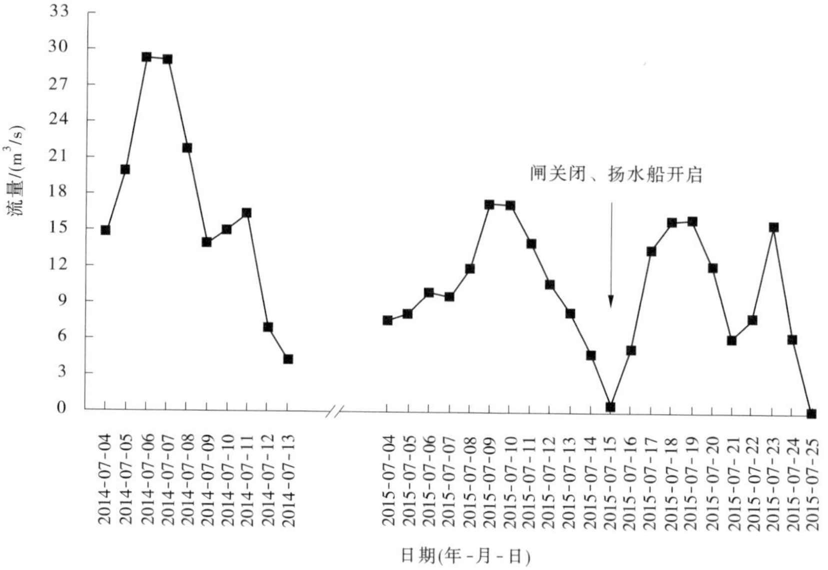

图 2-14　2014~2015 年生态调水期间罗家屋子闸实测流量过程曲线

表 2-2　2014~2015 年刁口河流路湿地生态调水情况统计结果

日期(年-月-日)	利津站 8 时流量/(m³/s)	罗家屋子闸		
		当日平均流量/(m³/s)	当日水量/万 m³	累计水量/万 m³
2014-07-04	1 860	18.9	35.3	35.3
2014-07-05	2 980	23.3	201.7	237
2014-07-06	3 250	29.5	255.2	492.2
2014-07-07	3 320	28.9	249.7	741.9
2014-07-08	2 450	19.4	167.2	909.1
2014-07-09	2 360	13.5	116.7	1 025.8
2014-07-10	2 360	15	129.4	1 155.2
2014-07-11	2 370	15.2	121.1	1 276.3
2014-07-12	1 770	4.48	28.7	1 305
2014-07-13	1 050	4.21	20.1	1 325.1
2015-07-04	1 760	1.62	14	14
2015-07-05	2 340	7.61	65.8	79.8
2015-07-06	2 390	9.1	78.7	158.5
2015-07-07	2 310	9.8	84.5	243.0
2015-07-08	2 410	12.1	104.5	347.5

续表 2-2

日期（年-月-日）	利津站 8 时流量/(m^3/s)	罗家屋子闸		
		当日平均流量/(m^3/s)	当日水量/万 m^3	累计水量/万 m^3
2015-07-09	2 950	16.5	142.6	490.1
2015-07-10	2 650	16.2	140	630.1
2015-07-11	2 410	13.1	113.2	743.3
2015-07-12	2 320	9.54	82.4	825.7
2015-07-13	2 280	7.36	63.6	889.3
2015-07-14	1 980	4.29	37.1	926.4
2015-07-15	1 530	0.599	5.2	931.6
2015-07-16	945	5.26	45.4	977
2015-07-17	770	13.47	104.54	1 081.54
2015-07-18	570	15.89	119.25	1 200.79
2015-07-19	648	16.01	126.35	1 327.14
2015-07-20	630	12.17	106.26	1 433.4
2015-07-21	400	6.16	53.2	1 486.6
2015-07-22	452	7.87	67.9	1 554.5
2015-07-23	458	15.6	134.8	1 689.3
2015-07-24	432	6.28	54.3	1 743.6

2.4.3　2016~2017 年刁口河生态调水情况

2016 年黄河河口管理局未进行生态补水。2017 年 9 月 8 日，东营市政府向刁口河沿程有关县区（单位）下发了《关于刁口河生态调水的预备通知》，对生态补水的有关工作进行了专门部署，并强调了调水责任分工。9 月 18 日，东营市政府下发《关于利用刁口河实施生态补水的通知》。根据东营市政府安排，9 月 20 日，河口管理局开启崔家扬水船向刁口河进行生态调水，率先开启了东营市利用黄河水优化保护生态体系建设试验工程。至 9 月 30 日，11 d 向刁口河调水 500.41 万 m^3。由于输水道两岸沿岸当时不再需水，加之国庆节放假等，暂停调水。10 月 10 日重新启动调水。由于沿程水量消耗较大，水头行进较慢，经与河口区协商，10 月 24 日开始增加西河口扬水船进行生态调水。至 10 月 31 日为刁口河生态修复调水共计 2 401.71 万 m^3。2017 年生态调水期间罗家屋子闸实测流量过程曲线见图 2-15。2017 年刁口河流路湿地生态调水情况统计结果见表 2-3。

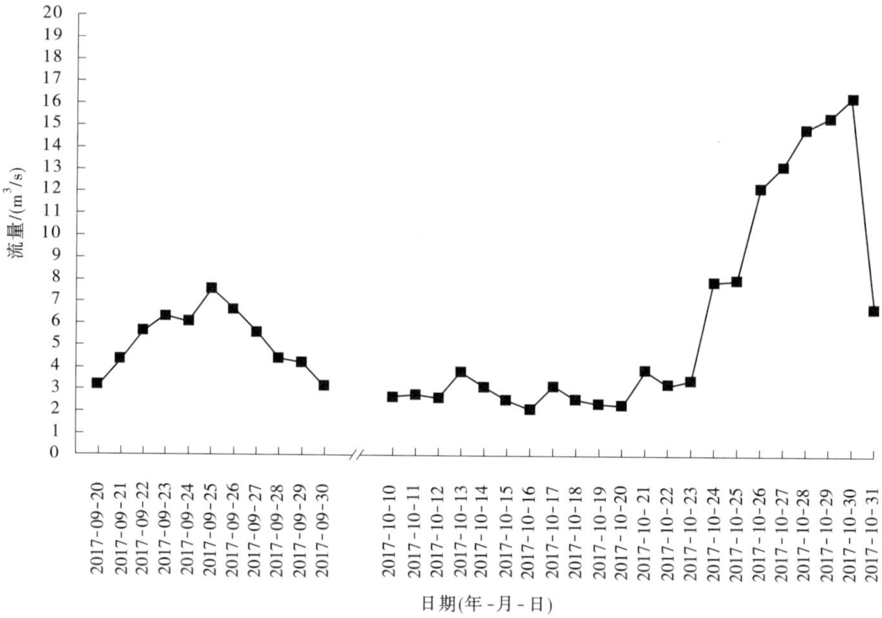

图 2-15　2017 年生态调水期间罗家屋子闸实测流量过程曲线

表 2-3　2017 年刁口河流路湿地生态调水情况统计结果

日期(年-月-日)	利津站 8 时流量/(m³/s)	罗家屋子闸		
		当日平均流量/(m³/s)	当日水量/万 m³	累计水量/万 m³
2017-09-20	10.11	3.17	27.77	27.77
2017-09-21	10.04	4.35	38.10	65.87
2017-09-22	10.12	5.64	49.40	115.27
2017-09-23	10.05	6.32	55.36	170.63
2017-09-24	10.12	6.11	53.52	224.15
2017-09-25	10.12	7.54	66.04	290.19
2017-09-26	10.01	6.62	57.98	348.17
2017-09-27	9.95	5.61	49.14	397.31
2017-09-28	9.89	4.41	38.63	435.94
2017-09-29	9.91	4.21	36.88	472.82
2017-09-30	9.91	3.15	27.59	500.41
2017-10-10	10.13	2.68	37.72	538.13
2017-10-11	10.09	2.74	38.57	576.70
2017-10-12	10.41	2.63	37.02	613.72

续表 2-3

日期 (年-月-日)	利津站 8 时流量/ (m^3/s)	罗家屋子闸		
		当日平均流量/ (m^3/s)	当日水量/ 万 m^3	累计水量/ 万 m^3
2017-10-13	10.6	3.81	53.63	667.35
2017-10-14	10.61	3.13	44.06	711.41
2017-10-15	10.52	2.56	36.03	747.44
2017-10-16	10.54	2.12	29.84	777.28
2017-10-17	10.41	3.15	44.34	821.62
2017-10-18	10.54	2.57	36.17	857.79
2017-10-19	10.59	2.36	33.22	891.01
2017-10-20	10.67	2.29	32.23	923.24
2017-10-21	10.69	3.91	55.03	978.27
2017-10-22	10.66	3.25	45.74	1 024.01
2017-10-23	10.44	3.43	48.28	1 072.29
2017-10-24	10.49	7.89	111.05	1 183.34
2017-10-25	10.57	8.01	112.74	1 296.08
2017-10-26	10.44	12.17	171.30	1 467.38
2017-10-27	10.58	13.16	185.23	1 652.61
2017-10-28	10.66	14.87	209.30	1 861.91
2017-10-29	10.59	15.36	216.20	2 078.11
2017-10-30	10.82	16.28	229.15	2 307.26
2017-10-31	10.37	6.71	94.45	2 401.71

2.4.4　2023~2024 年刁口河生态调水情况

2023 年全年至 2024 年 10 月，刁口河共进行 4 次生态补水，其中 2023 年 3 次，2024 年 1~10 月 1 次。

2023 年，刁口河实施生态补水共计 3 次，见表 2-4。第一次自 6 月 28 日开始，到 7 月 7 日完成，持续 10 d，补水期进入研究区的水量为 1 221.13 万 m^3，河水位由 1.26 m 抬升至 2.21 m，抬升幅度达到 0.95 m。第二次自 10 月 12 日开始，到 10 月 17 日完成，持续 6 d，补水期进入研究区的水量为 85.16 万 m^3，河水位由 2.00 m 抬升至 2.11 m，抬升幅度达到 0.11 m。第三次自 12 月 8 日开始，到 12 月 11 日完成，持续 4 d，补水期进入研究区的水量为 116.61 万 m^3，河水位由 1.77 m 抬升至 1.83 m，抬升幅度达到 0.06 m。

表 2-4　2023 年刁口河流路湿地生态调水情况统计结果

日期（年-月-日）	利津站 8 时流量/(m^3/s)	罗家屋子闸		
		当日平均流量/(m^3/s)	当日水量/万 m^3	累计水量/万 m^3
2023-06-28	3 140	1.24	10.70	10.70
2023-06-29	3 350	19.62	169.50	180.20
2023-06-30	3 520	22.86	197.50	377.70
2023-07-01	3 630	22.37	193.30	571.00
2023-07-02	3 650	17.30	149.50	720.50
2023-07-03	3 690	13.70	118.40	838.90
2023-07-04	3 680	16.50	142.60	981.50
2023-07-05	3 550	16.00	138.20	1 119.70
2023-07-06	3 320	9.52	82.25	1 201.95
2023-07-07	2 660	2.22	19.18	1 221.13
2023-10-12	724	0.72	6.25	1 227.38
2023-10-13	740	2.31	19.95	1 247.33
2023-10-14	724	2.47	21.34	1 268.67
2023-10-15	696	2.37	20.47	1 289.14
2023-10-16	681	1.61	13.91	1 303.05
2023-10-17	696	0.38	3.24	1 306.29
2023-12-08	567	2.58	22.25	1 328.54
2023-12-09	540	4.78	41.30	1 369.84
2023-12-10	450	4.66	40.26	1 410.10
2023-12-11	472	1.60	13.80	1 423.90

2024 年 1~10 月，刁口河实施生态补水 1 次，见表 2-5。自 7 月 6 日开始，到 7 月 16 日完成，持续 11 d，补水期进入研究区的水量为 1 545.48 万 m^3，河水位由 1.25 m 抬升至 2.22 m，涨幅达到 0.97 m。

表 2-5　2024 年刁口河流路湿地生态调水情况统计结果

日期（年-月-日）	利津站 8 时流量/（m^3/s）	罗家屋子闸		
		当日平均流量/（m^3/s）	当日水量/万 m^3	累计水量/万 m^3
2024-07-06	1 230	13.50	116.6	116.60
2024-07-07	1 560	15.41	133.1	249.70
2024-07-08	1 540	17.40	150.3	400.00
2024-07-09	1 530	18.80	162.4	562.40
2024-07-10	1 670	19.20	165.9	728.30
2024-07-11	1 760	18.60	160.7	889.00
2024-07-12	1 780	17.78	153.6	1 042.60
2024-07-13	1 780	18.40	159	1 201.60
2024-07-14	1 710	19.80	171.1	1 372.70
2024-07-15	1 590	19.70	170.2	1 542.90
2024-07-16	1 560	0.30	2.58	1 545.48

第3章　黄河来水对地下水位的影响

3.1　2011年调水调沙对清水沟流路地下水位的影响

为了分析调水调沙对地下水位的影响，本节将进行黄河水位与地下水位的动态变化关系分析，以及黄河水位与地下水位的相关分析。通过黄河水位与地下水位的动态变化关系确定黄河水位对地下水位的影响范围；通过黄河水位与地下水位的相关分析，排除降水蒸发影响后确定黄河水位影响地下水位的延迟时间，也能从相关性角度判别黄河水位对地下水位的影响范围。由于黄河来水量大小不同，对地下水位的影响也不同，因此为了便于研究，同时能够突出研究调水调沙对地下水位所起到的作用明显与否，按以下三个时间段分别进行分析：调水调沙前（4月17日至6月23日）、调水调沙洪峰期（6月23日至7月23日）、调水调沙长时间段（6月23日至10月23日）。

3.1.1　调水调沙前黄河来水对地下水位的影响

3.1.1.1　调水调沙前西河口水位与地下水位的动态变化关系

在水文地质学理论上，河流水位对地下水位有影响，当地表水位高于地下水位时，地表水对地下水进行补给；当地表水位低于地下水位时，地下水补给地表水，且补给过程存在一定的调蓄和延迟。当地表水补给地下水时，地表水位的变化幅度大于地下水位变化幅度，并且河流水位影响地下水位存在一定的延迟时间，但是如果存在强降水等因素干扰，也会出现地下水位变化幅度大于地表水位变化幅度的情况。

通过对调水调沙前西河口水位与地下水监测井（2~10号井）实测地下水位数值进行套绘，得出调水调沙前西河口水位和2~10号井地下水位变化曲线，如图3-1~图3-10所示（注：图中水位采用1956黄海高程系，下同）。从图3-1~图3-10可以看出，在4月17日至6月23日时间段内各水井地下水位在同一时间差别不大，但变化趋势与西河口水位变化趋势并不一致。调水调沙前（4月17日至6月23日）黄河来水量为年内最少，利津站来水流量不超过281 m^3/s，西河口水位较低，其水位整体表现为上升趋势且水位变化幅度亦不大（变化幅度不足1 m）。从图3-2~图3-10可以看出，监测井水位普遍表现为下降趋势，除10号井外，其他井地下水位降低幅度达1.2~1.6 m。另外，从调水调沙前研究区降水量、蒸发量及净降水量变化曲线（见图2-2）可以看出，该时间段内的降水量很少，蒸发比较强烈，净降水量大部分时间为-100~-180 mm，说明调水调沙前的时间段内蒸发量远大于降水量。因此可以判断，调水调沙前西河口水位对研究区地下水位无明显影响，研究区地下水位变化幅度主要受净降水的影响，蒸发对研究区地下水位的变化起主导作用。

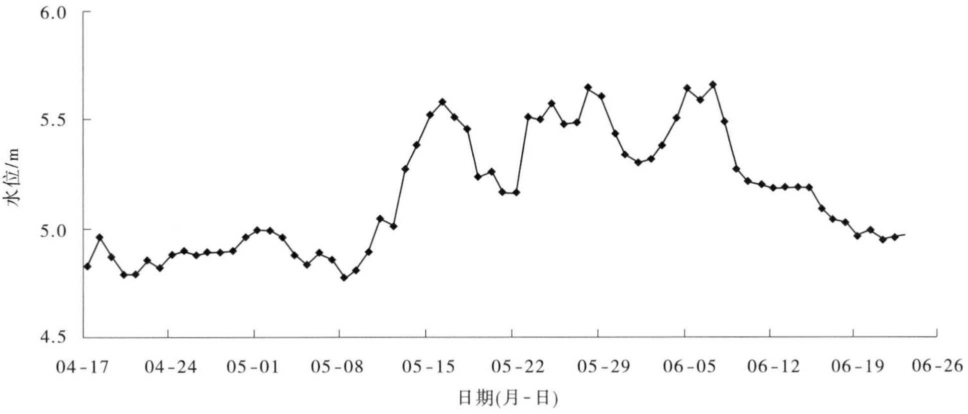

图 3-1　调水调沙前西河口水位变化曲线

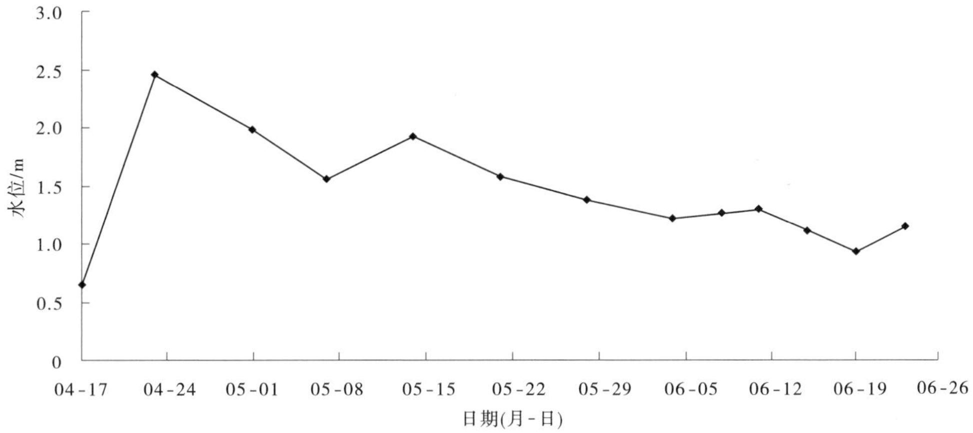

图 3-2　调水调沙前 2 号井地下水位变化曲线

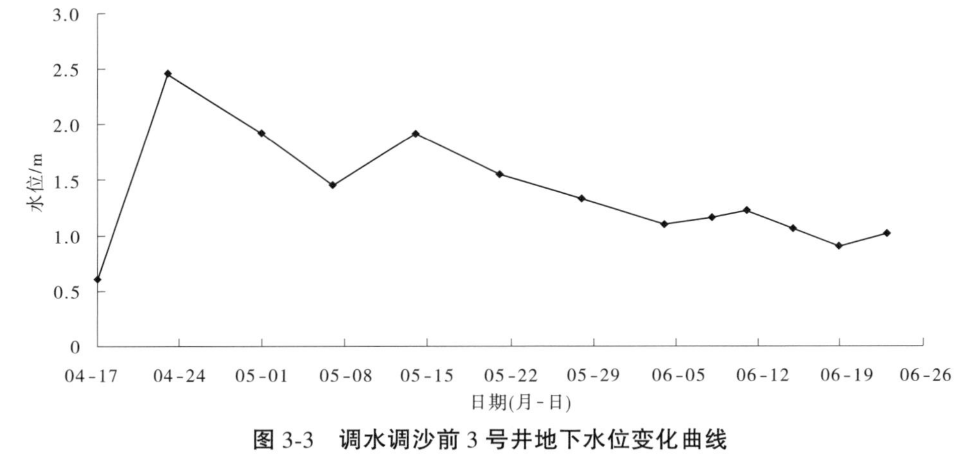

图 3-3　调水调沙前 3 号井地下水位变化曲线

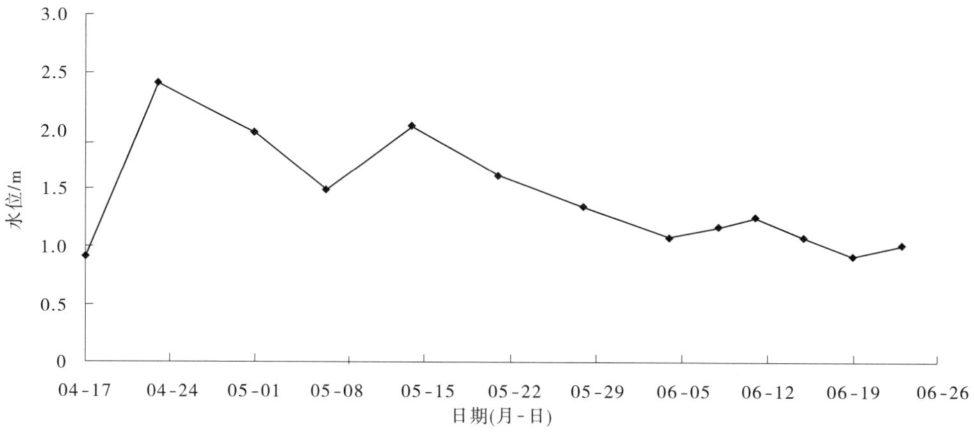

图 3-4　调水调沙前 4 号井地下水位变化曲线

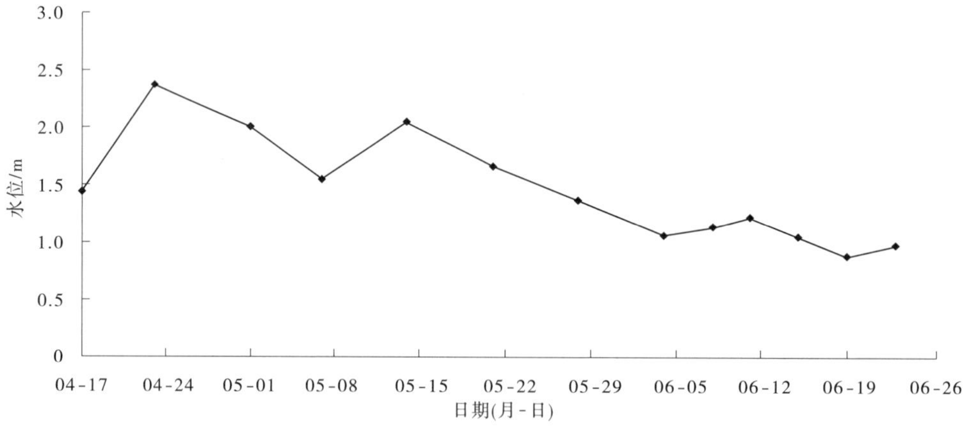

图 3-5　调水调沙前 5 号井地下水位变化曲线

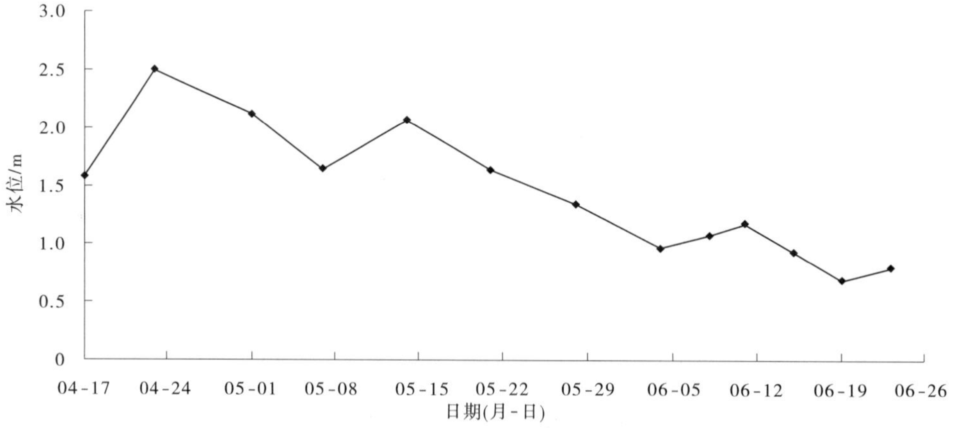

图 3-6　调水调沙前 6 号井地下水位变化曲线

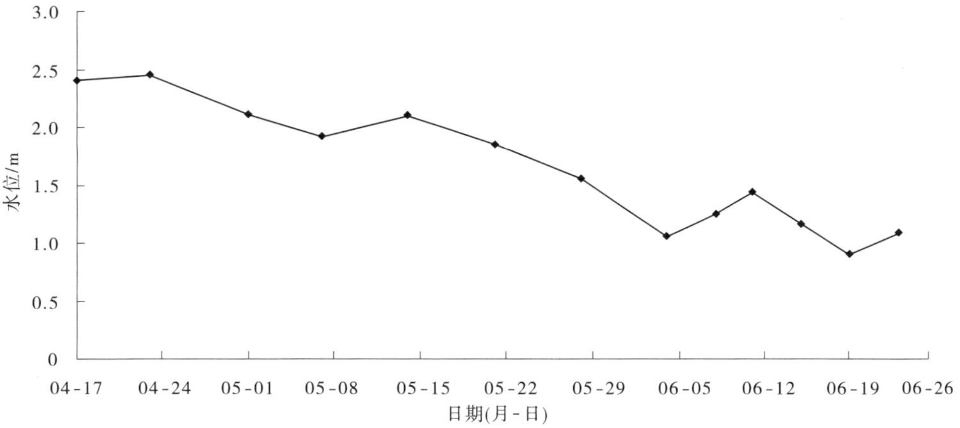

图 3-7　调水调沙前 7 号井地下水位变化曲线

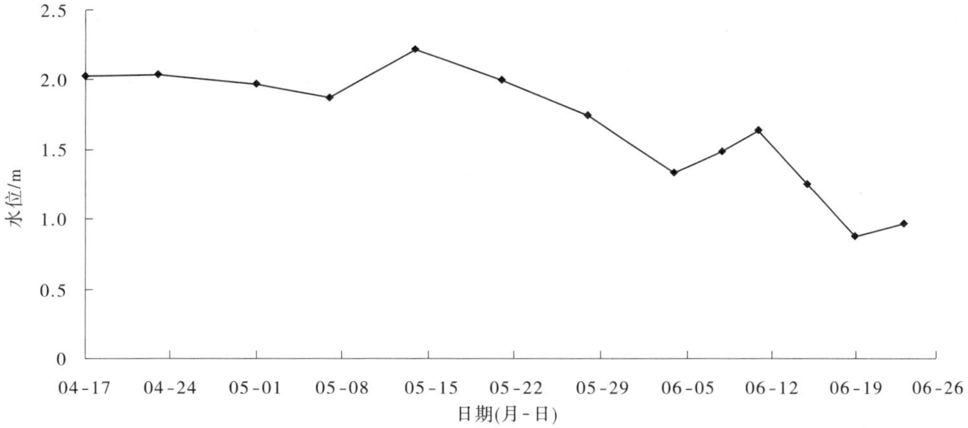

图 3-8　调水调沙前 8 号井地下水位变化曲线

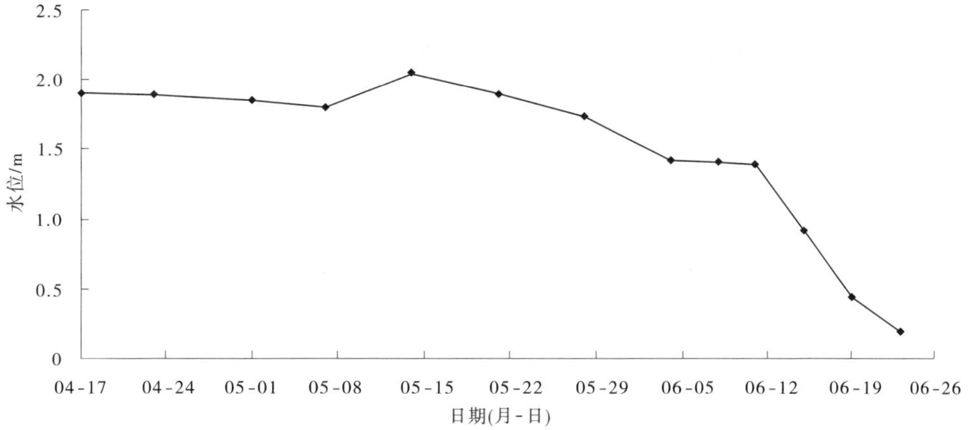

图 3-9　调水调沙前 9 号井地下水位变化曲线

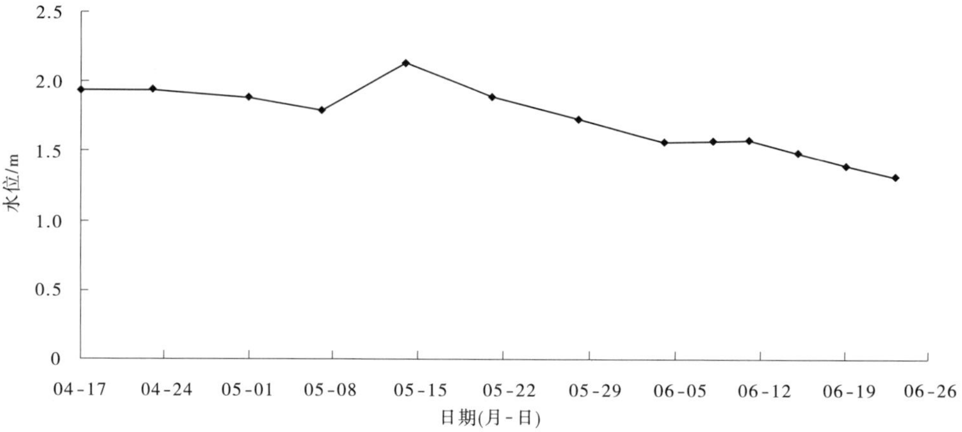

图 3-10 调水调沙前 10 号井地下水位变化曲线

3.1.1.2 调水调沙前西河口水位与地下水位的相关分析

利用 SPSS 软件进行相关分析，剔除净降水影响，调水调沙前地下水位对西河口水位响应的延迟时间定为 0 d、1 d、2 d、3 d、4 d、5 d、6 d、7 d、8 d、9 d、10 d。对延迟时间内的西河口水位与各监测井之间的地下水位进行相关分析，得出的相关系数见表 3-1。

表 3-1 调水调沙前西河口水位与地下水位相关系数

井号	延迟时间										
	0 d	1 d	2 d	3 d	4 d	5 d	6 d	7 d	8 d	9 d	10 d
2	−0. 09	−0. 20	−0. 38	−0. 32	−0. 39	−0. 28	−0. 48	−0. 51	−0. 61	−0. 61	−0. 62
3	−0. 09	−0. 20	−0. 39	−0. 33	0. 40	−0. 29	−0. 50	−0. 53	−0. 61	−0. 61	−0. 62
4	−0. 16	−0. 27	−0. 46	−0. 39	−0. 47	−0. 38	−0. 56	−0. 60	−0. 68	−0. 71	−0. 70
5	−0. 29	−0. 38	−0. 55	−0. 49	−0. 54	−0. 50	−0. 62	−0. 67	−0. 74	−0. 81	−0. 74
6	−0. 34	−0. 42	−0. 58	−0. 52	−0. 55	−0. 52	−0. 63	−0. 68	−0. 75	−0. 81	−0. 73
7	−0. 47	−0. 50	−0. 60	−0. 54	−0. 52	−0. 55	−0. 59	−0. 65	−0. 69	−0. 79	−0. 66
8	−0. 21	−0. 25	−0. 39	−0. 31	−0. 33	−0. 36	−0. 44	−0. 55	−0. 65	−0. 78	−0. 66
9	−0. 10	−0. 15	−0. 28	−0. 22	−0. 25	−0. 25	−0. 33	−0. 44	−0. 58	−0. 70	−0. 56
10	−0. 24	−0. 30	−0. 48	−0. 42	−0. 47	−0. 49	−0. 55	−0. 63	−0. 71	−0. 84	−0. 71

根据统计学原理,当相关系数为正值时呈正相关,为负值时呈负相关。两个因子正相关说明二者具有相同性质的变化关系,反之则说明二者具有相反性质的变化关系。表 3-1 中相关系数各井的数值均为负值,二者均呈负相关。说明调水调沙前西河口水位与研究区地下水位二者之间具有相反性质的变化关系,同时进一步证明了调水调沙前的时段内,蒸发对研究区地下水位的变化起主导作用。

3.1.2　调水调沙洪峰期黄河来水对地下水位的影响

3.1.2.1　调水调沙洪峰期西河口水位与地下水位的动态变化关系

通过对调水调沙洪峰期西河口水位与地下水监测井实测水位数值进行套绘,得出调水调沙洪峰期西河口水位和 2~10 号井地下水位变化曲线,如图 3-11~图 3-20 所示。

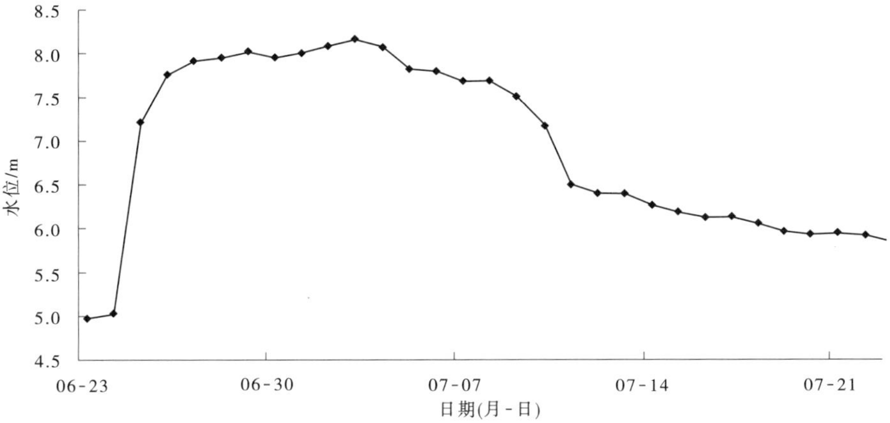

图 3-11　调水调沙洪峰期西河口水位变化曲线

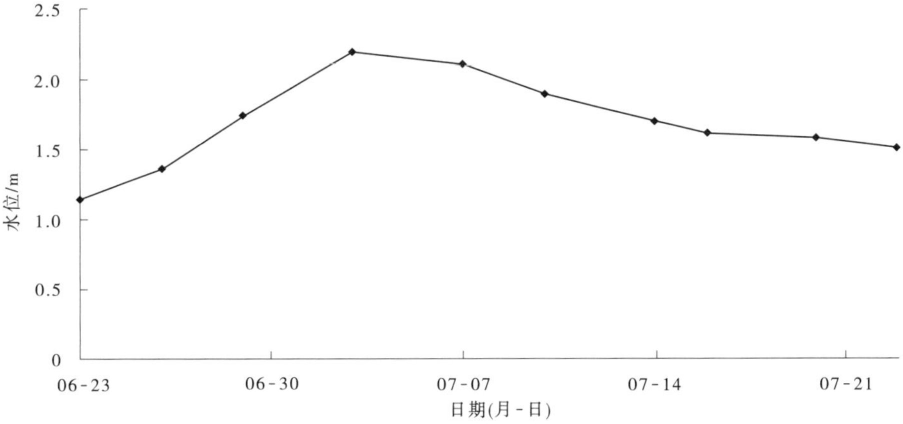

图 3-12　调水调沙洪峰期 2 号井地下水位变化曲线

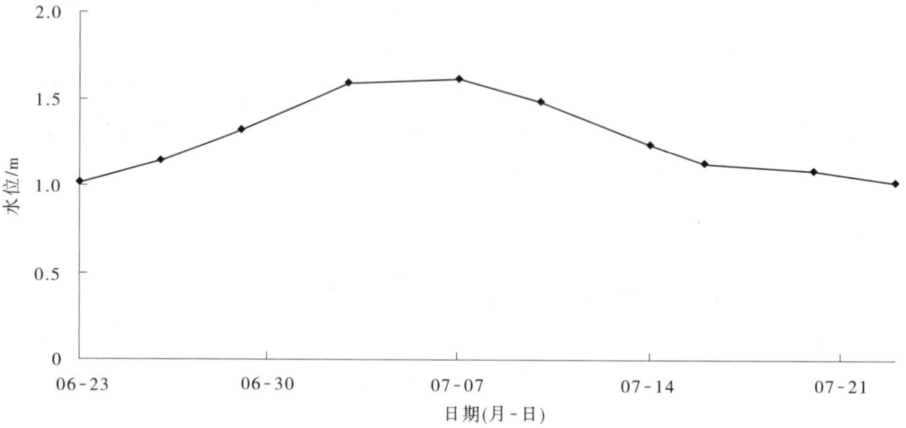

图 3-13　调水调沙洪峰期 3 号井地下水位变化曲线

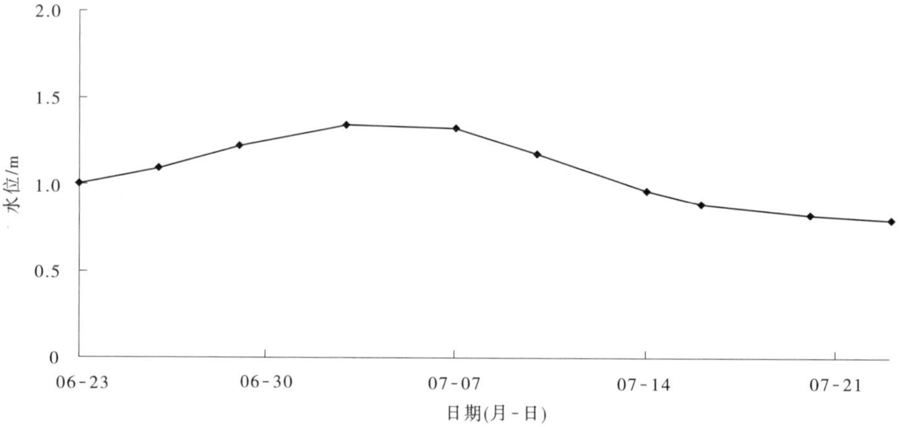

图 3-14　调水调沙洪峰期 4 号井地下水位变化曲线

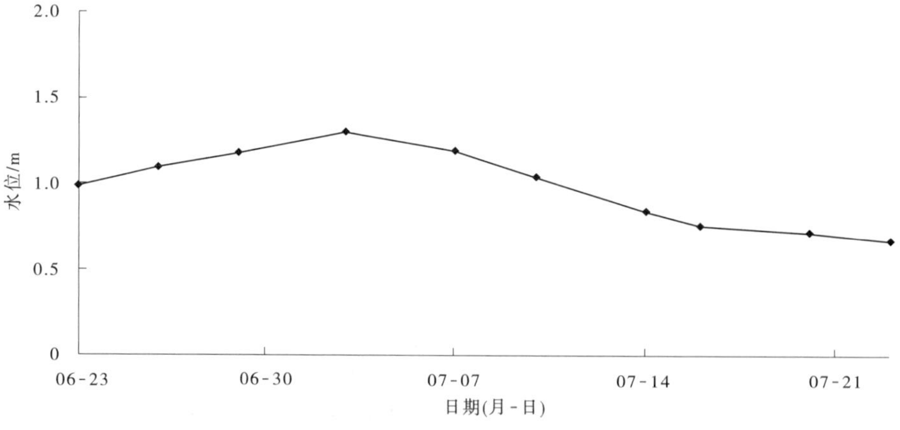

图 3-15　调水调沙洪峰期 5 号井地下水位变化曲线

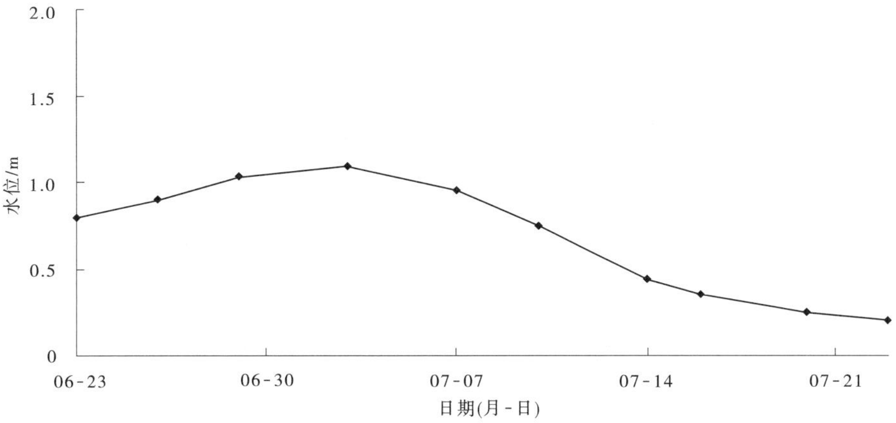

图 3-16　调水调沙洪峰期 6 号井地下水位变化曲线

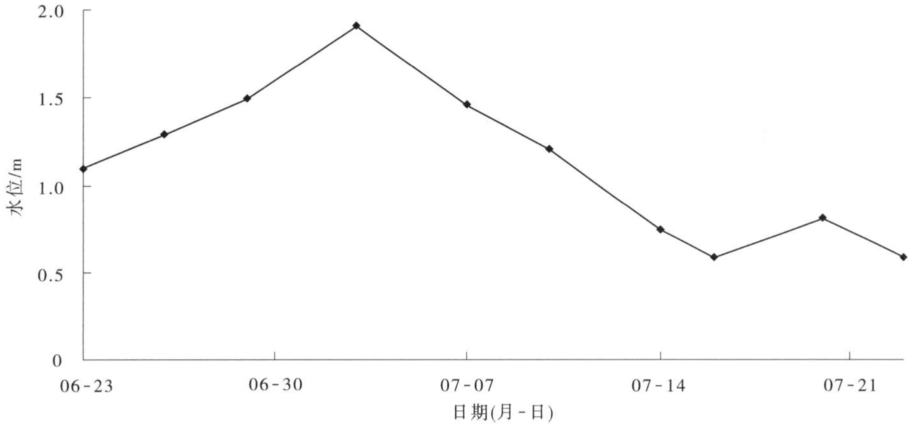

图 3-17　调水调沙洪峰期 7 号井地下水位变化曲线

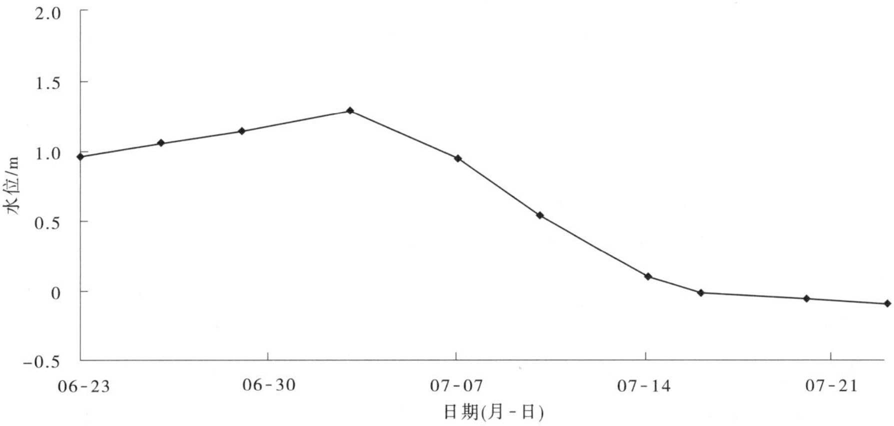

图 3-18　调水调沙洪峰期 8 号井地下水位变化曲线

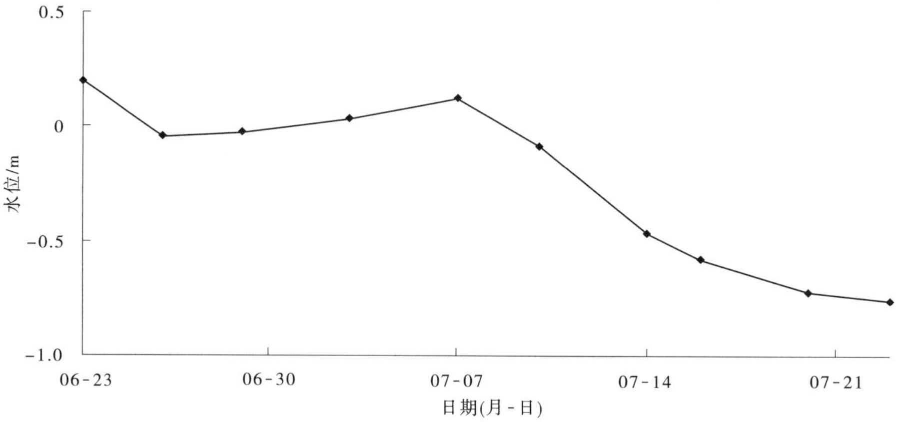

图 3-19　调水调沙洪峰期 9 号井地下水位变化曲线

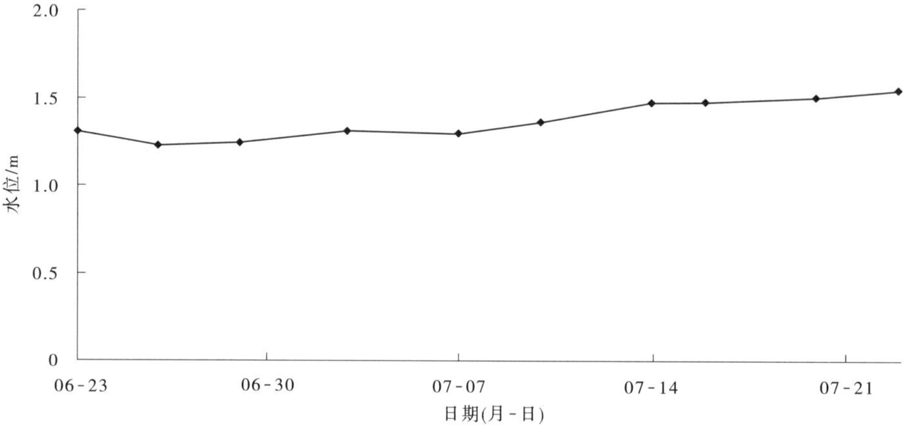

图 3-20　调水调沙洪峰期 10 号井地下水位变化曲线

从图 3-11～图 3-20 可以看出,在调水调沙洪峰期地下水位的变化趋势与西河口水位的变化趋势基本一致,距离河槽越近,黄河来水影响地下水的延迟时间越短;距离河槽越远,黄河来水影响地下水的延迟时间越长。

通过对比图 3-11～图 3-20 也可以看出,调水调沙洪峰期黄河来水存在来水量大、洪峰持续时间较长等特点,西河口水位出现了将近 10 d(6 月 27 日至 7 月 6 日)的持续峰值,2～8 号井地下水位出现了相应的明显抬升,均在 7 月 3 日出现了最高值,9 号井在 7 月 7 日出现了最高值,而 10 号井虽然水位变化幅度不大,但是水位仍表现为缓慢持续上升。

西河口水位动态表现为急速上升和急速回落,地下水位动态则表现为缓慢上升和缓慢回落,上升时间和回落时间远长于西河口水位,同时地下水位变化幅度小于西河口水位变化幅度,调水调沙洪峰期西河口水位变化增幅较大,增幅达到了 3.19 m,地下水位增幅达到 0.21～1.04 m(见表 3-2),并且随着离河距离的加大,水位增幅呈减小趋势变化。

表 3-2　调水调沙洪峰期各监测井水位最大增幅ΔZ

井号	2	3	4	5	6	7	8	9	10
ΔZ/m	1.04	0.59	0.34	0.32	0.29	0.81	0.33	0.21	0.24

根据东营市气象局提供的研究区降水、蒸发气象资料,经过计算套绘出调水调沙洪峰期研究区降水量、蒸发量及净降水量变化曲线(见图 2-3)。通过图 2-3 可以看出,调水调沙洪峰期研究区降水量较少,蒸发量大于降水量,净降水量在大部分时间内为负值,其负值范围平均在 80 mm 左右。

综合西河口水位增幅和各监测井地下水位增幅以及净降水平均幅度分析,在调水调沙洪峰期黄河水位变化对监测井地下水位的影响起主导作用,降水及蒸发的影响属于次要作用,黄河来水对研究区地下水位的影响已经达到 10 号井位置,其影响范围在 950 m 左右。

3.1.2.2　调水调沙洪峰期西河口水位与地下水位的相关分析

调水调沙洪峰期,由于监测井地下水位的实测资料存在降水、蒸发等因素的干扰,单纯用实测资料来计算西河口水位变化对监测井地下水位影响的延迟时间存在一定的误差,因此可采用相关分析排除降水、蒸发因素的影响。调水调沙洪峰期地下水位对西河口水位响应的延迟时间定为 0 d、1 d、2 d、3 d、4 d、5 d、6 d、7 d、8 d、9 d、10 d。对延迟时间内的西河口水位与各监测井之间的地下水位,利用 SPSS 软件剔除净降水影响进行相关分析,得出的相关系数见表 3-3。

表 3-3　调水调沙洪峰期西河口水位与地下水位相关系数

井号	延迟时间										
	0 d	1 d	2 d	3 d	4 d	5 d	6 d	7 d	8 d	9 d	10 d
2	0.97	0.93	0.91	0.90	0.85	0.81	0.74	0.69	0.60	0.20	0.13
3	0.97	0.91	0.90	0.88	0.82	0.74	0.67	0.62	0.53	0.19	0.09
4	0.90	0.96	0.89	0.87	0.81	0.45	0.37	0.31	0.21	−0.10	−0.22
5	0.93	0.96	0.82	0.78	0.70	0.30	0.22	0.15	−0.05	−0.28	−0.39
6	0.91	0.93	0.77	0.72	0.62	0.18	0.10	0.04	0.06	0.34	0.45
7	0.91	0.93	0.82	0.77	0.68	0.29	0.19	0.12	−0.01	−0.39	−0.47
8	0.90	0.91	0.71	0.64	0.52	0.07	−0.02	−0.09	−0.20	−0.48	−0.59
9	0.80	0.86	0.80	0.76	0.68	0.26	0.20	0.15	0.08	−0.13	−0.26
10	−0.87	−0.86	−0.56	−0.50	−0.37	−0.01	0.03	0.10	0.16	0.14	0.12

从表 3-3 可以看出,2~10 号井都出现了正相关且在 10 d 以内均出现了最大值。调水调沙洪峰期各监测井相关系数最大值见图 3-21。

根据统计学理论,相关系数最大值为相关性最大,对应的天数即为西河口水位变化对监测井地下水位影响的延迟时间 Δt。结合表 3-3 可以得出 Δt 值(见表 3-4)。

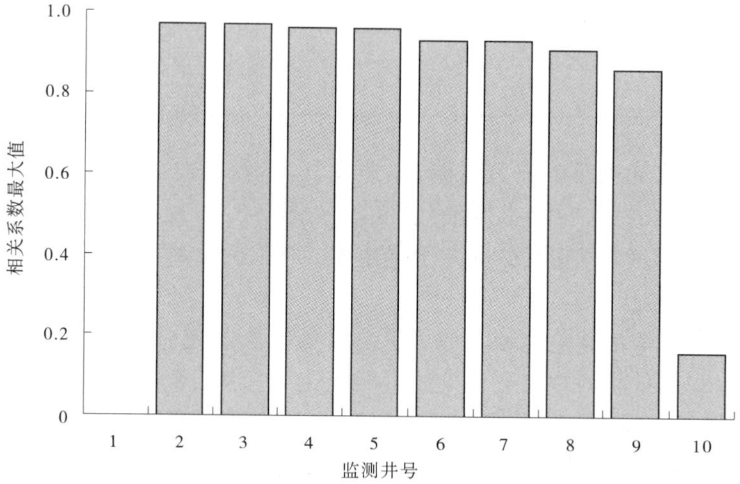

图 3-21　调水调沙洪峰期各监测井相关系数最大值

表 3-4　调水调沙洪峰期西河口水位变化对监测井地下水位影响的延迟时间 Δt

井号	2	3	4	5	6	7	8	9	10
Δt/d	0	0	1	1	1	1	1	1	8

通过表 3-3、表 3-4 和图 3-23 可以看出，离河距离影响着地下水位对西河口水位的响应程度和相关程度，离河越近，延迟时间越短，相关程度越高；离河越远，延迟时间越长，相关程度越低；西河口水位变化可在 0 d(当天)影响到 3 号井范围，1 d 后影响到 9 号井范围，8 d 后影响到 10 号井范围；10 号井相关系数最大值仅为 0.16，数值较小，处于受黄河水影响的临界位置。因此，黄河来水对研究区地下水位的影响可达到 10 号井位置，其影响范围在 950 m 左右，这与上述的分析结论是一致的。

通过相关性的研究，可以与 3.1.2.1 中的研究结合在一起，通过定性、定量两个方面来研究调水调沙洪峰期黄河来水对地下水位的影响，得出以下结论：

(1)调水调沙洪峰期黄河来水对研究区地下水影响明显，其影响随离河距离的增大呈减小趋势。黄河水位增幅达 3.19 m，地下水位增幅达 0.21~1.04 m。

(2)调水调沙洪峰期黄河来水对研究区地下水位的影响存在一定的范围，其影响可到达 10 号井位置，距河距离 950 m 左右。

(3)调水调沙洪峰期黄河来水对研究区地下水位的影响存在延迟时间，且随着离河距离的加大，延迟时间越长，延迟时间的变化范围在 0~8 d。

3.1.3　调水调沙长时间段黄河来水对地下水位的影响

3.1.3.1　调水调沙长时间段西河口水位与地下水位的动态变化关系

通过对调水调沙长时间段西河口水位与地下水监测井实测水位数值进行套绘，得出调水调沙长时间段西河口水位和 2~10 号井地下水位变化曲线，如图 3-22~图 3-31 所示。

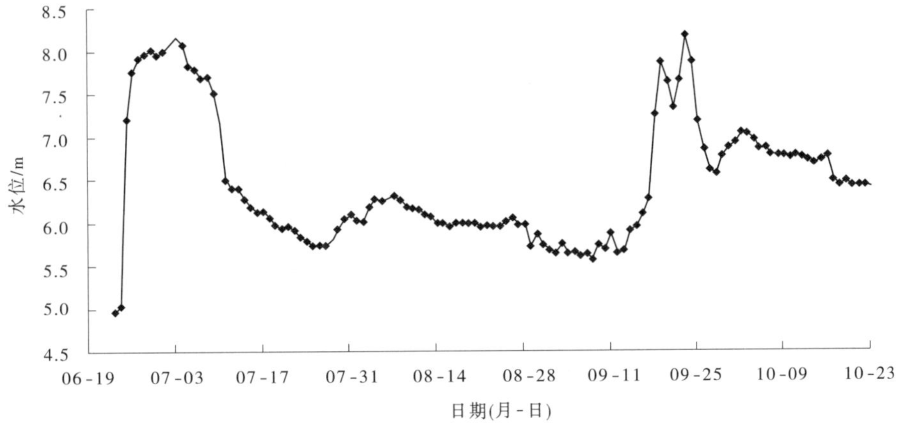

图3-22　调水调沙长时间段西河口水位变化曲线

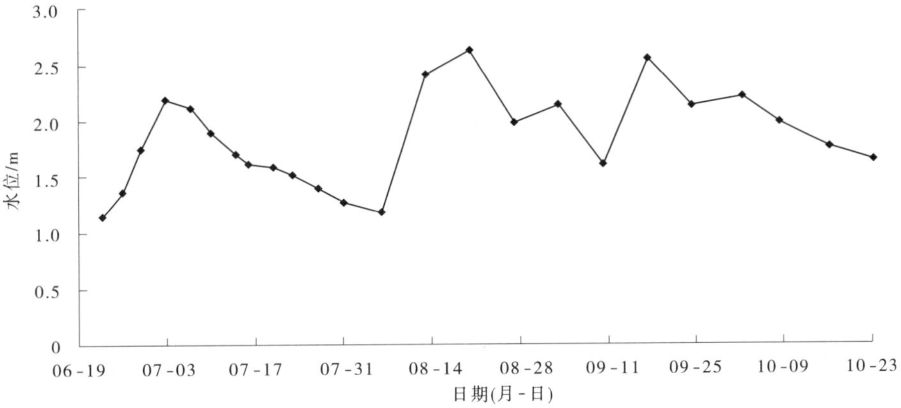

图3-23　调水调沙长时间段2号井地下水位变化曲线

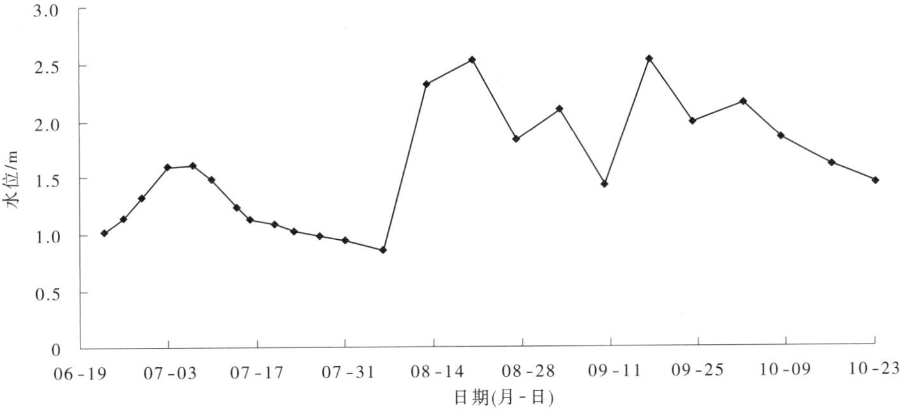

图3-24　调水调沙长时间段3号井地下水位变化曲线

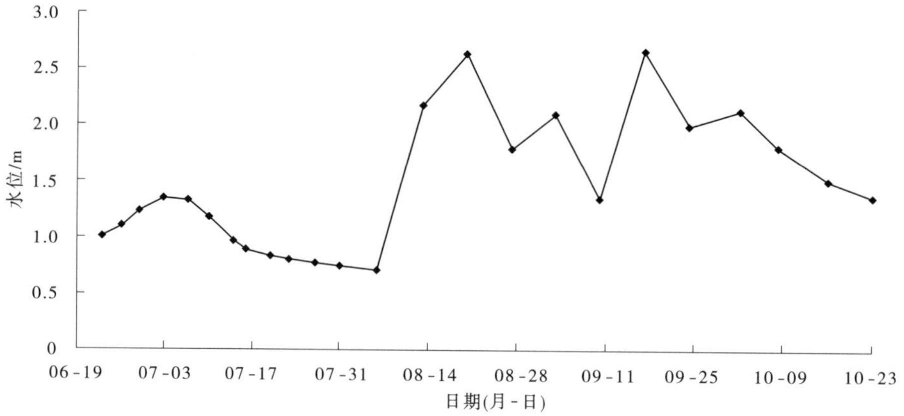

图 3-25　调水调沙长时间段 4 号井地下水位变化曲线

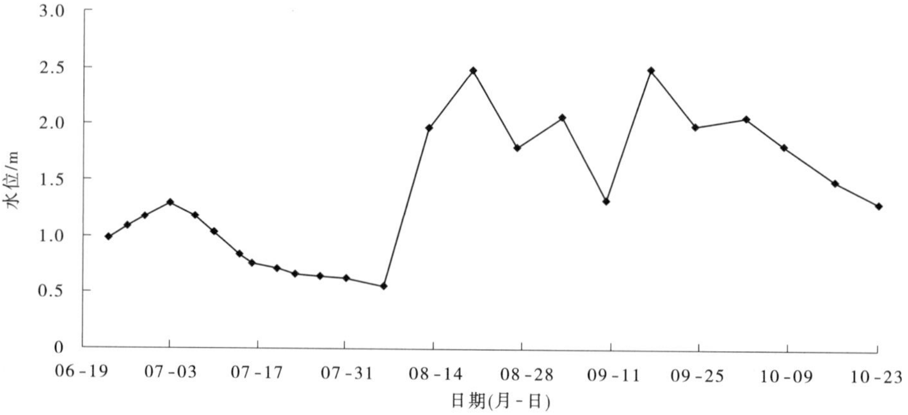

图 3-26　调水调沙长时间段 5 号井地下水位变化曲线

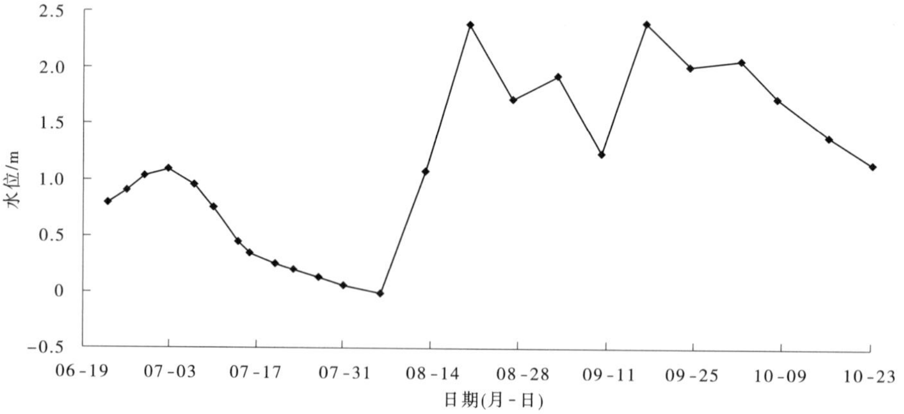

图 3-27　调水调沙长时间段 6 号井地下水位变化曲线

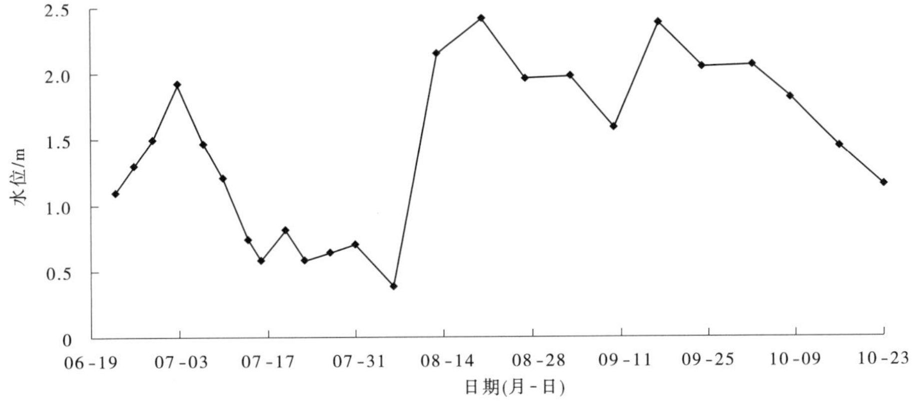

图 3-28　调水调沙长时间段 7 号井地下水位变化曲线

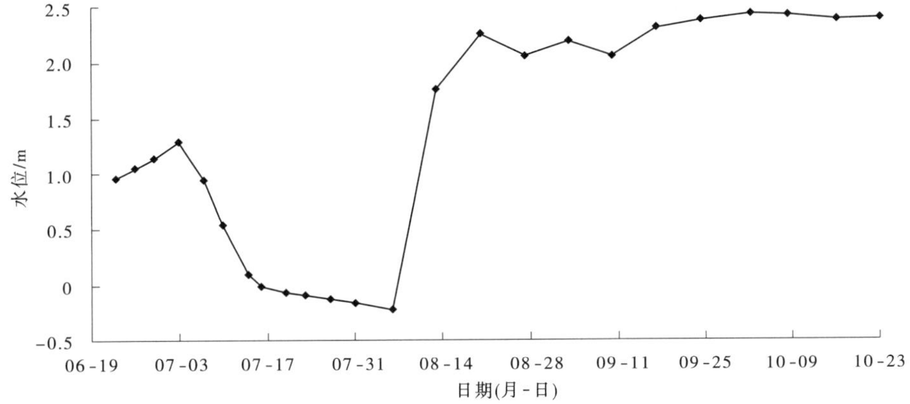

图 3-29　调水调沙长时间段 8 号井地下水位变化曲线

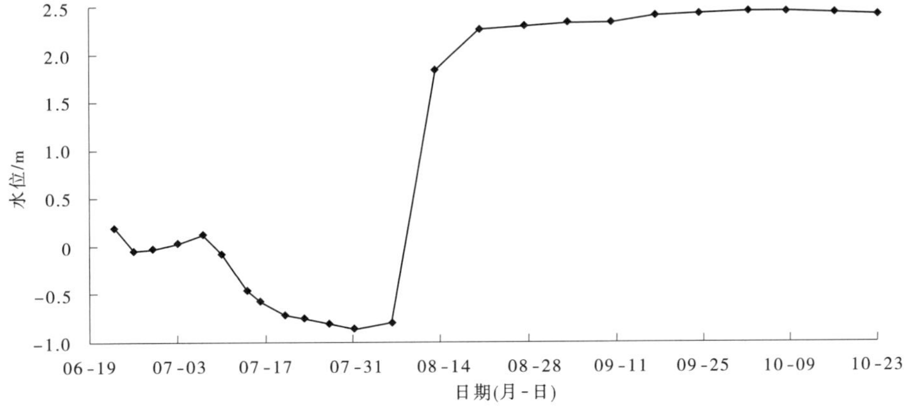

图 3-30　调水调沙长时间段 9 号井地下水位变化曲线

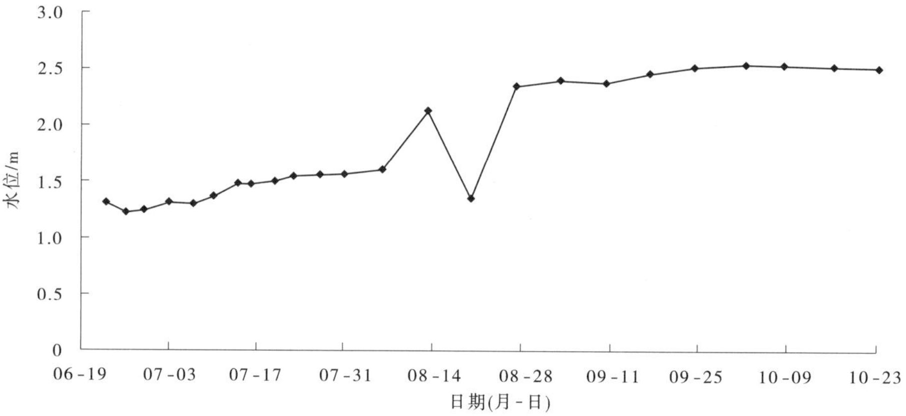

图 3-31 调水调沙长时间段 10 号井地下水位变化曲线

从图 3-22 可以看出,在 6 月 23 日至 10 月 23 日这个调水调沙长时间段内,西河口水位前期有 15 d 处于 8 m 左右的高水位状态,后期除秋汛(9 月下旬)有一个洪峰外,其他时间段内西河口水位趋于平缓,但仍维持在 6 m 以上的较高水位。

从图 3-22~图 3-31 可以看出,监测井第一次大的水位抬升为调水调沙洪峰期间(6 月 23 日至 7 月 23 日),其成因在 3.1.2 中已做详细论述。当洪峰过后(7 月 23 日至 8 月 4 日),监测井水位均有一定的降幅,至 8 月 4 日降至最低,但是降低变化产生的时间是随着离河距离的增加而向后延迟的。8 月 4~22 日监测井水位出现一个剧烈抬升,8 月 22 日以后,监测井水位虽然有一定的波动但普遍维持在较高的地下水位。

各监测井水位变化趋势与西河口水位变化趋势并不一致(见图 3-22~图 3-31),其中 2~7 号井水位变动较 8~10 号井频繁,特别是 10 号井第一次峰值降低后的最低值明显滞后于 8 号井。可见随着离河距离的加大,来水对地下水位的影响也趋于减小。

根据图 3-22~图 3-31 计算得出调水调沙长时间段内各监测井的地下水位变化增幅(见表 3-5),可以看出,地下水位的增幅随着离河距离的增大呈减小趋势,各监测井地下水位的增幅为 1.24~2.24 m。

表 3-5 调水调沙长时间段各监测井水位增幅 ΔZ

井号	2	3	4	5	6	7	8	9	10
ΔZ/m	1.68	1.57	1.65	1.51	1.60	1.31	1.47	2.24	1.24

值得说明的是,8 月 4~22 日监测井水位普遍出现剧烈抬升,受该时间段内的强降水影响较大(见表 3-6 和图 2-4),该时间段内降水量大且降水时间比较集中,累计降水量达到 1 435 mm。

表 3-6　保护区 8 月降水量

日期	降水量/mm	日期	降水量/mm	日期	降水量/mm	日期	降水量/mm
8 月 1 日		8 月 9 日		8 月 17 日		8 月 25 日	
8 月 2 日	2	8 月 10 日	8	8 月 18 日	97	8 月 26 日	
8 月 3 日	48	8 月 11 日	38	8 月 19 日	14	8 月 27 日	2
8 月 4 日	1	8 月 12 日	354	8 月 20 日		8 月 28 日	10
8 月 5 日		8 月 13 日	29	8 月 21 日		8 月 29 日	198
8 月 6 日	492	8 月 14 日	1	8 月 22 日		8 月 30 日	5
8 月 7 日	49	8 月 15 日	282	8 月 23 日		8 月 31 日	
8 月 8 日	1	8 月 16 日	69	8 月 24 日			

综合上述分析,认为在调水调沙长时间段内(6 月 23 日至 10 月 23 日),各监测井地下水位的变化主要受黄河来水和净降水两大因素的影响。监测井地下水位第一次峰值出现,黄河调水调沙洪峰的影响起主导作用,净降水影响属于次要作用。监测井地下水位出现第二次峰值,持续强降水形成的净降水影响起主导作用,黄河水位长时间持续较高水位(6 m 左右)的影响属于次要作用,但这种作用具有长时间性和连续性,对地下水位具有累积连续影响。

结合各监测井地下水位的增幅变化和持续强降水的累计净降水量综合分析,在调水调沙长时间段内,黄河来水对地下水位的影响范围能够达到 10 号井,即距离河 950 m 的范围。

3.1.3.2　调水调沙长时间段西河口水位与地下水位的相关分析

本节同样采用相关分析来排除降水蒸发因素对地下水位变化的干扰,调水调沙长时间段地下水位对西河口水位响应的延迟时间定为 0 d、5 d、10 d、15 d、20 d、30 d、40 d、50 d、60 d。通过延迟时间内的西河口水位与各监测井之间的地下水位,剔除净降水影响,利用 SPSS 软件进行相关分析,得出的相关系数见表 3-7。

表 3-7　调水调沙长时间段西河口水位与地下水位相关系数

井号	延迟时间								
	0 d	5 d	10 d	15 d	20 d	30 d	40 d	50 d	60 d
2	0.149	0.362	0.076	−0.194	−0.268	−0.085	0.662	0.538	0.213
3	0.08	0.137	−0.061	−0.288	−0.313	−0.143	0.673	0.508	0.305
4	0.053	0.011	−0.164	−0.322	−0.299	−0.133	0.623	0.501	0.332
5	0.170	−0.280	−0.300	−0.370	−0.323	−0.123	0.598	0.479	0.310

续表 3-7

井号	延迟时间								
	0 d	5 d	10 d	15 d	20 d	30 d	40 d	50 d	60 d
6	0. 110	−0. 170	−0. 340	−0. 374	−0. 315	−0. 139	0. 581	0. 449	0. 298
7	−0. 180	−0. 180	−0. 330	−0. 417	−0. 319	−0. 140	0. 574	0. 418	0. 288
8	−0. 160	−0. 180	−0. 430	−0. 412	−0. 317	−0. 150	0. 556	0. 419	0. 218
9	−0. 220	−0. 170	−0. 430	−0. 491	−0. 353	−0. 137	0. 418	0. 501	0. 216
10	−0. 350	−0. 132	−0. 340	−0. 527	−0. 409	−0. 250	0. 106	0. 117	0. 008

从表 3-7 可以看出,2~10 号井都呈现出了正相关和负相关,其中 2~8 号井的正相关系数最大值出现在 40 d;9 号井、10 号井正相关系数中最大值出现在 50 d;对各监测井正相关系数最大值进行绘图,得出图 3-32 所示的变化趋势。通过图 3-32 可以看出,除极个别井外,各监测井相关系数最大值随离河距离的加大而减小,呈现递减变化。

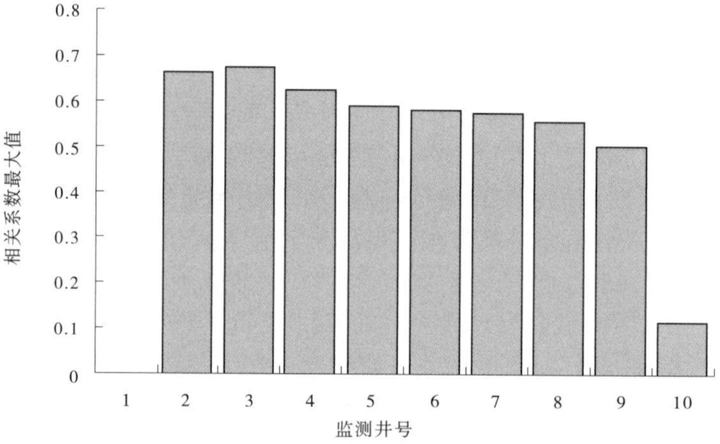

图 3-32　调水调沙长时间段各监测井相关系数最大值变化

2~9 号井,均出现较大的正相关值,10 号井正相关值(0. 117)较小,说明调水调沙长时间段内来水对研究区地下水位的影响达到了 10 号井的位置,10 号井以外距离的影响作用相对较弱。

通过上述相关分析,剔除净降水影响后调水调沙在长时间段内西河口水位对研究区地下水位的影响在 10 号井附近,距离河 950 m 的范围。调水调沙黄河水位长时间持续的较高水位对地下水位的影响是长时间和持续的,其相应最大持续影响的延迟时间,2~8 号井为 40 d,9 号井、10 号井为 50 d。

通过对调水调沙长时间段黄河来水对地下水位影响的相关性研究,可以得出以下结论:

(1)调水调沙长时间段内黄河来水对地下水位的抬升影响具有长时间性和持续性,持续强降水对地下水位的抬升影响明显。二者的综合作用使地下水位出现明显的大幅度上升,地下水位的增幅随着离河距离的增大呈减小趋势,各监测井地下水位的增幅为1.24~2.24 m。

(2)调水调沙长时间段内黄河来水对地下水位的影响达到 10 号井范围,距河 950 m 左右。

(3)调水调沙长时间段内黄河来水对地下水位的最大持续影响存在延迟时间,且延迟时间随着离河距离的增加而增大。其相应最大持续影响的延迟时间,2~8 号井为 40 d,9 号井、10 号井为 50 d。

3.1.4　调水调沙对地下水位的影响结论

通过对调水调沙前、调水调沙洪峰期、调水调沙长时间段三个时期内黄河调水调沙对地下水位的影响分析,得出以下结论:

(1)研究区地下水位的变化不仅受黄河来水的影响,还受降水、蒸发等因素的影响。

(2)调水调沙前,由于来水量极少,适逢春旱,西河口水位对研究区地下水位无明显影响,研究区地下水位变幅主要受净降水的影响,蒸发对研究区地下水位的变化起主导作用。

(3)调水调沙洪峰期,来水集中,径流量大,黄河来水对研究区地下水位影响极为明显,对地下水的影响随着离河距离的增大呈减小趋势。其影响可到达 10 号井位置,影响范围在 950 m 左右;黄河水位增幅达 3.19 m,地下水位增幅达 0.21~1.04 m。

(4)调水调沙洪峰期,黄河来水对研究区各监测井地下水位的影响存在一定的延迟时间,2~10 号井的延迟时间为 0~8 d。

(5)调水调沙长时间段内黄河来水对地下水位的抬升影响具有长时间性和持续性,持续强降水对地下水位的抬升影响明显。二者的综合作用使地下水位出现明显的大幅度上升,地下水位的增幅变化随着离河距离的增大呈减小趋势,各监测井地下水位的增幅为1.24~2.24 m。

(6)调水调沙长时间段内黄河来水对地下水位的最大持续影响延迟时间,2~8 号井为 40 d,9 号井、10 号井为 50 d,延迟时间随着离河距离的增加而增大。对地下水位的影响达到 10 号井范围,距河 950 m 左右。

3.2　2012~2013 年刁口河生态调水对地下水位的影响

为了分析刁口河生态调水对地下水位的影响,本节将进行地下水位的动态变化分析。通过地下水位的动态变化关系确定刁口河生态调水、降水、蒸发、人类活动等因素对地下水位的影响范围。

由于刁口河河道为黄河故道,并在与黄河现行河道交叉处修建了罗家屋子闸,在调水调沙生态调水时,通过罗家屋子闸引水达到给湿地生态补水的目的。

为了研究生态调水对刁口河地区地下水位的影响,按以下三个时间段分别进行分析:

生态调水前期(2012 年 4 月 28 日至 6 月 28 日)、生态调水期(2012 年 6 月 29 日至 7 月 12 日)、生态调水后期(2012 年 7 月 13 日至 2013 年 4 月 28 日)。

特别说明:前述已提及,两个监测断面布设位置目的是不同的。上游监测井桩埕路监测断面几乎不受人类活动的影响,观测数据可直接反映刁口河生态调水对地下水位的影响。而下游监测井一千二管理站监测断面,保护区湿地有人工引水渠系从刁口河引水,补给距离刁口河较远范围的湿地,观测数据可综合反映刁口河生态调水和人工引水渠系引水补给湿地两种因素对地下水位的影响。在以下的研究内容中,通过研究桩埕路监测断面数据来分析刁口河生态调水对研究区地下水位的影响,通过研究一千二管理站监测断面数据并结合桩埕路监测断面数据,来分析刁口河来水和人工引水渠系引水补给湿地综合情况下,对刁口河地区地下水位的影响。

3.2.1　观测期地下水位动态变化关系

在水文地质学理论上,河流水位对于地下水位有影响作用,当地表水位高于地下水位时,地表水对地下水进行补给;当地表水位低于地下水位时,地下水补给地表水(此时地表水位低于地下水位的时间比较短),且补给过程存在一定的调蓄和延迟。当地表水补给地下水时,地表水位的变化幅度在正常条件下大于地下水位的变化幅度,并且河流水位影响地下水位存在一定的延迟时间,但是如果存在强降水等因素干扰,也会出现地下水位变化幅度大于地表水位变化幅度的情况。

通过对整个观测期(2012 年 4 月 28 日至 2013 年 4 月 28 日)地下水监测井(桩 1~10 井、站 1~10 井)实测水位数值进行套绘,得出整个观测期桩 1~10 井、站 1~10 井地下水位变化曲线,如图 3-33、图 3-34 所示。

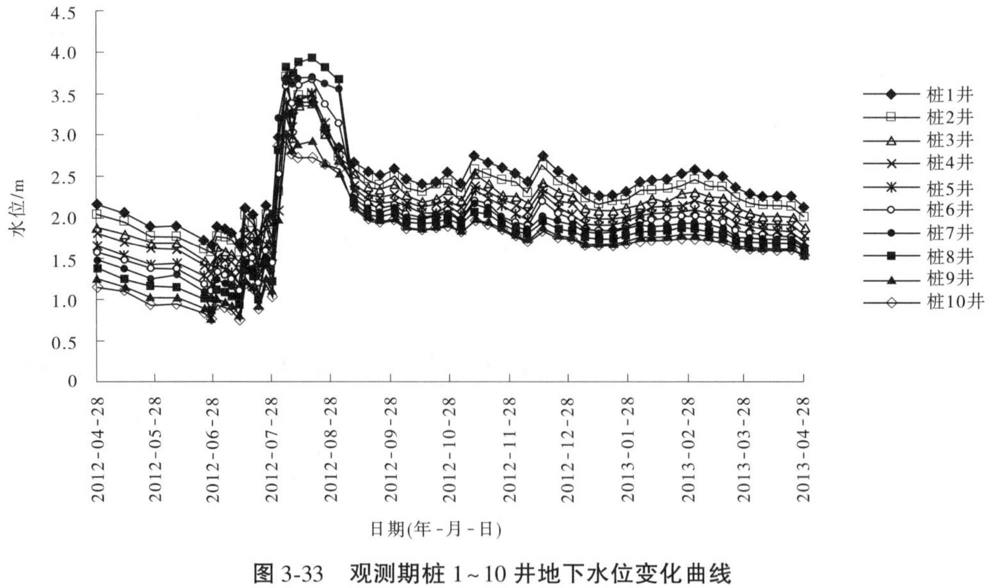

图 3-33　观测期桩 1~10 井地下水位变化曲线

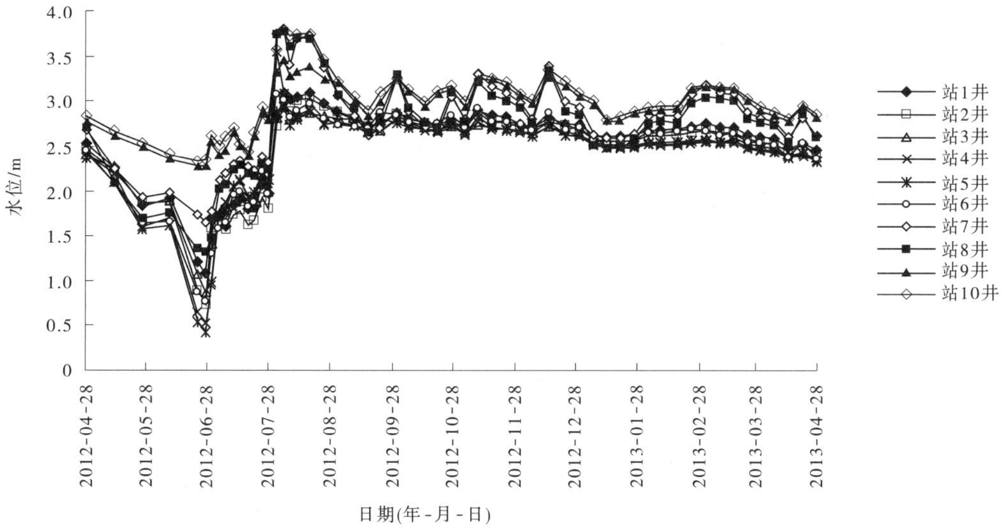

图 3-34　观测期站 1~10 井地下水位变化曲线

从图 3-33 可以看出，整个观测期桩埕路监测断面桩 1~10 井地下水位出现 3 个较大的变化：2012 年 4 月 28 日至 6 月 28 日水位持续降低；2012 年 6 月 28 日至 8 月 28 日左右，水位先持续抬升，之后小幅降落，并持续维持在较高的地下水位；2012 年 8 月 28 日至 2013 年 4 月 28 日，水位总体回落，但是出现 5 次较大的抬升回落过程。

根据监测水位数据过程曲线并结合研究区气象等情况，分析以上 3 个变化的原因如下：一是该时间段处于春旱阶段，刁口河地区无外来水源补给、降水量极小、蒸发量极大，造成了桩 1~10 井水位持续降低；二是该时间段处于雨季，刁口河地区处于生态调水期，自 2012 年 6 月 29 日开始补水持续 14 d，且 29 日出现强降水，当日两种因素的共同作用，使得桩 1~10 井在 2012 年 6 月 30 日水位开始抬升，从 2012 年 7 月 11 日到 2012 年 8 月 28 日出现强降水十几次，湿度较大，蒸发量较小，在这几个因素的共同作用下，出现了整个观测期内的水位大幅抬升；三是该时间段内，生态调水对地下水的延迟影响已结束，且该时间段内降水分布不均匀，降水出现时，桩 1~10 井地下水位就出现小幅抬升，无降水以蒸发为主时，桩 1~10 井地下水位就出现小幅回落，由于降水量小、蒸发量大，水位总体呈降低趋势。

从图 3-34 可以看出，站 1~10 井的水位变化受到了人类生产活动（人工引水渠系引水补给湿地）的影响，水位变化曲线与桩 1~10 井水位变化曲线相比有所差异，主要变化如下：2012 年 4 月 28 日至 6 月 28 日水位基本呈降低趋势；2012 年 6 月 28 日至 8 月 28 日左右，水位先持续大幅抬升后降落；2012 年 8 月 28 日至 10 月 28 日左右，站 1~7 井水位开始回落，站 8~10 井出现两个抬升回落变化；2012 年 10 月 28 日至 2013 年 4 月 28 日，出现三次小幅抬升降落过程。

图 3-34 表现出来的四个变化与图 3-33 大体一致，由于一千二管理站是专门为了研究人工生产活动干扰所布设的监测井，与图 3-33 相比，图 3-34 表现出的水位变化差异现象（特别是站 8~10 井），主要是受到人类生产活动的影响所造成的。

下面分为三个时段对整个观测期地下水位变化进行讨论。

3.2.2 生态调水前期地下水位动态变化关系

3.2.2.1 生态调水前期地下水位与时间的动态变化关系

通过对生态调水前期(2012 年 4 月 28 日至 6 月 28 日)地下水监测井(桩 1～10 井、站 1～10 井)实测水位数值进行套绘,得出生态调水前期桩 1～10 井、站 1～10 井地下水位变化曲线,如图 3-35、图 3-36 所示。

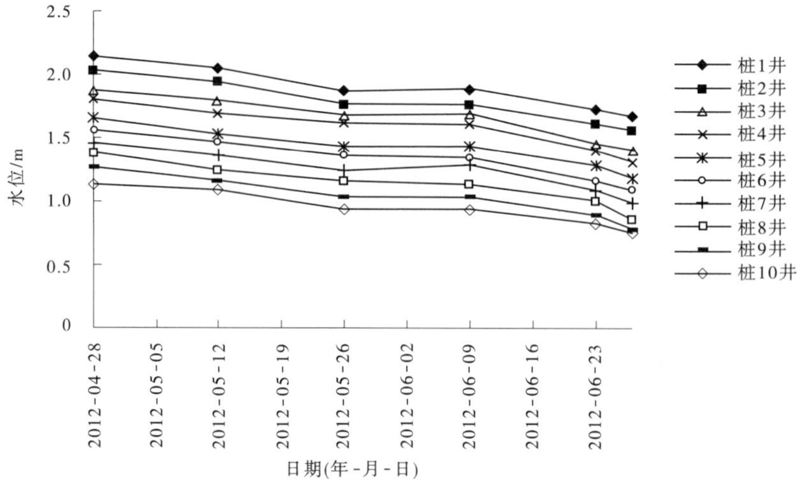

图 3-35 生态调水前期桩 1～10 井地下水位变化曲线

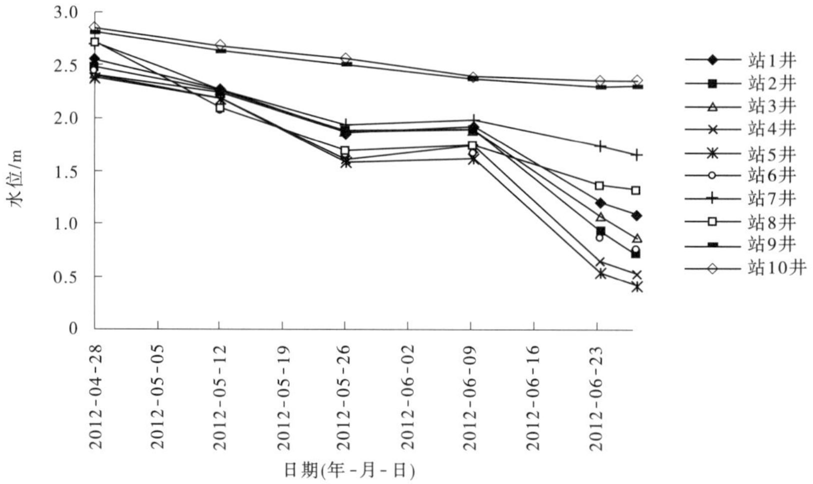

图 3-36 生态调水前期站 1～10 井地下水位变化曲线

生态调水前期研究区地下水位主要受到降水、蒸发、人类生产活动影响,通过图 3-35 和图 3-36 可以看出,在无外界干扰下,只受降水、蒸发影响的桩埕路监测断面,水井地下水位表现得比较有规律,而在受到降水、蒸发、人类生产活动共同影响的一千二管理站监测断面,水井地下水位虽然变化趋势与桩埕路监测断面水井的一致,但是站 9 井、站 10 井表现得地下水位远高于站1~8井,明显是受到了人类生产活动的影响。

生态调水前期时间段,两监测断面地下水位变化主要受蒸发因素的影响,该时间段内,降水少、无来水补给,研究区地下水位受到蒸发影响呈降低趋势。

3.2.2.2 生态调水前期地下水位的横向距离变化

通过对生态调水前期地下水监测井(桩1~10井、站1~10井)实测水位数值进行套绘,得出生态调水前期桩1~10井、站1~10井地下水位变化曲线(以井位为横坐标),如图3-37、图3-38所示。

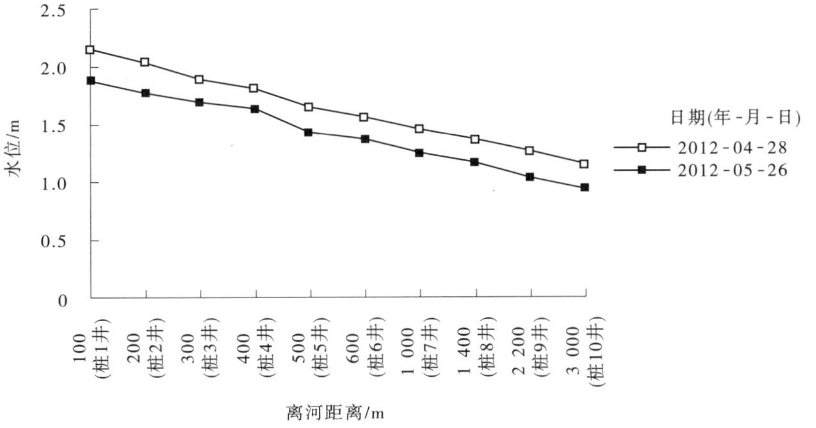

图3-37 生态调水前期桩1~10井地下水位变化曲线

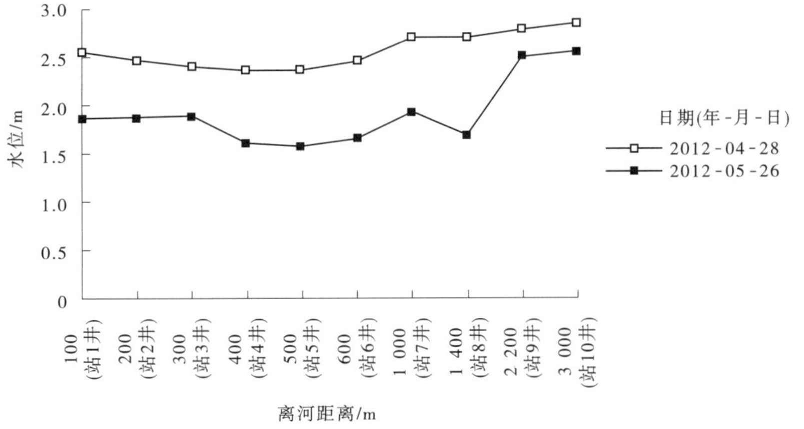

图3-38 生态调水前期站1~10井地下水位变化曲线

从图3-37可以看出,桩1~10井随着离河距离的加大,在同一时间内,水位是降低的,且2012年5月26日的桩10井水位明显低于2012年4月28日的桩10井水位。

生态调水前期桩1~10井地下水位变化幅度见表3-8,该时间段研究区地下水位主要受蒸发因素影响呈降低态势。水位变化幅度最大值出现在桩8井,为0.513 m,变化幅度最小值出现在桩10井,为0.377 m,桩1~10井地下水位变化幅度为0.377~0.513 m。

表 3-8　生态调水前期桩 1~10 井地下水位变化幅度　　单位:m

井号	桩 1 井	桩 2 井	桩 3 井	桩 4 井	桩 5 井	桩 6 井	桩 7 井	桩 8 井	桩 9 井	桩 10 井
最大值	2.141	2.031	1.881	1.808	1.651	1.561	1.461	1.374	1.261	1.136
最小值	1.671	1.561	1.411	1.311	1.181	1.091	0.991	0.861	0.771	0.759
变化幅度	0.470	0.470	0.470	0.497	0.470	0.470	0.470	0.513	0.490	0.377

从图 3-38 可以看出,站 1~10 井在两个时间内,2012 年 5 月 26 日地下水位低于 2012 年 4 月 28 日的,地下水位呈降低态势。但是由于一千二管理站监测断面受到人类生产活动的影响较大,并没有规律地表现出同一观测时间内水位随着离河距离的加大而降低的趋势,可见人类活动对研究区地下水位的影响较为严重。

生态调水前期站 1~10 井地下水位变化幅度见表 3-9,在生态调水前期,一千二管理站监测断面 10 个监测井的地下水位变化幅度远大于桩埕路 10 个监测井的地下水位变化幅度,且一千二管理站监测断面 10 个监测井地下水位变化幅度主要是受人类生产活动影响造成的,站 1~10 井水位变化幅度为 0.492~1.960 m。

表 3-9　生态调水前期站 1~10 井地下水位变化幅度　　单位:m

井号	站 1 井	站 2 井	站 3 井	站 4 井	站 5 井	站 6 井	站 7 井	站 8 井	站 9 井	站 10 井
最大值	2.543	2.464	2.407	2.373	2.375	2.450	2.699	2.702	2.787	2.840
最小值	1.083	0.724	0.867	0.523	0.415	0.760	1.659	1.322	2.294	2.348
变化幅度	1.460	1.740	1.540	1.850	1.960	1.690	1.040	1.380	0.493	0.492

3.2.2.3　生态调水前期地下水位的纵向距离变化

绘制两个相距 1.5 km 的监测断面中离河距离相同的两个井的地下水位套绘图(桩 1 井、站 1 井断面至桩 10 井、站 10 井断面,见图 3-39~图 3-48),以此来分析生态调水前期地下水位纵向距离的变化情况。

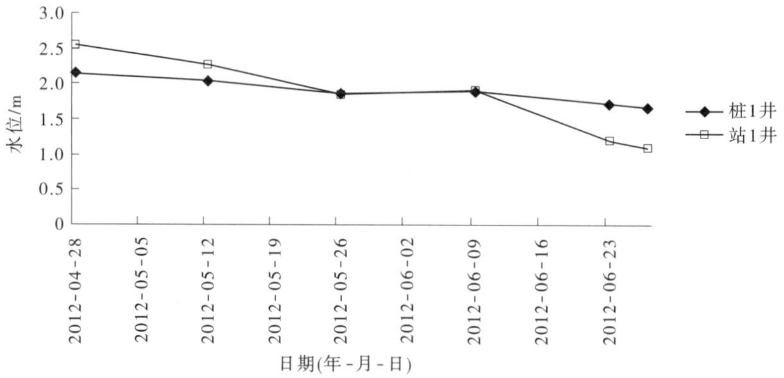

图 3-39　生态调水前期桩 1 井、站 1 井地下水位变化曲线

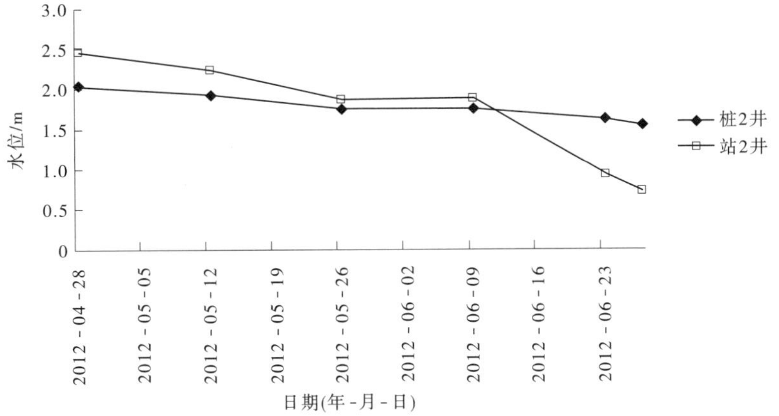

图3-40　生态调水前期桩2井、站2井地下水位变化曲线

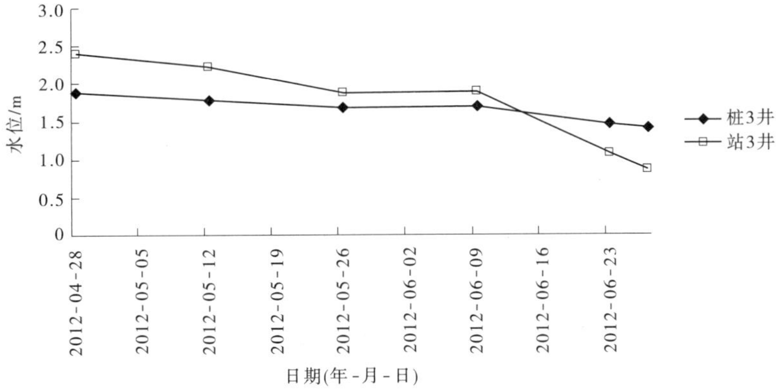

图3-41　生态调水前期桩3井、站3井地下水位变化曲线

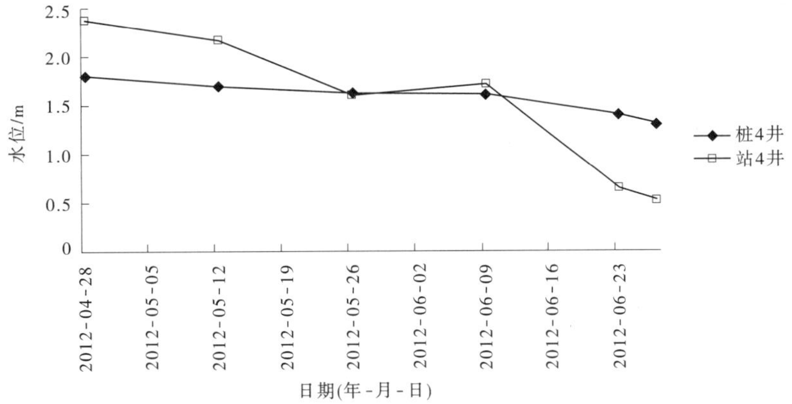

图3-42　生态调水前期桩4井、站4井地下水位变化曲线

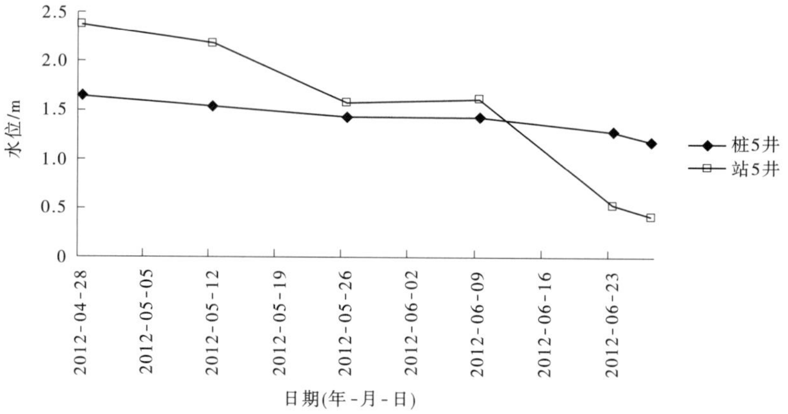

图 3-43　生态调水前期桩 5 井、站 5 井地下水位变化曲线

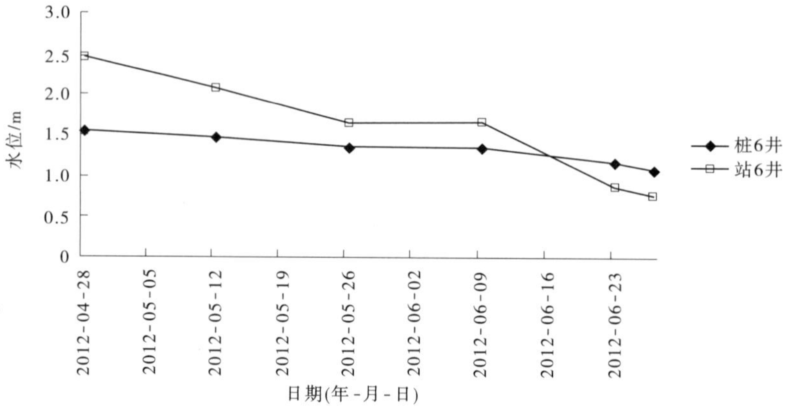

图 3-44　生态调水前期桩 6 井、站 6 井地下水位变化曲线

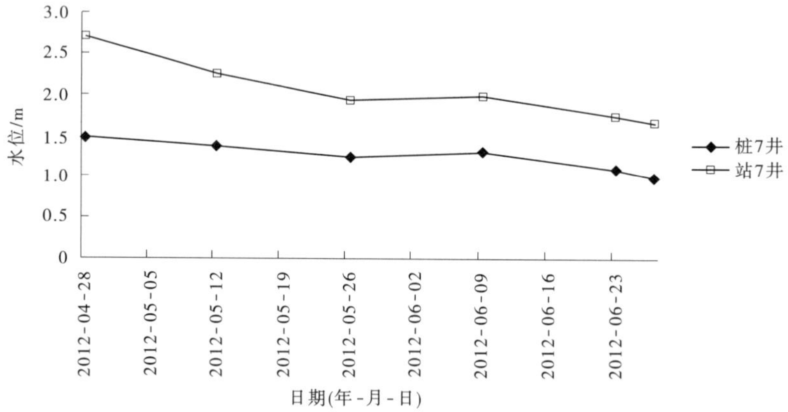

图 3-45　生态调水前期桩 7 井、站 7 井地下水位变化曲线

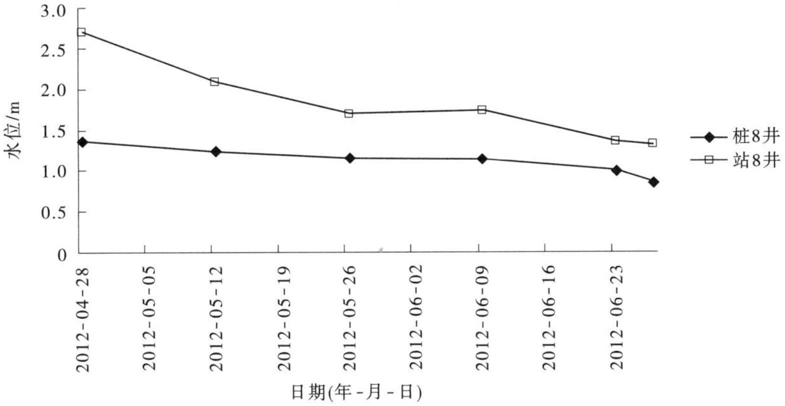

图 3-46　生态调水前期桩 8 井、站 8 井地下水位变化曲线

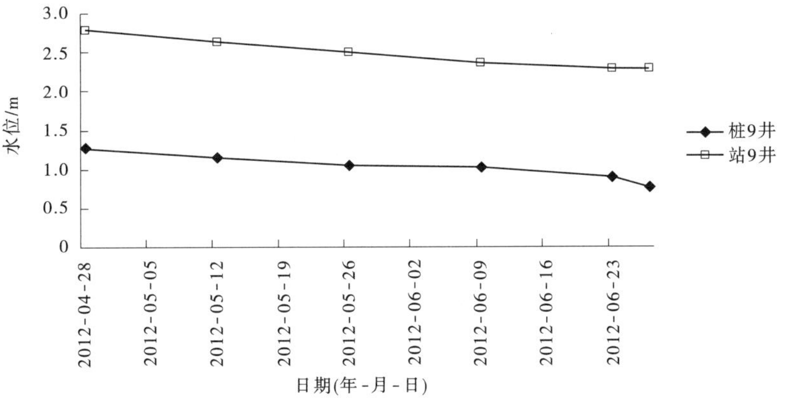

图 3-47　生态调水前期桩 9 井、站 9 井地下水位变化曲线

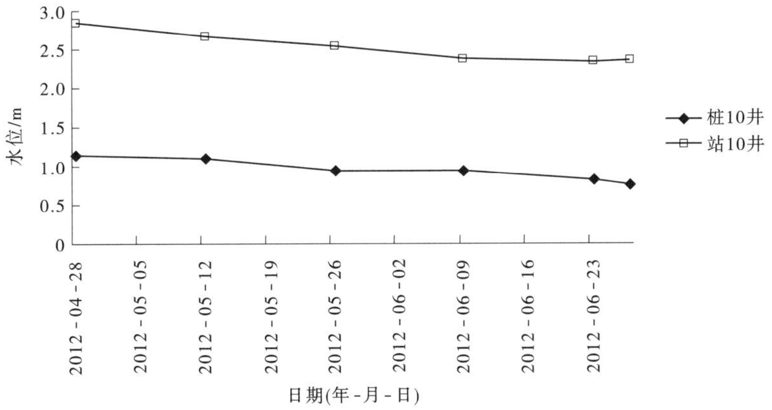

图 3-48　生态调水前期桩 10 井、站 10 井地下水位变化曲线

从图 3-39~图 3-48 可以看出，桩 1 井、站 1 井至桩 6 井、站 6 井地下水位变化曲线中，站井地下水位高于桩井地下水位，在 2012 年 6 月 9 日后开始出现变化，之后桩井地下水位高于站井地下水位；桩 7 井、站 7 井至桩 10 井、站 10 井地下水位变化曲线中，站井地下水位一直高于桩井地下水位；桩 1 井、站 1 井至桩 8 井、站 8 井地下水位变化曲线中，站井地下水位降幅远大于桩井地下水位降幅。

3.2.2.4　小结

生态调水前期，研究区地下水位变化受蒸发因素影响较大，由于降水较少，该时间段内，研究区地下水位总体呈降低趋势，且在无人类活动影响下，地下水位随着离河（刁口河）距离的增大而降低；在有人类活动影响的情况下，研究区地下水位表现得较无规律，但是地下水位在该时间段内仍然总体下降，然而地下水位不会随着离河距离的增大而降低。

3.2.3　生态调水期来水对地下水位的影响

3.2.3.1　生态调水期地下水位与时间的动态变化关系

对生态调水期（2012 年 6 月 29 日至 7 月 12 日）刁口河日引水量进行统计并套绘，得出生态调水期刁口河日引水量变化曲线，如图 3-49 所示。利用罗家屋子闸实测水位数据，并结合水面比降和桩埕路、一千二管理站两个监测断面与罗家屋子闸的距离，得出生态调水期桩埕路、一千二管理站两个监测断面相对应的刁口河水位变化曲线，如图 3-50、图 3-51 所示。通过对生态调水期地下水观测井（桩 1～10 井、站 1～10 井）实测水位数值进行套绘，得出生态调水期桩 1～10 井、站 1～10 井地下水位变化曲线，如图 3-52、图 3-53 所示。

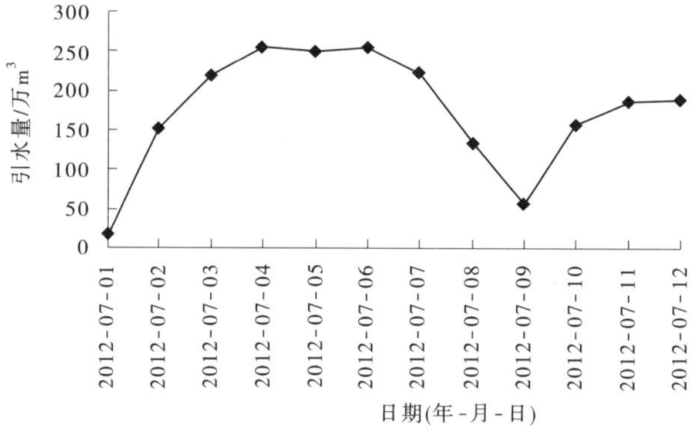

图 3-49　生态调水期刁口河日引水量变化曲线

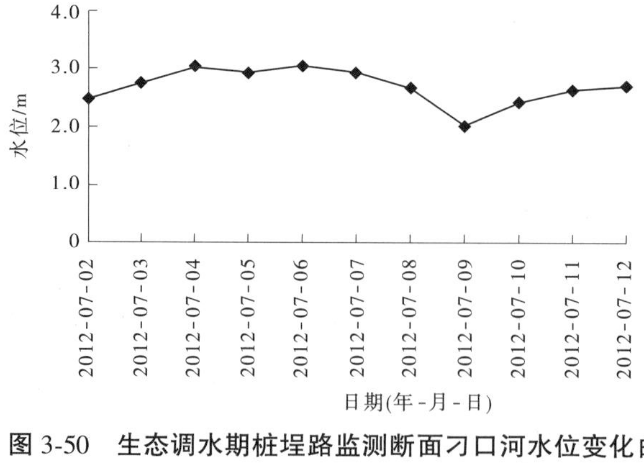

图 3-50　生态调水期桩埕路监测断面刁口河水位变化曲线

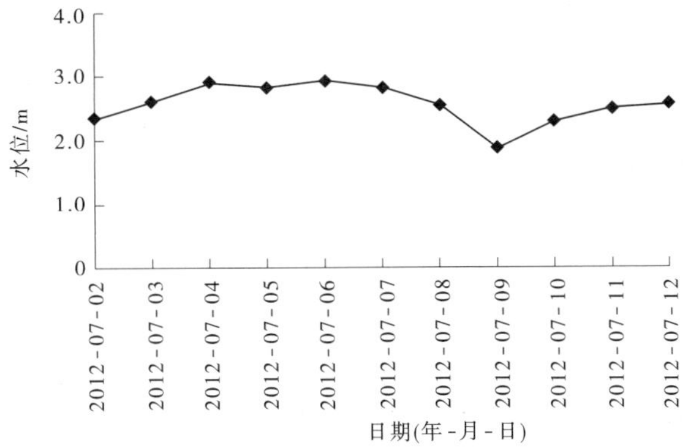

图 3-51　生态调水期一千二管理站监测断面刁口河水位变化曲线

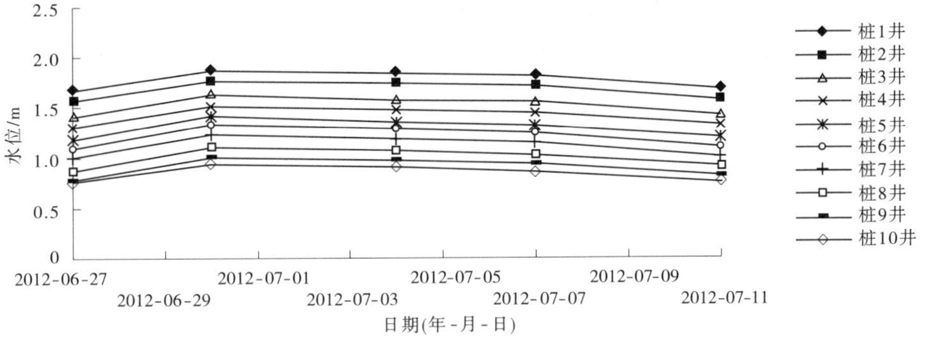

图 3-52　生态调水期桩 1~10 井地下水位变化曲线

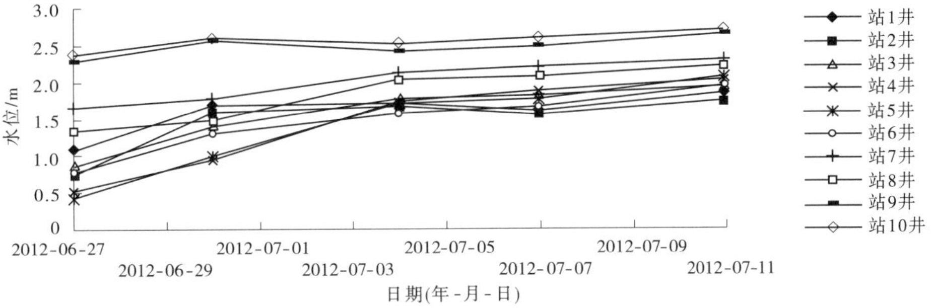

图 3-53　生态调水期站 1~10 井地下水位变化曲线

从图 3-49~图 3-51 可以看出,在生态调水期间刁口河引水量较大,且刁口河水位变化幅度明显,刁口河日引水量变化曲线与刁口河水位变化曲线基本一致,由于引水量在 2012 年 7 月 5 日和 7 月 9 日有所降低,刁口河水位直接反映出对应的降低。

通过图 3-52 可以看出,桩埕路监测断面桩 1~10 井地下水位在 2012 年 6 月 30 日出现峰值,之后缓慢回落到 2012 年 7 月 11 日后又开始抬升,继续抬升至生态调水后期。

图 3-52 中所显示的桩 1~10 井地下水位曲线的变化主要是 2012 年 6 月 29 日出现的 285 mm 的强降水与当日开始的生态调水补水共同引起的,截至 2012 年 7 月 10 日,由于

降水量较小,蒸发量较大,且生态调水来水量不均,造成了该断面刁口河水位开始回落,引起地下水位开始慢慢回落,2012 年 7 月 7 日刁口河水位明显下降,其变化直接加大了桩 1~10 井地下水位的降幅,结合图 2-8 可以看出,2012 年 7 月 10 日的降水与生态来水的共同作用又抬升了桩 1~10 井的地下水位。

从图 3-53 可以看出,站 1~8 井自该研究段开始地下水位开始上升,截至 2012 年 7 月 4 日,地下水位上升幅度减缓,其中站 1 井、站 2 井地下水位开始回落,站 3~8 井继续缓慢抬升至该时间段末。站 9 井、站 10 井地下水位先下降至 2012 年 7 月 4 日后开始明显抬升。

生态调水期站 1~10 井地下水位曲线变化的主要原因是降水、蒸发、来水、人类活动等因素都对一千二管理站监测断面的地下水位存在影响,特别是人类活动,导致了一千二管理站监测断面地下水位在生态调水期出现了较异常变化,但是该断面地下水位总体呈抬升趋势。

3.2.3.2　生态调水期地下水位的横向距离变化

通过对原型监测资料的处理,得出生态调水期桩 1~10 井、站 1~10 井地下水位横向变化曲线(以井位为横坐标),见图 3-54、图 3-55。

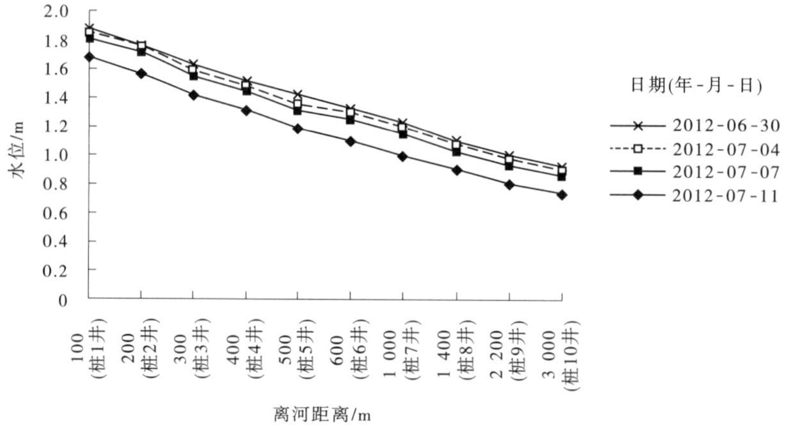

图 3-54　生态调水期桩 1~10 井地下水位变化曲线

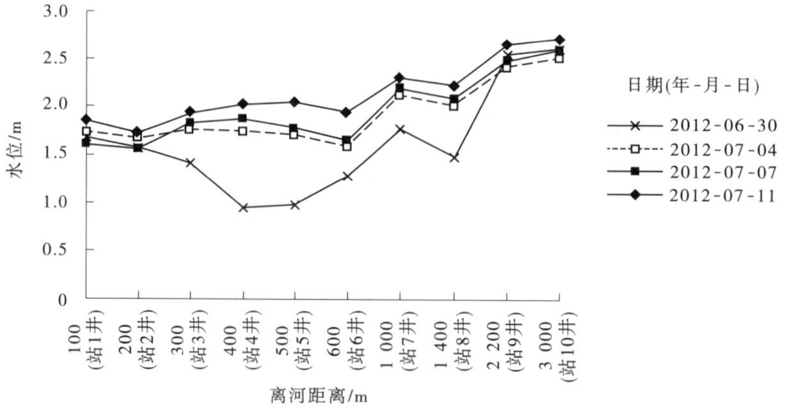

图 3-55　生态调水期站 1~10 井地下水位变化曲线

从图 3-54 可以看出,桩埕路监测断面 10 个监测井地下水位随着井位离河距离的加大而降低,水位变化幅度如表 3-10 所示,生态调水期地下水位变化幅度与生态调水前期相比较小,且出现了两头水位变化幅度小(最小值 0.179 m)、中间水位变化幅度大的现象(最大值 0.229 m),相差 0.050 m,相差较少,这一差异主要受到地形地貌的影响。桩 1~10 井在横向距离上的变化比较符合水文地质学相关特征,能够较为科学地反映生态调水在横向距离上影响 10 个监测井的水位情况。

表 3-10　生态调水期桩 1~10 井地下水位变化幅度　单位:m

井号	桩 1 井	桩 2 井	桩 3 井	桩 4 井	桩 5 井	桩 6 井	桩 7 井	桩 8 井	桩 9 井	桩 10 井
最大值	1.871	1.761	1.63	1.511	1.421	1.331	1.231	1.101	1.011	0.926
最小值	1.682	1.572	1.422	1.322	1.192	1.102	1.002	0.91	0.812	0.747
变化幅度	0.189	0.189	0.208	0.189	0.229	0.229	0.229	0.191	0.199	0.179

通过图 3-55 可以看出,除特殊时间外,同一时间内站 1~10 井地下水位变化曲线总体趋势是随着离河距离的增大而抬升。

生态调水期站 1~10 井地下水位变化幅度见表 3-11,地下水位变化幅度同样表现出两头小、中间大的现象,10 个监测井地下水位变化幅度为 0.100~0.229 m,地下水位变化幅度差(0.129 m)与桩埕路监测断面相比较大,完全是人类生产活动造成的。

表 3-11　生态调水期站 1~10 井地下水位变化幅度　单位:m

井号	站 1 井	站 2 井	站 3 井	站 4 井	站 5 井	站 6 井	站 7 井	站 8 井	站 9 井	站 10 井
最大值	1.721	1.611	1.480	1.361	1.271	1.181	1.081	0.951	2.941	3.385
最小值	1.532	1.422	1.272	1.172	1.042	0.952	0.852	0.775	2.721	3.285
变化幅度	0.189	0.189	0.208	0.189	0.229	0.229	0.229	0.176	0.220	0.100

通过对两个监测断面横向距离上地下水位变化的研究,并结合图 2-8 可以得出,生态调水期研究区受到来水、降水、蒸发、人类活动的影响。

3.2.3.3　生态调水期地下水位的纵向距离变化

通过对生态调水期地下水监测井(桩 1 井、站 1 井至桩 10 井、站 10 井)实测水位数值进行套绘,得出生态调水期桩 1 井、站 1 井至桩 10 井、站 10 井地下水位变化曲线,如图 3-56~图 3-65 所示。

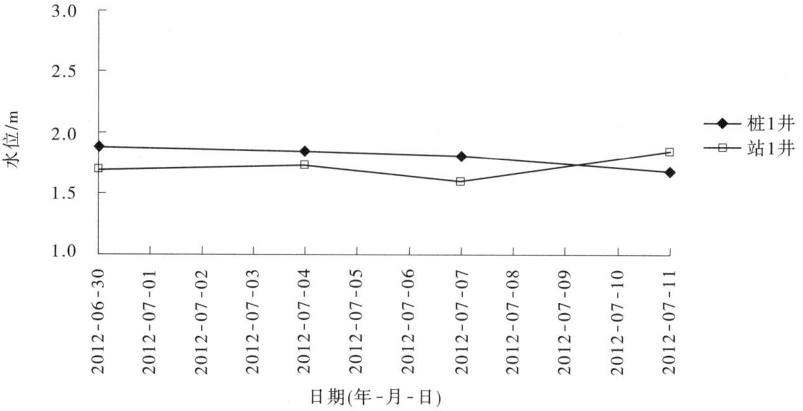

图 3-56　生态调水期桩 1 井、站 1 井地下水位变化曲线

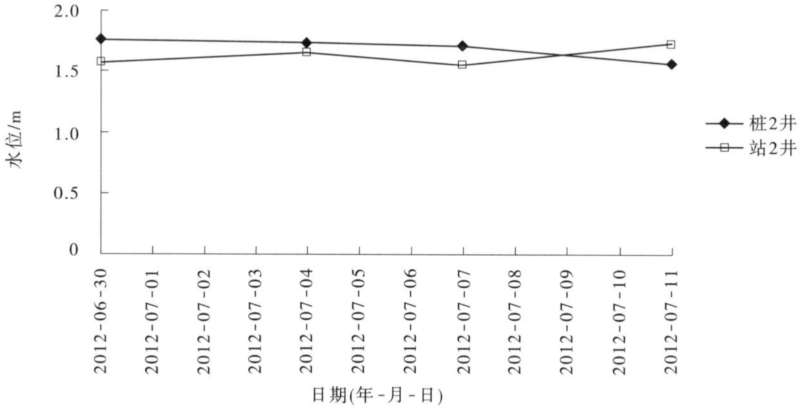

图 3-57　生态调水期桩 2 井、站 2 井地下水位变化曲线

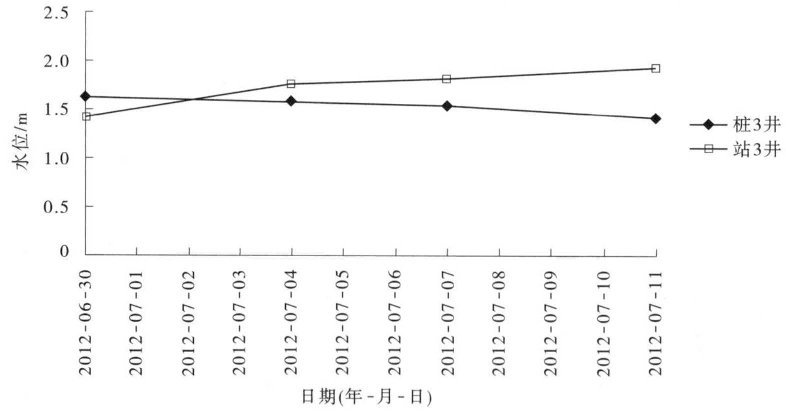

图 3-58　生态调水期桩 3 井、站 3 井地下水位变化曲线

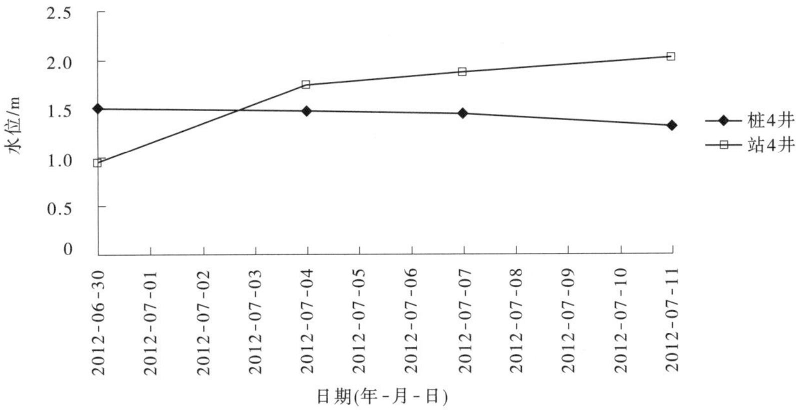

图 3-59　生态调水期桩 4 井、站 4 井地下水位变化曲线

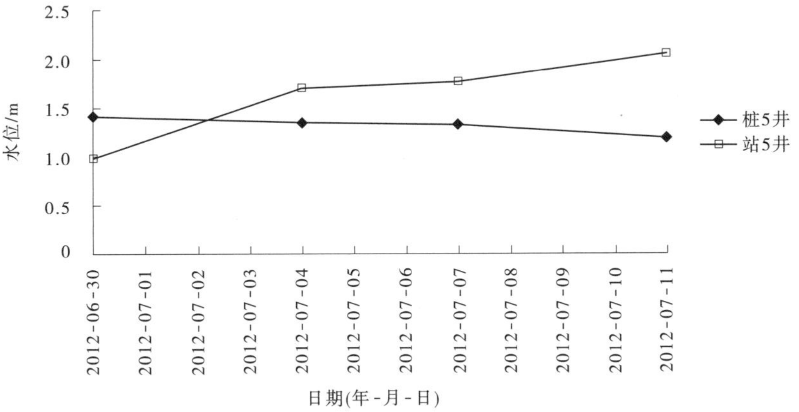

图 3-60　生态调水期桩 5 井、站 5 井地下水位变化曲线

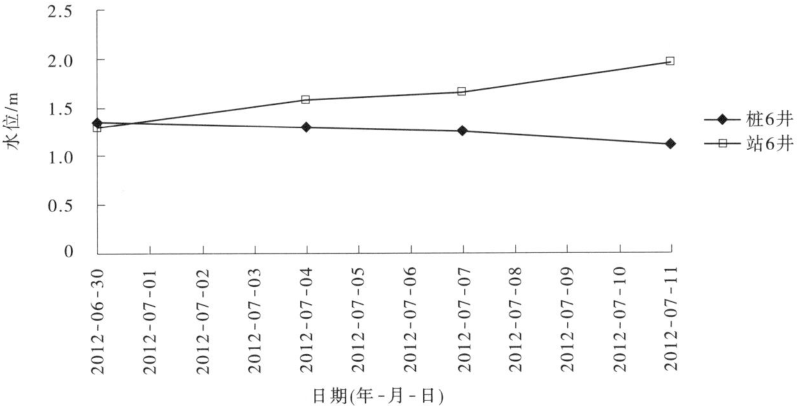

图 3-61　生态调水期桩 6 井、站 6 井地下水位变化曲线

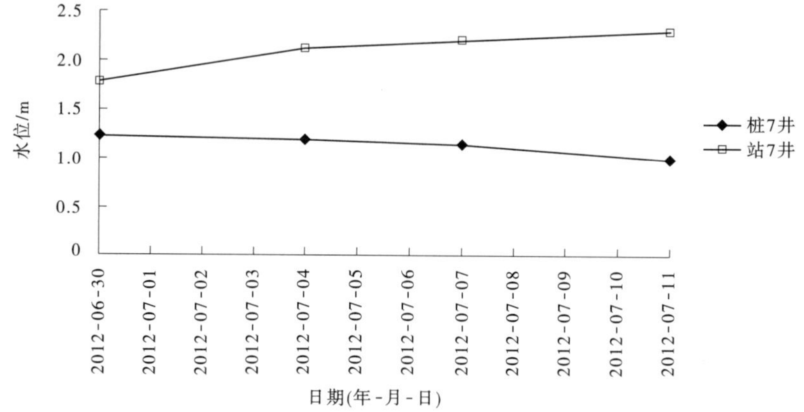

图 3-62　生态调水期桩 7 井、站 7 井地下水位变化曲线

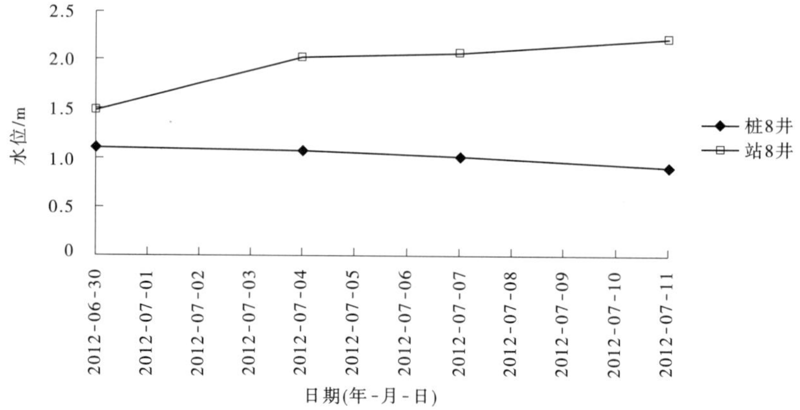

图 3-63　生态调水期桩 8 井、站 8 井地下水位变化曲线

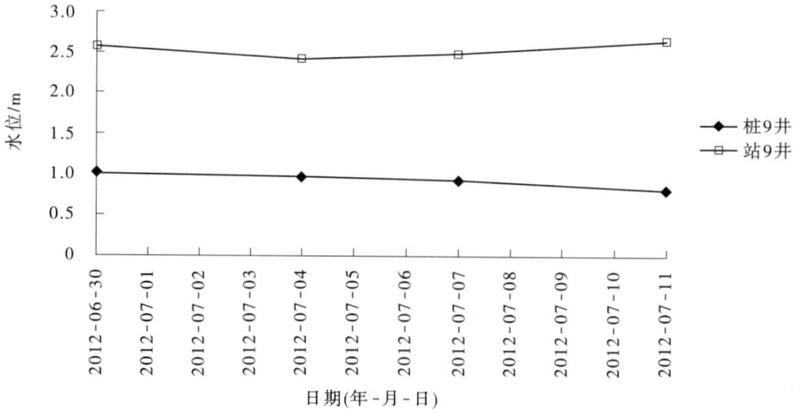

图 3-64　生态调水期桩 9 井、站 9 井地下水位变化曲线

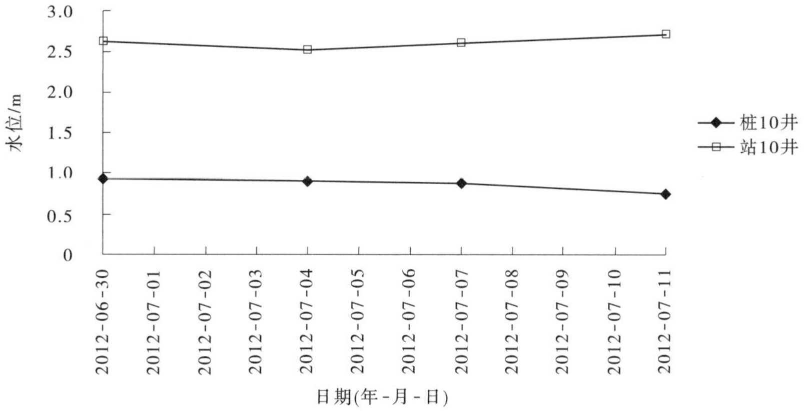

图 3-65　生态调水期桩 10 井、站 10 井地下水位变化曲线

从图 3-56～图 3-65 可以看出,桩 1 井、站 1 井和桩 2 井、站 2 井纵向距离变化表现为在 2012 年 7 月 9 日之前桩井地下水位高于站井地下水位,2012 年 7 月 9 日之后桩井地下水位低于站井地下水位;桩 3 井、站 3 井至桩 5 井、站 5 井纵向距离变化表现为 2012 年 7 月 2 日之前桩井地下水位高于站井地下水位,2012 年 7 月 3 日之后桩井地下水位低于站井地下水位;桩 6 井、站 6 井至桩 10 井至站 10 井表现为自 2012 年 6 月 30 日至 2012 年 7 月 11 日,桩井地下水位基本低于站井地下水位。生态调水期内,单纯在纵向上分析生态调水对水井的影响,由于受到多种因素干扰,并没有表现出离河槽相同距离时,上游地下水位(桩埕路监测断面)比下游地下水位(一千二管理站监测断面)高。

3.2.3.4　小结

通过对生态调水期地下水位在时间、横向、纵向三方面的研究可以看出,生态调水期,生态调水对研究区地下水的影响是与刁口河来水、降水、蒸发、人类活动等因素密切相关的。在横向距离上,不考虑人类活动的影响时,地下水位随着离河距离的增大而降低;在纵向距离上,由于一千二管理站监测断面存在人类活动干扰,表现得较无规律,主要表现在距离刁口河同距离监测井中桩井与站井地下水位互相交织,在生态调水开始后很短的时间内,站井地下水位就超过桩井地下水位。

3.2.4　生态调水后期地下水位动态变化关系

3.2.4.1　生态调水后期地下水位与时间的动态变化关系

通过对生态调水后期(2012 年 7 月 13 日至 2013 年 4 月 28 日)地下水监测井(桩 1～10 井、站 1～10 井)实测水位数值进行套绘,得出生态调水后期桩 1～10 井、站 1～10 井地下水位变化曲线,如图 3-66、图 3-67 所示。

通过图 3-66 可以看出,生态调水 2012 年 7 月 12 日结束,研究区地下水主要受到短期内的生态调水来水延迟影响,并受到几次较强降水、蒸发等因素影响。桩 1～10 井地下水位自 2012 年 7 月 13 日开始抬升至 7 月 14 日,然后回落至 7 月 21 日达到最低点,后因为 7 月 22 日的强降水(见图 2-8),桩 1～10 井地下水位开始上升,截至 8 月 31 日前后,由于中间时间段内出现 8 次降水,促使 10 个监测井地下水位持续上升,之后由于降水明显减少,各监测井地下水位受蒸发影响开始明显下降。2012 年 8 月 31 日到 2013 年 4 月 28 日,10 个监测井地下水位出现较为明显的三个起伏点,与对应期间几次较为明显的降水有关。

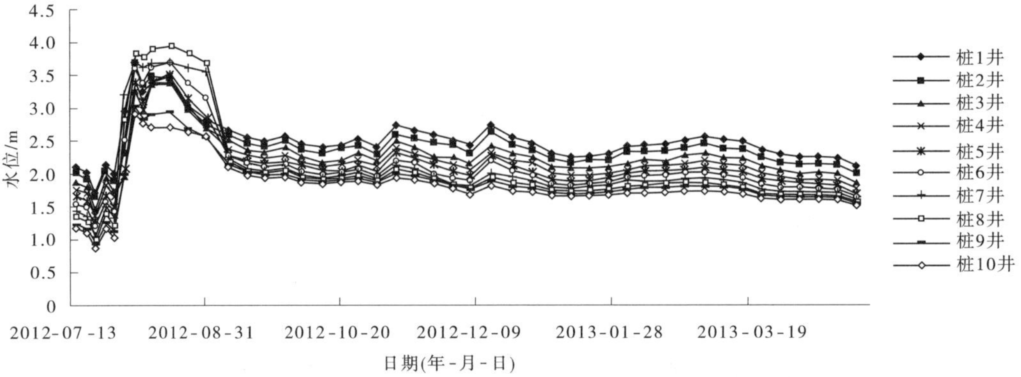

图 3-66　生态调水后期桩 1~10 井地下水位变化曲线

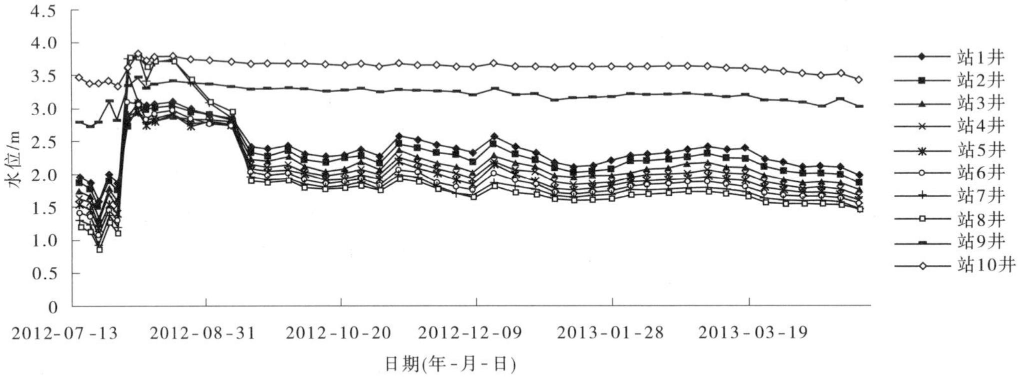

图 3-67　生态调水后期站 1~10 井地下水位变化曲线

通过图 3-67 可以看出,站 9 井、站 10 井地下水位由于受到人类活动影响,地下水位均高于 3 m,且变化曲线与站 1~8 井的基本一致,只是地下水位变化幅度较小。该监测断面出现的几次较明显的拐点、变化趋势以及引起变化的原因与桩埕路监测断面是基本一致的。

通过图 3-66 和图 3-67 可以看出,生态调水结束后到 2012 年 7 月 21 日之前,研究区没有降水,只有生态调水来水的延迟影响及蒸发作用,因此可以判定,生态调水结束后,来水对地下水的持续作用与蒸发共同影响着刁口河研究区地下水位,综合作用的结果是蒸发作用大于来水延迟影响,各井地下水位出现较明显的下降。7 月 22 日出现的强降水以及后续的 8 次强降水直接影响了研究区地下水位,使其抬升。8 月 31 日之后,由于生态调水来水的延迟影响逐渐减弱直至消失,降水、蒸发作用于研究区地下水,降水较多、蒸发较少时促使地下水位小幅抬升,降水较少、蒸发较多时,促使地下水位小幅降低。

3.2.4.2　生态调水后期地下水位的横向距离变化

通过对生态调水后期地下水监测井(桩 1~10 井、站 1~10 井)实测水位数值进行套绘,分析地下水位在横向距离上的变化,如图 3-68 和图 3-69 所示。

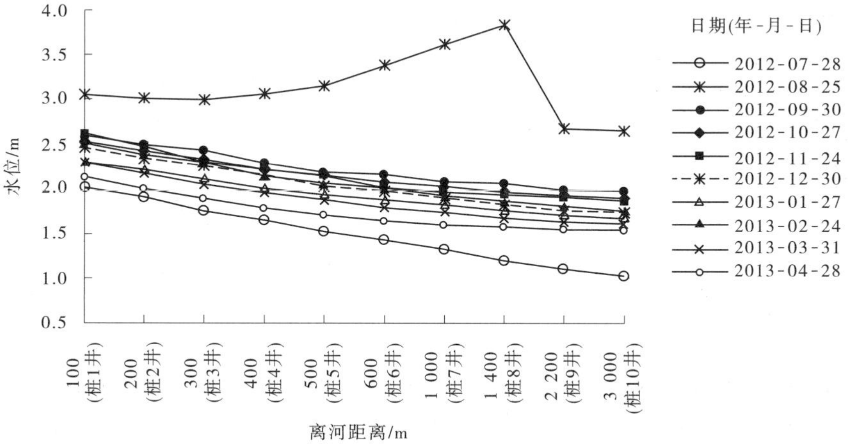

图 3-68 生态调水后期桩 1~10 井地下水位变化曲线

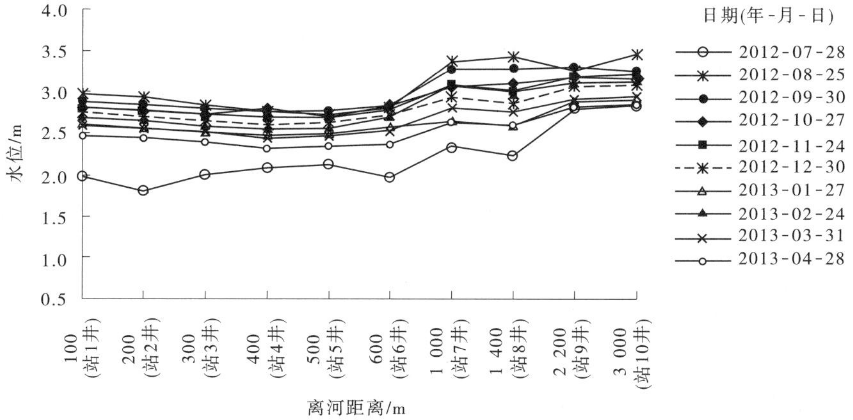

图 3-69 生态调水后期站 1~10 井地下水位变化曲线

通过图 3-68 可以看出,桩埕路监测断面在生态调水后期主要受到了降水、蒸发的影响,同时还受到生态调水期的后续影响。在生态调水后期,桩 1~10 井地下水位基本随着离河距离的增大而降低,符合水文地质学地下水漏斗理论,异常水位变化曲线出现在 2012 年 8 月 25 日,这主要是因为在 2012 年 7 月 28 日至 8 月 25 日之间出现了 7 次降水,其中有两次降水量为 89 mm、183.4 mm,造成了研究区部分范围地表漫流,直接影响了桩埕路监测断面的地下水位。

通过该时间段各监测井地下水位的数值,整理计算出生态调水后期桩 1~10 井地下水位变化幅度,见表 3-12。

表 3-12 生态调水后期桩 1~10 井地下水位变化幅度 单位:m

井号	桩 1 井	桩 2 井	桩 3 井	桩 4 井	桩 5 井	桩 6 井	桩 7 井	桩 8 井	桩 9 井	桩 10 井
最大值	3.701	3.691	3.389	3.485	3.508	3.688	3.696	3.936	3.023	2.908
最小值	1.727	1.648	1.467	1.367	1.297	1.205	1.047	0.987	0.928	0.874
变化幅度	1.974	2.043	1.922	2.118	2.211	2.483	2.649	2.949	2.095	2.034

生态调水后期桩 1~10 井的地下水位变化幅度大于生态调水前期、生态调水期,水位变化幅度达 1.922~2.949 m,仍表现为两头小、中间大,最大变化幅度水井为桩 8 井,为 2.949 m,最大差值为 1.027 m。这主要是 8 月是研究区雨季中降水最密集的一个月,降水大、蒸发小、湿度大,造成了水位抬升明显,而 8 月之后,降水小、蒸发大、湿度小,造成了水位降低明显。

通过图 3-69 可以看出,一千二管理站监测断面并没有出现像图 3-68 那样较有规律且符合地质学理论的变化曲线,而是监测井地下水位大致上随离河距离的增大而抬升,这主要是受人类活动的影响,是一千二管理站东开挖引水土渠给湿地灌水,并开挖临时水源地造成的。

对站 1~10 井生态调水后期的地下水位进行整理归纳,得出该时间段内的地下水位变化幅度如表 3-13 所示,10 个监测井地下水位变化幅度为 0.500~2.925 m,仍旧表现为两头小、中间大。站 10 井变化幅度最小,最大变化幅度监测井为站 8 井,变化幅度为 2.925 m。

表 3-13　生态调水后期站 1~10 井地下水位变化幅度　　单位:m

井号	站 1 井	站 2 井	站 3 井	站 4 井	站 5 井	站 6 井	站 7 井	站 8 井	站 9 井	站 10 井
最大值	3.093	3.044	2.937	3.553	2.915	3.080	3.789	3.762	3.461	3.815
最小值	1.577	1.498	1.317	1.217	1.155	1.055	0.908	0.837	2.701	3.315
变化幅度	1.516	1.546	1.620	2.336	1.760	2.025	2.881	2.925	0.760	0.500

3.2.4.3　生态调水后期地下水位的纵向距离变化

通过对生态调水后期地下水监测井(桩 1 井、站 1 井至桩 10 井、站 10 井)实测水位数值进行套绘,得出生态调水后期桩 1 井、站 1 井至桩 10 井、站 10 井地下水位变化曲线,如图 3-70~图 3-79 所示。

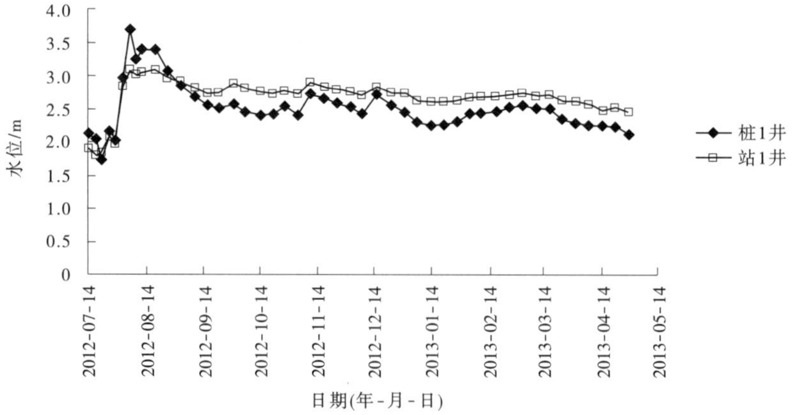

图 3-70　生态调水后期桩 1 井、站 1 井地下水位变化曲线

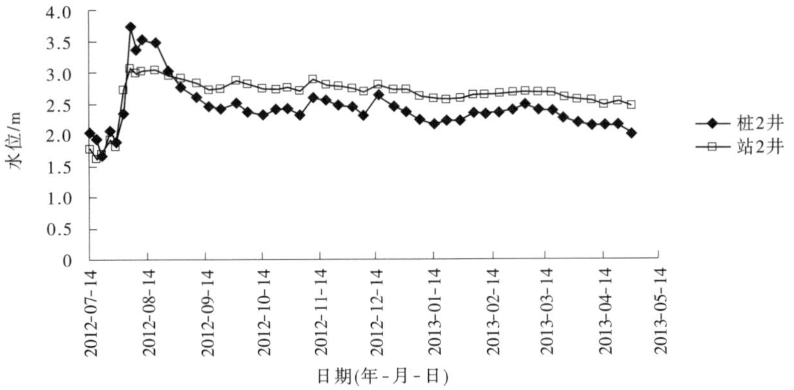

图 3-71　生态调水后期桩 2 井、站 2 井地下水位变化曲线

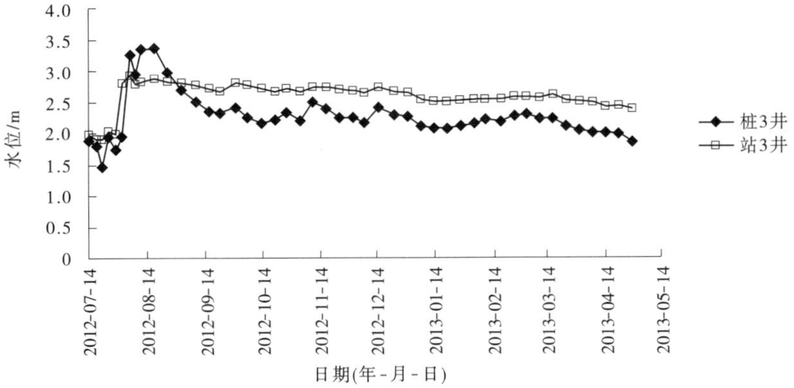

图 3-72　生态调水后期桩 3 井、站 3 井地下水位变化曲线

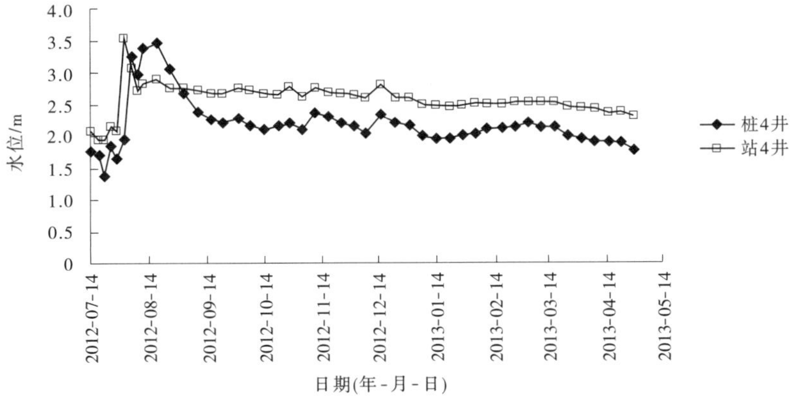

图 3-73　生态调水后期桩 4 井、站 4 井地下水位变化曲线

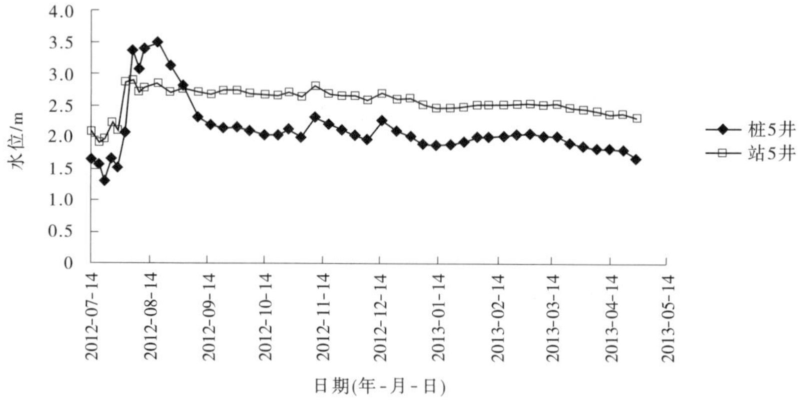

图 3-74 生态调水后期桩 5 井、站 5 井地下水位变化曲线

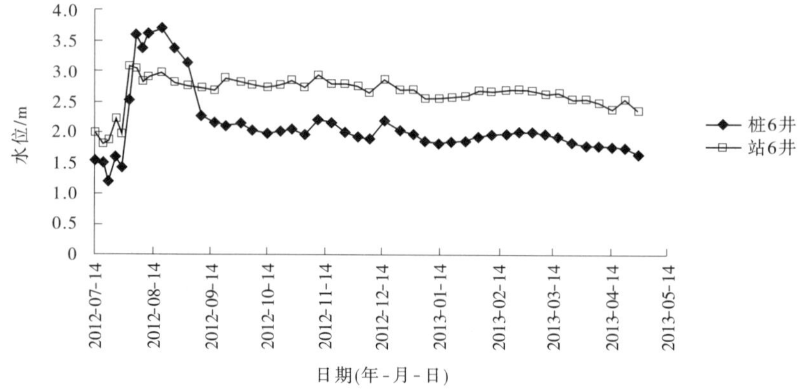

图 3-75 生态调水后期桩 6 井、站 6 井地下水位变化曲线

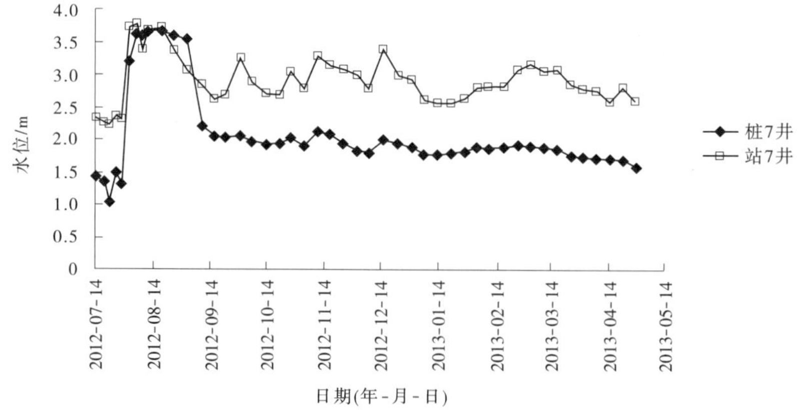

图 3-76 生态调水后期桩 7 井、站 7 井地下水位变化曲线

从图 3-70~图 3-79 可以看出,在生态调水后期桩 1 井、站 1 井至桩 5 井、站 5 井的地下水位变化曲线在 2012 年 9 月 1 日之前的变化较为复杂,9 月 1 日之后桩井地下水位低

于站井地下水位;桩 6 井、站 6 井至桩 8 井、站 8 井的地下水位变化曲线在 9 月 9 日之前的变化较为复杂,9 月 9 日之后桩井地下水位低于站井地下水位;桩 9 井、站 9 井和桩 10 井、站 10 井水位变化曲线自始至终是桩井地下水位低于站井地下水位。

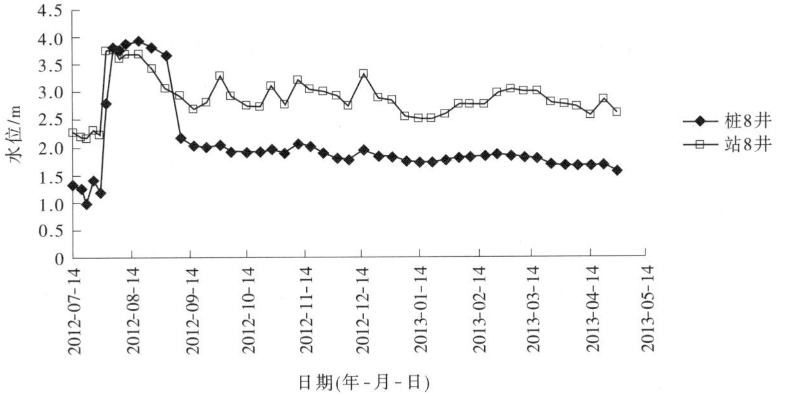

图 3-77　生态调水后期桩 8 井、站 8 井地下水位变化曲线

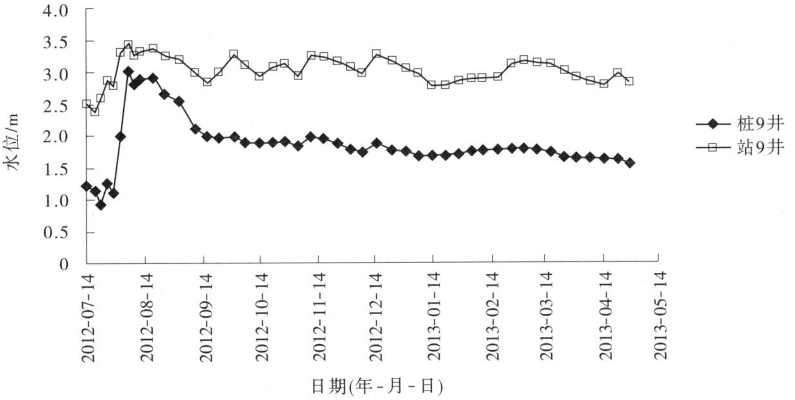

图 3-78　生态调水后期桩 9 井、站 9 井地下水位变化曲线

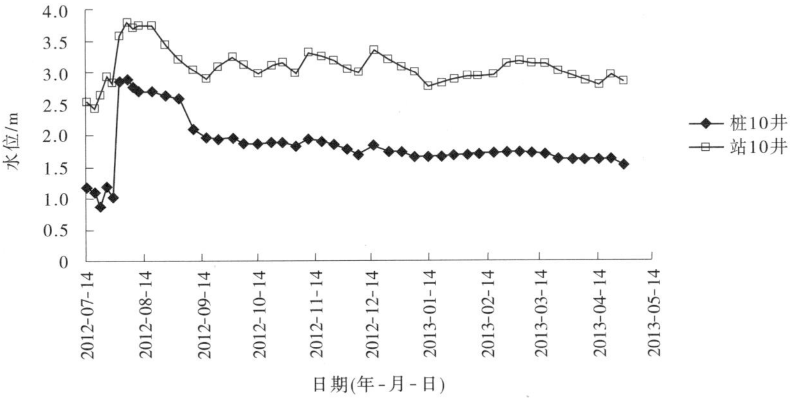

图 3-79　生态调水后期桩 10 井、站 10 井地下水位变化曲线

生态调水后期,研究区地下水位主要受降水、蒸发、人类活动影响,纵向上对比,由于一千二管理站监测断面水位受到人类活动影响较多,因此纵向上对比监测井地下水位较无规律,站井地下水位基本高于桩井地下水位。

3.2.4.4 小结

在生态调水后期各监测井地下水位的变化不仅受生态调水期来水的延迟影响,还受降水、蒸发、人类生产活动等因素影响,同时受到研究区地形地貌的影响。在生态调水后期前一段时间内(2012 年 8 月 31 日前),研究区处于雨季中降水次数最多、降水量最大的一个时间段,2012 年 7 月 21 日之前研究区地下水位主要呈降低趋势,7 月 22 日至 8 月 31 日的多次降水,导致了研究区地下水位在这一时间内抬升明显;8 月 31 日之后由于生态调水来水的延迟影响已经消失,只受到降水、蒸发、人类活动影响,所以 8 月 31 日之后研究区地下水位出现抬升是受到了研究区的降水、蒸发的影响,但是在该时间段蒸发占主导,研究区地下水位总体趋势是下降的。

3.2.5 刁口河生态调水对地下水位的偏相关分析

为了剔除净降水的干扰,更加科学有效地研究刁口河生态调水对研究区地下水位的影响,引入 SPSS 软件来分析数据,由于人类活动干扰因素无法取得确切数据以便剔除,因此选用基本无人类活动干扰的桩埕路监测断面数据来进行偏相关分析。

3.2.5.1 生态调水期来水对研究区地下水位的偏相关分析

生态调水期地下水位对刁口河水位响应的延迟时间定为 0 d、1 d、2 d、3 d、4 d、5 d、6 d、7 d,通过对延迟时间内的刁口河水位、各监测井水位、净降水进行偏相关分析(其中净降水量为常量),得出偏相关系数(见表 3-14)。

表 3-14　生态调水期刁口河水位与桩 1~10 井地下水位偏相关系数

井号	延迟时间							
	0 d	1 d	2 d	3 d	4 d	5 d	6 d	7 d
桩 1 井	0.79	0.61	0.53	0.42	0.38	0.25	0.18	0.13
桩 2 井	0.71	0.77	0.70	0.63	0.43	0.24	0.19	0.16
桩 3 井	0.45	0.62	0.60	0.54	0.41	0.33	0.20	0.12
桩 4 井	0.39	0.55	0.51	0.45	0.37	0.31	0.21	0.15
桩 5 井	0.33	0.45	0.44	0.37	0.36	0.25	0.21	0.14
桩 6 井	0.25	0.39	0.45	0.44	0.39	0.35	0.28	0.24
桩 7 井	0.17	0.47	0.68	0.65	0.49	0.39	0.28	0.28
桩 8 井	-0.07	0.15	0.39	0.28	0.11	0.07	-0.16	-0.21
桩 9 井	-0.19	0.17	0.21	0.25	0.15	0.06	-0.19	-0.27
桩 10 井	-0.22	-0.15	-0.17	-0.07	-0.10	-0.16	-0.29	-0.45

根据统计学理论,相关系数最大值为相关性最大,正值为正相关,负值为负相关。对

应于每个监测井,其相关系数最大值对应的天数即为相关性最大的延迟天数。结合表 3-14 可以筛选出刁口河来水抬升刁口河水位并对桩埕路监测断面各监测井地下水位影响最大的天数,即 Δt(见表 3-15)。

表 3-15　生态调水期刁口河水位变化对监测井地下水位影响的延迟时间 Δt

井号	桩 1 井	桩 2 井	桩 3 井	桩 4 井	桩 5 井	桩 6 井	桩 7 井	桩 8 井	桩 9 井	桩 10 井
Δt/d	0	1	1	1	1	2	2	2	3	—

从表 3-14 可以看出,桩 1~9 井在设定的延迟天数内出现了正相关且相关系数最大值均出现在 3 d 以内,说明生态调水期来水抬升了刁口河水位,并且刁口河水位的抬升对桩井地下水位起到了抬升作用,呈正相关关系,而桩 10 井相关系数在 0~7 d 内均为负值,即负相关,也就是刁口河水位抬升并没有引起桩 10 井地下水位的抬升,通过这一明显的相关性变化可以判定,生态调水来水抬升刁口河水位,并对桩 9 井位置以内范围的地下水位起到明显的抬升作用。

通过表 3-15 可以看出,刁口河水位变化对监测井地下水位影响的最大延迟天数大致表现为离河越近,延迟时间越短;离河越远,延迟时间越长。最大延迟时间为 0~3 d。

综上所述,生态调水期刁口河来水抬升了自身水位,并在一定的延迟时间(0~3 d)内对 2 km 范围内的地下水位起到了明显的抬升作用。

3.2.5.2　生态调水后期刁口河水位对研究区地下水位的偏相关分析

生态调水后期研究区地下水位对刁口河水位响应的延迟时间定为 0 d、1 d、2 d、3 d、4 d、5 d、6 d、7 d、8 d、9 d、10 d,通过对延迟时间内的刁口河水位、各监测井水位、净降水量进行偏相关分析(其中净降水量为常量),得出偏相关系数(见表 3-16)。

表 3-16　生态调水后期刁口河水位与桩 1~10 井地下水位偏相关系数

井号	延迟时间										
	0 d	1 d	2 d	3 d	4 d	5 d	6 d	7 d	8 d	9 d	10 d
桩 1 井	0.15	0.14	0.27	0.29	0.33	0.31	0.16	0.12	−0.11	−0.24	−0.33
桩 2 井	0.11	0.11	0.17	0.20	0.23	0.21	0.18	0.10	−0.11	−0.16	−0.19
桩 3 井	0.09	0.11	0.13	0.16	0.20	0.22	0.13	0.01	−0.13	−0.28	−0.33
桩 4 井	−0.11	0.07	0.12	0.15	0.19	0.21	0.23	0.11	−0.11	−0.24	−0.31
桩 5 井	−0.68	−0.50	−0.43	−0.32	−0.26	−0.14	−0.27	−0.35	−0.38	−0.43	−0.49
桩 6 井	−0.64	−0.55	−0.58	−0.61	−0.62	−0.47	−0.32	−0.21	−0.17	−0.25	−0.35
桩 7 井	−0.55	−0.44	−0.51	−0.55	−0.59	−0.46	−0.36	−0.21	−0.19	−0.14	−0.27
桩 8 井	−0.64	−0.56	−0.60	−0.51	−0.58	−0.53	−0.49	−0.34	−0.36	−0.41	−0.41
桩 9 井	−0.57	−0.59	−0.63	−0.74	−0.69	−0.56	−0.45	−0.33	−0.45	−0.51	−0.63
桩 10 井	−0.48	−0.52	−0.54	−0.66	−0.46	−0.37	−0.23	−0.36	−0.41	−0.44	−0.51

生态调水后期,由于刁口河无外来水源补给,只靠刁口河现有水量对研究区地下水进行调蓄,研究区地下水位受到刁口河水位、降水、蒸发三大因素影响。

通过表 3-16 可以看出,刁口河水位与各监测井地下水位的偏相关分析结果为,桩 1~4 井偏相关系数表现为正相关,即排除了净降水因素后,刁口河水位抬升会引起桩 1~4 井地下水位的抬升,且最大相关系数对应的延迟时间为 4~6 d,因此可以判断,桩 4 井为生态调水后期刁口河水位有效地、较为明显地影响桩井地下水位的动态边界;桩 5~10 井偏相关系数均表现为负相关,也就是刁口河水位抬升不会抬升桩 5~10 井的地下水位。

综上所述,生态调水后期刁口河水位在有效的延迟天数(4~6 d)内对有效的影响范围(400 m)内的地下水位起到了明显的抬升作用。

3.2.6　刁口河生态调水对地下水位影响的结论

通过对生态调水前期、生态调水期、生态调水后期三个时期内的刁口河地区地下水位的研究,得出结论如下:

(1)整个观测期内研究区地下水位的变化受刁口河来水、降水、蒸发、人类活动等因素的影响。

(2)刁口河生态调水前期,无外来水源补给,适逢春旱,蒸发对研究区地下水位降低起主导作用。

(3)刁口河生态调水期来水量大、降水量多,对研究区地下水位影响极为明显,桩埕路监测断面监测井地下水位在 2012 年 6 月 29 日均出现了抬升,并在 6 月 30 日出现峰值后由于降水量减小、蒸发量增大,地下水位开始缓慢回落。桩 1~10 井地下水位随离刁口河距离加大而降低,桩 1~10 井地下水位变化幅度为 0. 179~0. 229 m。

一千二管理站监测断面受到人类活动影响较大,水位变化规律性不大。站 1~10 井地下水位变化幅度为 0. 100~0. 229 m。

(4)刁口河生态调水后期受到生态调水来水延迟影响,降水、蒸发等影响,桩埕路监测断面桩 1~10 井地下水位在 2012 年 7 月 21 日之前呈降低趋势,7 月 22 日至 8 月 31 日,持续的多次降水明显抬升了桩 1~10 井的地下水位,8 月 31 日之后桩 1~10 井地下水位总体呈降低趋势,但是由于后续的降水影响,地下水位仍有小幅抬升、回落过程,整个生态调水后期水位变化幅度为 1. 922~2. 949 m。

一千二管理站监测断面各监测井地下水位大致随离河距离的增大而抬升,这主要是受到了人类活动的影响。站 9 井、站 10 井地下水位由于受到人类活动影响较大,地下水位大多数高于 3 m,只是变化幅度较小,站 1~10 井地下水位变化幅度为 0. 500~2. 925 m。

(5)整个观测期,研究区地下水位变化较大,但是可以发现,2013 年 4 月 28 日桩埕路监测断面 10 个监测井地下水位与 2012 年 4 月 28 日的地下水位基本一致,可见刁口河生态调水的效果有限,需进一步增加生态调水时间和调水量。

一千二管理站监测断面 10 个监测井地下水位在一个观测期内基本能形成一个闭合回路,说明即使有人工渠系向湿地引水这样的人工措施,对湿地地下水位的影响时间也是有限的。

3.3　2014~2015 年黄河来水对湿地地下水位的影响

为了分析黄河来水对湿地地下水位的影响,本节将分别分析刁口河流路与清水沟流路地下水位的时空动态变化规律,并通过对观测数据的归纳、计算及偏相关分析验证,定量分析生态调水对刁口河流路湿地地下水位及矿化度的影响范围和延迟时间,科学评价生态调水对刁口河湿地的影响。

由于刁口河河道为黄河故道,并在与黄河现行河道交叉处修建了罗家屋子闸,在调水调沙生态调水时,通过罗家屋子闸引水或扬水船达到给湿地生态补水的目的。

为了研究地下水位的时间变化规律,将整个观测期(2014 年 1 月 1 日至 2015 年 10 月 31 日)按不同年份进行划分。

2014 年按以下三个时间段分别进行分析:生态调水前期(2014 年 1 月 1 日至 7 月 3 日)、生态调水期(2014 年 7 月 4~13 日)、生态调水后期(2014 年 7 月 14 日至 12 月 31 日)。

2015 年按以下三个时间段分别进行分析:生态调水前期(2015 年 1 月 1 日至 7 月 3 日)、生态调水期(2015 年 7 月 4~24 日)、生态调水后期(2015 年 7 月 25 日至 10 月 31 日)。

3.3.1　生态调水对刁口河流路湿地地下水位的影响研究

通过分析研究区附近刁口河流路河流(桩埕路桥处)实测水位数据,结合桩埕路监测断面与一千二管理站监测断面地下水位数据,绘制 2014~2015 年刁口河流路水位及监测井地下水位在时间序列上的变化过程,以直观反映研究区地下水位在生态调水前后的变化趋势。

3.3.1.1　刁口河流路水位变化

根据对 2014~2015 年研究区附近刁口河流路河流(桩埕路桥处)实测水位数据,绘制研究区附近刁口河流路河流水位变化曲线,见图 3-80、图 3-81。

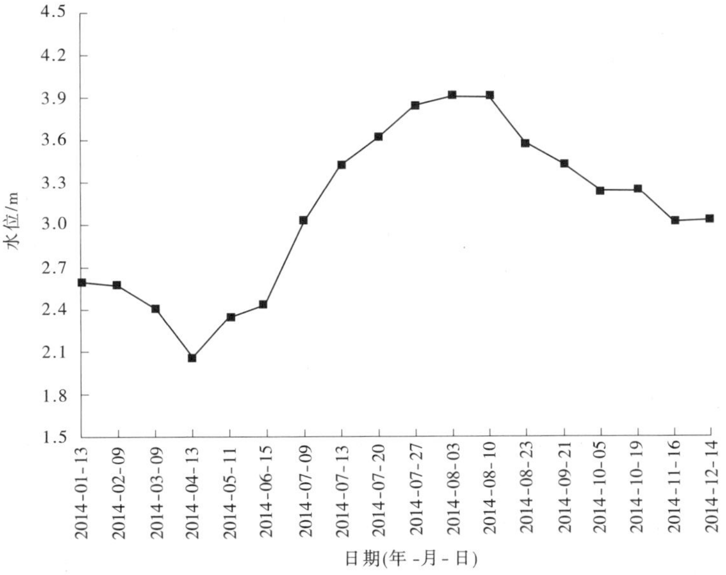

图 3-80　2014 年刁口河流路河流水位变化曲线

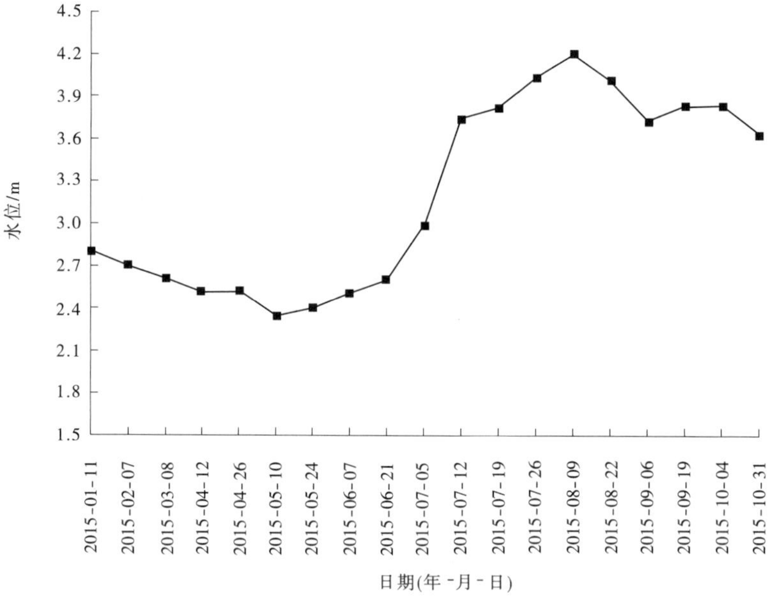

图 3-81 2015 年刁口河流路河流水位变化曲线

通过图 3-80 可以看出,2014 年刁口河水位主要呈现以下三个显著变化:①刁口河水位自年初开始持续降低,至 4 月 13 日出现拐点后缓慢抬升;②7 月 4 日出现水位明显抬升拐点,持续至 8 月 10 日;③自 8 月 10 日开始出现下降拐点并持续下降趋势至年底,其间水位存在个别抬升变化。

2014 年 8 月 3 日,刁口河水位达到 3. 908 m,为年内最大值。2014 年 4 月 13 日,刁口河水位达到 2. 066 m,为年内最小值。2014 年刁口河水位落差为 1. 842 m。

结合气象资料、人为活动因素来判断 2014 年刁口河水位变化趋势:出现第一个变化的原因为冬末春初,气候干燥,蒸发强度远大于降水量,净蒸发量处于年内净蒸发量最大区间内,加之研究区春灌开始,当地农民取用刁口河水及地下水进行农作物灌溉,也加速了刁口河水位的下降;出现第二个显著变化的原因,主要得益于生态调水的开始,从现行流路对刁口河地区进行了持续 10 d 的生态调水,有效地补充了刁口河水体,使刁口河水位得到迅速抬升。生态调水结束后,刁口河地区雨季来临,有效的降水继续提升刁口河水位,使刁口河水位在较长时间保持较高水位。2014 年 8 月 10 日后,降水频次、量度上均有所降低,加之当地灌溉、生态引水的增加,以及蒸发量开始增大,造成了刁口河水位开始降低。

通过图 3-81 可以看出,2015 年刁口河水位主要呈现以下三个显著变化:①刁口河水位自年初开始持续降低,至 5 月 10 日出现拐点后缓慢抬升;②7 月 4 日水位出现明显抬升拐点,持续至 8 月 9 日;③自 8 月 9 日开始出现下降拐点并持续下降趋势至 10 月 31 日,其间水位存在个别抬升变化。

2015 年 8 月 9 日,刁口河水位达到 4. 207 m,为年内最大值。2015 年 5 月 10 日,刁口河水位达到 2. 345 m,为年内最小值。2015 年刁口河水位落差为 1. 862 m。

结合气象资料、人为活动因素来判断刁口河水位变化趋势:出现第一个变化的原因为冬末春初,气候干燥,蒸发量远大于降水量,净蒸发量处于年内净蒸发量最大区间,加之研究区春灌开始,当地农民取用刁口河水及地下水进行作物灌溉,加速了刁口河水位的下降;出现第二个显著变化的原因,主要得益于生态调水的开始,从现行流路对刁口河地区进行了持续 21 d 的生态调水,有效地补充了刁口河水体,使刁口河水位得到迅速抬升。生态调水结束后,刁口河地区雨季来临,有效的降水继续抬升刁口河水位,使刁口河水位较长时间保持较高水位。2015 年 8 月 9 日后,降水频次、量度上均有所降低,加之当地灌溉、生态引水增多,以及蒸发量开始增大,造成了刁口河水位开始降低,其间存在的水位小幅抬升现象多为降水引起。

3.3.1.2　刁口河流路观测井地下水位的时间变化规律

1. 桩埕路监测断面地下水位的时间变化规律

桩埕路监测断面布设观测井共计 10 口,在 2014~2015 年共经历生态调水 2 次,累计时间为 31 d。整个观测期内水位总体上出现两次明显抬升,出现时间与生态调水期及雨季基本一致,见图 3-82。

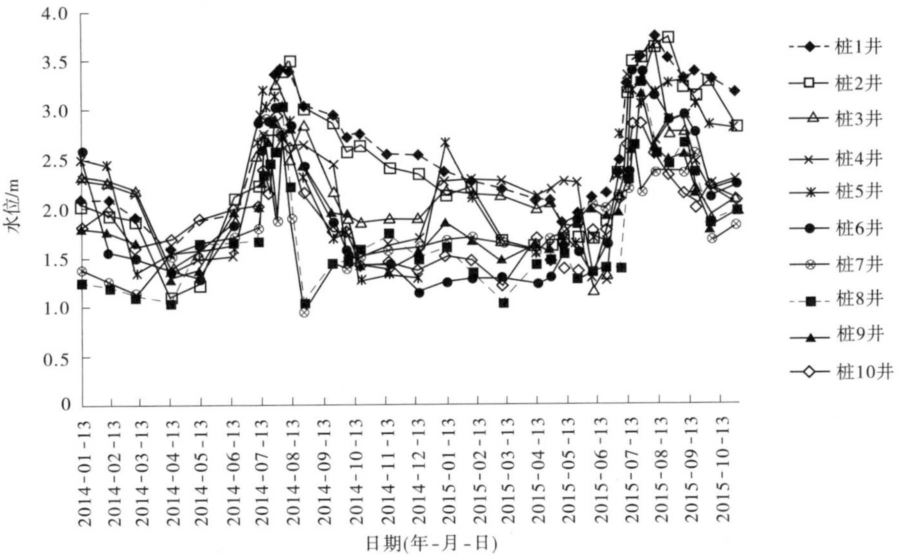

图 3-82　观测期桩埕路监测断面地下水位变化曲线

为便于直观分析桩埕路监测断面地下水位变化趋势,将图 3-82 按照 2014 年与 2015 年进行拆分,分别绘制地下水位变化曲线,见图 3-83、图 3-84。

由图 3-83 可知,2014 年桩埕路监测断面各监测井的地下水位变化曲线基本一致,地下水位变化拐点基本处于同一时间,只是变化幅度存在差异。2014 年桩埕路监测断面地下水位呈现以下三个显著变化:①年初至 4 月 13 日前后,地下水位以缓慢降低趋势变化,其间出现个别抬升;②4 月 13 日至 8 月 3 日前后,地下水位抬升,在 7 月 4 日前后抬升明显;③8 月 3 日之后,所有监测井地下水位均开始下降,延续至年底,期间出现个别抬升。

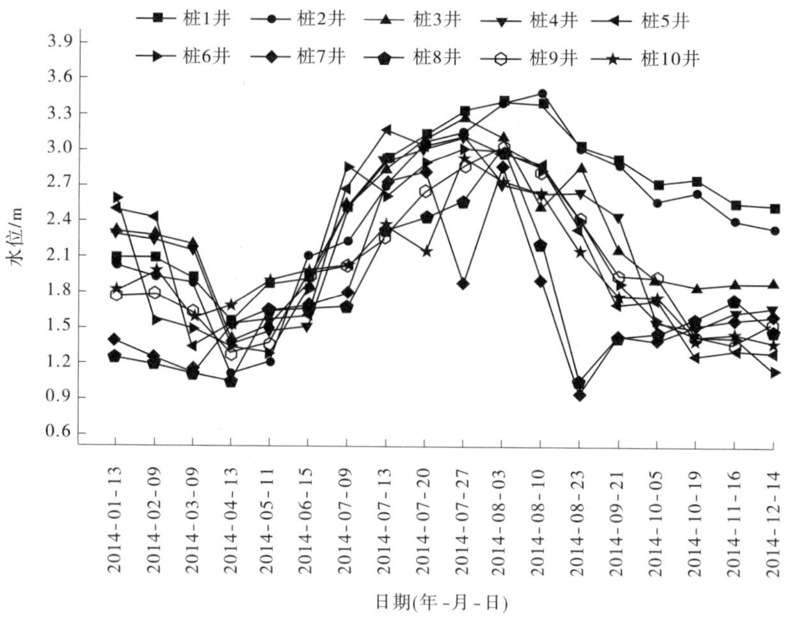

图 3-83　2014 年桩埕路监测断面地下水位变化曲线

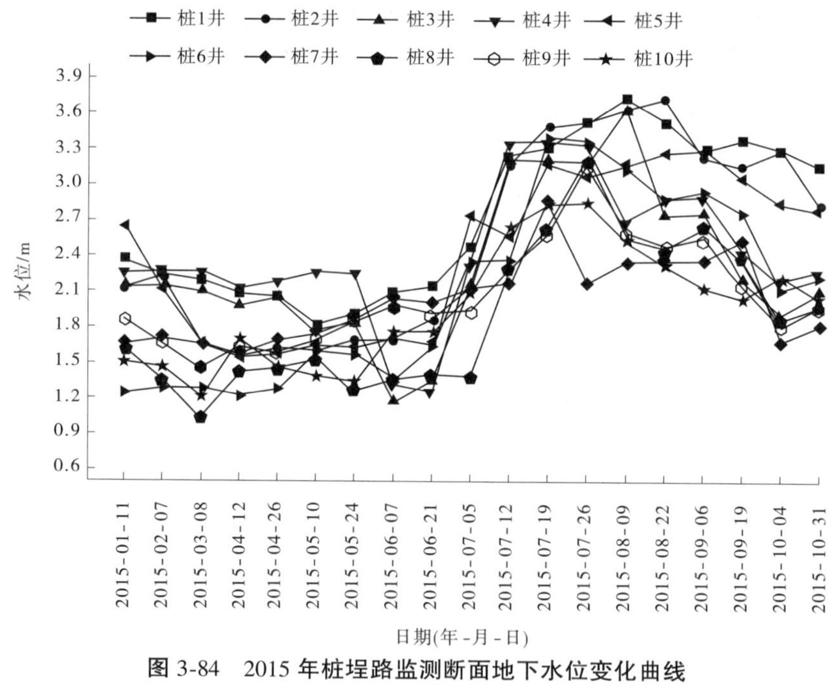

图 3-84　2015 年桩埕路监测断面地下水位变化曲线

2015 年桩埕路监测断面各监测井的地下水位曲线基本一致,地下水位变化拐点基本处于同一时间,只是变化幅度存在差异。

2015 年桩埕路监测断面地下水位呈现以下三个显著变化：①年初到 4 月 12 日前后，地下水位以缓慢降低趋势变化，其间出现个别抬升；②4 月 12 日至 8 月 9 日前后，地下水位抬升，在 7 月 5 日前后抬升明显；③8 月 9 日之后，所有监测井地下水位均开始下降，延续至 10 月 31 日，其间出现个别抬升。

结合刁口河 2014~2015 年水位变化及气象资料可知，2014~2015 年桩埕路监测断面出现降低→缓慢抬升→快速抬升→降低的趋势，是由刁口河水位、净蒸发、人为活动三重因素的作用引起的。冬末春初，蒸发量远大于降水量，使得地下水位缓慢降低，随着春灌的开始，加速了地下水位的降低；进入 4 月后，降水量开始增多，加之春灌结束，地下水位开始缓慢抬升，在刁口河生态调水开始后，刁口河受到黄河来水补给，通过地下渗流补给地下水，加之雨季的到来，地下水位快速抬升；至 8 月，降水减少，刁口河地区又开始新一轮的农田灌溉，导致了地下水位开始缓慢降低。

通过 2014~2015 年地下水位变化曲线可以看出，刁口河生态调水能够作用到桩埕路监测断面 10 号监测井，也就是说，在不排除气象因素的情况下，生态调水的补给范围能够达到 3 km。

2. 一千二管理站监测断面地下水位的时间变化规律

一千二管理站监测断面布设观测井共计 10 口，在 2014~2015 年共经历生态调水 2 次，如图 3-85 所示，观测期内地下水位总体上出现两次明显抬升，出现时间与生态调水期及雨季基本一致。为便于直观反映一千二管理站监测断面地下水位变化趋势，将图 3-85 按照 2014 年、2015 年进行拆分，分别绘制地下水位变化曲线，见图 3-86、图 3-87。

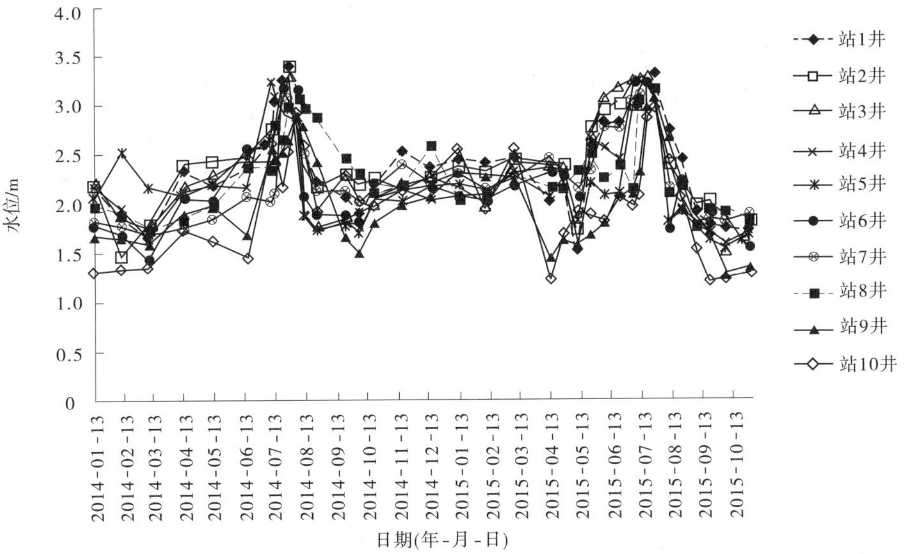

图 3-85　观测期一千二管理站监测断面地下水位变化曲线

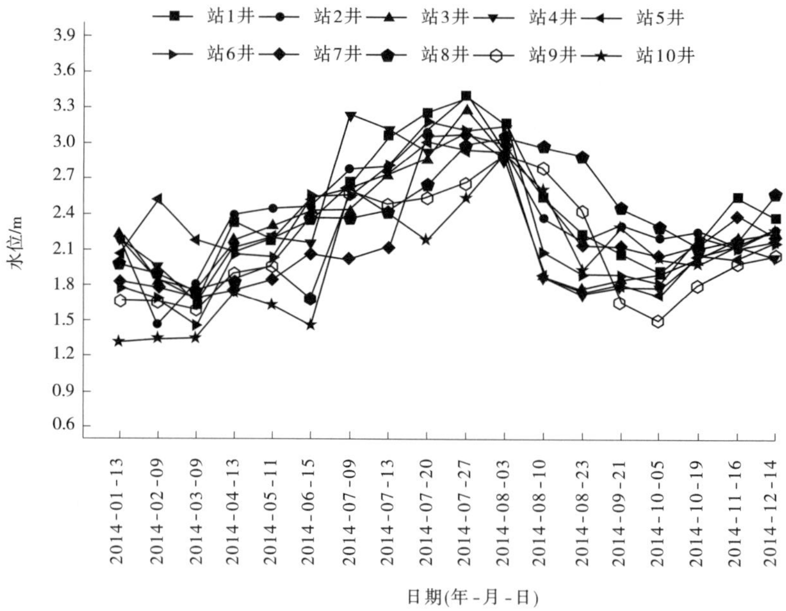

图 3-86　2014 年一千二管理站监测断面地下水位变化曲线

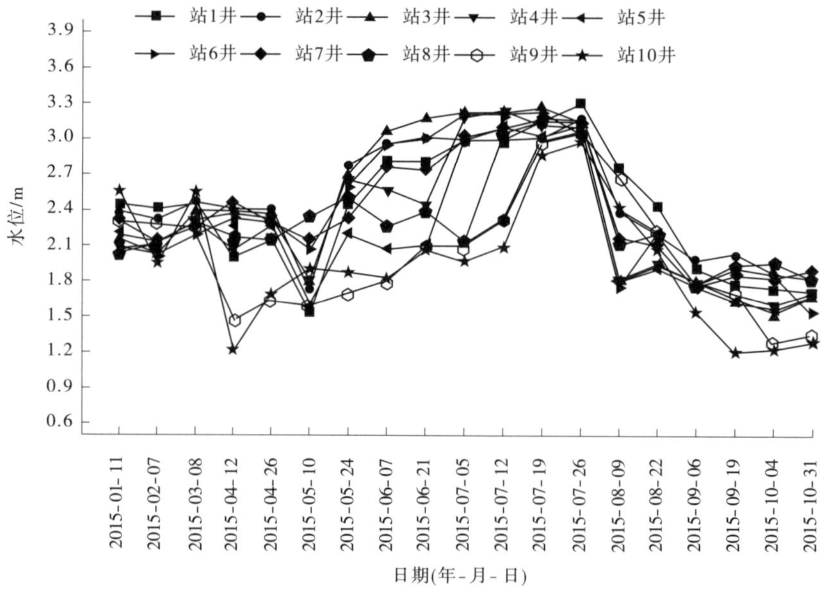

图 3-87　2015 年一千二管理站监测断面地下水位变化曲线

2014 年一千二管理站监测断面各监测井的地下水位变化曲线基本一致，地下水位变化拐点基本处于同一时间，只是变化幅度存在差异。2014 年一千二管理站监测断面水位呈现以下三个显著变化：①年初到 4 月 13 日前后，地下水位以缓慢降低趋势变化，其间出现个别抬升；②4 月 13 日至 8 月 3 日前后，地下水位抬升，在 7 月 4 日前后抬升明显；③8 月 3 日之后，所有监测井地下水位均开始下降，延续至年底，其间出现个别抬升。

2015 年一千二管理站监测断面各监测井的水位变化曲线基本一致,地下水位变化拐点基本处于同一时间,只是变化幅度存在差异。2015 年一千二管理站监测断面地下水位呈现以下三个显著变化:①年初到 5 月 10 日前后,水位以缓慢降低趋势变化,其间出现个别抬升;②5 月 10 日前后,地下水位开始抬升,在 7 月 5 日前后抬升明显;③7 月 26 日之后,监测井地下水位均开始下降,延续至年底,其间出现个别抬升。

结合刁口河 2014~2015 年地下水位时间变化规律及气象资料可知,2014~2015 年,一千二管理站监测断面出现降低→缓慢抬升→快速抬升→降低的趋势,是由刁口河水位、净蒸发、人为活动三重因素的作用引起的。冬末春初,蒸发量远大于降水量,使得地下水位缓慢降低,随着春灌的开始,加速了地下水位的降低;进入 4 月后,降水量开始增多,加之春灌结束,地下水位开始缓慢抬升,在刁口河生态调水开始后,刁口河受到黄河来水补给,通过地下渗流补给地下水,加之雨季的到来,地下水位快速抬升;至 8 月,降水减少,刁口河地区又开始新一轮的农田灌溉,导致了地下水位开始缓慢降低。通过 2014~2015 年地下水位变化曲线可以看出,刁口河生态调水能够作用到一千二管理站监测断面站 10 井,即在不排除气象因素的情况下,生态调水的补给范围能够达到 3 km。

3.3.1.3　刁口河流路监测井地下水位在横向距离上的变化规律

为了反映监测井地下水位在距河横向距离上的变化规律,分别选取 2014 年、2015 年生态调水前、中、后三个时间段内的代表时间,以离河距离为横坐标、水位为纵坐标,绘制地下水位的变化趋势。

1. 桩埕路监测断面地下水位在横向距离上的变化规律

图 3-88 中生态调水前期以实线表示,生态调水期以虚线表示,生态调水后期以点画线表示。

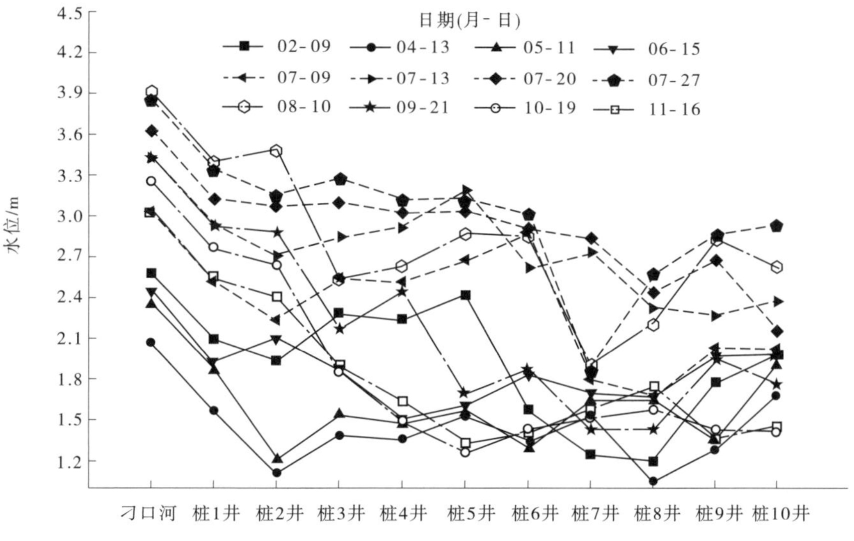

图 3-88　2014 年桩埕路监测断面地下水位横向距离变化规律

如图 3-88 所示,2014 年同时间段内桩埕路监测断面监测井地下水位均低于刁口河水位,基本呈现离河越近水位越高,离河越远水位越低的趋势,但异常点出现较为频繁,主要出现在桩 5 井、桩 6 井附近,这与两井周边引水土渠较多有关。监测井 2014 年内地下水位差最大值出现在桩 2 井,为 2. 380 m,最小值出现在桩 10 井,为 1. 567 m(见表 3-17)。

表 3-17　2014 年桩埕路监测断面监测井地下水位差

井号	桩 1 井	桩 2 井	桩 3 井	桩 4 井	桩 5 井	桩 6 井	桩 7 井	桩 8 井	桩 9 井	桩 10 井
地下水位差/m	1. 845	2. 380	1. 888	1. 762	1. 831	1. 868	1. 916	1. 959	1. 760	1. 567

如图 3-89 所示,2015 年同时间段内监测井地下水位均低于刁口河水位,基本呈现离河越近水位越高,离河越远水位越低的趋势,但异常点出现较为频繁,与 2014 年一样,主要出现在桩 5 井、桩 6 井附近,这与两井周边引水土渠较多有关。监测井 2015 年内地下水位差最大值出现在桩 3 井,为 2. 466 m,最小值出现在桩 7 井,为 1. 286 m(见表 3-18)。

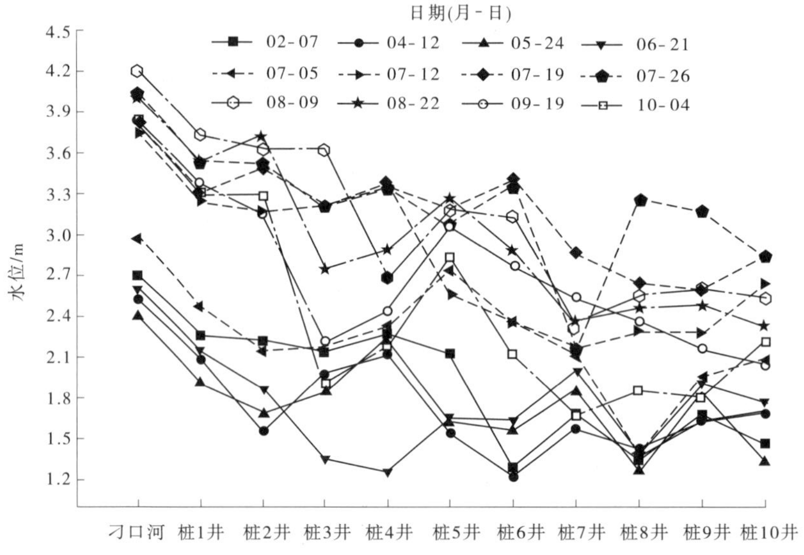

图 3-89　2015 年桩埕路监测断面地下水位横向距离变化规律

表 3-18　2015 年桩埕路监测断面监测井地下水位差

井号	桩 1 井	桩 2 井	桩 3 井	桩 4 井	桩 5 井	桩 6 井	桩 7 井	桩 8 井	桩 9 井	桩 10 井
地下水位差/m	1. 916	2. 166	2. 466	2. 115	1. 750	2. 171	1. 286	2. 228	1. 710	1. 634

2. 一千二管理站监测断面地下水位在横向距离上的变化规律

由图 3-90 可知,2014 年同时间段内监测井地下水位均低于刁口河水位,基本呈现离河越近水位越高，离河越远水位越低的趋势，但异常点出现频繁，主要出现在站 4 井、站 5 井、站 6 井、站 8 井附近，这与 4 个井周边人工开挖土渠较多有关。监测井 2014 年内地下水位差最大值出现在站 2 井，为 1.926 m，最小值出现在站 5 井，为 1.290 m（见表 3-19）。

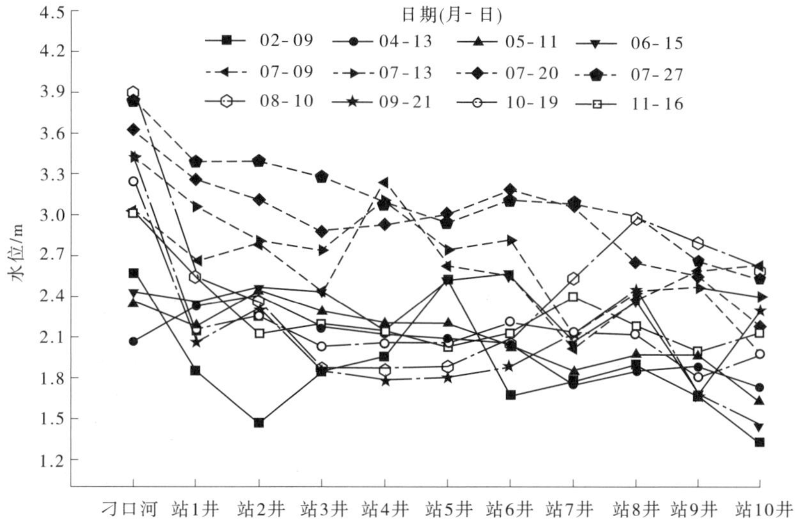

图 3-90　2014 年一千二管理站监测断面地下水位横向距离变化规律

表 3-19　2014 年一千二管理站监测断面监测井地下水位差

井号	站 1 井	站 2 井	站 3 井	站 4 井	站 5 井	站 6 井	站 7 井	站 8 井	站 9 井	站 10 井
地下水位差/m	1.730	1.926	1.530	1.580	1.290	1.730	1.390	1.313	1.400	1.620

由图 3-91 可知，2015 年同时间段内监测井地下水位均低于刁口河水位，基本呈现离河越近水位越高、离河越远水位越低的趋势，但异常点出现频繁，主要集中在站 2 井、站 3 井、站 6 井附近，这与 3 个井周边人工开挖、修建、改建土渠较多有关。监测井 2015 年内地下水位差最大值出现在站 9 井，为 1.780 m，最小值出现在站 8 井，为 1.376 m（见表 3-20）。

3.3.1.4　刁口河流路监测井地下水位在纵向距离上的变化规律

桩埕路监测断面与一千二管理站监测断面分别布设于刁口河流路的左右岸，桩埕路监测断面位于上游，一千二管理站监测断面位于下游，两者相距 1.5 km，布设初衷为观测刁口河生态调水在纵向上（上下游）对地下水位的影响差异。

1. 2014 年监测井地下水位在纵向距离上的变化规律

通过分析监测井地下水全年平均水位数据，将两断面同距离井位进行柱状图对比分析，可以看出地下水位在纵向距离上的变化差异，如图 3-92～图 3-94。

表 3-20　2015 年一千二管理站监测断面监测井地下水位差

井号	站 1 井	站 2 井	站 3 井	站 4 井	站 5 井	站 6 井	站 7 井	站 8 井	站 9 井	站 10 井
地下水位差/m	1.763	1.434	1.737	1.640	1.565	1.700	1.410	1.376	1.780	1.776

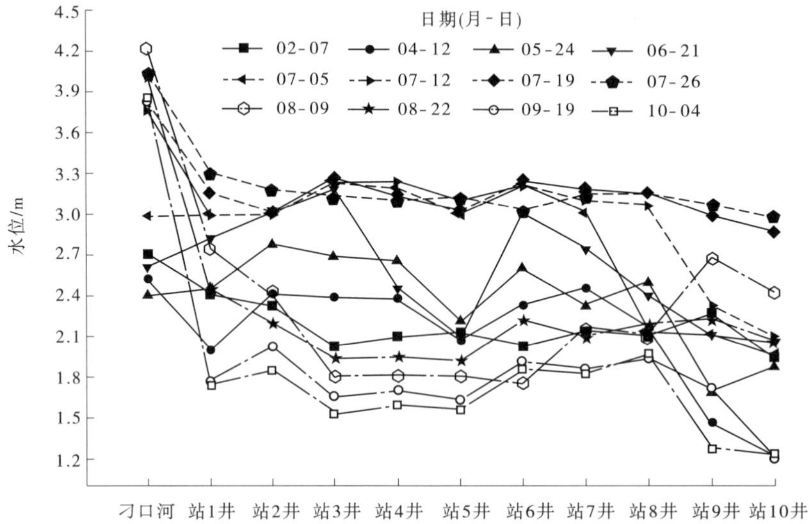

图 3-91　2015 年一千二管理站监测断面地下水位横向距离变化规律

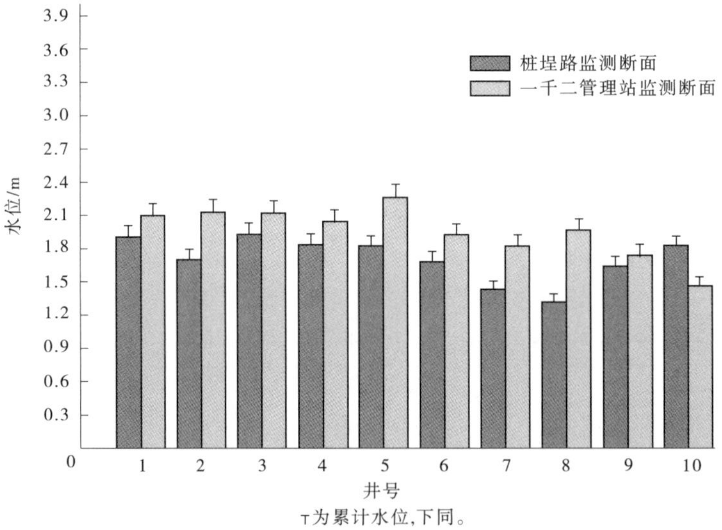

图 3-92　2014 年生态调水前期刁口河流路监测断面纵向对比

在生态调水前期,两断面同距离井位,除站 10 井外,一千二管理站监测断面地下水位均高于桩埕路监测断面,呈现出下游水位高于上游水位的反常现象,对应井位纵向地下水位差见表 3-21。

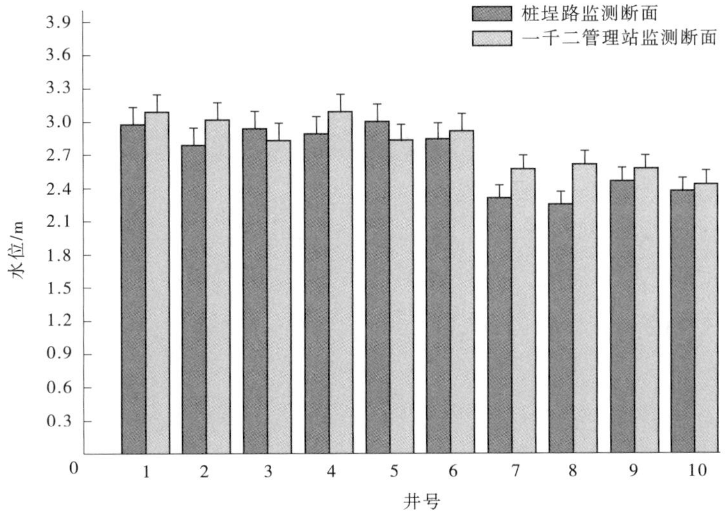

图 3-93　2014 年生态调水期刁口河流路监测断面纵向对比

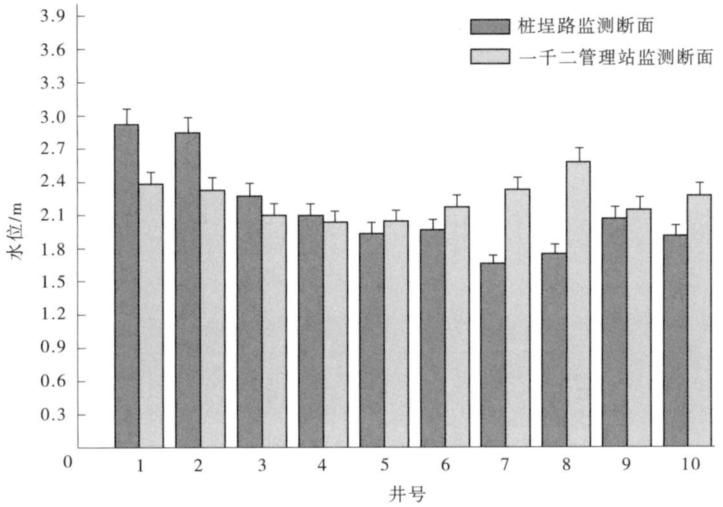

图 3-94　2014 年生态调水后期刁口河流路监测断面纵向对比

表 3-21　2014 年生态调水前期两监测断面纵向地下水位差(平均值)　单位:m

井号		1	2	3	4	5	6	7	8	9	10
地下水位	桩埕路监测断面	1.910	1.709	1.933	1.838	1.825	1.685	1.435	1.321	1.643	1.822
	一千二管理站监测断面	2.098	2.130	2.122	2.045	2.263	1.927	1.826	1.968	1.745	1.467
地下水位差		-0.188	-0.421	-0.189	-0.207	-0.438	-0.242	-0.391	-0.647	-0.102	0.355

该时间段内,地下水位差最大值出现在 8 号井,站 8 井地下水位高出桩 8 井地下水位

0. 647 m,地下水位差最小值出现在 9 号井,站 9 井地下水位高出桩 9 井地下水位 0. 102 m,地下水位差(平均值)统计中,桩 10 井高于站 10 井 0. 355 m。

2014 年生态调水期,两断面同距离井位,除 3 号井、5 号井外,一千二管理站监测断面地下水位均高于桩埕路,但是水位差要低于生态调水前期,生态调水期对应井位纵向地下水位差见表 3-22。

表 3-22 2014 年生态调水期两监测断面纵向地下水位差(平均值) 单位:m

井号		1	2	3	4	5	6	7	8	9	10
地下水位	桩埕路监测断面	2. 979	2. 790	2. 941	2. 891	3. 003	2. 847	2. 307	2. 251	2. 458	2. 370
	一千二管理站监测断面	3. 089	3. 021	2. 830	3. 090	2. 830	2. 913	2. 566	2. 607	2. 565	2. 432
地下水位差		-0. 110	-0. 231	0. 111	-0. 199	0. 173	-0. 066	-0. 259	-0. 356	-0. 107	-0. 062

该时间段内,地下水位差最大值出现在 8 号井,站 8 井地下水位高出桩 8 井地下水位 0. 356 m,地下水位差最小值出现在 10 号井,站 10 井地下水位高于桩 10 井地下水位 0. 062 m,桩埕路监测断面高出一千二管理站监测断面地下水位的井分别是 3 号井(0. 111 m)和 5 号井(0. 173 m)。

在生态调水后期,1~4 号井同距离水位变化,桩埕路监测断面要高于一千二管理站监测断面,5~10 号井同距离水位变化,一千二管理站监测断面地下水位高于桩埕路监测断面,地下水位差呈现两头高、中间低的变化,生态调水后期对应井位纵向地下水位差见表 3-23。

表 3-23 2014 年生态调水后期两监测断面纵向地下水位差(平均值) 单位:m

井号		1	2	3	4	5	6	7	8	9	10
地下水位	桩埕路监测断面	2. 917	2. 843	2. 274	2. 097	1. 935	1. 963	1. 654	1. 747	2. 064	1. 908
	一千二管理站监测断面	2. 370	2. 331	2. 097	2. 031	2. 041	2. 169	2. 320	2. 570	2. 145	2. 269
地下水位差		0. 547	0. 512	0. 177	0. 066	-0. 106	-0. 206	-0. 666	-0. 823	-0. 081	-0. 361

该时间段内,地下水位差最大值出现在 8 号井,站 8 井地下水位高于桩 8 井地下水位 0. 823 m,最小值出现在 4 号井,桩 4 井高于站 4 井 0. 066 m。

以上变化的主要原因如下:一千二管理站监测断面处于自然保护区内,为改善生态环境,加快自然保护区补水速度,在区内人为修筑生态引水土渠,渠与刁口河连通,造成了一千二管理站监测断面地下水位高于桩埕路监测断面地下水位的异常现象;生态调水期,刁口河水位提升明显,通过渗流补给,两监测断面地下水位随之抬升,但是一千二管理站监测断面仍受益于引水土渠的调水,两监测断面地下水位差变小。生态调水后期,受生态调水的延迟影响及雨季的来临,两监测断面地下水位略有回落,地下水位差开始变大,但桩埕路监测断面临近刁口河的 4 井,仍受到刁口河的补给,为此地下水位略高于一千二管理站监测断面。

2. 2015 年监测井地下水位在纵向距离上的变化规律

分析监测井地下水 2015 年全年平均水位数据,将两断面同距离井位进行柱状图对比分析,可以看出地下水位在纵向距离上的变化差异,如图 3-95~图 3-97。

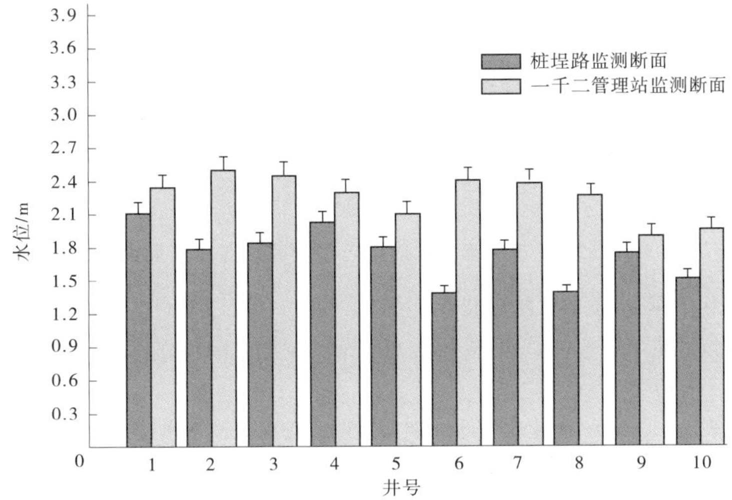

图 3-95　2015 年生态调水前期刁口河流路监测断面纵向对比

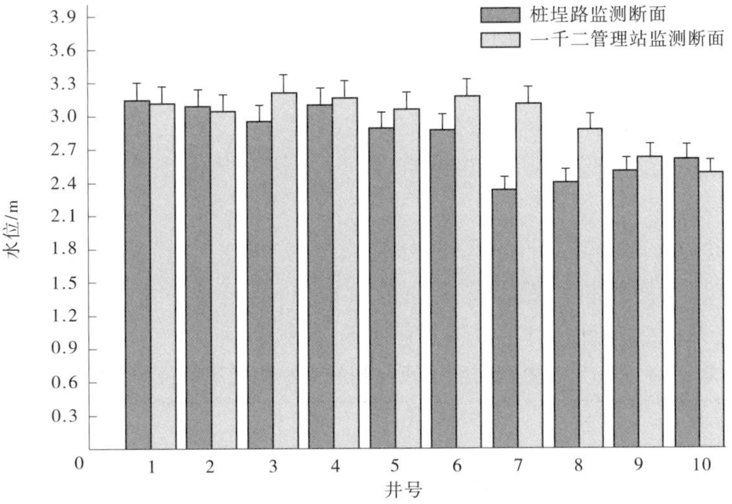

图 3-96　2015 年生态调水期刁口河流路监测断面纵向对比

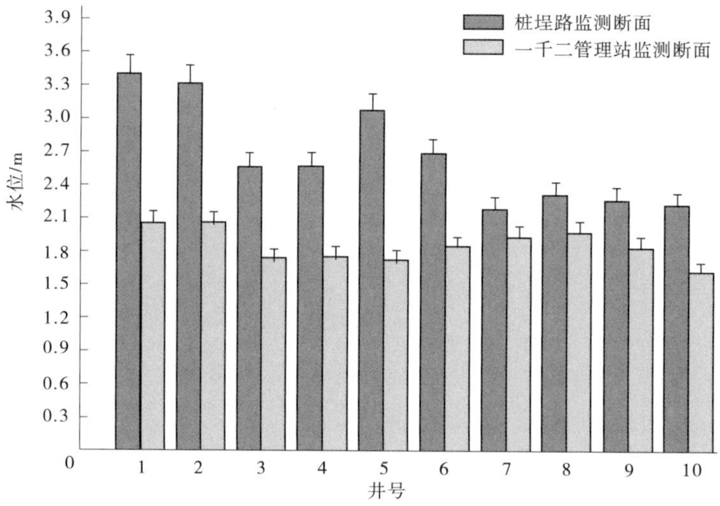

图 3-97 2015 年生态调水后期刁口河流路监测断面纵向对比

在 2015 年生态调水前期,两断面同距离井位,一千二管理站监测断面地下水位均高于桩埕路监测断面地下水位,呈现出下游水位高于上游水位的反常现象。该时间段内对应井位纵向地下水位差见表 3-24。

表 3-24 2015 年生态调水前期两监测断面纵向地下水位差(平均值) 单位:m

井号		1	2	3	4	5	6	7	8	9	10
地下水位	桩埕路监测断面	2.103	1.784	1.839	2.021	1.799	1.383	1.769	1.383	1.741	1.511
	一千二管理站监测断面	2.340	2.496	2.450	2.295	2.103	2.396	2.380	2.251	1.902	1.958
地下水位差		-0.237	-0.712	-0.611	-0.274	-0.304	-1.013	-0.611	-0.868	-0.161	-0.447

2015 年生态调水前期,地下水位差最高值出现在 6 号井,站 6 井地下水位高出桩 6 井地下水位 1.013 m,水位差最低值出现在 9 号井,站 9 井地下水位高出桩 9 井地下水位 0.161 m。

2015 年生态调水期,两断面同距离井位,除 1 号井、2 号井、10 号井外,一千二管理站监测断面地下水位均高于桩埕路监测断面地下水位,但是地下水位差低于生态调水前期。该时间段内对应井位纵向地下水位差见表 3-25。

表 3-25 2015 年生态调水期两监测断面纵向地下水位差(平均值) 单位:m

井号		1	2	3	4	5	6	7	8	9	10
地下水位	桩埕路监测断面	3.141	3.084	2.950	3.098	2.891	2.872	2.331	2.396	2.500	2.607
	一千二管理站监测断面	3.111	3.042	3.212	3.161	3.059	3.170	3.106	2.874	2.617	2.475
地下水位差		0.030	0.042	-0.262	-0.063	-0.168	-0.298	-0.775	-0.478	-0.117	0.132

该时间段内,地下水位差最高值出现在 7 号井,站 7 井地下水位高出桩 7 井地下水位 0.775 m,地下水位差最低值出现在 1 号井,桩 1 井地下水位高出站 1 井地下水位 0.030 m。

在生态调水后期,桩埕路监测断面地下水位要高于一千二管理站监测断面地下水位,呈现出上游地下水位高于下游地下水位的正常现象,经实地勘察,发现一千二管理站内人工补水土渠在渠首被人为堵死,刁口河水无法进入一千二管理站内。该时间段内对应井位纵向地下水位差见表 3-26。

表 3-26　2015 年生态调水后期两监测断面纵向地下水位差(平均值)　单位:m

井号		1	2	3	4	5	6	7	8	9	10
地下水位	桩埕路监测断面	3.397	3.310	2.562	2.566	3.070	2.680	2.186	2.311	2.269	2.219
	一千二管理站监测断面	2.054	2.050	1.734	1.758	1.724	1.840	1.933	1.968	1.835	1.625
地下水位差		1.343	1.260	0.828	0.808	1.346	0.840	0.253	0.343	0.434	0.594

该时间段内,对应井位纵向地下水位差均为正值,桩埕路监测断面地下水位均高于一千二管理站监测断面地下水位,地下水位最高值出现在 5 号井,桩 5 井地下水位高出站 5 井地下水位 1.346 m,地下水位最低值出现在 7 号井,桩 7 井地下水位高出站 7 井地下水位 0.253 m。

从 2015 年两监测断面纵向分析来看,变化原因大体与 2014 年一致,仅是在 2015 年刁口河生态调水后期,一千二管理站内人工补水土渠被封死,造成了该时期桩埕路监测断面同距离井地下水位高于一千二管理站监测断面。

3.3.2　刁口河生态调水对湿地地下水位影响的偏相关分析

3.3.2.1　2014 年生态调水对湿地地下水位影响的偏相关分析

运用 SPSS 软件,对生态调水期刁口河水位与桩埕路监测断面地下水位进行相关分析,净降水作为干扰值加入数据分析,进而完成偏相关分析,剔除气象因素对研究结论的影响。设定生态调水期地下水位对刁口河水位响应的延迟时间为 0 d、1 d、2 d、3 d、4 d、5 d、6 d、7 d,通过对延迟时间内的刁口河水位、各监测井地下水位、净降水量进行偏相关分析(其中净降水量为常量),得出偏相关系数(见表 3-27)。

根据统计学理论,相关系数最大值为相关性最大,正值为正相关,负值为负相关。对应于每个监测井,其相关系数最大值对应的天数即为相关性最大的延迟天数。结合表 3-27 可以筛选出刁口河来水抬升刁口河水位并对桩埕路监测断面各井位影响最大的天数,即 Δt(见表 3-28)。

表 3-27　2014 年生态调水期刁口河水位与桩井地下水位偏相关系数

井号	延迟时间							
	0 d	1 d	2 d	3 d	4 d	5 d	6 d	7 d
桩 1 井	0.71	0.62	0.51	0.40	0.32	0.20	0.13	0.11
桩 2 井	0.61	0.73	0.70	0.61	0.43	0.21	0.12	0.11
桩 3 井	0.41	0.52	0.47	0.44	0.41	0.30	0.21	0.09
桩 4 井	0.32	0.54	0.50	0.42	0.31	0.25	0.17	0.11
桩 5 井	0.33	0.45	0.38	0.32	0.27	0.25	0.11	0.04
桩 6 井	0.25	0.33	0.35	0.24	0.19	0.11	0.08	0.04
桩 7 井	0.17	0.37	0.28	0.15	0.09	−0.13	−0.18	−0.20
桩 8 井	−0.07	0.15	0.19	0.08	−0.11	−0.07	−0.16	−0.18
桩 9 井	−0.19	0.12	0.17	0.21	0.15	0.06	−0.19	−0.27
桩 10 井	−0.22	−0.15	−0.17	−0.07	−0.10	−0.16	−0.29	−0.45

表 3-28　2014 年生态调水期刁口河水位变化对监测井地下水位影响的延迟时间 Δt

井号	桩 1 井	桩 2 井	桩 3 井	桩 4 井	桩 5 井	桩 6 井	桩 7 井	桩 8 井	桩 9 井	桩 10 井
Δt/d	0	1	1	1	1	2	1	2	3	—

从表 3-28 可以看出，桩 1~9 井在设定的延迟天数内出现了正相关，且相关系数最大值均出现在 3 d 以内，说明生态调水期来水抬升了刁口河水位，并且刁口河水位的抬升对桩井地下水位起到了抬升作用，呈正相关关系，而桩 10 井相关系数在 0~7 d 内均为负值，即负相关，也就是刁口河水位抬升并没有引起桩 10 井地下水位的抬升，通过这一明显的相关性变化可以判定，生态调水来水抬升刁口河水位，并对桩 9 井位置(2 km)以内的地下水位起到明显的抬升作用。

通过表 3-28 可以看出，刁口河水位变化对监测井地下水位影响的最大延迟天数大致表现为离河越近延迟时间越短，离河越远延迟时间越长，最大延迟时间为 0~3 d。

综上所述，生态调水期刁口河来水抬升了刁口河水位，并在一定的延迟时间(0~3 d)内对 2 km 范围以内的地下水位起到了明显的抬升作用。

3.3.2.2　2015 年生态调水对湿地地下水位影响的偏相关分析

设定 2015 年生态调水期地下水位对刁口河水位响应的延迟时间为 0 d、1 d、2 d、3 d、4 d、5 d、6 d、7 d，通过对延迟时间内的刁口河水位、各监测井水位、净降水量进行偏相关分析(其中净降水量为常量)，得出偏相关系数(见表 3-29)。

表 3-29　2015 年生态调水期刁口河水位与桩井地下水位偏相关系数

井号	延迟时间							
	0 d	1 d	2 d	3 d	4 d	5 d	6 d	7 d
桩 1 井	0.83	0.78	0.61	0.52	0.41	0.22	0.17	0.09
桩 2 井	0.71	0.75	0.64	0.62	0.38	0.32	0.12	0.07
桩 3 井	0.56	0.67	0.52	0.48	0.34	0.29	0.11	0.07
桩 4 井	0.43	0.52	0.44	0.41	0.30	0.21	0.15	0.05
桩 5 井	0.35	0.43	0.35	0.31	0.29	0.25	0.15	0.07
桩 6 井	0.27	0.33	0.36	0.20	0.17	0.15	0.14	0.08
桩 7 井	0.20	0.23	0.27	0.16	0.15	-0.01	-0.07	-0.19
桩 8 井	-0.07	0.10	0.16	0.05	-0.05	-0.14	-0.17	-0.25
桩 9 井	-0.13	-0.08	0.08	0.12	0.09	-0.02	-0.15	-0.29
桩 10 井	-0.20	-0.14	-0.15	-0.17	-0.11	-0.19	-0.29	-0.42

从表 3-29 可以看出，桩 1~9 井在设定的延迟天数内出现了正相关且相关系数最大值均在 3 d 以内，说明生态调水期来水抬升了刁口河水位，并且刁口河水位的抬升对桩井地下水位起到了抬升作用，呈正相关关系，而桩 10 井相关系数在 0~7 d 内均为负值，即负相关，也就是刁口河水位抬升并没有引起桩 10 井水位的抬升，通过这一明显的相关性变化可以判定，生态调水来水抬升了刁口河水位，并对桩 9 井位置以内范围的地下水起到明显的抬升作用。

根据统计学理论，相关系数最大值为相关性最大，正值为正相关，负值为负相关。对应于每个观测井，其相关系数最大值对应的天数即为相关性最大的延迟天数。结合表 3-29 可以筛选出刁口河来水抬升刁口河水位并对桩埕路监测断面各井位影响最大的天数，即 Δt（见表 3-30）。

表 3-30　2015 年生态调水期刁口河水位变化对监测井地下水位影响的延迟时间 Δt

号	桩 1 井	桩 2 井	桩 3 井	桩 4 井	桩 5 井	桩 6 井	桩 7 井	桩 8 井	桩 9 井	桩 10 井
Δt/d	0	1	1	1	1	2	2	2	3	—

通过表 3-30 可以看出，刁口河水位变化对监测井地下水位影响的最大延迟天数大致表现为离河越近延迟时间越短，离河越远延迟时间越长，最大延迟时间为 0~3 d。

综上所述，2015 年生态调水期刁口河来水抬升了刁口河水位，并在一定的延迟时间（0~3 d）内对 2 km 范围以内的地下水位起到了明显的抬升作用。

3.3.3　清水沟流路来水对湿地地下水位的影响研究

在清水沟流路清 8 断面附近布设监测断面 1 个，共计 5 个监测井，断面控制距离 2 km。

通过水文资料整编,整理出西河口在 2014～2015 年的水位变化曲线,见图 3-98、图 3-99。

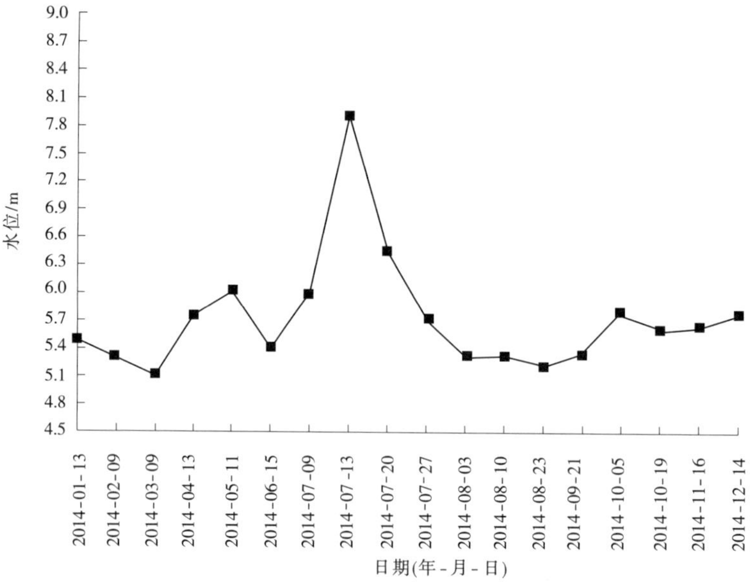

图 3-98　2014 年清水沟流路西河口水位变化曲线

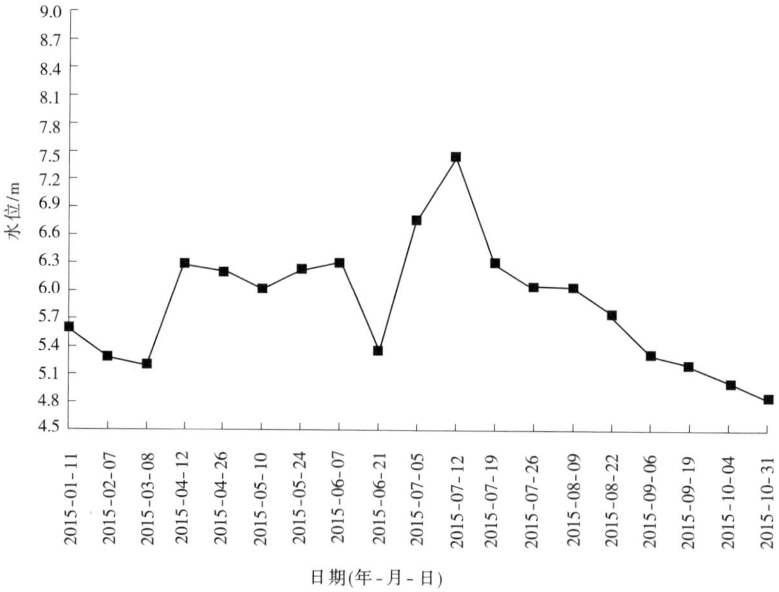

图 3-99　2015 年清水沟流路西河口水位变化曲线

西河口水位曲线在 2014 年与 2015 年的变化并不一致,这与上游年内、跨年来水有关。但是年内水位最高值基本一致,2014 年西河口水位在 7 月 13 日出现最高值,2015 年西河口水位在 7 月 12 日出现最高值。这与两年的生态调水时间(7 月 4 日)基本响应。

3.3.3.1　2014 年清水沟流路来水对湿地地下水位的影响研究

通过原型监测手段,对 2014 年清水沟流路大汶流监测断面进行实测,结合实测数据进行水位变化曲线绘制,如图 3-100、图 3-101 所示。可以看出,2014 年,监测井地下水位变化趋势一致,基本在同一时间共出现 5 个抬升-降低的变化,在 8 月 3 日达到了最高值。与同期西河口水位比较,监测井地下水位变化频次较多,且变化拐点也滞后于清水沟流路来水水位,主要是来水渗流延迟补给造成的。

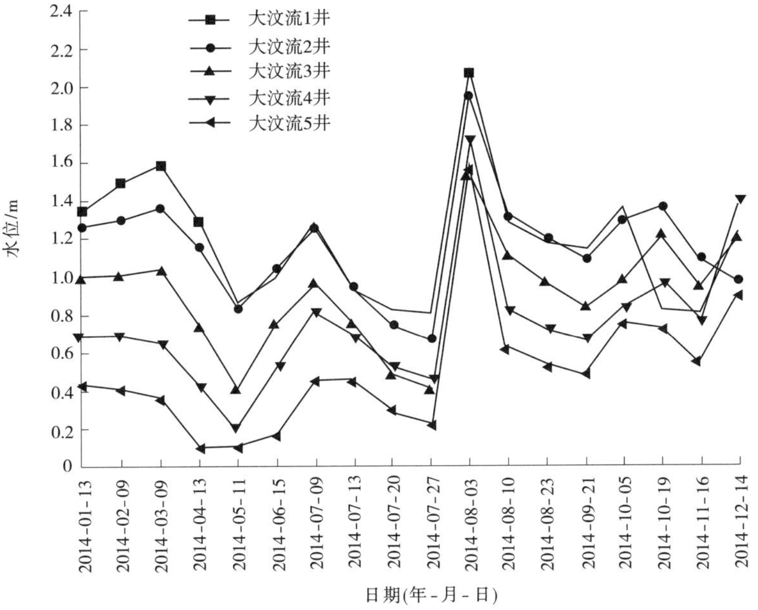

图 3-100　2014 年大汶流监测断面地下水位变化曲线

在垂直于清水沟流路的距离上,地下水位呈现离河越近水位越高、离河越远水位越低的变化趋势。

3.3.3.2　2015 年清水沟流路来水对湿地地下水位的影响研究

通过原型监测手段,对 2015 年清水沟流路大汶流监测断面进行实测,结合实测数据进行水位变化曲线绘制,如图 3-102、图 3-103 所示。可以看出,2015 年,监测井水位变化趋势一致,基本在同一时间共出现 3 个抬升-降低的变化,在 9 月 6 日达到了最高值。与同期西河口水位比较,监测井水位变化频次较多,且变化拐点也滞后于清水沟流路来水水位,主要是来水渗流延迟补给造成的。

在垂直于清水沟流路的距离(横向)上,地下水位呈现离河越近水位越高、离河越远水位越低的变化趋势。清水沟流路水位远高于地下水位,因此在长时间段内,地下水受到地表水的渗流补给,但是地质条件不一,造成补给效果存在差异。

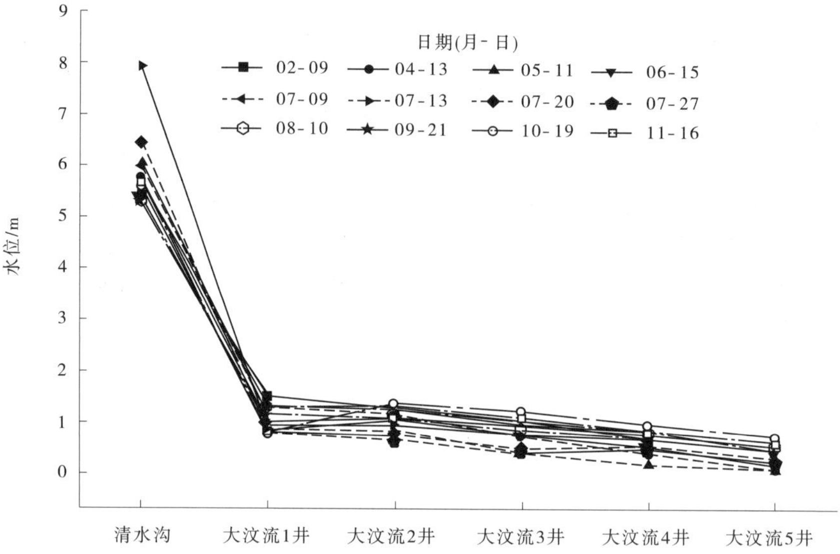

图 3-101　2014 年大汶流监测断面横向地下水位变化曲线

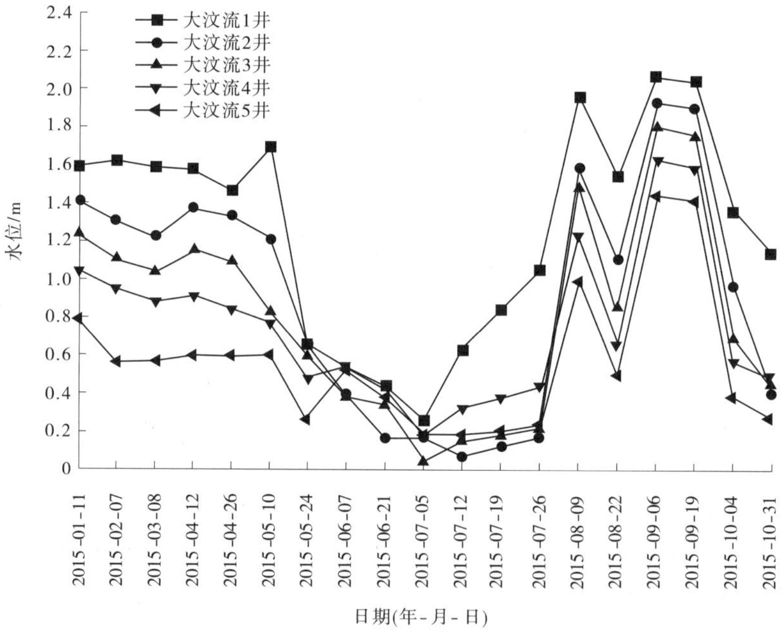

图 3-102　2015 年大汶流监测断面地下水位变化曲线

3.3.4　黄河来水对湿地地下水位影响的结论

通过对观测数据的归纳、计算及偏相关分析验证，定量分析了生态调水对刁口河流路湿地地下水位的影响范围和延迟天数，科学评价了黄河来水对黄河三角洲湿地地下水位的影响。以生态调水期定义黄河来水前期、中期、后期，得出结论如下：

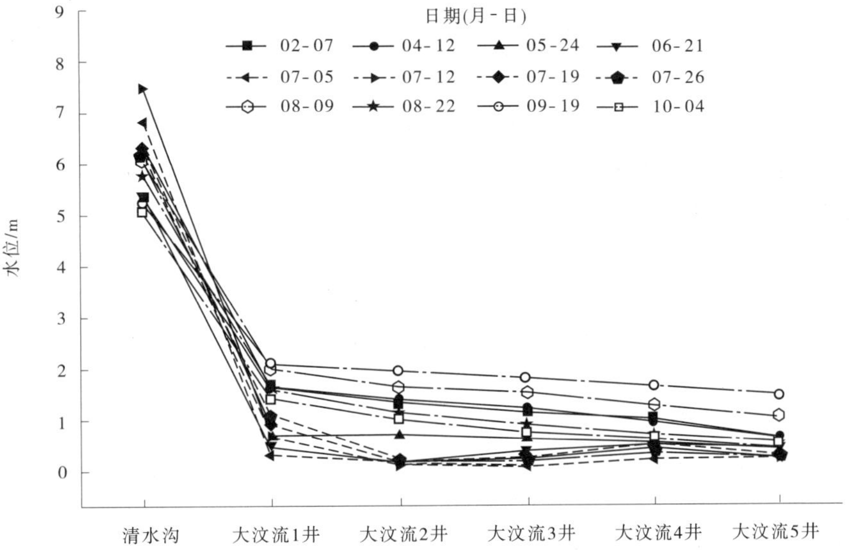

图 3-103　2015 年大汶流监测断面横向地下水位变化曲线

(1)整个观测期内研究区地下水位的变化受黄河来水、降水、蒸发、人类活动等因素的影响。

(2)刁口河生态调水前期,无外来水源补给,适逢春旱、春灌,蒸发对研究区地下水位降低起主导作用;生态调水期来水量大、降水量多,对研究区地下水位影响极为明显;生态调水后期,受到生态调水来水延迟、降水、蒸发等影响,水位均开始出现降低趋势,受短时降水影响,水位仍有小幅抬升、回落过程。

(3)观测期内桩 1~10 井地下水位基本呈现随离刁口河距离增加而降低的趋势;一千二管理站监测断面受到人类活动影响较大,地下水位变化规律性不大。

(4)2014 年,刁口河流路监测井地下水位纵向变化较为复杂,地下水位差最大值均出现在 8 号井;2015 年,生态调水前期,地下水位差最大值出现在 6 号井,生态调水期及后期,地下水位差最大值均出现在 7 号井。

(5)2014 年,经 SPSS 软件对气象、来水、水位变化幅度进行偏相关分析,得出 2014 年生态调水能够影响桩埕路监测断面的桩 9 井,延迟时间控制在 0~3 d;2015 年,生态调水能够影响桩埕路监测断面的桩 9 井,延迟时间控制在 0~3 d;整个观测期生态调水均可影响到 9 号井,即生态调水对地下水位的影响范围为 2 km。

(6)2014 年,清水沟流路监测井地下水位变化趋势基本一致,在同一时间共出现 5 个抬升-降低的变化,且在 8 月 3 日达到最高值。与同期西河口水位相比,监测井地下水位变化频次较多,且变化拐点明显滞后于清水沟流路来水水位,主要是来水渗流延迟补给造成的。在横向距离上,地下水位基本呈现随离刁口河距离增加而降低的变化趋势。

(7)在 2015 年,监测井地下水位变化趋势一致,基本在同一时间共出现 3 个抬升-降低的变化,且在 9 月 6 日达到最高值。与同期西河口水位相比,监测井地下水位变化频次较多,且变化拐点明显滞后于清水沟流路来水水位,主要是来水渗流延迟补给造成的。在横向距离上,地下水位基本呈现随离刁口河距离增加而降低的变化趋势。

3.4　2016~2017 年黄河来水对湿地地下水位的影响

为了分析黄河来水对湿地地下水位的影响，本节将分别分析刁口河流路与清水沟流路地下水位的时空动态变化规律，并通过对观测数据的归纳、计算及偏相关分析验证，定量分析生态调水对刁口河流路湿地地下水位及矿化度的影响范围和延迟天数，科学评价生态调水对刁口河湿地的影响。

由于刁口河河道为黄河故道，并在与黄河现行河道交叉处修建了罗家屋子闸，在调水调沙生态调水时，通过罗家屋子闸引水或扬水船达到给湿地生态补水的目的。

为了研究地下水位的时间变化规律，将整个观测期(2016 年 1 月 1 日至 2017 年 12 月 31 日)按不同年份进行划分。

2016 年按以下三个时间段分别进行分析：前期(2016 年 1 月 1 日至 4 月 30 日)、中期(2016 年 5 月 1 日至 8 月 31 日)、后期(2016 年 9 月 1 日至 12 月 31 日)。

2017 年按以下三个时间段分别进行分析：前期(2017 年 1 月 1 日至 4 月 30 日)、中期(2017 年 5 月 1 日至 8 月 31 日)、后期(2017 年 9 月 1 日至 12 月 31 日)。

3.4.1　黄河来水对刁口河流路湿地地下水位的影响研究

通过分析研究区附近(桩埕路桥处)刁口河流路河流实测水位数据，结合桩埕路监测断面与一千二管理站监测断面地下水位数据，绘制 2016~2017 年刁口河流路水位及监测井地下水位在时间序列上的变化曲线，直观反映研究区地下水位的时空变化趋势。

3.4.1.1　刁口河流路水位变化

对 2016~2017 年研究区附近(桩埕路桥处)刁口河流路河流水位实测，整理出研究区附近刁口河流路河流水位变化曲线，见图 3-104、图 3-105。

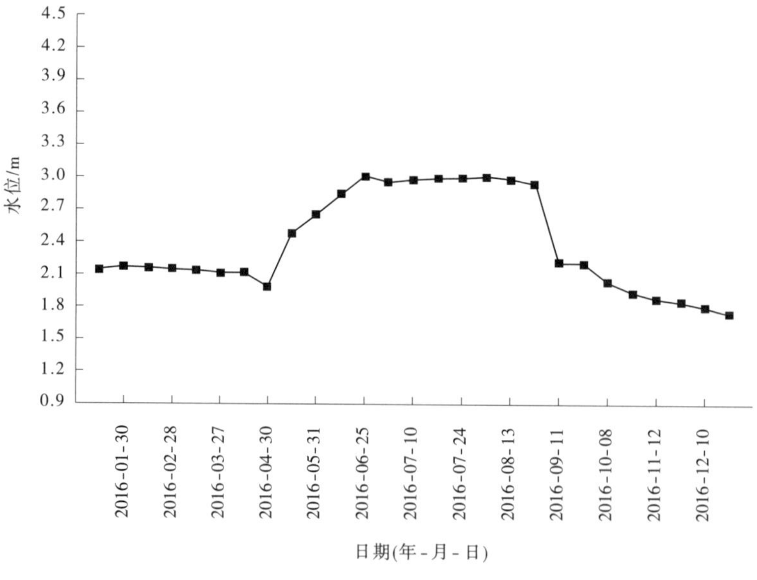

图 3-104　2016 年刁口河流路河流水位变化曲线

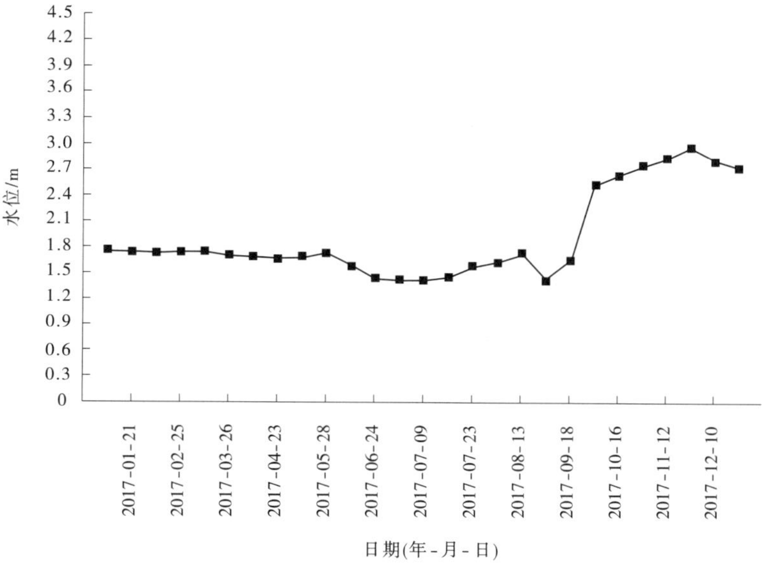

图 3-105　2017 年刁口河流路河流水位变化曲线

通过图 3-104 可以看出,2016 年刁口河水位主要呈现以下三个显著变化:①刁口河水位自年初开始持续位于低位,至 4 月 30 日出现拐点后缓慢抬升;②6 月 25 日后,水位保持在 3 m 上下,持续至 8 月 27 日;③自 8 月 27 日开始出现下降拐点并持续下降趋势至年底。2016 年 7 月 31 日,刁口河水位达到 3.012 m,为年内最高值,相比 2015 年最高水位下降 1.195 m。2016 年 12 月 24 日,刁口河水位达到 1.741 m,为年内最低值,相比 2015 年最低水位下降 0.604 m,2016 年刁口河水位落差为 1.271 m。

结合气象资料、人为活动因素来判断 2016 年刁口河水位变化趋势:出现第一个变化的原因为冬末春初,气候干燥,蒸发量远大于降水量,净蒸发量处于年内净蒸发最大区间,加之研究区春灌开始,当地农民取用刁口河水及地下水进行农作物灌溉,导致刁口河水位保持在低位;出现第二个显著变化的原因,主要得益于降水量增加,导致该时间段水位位于较高区间,但是由于未进行生态调水,导致刁口河水位比 2015 年降低 28.41%。2016 年 8 月 27 日后,降水频次、量度上均有所降低,加之当地灌溉、生态引水的增加,以及蒸发量持续增大,造成刁口河水位迅速降低。综上所述,2016 年刁口河水位主要受降雨及蒸发影响,且由于未进行生态调水,导致刁口河水位发生明显下降。2016 年刁口河全年平均水位为 2.39 m,而 2015 年全年平均水位为 3.2 m,同比下降 25.31%。

通过图 3-105 可以看出,2017 年刁口河水位变化与 2016 年变化趋势明显不同,主要呈现以下三个显著变化:①刁口河水位自年初开始持续保持在低位,该趋势直至 2017 年 9 月 18 日出现拐点后迅速抬升;②9 月 18 日后,刁口河水位出现明显抬升拐点,该抬升趋势持续至 11 月 26 日;③自 11 月 26 日开始出现下降拐点并持续下降趋势至 12 月 31 日。2017 年 11 月 26 日,刁口河水位达到 2.964 m,为年内最高值,相比 2016 年水位最高值基本持平。2017 年 7 月 2 日,刁口河水位达到 1.405 m,为年内最低值,相比 2016 年水位最低值下降 0.336 m,2017 年刁口河水位落差为 1.559 m。

结合气象资料、生态补水等因素来判断刁口河 2017 年水位变化趋势:出现第一个变化的原因为降水量与蒸发量基本持平，净蒸发量全年波动较小，1～8 月地下水平均水位为 1.63 m，最高水位与最低水位的差值仅为 0.35 m，地下水位变化趋势平缓；出现第二个显著变化的原因，主要得益于生态补水，2017 年 9 月黄河河口管理局从现行流路对刁口河流路进行了持续生态补水，有效地补充了刁口河淡水资源，使河水水位得到迅速抬升，且生态补水活动结束后，刁口河水位仍呈上扬趋势，有效的淡水补给使刁口河水位继续抬升，并较长时间保持较高水位。对比生态补水前的 9 月 18 日，地下水位为 1.645 m，生态补水后的 11 月 26 日，地下水位为 2.964 m，后者比前者增加 1.8 倍，可见生态补水对地下水位的提升作用明显。11 月 26 日后，由于生态补水完成，且该季节降水频次、量度上均明显降低，而蒸发量显著增大，造成了刁口河水位开始降低。

3.4.1.2　刁口河流路监测井地下水位的时间变化规律

1. 桩埕路监测断面地下水位的时间变化规律

桩埕路监测断面布设监测井共计 10 口，2016～2017 年共经历生态补水 1 次，累计时间为 31 d。整个观测期内水位总体上出现两次明显抬升，出现时间与生态补水期及雨季基本一致，见图 3-106。

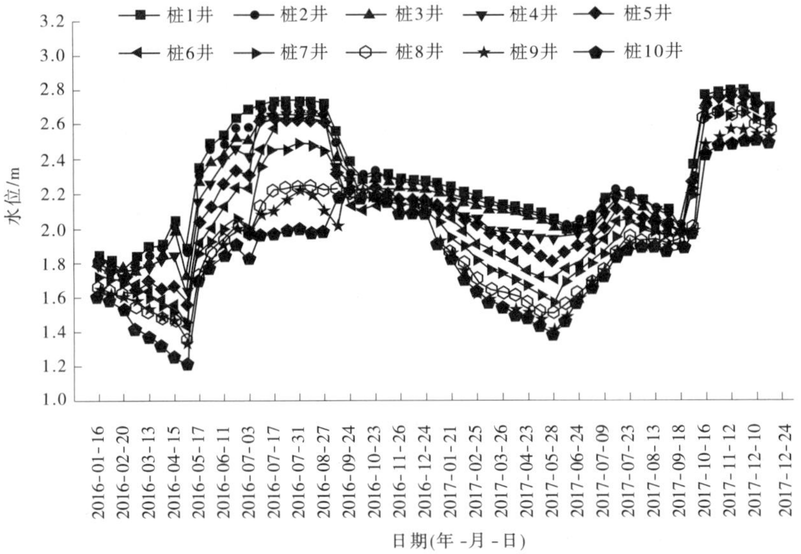

图 3-106　观测期桩埕路监测断面地下水位变化曲线

为便于直观分析桩埕路监测断面地下水位变化趋势，将图 3-106 按照 2016 年与 2017 年进行拆分，分别绘制地下水位变化曲线，见图 3-107、图 3-108。

由图 3-107 可知，2016 年桩埕路各监测井的地下水位变化曲线基本一致，变化拐点基本处于同一时间，只是变化幅度存在差异。2016 年桩埕路监测断面地下水位呈现以下三个显著变化：①年初至 4 月 30 日前后，地下水位以缓慢降低趋势变化，其间出现个别抬升；②4 月 30 日至 8 月 27 日前后，地下水位经缓慢抬升至高位后保持平稳趋势；③8 月 27 日之后，所有监测井地下水位均开始下降，延续至年底，其间出现个别抬升。

2017 年桩埕路各监测井的地下水位变化曲线基本一致，地下水位变化拐点基本处于同一时间，只是变化幅度存在差异。

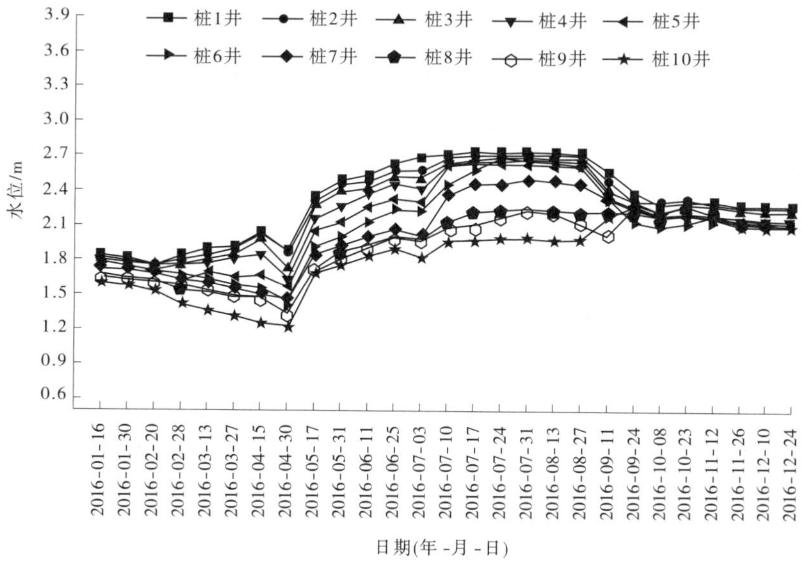

图 3-107　2016 年桩埕路监测断面地下水位变化曲线

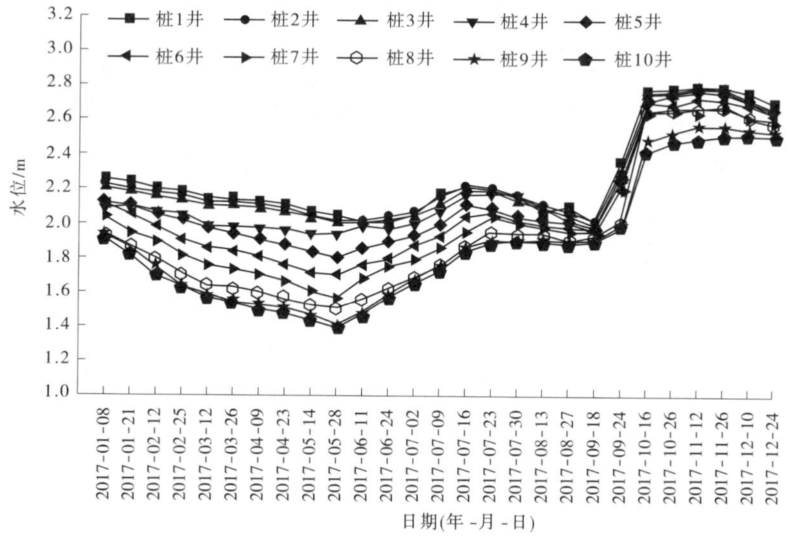

图 3-108　2017 年桩埕路监测断面地下水位变化曲线

2017 年桩埕路监测断面地下水位呈现以下三个显著变化：①年初到 5 月 28 日前后，地下水位以缓慢降低趋势变化，其间出现个别抬升；②5 月 28 日至 7 月 16 日前后，地下水位开始抬升，而 7 月 16 日至 9 月 18 日前后，地下水位稍有下降趋势；③9 月 18 日之后，所有监测井地下水位均迅速抬升至高位，延续至 11 月 26 日，之后呈现下降趋势。

结合刁口河 2016~2017 年水位变化及气象资料，可知 2016~2017 年桩埕路监测断面出现降低→抬升→降低→抬升的趋势，是由刁口河水位、净蒸发、人为活动三重因素的作用引起的。冬末春初，蒸发量远大于降水量，使得地下水位缓慢降低，随着春灌的开始，加速了地下水位的降低；随着降水量开始增多，加之春灌结束，地下水位开始缓慢抬升，抬升至高位后将维持平衡趋势至降水量减少时期，之后呈现下降趋势。2017 年 9 月对刁口河进行了生态补水，由于刁口河受到黄河来水补给，通过地下渗流补给地下水，地下水位快速抬升；至 11 月，降水量持续减少，蒸发量增加，且该地区又开始新一轮的农田灌溉，导致了地下水位开始缓慢降低。

通过 2016~2017 年地下水位变化曲线可以看出，刁口河生态补水能够作用到桩埕路监测断面 10 号监测井，也就是说，在不排除气象因素的情况下，生态调水的补给范围能够达到 3 km。

2. 一千二管理站监测断面地下水位的时间变化规律

一千二管理站监测断面布设监测井共计 10 口，2016~2017 年共经历生态补水 1 次，观测期内地下水位总体上出现两次明显抬升（见图 3-109），出现时间与生态补水期及雨季基本一致。为便于直观反映一千二管理站监测断面地下水位变化趋势，将图 3-109 按照 2016 年、2017 年进行拆分，分别绘制地下水位变化曲线，见图 3-110、图 3-111。

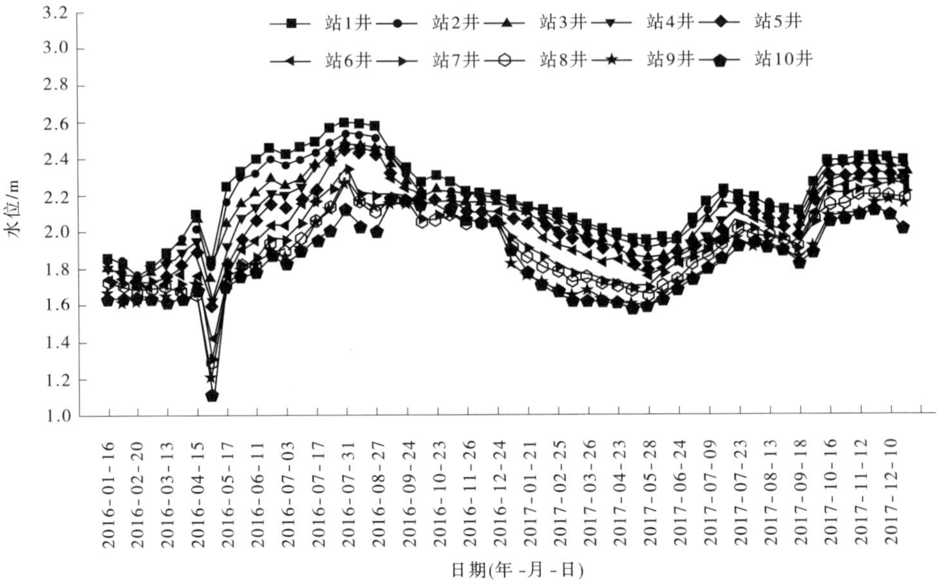

图 3-109　观测期一千二管理站监测断面地下水位变化曲线

2016 年一千二管理站监测断面各监测井的地下水位变化曲线基本一致，变化拐点基本处于同一时间，只是变化幅度存在差异。值得指出的是，站 8 井、站 9 井、站 10 井的变化幅度小于其他各井。2016 年一千二管理站监测断面地下水位呈现以下三个显著变化：①年初到 4 月 30 日前后，地下水位以缓慢降低趋势变化，其间出现个别抬升，值得注意的是 4 月 15~30 日，地下水位出现大幅降低；5 月 1 日至 8 月 13 日前后，地下水位经历缓慢抬升后维持在高位，区间为 2.2~2.6 m，8 月 13 日之后，一千二管理站监测断面监测井地下水位均开始下降，且降低趋势一直延续至年底，其间站 8 井、站 9 井及站 10 井地下水位出现个别抬升。

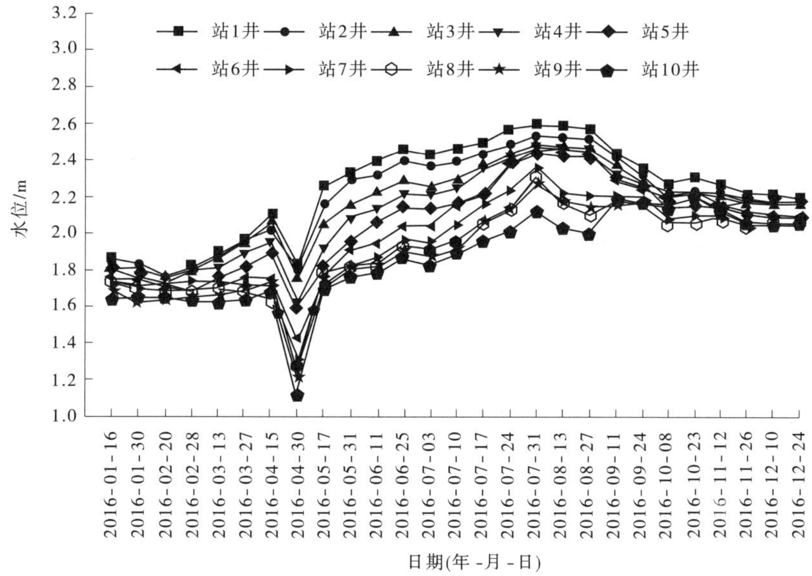

图 3-110 2016 年一千二管理站监测断面地下水位变化曲线

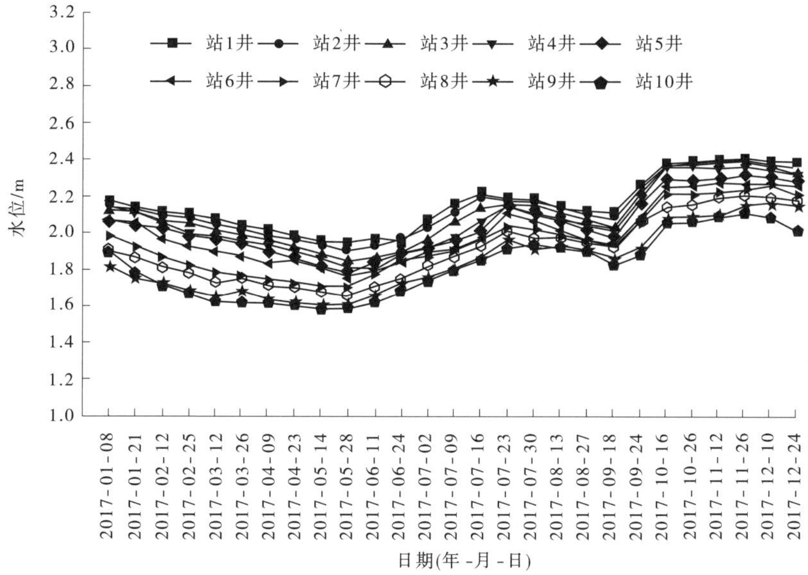

图 3-111 2017 年一千二管理站监测断面地下水位变化曲线

2017 年一千二管理站监测断面各监测井的地下水位变化曲线基本一致,变化拐点基本处于同一时间,只是变化幅度存在差异。2017 年一千二管理站监测断面地下水位呈现以下三个显著变化:①年初到 5 月 28 日前后,地下水位以缓慢降低趋势变化,其间出现个别抬升;②5 月 28 日至 7 月 16 日前后,地下水位经历抬升至高位,7 月 16 日至 9 月 18

日,地下水位缓慢下降,但下降幅度不显著;③9 月 18 日至 10 月 16 日,地下水位抬升明显,抬升至高位后维持平衡至 12 月 10 日后出现下降趋势。

结合刁口河 2016~2017 年地下水位时间变化规律及气象资料可知,2016~2017 年一千二管理站监测断面地下水位出现降低→缓慢抬升→快速抬升→降低的趋势,是由刁口河水位、净蒸发、人为活动三重因素的作用引起的。冬末春初,蒸发量远大于降水量,使得地下水位缓慢降低,随着春灌的开始,加速了水位的降低;进入 5 月后,降水量开始增多,加之春灌结束,地下水位开始缓慢抬升,且黄河来水量增加,受黄河来水补给,通过地下渗流补给地下水,加之雨季的到来,地下水位开始抬升;8 月以后,降水减少,刁口河地区又开始新一轮的农田灌溉,导致地下水位开始缓慢降低。2017 年 9 月对刁口河进行了生态补水,由于刁口河受到黄河来水补给,通过地下渗流补给地下水,地下水位快速抬升;通过 2016~2017 年地下水位变化曲线可以看出,刁口河生态补水能够作用到一千二管理站监测断面站 10 井,也就是说,在不排除气象因素的情况下,生态补水的补给范围能够达到 3 km。

3.4.1.3　刁口河流路监测井地下水位在横向距离上的变化规律

为了反映监测井地下水位在距河横向距离上的变化规律,以距河距离为横坐标、统计水位及累计水位为纵坐标,绘制地下水位的变化趋势。

1. 桩埕路监测断面地下水位在横向距离上的变化规律

如图 3-112 所示,2016 年桩埕路监测断面监测井地下水平均水位均低于刁口河平均水位,基本呈现离河越近水位越高、离河越远水位越低的趋势,异常点主要出现在桩 6 井附近,这与该井周边引水土渠较多有关。由 2016 年累计水位数据可知:刁口河累计水位最高,为 64.49 m,桩 10 井累计水位最低,为 49.41 m。监测井年内地下水位差最大值出现在桩 6 井,为 1.27 m;最小值出现在桩 8 井,为 0.90 m(见表 3-31)。

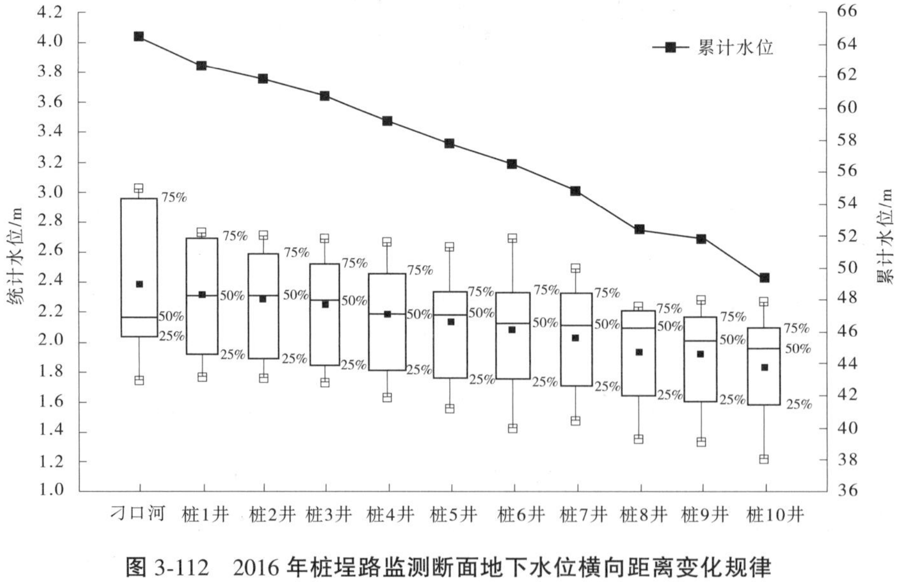

图 3-112　2016 年桩埕路监测断面地下水位横向距离变化规律

表 3-31　2016 年桩埕路监测断面监测井地下水累计水位及水位差　单位:m

监测断面	刁口河	桩 1 井	桩 2 井	桩 3 井	桩 4 井	桩 5 井	桩 6 井	桩 7 井	桩 8 井	桩 9 井	桩 10 井
累计水位	64.49	62.64	61.90	60.80	59.22	57.81	56.50	54.85	52.35	51.88	49.41
地下水位差	1.29	0.99	0.96	0.97	1.04	1.08	1.27	1.03	0.90	0.95	1.05

如图 3-113 所示,2017 年桩埕路监测断面监测井地下水平均水位大部分都高于刁口河平均水位,且基本呈现离河越近水位越高,离河越远水位越低的趋势,异常点主要出现在桩 6 井附近,这与该井周边引水土渠较多有关。由 2017 年累计水位数据可知:桩 1 井累计水位最高,为 61.41 m,桩 10 井累计水位最低,为 50.63 m。监测井年内地下水位差最大值出现在桩 8 井,为 1.17 m;最小值出现在桩 2 井,为 0.78 m(见表 3-32)。

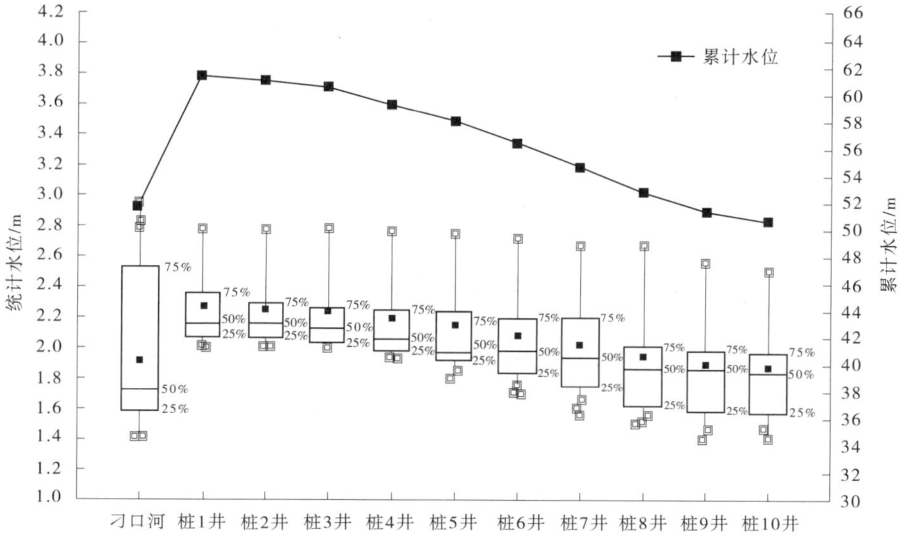

图 3-113　2017 年桩埕路监测断面地下水位横向距离变化规律

表 3-32　2017 年桩埕路监测断面监测井地下水累计水位及水位差　单位:m

监测断面	刁口河	桩 1 井	桩 2 井	桩 3 井	桩 4 井	桩 5 井	桩 6 井	桩 7 井	桩 8 井	桩 9 井	桩 10 井
累计水位	51.65	61.41	61.08	60.60	59.26	58.08	56.43	54.74	52.76	51.28	50.63
地下水位差	1.56	0.79	0.78	0.80	0.84	0.97	1.03	1.12	1.17	1.16	1.12

2. 一千二管理站监测断面地下水位在横向距离上的变化规律

由图 3-114 可知,2016 年一千二管理站监测断面监测井平均地下水水位均低于刁口河平均水位,且基本呈现离河越近水位越高、离河越远水位越低的趋势,但异常点出现频繁,主要出现在站 7 井、站 8 井、站 9 井、站 10 井附近,经现场调查发现,该区域人工活动迹象明显,附近有采油钻井施工作业。由 2016 年累计水位数据可知:刁口河累计水位最高,为 64.49 m,站 10 井累计水位最低,为 50.59 m。监测井 2016 年内地下水位差最大值出现在站 10 井,为 1.09 m;最小值出现在站 3 井,为 0.73 m(见表 3-33)。

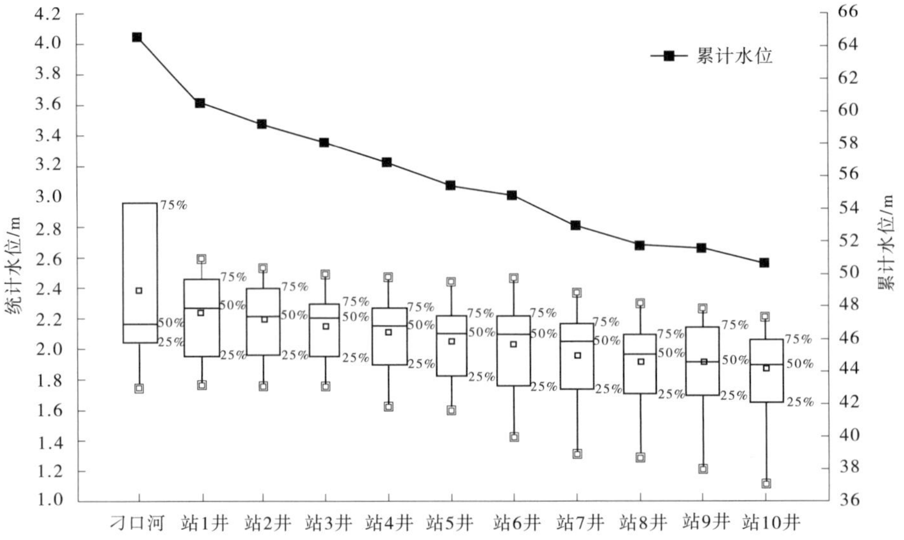

图 3-114　2016 年一千二管理站监测断面地下水位横向距离变化规律

表 3-33　2016 年一千二管理站监测断面监测井地下水累计水位及水位差　　单位:m

监测断面	刁口河	站 1 井	站 2 井	站 3 井	站 4 井	站 5 井	站 6 井	站 7 井	站 8 井	站 9 井	站 10 井
累计水位	64.49	60.46	59.19	58.06	56.87	55.44	54.81	52.90	51.77	51.62	50.59
地下水位差	1.29	0.83	0.77	0.73	0.84	0.84	1.04	1.05	1.01	1.05	1.09

由图 3-115 可知,2017 年监测井在横向上基本呈现离河越近水位越高、离河越远水位越低的趋势,但异常点出现频繁,主要出现在站 7 井、站 8 井、站 9 井、站 10 井附近,经现场调查发现,该区域人工活动迹象明显,附近有采油钻井施工作业。由 2017 年累计水位数据可知:站 1 井累计水位最高,为 58.23 m;站 10 井累计水位最低,为 49.19 m。监测井 2017 年内地下水位差最大值出现在站 4 井、站 7 井、站 9 井,为 0.56 m;最小值出现在站 1 井,为 0.46 m(见表 3-34)。

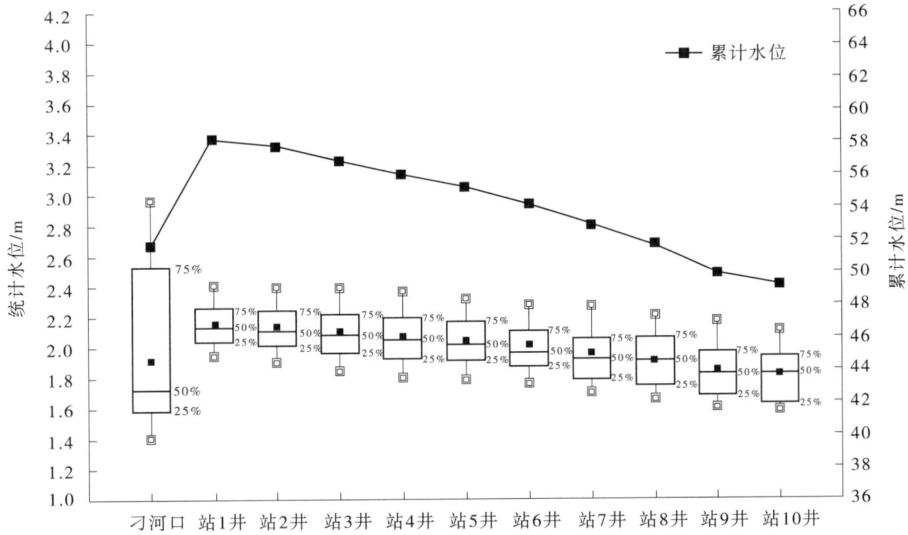

图 3-115　2017 年一千二管理站监测断面地下水位横向距离变化规律

表 3-34　2017 年一千二管理站监测断面监测井地下水位差　单位:m

井号	刁口河	站 1 井	站 2 井	站 3 井	站 4 井	站 5 井	站 6 井	站 7 井	站 8 井	站 9 井	站 10 井
累计水位	51.65	58.23	57.73	56.89	56.03	55.26	54.23	52.78	51.67	49.87	49.19
地下水位差	1.56	0.46	0.49	0.55	0.56	0.53	0.51	0.56	0.55	0.56	0.53

3.4.1.4　刁口河流路监测井地下水位在纵向距离上的变化规律

桩埕路监测断面与一千二管理站监测断面分别布设于刁口河流路的左右岸,桩埕路监测断面位于上游,一千二管理站监测断面位于下游,两者相距 1.5 km,布设初衷为监测刁口河生态调水在纵向(上下游)上对地下水位的影响差异。

1.2016 年监测井地下水位在纵向距离上的变化规律

通过分析监测井 2016 年全年地下水平均水位数据,将两断面同距离井位进行柱状图对比分析,可以看出地下水位在纵向距离上的变化差异,如图 3-116~图 3-118 所示。

2016 年前期,两断面同距离井位,一千二管理站监测断面地下水平均水位均高于桩埕路监测断面地下水平均水位,呈现出下游水位高于上游水位的反常现象,对应井位地下水位差见表 3-35。该时间段内,地下水位差最大值出现在 10 号井,站 10 井地下水位高出桩 10 井地下水位 0.170 m;地下水位差最小值出现在 1 号井,站 1 井地下水位高出桩 1 井地下水位 0.014 m。如图 3-116 所示,2016 年前期刁口河平均水位均高于两断面地下水平均水位,其值为 2.119 m,比站 1 井高 0.238 m,比桩 10 井(水位最低监测井)高 0.710 m。

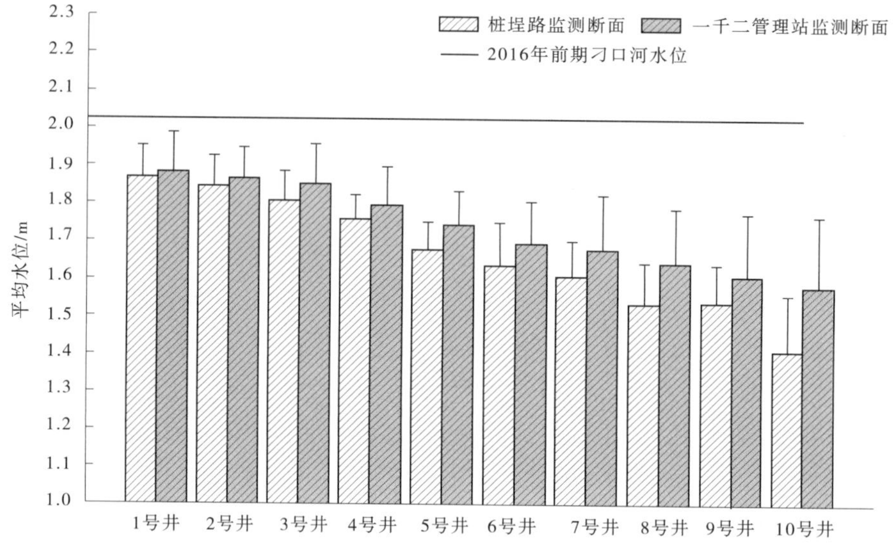

图 3-116 2016 年前期刁口河流路监测断面地下水位(平均值)纵向对比

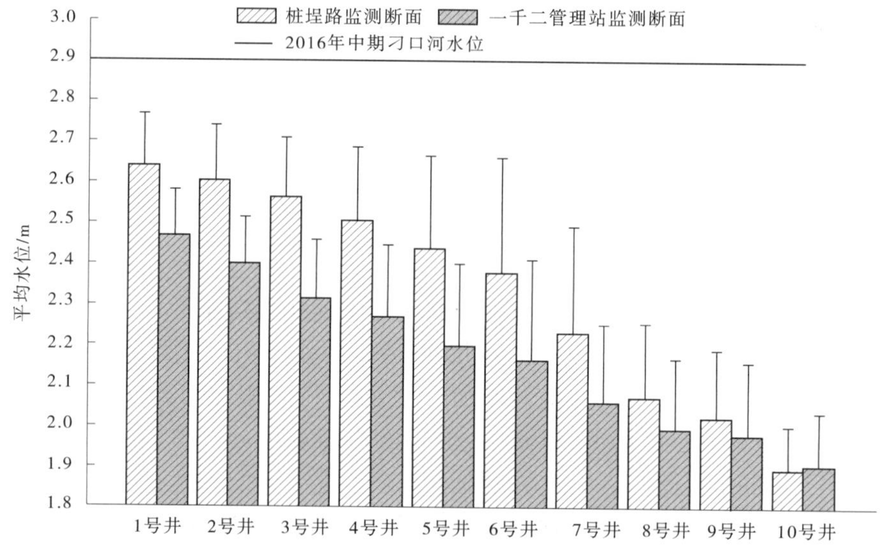

图 3-117 2016 年中期刁口河流路监测断面地下水位(平均值)纵向对比

2016 年中期,两断面同距离井位,除 10 号井外,桩埕路监测断面地下水平均水位均高于一千二管理站监测断面地下水平均水位,中期对应井位纵向地下水位差见表 3-36。该时间段内,地下水位差最大值出现在 3 号井,桩 3 井地下水位高出站 3 井 0.248 m;地下水位差最小值出现在 10 号井,站 10 井地下水位高于桩 10 井 0.008 m。如图 3-117 所示,2016 年中期刁口河平均水位均高于两断面水位,其值为 2.899 m,比桩 1 井高 0.258 m,比桩 10 井高 1.002 m。

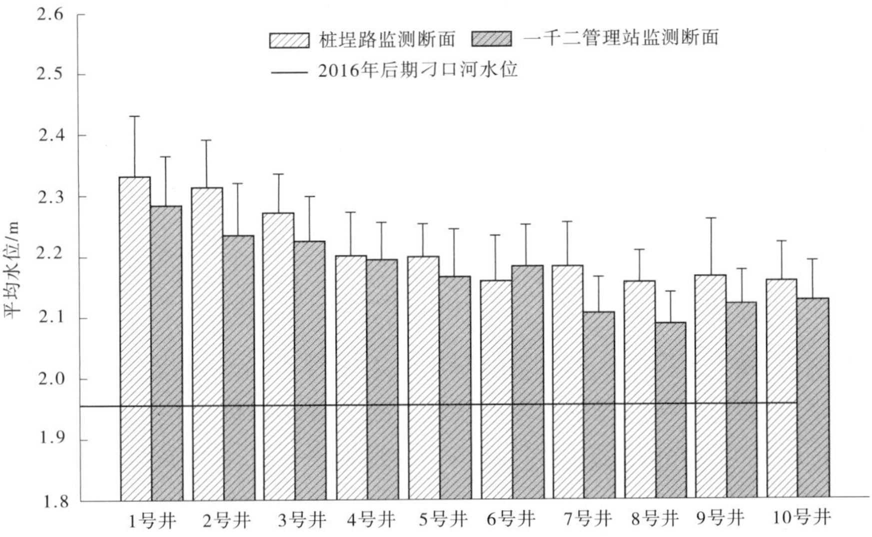

图 3-118　2016 年后期刁口河流路监测断面地下水位(平均值)纵向对比

表 3-35　2016 年前期两监测断面纵向地下水位差(平均值)　单位:m

井号		1	2	3	4	5	6	7	8	9	10
地下水位	桩埕路监测断面	1.867	1.846	1.806	1.756	1.677	1.637	1.607	1.535	1.537	1.409
	一千二管理站监测断面	1.881	1.863	1.851	1.797	1.743	1.694	1.677	1.642	1.610	1.579
地下水位差		-0.014	-0.017	-0.045	-0.041	-0.066	-0.057	-0.070	-0.107	-0.073	-0.170

表 3-36　2016 年中期两监测断面纵向地下水位差(平均值)　单位:m

井号		1	2	3	4	5	6	7	8	9	10
地下水位	桩埕路监测断面	2.641	2.603	2.563	2.506	2.437	2.377	2.231	2.074	2.024	1.897
	一千二管理站监测断面	2.468	2.400	2.315	2.268	2.197	2.164	2.059	1.995	1.980	1.905
地下水位差		0.173	0.203	0.248	0.238	0.240	0.213	0.172	0.079	0.044	-0.008

2016 年后期,两断面同距离井位,除 6 号井外,桩埕路监测断面地下水平均水位均高于一千二管理站监测断面地下水平均水位,后期对应井位纵向地下水位差见表 3-37。

表 3-37　2016 年后期两监测断面纵向地下水位差(平均值)　　单位:m

井号		1	2	3	4	5	6	7	8	9	10
地下水位	桩埕路监测断面	2.331	2.314	2.271	2.201	2.198	2.158	2.182	2.157	2.165	2.159
	一千二管理站监测断面	2.282	2.235	2.224	2.193	2.166	2.182	2.104	2.087	2.120	2.125
地下水位差		0.049	0.079	0.047	0.008	0.032	-0.024	0.078	0.070	0.045	0.034

该时间段内,地下水位差最大值出现在 2 号井,桩 2 井地下水位高于站 2 井地下水位 0.079 m;最小值出现在 4 号井,桩 4 井地下水位高于站 4 井地下水位 0.008 m,两断面地下水位差较小。以上变化的主要原因分析如下:前期,一千二管理站监测断面处于自然保护区内,为改善生态环境,加快自然保护区补水速度,在区内人为修筑生态引水土渠与刁口河连通,造成了一千二管理站监测断面地下水位高于桩埕路监测断面地下水位的异常现象;中期,刁口河水位提升明显,通过渗流补给,两监测断面地下水位随之抬升,但是桩埕路监测断面地下水位提升速度快,两断面地下水位差逐渐变大;后期,受生态补水的延迟影响及雨季的来临,两监测断面地下水位开始回落,地下水位差变小,但桩埕路监测断面邻近刁口河的桩 4 井,仍受到刁口河水位的补给,为此地下水位略高于一千二管理站监测断面。

2. 2017 年监测井地下水位在纵向距离上的变化规律

分析监测井 2017 年全年地下水平均水位数据,将两断面同距离井位进行柱状图对比分析,可以看出地下水位在纵向距离上的变化差异,如图 3-119~图 3-121 所示。

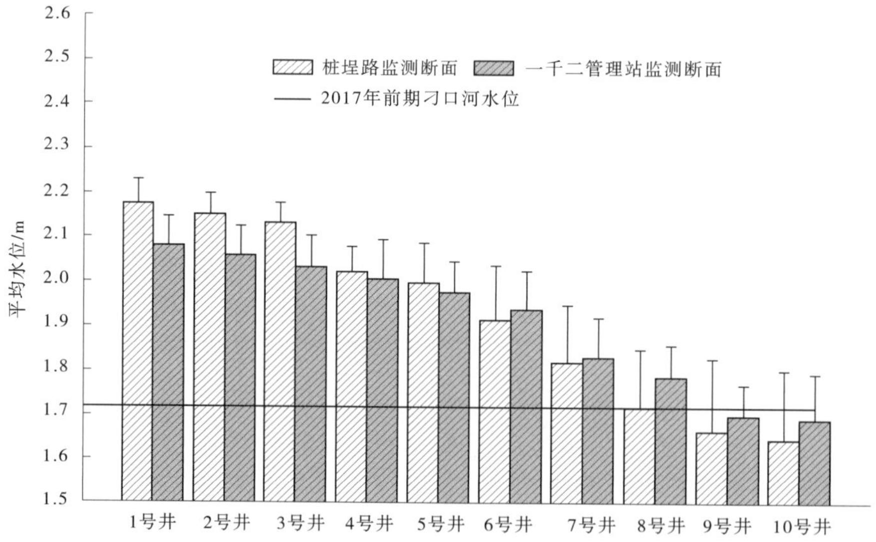

图 3-119　2017 年前期刁口河流路监测断面地下水位纵向对比

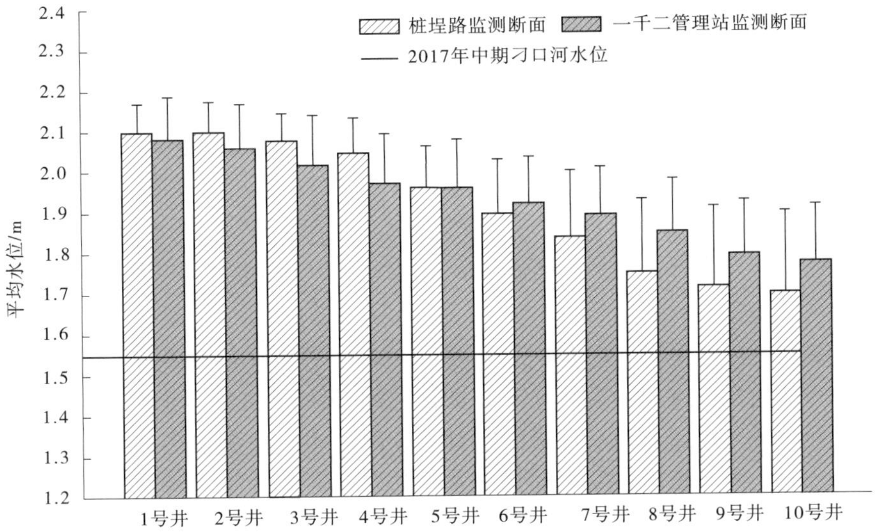

图 3-120 2017 年中期刁口河流路监测断面地下水位纵向对比

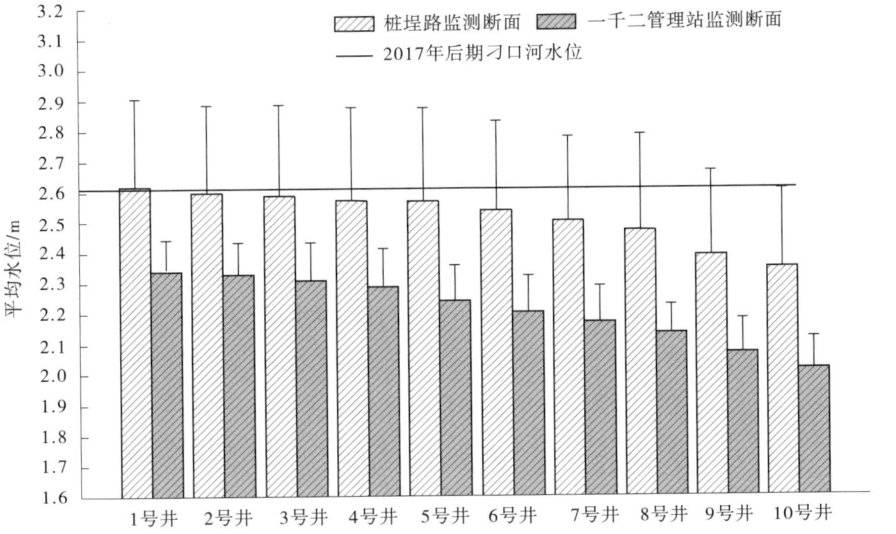

图 3-121 2017 年后期刁口河流路监测断面地下水位纵向对比

在 2017 年前期,1~5 号井,桩埕路监测断面地下水平均水位均高于一千二管理站监测断面地下水平均水位。6~10 号井,一千二管理站监测断面地下水平均水位均高于桩埕路监测断面地下水平均水位,该时间段内对应井位地下水位差见表 3-38。

2017 年前期,地下水位差最高值出现在 3 号井,桩 3 井地下水位高出站 3 井地下水位 0.099 m,地下水位差最低值出现在 7 号井,站 7 井地下水位高出桩 7 井地下水位 0.010 m,整体来看,该时期地下水平均水位差变化不显著。如图 3-119 所示,2017 年前期刁口河平均水位为 1.718 m,比桩 1 井(水位最高监测井)低 0.456 m,比桩 10 井(水位最低监测井)高 0.072 m。

表 3-38 2017 年前期两监测断面纵向地下水位差(平均值)

单位:m

井号		1	2	3	4	5	6	7	8	9	10
地下水位	桩埕路监测断面	2.174	2.150	2.131	2.022	1.998	1.914	1.818	1.714	1.665	1.646
	一千二管理站监测断面	2.081	2.058	2.032	2.006	1.975	1.937	1.828	1.785	1.699	1.692
地下水位差		0.093	0.092	0.099	0.016	0.023	-0.023	-0.010	-0.071	-0.034	-0.046

2017 年中期,1~5 号井,桩埕路监测断面地下水平均水位均高于一千二管理站监测断面地下水平均水位。6~10 号井,一千二管理站监测断面地下水平均水位均高于桩埕路监测断面地下水平均水位,该时间段内对应井地下水位差见表 3-39。

表 3-39 2017 年中期两监测断面纵向地下水位差(平均值)

单位:m

井号		1	2	3	4	5	6	7	8	9	10
地下水位	桩埕路监测断面	2.098	2.100	2.078	2.044	1.959	1.893	1.835	1.750	1.714	1.698
	一千二管理站监测断面	2.080	2.060	2.016	1.971	1.958	1.921	1.891	1.848	1.795	1.776
地下水位差		0.018	0.040	0.062	0.073	0.001	-0.028	-0.056	-0.098	-0.081	-0.078

2017 年中期,地下水位差最高值出现在 8 号井,站 8 井地下水位高出桩 8 井地下水位 0.098 m,地下水位差最低值出现在 5 号井,桩 5 井地下水位高出站 5 井地下水位 0.001 m,整体来看,该时期地下水平均水位差变化不显著。如图 3-120 所示,2017 年中期刁口河平均水位为 1.549 m,比桩 2 井(地下水位最高监测井)低 0.551 m,比桩 10 井(地下水位最低监测井)低 0.149 m。

在 2017 年后期,桩埕路监测断面地下水位要高于一千二管理站监测断面地下水位,呈现出上游水位高于下游水位的正常现象,经项目组实地勘察,一千二管理站内人工补水土渠在渠首被人为堵死,刁口河水无法进入一千二管理站内,所以呈现出上述现象,该时间段内对应井位地下水位差见表 3-40。

表 3-40 2017 年后期两监测断面纵向地下水位差(平均值)

单位:m

井号		1	2	3	4	5	6	7	8	9	10
地下水位	桩埕路监测断面	2.619	2.597	2.587	2.574	2.569	2.538	2.502	2.474	2.388	2.348
	一千二管理站监测断面	2.338	2.325	2.307	2.288	2.241	2.201	2.169	2.133	2.067	2.015
地下水位差		0.281	0.272	0.280	0.286	0.328	0.337	0.333	0.341	0.321	0.333

2017 年后期,对应井位地下水位差均为正值,桩埕路监测断面对应井位地下水位均高于一千二管理站监测断面对应井位地下水位,地下水位差最高值出现在 8 号井,桩 8 井地下水位高出站 8 井地下水位 0.341 m;地下水位差最低值出现在 2 号井,桩 2 井地下水位高出站 2 井地下水位 0.272 m。如图 3-121 所示,2017 年后期刁口河平均水位为 2.608 m,比桩 1 井(地下水位最高监测井)低 0.011 m,比站 10 井(地下水位最低监测井)高 0.593 m。从 2017 年两监测断面纵向分析来看,变化原因大体与 2016 年一致,仅仅是在 2017 年后期,一千二管理站内人工补水渠道被封死,造成了该时期桩埕路监测断面同距离井地下水位高于一千二管理站监测断面。

3.4.2　刁口河来水对湿地地下水位影响的偏相关分析

3.4.2.1　2016 年刁口河来水对湿地地下水位影响的偏相关分析

运用 SPSS 软件,对刁口河水位与桩埕路监测断面地下水位进行相关分析,净降水作为干扰值加入数据分析,进而完成偏相关分析,剔除气象因素对研究结论的影响。设定地下水位对刁口河水位响应的延迟时间为 0 d、1 d、2 d、3 d、4 d、5 d、6 d、7 d,通过对延迟时间内的刁口河水位、各监测井地下水位、净降水量进行偏相关分析(其中净降水量为常量),得出偏相关系数(见表 3-41)。

表 3-41　2016 年刁口河水位与桩井地下水位偏相关系数

井号	延迟时间							
	0 d	1 d	2 d	3 d	4 d	5 d	6 d	7 d
桩 1 井	0.71	0.62	0.51	0.40	0.32	0.20	0.13	0.11
桩 2 井	0.61	0.73	0.70	0.61	0.43	0.21	0.12	0.11
桩 3 井	0.41	0.52	0.47	0.44	0.41	0.30	0.21	0.09
桩 4 井	0.32	0.54	0.50	0.42	0.31	0.25	0.17	0.11
桩 5 井	0.33	0.45	0.38	0.32	0.27	0.25	0.11	0.04
桩 6 井	0.25	0.33	0.35	0.24	0.19	0.11	0.08	0.04
桩 7 井	0.17	0.37	0.28	0.15	0.09	−0.13	−0.18	−0.20
桩 8 井	−0.07	0.15	0.19	0.08	−0.11	−0.07	−0.16	−0.18
桩 9 井	−0.19	0.12	0.17	0.21	0.15	0.06	−0.19	−0.27
桩 10 井	−0.22	−0.15	−0.17	−0.07	−0.10	−0.16	−0.29	−0.45

根据统计学理论,相关系数最大值为相关性最大,正值为正相关,负值为负相关。对应于每个监测井,其相关系数最大值对应的天数即为相关性最大的延迟天数。结合表 3-41 可以筛选出刁口河来水抬升刁口河水位并对桩埕路监测断面各井位影响最大的天数,即 Δt(见表 3-42)。

表 3-42　2016 年刁口河水位变化对监测井地下水位影响的延迟时间

井号	桩 1 井	桩 2 井	桩 3 井	桩 4 井	桩 5 井	桩 6 井	桩 7 井	桩 8 井	桩 9 井	桩 10 井
Δt/d	0	1	1	1	1	2	1	2	3	—

从表 3-42 可以看出，桩 1~9 井在设定的延迟天数内出现了正相关，且相关系数最大值均出现在 3 d 以内，说明刁口河来水抬升了自身水位，并且刁口河水位的抬升对桩井地下水位起到了抬升作用，呈正相关关系，而桩 10 井相关系数在 0~7 d 内均为负值，即负相关，也就是刁口河水位抬升并没有引起桩 10 井地下水位的抬升，通过这一明显的相关性变化可以判定，刁口河来水抬升了自身水位，并对桩 9 井位置（2 km）以内的地下水位起到明显的抬升作用。

通过表 3-42 可以看出，刁口河水位变化对监测井地下水位影响的最大延迟天数大致表现为离河越近延迟时间越短、离河越远延迟时间越长，最大延迟时间为 0~3 d。

综上所述，刁口河来水抬升了刁口河水位，并在一定的延迟时间（0~3 d）内对 2 km 范围以内的地下水位起到了明显的抬升作用。

3.4.2.2　2017 年刁口河来水对湿地地下水位影响的偏相关分析

设定 2017 年监测井地下水位对刁口河水位响应的延迟时间为 0 d、1 d、2 d、3 d、4 d、5 d、6 d、7 d，通过对延迟时间内的刁口河水位、各监测井地下水位、净降水量进行偏相关分析（其中净降水量为常量），得出偏相关系数见表 3-43。

表 3-43　2017 年刁口河水位与桩井地下水位偏相关系数

井号	延迟时间							
	0 d	1 d	2 d	3 d	4 d	5 d	6 d	7 d
桩 1 井	0.74	0.64	0.51	0.43	0.35	0.20	0.11	0.07
桩 2 井	0.65	0.71	0.66	0.61	0.53	0.32	0.12	0.02
桩 3 井	0.41	0.55	0.47	0.39	0.21	0.25	0.11	0.11
桩 4 井	0.35	0.49	0.44	0.42	0.32	0.19	0.17	0.04
桩 5 井	0.35	0.43	0.35	0.31	0.29	0.25	0.15	0.07
桩 6 井	0.27	0.31	0.33	0.21	0.19	0.15	0.09	0.01
桩 7 井	0.19	0.22	0.25	0.18	0.12	−0.03	−0.11	−0.22
桩 8 井	−0.07	0.11	0.15	0.03	−0.10	−0.17	−0.13	−0.22
桩 9 井	−0.14	−0.08	0.11	0.15	0.12	0.06	−0.09	−0.17
桩 10 井	−0.21	−0.12	−0.14	−0.17	−0.11	−0.16	−0.29	−0.45

从表 3-43 可以看出，桩 1~9 井在设定的延迟天数内出现了正相关且相关系数最大值均出现在 3 d 以内，说明黄河来水抬升了刁口河水位，并且刁口河水位的抬升对桩井地下水位起到了抬升作用，呈正相关关系；而桩 10 井相关系数在 0~7 d 内均为负值，即负相

关，也就是刁口河水位抬升并没有引起桩 10 井地下水位的抬升，通过这一明显的相关性变化可以判定，黄河来水抬升刁口河水位，并对桩 9 井位置以内范围的地下水位起到明显的抬升作用。

根据统计学理论，相关系数最大值为相关性最大，正值为正相关，负值为负相关。对应于每个监测井，其相关系数最大值对应的天数即为相关性最大的延迟天数。结合表 3-43 可以筛选出刁口河来水抬升刁口河水位并对桩埕路监测断面各井位影响最大的天数，即 Δt（见表 3-44）。通过表 3-44 可以看出，刁口河水位变化对监测井地下水位影响的最大延迟天数大致表现为离河越近延迟时间越短、离河越远延迟时间越长，最大延迟时间为 0~3 d。

表 3-44　2017 年刁口河水位变化对监测井地下水位影响的延迟时间

井号	桩 1 井	桩 2 井	桩 3 井	桩 4 井	桩 5 井	桩 6 井	桩 7 井	桩 8 井	桩 9 井	桩 10 井
Δt/d	0	1	1	1	1	2	2	2	3	—

综上所述，2017 年刁口河来水抬升了刁口河水位，并在一定的延迟时间（0~3 d）内对 2 km 范围以内的地下水位起到了明显的抬升作用。

3.4.3　清水沟流路来水对湿地地下水位的影响研究

在清水沟流路清 8 断面附近布设监测断面 1 个，共计 5 个监测井，断面控制距离 2 km。

通过水文资料整编，整理出西河口在 2016~2017 年的水位变化曲线，见图 3-122、图 3-123。西河口水位在 2016 年与 2017 年的曲线变化趋势基本一致，均呈现低-高-低

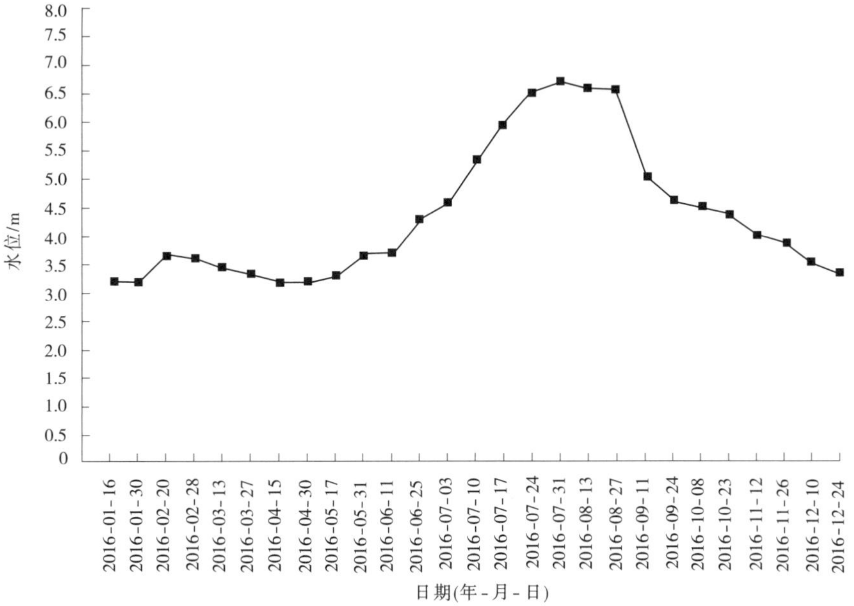

图 3-122　2016 年清水沟流路西河口水位变化曲线

的变化趋势,且水位升高均在年内中期,与雨季重叠。年内水位最高值基本一致,2016 年西河口水位在 7 月 31 日出现最高值,2017 年西河口水位在 7 月 30 日出现最高值,最高值均出现在降水量及黄河来水量较多的中期。

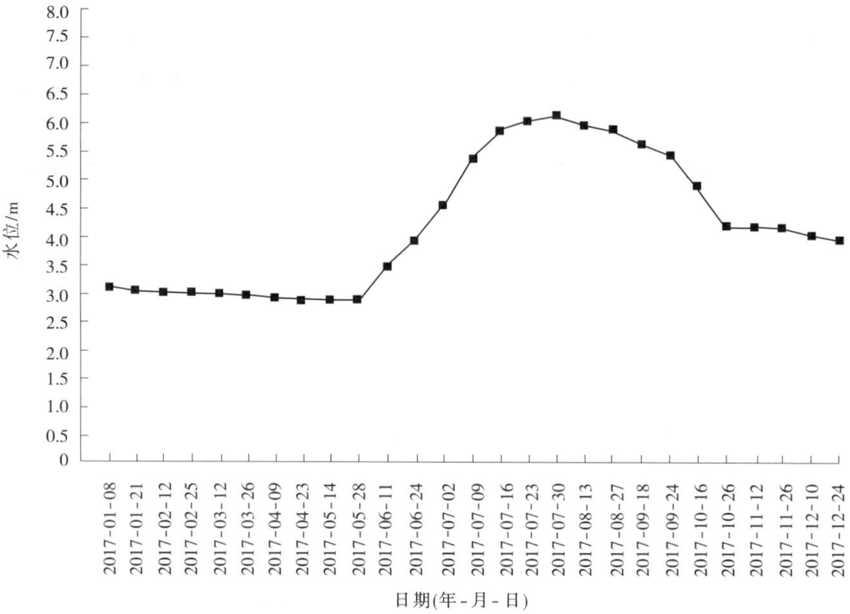

图 3-123　2017 年清水沟流路西河口水位变化曲线

3.4.3.1　2016 年清水沟流路来水对湿地地下水位的影响研究

通过原型监测手段,对 2016 年清水沟流路大汶流监测断面进行实测,通过实测数据进行水位曲线绘制,并对横向距离上各监测井地下水位进行统计分析,结果见图 3-124、图 3-125。可以看出,2016 年,各监测井地下水位变化趋势基本一致,基本在同一时间表现为降低—抬升—抬升—降低的趋势,7 月 31 日至 8 月 27 日各监测井地下水位处于最高区间。与同期西河口水位比较,监测井地下水位变化频次较多,且变化拐点也滞后于清水沟流路水位,主要是来水渗流延迟补给造成的。

如图 3-125 所示,在垂直于清水沟流路的横向距离上,地下水位呈现离河越近水位越高、离河越远水位越低的变化趋势,但这种差距并不明显,累计水位数据显示清水沟累计水位远大于其他监测井,各监测井地下水平均水位均位于 1.5~2.0 m。

3.4.3.2　2017 年清水沟流路来水对湿地地下水位的影响研究

通过原型监测手段,对 2017 年清水沟流路大汶流监测断面进行实测,通过实测数据进行水位曲线绘制,并对横向距离上各监测井水位进行统计分析,结果见图 3-126、图 3-127。可以看出,在 2017 年,各监测井地下水位变化趋势一致,大汶流 1~3 井地下水位曲线变化趋势不明显,中期地下水位仅出现小幅抬升。而大汶流 4 井及大汶流 5 井地下水位在前期出现明显下降,变化幅度较其他井显著。全年地下水位最低值出现在大汶流 5 井,出现时间为 3 月 26 日,其数值为 1.239 m。

在垂直于清水沟流路的距离(横向)上,地下水位呈现离河越近水位越高、离河越远

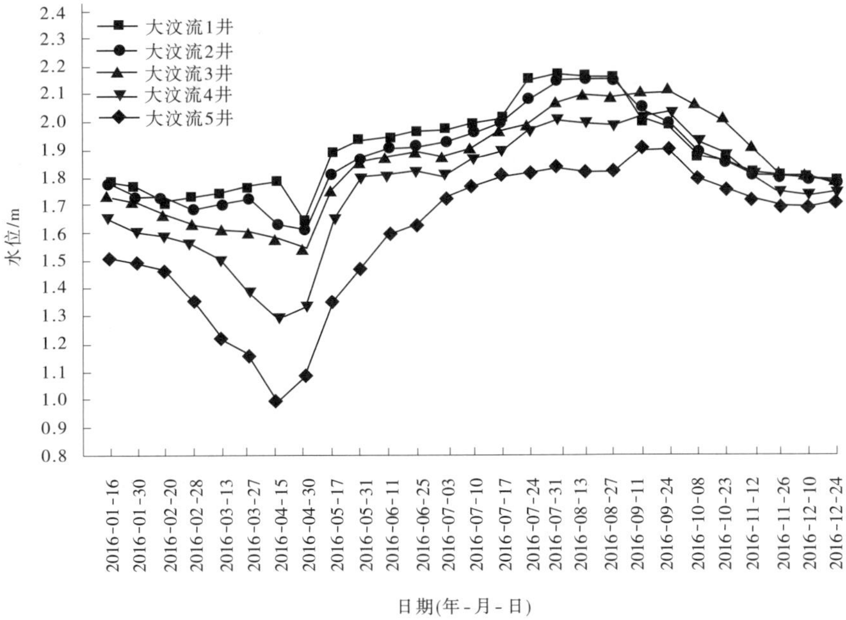

图 3-124 2016 年大汶流监测断面地下水位变化曲线

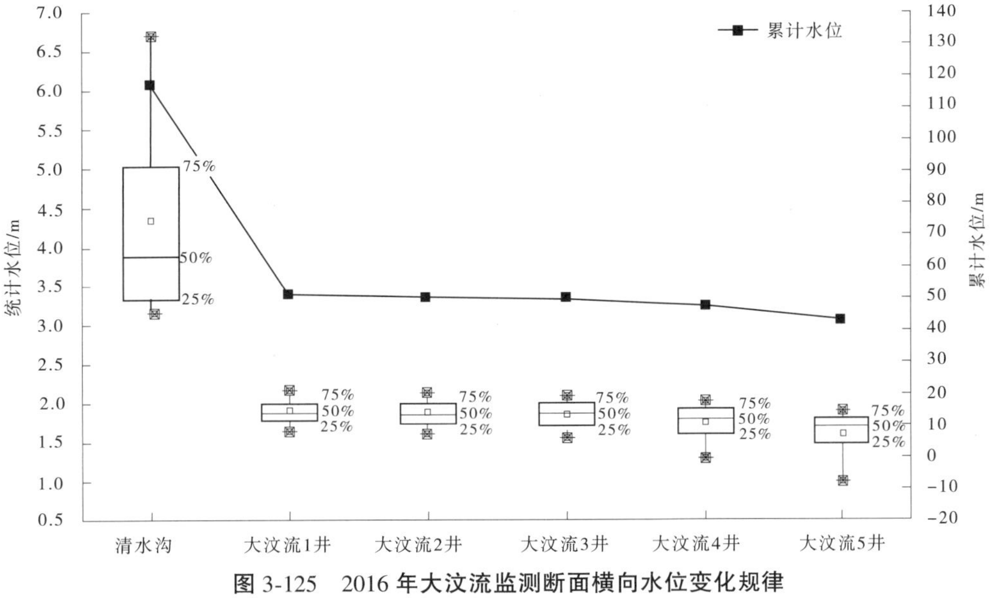

图 3-125 2016 年大汶流监测断面横向水位变化规律

水位越低的变化趋势,清水沟流路水位远高于地下水位。因此,在长时间段内,地下水受到地表水的渗流补给,但是地质条件不一,会造成补给效果存在差异。

3.4.4 黄河来水对湿地地下水位影响的结论

为改善刁口河流路生态环境,高效管理和保护黄河入海备用流路,自 2010 年 6 月始,黄河水利委员会在黄河调水调沙期间多次开展了刁口河流路生态补水工程,初步遏制了刁口河退化湿地区域地下咸水入侵的发展态势,一定程度上减轻了区域土壤盐渍化,受损的敏感生境和湿地植被结构得到修复,芦苇沼泽与芦苇草甸等水生鸟类的适宜生境初步形成,水生鸟类多样性显著增加。地下水埋深直接影响着土壤水文和养分动态,是决定植被分布、生长、种群演替以及生态系统存亡的主导因子。本书在野外调查与资料收集的基础上,利用数理统计方法深入分析该地区浅层地下水位时空变化特征及其对黄河来水的响应,得出结论如下:

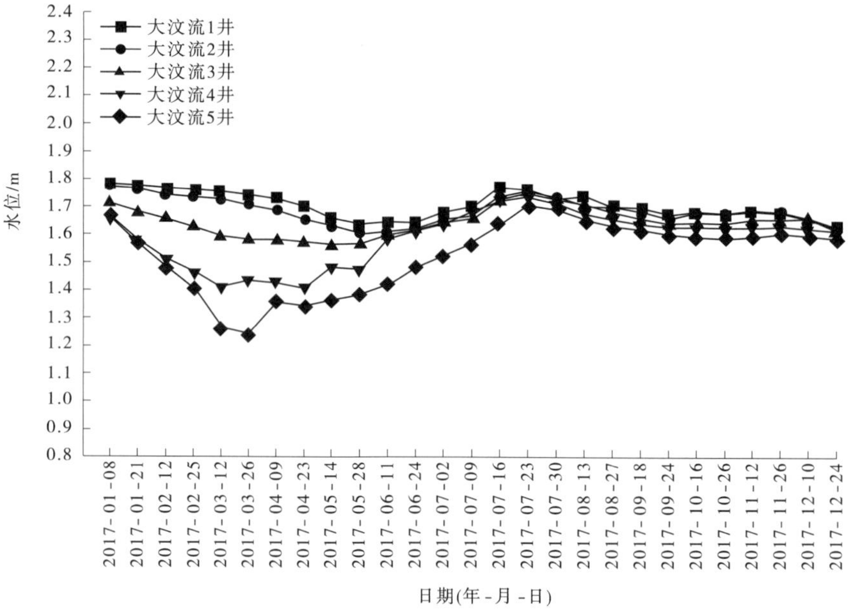

图 3-126　2017 年大汶流监测断面地下水位变化曲线

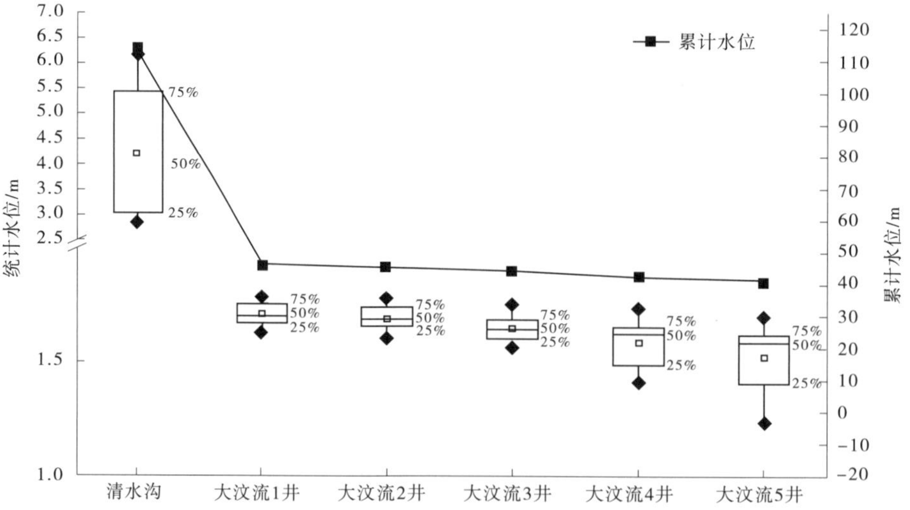

图 3-127　2017 年大汶流监测断面横向水位变化规律

(1)整个观测期内研究区地下水位的变化受黄河来水、降水、蒸发、人类活动等因素的影响。

(2)观测期内前期,因无外来水源补给,适逢春旱、春灌,蒸发对研究区地下水位降低起主导作用;中期,黄河来水量大、降水量多,对研究区地下水位影响极为明显;后期,受降水量减小、蒸发量增大等因素影响,地下水位均开始出现降低趋势,受短时降水影响,地下水位仍有小幅抬升、回落过程。

(3)观测期内桩埕路监测断面及一千二管理站监测断面地下水位基本呈现随离刁口河距离增加而降低的趋势,并且受人类活动影响,个别时间段会出现不符合趋势的异常值。

(4)纵向距离上,前期一千二管理站监测断面地下水位高于桩埕路监测断面地下水位,但在中期及后期均表现为桩埕路监测断面地下水位高于一千二管理站监测断面地下水位。分析其原因:前期,一千二管理站监测断面处于自然保护区内,为改善生态环境,加快自然保护区补水速度,在区内人为修筑生态引水土渠,引水土渠与刁口河连通,造成了一千二管理站监测断面地下水位高于桩埕路监测断面地下水位的异常现象;中期,刁口河水位提升明显,通过渗流补给,两监测断面水位随之抬升,但是桩埕路监测断面地下水位提升速度快,两监测断面地下水位差值逐渐变大;后期,受生态补水的延迟影响以及雨季的来临,两监测断面地下水位开始回落,地下水位差值变小,但桩埕路监测断面临近刁口河的桩 4 井,仍受到刁口河的补给,为此地下水位略高于一千二管理站监测断面。

(5)2016 年,经 SPSS 软件对气象、来水、水位变幅进行偏相关分析,得出 2016 年生态调水能够影响到桩埕路监测断面的桩 9 井,延迟时间控制在 0~3 d;2017 年,生态调水能够影响到桩埕路监测断面的桩 9 井,延迟时间控制在 0~3 d;整个观测期生态调水均可影响到 9 号井,即生态调水对地下水位的影响范围为 2 km。

3.5　2023~2024 年黄河来水对湿地地下水位的影响

为评价刁口河生态补水对湿地地下水位的影响,本节分析了刁口河流路地下水位的时空动态变化规律,并通过对观测数据的归纳、计算及偏相关分析验证,定量分析生态补水对刁口河流路湿地地下水位的影响范围和延迟天数,科学评价生态补水对刁口河湿地的影响。

为了研究地下水位的时间变化规律,将整个观测期(2023 年 3 月 1 日至 2024 年 10 月 31 日)按年份进行划分。

3.5.1　地下水位动态特征研究进展

地下水位在表征地下水动态各要素中具有非常特殊的地位和意义,并深刻体现在地下水资源、生态和地质环境三大功能上。近年来,许多国内外学者对地下水位动态特征进行了大量研究。Sakizadeh 等对马来平原的地下水位进行了趋势分析,发现地下水位的持续下降对水安全造成一定风险。Bera 等分析了印度乔塔纳格普尔高原地下水位的时空变异性和波动性,发现地下水的大量开采造成了地下水位下降。Zielhofer 等分析了哈维尔河下游地区地下水位,发现其呈现下降趋势。

常茂祥等分析了黄河三角洲浅层地下水位动态特征及潮汐、降水量、实际蒸发量、黄河径流量以及农业活动与浅层地下水位的关系。张晨晨等探究了黄河三角洲浅层地下水埋深动态对降水的时空响应关系及其驱动因素。张学知等采用趋势线相关法分析了衡水市深层地下水位年内、年际变化特征，发现地下水位表现出逐年下降的趋势。唐敏等分析了克里雅河尾闾绿洲浅层地下水位变化，发现 2012～2018 年地下水位年际波动较小，总体呈缓慢上升趋势。吴润泽等分析了邯郸东部平原浅层地下水位动态变化，研究发现地下水位变化具有一定波动性但整体呈下降趋势。宋增芳等对景泰川灌区地下水埋深观测数据进行变化特征与影响因素分析，研究发现地下水位年内成双峰变化趋势。吴霞等分析了平罗县地下水位时空变化特征，发现平罗县地下水位整体呈下降趋势，空间分布上地下水位东西差异大、南北差异小。

3.5.2　刁口河生态补水及水位变化情况

3.5.2.1　刁口河生态补水情况

2023 年，刁口河生态补水共计三次，第一次自 6 月 28 日开始，到 7 月 7 日完成，持续 10 d，补水期进入研究区的水量为 1 221.13 万 m^3，河水水位由 1.26 m 抬升至 2.21 m，抬升幅度达到 0.95 m。第二次自 10 月 12 日开始，到 10 月 17 日完成，持续 6 d，补水期进入研究区的水量为 85.16 万 m^3，河水水位由 2.00 m 抬升至 2.11 m，抬升幅度达到 0.11 m。第三次自 12 月 8 日开始，到 12 月 11 日完成，持续 4 d，补水期进入研究区的水量为 117.61 万 m^3，河水水位由 1.77 m 抬升至 1.83 m，抬升幅度达到 0.06 m（见表 3-45）。

表 3-45　2023 年研究区补水水量和刁口河水位统计

时间	水量/万 m^3	水位/m
6 月 28 日	10.7	1.26
6 月 29 日	169.5	1.29
6 月 30 日	197.5	1.40
7 月 1 日	193.3	1.62
7 月 2 日	149.5	1.85
7 月 3 日	118.4	2.00
7 月 4 日	142.6	2.07
7 月 5 日	138.2	2.16
7 月 6 日	82.25	2.21
7 月 7 日	19.18	2.18
10 月 12 日	6.25	2.00
10 月 13 日	19.95	2.04
10 月 14 日	21.34	2.07
10 月 15 日	20.47	2.09
10 月 16 日	13.91	2.11
10 月 17 日	3.24	2.11
12 月 8 日	22.25	1.77
12 月 9 日	41.3	1.79
12 月 10 日	40.26	1.82
12 月 11 日	13.8	1.83

2024 年，刁口河生态补水一次，自 7 月 6 日开始，到 7 月 16 日完成，持续 11 d，补水期进入研究区的水量为 1 545.48 万 m^3，河水水位由 1.25 m 抬升至 2.22 m，抬升幅度达到 0.97 m（见表 3-46），水位变幅对比见图 3-128。

表 3-46　2024 年研究区补水水量和刁口河水位统计

时间	水量/万 m^3	水位/m
7 月 6 日	116.6	1.25
7 月 7 日	133.1	1.36
7 月 8 日	150.3	1.57
7 月 9 日	162.4	1.76
7 月 10 日	165.9	1.87
7 月 11 日	160.7	1.96
7 月 12 日	153.6	2.06
7 月 13 日	159	2.12
7 月 14 日	171.1	2.19
7 月 15 日	170.2	2.22
7 月 16 日	2.58	2.17

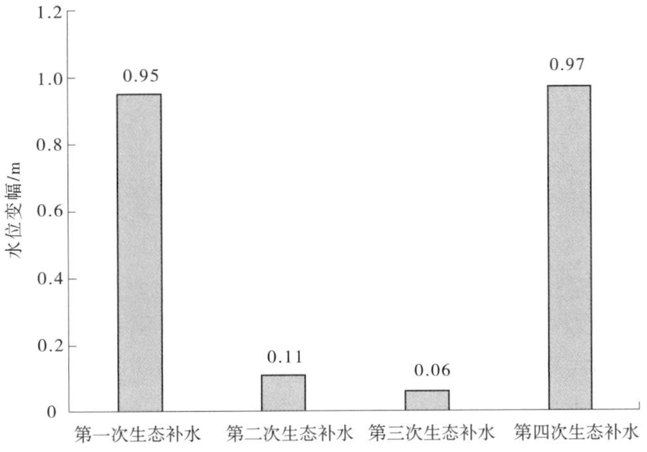

图 3-128　四次生态补水刁口河水位变幅对比

3.5.2.2　刁口河水位变化情况

对 2023 年 3 月至 2024 年 10 月研究区附近刁口河流路河流水位进行实测，整理出研究区附近刁口河水位变化过程，见图 3-129。

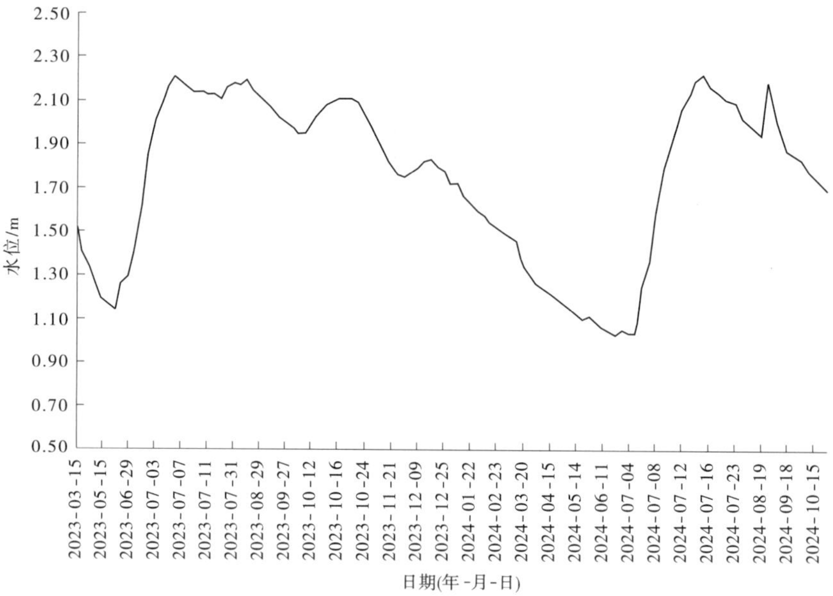

图 3-129　2023 年 3 月至 2024 年 10 月刁口河水位变化过程

由图 3-129 可以看出,2023 年 3 月至 2024 年 10 月刁口河水位主要呈现以下三个显著变化:①刁口河水位自 2023 年 3 月开始持续降低,至 6 月 28 日出现拐点后迅速抬升;②水位快速升高至 7 月 6 日后持续下降,8 月 13 日出现小幅抬升后呈下降趋势;③自 10 月 12 日后水位缓慢抬升,10 月 16 日到达拐点后持续下降趋势至 12 月 8 日出现小幅抬升,至 2024 年 7 月 6 日持续处于降低趋势;④2024 年 7 月 6 日后水位大幅上升,于 7 月 15 日达到最高点后快速下降;⑤8 月下旬水位骤然上升,又快速下降,后继续呈下降趋势。

2024 年 7 月 15 日,刁口河水位达到 2. 22 m,为研究期内最高值;2024 年 6 月 24 日,刁口河水位达到 1. 03 m,为研究期内最低值。2023 年刁口河水位落差为 1. 07 m,平均水位 1. 88 m;2024 年水位落差 1. 19 m,平均水位 1. 60 m。

研究结合气象资料、人为活动因素来判断 2023 年 3 月至 2024 年 10 月刁口河水位变化趋势:①出现第一个变化的原因为冬末春初,气候干燥,蒸发强度远大于降水量,净蒸发量处于年内净蒸发最大区间内,加之研究区春灌开始,当地农民取用刁口河河水及地下水进行农作物灌溉,导致刁口河水位保持在低位;②出现第二个显著变化的原因,主要是降水量增加,导致该时间段水位位于较高区间,且开始第一次生态补水,使刁口河水位迅速升高;③第一次生态补水后,降水频次、量度上均有所降低,加之当地灌溉、生态引水量的增加,以及蒸发量持续增大,造成了刁口河水位迅速降低;④第二次、第三次、第四次生态补水导致刁口河河水在 10 月、12 月及翌年 7 月出现三次升高;⑤2024 年 8 月下旬强降雨导致水位骤然上升又快速下降,后继续呈下降趋势。综上所述,2023 年 3 月至 2024 年 10 月刁口河水位主要受降水及蒸发影响,且由于进行四次生态补水,导致刁口河水位变化显著。

为推进刁口河生态补水,2019 年黄河河口管理局实施刁口河治理工程(一期),疏通河道 8.6 km。2022 年山东省东营市黄河三角洲湿地与生物多样性保护恢复项目实施,作为项目的一部分,刁口河流路整治同步开始施工,2023 年 8 月 20 日全部完工。这个工程主要建设内容包括河道疏浚 16.8 km,使刁口河河王分干渠以南段满足 30 m^3/s 过流能力,以北段满足 50 m^3/s 过流能力。因此,刁口河平均水位 2023 年 1.88 m、2024 年 1.60 m 较 2016 年 2.39 m、2017 年 3.2 m,水位下降明显。

3.5.3 刁口河流路湿地地下水位变化

3.5.3.1 2023 年刁口河流路湿地地下水位变化

1. 刁口河流路监测井地下水位的时间变化规律

通过分析研究区附近刁口河流路河流实测水位数据,结合 12 口监测井地下水位数据,绘制 2023 年 3~12 月刁口河及监测井地下水位变化及立体图(见图 3-130、图 3-131),直观反映研究区地下水位的变化趋势。

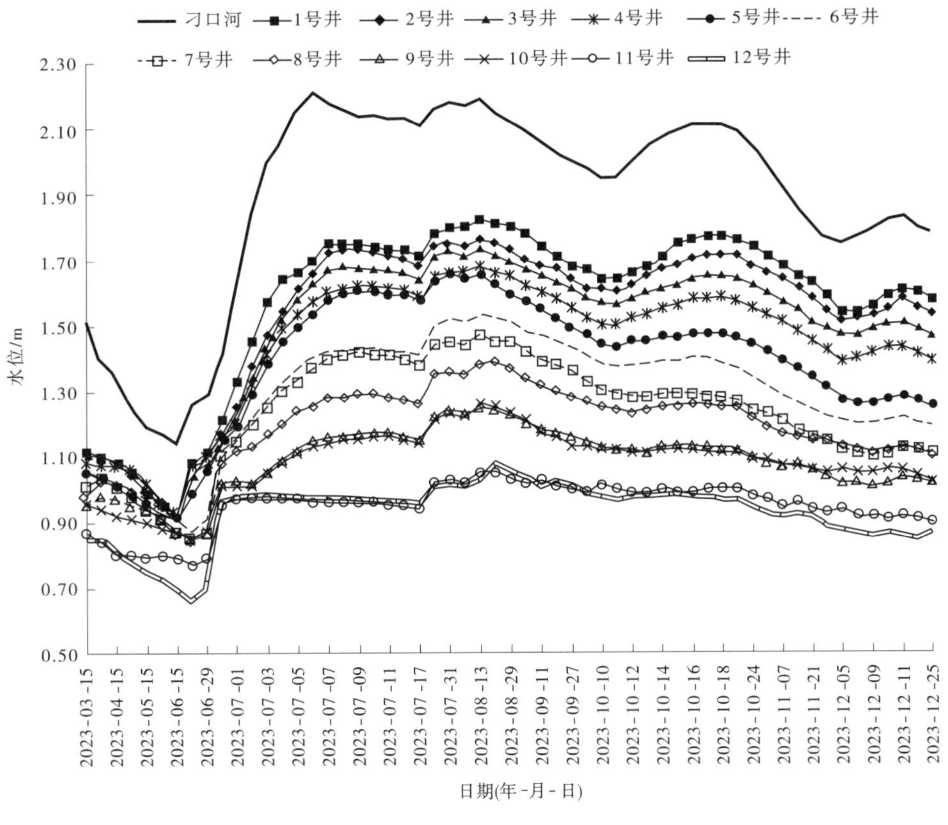

图 3-130　2023 年 3~12 月刁口河及监测井地下水位变化

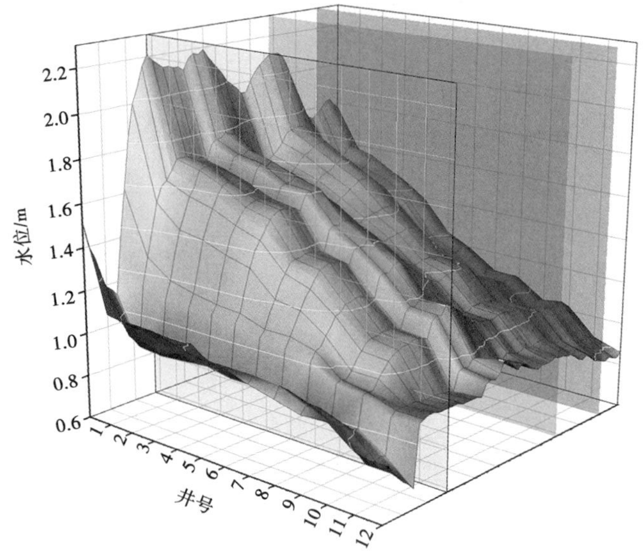

图 3-131 2023 年 3~12 月刁口河及监测井地下水位立体图

刁口河流路布设监测井共计 12 口,在 2023 年共经历生态补水 3 次,累计时间为 20 d。整个观测期内水位总体上出现三次明显抬升,出现时间与生态补水期及雨季基本一致。

结合刁口河 2023 年生态补水情况及气象数据,由图 3-130、图 3-131 可知,2023 年 3~12 月研究区地下水位在 0.65~1.82 m,平均水位 1.27 m。各监测井的水位变化曲线基本一致,水位变化拐点出现基本处于同一时间,只是变幅存在差异,总体呈现“持续降低→缓慢抬升→迅速抬升→持续降低”的趋势。1~3 月,降水量偏少,蒸发量远大于降水量,刁口河水位持续下降,侧渗量较低,导致地下水位缓慢降低;自 4 月开始,随着春季农田灌溉用水量的增加,河道内水位加速降低,各监测井平均地下水位累计下降 13.71%(根据 3~6 月数据计算);进入 6 月中下旬后,降水量开始增多,加之农业用水量下降,距刁口河较近的 1~4 号井的地下水位开始缓慢抬升,但 5~12 号井的水位由于蒸发量大,侧流补给较少,水位仍呈下降趋势;7 月上旬受生态补水的影响,地下水渗流作用逐渐增强,地下水位呈现迅速抬升的趋势;7 月中下旬以后,生态补水侧流补给作用由平稳转为下降趋势,加之蒸散发量加大,导致地下水位开始持续降低,但补水后的浅层地下水位仍比未补水前高。可见,生态补水对刁口河故道浅层地下水位具有明显的抬升作用。

第一次生态补水,提升了刁口河水位,也通过侧向补给,在一定范围内抬升了地下水位。如图 3-132 所示,生态补水期,1~10 号井的水位变化曲线与刁口河水位变化曲线一致,均呈现出“快速抬升→缓慢抬升→缓慢回落”的过程,而 11 号井、12 号井地下水位变化曲线与刁口河河水水位曲线关联不一致。第一次生态补水期监测井地下水位变幅 0.2~0.67 m,平均提高 51.84%。

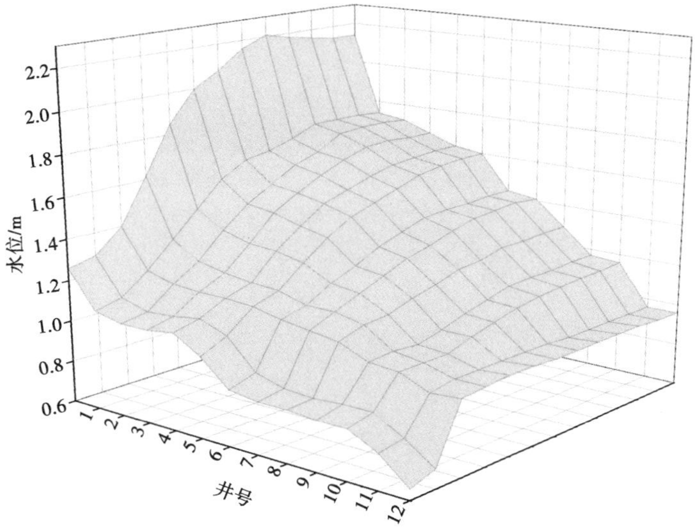

图 3-132　第一次生态补水地下水位变化(2023 年 6 月 28 至 7 月 10 日)

第二次生态补水同样提升了刁口河水位,也以侧向补给的方式抬高了两岸地下水位。如图 3-133 所示,第二次生态补水期,1~10 号井的地下水位变化曲线与刁口河水位变化曲线基本一致,呈现出“抬升→回落”的过程,但因本次补水周期短、补水量少,变化曲线表现的不尖锐且同样产生滞后影响。1~6 号井地下水位均在补水当日得到抬升,未出现延迟现象;7 号井、8 号井地下水位均在补水次日得到抬升,延迟 1 d;9 号井、10 号井地下水位在补水第 3 天得到抬升,延迟 2 d。

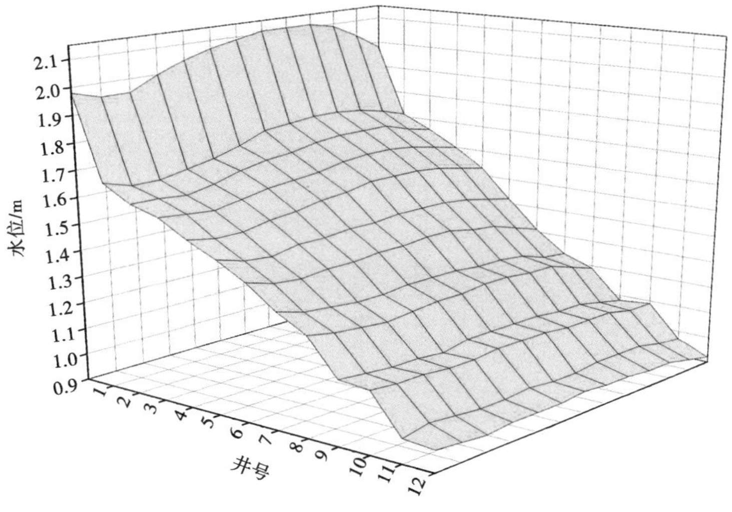

图 3-133　第二次生态补水水位变化(2023 年 10 月 3~30 日)

第三次生态补水也提升了刁口河水位和两岸地下水位。如图 3-134 所示,本次生态补水对地下水位的影响同样出现延迟现象,其中 1~4 号井地下水位在补水当日得到抬升,未出现延迟现象;5~7 号井地下水位在补水次日得到抬升,延迟 1 d;8~10 号井地下水位在补水第 3 天后得到抬升,延迟 2 d。

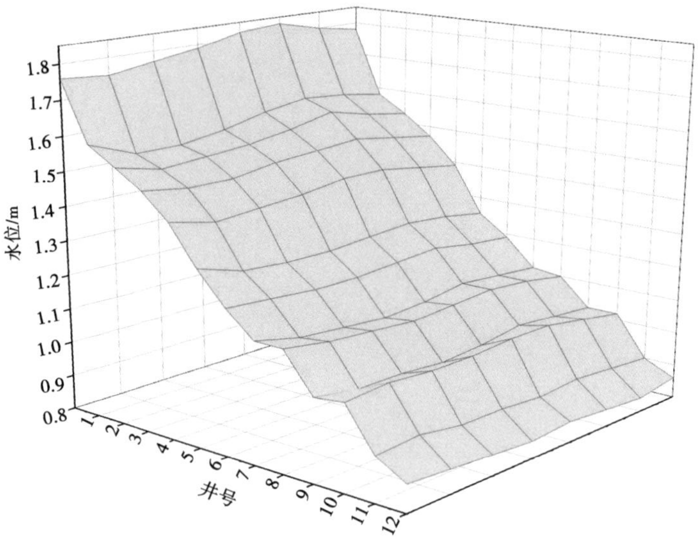

图 3-134 第三次生态补水水位变幅(2023 年 11 月 27 至 12 月 25 日)

2. 刁口河流路监测井地下水位在横向距离上的变化规律

为了反映监测井地下水位在距河横向距离上的变化规律,以各井为横坐标轴、水位为纵坐标轴,绘制 2023 年 3~12 月地下水位横向对比图,如图 3-135 所示。

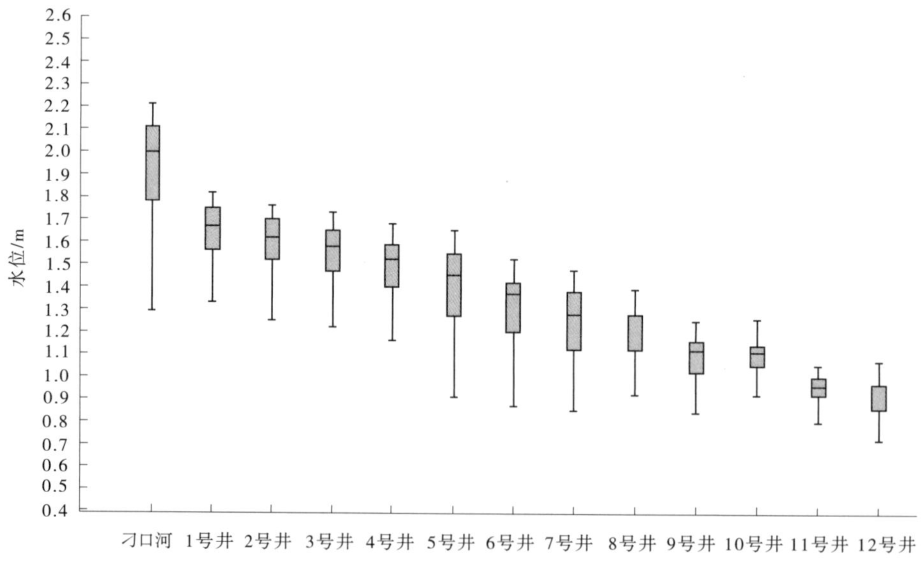

图 3-135 2023 年 3~12 月刁口河及监测井地下水位横向对比

由图 3-135 可知,刁口河故道地下水位的横向距离变化特征显著,12 口监测井地下水位均低于刁口河河道内水位,受侧流补给的影响,地下水位呈现“近高远低”的变化趋势。刁口河水位在 7 月 6 日达到最高值 2.731 m,相应 1 号井地下水位为 1.70 m。8 月 13 日 1~7 号井、9~11 号井地下水位均达到同年最高值。

由 2023 年累计水位数据可知:刁口河累计水位最高,为 107.39 m,12 号井全年累计水位最低,为 52.61 m。监测井 2023 年地下水位差最大值出现在 1 号井,为 0.9 m;最小值出现在 11 号井,为 0.26 m,2023 年 3~12 月刁口河流路监测井地下水累计水位及水位差见表 3-47。

表 3-47　2023 年 3~12 月刁口河流路监测井地下水累计水位及水位差　单位:m

井号	刁口河	1 号井	2 号井	3 号井	4 号井	5 号井	6 号井	7 号井	8 号井	9 号井	10 号井	11 号井	12 号井
累计水位	107.39	89.68	87.27	85.18	82.39	78.59	73.78	70.41	67.65	61.99	61.66	54.06	52.61
地下水位差	1.07	0.90	0.85	0.81	0.75	0.74	0.62	0.60	0.53	0.38	0.39	0.26	0.38

3.5.3.2　2024 年刁口河流路湿地地下水位变化

1. 刁口河流路监测井地下水位的时间变化规律

根据研究区附近刁口河实测水位和监测井地下水位数据,绘制 2024 年 1~10 月刁口河及监测井地下水位变化曲线及立体图(见图 3-136、图 3-137)。2024 年刁口河生态补水 1 次,累计时间为 11 d,结合生态补水情况及气象数据,由图 3-136、图 3-137 可知,2024 年 1~10 月研究区地下水位在 0.8~1.73 m,平均水位 1.16 m。各监测井的地下水位变化曲线基本一致,水位变化拐点出现基本处于同一时间,只是变幅存在差异,总体呈现“持续降低→迅速抬升→缓慢降低→迅速抬升→持续降低”的趋势。整个观测期内水位总体上出现二次明显抬升,出现时间与生态补水期及雨季基本一致。

具体过程为:冬末春初,气候干燥,蒸发量远大于降水量,净蒸发量处于年内净蒸发量最大区间内,加之研究区春灌开始,当地农民取用刁口河水及地下水进行农作物灌溉,导致刁口河水位持续降低,各监测井平均水位累计下降 39.38%(根据 1~6 月数据计算);进入 6 月中下旬后,降水量开始增多,农业用水量下降,各监测井地下水位缓慢降低并开始逐渐抬升;7 月上旬受生态补水的影响,地下水渗流作用逐渐增强,地下水位呈现迅速抬升的趋势;7 月中下旬以后,生态补水结束,加之蒸发量加大,导致地下水位开始持续降低,但 8 月下旬受强降雨的影响,地下水位急速上涨,同时该时段正值盛夏,太阳辐射强、地表温度高、植物生命活动旺盛,因此潜水蒸发强烈,地下水位下降速度快。

研究期内第四次生态补水同样也提升了刁口河水位,在一定范围内抬升了地下水位。如图 3-138 所示,生态补水期,1~10 号井的水位变化曲线与刁口河水位变化曲线基本一致。第四次生态补水期监测井地下水位变幅 0.14~0.80 m,平均提高 62.62%。

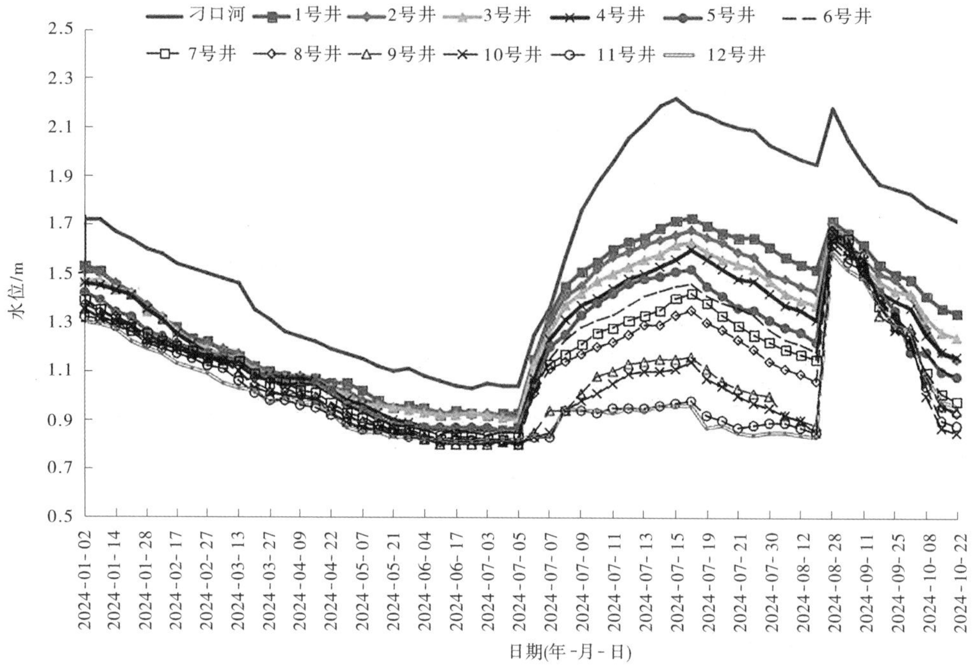

图 3-136　2024 年 1~10 月刁口河及监测井地下水位变化曲线

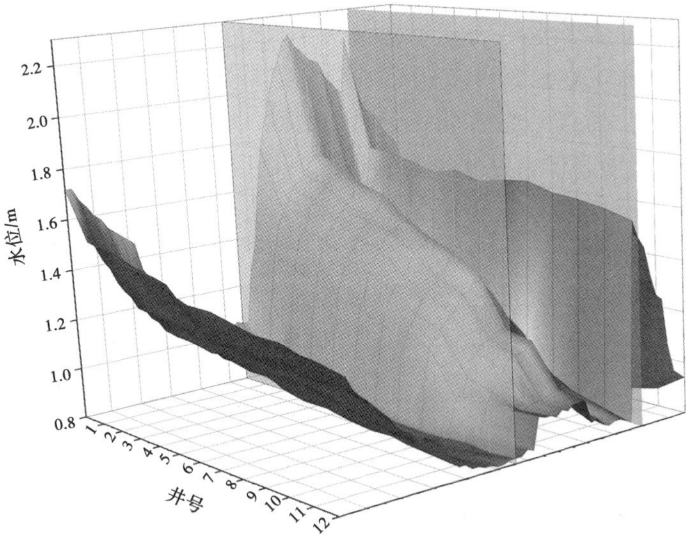

图 3-137　2024 年 1~10 月刁口河及监测井地下水位立体图

根据研究期内四次生态补水期刁口河和监测井地下水位变幅绘制对比图，如图 3-139 所示，水位变幅以刁口河河道水位最大，地下水水位变幅均低于河道水位变幅，地下水水位变幅大小与距离河道远近有关，且 11 号井位置水位变幅出现拐点，鉴于此可判定，在影响范围内，地下水水位变幅均小于刁口河河水水位变幅，且离河距离越远，变幅越小；反之亦然。

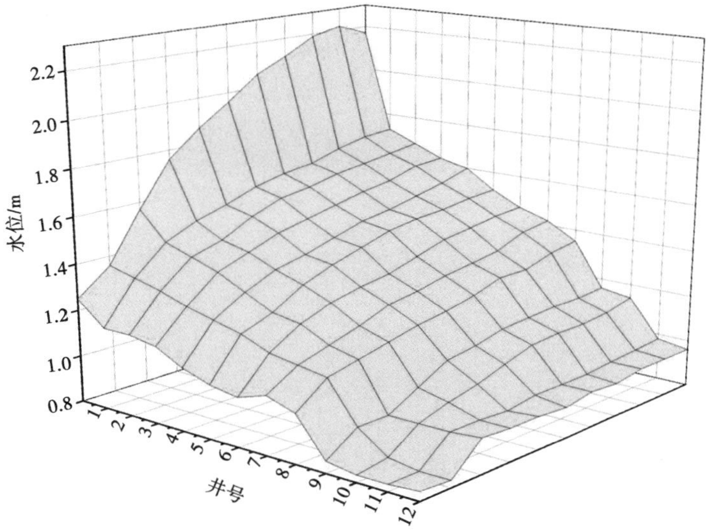

图 3-138　第四次生态补水水位变幅(2024 年 7 月 6~16 日)

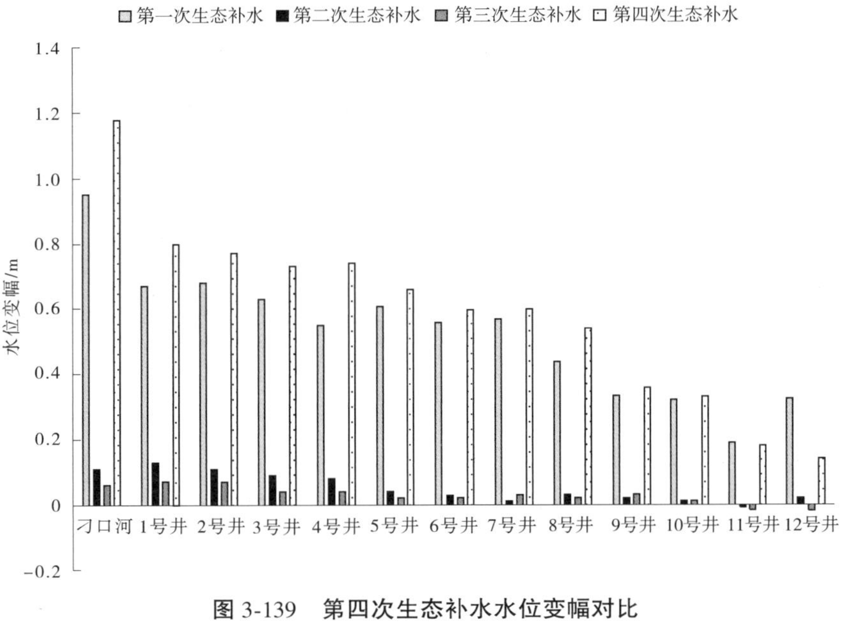

图 3-139　第四次生态补水水位变幅对比

2. 刁口河流路监测井地下水位在横向距离上的变化规律

以各井为横坐标、水位为纵坐标，绘制 2024 年 1~10 月地下水位横向对比图，如图 3-140 所示。由图 3-140 可知，2024 年监测井平均地下水水位均低于刁口河平均水位，且基本呈现“离河越近，水位越高；离河越远，水位降越”的趋势。

监测井 2024 年 1~10 月地下水累计水位及水位差见表 3-48。由 2024 年累计水位数据可知，刁口河累计水位最高，为 84.83 m，12 号井全年累计水位最低，为 52.91 m。监测井2024年地下水位差最大值出现在8号井,为0.87 m;最小值出现在12号井,为0.78 m。2024年监测井地下水位差没有出现2023年的“近大远小”的变化趋势,这与2024年的强降雨有关,强降雨导致各监测井水位急速升高且均在1.72~1.59 m,各井地下水位相差较小,导致距离刁口河较远的7~11号井比1~6号井地下水位差大。

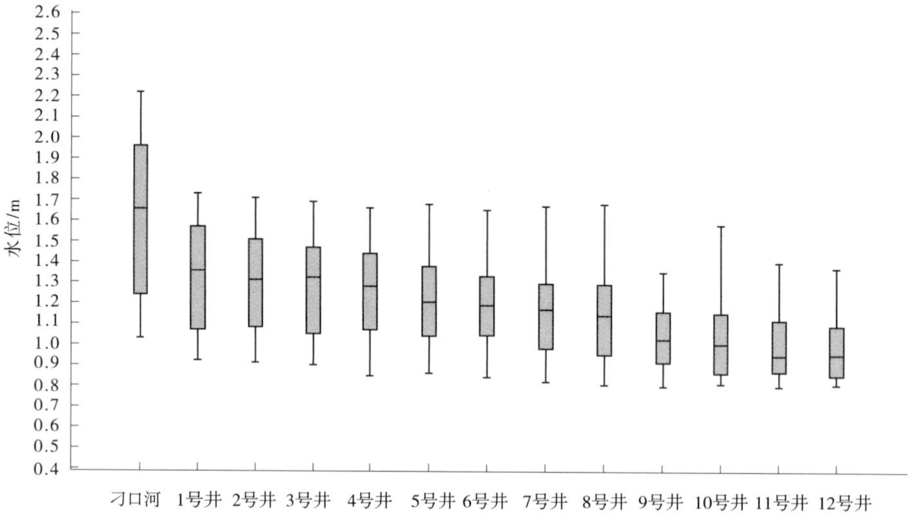

图3-140 2024年1~10月刁口河及监测井地下水位横向对比

表3-48 2024年1~10月刁口河流路监测井地下水累计水位及水位差 单位:m

井号	刁口河	1号井	2号井	3号井	4号井	5号井	6号井	7号井	8号井	9号井	10号井	11号井	12号井
累计水位	84.83	70.57	69.22	67.67	65.98	64.12	62.59	61.39	60.04	56.46	55.68	53.67	52.91
地下水位差	1.19	0.81	0.8	0.79	0.81	0.82	0.81	0.85	0.87	0.85	0.83	0.82	0.78

3.5.4 生态补水对刁口河湿地地下水位影响分析

刁口河地区地下水位变动受降水、蒸发、生态补水、引水灌溉等多重因素交互影响、共同作用。其中,生态补水对该地区地下水位的影响最大,是区域地下水动态变化的主要影响因素,而其他因素对地下水位的影响范围及程度都十分有限。

3.5.4.1 地下水位对生态补水的响应分析

根据刁口河生态补水量和监测井地下水位得到2023年、2024年日补水量与各监测井地下水位过程线,如图3-141、图3-142所示。从中可以看出监测井地下水位对生态补水的响应,该地区地下水位年内升降变化与生态补水分配过程基本一致,生态补水次数和补水量会造成地下水不同程度的上升,但是强降雨可以引起地下水位急速上涨,同时强烈蒸发导致水位快速下降,从而出现急涨骤降的情况。

图3-143、图3-144中,累计补水量与累计水位变幅随时间变化的曲线形态特征相似,曲线拐点几乎同步,表现为变化趋势相同,表明补水量对研究区内地下水动态具有极强的

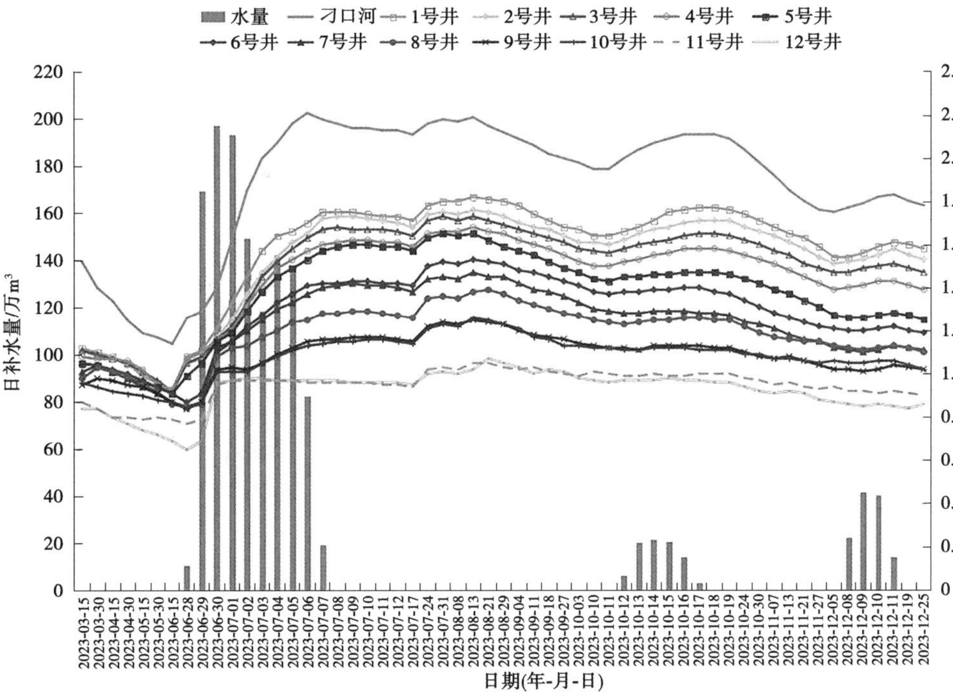

图 3-141　2023 年日补水量与各监测井地下水位过程线

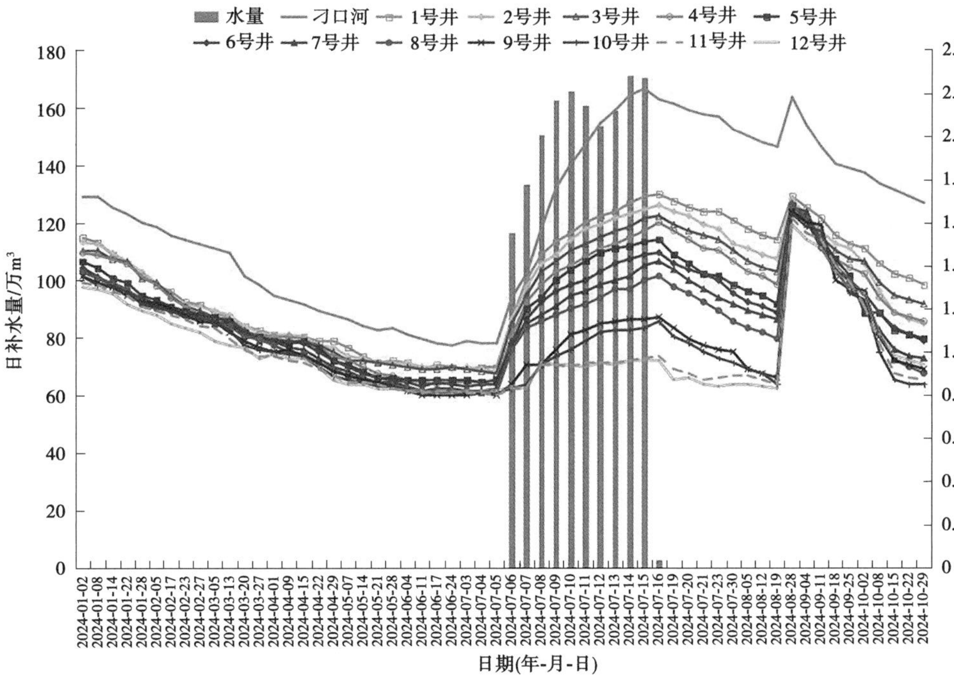

图 3-142　2024 年日补水量与各监测井地下水位过程线

控制作用。图 3-145 显示累计补水量与累计水位变幅之间具有较好的线性关系，再次表明补水是研究区地下水位变化最直接、最主要的影响因素。1～10 号监测井累计水位变幅与累计补水量相关系数均接近于 1(见表 3-49)，为极强相关，表明生态补水是水位上升的重要因素。11号井、12号井拟合直线相关性较低,受生态补水影响较小。

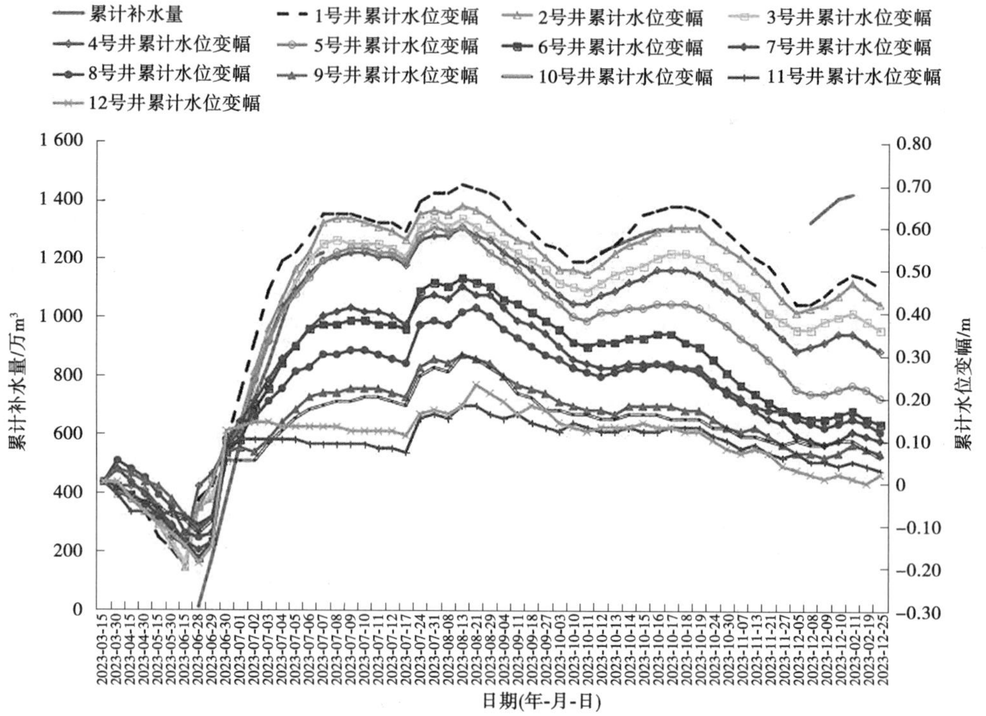

图 3-143 2023年累计水位变幅与累计补水量关系

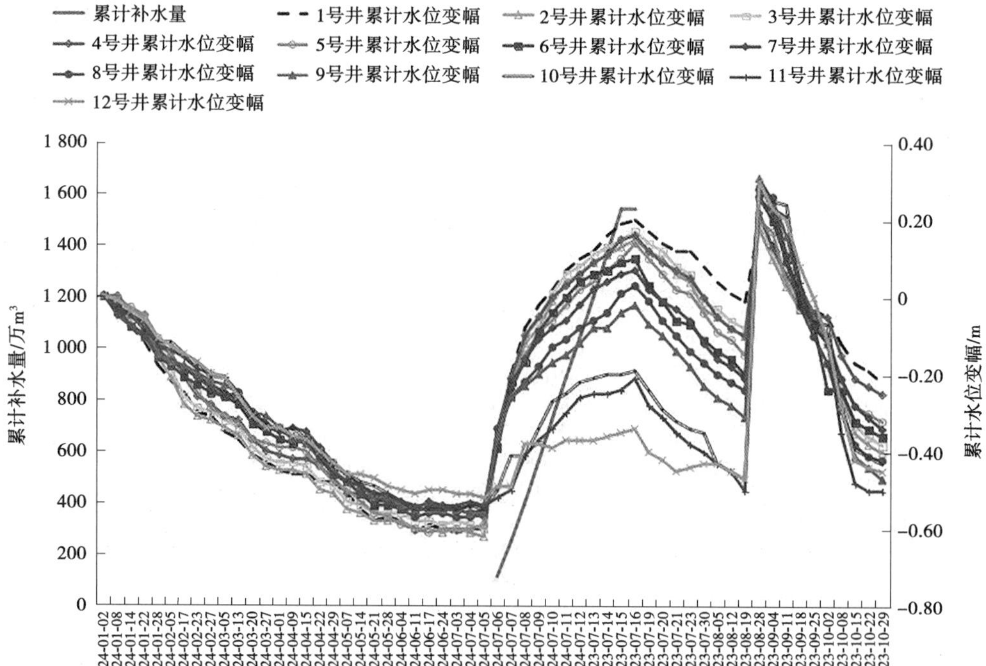

图 3-144 2024年累计水位变幅与累计补水量关系

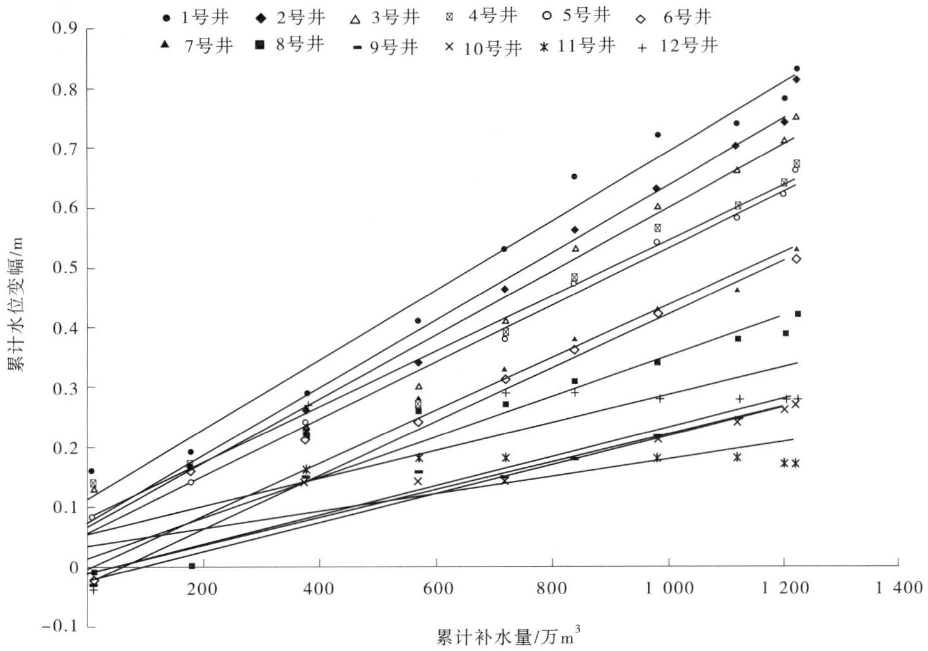

图 3-145　累计水位变幅与累计补水量关系

表 3-49　累计水位变幅与累计补水量线性拟合结果

井位	拟合直线	相关系数
1 号井	$y=0.0006x+0.072$	0.981 2
2 号井	$y=0.0006x+0.072$	0.980 2
3 号井	$y=0.0005x+0.0633$	0.974 9
4 号井	$y=0.0005x+0.0807$	0.969 5
5 号井	$y=0.0005+0.0537$	0.969 5
6 号井	$y=0.0005x-0.0282$	0.974 7
7 号井	$y=0.0004x-0.0078$	0.959 6
8 号井	$y=0.0003x+0.0128$	0.919 3
9 号井	$y=0.0002x-0.0097$	0.924 5
10 号井	$y=0.0002x-0.0112$	0.934 1
11 号井	$y=0.0001x+0.0348$	0.611 5
12 号井	$y=0.0002x+0.0538$	0.607 7

综合 12 口监测井在研究期地下水位变化及其对生态补水的响应，可清晰看出，研究区年内地下水位动态类型主要属于震荡起伏型，以“降-升-降”型为主，地下水位变幅在 0.26~0.9 m。生态补水后，地下水位抬升明显，2023 年第一次生态补水期地下水位平均提高 51.84%，2024 年生态补水期平均提高 62.62%。具体过程通常包括：在 1~3 月，降水量小，蒸发量大，水位下降；4~6 月灌溉用水量增加，水位持续降低，出现年内最低水位；7~9 月，降水量增加，生态补水，水位迅速回升，出现年内峰值水位；雨季和补水结束后，水位逐渐下降并趋于平缓。

结合地下水位动态类型及影响因素的分析不难发现，刁口河地区地下水位受生态补水、降水、蒸发影响显著，年内水位动态以“降-升-降”型为主，1~10 号监测井属于“径流-蒸发”型，地下水补给来源主要以侧向径流为主，并通过蒸发进行地下水排泄。11 号井、12 号井属于“渗入-蒸发”型，补给以接收当地降水入渗为主，径流程度微弱，受气候因素影响。

3.5.4.2　生态补水对地下水位影响的偏相关分析

运用 SPSS 软件，对 2023 年 3 月至 2024 年 10 月的刁口河水位与监测井地下水位进行相关分析，将净降水列为干扰项进行偏相关统计分析。结合水位数据变化情况，将地下水位对刁口河水位响应延迟时间设定为 0~10 d。通过分析刁口河水位、监测井地下水位、净降水量等各项数据，得出偏相关系数（见表 3-50），其中相关系数最大值为相关性最大，正值为正相关，负值为负相关，数值越大，相关性越强。

表 3-50　2023 年 3 月至 2024 年 10 月刁口河水位与监测井地下水位偏相关系数

井号	延迟时间										
	0 d	1 d	2 d	3 d	4 d	5d	6 d	7 d	8d	9 d	10 d
1	0.72	0.59	0.51	0.42	0.33	0.28	0.25	0.20	0.18	0.06	-0.17
2	0.57	0.75	0.72	0.68	0.46	0.35	0.27	0.25	0.17	0.09	-0.24
3	0.44	0.56	0.46	0.44	0.44	0.37	0.22	0.13	0.07	0.08	-0.25
4	0.32	0.59	0.54	0.43	0.39	0.24	0.15	0.14	0.13	-0.17	-0.28
5	0.36	0.47	0.57	0.43	0.33	0.26	0.16	0.07	-0.15	-0.20	-0.31
6	0.27	0.36	0.38	0.34	0.41	0.17	0.08	-0.08	-0.18	-0.25	-0.27
7	0.18	0.24	0.29	0.36	0.37	0.11	0.13	-0.21	-0.27	-0.31	-0.38
8	0.10	0.13	0.08	0.09	0.03	0.18	0.14	-0.15	-0.18	-0.24	-0.33
9	0.04	0.05	0.05	0.06	0.15	0.19	0.15	-0.25	-0.28	-0.32	-0.39
10	0.05	0.07	0.06	0.03	0.06	0.12	-0.13	-0.17	-0.27	-0.36	-0.46
11	-0.13	-0.19	-0.21	-0.27	-0.34	-0.35	-0.36	-0.42	-0.48	-0.52	-0.55
12	-0.15	-0.18	-0.15	-0.13	-0.16	-0.12	-0.22	-0.47	-0.51	-0.57	-0.62

如表 3-51 所示，1～10 号井的相关系数最大值均出现在 5 d 以内，且呈正相关关系。由此说明，刁口河生态补水抬升了刁口河河道内水位，且刁口河河道内水位的抬升对地下水位进行了侧流补给，在 5 d 内就起到了明显的抬升作用。而 11 号井、12 号井相关系数在 0～10 d 内均呈现负相关，也就是刁口河水位抬升并没有引起 11 号井、12 号井水位的抬升。由此可知，生态补水对 1 km 以内范围的地下水位起到了明显的抬升作用。

表 3-51　刁口河水位变化对监测井地下水位影响的延迟时间

井号	1	2	3	4	5	6	7	8	9	10	11	12
Δt/d	0	1	1	1	2	4	4	5	5	5	—	—

第 4 章　黄河来水对地下水矿化度的影响

4.1　水质分析指标

本书按照国家、行业规定并结合研究区实际情况进行了水质全分析和污染分析，各监测井水质分析的主要指标包括 K^+、Na^+、Ca^{2+}、矿化度、pH 值、总硬度、总碱度等。其中，水的矿化度是指水中溶解组分的总量，包括溶解于地下水中各种离子、分子、化合物的总量，但不包括悬浮物和溶解气体，以 g/L 表示。水的矿化度是水质分析的代表性指标，其变化特性可反映水质整体的变化趋势。根据矿化度值的大小，可将水质分为以下五种类型，如表 4-1 所示。

表 4-1　矿化度与水质类型关系

矿化度/(g/L)	<1	1~3	3~10	10~50	>50
水质类型	淡水	弱咸水	咸水	强咸水	卤水

根据黄河三角洲湿地地下水位和水质原型监测跟踪研究项目，本章以地下水质指标中最有代表性的指标——矿化度来研究生态调水对研究区地下水水质的影响。矿化度的变化受到的干扰因素极多，并且地下水中各化学指标无时无刻不在进行着物理作用、化学作用等活动，矿化度是一个动态变化的状态，并没有地下水位那么有规律，只能从大致上分析矿化度的变化。

4.2　2011 年调水调沙对清水沟流路地下水矿化度的影响

根据监测井水质的实测资料，结合降水、蒸发的观测数据，通过对黄河径流量与地下水水质指标的变化关系分析，以及黄河累计径流量与地下水水质指标的相关分析，综合评价地下水水质指标的变化特性以及黄河来水、降水、蒸发对地下水水质的影响。

由于不同时间段来水大小不同，降水、蒸发的差异较大，对地下水水质也相应产生不同的影响，因此按以下三个时间段分别进行分析：调水调沙前（4 月 17 日至 6 月 23 日）、调水调沙洪峰期（6 月 23 日至 7 月 23 日）、调水调沙长时间段（6 月 23 日至 10 月 23 日）。

4.2.1　调水调沙前黄河来水对地下水矿化度的影响

4.2.1.1　调水调沙前黄河来水与地下水矿化度的动态变化关系

通过对调水调沙前利津站日径流量进行套绘，得出调水调沙前利津站日径流量变化曲线，如图 4-1 所示。通过对地下水监测井实测矿化度进行套绘，得出调水调沙前 2~10

号井地下水矿化度变化曲线,如图 4-1~图 4-10 所示。

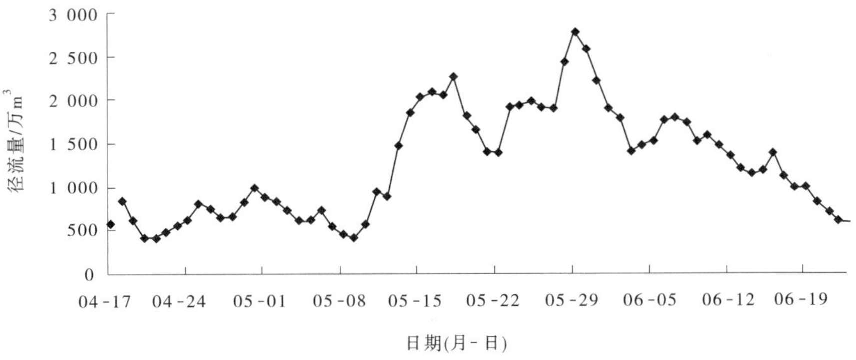

图 4-1　调水调沙前利津站日径流量变化曲线

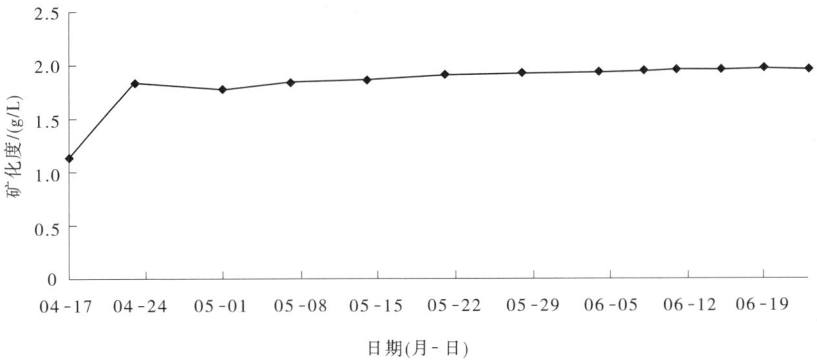

图 4-2　调水调沙前 2 号井地下水矿化度变化曲线

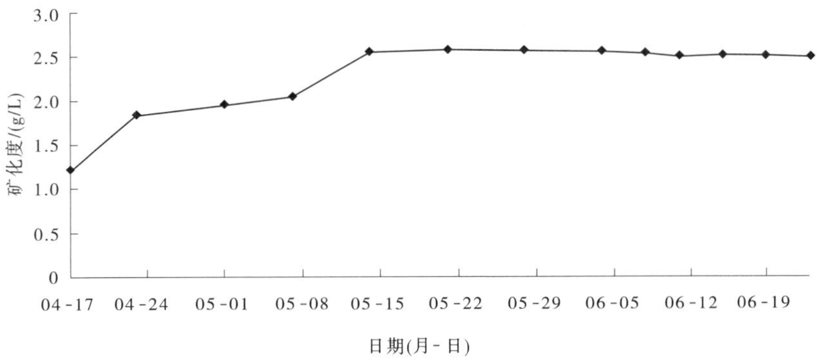

图 4-3　调水调沙前 3 号井地下水矿化度变化曲线

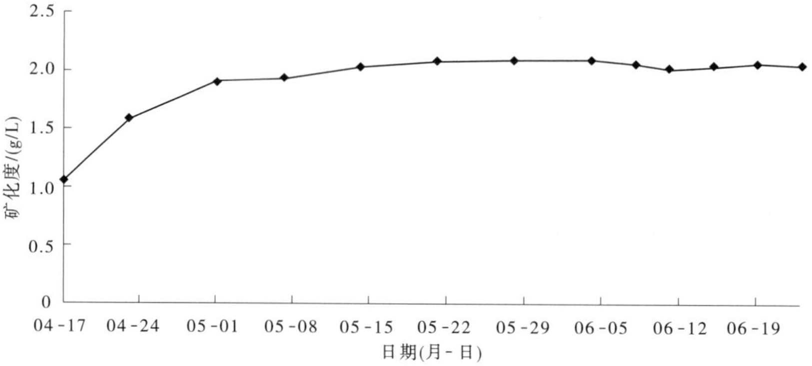

图 4-4 调水调沙前 4 号井地下水矿化度变化曲线

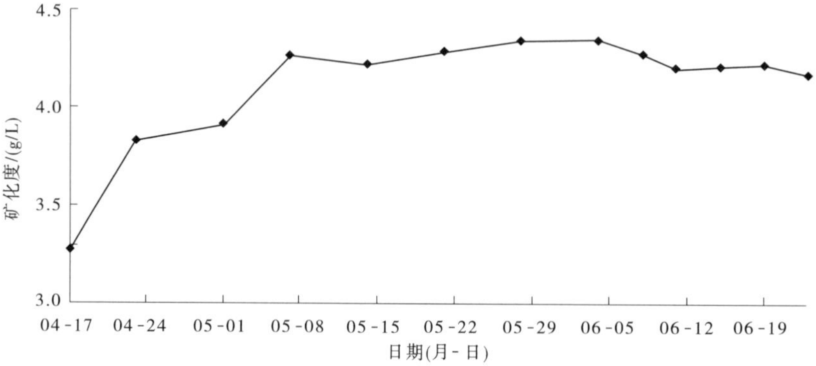

图 4-5 调水调沙前 5 号井地下水矿化度变化曲线

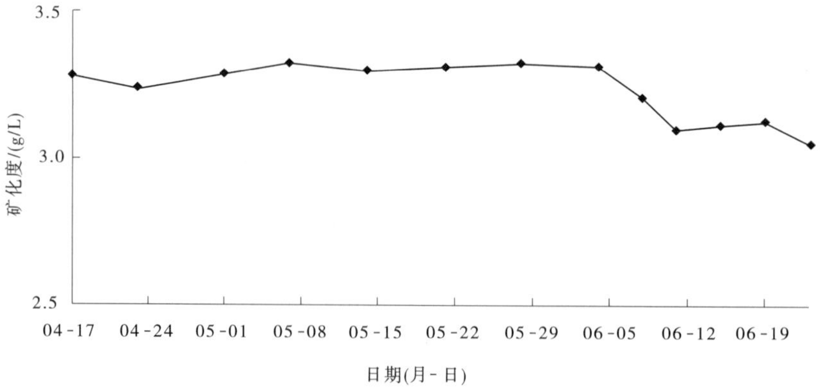

图 4-6 调水调沙前 6 号井地下水矿化度变化曲线

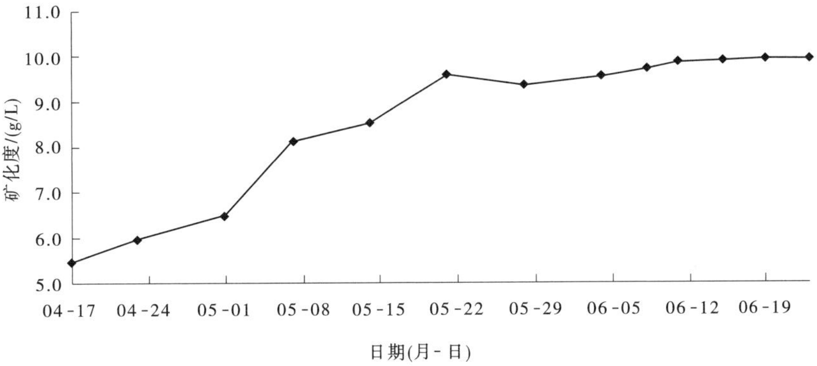

图 4-7　调水调沙前 7 号井地下水矿化度变化曲线

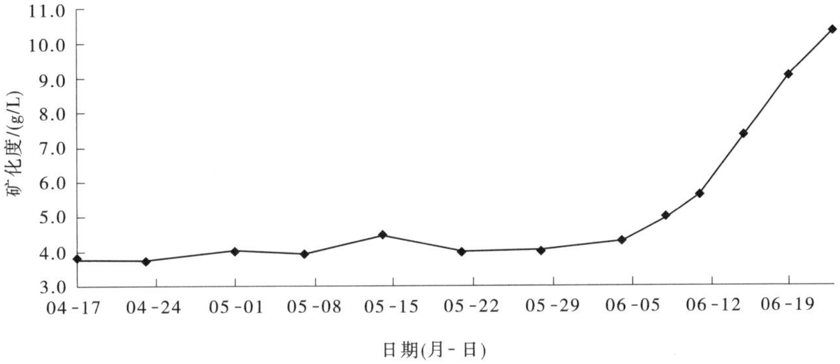

图 4-8　调水调沙前 8 号井地下水矿化度变化曲线

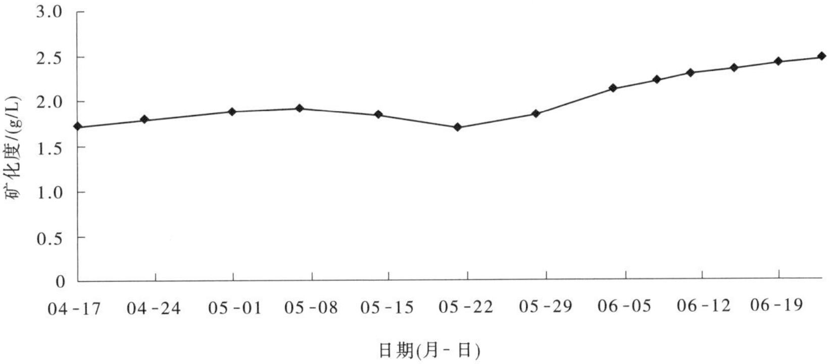

图 4-9　调水调沙前 9 号井地下水矿化度变化曲线

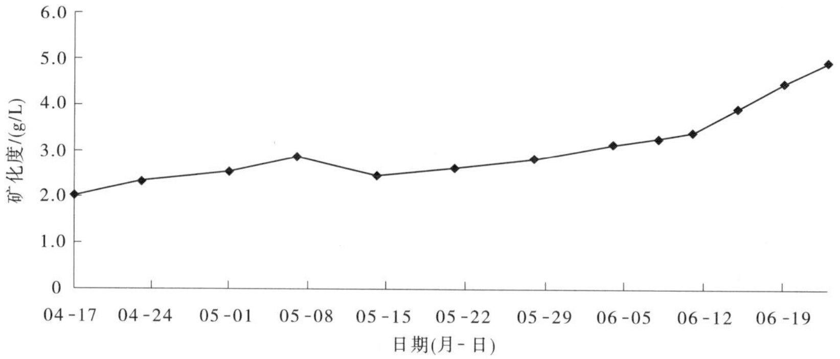

图 4-10　调水调沙前 10 号井地下水矿化度变化曲线

从图 4-1～图 4-10 可以看出,在 4 月 17 日至 6 月 23 日时段内,利津站日径流量属于总体增大的趋势,各监测井地下水矿化度变化也属于增大的趋势。

矿化度增大意味着地下水淡水的蒸发量增大。说明该时期黄河来水偏小,对研究区地下水的矿化度影响微小,该时间段蒸发量远大于降水量(见图 3-11),蒸发在矿化度变化的影响因素中占主导地位。

4.2.1.2　调水调沙前利津站累计径流量与地下水矿化度的相关分析

黄河来水对地下水矿化度的影响是一个累积的过程。因此,对利津站 0～10 d、15 d、20 d 的累计径流量进行计算,与各监测井地下水矿化度进行相关分析,可以确定调水调沙前黄河累计径流量与地下水矿化度的相关性。为了排除净降水对地下水矿化度的影响,运用 SPSS 软件进行偏相关分析,得出的相关系数见表 4-2。

表 4-2　调水调沙前利津站累计径流量与地下水矿化度相关系数

井号	延迟时间												
	0 d	1 d	2 d	3 d	4 d	5 d	6 d	7 d	8 d	9 d	10 d	15 d	20 d
2	0.47	0.48	0.46	0.45	0.41	0.42	0.40	0.38	0.36	0.35	0.32	0.30	0.34
3	0.69	0.72	0.71	0.71	0.67	0.65	0.63	0.61	0.59	0.58	0.55	0.50	0.48
4	0.56	0.59	0.87	0.56	0.52	0.52	0.50	0.48	0.45	0.43	0.39	0.32	0.31
5	0.59	0.60	0.60	0.59	0.55	0.56	0.54	0.52	0.51	0.49	0.45	0.37	0.34
6	0.08	0.06	0.04	0.01	0	-0.01	-0.01	-0.03	-0.37	-0.22	-0.15	-0.17	-0.14
7	0.56	0.61	0.66	0.69	0.68	0.68	0.67	0.68	0.68	0.68	0.66	0.64	0.63
8	0.03	0.02	0.04	0.07	0.07	0.07	0.07	0.09	0.12	0.15	0.16	0.30	0.44
9	0.05	0.07	0.11	0.13	0.15	0.17	0.19	0.22	0.25	0.30	0.33	0.49	0.64
10	0.12	0.14	0.19	0.22	0.23	0.25	0.26	0.28	0.31	0.34	0.34	0.46	0.57

如果黄河来水对地下水进行了累积补给，则地下水的矿化度会减小，某个累积时间应该出现负的相关系数。从表 4-2 可以看出，除 6 号井在 5 d 以后出现了负值外，其余各井都呈正相关。由于黄河水矿化度低于地下水矿化度，因此仅 6 号井虽然出现了负的相关系数，但是绝对值不大，最大绝对值为 0.37(8 d)。因此，认为调水调沙前黄河来水对地下水矿化度不产生明显影响，即地下水矿化度的升高是由春季干旱地表水大量蒸发造成的。

4.2.2 调水调沙洪峰期黄河来水对地下水矿化度的影响

4.2.2.1 调水调沙洪峰期黄河来水与地下水矿化度的动态变化关系

调水调沙洪峰期利津站日径流量变化曲线如图 4-11 所示，各监测井地下水矿化度变化曲线如图 4-12～图 4-20 所示。

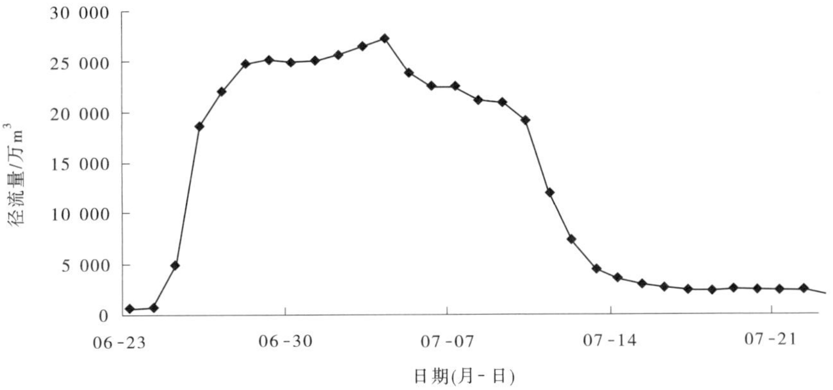

图 4-11　调水调沙洪峰期利津站日径流量变化曲线

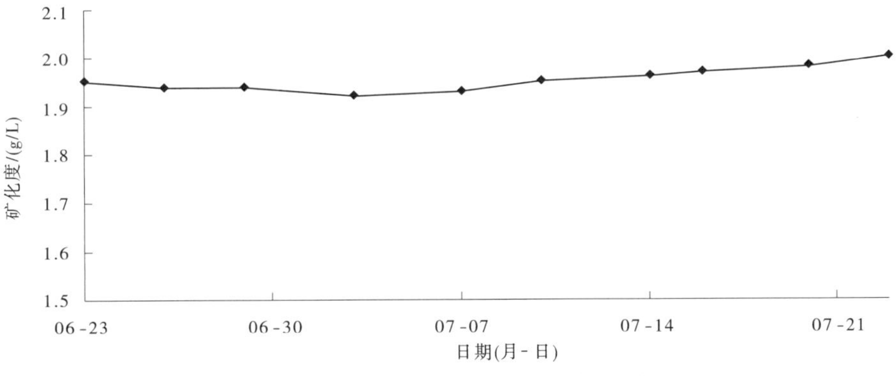

图 4-12　调水调沙洪峰期 2 号井地下水矿化度变化曲线

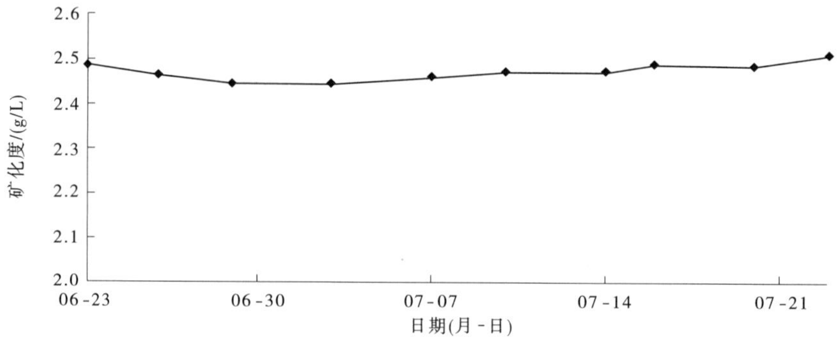

图 4-13 调水调沙洪峰期 3 号井地下水矿化度变化曲线

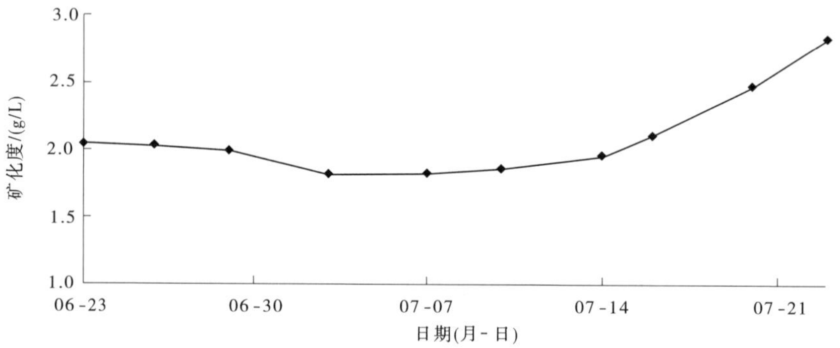

图 4-14 调水调沙洪峰期 4 号井地下水矿化度变化曲线

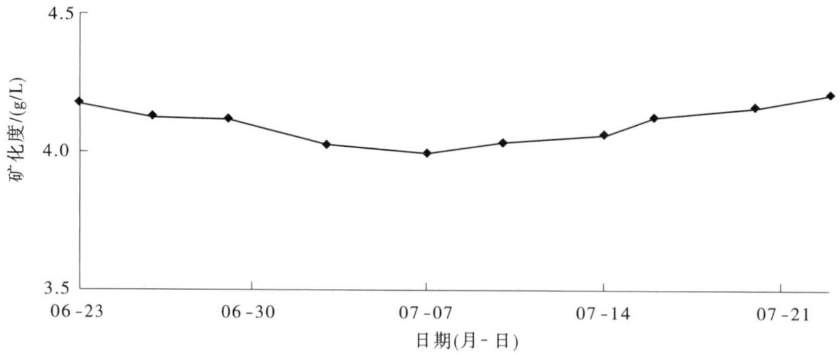

图 4-15 调水调沙洪峰期 5 号井地下水矿化度变化曲线

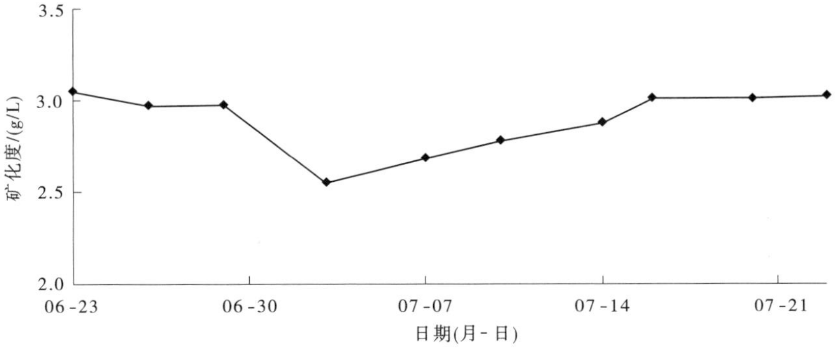

图 4-16　调水调沙洪峰期 6 号井地下水矿化度变化曲线

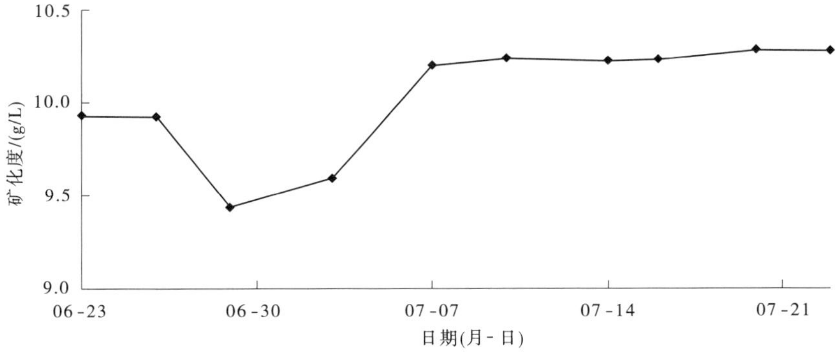

图 4-17　调水调沙洪峰期 7 号井地下水矿化度变化曲线

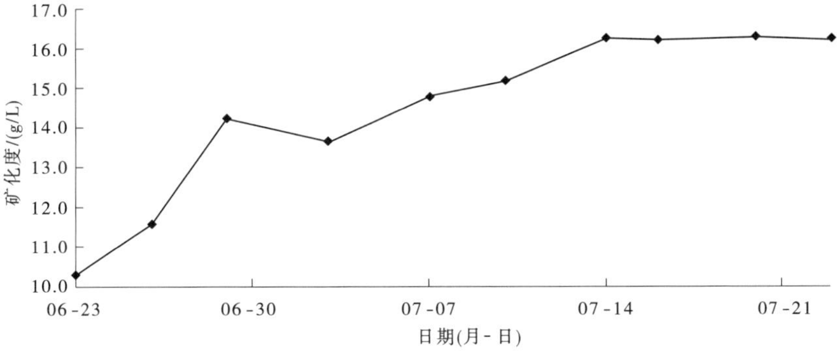

图 4-18　调水调沙洪峰期 8 号井地下水矿化度变化曲线

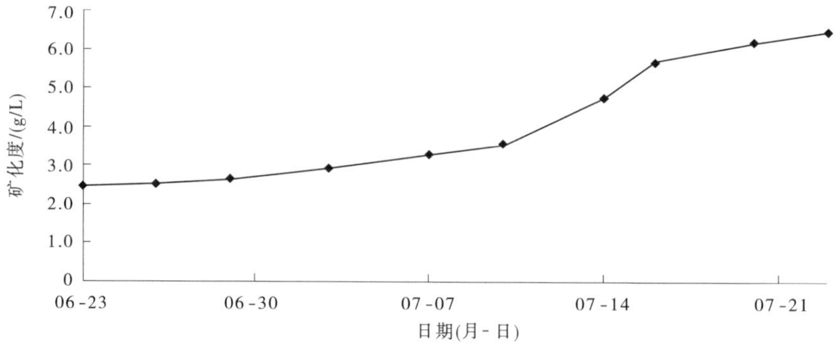

图 4-19　调水调沙洪峰期 9 号井地下水矿化度变化曲线

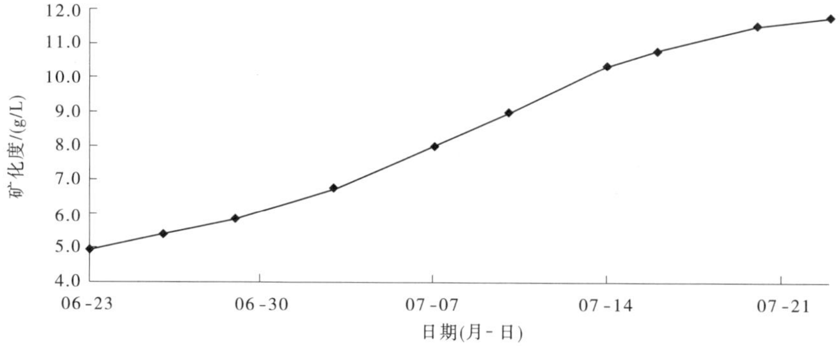

图 4-20　调水调沙洪峰期 10 号井地下水矿化度变化曲线

从图 4-11～图 4-20 可以看出,6 月 23 日至 7 月 23 日,利津站径流量发生急剧增大并出现较大洪峰,在 7 月 4 日出现最大值,之后逐步回落。各监测井地下水矿化度的变化表现为:2～8 号井地下水矿化度均出现逐步减小之后又逐步增大的变化特性,其矿化度降低幅度为 0.05～0.50 g/L;9 号井、10 号井地下水矿化度则表现为逐步增大的变化特性,其矿化度增大幅度为 4.01～6.84 g/L。

地下水矿化度的变化较为复杂,主要受黄河来水对地下水补给、降水、蒸发三大因素影响。结合降水蒸发情况(见图 2-3)综合分析,调水调沙洪峰期黄河来水降低了地下水矿化度,对地下水矿化度的影响是较为显著的,其对地下水矿化度的影响可达 7 号井范围,距离河 450 m 左右。

4.2.2.2　调水调沙洪峰期利津站累计径流量与地下水矿化度相关分析

对利津站 0～10 d、15 d、20 d 的累计径流量与各监测井地下水矿化度进行相关分析,运用 SPSS 软件排除净降水对地下水矿化度的影响得出相关系数(见表 4-3)。从表 4-3 可以看出,2～10 号井均出现了负相关。

表 4-3　调水调沙洪峰期利津站累计径流量与地下水矿化度相关系数

井号	延迟时间												
	0 d	1 d	2 d	3 d	4 d	5 d	6 d	7 d	8 d	9 d	10 d	15 d	20 d
2	−0.42	−0.34	0.26	−0.19	−0.07	0.04	0.13	0.20	0.27	0.33	0.40	0.66	0.89
3	−0.48	−0.36	−0.33	−0.21	−0.17	−0.12	−0.07	0.12	0.16	0.25	0.24	0.29	0.30
4	−0.80	−0.79	−0.71	−0.73	−0.66	−0.53	−0.49	−0.38	−0.281	−0.17	0.11	0.18	0.23
5	−0.66	−0.74	−0.73	−0.72	−0.66	−0.51	−0.44	−0.36	−0.27	−0.1	0	0.19	0.24
6	−0.69	−0.84	−0.78	−0.71	−0.68	−0.57	−0.53	−0.43	−0.37	−0.31	−0.13	0.05	0.19
7	−0.41	−0.46	−0.37	−0.35	−0.30	−0.26	−0.20	−0.19	−0.10	−0.01	0.08	0.15	0.23
8	−0.10	−0.10	−0.12	0.13	0.21	0.25	0.28	0.29	0.36	0.43	0.51	0.55	0.51
9	0.16	0.18	0.21	0.26	0.12	−0.08	0.22	0.27	0.30	0.36	0.40	0.44	0.43
10	0.12	0.11	0.10	−0.05	0.06	0.05	0.20	0.20	0.26	0.29	0.32	0.36	0.37

根据各监测井负相关系数极值做出的柱形图(见图 4-21)可以看出,2~7 号井的相关系数绝对值较 8~10 号井的大,虽然 8~10 号井也出现了负相关,但要么值小,要么只出现了一次,无太大相关性。通过上述的相关分析,进一步说明调水调沙洪峰期黄河来水对研究区地下水矿化度产生较为明显的影响,距离可达 7 号井范围,距河 450 m。

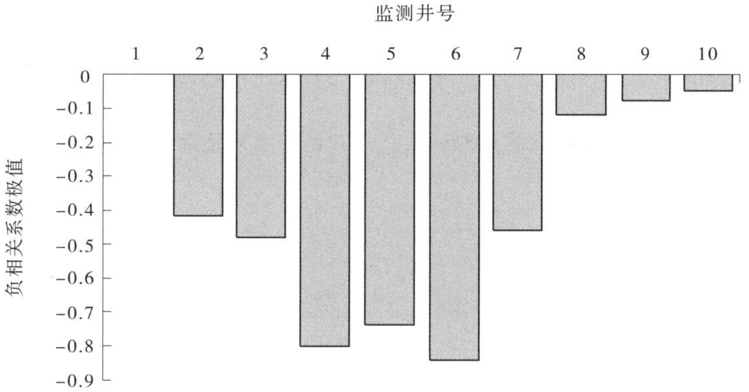

图 4-21　调水调沙洪峰期各监测井负相关系数极值柱形图

通过出现负相关极值的累计径流量天数可以确定黄河来水对研究区地下水矿化度产生明显影响的延迟时间,由表 4-3 可以确定调水调沙洪峰期黄河来水对研究区地下水矿化度产生明显影响的延迟时间为 0~1 d。

4.2.3 调水调沙长时间段黄河来水对地下水矿化度的影响

4.2.3.1 调水调沙长时间段黄河来水与地下水矿化度的动态变化关系

调水调沙长时间段利津站日径流量变化曲线见图 4-22,各监测井地下水矿化度变化曲线见图 4-23～图 4-31。

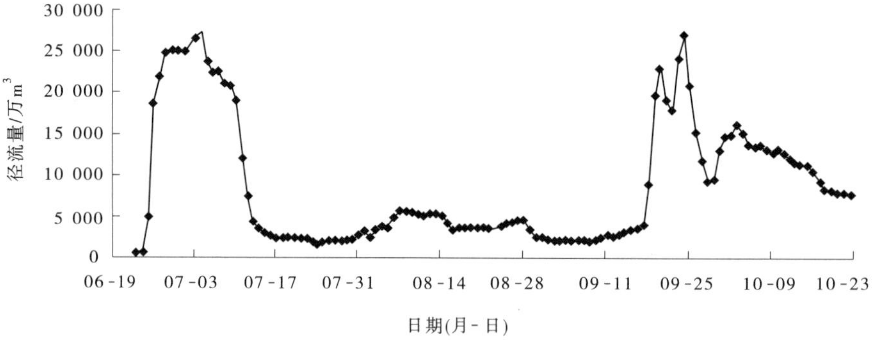

图 4-22 调水调沙长时间段利津站日径流量变化曲线

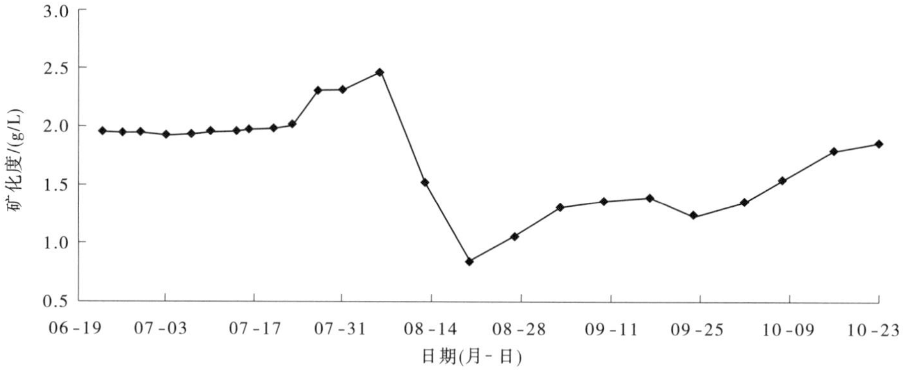

图 4-23 调水调沙长时间段 2 号井地下水矿化度变化曲线

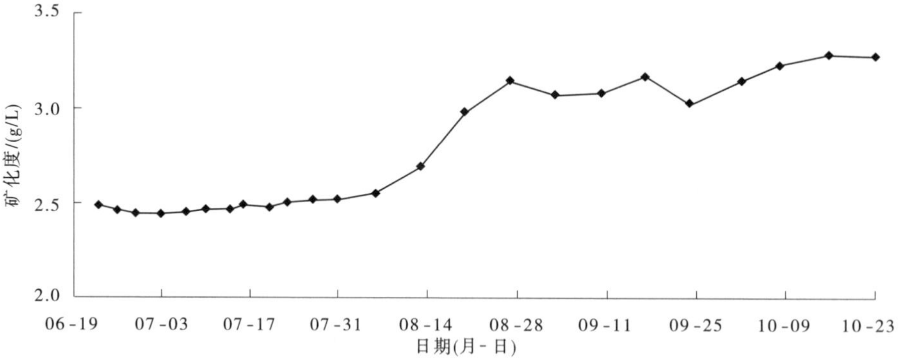

图 4-24 调水调沙长时间段 3 号井地下水矿化度变化曲线

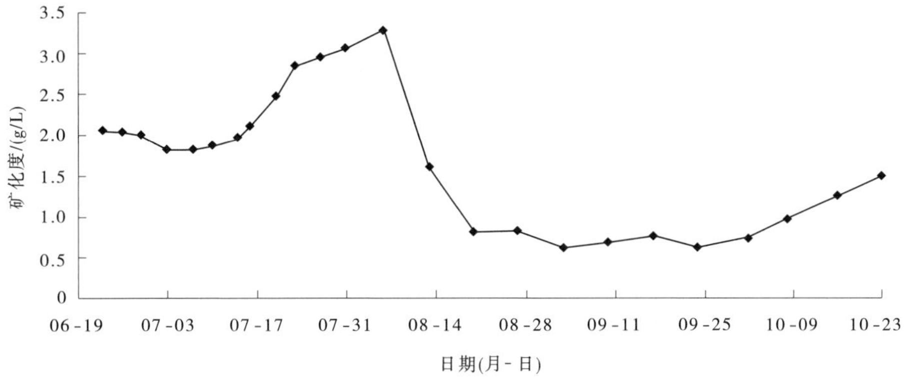

图 4-25　调水调沙长时间段 4 号井地下水矿化度变化曲线

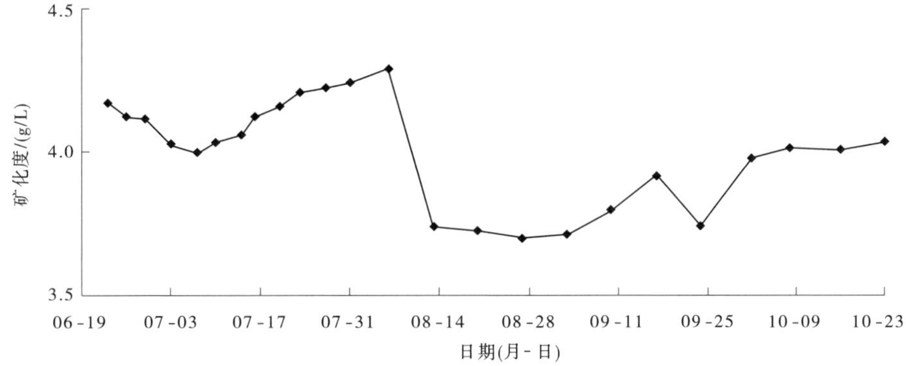

图 4-26　调水调沙长时间段 5 号井地下水矿化度变化曲线

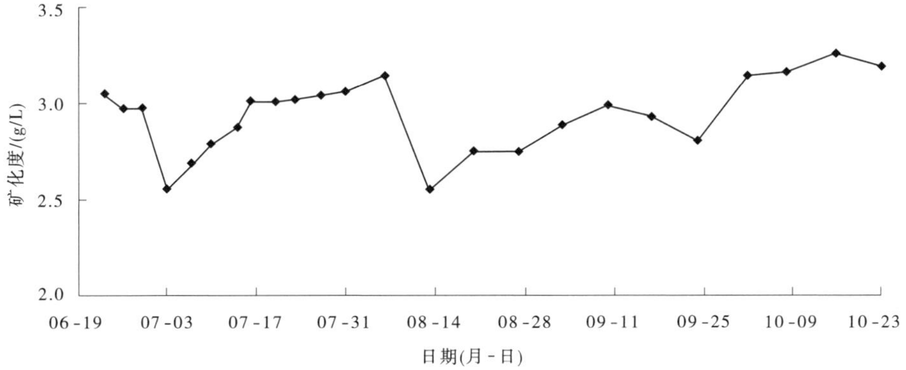

图 4-27　调水调沙长时间段 6 号井地下水矿化度变化曲线

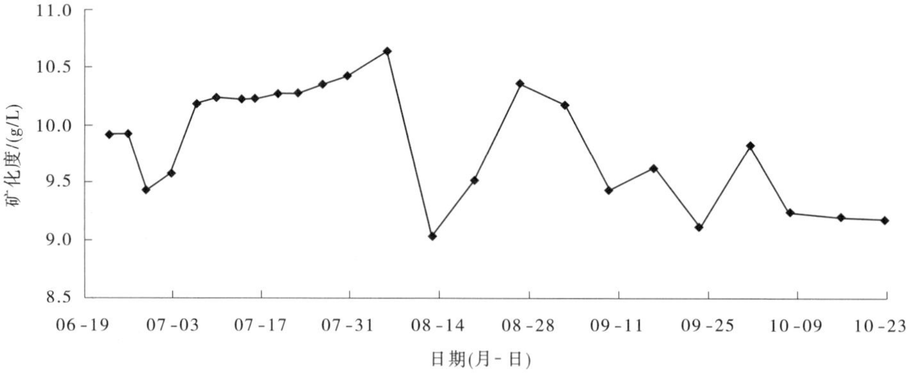

图 4-28　调水调沙长时间段 7 号井地下水矿化度变化曲线

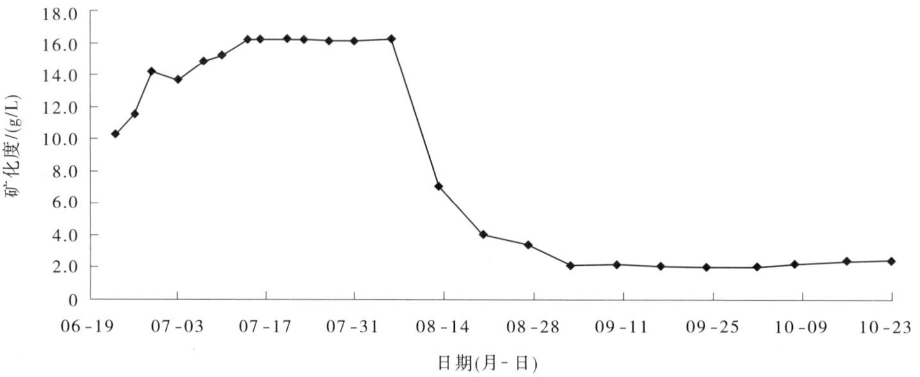

图 4-29　调水调沙长时间段 8 号井地下水矿化度变化曲线

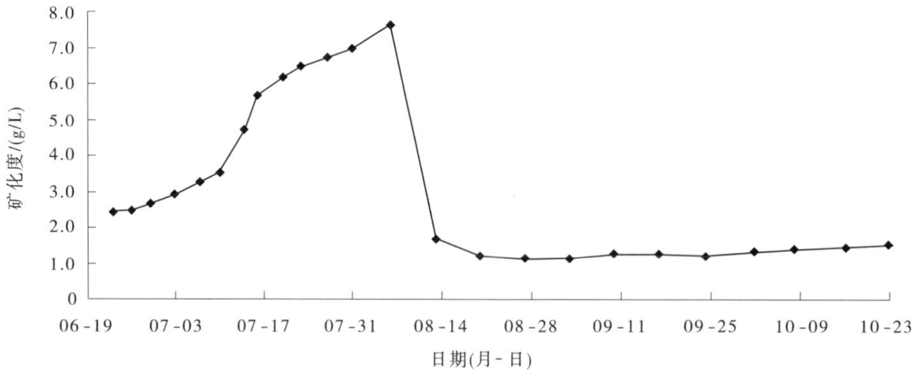

图 4-30　调水调沙长时间段 9 号井地下水矿化度变化曲线

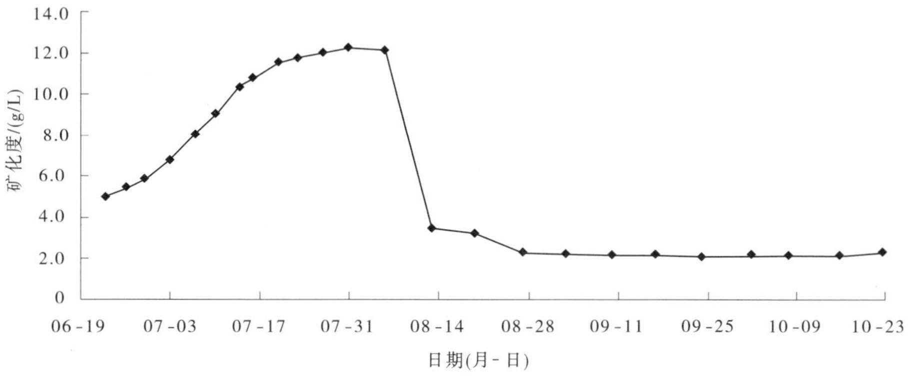

图 4-31 调水调沙长时间段 10 号井地下水矿化度变化曲线

从图 4-22~图 4-31 可以看出,调水调沙长时间段地下水矿化度的变化在不同时间段其变化特性是不同的。

调水调沙洪峰期过后(7 月 23 日至 8 月 2 日),各监测井(3 号井除外)地下水矿化度出现增大变化。其成因是,利津站来水偏枯,降水量很少,蒸发量较大。蒸发是矿化度出现增大变化的主要因素。

8 月 2~22 日,各监测井(3 号井除外)地下水矿化度出现降低现象,其降低幅度为 0.59~14.24 g/L。该时间段内虽然利津站来水依然偏枯,但降水量大且降水时间比较集中(见表 3-6、图 2-4),累计降水量达到 1 435 mm。矿化度出现降低变化的成因,一是强降水对地下水的大量补给,二是前期调水调沙来水对地下水补给的延迟影响。

8 月 22 日之后,各监测井(3 号井除外)地下水矿化度基本处于比较低的变化范围。其成因是,虽然该时间段内利津站来水依然偏枯,降水量也较少,但认为前期调水调沙来水的延迟影响和持续强降水对地下水的累积补给影响,是地下水矿化度基本处于比较低的变化范围的主要因素。

通过对上述地下水矿化度的分析,结合第 3 章调水调沙对地下水位的分析成果,综合分析可以得出,调水调沙在长时间段内对地下水质的影响是持续的和长距离的,其对地下水矿化度的影响距离可达到 10 号井范围,距离河 950 m。

4.2.3.2 调水调沙长时间段利津站累计径流量与地下水矿化度相关分析

对利津站 0~70 d 的累计径流量与各监测井地下水矿化度进行相关分析,运用 SPSS 软件排除净降水对地下水矿化度的影响,得出的相关系数见表 4-4,各监测井负相关极值变化见图 4-32。

表 4-4　调水调沙长时间段利津站累计径流量与地下水矿化度相关系数

井号	延迟时间									
	0 d	5 d	10 d	15 d	20 d	30 d	40 d	50 d	60 d	70 d
2	-0.031	-0.089	-0.245	0.313	0.448	0.396	-0.327	-0.672	-0.475	-0.240
3	-0.134	-0.096	-0.167	-0.035	-0.061	-0.077	0.205	-0.385	-0.266	-0.109
4	-0.136	-0.111	0.121	0.303	0.537	0.379	-0.149	-0.411	-0.448	-0.129
5	-0.026	-0.042	0.222	0.414	0.528	0.301	-0.451	-0.538	-0.540	-0.361
6	-0.290	-0.333	0.098	0.526	0.362	-0.414	-0.217	-0.347	-0.419	-0.314
7	-0.324	-0.069	0.329	0.220	0.316	0.085	-0.418	-0.517	-0.207	-0.119
8	-0.021	-0.110	0.296	0.247	0.286	0.090	-0.183	-0.372	-0.440	-0.123
9	-0.266	-0.067	0.238	0.434	0.604	0.368	-0.165	-0.326	-0.331	-0.111
10	-0.179	0.040	0.316	0.378	0.481	0.257	-0.177	-0.310	-0.374	-0.104

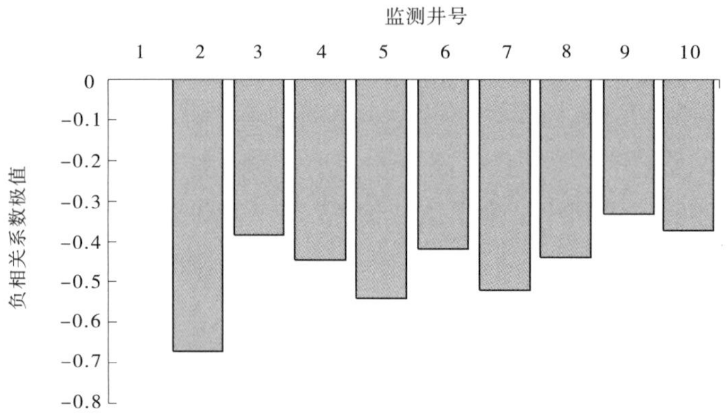

图 4-32　调水调沙长时间段各监测井负相关系数极值柱形图

从表 4-4 可以看出，在 0~5 d 和 40~70 d 分别出现两次较大范围的负相关，说明当黄河来水较大时，在较短的时间内和较长的累计时间内都能对研究区地下水矿化度产生较明显的影响。根据相关系数的绝对值极值可以判断，在较长的累计时间内对矿化度影响的延迟时间为 50~60 d。

从图4-32可以看出,其相关系数的绝对值随着距离的增大呈减小趋势,说明调水调沙黄河来水对地下水矿化度的沿程累积影响随着距离的增大而减小。影响范围达10号井,影响距离950 m。

通过对调水调沙长时间段黄河来水对地下水矿化度的研究可以得出以下结论:

(1)地下水矿化度影响因素复杂,黄河来水、降水、蒸发是影响地下水矿化度变化的三大主要因素。

(2)调水调沙降低了地下水矿化度,对地下水矿化度可产生较为明显的影响,其影响随着距离的增大而减小。在洪峰期和长时间段内其影响分别达7号井范围和10号井范围,影响距离分别距河450 m和950 m。

(3)调水调沙在洪峰期和长时间段内对地下水矿化度产生比较明显影响的延迟时间分别为0~1 d和50~60 d。

4.2.4　调水调沙对地下水矿化度影响结论

通过对地下水水质的矿化度和其他主要指标分析,得出以下结论:

(1)地下水矿化度影响因素复杂,黄河来水、降水、蒸发是影响地下水矿化度变化的三大主要因素。

(2)调水调沙前黄河来水偏枯,各监测井对地下水矿化度无明显影响。地下水矿化度的升高是春季干旱地表水大量蒸发造成的。

(3)调水调沙对地下水矿化度可产生较为明显的影响,其影响随着距离的增大而减小。在调水调沙洪峰期和调水调沙长时间段内,其影响分别达7号井范围和10号井范围,影响距离分别距河450 m和950 m。

(4)调水调沙在洪峰期和长时间段内对地下水矿化度产生比较明显影响的延迟时间分别为0~1 d和50~60 d。

4.3　2012~2013年刁口河生态调水对地下水矿化度的影响

根据监测井水质的实测资料,结合降水、蒸发的观测数据,综合分析地下水水质指标的变化特性以及刁口河生态调水、降水、蒸发、人类活动等因素对地下水水质的影响。

由于不同时间段来水大小不同,降水、蒸发的差异较大,加之人类活动的干扰,对地下水水质也相应产生不同的影响,因此为了更好地研究生态调水对地下水水质的影响,按以下三个时间段分别进行分析:生态调水前期(2012年4月28日至6月28日)、生态调水期(2012年6月29日至7月12日)、生态调水后期(2012年7月13日至2013年4月28日)。

4.3.1　观测期刁口河来水对地下水矿化度的影响

要想了解整个观测期地下水矿化度的情况，先要掌握整个观测期刁口河河水的矿化度情况。通过对整个观测期(2012 年 4 月 28 日至 2013 年 4 月 28 日)刁口河河水实测矿化度进行套绘，得出整个观测期刁口河河水矿化度变化曲线，如图 4-33 所示。

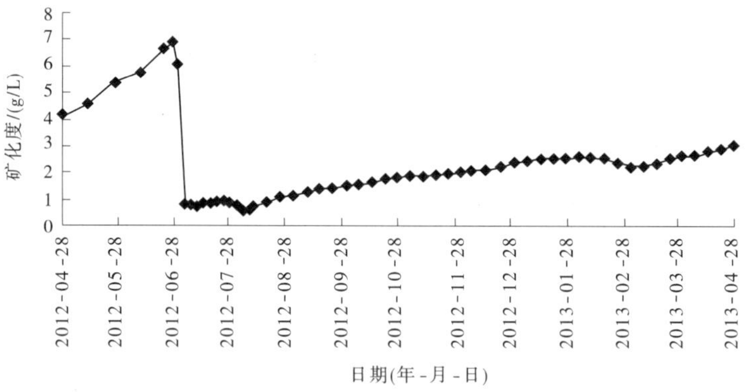

图 4-33　观测期刁口河河水矿化度变化曲线

从图 4-33 可以看出，在整个观测期刁口河河水矿化度呈先增高后降低又增高的趋势，主要变化如下：2012 年 4 月 28 日至 6 月 28 日是一个上升曲线；6 月 28 日至 7 月 11 日矿化度变化曲线直线下降；7 月 11 日至 8 月 5 日有一个小幅抬升下降过程；8 月 5 日至 2013 年 4 月 28 日基本呈上升态势，中间偶有小幅抬升下降过程。

刁口河河水矿化度的变化无疑受到来水补给、降水、蒸发影响，结合图 2-8 可以看出产生变化的主要原因如下：2012 年 4 月 28 日至 6 月 28 日，刁口河河道内无来水补给，只有降水、蒸发的影响，蒸发起主导作用，因此该时间段刁口河河水矿化度持续升高；6 月 28 日至 7 月 11 日，由于 6 月末的降水以及 6 月 29 日开始的刁口河生态调水补给，明显降低了刁口河河水的矿化度；7 月 11 日至 8 月 5 日，生态调水的结束对刁口河河水矿化度的影响不大，这期间主要受到降水、蒸发的影响，降水与蒸发交替起主导作用引起刁口河河水矿化度有一个小范围的波动；2012 年 8 月 5 日至 2013 年 4 月 28 日，由于刁口河地区横跨了秋季、冬季、春季三个季节，降水量较少、蒸发量较多，从总体上看，蒸发对刁口河河水矿化度起主导作用。因此，刁口河河水矿化度自 2012 年 8 月 5 日开始缓慢抬升，中间出现的小的降幅、升幅是当时的降水造成的。

根据刁口河河水在整个观测期内的矿化度变化，通过套绘整个观测期内桩埕路监测断面和一千二管理站监测断面的矿化度数据，分析研究区地下水矿化度的变化，见图 4-34、图 4-35。

从整个观测期两个监测断面的地下水矿化度变化曲线可以看出，桩埕路监测断面地下水矿化度变化曲线较一千二管理站监测断面地下水矿化度变化曲线规整、条理得多。通过一个完整的观测周期可以看出，桩 1~10 井经过一个观测年，地下水矿化度基本上比上一年同一时期要低;而站 1~10 井经过一个观测年,地下水矿化度只有几个监测井能够基本上达到闭合,其余基本比上一年同时期矿化度高。由此可见,经过一个观测年的各种因素的影响,若无人类活动的影响,生态调水与净降水的作用可以整体上降低研究区地下水矿化度;若有人类活动的影响,不仅没有降低地下水矿化度,反而在一定程度上会抬升地下水矿化度。

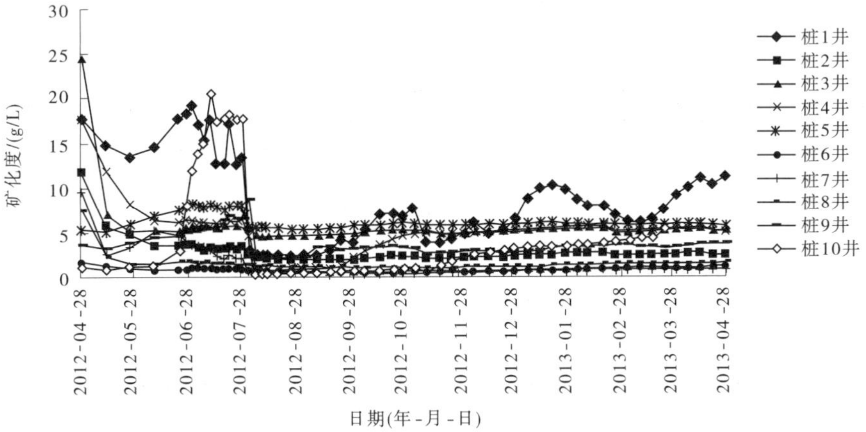

图 4-34　观测期桩 1~10 井地下水矿化度变化曲线

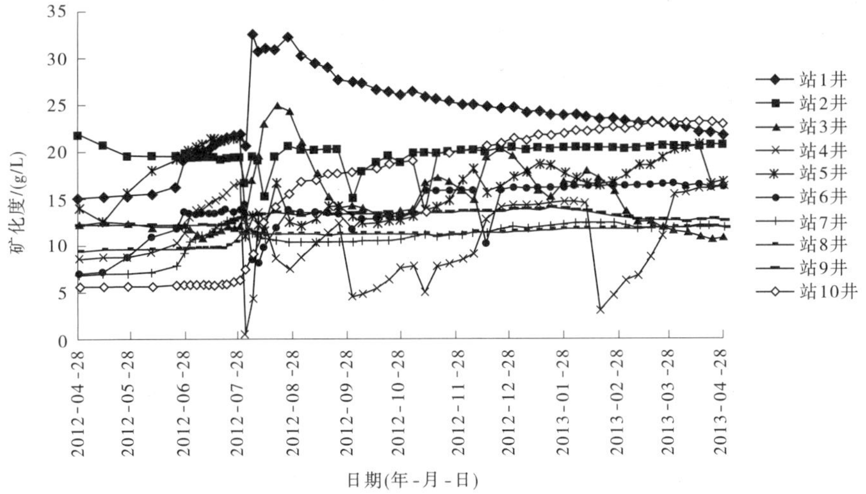

图 4-35　观测期站 1~10 井地下水矿化度变化曲线

4.3.2　生态调水前期研究区地下水矿化度的变化

4.3.2.1　生态调水前期地下水矿化度与时间的动态变化关系

通过对生态调水前期(2012 年 4 月 28 日至 6 月 28 日)地下水监测井(桩 1~10 井、站

1~10 井)实测矿化度值进行套绘,得出生态调水前期桩 1~10 井、站 1~10 井地下水矿化度变化曲线,如图 4-36、图 4-37 所示。

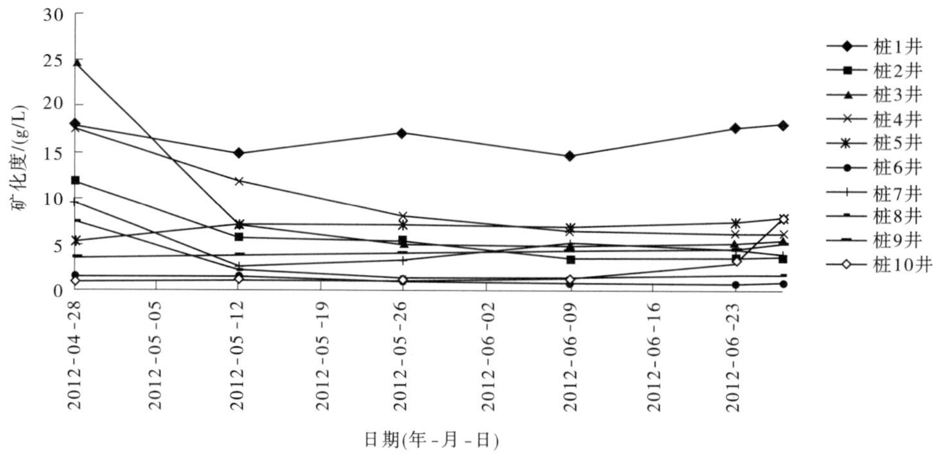

图 4-36　生态调水前期桩 1~10 井地下水矿化度变化曲线

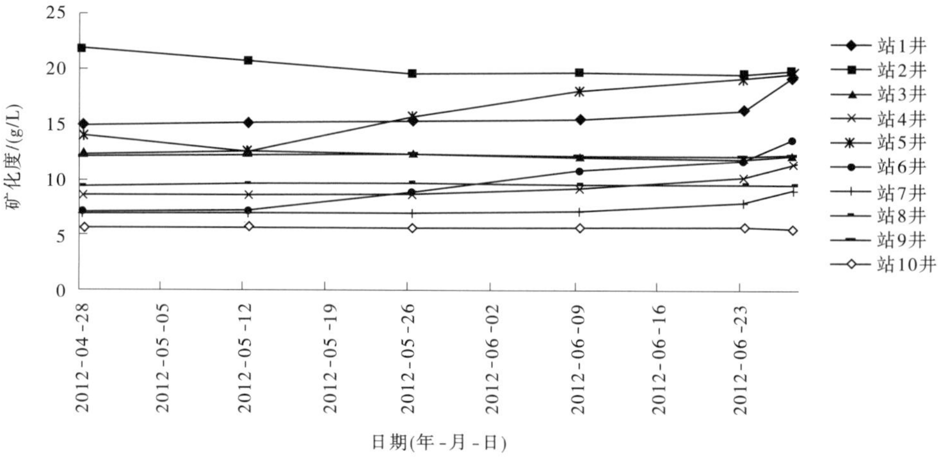

图 4-37　生态调水前期站 1~10 井地下水矿化度变化曲线

从图 4-36、图 4-37 可以看出,在生态调水前期,随着时间的增加,各桩井矿化度变化总体呈减小的趋势,而站井矿化度除个别有增大的趋势外,其余基本不变。矿化度增大意味着地下水淡水的蒸发量增大,说明该时期黄河来水偏小,对研究区地下水的矿化度影响微小,该时间段蒸发量远大于降水量,蒸发在矿化度变化的影响因素中占主导地位。各桩井矿化度为 0.752~24.512 g/L,各站井矿化度为 5.252~22.537 g/L。

4.3.2.2　生态调水前期地下水矿化度的横向距离变化

通过对生态调水前期地下水监测井(桩 1~10 井、站 1~10 井)实测矿化度值进行套绘(横坐标表示离刁口河距离,以井号标记),得出生态调水前期桩 1~10 井、站 1~10 井地下水矿化度沿横向距离变化曲线,如图 4-38、图 4-39 所示。

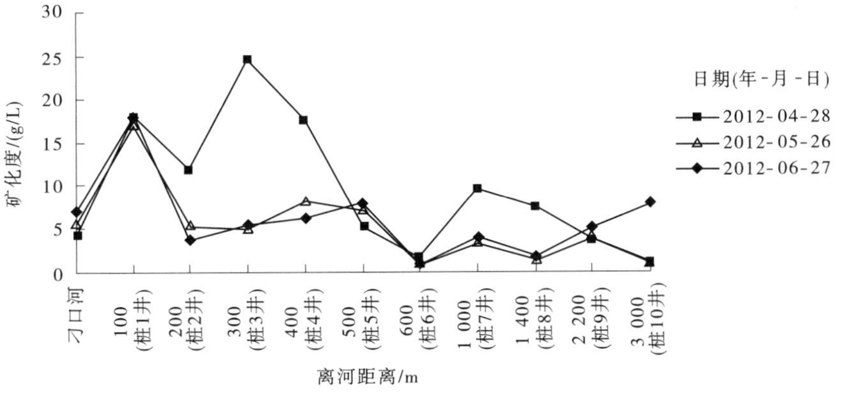

图 4-38　生态调水前期桩 1~10 井矿化度沿横向距离变化曲线

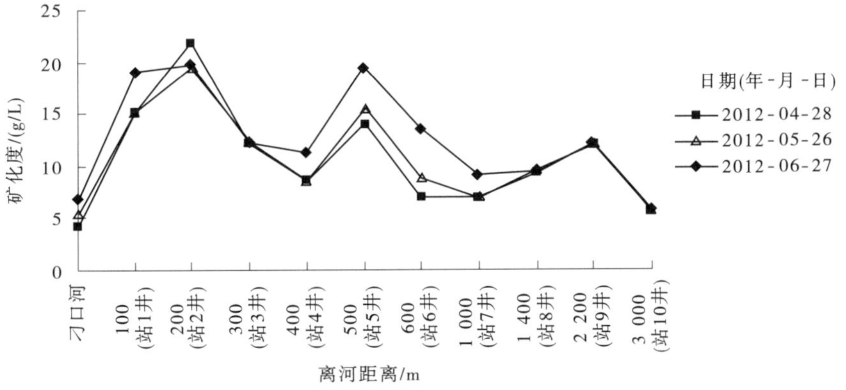

图 4-39　生态调水前期站 1~10 井矿化度沿横向距离变化曲线

从图 4-38、图 4-39 可以看出,在生态调水前期,随着与河槽距离的增加,桩井和站井地下水矿化度总体呈下降趋势。刁口河河水矿化度比大多数监测井地下水矿化度低,同一监测时间各桩井矿化度差值为 13.690~23.490 g/L,各站井地下水矿化度差值为 13.766~16.058 g/L。

4.3.2.3　生态调水前期地下水矿化度的纵向距离变化

通过对生态调水前期地下水监测井(桩 1 井、站 1 井至桩 10 井、站 10 井)实测矿化度值进行套绘,得出生态调水前期桩 1 井、站 1 井至桩 10 井、站 10 井地下水矿化度变化曲线,如图 4-40~图 4-49 所示。

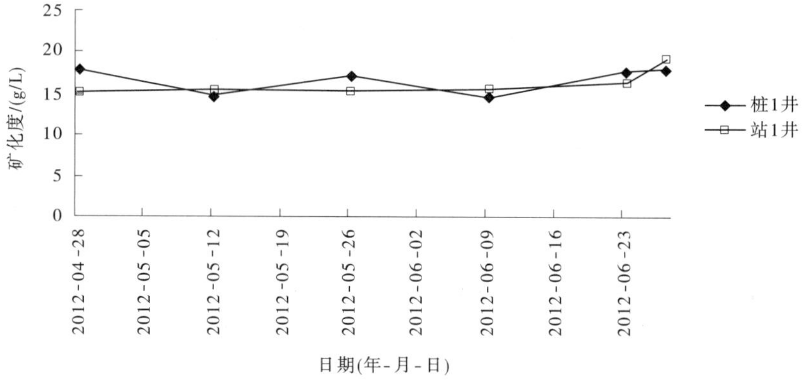

图 4-40　生态调水前期桩 1 井、站 1 井地下水矿化度变化曲线

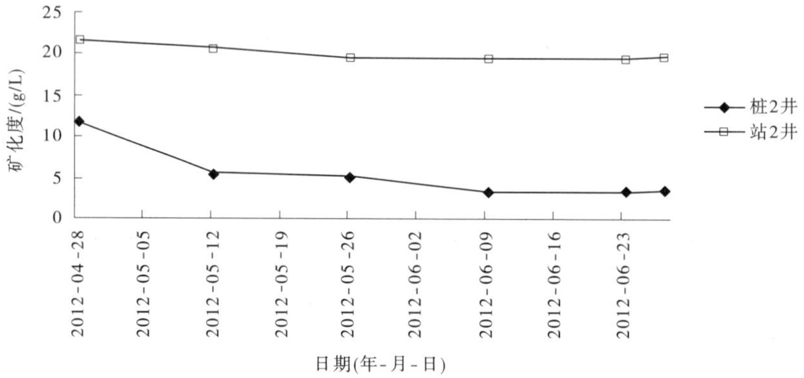

图 4-41　生态调水前期桩 2 井、站 2 井地下水矿化度变化曲线

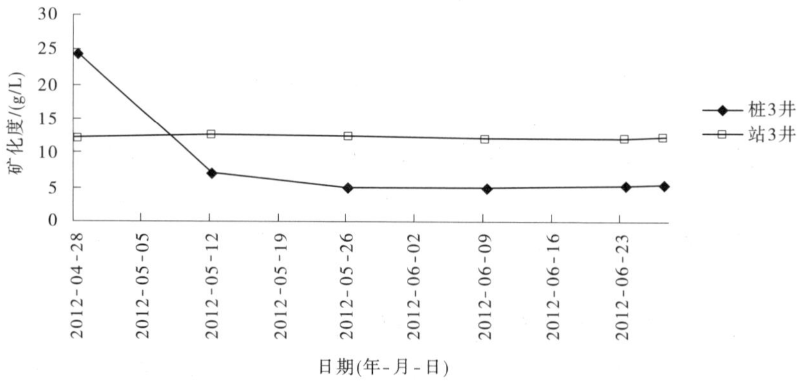

图 4-42　生态调水前期桩 3 井、站 3 井地下水矿化度变化曲线

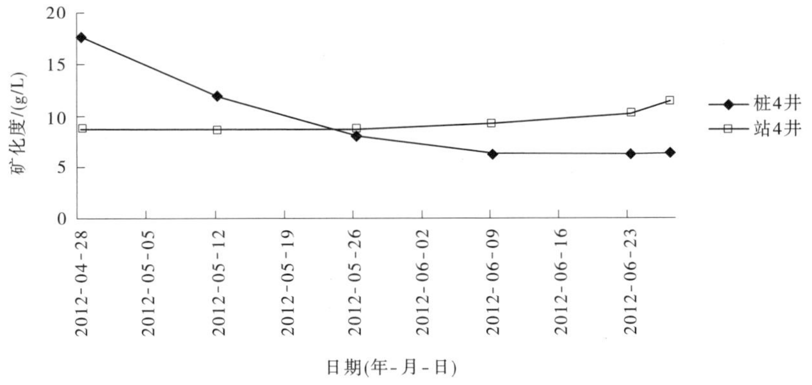

图 4-43　生态调水前期桩 4 井、站 4 井地下水矿化度变化曲线

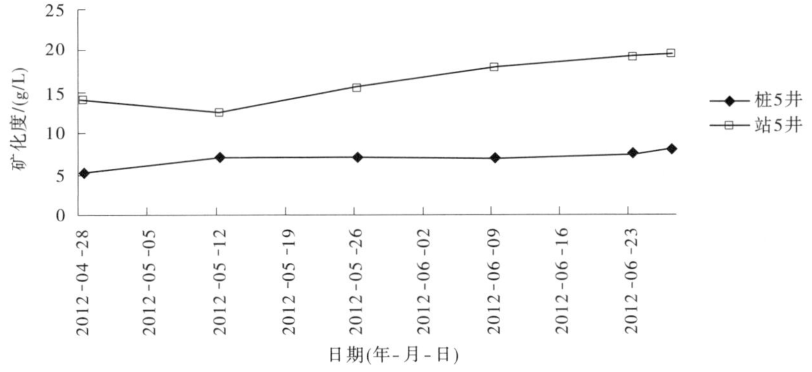

图 4-44　生态调水前期桩 5 井、站 5 井地下水矿化度变化曲线

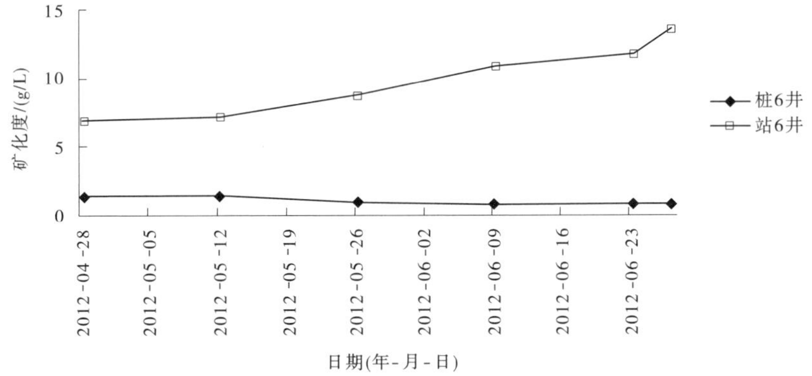

图 4-45　生态调水前期桩 6 井、站 6 井地下水矿化度变化曲线

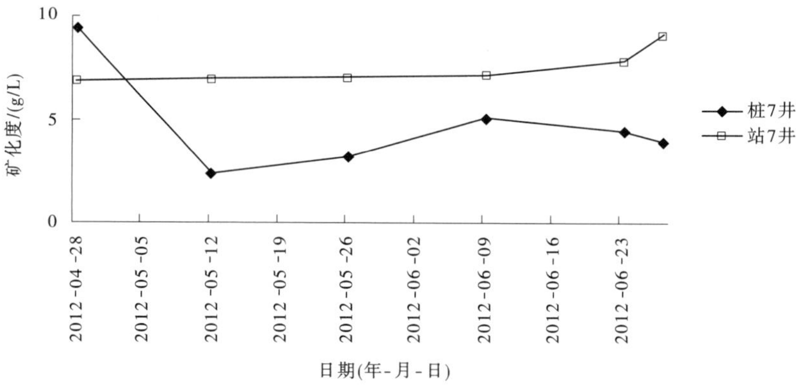

图 4-46　生态调水前期桩 7 井、站 7 井地下水矿化度变化曲线

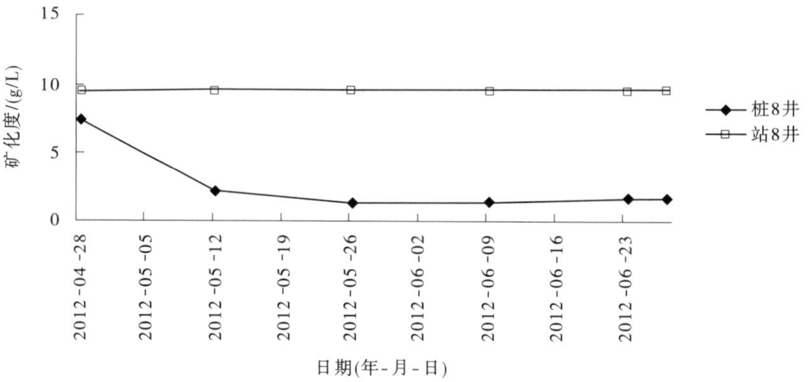

图 4-47　生态调水前期桩 8 井、站 8 井地下水矿化度变化曲线

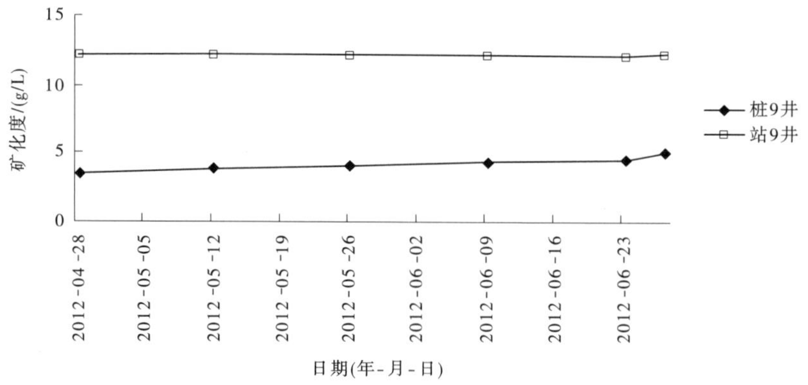

图 4-48　生态调水前期桩 9 井、站 9 井地下水矿化度变化曲线

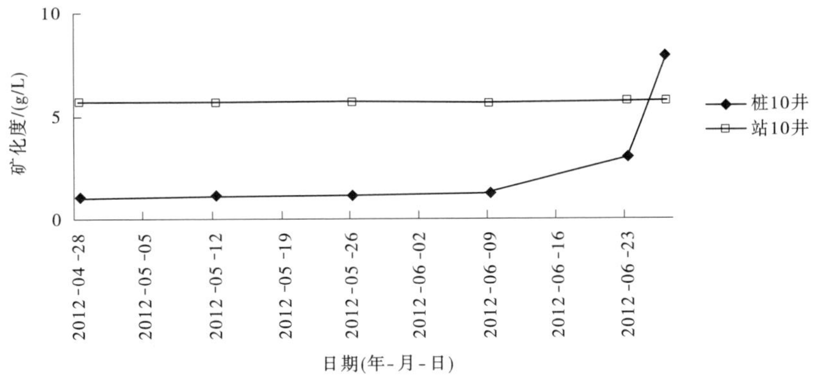

图 4-49　生态调水前期桩 10 井、站 10 井地下水矿化度变化曲线

从图 4-40～图 4-49 可以看出，在生态调水前期桩 1 井和站 1 井地下水矿化度相差不大，其余站井地下水矿化度比桩井地下水矿化度高，从而可以分析得出站井与桩井地下水矿化度差值为 0.448～16.210 g/L。

4.3.3　生态调水期刁口河来水对地下水矿化度的影响

4.3.3.1　生态调水期地下水矿化度与时间的动态变化关系

通过对生态调水期（2012 年 6 月 29 日至 7 月 12 日）地下水监测井（桩 1～10 井、站 1～10 井）实测矿化度值进行套绘，得出生态调水期桩 1～10 井、站 1～10 井地下水矿化度变化曲线，如图 4-50、图 4-51 所示。

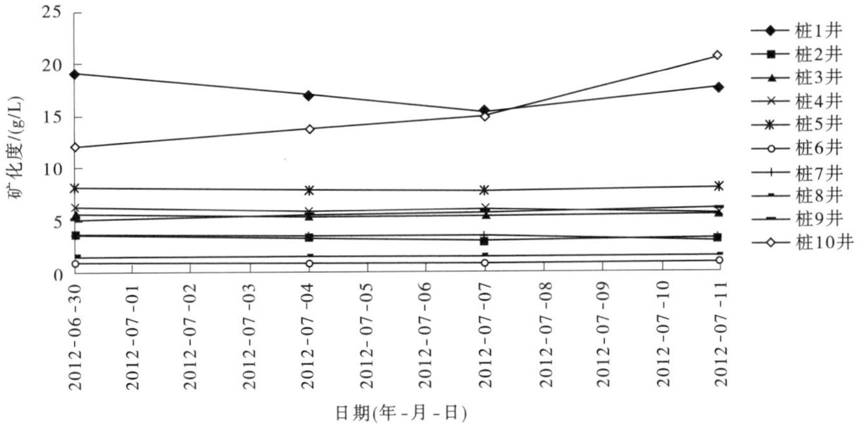

图 4-50　生态调水期桩 1～10 井地下水矿化度变化曲线

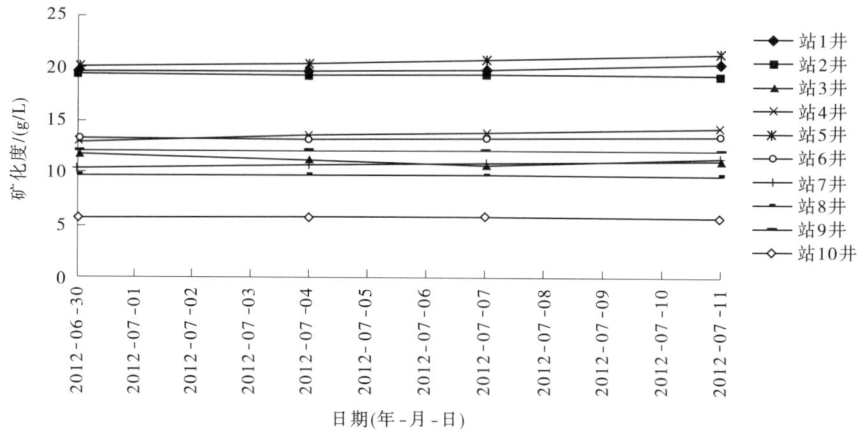

图 4-51　生态调水期站 1~10 井地下水矿化度变化曲线

从图 4-50、图 4-51 可以看出，在生态调水期虽然刁口河来水量大，但随着时间的增加，除桩 1 井、桩 10 井外，其余各监测井地下水矿化度变化不大，但是基本表现出了降低趋势，各桩井地下水矿化度为 0.840~21.440 g/L，各站井地下水矿化度为 5.860~22.780 g/L。可以认为生态调水的延迟影响、蒸发、降水是造成生态调水期矿化度变化较小的主要原因。

4.3.3.2　生态调水期地下水矿化度的横向距离变化

通过对生态调水期地下水监测井（桩 1~10 井、站 1~10 井）实测矿化度值进行套绘，得出生态调水期桩 1~10 井、站 1~10 井地下水矿化度沿横向距离变化曲线，如图 4-52、图 4-53 所示。

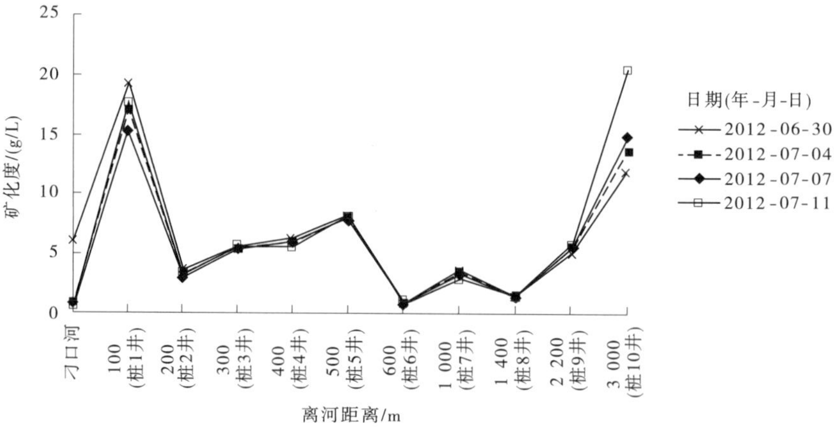

图 4-52　生态调水期桩 1~10 井地下水矿化度沿横向距离变化曲线

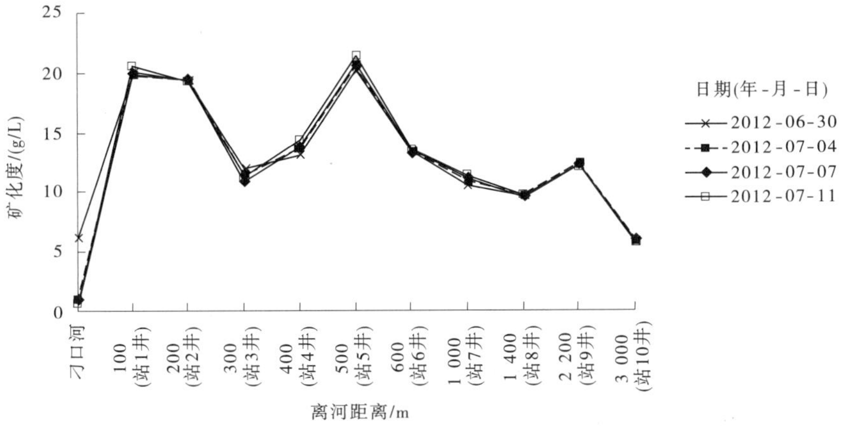

图 4-53　生态调水期站 1~10 井矿化度沿横向距离变化曲线

从图 4-52 可以看出，在生态调水期桩 1~10 井地下水矿化度基本呈 W 形变化趋势，在桩 6 井降到最低值。各桩井地下水矿化度差值为 14.399~19.567 g/L。

从图 4-53 可以看出，在生态调水期站 1~10 井地下水矿化度呈先降低后增长又降低的趋势。站 10 井受人类活动影响较大（主要存在临时水源），矿化度较其他站井低。刁口河河水矿化度均比一千二管理站监测断面各监测井地下水矿化度低，各站井（除站 10 井）地下水矿化度差值为 10.861~11.040 g/L。该断面由于受到人类活动的影响，变化曲线与桩埕路监测断面曲线有一定差别。

4.3.3.3　生态调水期地下水矿化度的纵向距离变化

通过对生态调水期地下水监测井（桩 1 井、站 1 井至桩 10 井、站 10 井）实测矿化度值进行套绘，得出生态调水期桩 1 井、站 1 井至桩 10 井、站 10 井地下水矿化度变化曲线，如图 4-54~图 4-63 所示。

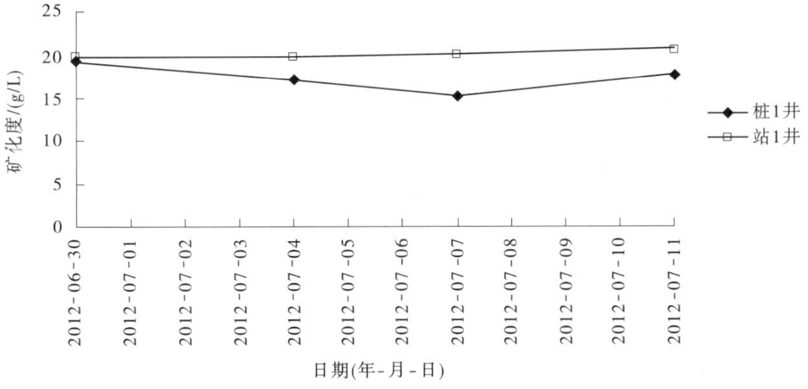

图 4-54　生态调水期桩 1 井、站 1 井地下水矿化度变化曲线

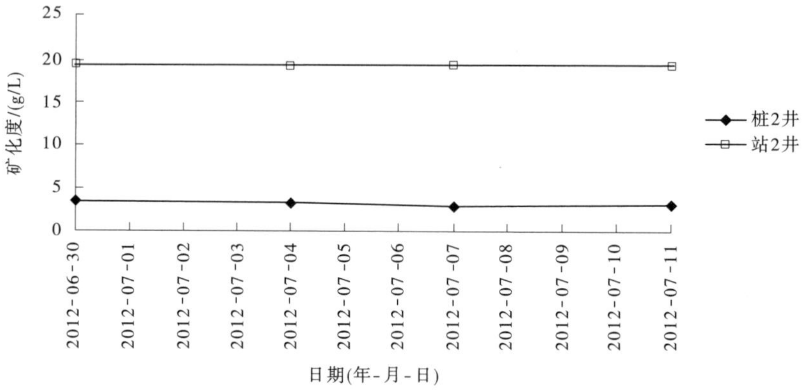

图 4-55　生态调水期桩 2 井、站 2 井地下水矿化度变化曲线

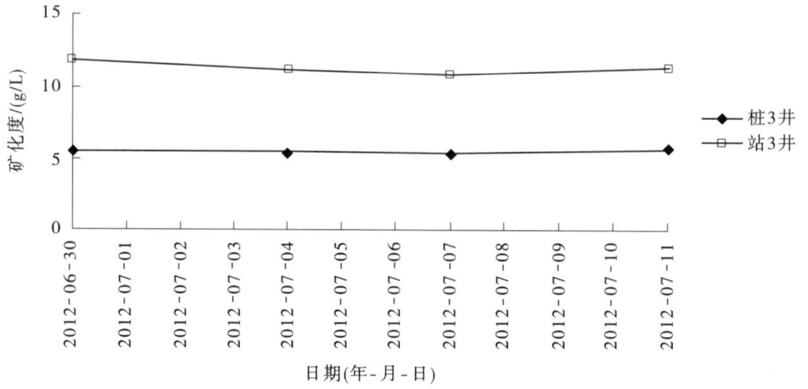

图 4-56　生态调水期桩 3 井、站 3 井地下水矿化度变化曲线

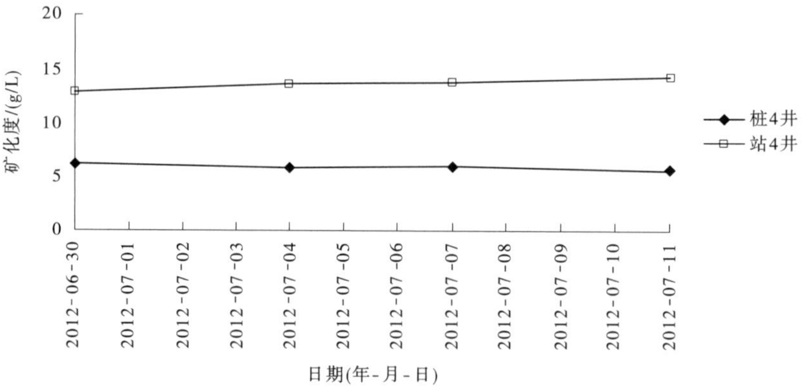

图 4-57　生态调水期桩 4 井、站 4 井地下水矿化度变化曲线

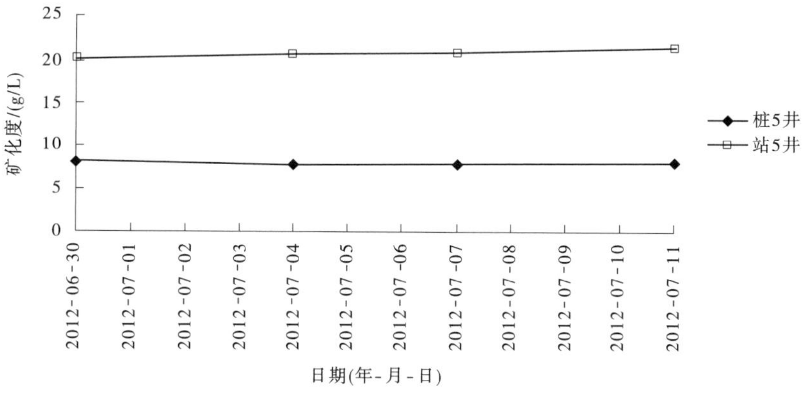

图 4-58　生态调水期桩 5 井、站 5 井地下水矿化度变化曲线

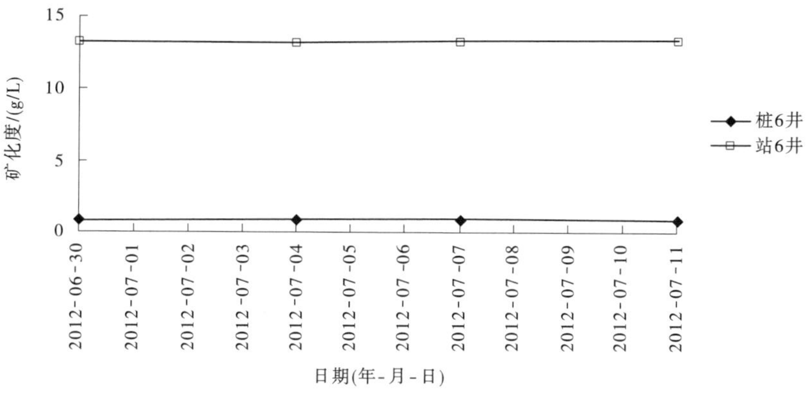

图 4-59　生态调水期桩 6 井、站 6 井地下水矿化度变化曲线

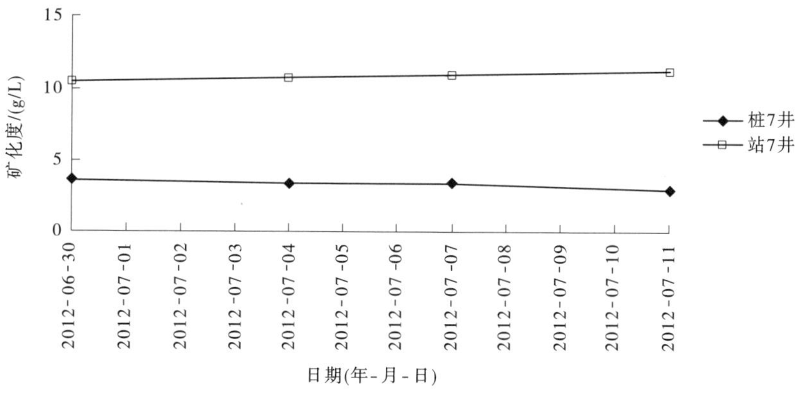

图 4-60　生态调水期桩 7 井、站 7 井地下水矿化度变化曲线

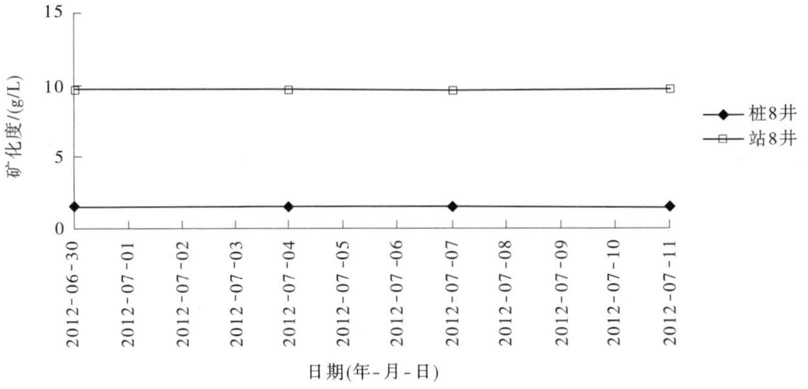

图 4-61 生态调水期桩 8 井、站 8 井地下水矿化度变化曲线

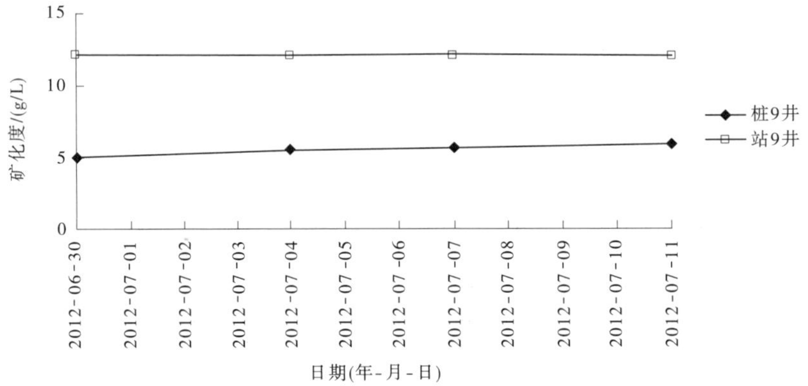

图 4-62 生态调水期桩 9 井、站 9 井地下水矿化度变化曲线

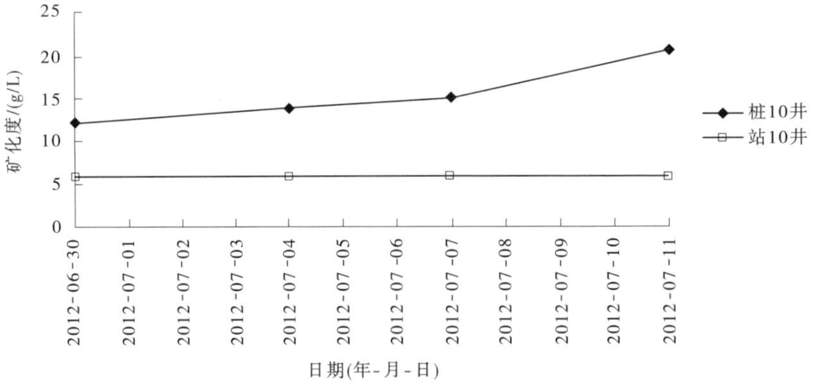

图 4-63 生态调水期桩 10 井、站 10 井地下水矿化度变化曲线

从图 4-54～图 4-63 可以看出,在生态调水期除站 10 井比桩 10 井地下水矿化度低外,其余站井地下水矿化度均比桩井地下水矿化度高。相同序号的站井与桩井地下水矿化度平均差值为 2.700～16.080 g/L(见表 4-5)。随着离河距离的加大,桩井与站井地下水平均矿化度差值呈先减少后增加的趋势。

表 4-5　生态调水期桩井与站井地下水平均矿化度差值 ΔM

井号	1	2	3	4	5	6	7	8	9	10
ΔM/(g/L)	2.700	16.080	5.830	7.790	12.680	12.430	7.540	8.210	6.580	9.520

4.3.4　生态调水后期刁口河来水对地下水矿化度的影响

4.3.4.1　生态调水后期地下水矿化度与时间的动态变化关系

通过对生态调水后期(2012 年 7 月 13 日至 2013 年 4 月 28 日)地下水监测井(桩 1~10 井、站 1~10 井)实测矿化度值进行套绘,得出生态调水后期桩 1~10 井、站 1~10 井地下水矿化度变化曲线,如图 4-64、图 4-65 所示。

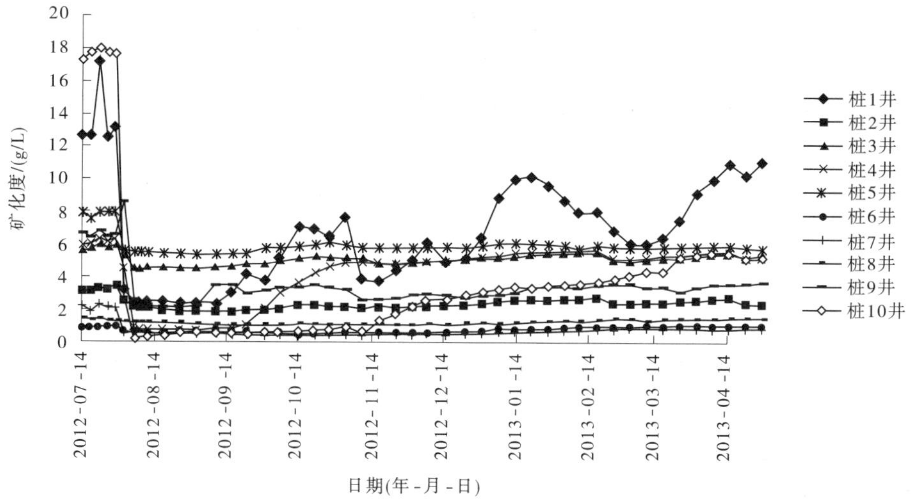

图 4-64　生态调水后期桩 1~10 井地下水矿化度变化曲线

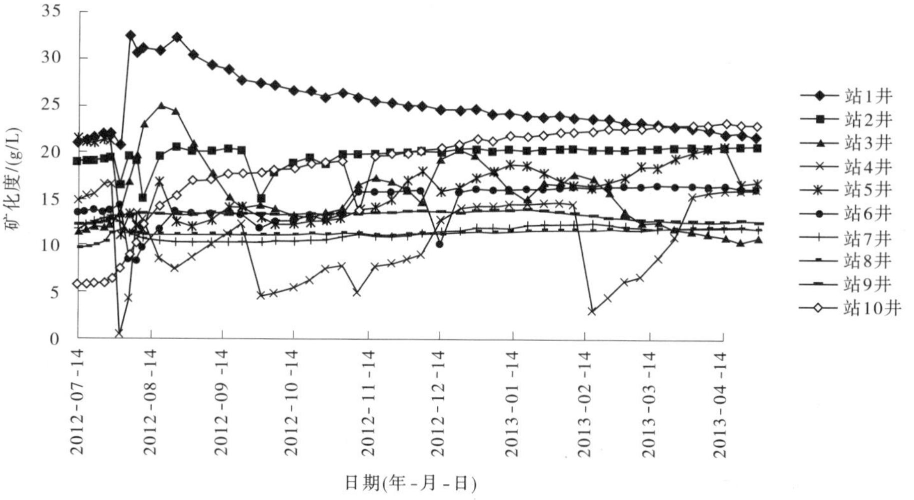

图 4-65　生态调水后期站 1~10 井地下水矿化度变化曲线

从图 4-64 可以看出,在生态调水后期桩井地下水矿化度先抬升后明显降低,除桩 1 井外其余桩井地下水矿化度较稳定。各桩井矿化度为 0.240~17.980 g/L。从图 4-65 可以看出,在生态调水后期,站 3~5 井地下水矿化度变化幅度相对较大,其余站井地下水矿化度先抬升后明显降低再趋于稳定。各站井矿化度为 0.570~32.510 g/L。

结合本时间段内的气象资料,分析桩埕路监测断面地下水矿化度在生态调水后期变化原因如下:

(1)生态调水在 2012 年 7 月 12 日结束,但是仍然在短时间内影响研究区的地下水矿化度,但是这段时间降水量小、蒸发量大,蒸发占主导作用,使得地下水矿化度缓慢抬升;直至 7 月 22 日前后出现强降水,降低了桩 1~10 井地下水矿化度。

(2)8 月 5 日之后,研究区地下水只受到降水、蒸发两因素的影响(一千二管理站监测断面还要考虑人类活动影响),8 月属于研究区雨季中雨量最充沛的月份,也是蒸发最强的月份之一,降水降低地下水中的矿化度,蒸发抬高地下水中的矿化度,因此 8 月 5 日之后的时间段内,降水、蒸发交替占主导地位影响着研究区地下水的矿化度。

4.3.4.2　生态调水后期地下水矿化度的横向距离变化

通过对生态调水后期地下水监测井(桩 1~10 井、站 1~10 井)实测矿化度值进行套绘,得出生态调水后期桩 1~10 井、站 1~10 井地下水矿化度横向距离变化曲线,如图 4-66、图 4-67 所示。

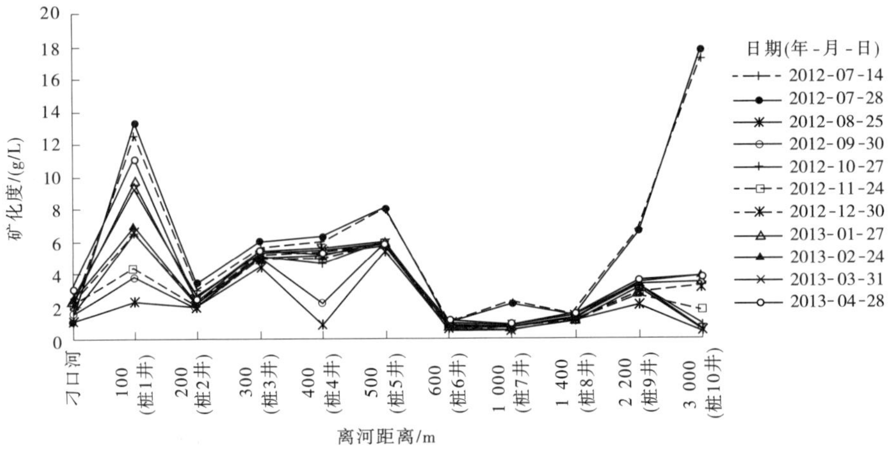

图 4-66　生态调水后期桩 1~10 井地下水矿化度沿横向距离变化曲线

从图 4-66 可以看出,在生态调水后期桩 1~10 井地下水矿化度沿横向距离呈 W 形变化趋势,在桩 7 井降到最低值。各监测井地下水矿化度差值为 4.897~17.107 g/L。

从图 4-67 可以看出,在生态调水后期站 1~10 井地下水矿化度沿横向距离变化总体趋势与图 4-33 一致。刁口河河水矿化度均比各站井地下水矿化度低,各监测井矿化度差值为 11.616~28.243 g/L。

4.3.4.3　生态调水后期地下水矿化度的纵向距离变化

通过对生态调水后期地下水监测井(桩 1 井、站 1 井至桩 10 井、站 10 井)实测矿化度值进行套绘,得出生态调水后期桩 1 井、站 1 井至桩 10 井、站 10 井地下水矿化度变化曲线,如图 4-68~图 4-77 所示。

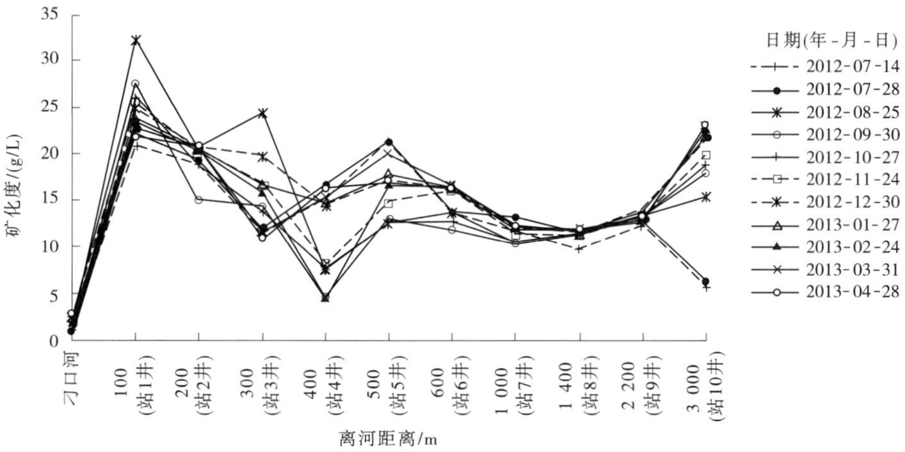

图 4-67　生态调水后期站 1~10 井地下水矿化度沿横向距离变化曲线

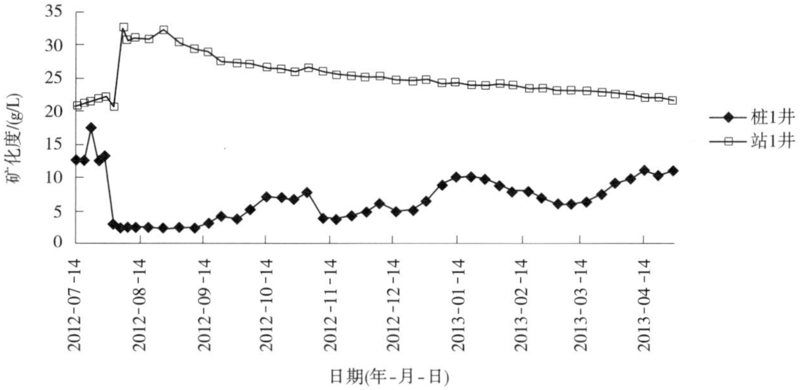

图 4-68　生态调水后期桩 1 井、站 1 井地下水矿化度变化曲线

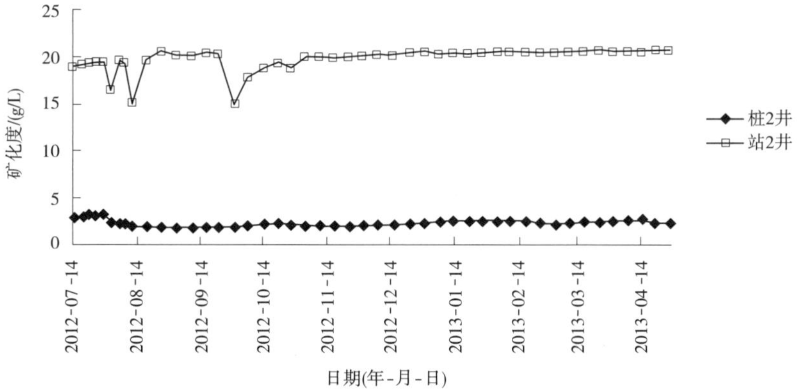

图 4-69　生态调水后期桩 2 井、站 2 井地下水矿化度变化曲线

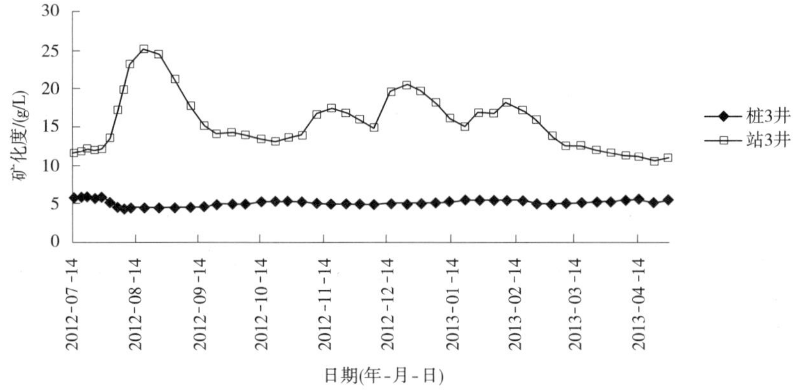

图 4-70　生态调水后期桩 3 井、站 3 井地下水矿化度变化曲线

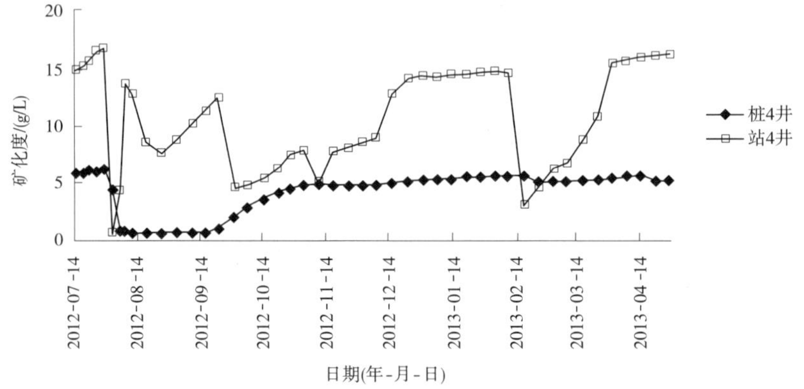

图 4-71　生态调水后期桩 4 井、站 4 井地下水矿化度变化曲线

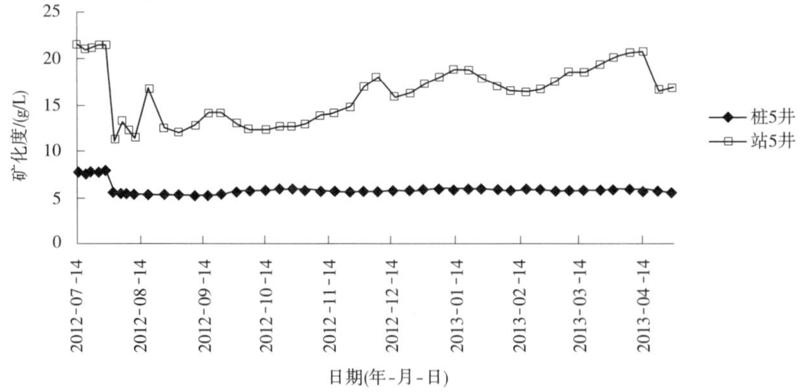

图 4-72　生态调水后期桩 5 井、站 5 井地下水矿化度变化曲线

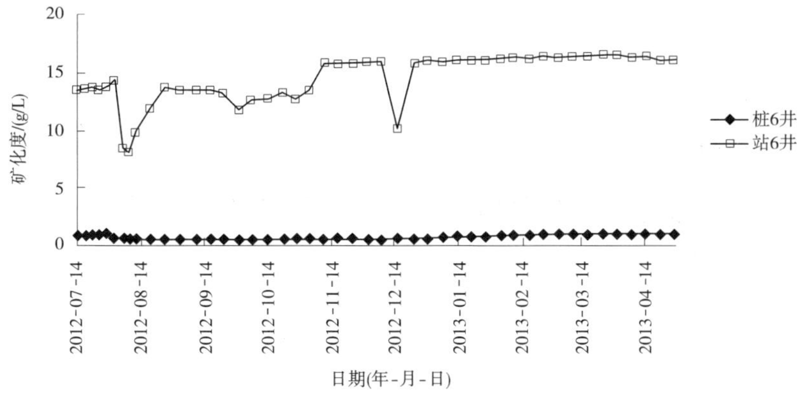

图 4-73　生态调水后期桩 6 井、站 6 井地下水矿化度变化曲线

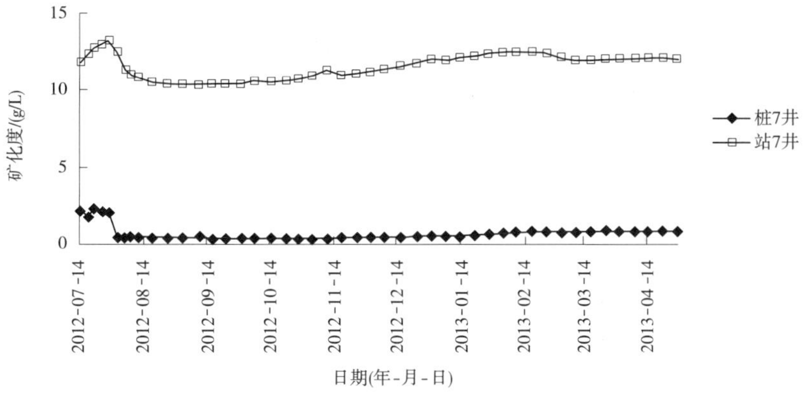

图 4-74　生态调水后期桩 7 井、站 7 井地下水矿化度变化曲线

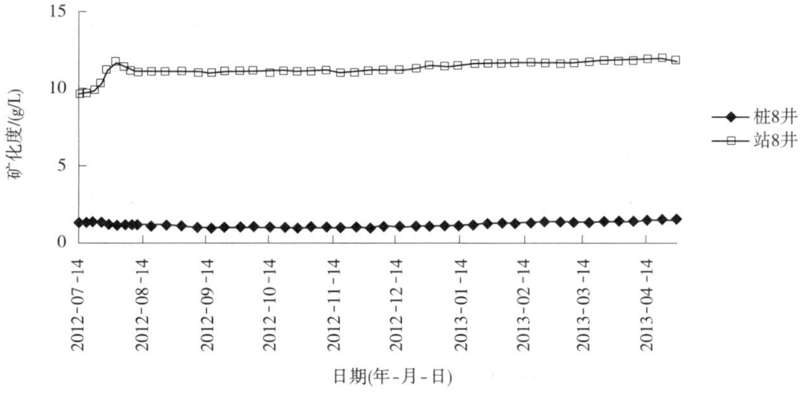

图 4-75　生态调水后期桩 8 井、站 8 井地下水矿化度变化曲线

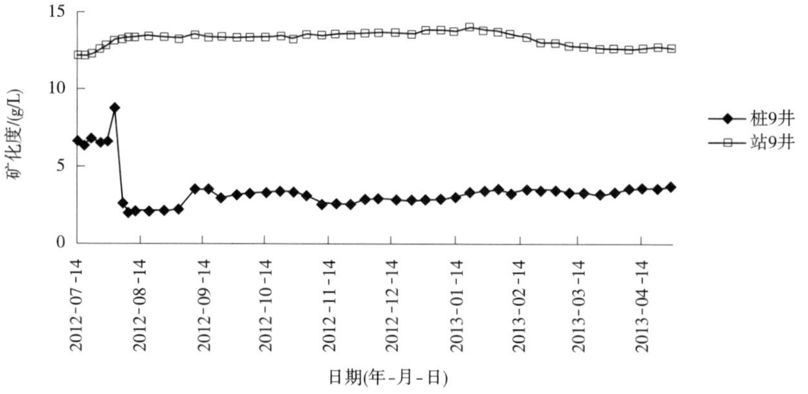

图 4-76　生态调水后期桩 9 井、站 9 井地下水矿化度变化曲线

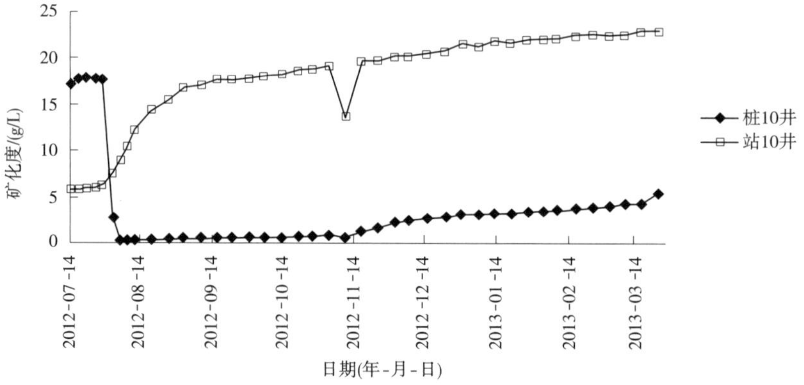

图 4-77　生态调水后期桩 10 井、站 10 井地下水矿化度变化曲线

从图 4-68～图 4-77 可以看出，在生态调水后期除站 10 井、桩 10 井地下水矿化度(2012 年 8 月 1 日之前)外，站井地下水矿化度总体比桩井地下水矿化度高。站 1 井、桩 1 井至站 9 井、桩 9 井地下水矿化度差值为 0.020～30.100 g/L，站 10 井、桩 10 井矿化度差值为 4.700～23.300 g/L。

生态调水后期，相同序号的各桩井与站井地下水平均矿化度差值 ΔM 见表 4-6。随着离河距离的加大，桩井与站井地下水平均矿化度差值呈先减小后增大的趋势。相同序号的桩井与站井地下水矿化度平均差值为 6.740～18.250 g/L。

表 4-6　生态调水后期桩井与站井地下水平均矿化度差值 ΔM

井号	1	2	3	4	5	6	7	8	9	10
ΔM/(g/L)	18.250	17.360	10.390	6.740	10.290	13.700	10.790	10.120	9.660	16.810

4.3.5　刁口河河水矿化度对地下水矿化度的偏相关分析

刁口河生态调水会引起刁口河河水矿化度的变化，进而间接影响地下水的矿化度，因此利用 SPSS 软件剔除净降水影响进行偏相关分析，研究生态调水对研究区地下水矿化度的影响。

4.3.5.1　生态调水期来水对研究区地下水矿化度的偏相关分析

生态调水期间各监测井地下水矿化度对刁口河河水矿化度响应的延迟时间定为 0 d、1 d、2 d、3 d、4 d、5 d、6 d、7 d、8 d、9 d、10 d，通过对延迟时间内的刁口河河水矿化度、各监测井地下水矿化度、净降水三系列数据进行偏相关分析（其中净降水量为常量），得出的偏相关系数见表 4-7。

表 4-7　生态调水期刁口河河水矿化度与桩埕路监测断面监测井地下水矿化度偏相关系数

井号	延迟时间										
	0 d	1 d	2 d	3 d	4 d	5 d	6 d	7 d	8 d	9 d	10 d
桩 1 井	-0.25	0.14	0.37	0.49	0.43	0.37	0.26	0.13	-0.16	-0.22	-0.23
桩 2 井	-0.12	-0.11	0.19	0.66	0.51	0.46	0.22	0.10	0.11	0.26	0.20
桩 3 井	0.09	0.10	0.14	0.55	0.97	0.99	0.93	0.81	0.91	0.98	0.93
桩 4 井	0.14	0.23	0.31	0.55	0.69	0.58	0.43	0.21	-0.19	-0.34	-0.41
桩 5 井	0.38	0.40	0.43	0.53	0.87	0.67	0.65	0.45	0.38	0.25	0.09
桩 6 井	-0.24	-0.24	-0.16	0.19	0.32	0.27	-0.02	-0.13	-0.17	-0.14	-0.14
桩 7 井	-0.25	-0.20	-0.11	0.12	0.19	0.36	0.13	-0.03	-0.11	-0.24	-0.28
桩 8 井	-0.14	-0.16	-0.10	-0.21	-0.08	0.13	0.19	0.24	0.26	0.21	0.11
桩 9 井	-0.17	-0.19	-0.23	-0.34	-0.99	-0.97	-0.87	-0.73	-0.81	-0.87	-0.83
桩 10 井	-0.38	-0.37	-0.34	-0.26	-0.66	-0.67	-0.63	-0.56	-0.69	-0.84	-0.91

从表 4-7 可以看出，桩 1~8 井在设定的延迟时间内都出现了正相关，而桩 9 井、桩 10 井一直呈现负相关，因此可以判断，生态调水期刁口河河水矿化度对研究区地下水矿化度的有效影响边界为桩 8 井，即离河 1.4 km；桩 9 井、桩 10 井地下水矿化度对刁口河河水矿化度的变化无明显相关性影响。

结合表 4-7 筛选出偏相关系数正相关最大值对应的延迟天数，见表 4-8。

表 4-8　生态调水期刁口河河水矿化度对地下水矿化度影响的最大延迟时间 Δt

井号	桩 1 井	桩 2 井	桩 3 井	桩 4 井	桩 5 井	桩 6 井	桩 7 井	桩 8 井	桩 9 井	桩 10 井
Δt/d	3	3	5	4	4	4	5	8	—	—

从表 4-8 可以看出，桩 1~8 井相关系数最大值对应的最大延迟时间范围为 3~8 d，大致表现为随离河距离的增大，最大延迟时间增大的规律。

综上所述，生态调水来水改善了刁口河水质，降低了其矿化度，进而在有效的延迟时间内（3~8 d），在一定的影响范围（桩 8 井，即 1.4 km）内，对研究区地下水矿化度起到了较为明显的降低作用。

4.3.5.2　生态调水后期刁口河对研究区地下水矿化度的偏相关分析

生态调水后期由于无外来水源补给，研究区地下水矿化度在受到降水、蒸发影响的同时，在一定的时间内还受到刁口河来水延迟影响，这一延迟影响可以通过刁口河河水矿化度的变化来体现，将延迟时间设定为 0 d、5 d、10 d、15 d、20 d、30 d、40 d、50 d，通过对生态调水后期刁口河河水矿化度、地下水监测井矿化度、净降水进行偏相关分析，得出的偏相关系数见表 4-9。

表 4-9 生态调水后期刁口河河水矿化度与桩埕路监测断面监测井地下水矿化度偏相关系数

井号	延迟时间							
	0 d	5 d	10 d	15 d	20 d	30 d	40 d	50 d
桩 1 井	−0. 12	0. 03	0. 16	0. 09	−0. 12	−0. 29	−0. 37	−0. 68
桩 2 井	−0. 29	−0. 21	−0. 14	0. 10	−0. 13	−0. 36	−0. 43	−0. 61
桩 3 井	−0. 35	−0. 27	−0. 19	−0. 02	0. 05	−0. 24	−0. 42	−0. 71
桩 4 井	−0. 36	−0. 39	−0. 41	−0. 49	−0. 52	−0. 76	−0. 79	−0. 82
桩 5 井	−0. 45	−0. 48	−0. 50	−0. 54	−0. 60	−0. 68	−0. 72	−0. 83
桩 6 井	−0. 29	−0. 36	−0. 39	−0. 52	−0. 57	−0. 64	−0. 75	−0. 89
桩 7 井	−0. 38	−0. 41	−0. 48	−0. 50	−0. 65	−0. 69	−0. 77	−0. 83
桩 8 井	−0. 89	−0. 88	−0. 86	−0. 85	−0. 85	−0. 91	−0. 92	−0. 94
桩 9 井	−0. 77	−0. 75	−0. 74	−0. 72	−0. 74	−0. 77	−0. 81	−0. 76
桩 10 井	−0. 98	−0. 98	−0. 98	−0. 98	−0. 96	−0. 96	−0. 96	−0. 97

通过表 4-9 可以看出，桩 1~3 井在设定的延迟时间内呈现正相关，且正相关系数较小，正相关系数最大值对应的延迟天数范围为 10~20 d；桩 4~10 井在设定的延迟时间内均呈现负相关，且负相关系数较大，也就是说，刁口河河水矿化度与地下水矿化度的变化方向相反。因此可以判定，生态调水后期刁口河河水矿化度的变化在一定的延迟天数（10~20 d）内对有效的影响范围（桩 3 井左右，即 300 m）内的地下水矿化度有一定的影响，但是这一影响较小。

4.3.6 刁口河生态调水对地下水矿化度影响的结论

刁口河生态调水对研究区地下水矿化度的影响结论归纳如下：

（1）整个观测期内，影响研究区地下水矿化度的因素较多，生态调水期来水、降水、蒸发、地形地貌、地层构造、人类活动等因素都在不同程度上影响着地下水矿化度，其中生态调水期来水、降水、蒸发、人类活动是影响整个刁口河湿地地下水矿化度的四大因素。

（2）在生态调水前期，随着时间的增加，各桩井地下水矿化度变化总体呈减小的趋势，而站井地下水矿化度除个别有增大趋势外大部分变化很小；随着距河槽距离的增加，桩井和站井地下水矿化度总体呈下降趋势；距河槽相同距离的站井地下水矿化度总体上比桩井高；同一监测时间刁口河河水矿化度比大多数监测井地下水矿化度低；各桩井地下水矿化度为 0. 752~24. 512 g/L，各站井地下水矿化度为 5. 252~22. 537 g/L。相同序号的站井与桩井地下水矿化度差值为 0. 448~16. 210 g/L。

（3）在生态调水期，随着时间的增加，除桩 1 井、桩 10 井外，其余各监测井地下水矿化度有所降低但是变化不大，生态调水的延迟影响、蒸发、降水是造成生态调水期矿化度变化较小的主要原因。各桩井地下水矿化度为0.840~21.440 g/L，各站井地下水矿化度为5.860~22.780 g/L；随着距河槽距离的增加，各桩井和站井地下水矿化度基本呈W形变化趋势；距河槽相同距离的站井地下水矿化度，除站10井比桩10井地下水矿化度低外，其余各站井均比桩井地下水矿化度高，相同序号的站井与桩井地下水矿化度平均差值为2.700~16.080 g/L。

(4)在生态调水后期，随着时间的增加，桩井地下水矿化度先抬升后明显降低，除桩1井外其余桩井地下水矿化度较稳定，各桩井地下水矿化度为0.240~17.980 g/L；除站3~5井地下水矿化度变化幅度相对较大外，其余站井地下水矿化度先抬升后明显降低再趋于稳定，各站井地下水矿化度值为0.570~32.510 g/L。

随着距河槽距离的增加，各桩井和站井地下水矿化度呈W形变化趋势，在桩7井和站4井出现最低值。距河槽相同距离时，各站井地下水矿化度均比桩井高。相同序号的站井与桩井地下水矿化度平均差值为6.740~18.250 g/L。

(5)生态调水不仅在生态调水期影响着刁口河研究区地下水矿化度的变化，在生态调水期结束后仍然会存在一定时间的延续影响。

(6)生态调水期来水在一定程度上改善了研究区地下水的矿化度，但是也可以明显地看出，由于降水、蒸发、人类活动的存在，这一改善效果不大，应该在未来继续开展刁口河生态调水措施，并选择有利时机，延长补水时长、加大补水量，以期达到更好的改善效果。

4.4　2014~2015年黄河来水对湿地地下水矿化度的影响

根据监测井水质的实测资料，结合降水、蒸发的观测数据，综合分析地下水水质指标的变化特性以及刁口河生态调水、降水、蒸发、人类活动等因素对地下水水质的影响。

由于不同时间段来水大小不同，降水、蒸发的差异较大，加之人类活动的干扰，对地下水水质也相应产生不同的影响，因此为了更好地研究生态调水对地下水水质的影响，连续观测了两个生态调水年度，从时间的动态变化、横向距离变化、纵向距离变化三个维度分别进行分析。

4.4.1　生态调水对刁口河流路地下水矿化度的影响研究

通过分析研究区附近刁口河流路河流(桩埕路桥处)实测矿化度数据，结合桩埕路监测断面与一千二管理站监测断面地下水矿化度数据，绘制2014~2015年刁口河流路及监测井地下水矿化度在时间序列上的变化过程，以直观反映研究区地下水矿化度在生态调水前后的变化趋势。

4.4.1.1　刁口河流路矿化度变化

通过分析刁口河流路河流(桩埕路桥处)实测矿化度数据，分别对2014年、2015年刁口河河水实测矿化度进行套绘，得出整个观测期刁口河河水矿化度变化曲线，如图4-78、图4-79所示。

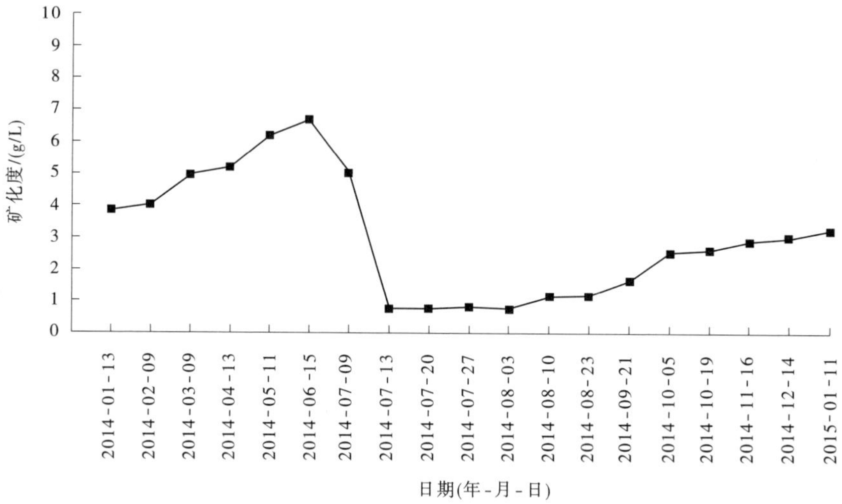

图 4-78　2014 年刁口河河水矿化度变化曲线

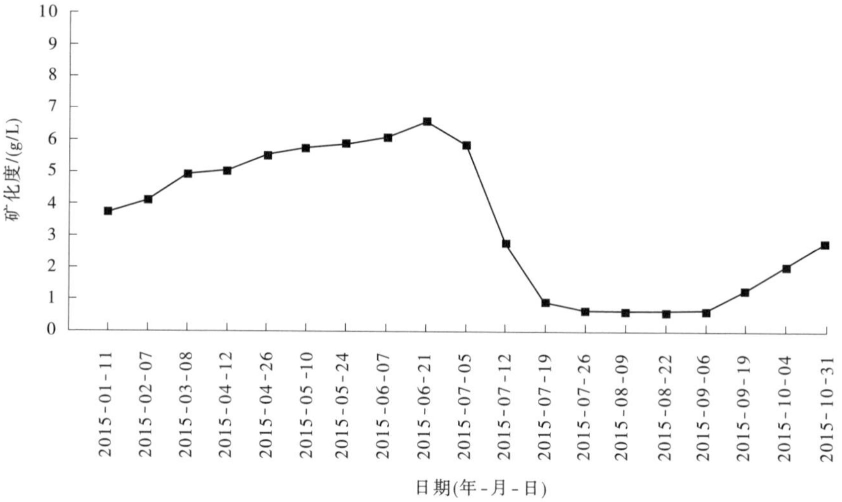

图 4-79　2015 年刁口河河水矿化度变化曲线

从图 4-78 可以看出,2014 年刁口河河水矿化度呈现先增高后降低又增高的趋势。主要的变化如下:在 2014 年 1 月 1 日至 6 月 15 日为上升曲线;6 月 16 日至 7 月 13 日总体呈下降趋势,先是缓慢下降,在生态调水期(7 月 4~13 日)直线下降;7 月 14 日至 8 月 3 日曲线基本平稳;8 月 4 日至 2015 年 1 月 11 日基本呈上升态势,中间偶有小幅抬升和下降过程。

从图 4-79 可以看出,2015 年刁口河河水矿化度也呈现先增高后降低又增高的趋势。主要的变化如下:在 2015 年 1 月 11 日至 6 月 21 日为上升曲线;6 月 22 日至 7 月 26 日总体呈下降趋势,先是缓慢下降,在生态调水期(7 月 4 日~25 日)直线下降;7 月 26 日至 9 月 6 日曲线基本平稳;9 月 7 日至 10 月 31 日呈上升态势。

刁口河河水矿化度的变化受到来水补给、降水、蒸发的影响,结合气象变化分析资料可以看出产生变化的主要原因如下:在每年 1~6 月,刁口河河道内无来水补给,只有降水、蒸发的影响,蒸发起主导作用,因此该时间段刁口河河水矿化度持续升高;每年 6~7 月,由于 6 月末的降水和 7 月的刁口河生态调水补给,刁口河河水的矿化度明显降低;每年生态调水补给结束后的一个月,刁口河河水矿化度变化不大,这期间主要受到降水、蒸发的影响,降水与蒸发交替起主导作用使刁口河河水矿化度有一个小范围的波动;每年 9 月至年底,由于刁口河地区横跨了秋季、冬季、春季三个季节,降水量较小、蒸发量较大,从总体上看,蒸发对刁口河河水矿化度起主导作用。因此,刁口河河水矿化度开始缓慢抬升,中间出现的小的降幅、升幅是由当时的降水造成的。

4.4.1.2　刁口河流路监测井地下水矿化度与时间的动态变化关系

通过对整个观测期内桩埕路监测断面与一千二管理站监测断面的地下水矿化度进行数据套绘,分析刁口河流路湿地地下水矿化度的变化,见图 4-80、图 4-81。

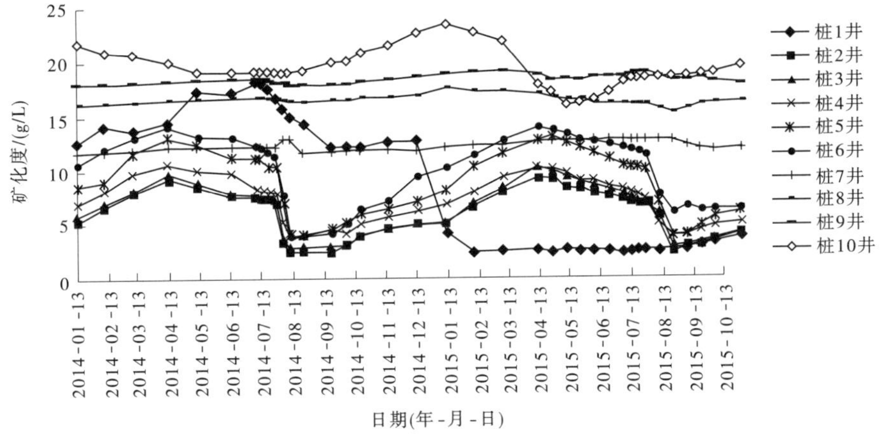

图 4-80　观测期桩埕路监测断面地下水矿化度变化曲线

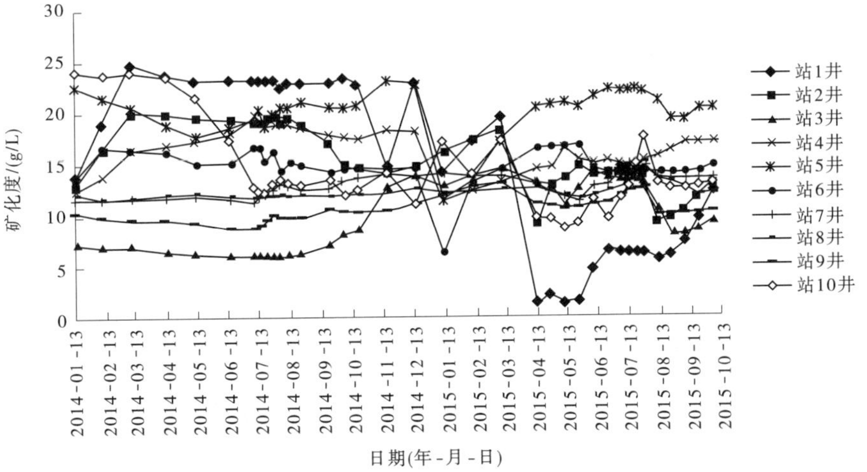

图 4-81　观测期一千二管理站监测断面地下水矿化度变化曲线

从整个观测期两个监测断面的地下水矿化度变化曲线可以看出，桩埕路监测断面地下水矿化度变化曲线较一千二管理站监测断面地下水矿化度变化曲线规整、条理得多。通过两个完整的观测周期可以看出，桩 1～10 井经过两个观测年，地下水矿化度基本比上一年同一时期要低；而站 1～10 井经过两个观测年，地下水矿化度只有几个监测井能够基本上达到闭合，其余监测井变化混乱无序。由此可见，整个观测期若无人类活动的影响，生态调水与净降水的作用可以整体上降低研究区地下水矿化度；若有人类活动的影响，在一定程度上会抬升地下水矿化度，影响地下水矿化度的变化规律。

为直观地分析刁口河流路湿地地下水矿化度变化趋势，将图 4-80、图 4-81 按照 2014 年与 2015 年进行拆分，分别绘制地下水矿化度变化曲线（见图 4-82～图 4-85）。

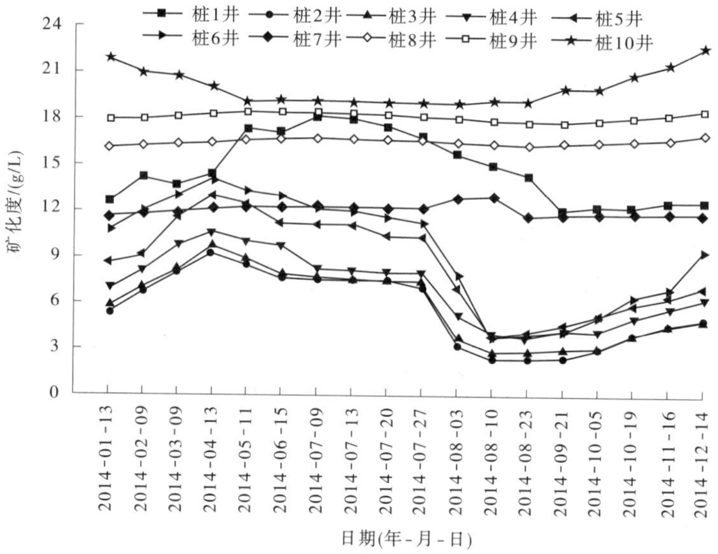

图 4-82 2014 年桩埕路监测断面地下水矿化度变化曲线

1. 2014 年监测井地下水矿化度与时间的动态变化关系

通过对 2014 年地下水监测井（桩 1～10 井、站 1～10 井）实测矿化度值进行套绘，得出 2014 年桩 1～10 井、站 1～10 井地下水矿化度变化曲线，如图 4-82、图 4-83 所示。

2014 年可划分为生态调水前期（1 月 1 日至 7 月 3 日）、生态调水期（7 月 4～13 日）、生态调水后期（7 月 14 日至 12 月 31 日）三个时段进行具体分析。

从图 4-82、图 4-83 可以看出，在生态调水前期（1 月 1 日至 7 月 3 日），随着时间的增加，桩埕路监测断面地下水矿化度变化总体呈现先增加后减小的趋势，而一千二管理站监测断面地下水矿化度除个别有增减变化外，其余基本不变。矿化度增大意味着地下水淡水的蒸发量增大，说明该时期黄河来水偏少，对研究区地下水矿化度影响微小，该时间段蒸发量远大于降水量，蒸发在矿化度变化的影响因素中占主导地位。各桩井地下水矿化度为 5.38～20.99 g/L。各站井地下水矿化度为 6.07～24.77 g/L，桩埕路监测断面较一千二管理站监测断面的地下水矿化度呈抬高趋势。

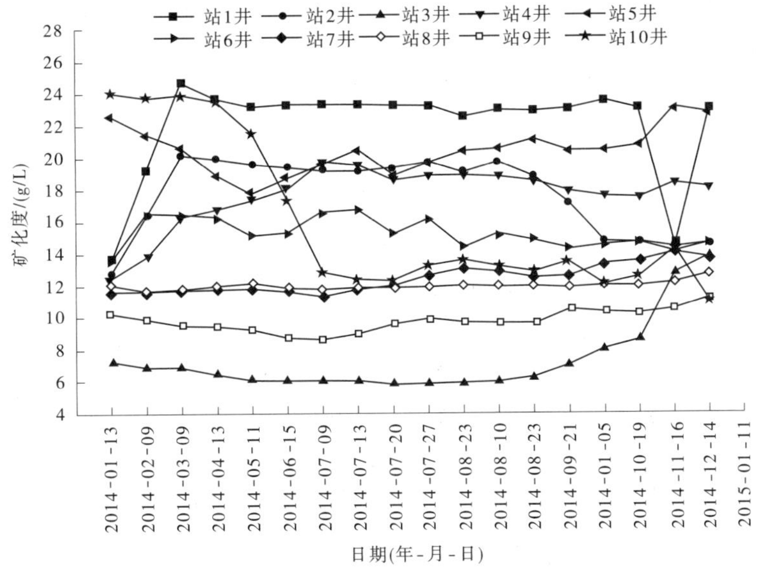

图4-83　2014年一千二管理站监测断面地下水矿化度变化曲线

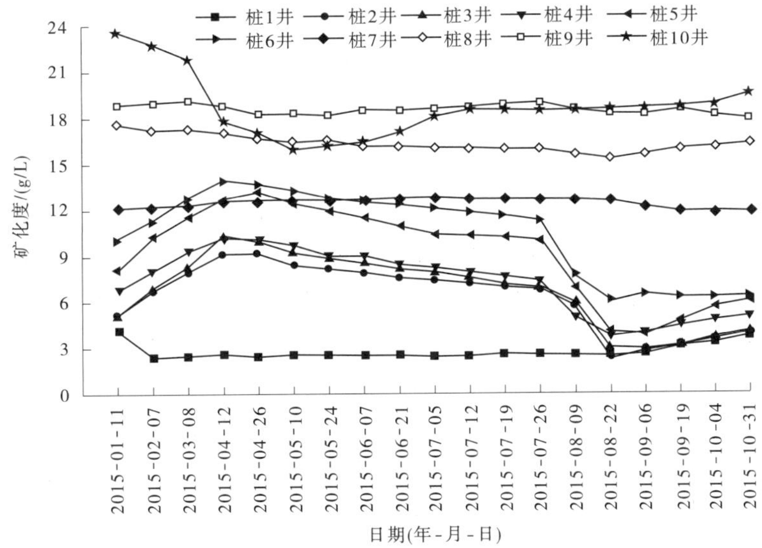

图4-84　2015年桩埕路监测断面地下水矿化度变化曲线

在生态调水期(7月4~13日),随着时间的增加,除桩1井外,其余各桩井地下水矿化度变化不大,基本表现出了降低趋势,各桩井地下水矿化度为7.52~19.17 g/L。除站5井、站6井外,各站井地下水矿化度变化不大,为6.04~23.31 g/L。桩埕路监测断面较一千二管理站监测断面的地下水矿化度变化范围小。生态调水的延迟影响、蒸发、降水是造成生态调水期地下水矿化度变化较小的主要原因。

在生态调水后期(7月14日至12月31日),桩井地下水矿化度先降低后明显抬升,谷底出现在8月中旬,说明生态调水在短时间内对桩井地下水矿化度影响不大,且具有延迟作用,各桩井地下水矿化度为 2. 36~22. 68 g/L。站 1 井、站 2 井、站 5 井地下水矿化度变化幅度相对较大,其余站井地下水矿化度变化趋于稳定。各站井地下水矿化度为 5. 81~23. 55 g/L。桩埕路监测断面地下水矿化度变化区间低于一千二管理站监测断面地下水矿化度变化区间。

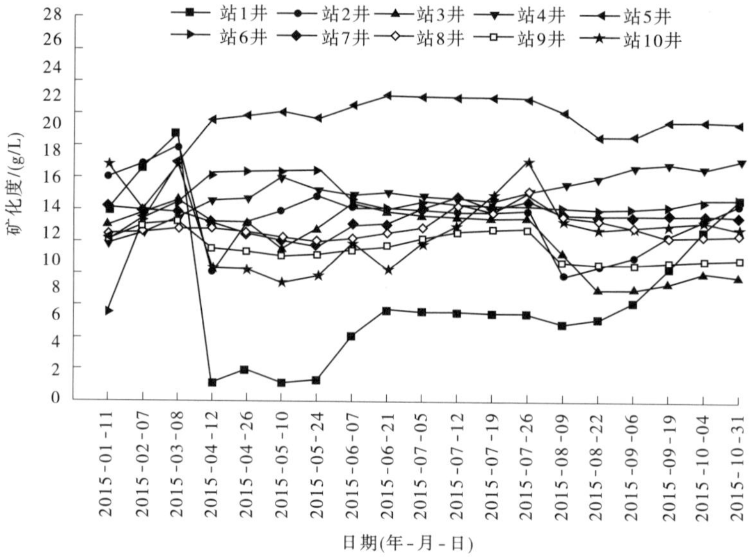

图 4-85　2015 年一千二管理站监测断面地下水矿化度变化曲线

2. 2015 年监测井地下水矿化度与时间的动态变化关系

通过对 2015 年地下水监测井(桩 1~10 井、站 1~10 井)实测矿化度值进行套绘,得出 2015 年桩 1~10 井、站 1~10 井地下水矿化度变化曲线,如图 4-84、图 4-85 所示。

2015 年可划分为生态调水前期(1 月 1 日至 7 月 3 日)、生态调水期(7 月 4~25 日)、生态调水后期(7 月 26 日至 10 月 31 日)三个时段进行具体分析。

从图 4-84、图 4-85 可以看出,在生态调水前期(1 月 1 日至 7 月 3 日),随着时间的增加,各桩井地下水矿化度变化总体呈现先增加后减小的趋势,而站井地下水矿化度除个别有增减变化外,其余基本不变。矿化度增大意味着地下水淡水的蒸发量增大,说明该时期黄河来水偏少,对研究区地下水矿化度影响微小,该时间段蒸发量远大于降水量,蒸发在矿化度变化的影响因素中占主导地位。各桩井地下水矿化度为 2. 37~23. 63 g/L,4 月达到峰值。各站井地下水矿化度为 1. 29~22. 21 g/L,桩埕路监测断面较一千二管理站监测断面的地下水矿化度呈降低趋势。

在生态调水期(7 月 4~25 日),随着时间的增加,除桩 10 井外,其余桩井地下水矿化度变化不大,基本为降低趋势,各桩井地下水矿化度为 2. 42~18. 97 g/L。除站 1 井、站 5 井外,各站井地下水矿化度变化不大,为 6. 39~22. 17 g/L。桩埕路监测断面较一千二管理站监测断面的地下水矿化度变化范围小。生态调水的延迟影响、蒸发、降水是造成生态调水期地下水矿化度变化较小的主要原因。

在生态调水后期(7 月 26 日至 10 月 31 日),桩井地下水矿化度先降低后明显抬升,谷底出现在 8 月中旬，说明生态调水在短时间内对桩井地下水矿化度影响不大，有延迟作用，各桩井地下水矿化度为 0.66~19.50 g/L。站 1 井、站 5 井、站 10 井地下水矿化度变化幅度相对较大，其余站井地下水矿化度变化趋于稳定。各站井地下水矿化度为 5.57~22.01 g/L。桩埕路监测断面地下水矿化度变化区间低于一千二管理站监测断面地下水矿化度变化区间。

4.4.1.3　刁口河流路监测井地下水矿化度在横向距离上的变化规律

1. 2014 年监测井地下水矿化度在横向距离上的变化规律

通过对 2014 年地下水监测井（桩 1~10 井、站 1~10 井）实测矿化度值进行套绘（横坐标表示距刁口河距离，以井号作为标记），得出 2014 年桩 1~10 井、站 1~10 井地下水矿化度横向距离变化曲线，如图 4-86、图 4-87 所示。

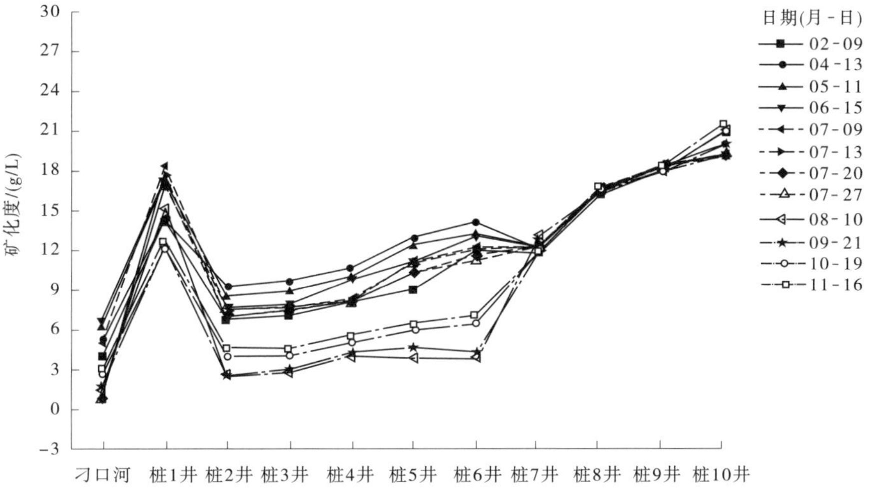

图 4-86　2014 年桩埕路监测断面地下水矿化度横向变化曲线

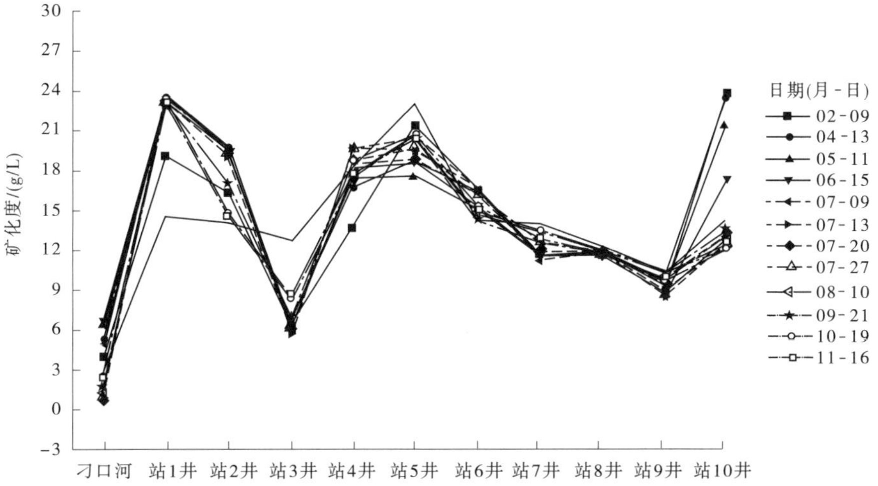

图 4-87　2014 年一千二管理站监测断面地下水矿化度横向变化曲线

从图 4-86 可以看出,整个图形呈“糖果”状。除桩 1 井外,随着与河槽距离的增加,桩井地下水矿化度总体呈抬升趋势。刁口河河水矿化度比多数监测井矿化度低,桩 2~6 井地下水矿化度基本呈线性缓慢增长趋势,生态调水前、中、后三个时段的变化规律与各井矿化度随时间变化的规律一致。桩 7~10 井地下水矿化度也呈抬升趋势,但各井地下水矿化度的变化受生态调水前、中、后三个时段时间变化的影响较小。

从图 4-87 可以看出,一千二管理站监测断面各井地下水矿化度基本呈 W 形变化。随距离刁口河越远,监测井地下水矿化度呈现先降低后增长又降低再增长的趋势。站 3 井、站 9 井地下水矿化度较低,站 3 井位于最低值。站 1 井、站 5 井、站 10 井地下水矿化度较高,站 10 井位于最高值。刁口河河水矿化度比多数监测井地下水矿化度低,各站井生态调水前、中、后三个时段的变化规律与各站井地下水矿化度随时间变化的规律基本一致,但该断面由于受到人类活动的影响,变化曲线与桩埕路监测断面曲线有一定差别。

2. 2015 年监测井地下水矿化度在横向距离上的变化规律

地下水矿化度的横向距离变化也按生态调水前期(1 月 1 日至 7 月 3 日)、生态调水期(7 月 4~25 日)、生态调水后期(7 月 26 日至 10 月 31 日)三个时段进行具体分析。

通过对 2015 年地下水监测井(桩 1~10 井、站 1~10 井)实测矿化度值进行套绘(横坐标表示离刁口河距离,以井号作为标记),得出 2015 年桩 1~10 井、站 1~10 井地下水矿化度横向距离变化曲线,如图 4-88、图 4-89 所示。

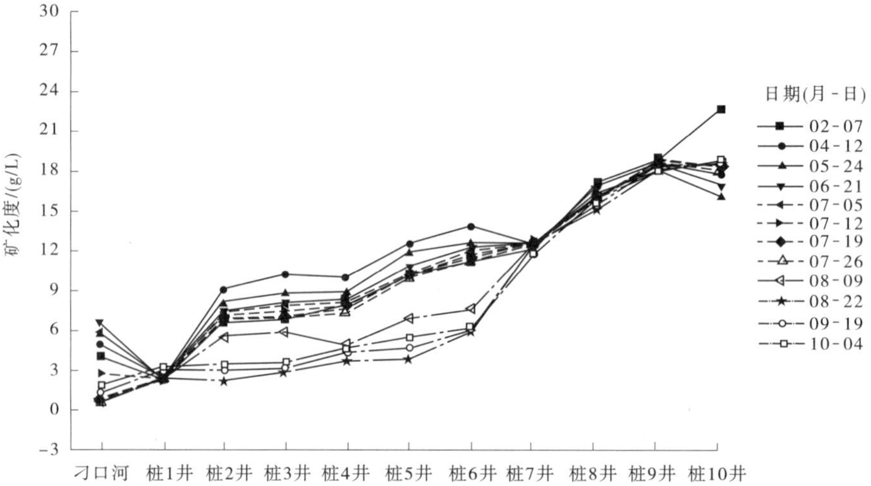

图 4-88 2015 年桩埕路监测断面地下水矿化度横向变化曲线

从图 4-88 可以看出,整个图形呈倾斜的“糖果”状。随着与河槽距离的增加,桩井地下水矿化度总体呈抬升趋势。除桩 1 井外,同期刁口河河水矿化度比监测井地下水矿化度低,桩 2~6 井地下水矿化度基本呈折线缓慢增长趋势,生态调水前、中、后三个时段的变化规律与各井地下水矿化度随时间变化的规律一致。桩 7~10 井地下水矿化度也呈抬升趋势,但矿化度的变化受生态调水前、中、后三个时段时间变化的影响较小。

从图 4-89 可以看出,一千二管理站监测断面各站井地下水矿化度曲线基本呈连续 W 形。随着距河距离的增加,站 1~10 井地下水矿化度呈现先增长后降低又增长再降低的趋势。站 1 井、站 3 井、站 6 井地下水矿化度较低，站 1 井位于最低值；站 2 井、站 5 井、站 10 井地下水矿化度较高，站 5 井位于最高值。刁口河河水矿化度比多数监测井地下水矿化度低，各站井生态调水前、中、后三个时段的变化规律与各站井地下水矿化度随时间变化的规律基本一致。但该断面由于受到人类活动的影响，变化曲线与桩埕路监测断面曲线差别明显。

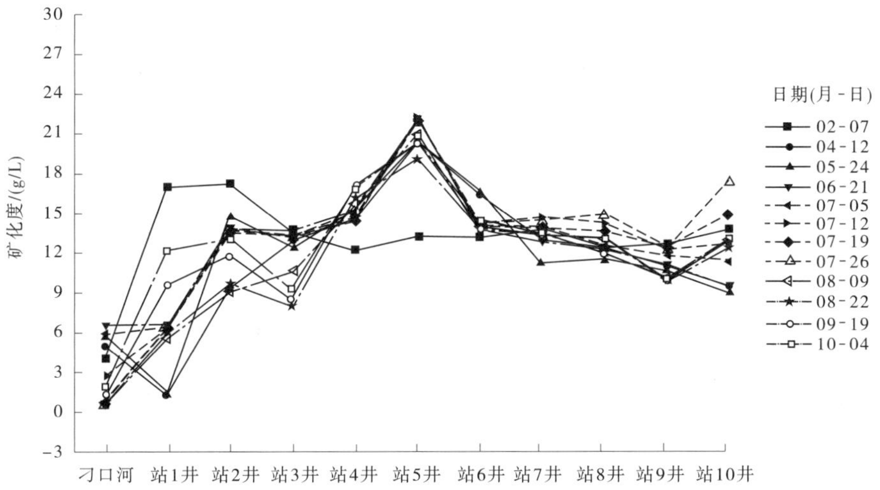

图 4-89　2015 年一千二管理站监测断面地下水矿化度横向变化曲线

4.4.1.4　刁口河流路监测井地下水矿化度在纵向距离上的变化规律

1. 2014 年监测井地下水矿化度的纵向距离变化

地下水矿化度的纵向距离变化按生态调水前期（1 月 1 日至 7 月 3 日）、生态调水期（7 月 4~13 日）、生态调水后期（7 月 14 日至 12 月 31 日）三个时段分别进行分析。

通过对生态调水前期地下水监测井（桩 1 井、站 1 井至桩 10 井、站 10 井）实测矿化度值进行套绘，得出生态调水前期两监测断面地下水矿化度纵向对比柱状图，如图 4-90 所示。

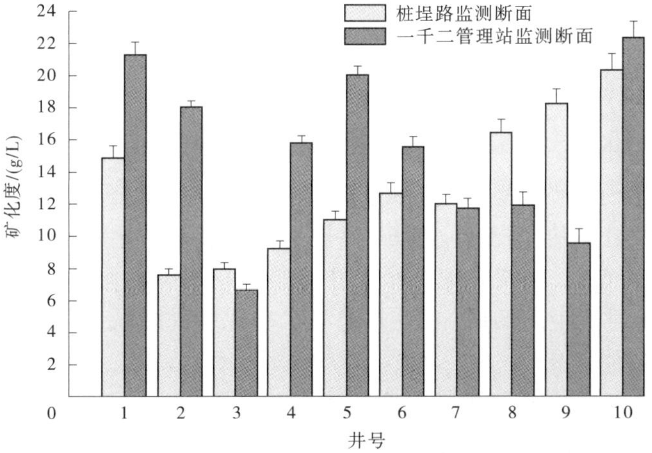

图 4-90　2014 年生态调水前期刁口河流路地下水矿化度纵向对比

从图 4-90 可知,生态调水前期桩 1 井、桩 2 井、桩 4 井、桩 5 井、桩 9 井和站 1 井、站 2 井、站 4 井、站 5 井、站 9 井地下水矿化度相差较大,其余桩井和站井地下水矿化度相差不大。桩 1 井、桩 2 井、桩 4 井、桩 5 井、桩 6 井、桩 10 井地下水矿化度比站 1 井、站 2 井、站 4 井、站 5 井、站 6 井、站 10 井地下水矿化度低,其余桩井地下水矿化度比站井地下水矿化度高。随着与河槽距离的增加,桩井地下水矿化度总体呈抬升趋势,站井地下水矿化度呈 W 形变化。

通过对生态调水期地下水监测井(桩 1 井、站 1 井至桩 10 井、站 10 井)实测矿化度值进行套绘,得出生态调水期两监测断面地下水矿化度纵向对比柱状图,如图 4-91 所示。

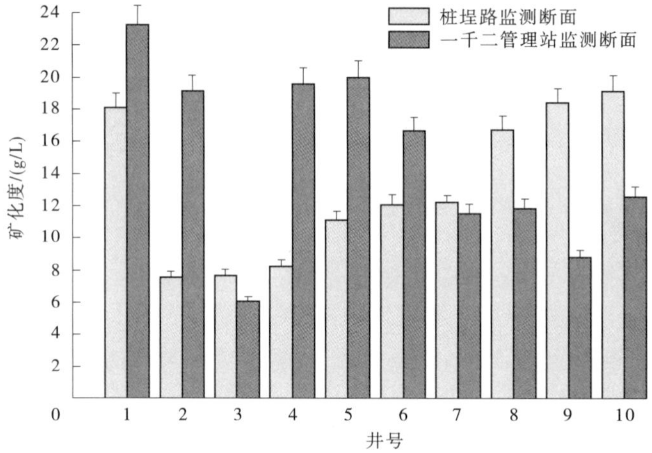

图 4-91　2014 年生态调水期刁口河流路地下水矿化度纵向对比

从图 4-91 可以看出,在生态调水期桩 2 井、桩 4 井、桩 5 井、桩 9 井和站 2 井、站 4 井、站 5 井、站 9 井地下水矿化度相差较大,其余桩井和站井地下水矿化度相差不大。桩 1 井、桩 2 井、桩 4 井、桩 5 井、桩 6 井地下水矿化度比站 1 井、站 2 井、站 4 井、站 5 井、站 6 井矿化度低,其余桩井地下水矿化度比站井地下水矿化度高。随着与河槽距离的增加,桩井地下水矿化度先降低后缓慢抬升,站井地下水矿化度呈 W 形变化,变化幅度由急到缓。

通过对生态调水后期地下水监测井(桩 1 井、站 1 井至桩 10 井、站 10 井)实测矿化度值进行套绘,得出生态调水后期两监测断面地下水矿化度纵向对比柱状图,如图 4-92 所示。

从图 4-92 可以看出,在生态调水后期桩 1 井、桩 2 井、桩 4 井、桩 5 井和站 1 井、站 2 井、站 4 井、站 5 井地下水矿化度相差较大,其余桩井和站井地下水矿化度相差不大。桩 1 井、桩 2 井、桩 3 井、桩 4 井、桩 5 井、桩 6 井、桩 7 井地下水矿化度比站 1 井、站 2 井、站 3 井、站 4 井、站 5 井、站 6 井、站 7 井地下水矿化度低,其余桩井地下水矿化度比站井地下水矿化度高。随着与河槽距离的增加,桩井地下水矿化度先降低后明显抬升,站井地下水矿化度变化幅度由急到缓。

2. 2015 年监测井地下水矿化度的纵向距离变化

通过对生态调水前期地下水监测井(桩 1 井、站 1 井至桩 10 井、站 10 井)实测矿化度值进行套绘,得出生态调水前期两监测断面地下水矿化度纵向对比柱状图,如图 4-93 所示。

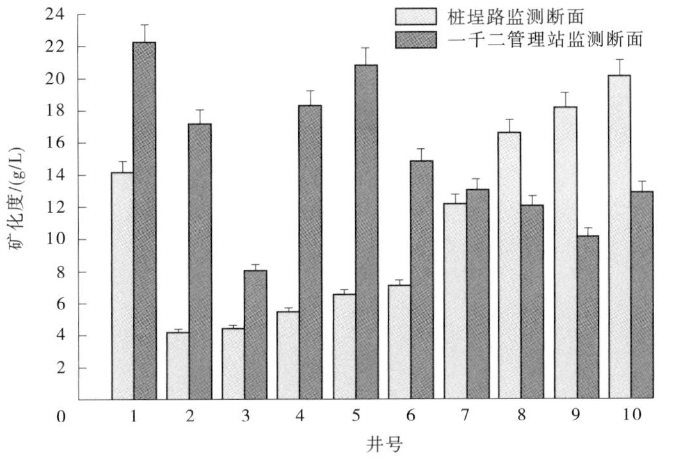

图 4-92　2014 年生态调水后期刁口河流路地下水矿化度纵向对比

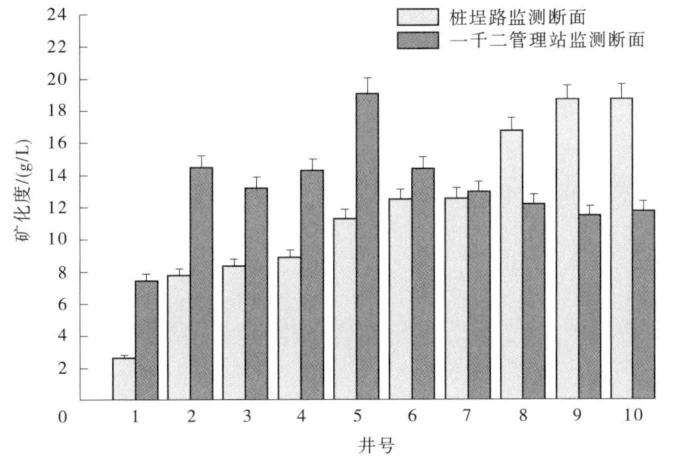

图 4-93　2015 年生态调水前期刁口河流路地下水矿化度纵向对比

从图 4-93 可以看出，在生态调水前期桩 2 井、桩 5 井、桩 9 井、桩 10 井和站 2 井、站 5 井、站 9 井、站 10 井地下水矿化度相差较大，其余桩井和站井地下水矿化度相差不大。桩 8 井、桩 9 井、桩 10 井地下水矿化度比站 8 井、站 9 井、站 10 井地下水矿化度高，其余桩井地下水矿化度比站井地下水矿化度低。随着与河槽距离的增加，桩井地下水矿化度总体呈抬升趋势，站井地下水矿化度呈现先抬升后降低的折线变化趋势。

通过对生态调水期地下水监测井（桩 1 井、站 1 井至桩 10 井、站 10 井）实测矿化度值进行套绘，得出生态调水期两监测断面地下水矿化度纵向对比柱状图，如图 4-94 所示。

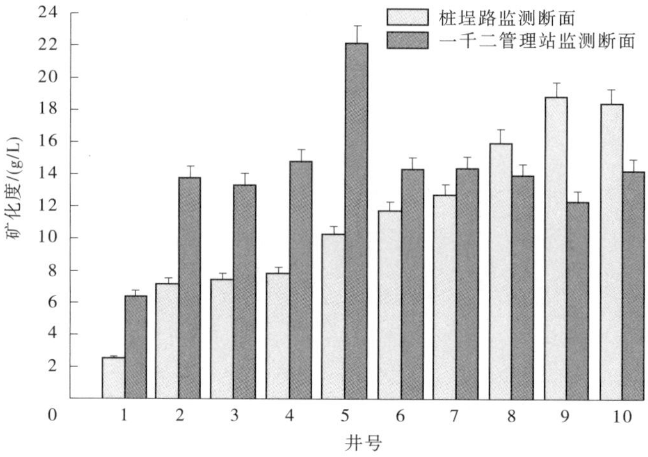

图 4-94　2015 年生态调水期刁口河流路地下水矿化度纵向对比

从图 4-94 可以看出,在生态调水期桩 2 井、桩 3 井、桩 4 井、桩 5 井、桩 9 井和站 2 井、站 3 井、站 4 井、站 5 井、站 9 井地下水矿化度相差较大,其余桩井和站井地下水矿化度值相差不大。桩 1 井、桩 2 井、桩 3 井、桩 4 井、桩 5 井、桩 6 井、桩 7 井地下水矿化度比站 1 井、站 2 井、站 3 井、站 4 井、站 5 井、站 6 井、站 7 井地下水矿化度低,其余桩井地下水矿化度比站井地下水矿化度高。随着与河槽距离的增加,桩井地下水矿化度呈持续抬升趋势,站井地下水矿化度以站 5 井为拐点呈现先抬升后降低再小幅波动的变化趋势。

通过对生态调水后期地下水监测井(桩 1 井、站 1 井至桩 10 井、站 10 井)实测矿化度值进行套绘,得出生态调水后期两监测断面地下水矿化度纵向对比柱状图,如图 4-95 所示。

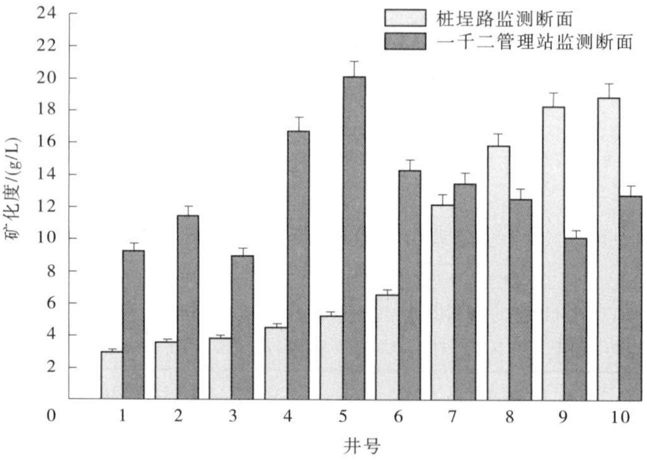

图 4-95　2015 年生态调水后期刁口河流路地下水矿化度纵向对比

从图 4-95 可以看出,在生态调水后期桩 1 井、桩 2 井、桩 4 井、桩 5 井、桩 6 井、桩 9 井和站 1 井、站 2 井、站 4 井、站 5 井、站 6 井、站 9 井地下水矿化度相差较大,其余桩井和站井地下水矿化度相差不大。桩 1 井、桩 2 井、桩 3 井、桩 4 井、桩 5 井、桩 6 井、桩 7 井地下水矿化度比站 1 井、站 2 井、站 3 井、站 4 井、站 5 井、站 6 井、站 7 井地下水矿化度低，其余桩井地下水矿化度比站井地下水矿化度高。随着与河槽距离的增加，桩井地下水矿化度持续抬升，站井地下水矿化度呈现先波动抬升再折线下降的变化趋势。

4.4.2　刁口河生态调水对湿地地下水矿化度影响的偏相关分析

4.4.2.1　2014 年生态调水对湿地地下水矿化度影响的偏相关分析

运用 SPSS 数据分析软件，对生态调水期刁口河河水矿化度与桩埕路监测断面地下水矿化度进行相关分析，净降水作为干扰值加入数据分析，进而完成偏相关分析，剔除气象因素对研究结论的影响。设定生态调水期地下水矿化度对刁口河河水矿化度响应的延迟时间为 0 d、1 d、2 d、3 d、4 d、5 d、6 d、7 d、8 d、9 d、10 d，通过对延迟时间内的刁口河河水矿化度、各监测井地下水矿化度、净降水量三系列数据进行偏相关分析（其中净降水量为常量），得出偏相关系数（见表 4-10）。

表 4-10　2014 年生态调水期刁口河河水矿化度与桩埕路监测断面监测井地下水矿化度偏相关系数

井号	延迟时间										
	0 d	1 d	2 d	3 d	4 d	5 d	6 d	7 d	8 d	9 d	10 d
桩 1 井	-0.22	0.12	0.31	0.44	0.40	0.38	0.21	0.11	-0.12	-0.24	-0.25
桩 2 井	-0.15	-0.14	0.31	0.36	0.31	0.26	0.22	0.17	0.11	0.20	0.15
桩 3 井	0.02	0.10	0.12	0.45	0.57	0.79	0.63	0.61	0.55	0.44	0.33
桩 4 井	0.12	0.13	0.21	0.33	0.49	0.48	0.41	0.37	0.22	-0.14	-0.21
桩 5 井	0.28	0.30	0.33	0.45	0.57	0.43	0.45	0.33	0.24	0.30	0.19
桩 6 井	-0.24	-0.27	-0.12	0.10	0.22	0.21	-0.12	-0.13	-0.12	-0.14	-0.17
桩 7 井	-0.15	-0.20	-0.12	0.14	0.17	0.26	0.13	-0.07	-0.15	-0.14	-0.20
桩 8 井	-0.13	-0.14	-0.16	-0.24	-0.18	0.16	0.24	0.26	0.36	0.26	0.19
桩 9 井	-0.27	-0.29	-0.26	-0.24	-0.49	-0.27	-0.27	-0.56	-0.41	-0.57	-0.33
桩 10 井	-0.28	-0.47	-0.44	-0.76	-0.56	-0.67	-0.68	-0.66	-0.79	-0.80	-0.81

根据统计学理论，相关系数最大值为相关性最大，正值为正相关，负值为负相关。对应于每个监测井，其相关系数最大值对应的天数即为相关性最大的延迟天数。结合表 4-10 可以筛选出偏相关系数正相关最大值对应的延迟天数，即 Δt（见表 4-11）。

表 4-11　2014 年生态调水期刁口河河水矿化度对地下水矿化度影响的最大延迟时间 Δt

井号	桩 1 井	桩 2 井	桩 3 井	桩 4 井	桩 5 井	桩 6 井	桩 7 井	桩 8 井	桩 9 井	桩 10 井
Δt/d	3	3	5	4	4	4	5	8	—	—

从表 4-10 可以看出，桩 1～8 井在设定的延迟时间内都出现了正相关，而桩 9 井、桩 10 井一直表现为负相关，因此可以判断，生态调水期刁口河河水矿化度对地下水矿化度的有效明显影响边界为桩 8 井，即离河 1.4 km；桩 9 井、桩 10 井地下水矿化度对刁口河河

水矿化度的变化无明显相关性变化。

从表 4-11 可以看出，桩 1～8 井相关系数最大值对应的最大延迟时间为 3～8 d，大致表现为随离河距离的增大，最大延迟时间增大的规律。

综上所述，生态调水来水改善了刁口河水质，降低了其矿化度，进而在有效的延迟时间(3～8 d)内，在一定的影响范围(桩 8 井，即 1.4 km)内，对地下水矿化度起到了较为明显的降低作用。

4.4.2.2　2015 年生态调水对湿地地下水矿化度影响的偏相关分析

设定 2015 年生态调水期地下水矿化度对刁口河河水矿化度响应的延迟时间为 0 d、1 d、2 d、3 d、4 d、5 d、6 d、7 d、8 d、9 d、10 d，通过对延迟时间内的刁口河河水矿化度、各监测井地下水矿化度、净降水量三系列数据进行偏相关分析(其中净降水量为常量)，得出偏相关系数(见表 4-12)。

表 4-12　2015 年生态调水期刁口河河水矿化度与桩埕路监测断面监测井地下水矿化度偏相关系数

井号	延迟时间										
	0 d	1 d	2 d	3 d	4 d	5 d	6 d	7 d	8 d	9 d	10 d
桩 1 井	-0.12	0.17	0.21	0.54	0.44	0.48	0.33	0.21	-0.12	-0.14	0.11
桩 2 井	-0.25	-0.17	0.21	0.46	0.39	0.26	0.27	0.22	0.21	0.14	0.15
桩 3 井	0.10	0.14	0.21	0.35	0.44	0.49	0.43	0.31	0.35	0.24	0.13
桩 4 井	0.17	0.18	0.24	0.35	0.39	0.38	0.21	0.17	0.22	-0.17	-0.01
桩 5 井	0.18	0.20	0.37	0.35	0.47	0.33	0.15	0.13	0.04	-0.11	-0.19
桩 6 井	-0.14	-0.21	-0.24	0.10	0.27	0.15	-0.12	-0.03	-0.10	-0.17	-0.12
桩 7 井	-0.14	-0.17	-0.12	0.17	0.17	0.21	0.13	-0.17	-0.15	-0.11	-0.20
桩 8 井	-0.24	-0.24	-0.16	-0.14	-0.14	0.12	0.14	0.22	0.30	0.22	0.12
桩 9 井	-0.17	-0.19	-0.22	-0.24	-0.29	-0.24	-0.37	-0.46	-0.55	-0.43	-0.41
桩 10 井	-0.21	-0.51	-0.42	-0.46	-0.16	-0.37	-0.29	-0.37	-0.41	-0.45	-0.33

从表 4-12 可以看出，桩 1～8 井在设定的延迟时间内都出现了正相关，而桩 9 井、桩 10 井一直表现为负相关，因此可以判断，生态调水期刁口河河水矿化度对地下水矿化度的有效明显影响边界为桩 8 井，即离河 1.4 km；桩 9 井、桩 10 井地下水矿化度对刁口河河水矿化度的变化无明显相关性变化。对应于每个监测井，其相关系数最大值对应的天数即相关性最大的延迟天数。结合表 4-12 可以筛选出偏相关系数正相关最大值对应的延迟天数，即 Δt(见表 4-13)。

表 4-13　2015 年生态调水期刁口河河水矿化度对地下水矿化度影响的最大延迟时间 Δt

井号	桩 1 井	桩 2 井	桩 3 井	桩 4 井	桩 5 井	桩 6 井	桩 7 井	桩 8 井	桩 9 井	桩 10 井
Δt/d	3	3	5	4	4	4	5	8	—	—

从表 4-13 可以看出,桩 1~8 井相关系数最大值对应的最大延迟时间为 3~8 d,大致表现为随离河距离的增大,最大延迟时间增大的规律。

综上所述,2015 年生态调水来水改善了刁口河水质,降低了其矿化度,进而在有效的延迟时间(3~8 d)内,在一定的影响范围(桩 8 井,即 1.4 km)内,对地下水矿化度起到了较为明显的降低作用。

4.4.3　清水沟流路来水对湿地地下水矿化度的影响研究

本书分别对 2014 年、2015 年清水沟河水实测矿化度进行套绘,得出整个观测期清水沟流路河水矿化度变化曲线,如图 4-96、图 4-97 所示。

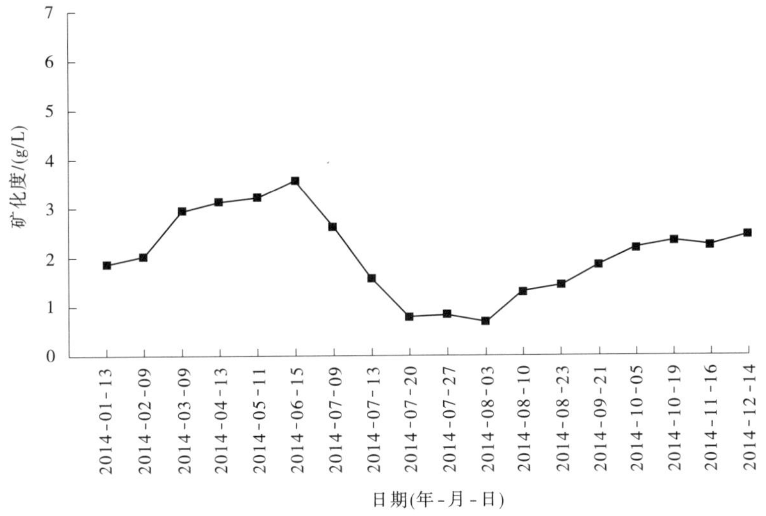

图 4-96　2014 年清水沟流路河水矿化度变化曲线

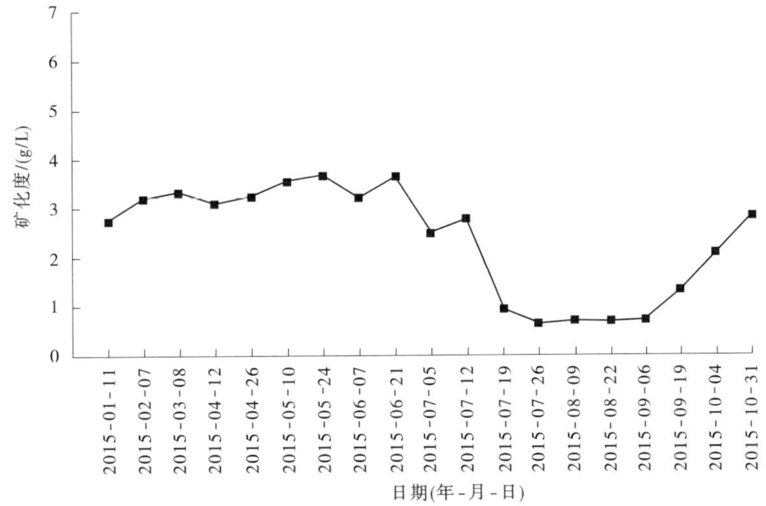

图 4-97　2015 年清水沟流路河水矿化度变化曲线

从图 4-96 可以看出,2014 年清水沟河水矿化度呈现先增高后降低又增高的趋势。主要变化过程如下:在 1 月 1 日至 6 月 15 日为上升曲线;6 月 16 日至 7 月 20 日曲线呈下降趋势,在生态调水期(7 月 4~13 日)直线下降;7 月 21 日至 8 月 3 日曲线基本平稳;8 月 4 日至 12 月 31 日基本呈上升态势,中间偶有小幅抬升和下降过程。

从图 4-97 可知,2015 年清水沟河水矿化度也呈现先增高后降低又增高的趋势。主要的变化如下:在 1 月 11 日至 6 月 21 日大体为上升曲线;6 月 22 日至 7 月 26 日曲线总体呈下降趋势,先是振荡下降,后在生态调水期(7 月 4~25 日)下降;7 月 26 日至 9 月 6 日曲线基本平稳;9 月 7 日至 10 月 31 日呈上升态势。

清水沟河水矿化度的变化受到来水补给、降水、蒸发影响,结合气象变化分析资料可以看出产生变化的主要原因如下:在每年 1~6 月,清水沟河道来水较少,降水、蒸发的影响较大,蒸发起主导作用,因此该时段清水沟河水矿化度持续升高;每年 6~7 月,由于 6 月末的降水和 7 月的调水调沙来水补给,明显降低了清水沟河水的矿化度;每年调水调沙结束后的一个月,清水沟河水矿化度变化不大,这期间主要受到降水、蒸发的影响,降水与蒸发交替起主导作用使清水沟河水矿化度有一个小范围的波动;每年 9 月至年底,由于清水沟地区横跨了秋季、冬季、春季三个季节,降水较小、蒸发量较大,从总体上看,蒸发对清水沟河水矿化度起主导作用。因此,清水沟河水矿化度开始缓慢抬升,中间出现的小的降幅、升幅曲线是当时的降水造成的。

结合清水沟河水矿化度数据,通过对整个观测期内大汶流监测断面的地下水矿化度数据分年度整理套绘,从随时间变化和距河槽横向距离变化两个方面分析研究区地下水矿化度的变化。

4.4.3.1 2014 年清水沟流路来水对湿地地下水矿化度的影响研究

通过对 2014 年大汶流监测断面地下水监测井实测矿化度值进行套绘,得出 2014 年大汶流 1~5 井地下水矿化度变化曲线,如图 4-98 所示。

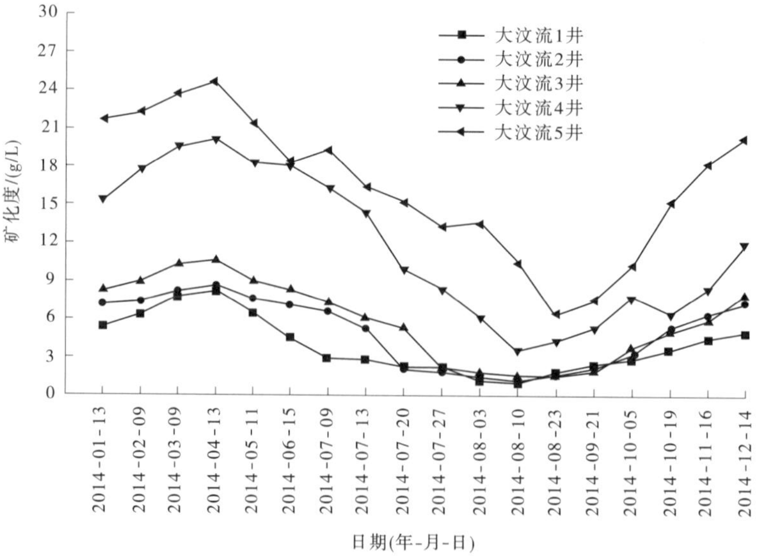

图 4-98 2014 年大汶流监测断面地下水矿化度变化曲线

2014 年可划分为生态调水前期(1 月 1 日至 7 月 3 日)、生态调水期(7 月 4~13 日)、生态调水后期(7 月 14 日至 12 月 31 日)三个时段进行具体分析。

从图 4-98 可以看出,在生态调水前期(1 月 1 日至 7 月 3 日),随着时间的增加,各监测井地下水矿化度总体呈现先增加后减小的变化趋势。地下水矿化度增大意味着地下水淡水的蒸发量增大,说明该时期黄河来水偏少,对研究区地下水矿化度影响微小,该时间段蒸发量远大于降水量,蒸发在地下水矿化度变化的影响因素中占主导地位。各监测井地下水矿化度为 4.53~24.64 g/L,4 月达到峰值。

在生态调水期(7 月 4~13 日),清水沟来水量大,但随着时间的增加,各监测井地下水矿化度变化不大,基本维持降低趋势,各监测井地下水矿化度为 1.58~19.35 g/L。清水沟来水、蒸发、降水是造成生态调水期地下水矿化度变化较小的主要原因。

在生态调水后期(7 月 14 日至 12 月 31 日),各监测井地下水矿化度先降低后明显抬升,谷底出现在 8 月中旬,说明清水沟来水在短时间内对各监测井地下水矿化度影响不大,有延迟作用,各监测井地下水矿化度为 0.78~20.25 g/L。

通过对 2014 年大汶流监测断面地下水监测井实测矿化度值进行套绘(横坐标表示离清水沟距离,以井号作为标记),得出大汶流 1~5 井矿化度变化曲线,如图 4-99 所示。

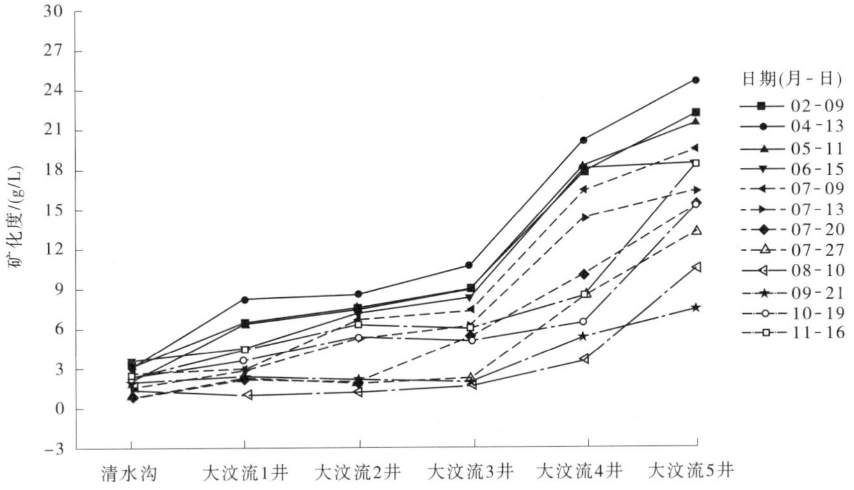

图 4-99　2014 年大汶流监测断面地下水矿化度横向变化曲线

地下水矿化度的横向距离变化也按生态调水前期(1 月 1 日至 7 月 3 日)、生态调水期(7 月 4~13 日)、生态调水后期(7 月 14 日至 12 月 31 日)三个时段进行具体分析。

从图 4-99 可以看出,整个图形整体呈折线上升。随着与河槽距离的增加,各监测井地下水矿化度总体呈抬升趋势。清水沟河水矿化度比各监测井地下水矿化度低,大汶流 1~3 井增幅较缓,大汶流 3 井、大汶流 4 井增幅较急。生态调水前、中、后三个时段中,各监测井均在生态调水前期地下水矿化度最高,生态调水后期地下水矿化度最低。说明清水沟来水对各监测井地下水矿化度的影响比较明显。

4.4.3.2　2015 年清水沟流路来水对湿地地下水矿化度的影响研究

通过对 2015 年大汶流监测断面地下水监测井实测矿化度值进行套绘，得出 2015 年大汶流 1~5 井地下水矿化度变化曲线，如图 4-100 所示。

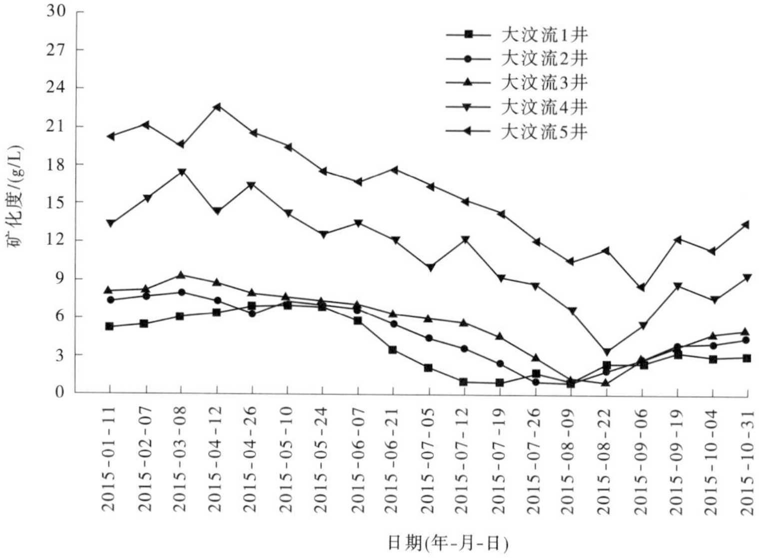

图 4-100　2015 年大汶流监测断面地下水矿化度变化曲线

2015 年可划分为生态调水前期（1 月 1 日至 7 月 3 日）、生态调水期（7 月 4~25 日）、生态调水后期（7 月 26 日至 10 月 31 日）三个时段进行具体分析。

从图 4-100 可知，在生态调水前期（1 月 1 日至 7 月 3 日），随着时间的增加，各监测井地下水矿化度变化基本呈现先增加后减小的趋势。地下水矿化度增大意味着地下水淡水的蒸发量增大，说明该时期黄河来水偏少，对研究区地下水的矿化度影响微小，该时间段蒸发量远大于降水量，蒸发在地下水矿化度变化的影响因素中占主导地位。各监测井地下水矿化度为 3.58~22.65 g/L，4 月达到峰值。

在生态调水期（7 月 4~25 日），清水沟来水量大，但随着时间的增加，除大汶流 4 井外，其余各监测井地下水矿化度变化不大，基本表现为降低趋势，各监测井地下水矿化度为 1.02~16.56 g/L。可以认为，生态调水的延迟影响、蒸发、降水是造成生态调水期地下水矿化度变化较小的主要原因。

在生态调水后期（7 月 26 日至 10 月 31 日），各监测井地下水矿化度先明显降低后折线抬升，谷底出现在 8 月中下旬，说明生态调水在短时间内对各监测井地下水矿化度影响不大，有延迟作用，各监测井地下水矿化度为 1.01~13.57 g/L。

通过对 2015 年大汶流监测断面地下水监测井实测矿化度值进行套绘（横坐标表示离清水沟距离，以井号作为标记），绘制大汶流 1~5 井地下水矿化度变化曲线，如图 4-101 所示。

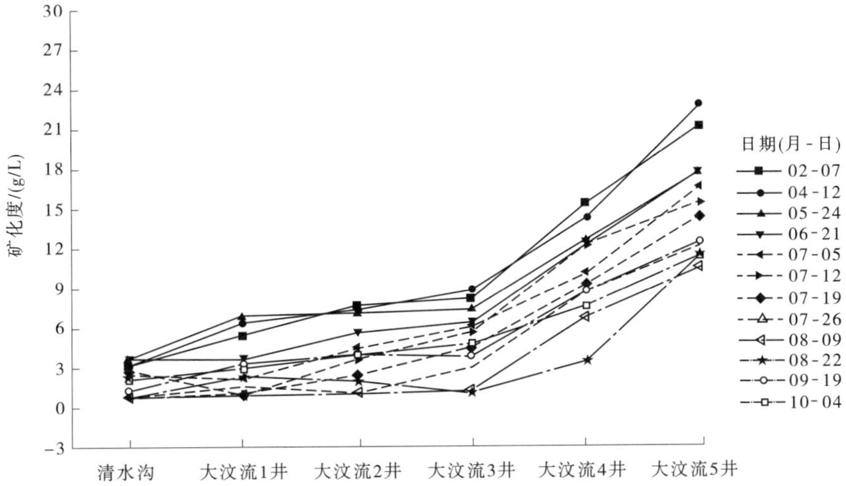

图 4-101　2015 年大汶流监测断面地下水矿化度横向变化曲线

从图 4-101 可以看出,整个图形整体呈折线上升。随着距河距离的增加,各监测井地下水矿化度总体呈抬升趋势。清水沟河水矿化度比各监测井地下水矿化度低,大汶流 1~3 井地下水矿化度相对稳定,变幅较小,大汶流 3~5 井增幅明显,随着距离的增加,地下水矿化度明显抬升。生态调水前、中、后三个时段中,各监测井地下水矿化度均在生态调水前期达到最高值,生态调水中后期,随距离增加,各监测井地下水矿化度差异趋于明显。

4.4.4　黄河来水来沙对湿地地下水矿化度影响的结论

通过以上分析,得出黄河来水来沙对刁口河流路及清水沟流路湿地地下水矿化度的影响结论,归纳如下:

(1)整个观测期内,影响湿地地下水矿化度的因素较多,调水调沙期间来水、降水、蒸发、地形地貌、地层构造、人类活动等因素都在不同程度上影响着地下水矿化度,其中调水调沙期间来水、降水、蒸发、人类活动是影响整个研究区湿地地下水矿化度的四大因素。

(2)整个观测期内,桩埕路和清水沟两个监测断面监测井地下水矿化度随着时间的增加呈明显的规律性变化。每年 1~4 月曲线抬升,4~7 月缓慢下降,8 月由于调水调沙的延迟作用,地下水矿化度加速下降,9~12 月再次曲线抬升。一千二管理站监测断面地下水矿化度随着时间的增加变化规律不明显,说明人类活动对地下水矿化度影响明显。各监测断面两年的地下水矿化度值同比呈下降趋势。

(3)随着距河槽距离的增加,各监测断面监测井地下水矿化度总体呈上升趋势。同一监测时间河水矿化度比大多数监测井地下水矿化度低。桩埕路监测断面距河槽 1 000 m 范围内,地下水矿化度随时间增加的变化规律明显,距河槽 1 000~3 000 m 内,地下水矿化度相对稳定,随时间变化不明显。一千二管理站监测断面因为受人类活动影响较大,地下水矿化度曲线呈连续 W 形变化。大汶流监测断面距河槽越近,地下水矿化度变化越明显;距河槽越远,地下水矿化度越稳定。

(4)刁口河两个监测断面纵向比较,距河槽相同距离的站井地下水矿化度总体上比桩井高。人类活动是造成地下水矿化度纵向差值的主要原因。

(5)调水调沙不仅在调水期影响着刁口河流路及清水沟流路湿地地下水矿化度的变化,在调水期结束后仍然会存在一定时间的延续影响。生态调水期刁口河来水对地下水矿化度影响的延迟时间为3~8 d,影响范围在1.4 km左右。

(6)黄河来水在一定程度上改善了湿地地下水矿化度,但是也可以明显地看出,由于降水、蒸发、人类活动的存在,这一改善效果不大,应该在未来继续开展生态调水措施,并选择有利时机,延长补水时长、加大补水量,以期达到更好的改善效果。

4.5 2016~2017年黄河来水对湿地地下水矿化度的影响

4.5.1 刁口河来水对刁口河流路地下水矿化度的影响研究

通过分析研究区附近刁口河流路河流(桩埕路桥处)实测矿化度数据,结合桩埕路监测断面与一千二管理站监测断面地下水矿化度数据,绘制2016~2017年刁口河流路及监测井地下水矿化度在时间序列上的变化过程曲线,以直观地反映研究区地下水矿化度在刁口河来水前后的变化趋势。

4.5.1.1 刁口河流路矿化度变化

通过分析刁口河流路河流(桩埕路桥处)实测矿化度数据,分别对2016年、2017年刁口河河水实测矿化度值进行套绘,得出整个观测期刁口河河水矿化度变化曲线,如图4-102、图4-103所示。

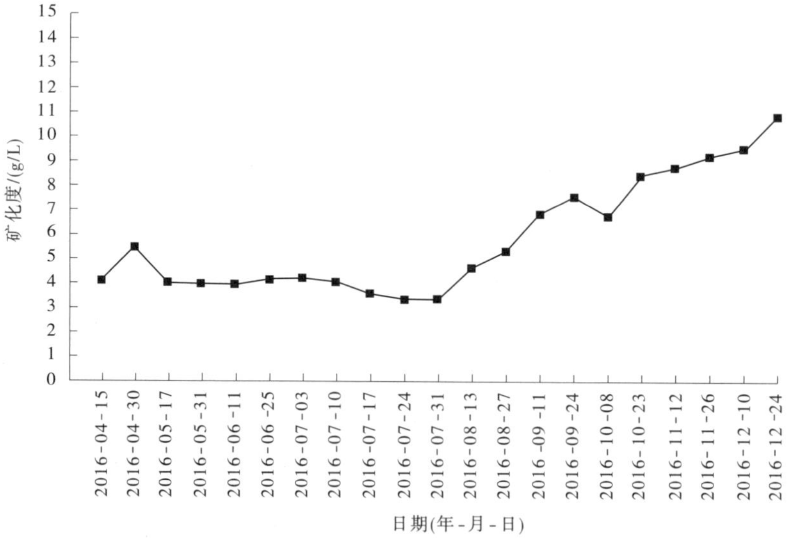

图4-102 2016年刁口河流路河水矿化度变化曲线

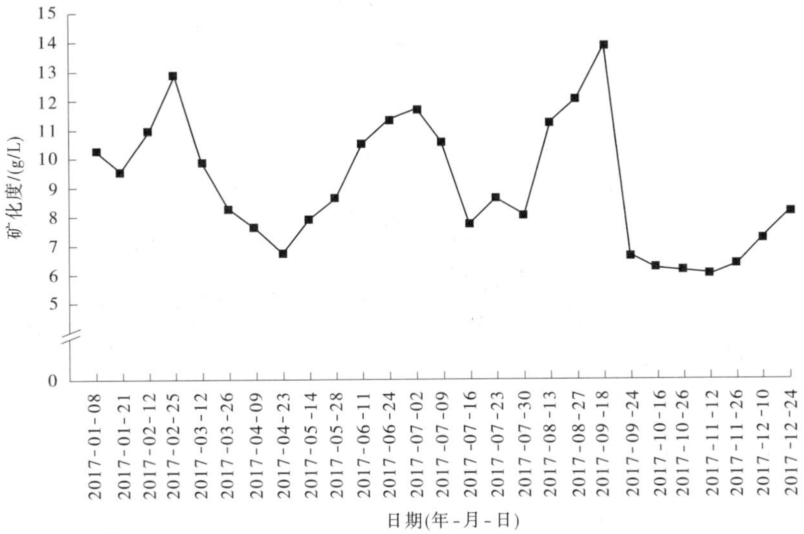

图 4-103　2017 年刁口河流路河水矿化度变化曲线

从图 4-102 可以看出,2016 年刁口河河水矿化度呈现先增高后降低又增高的变化趋势。主要的变化如下:4 月 15 日至 4 月 30 日为上升曲线;4 月 30 日至 7 月 31 日曲线总体呈缓慢下降趋势;7 月 31 日至 12 月 24 日基本呈上升态势,中间偶有小幅下降过程。

从图 4-103 可以看出,2017 年刁口河河水矿化度呈现双 W 形的趋势。主要的变化如下:1 月 8 日至 1 月 21 日为下降曲线;1 月 21 日至 2 月 25 日为上升曲线;2 月 25 日至 4 月 23 日为下降曲线;4 月 23 日至 7 月 2 日为上升曲线;7 月 2 日至 7 月 16 日为下降曲线;7 月 16 日至 9 月 18 日为上升曲线,7 月 30 日矿化度有小幅回落;9 月 18 日至 9 月 24 日由于生态补水河水矿化度直线下降;9 月 24 日至 12 月 24 日呈上升态势。

刁口河河水矿化度的变化受到来水补给、降水、蒸发的影响,结合气象变化分析资料可以看出产生变化的主要原因如下:在每年 1~5 月,刁口河河道内无来水补给,只有降水、蒸发的影响,蒸发起主导作用,因此该时间段刁口河河水矿化度总体呈升高趋势,但是随着春灌的开始,灌溉水流入刁口河,使河水矿化度降低;6~8 月,主要受到降水、蒸发的影响,降水与蒸发交替起主导作用使刁口河河水矿化度有一个小范围的波动;2016 年 9 月至年底,由于刁口河地区横跨了秋季、冬季、春季三个季节,降水量较小、蒸发量较大,从总体上看,蒸发对刁口河河水矿化度起主导作用。因此,刁口河河水矿化度开始缓慢抬升,中间出现的小的降幅、升幅是由当时的降水造成的。2017 年 9 月的生态补水显著降低了刁口河河水矿化度,补水结束后,矿化度缓慢升高。

4.5.1.2　刁口河流路监测井地下水矿化度与时间的动态变化关系

通过对整个观测期内桩埕路监测断面与一千二管理站监测断面地下水矿化度进行数据套绘,分析刁口河流路湿地地下水矿化度的变化,见图 4-104、图 4-105。

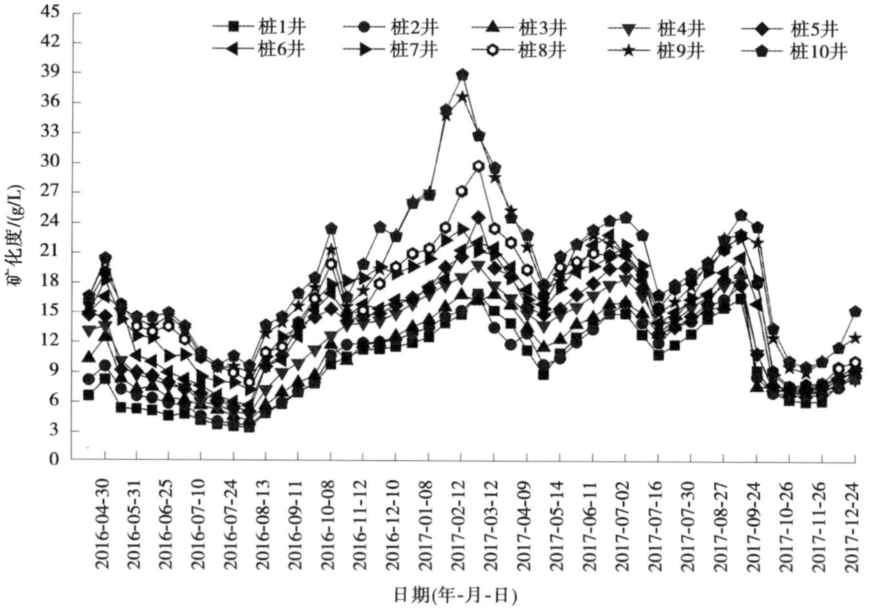

图 4-104　观测期桩埕路监测断面地下水矿化度变化曲线

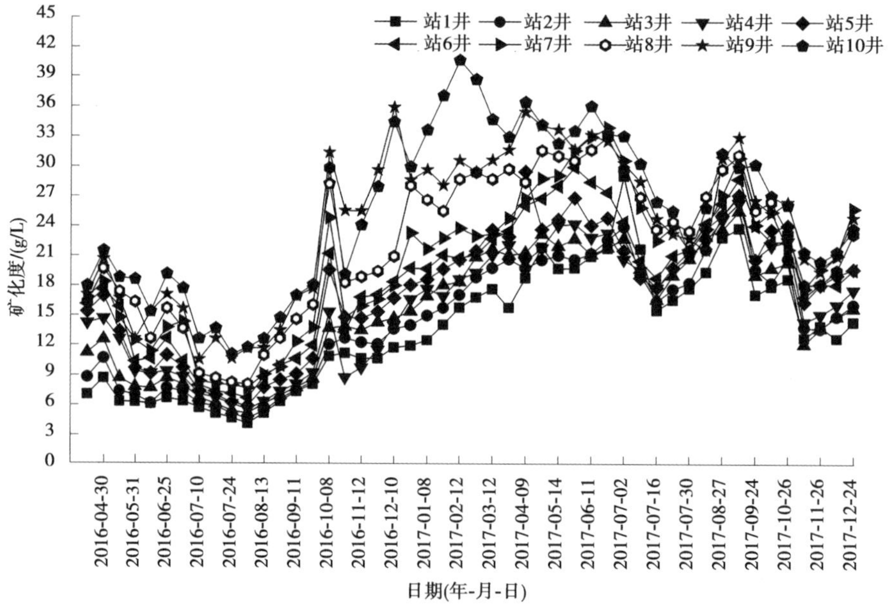

图 4-105　观测期一千二管理站监测断面地下水矿化度变化曲线

从整个观测期两个监测断面的地下水矿化度变化曲线可以看出，桩埕路监测断面地下水矿化度变化曲线较一千二管理站监测断面地下水矿化度变化曲线规整、条理得多。通过两个完整的观测周期可以看出，桩 1～10 井经过两个观测年，其地下水矿化度同比在 2017 年生态补水前呈升高趋势，补水后呈降低趋势；站 1～10 井经过两个观测年，其地下水矿化度只有几个监测井能够基本达到闭合，其余监测井变化混乱无序。因此，对影响湿地地下水矿化度因素进行分析后发现：若无人类活动的影响，生态补水与净降水可以整体上降低研究区地下水矿化度；若有人类活动的影响，不仅影响了地下水矿化度的变化规律，而且在一定程度上会抬升地下水矿化度。

为直观分析刁口河流路湿地地下水矿化度变化趋势，将图 4-104、图 4-105 按照 2016 年与 2017 年进行拆分，分别绘制地下水矿化度时间变化曲线（见图 4-106～图 4-109）。

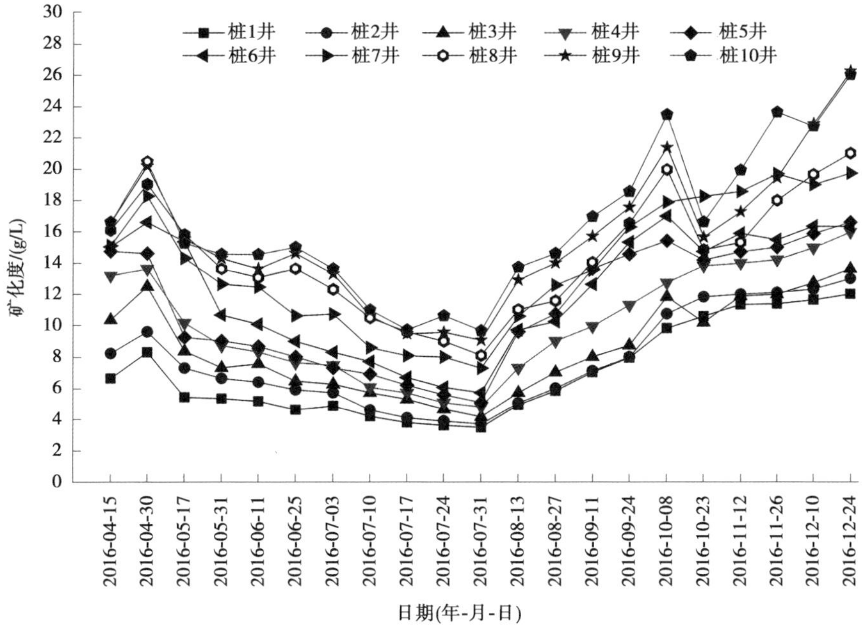

图 4-106　2016 年桩埕路监测断面地下水矿化度变化曲线

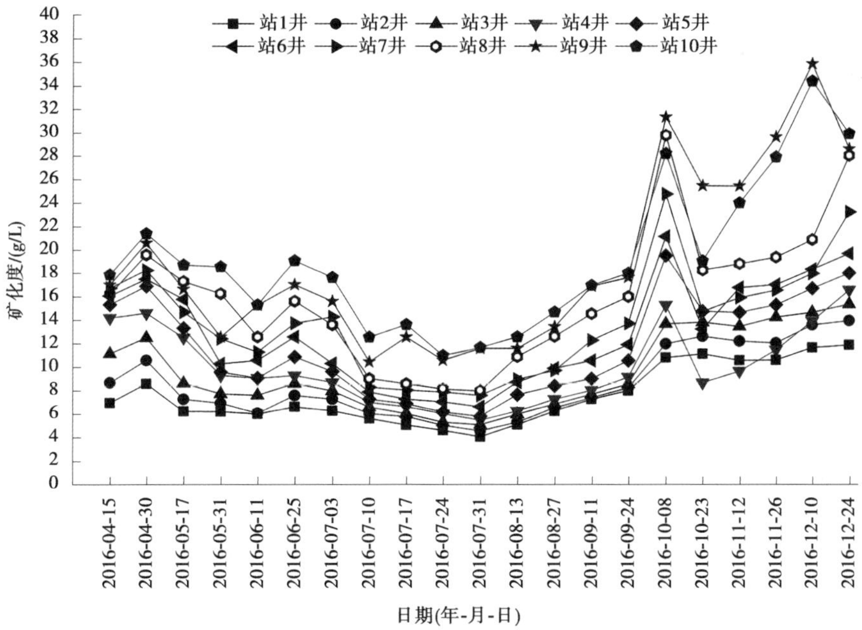

图 4-107　2016 年一千二管理站监测断面地下水矿化度变化曲线

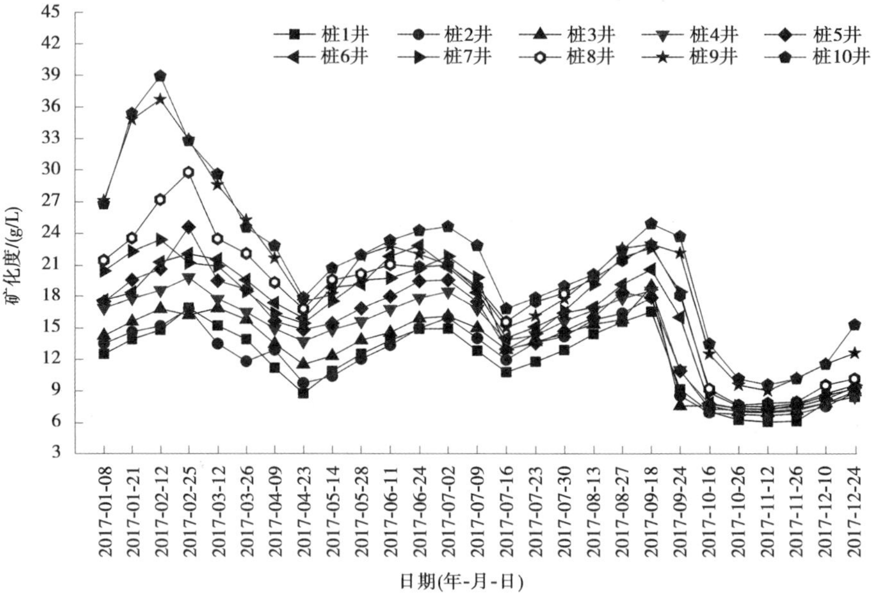

图 4-108　2017 年桩埕路监测断面地下水矿化度变化曲线

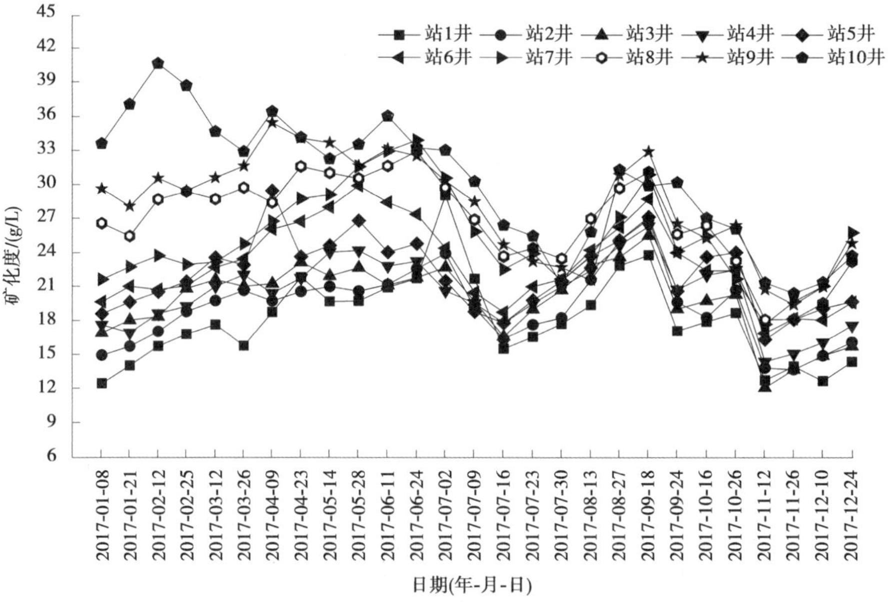

图 4-109　2017 年一千二管理站监测断面地下水矿化度变化曲线

1. 2016 年监测井地下水矿化度与时间的动态变化关系

通过对 2016 年地下水监测井(桩 1～10 井、站 1～10 井)实测矿化度值进行套绘,得出 2016 年桩埕路监测断面、一千二管理站监测断面地下水矿化度变化曲线,如图 4-106、图 4-107 所示。

2016 年可划分为前期(1 月 1 日至 4 月 30 日)、中期(5 月 1 日至 8 月 31 日)、后期(9 月 1 日至 12 月 31 日)三个时段进行具体分析。

从图 4-106、图 4-107 可以看出，在前期（1 月 1 日至 4 月 30 日），随着时间的增加，除桩 5 井地下水矿化度略有降低外，桩埕路监测断面监测井和一千二管理站监测断面监测井地下水矿化度均呈现升高趋势。地下水矿化度增大意味着地下水淡水的蒸发量增大，说明该时期黄河来水偏少，对研究区地下水矿化度影响微小，该时间段蒸发量远大于降水量，蒸发在地下水矿化度变化的影响因素中占主导地位。各桩井地下水矿化度为 6.60～20.43 g/L，各站井地下水矿化度为 6.92～21.37 g/L。

在中期（5 月 1 日至 8 月 31 日），随着时间的增加，桩埕路监测断面地下水矿化度总体呈现先降低后升高的趋势，各桩井地下水矿化度为 3.46～15.79 g/L。一千二管理站监测断面地下水矿化度呈现降低→升高→降低→升高的变化趋势，各站井地下水矿化度为 4.02～19.06 g/L。桩埕路监测断面较一千二管理站监测断面的地下水矿化度变化范围小。由于 6 月、7 月降水量增加，地表水大量入渗，地下水矿化度降低至年内最低点，8 月在陆面蒸发及植物蒸腾作用下，地下水矿化度相应升高。

在后期（9 月 1 日至 12 月 31 日），桩埕路监测断面和一千二管理站监测断面地下水矿化度总体呈现升高→降低→升高的变化趋势。各桩井地下水矿化度为 6.99～26.21 g/L，其中桩 8～10 井地下水矿化度变化幅度相对较大。各站井地下水矿化度为 7.24～35.82 g/L，其中站 4～10 井地下水矿化度变化幅度相对较大，其余站井地下水矿化度变化趋于稳定。桩 8～10 井和站 4～10 井在 10 月 23 日地下水矿化度监测中降幅明显，与降水量较大有关，而其余 10 口井距离刁口河较近，地下水矿化度变化不明显。

2. 2017 年监测井地下水矿化度与时间的动态变化关系

通过对 2017 年地下水监测井（桩 1～10 井、站 1～10 井）实测矿化度值进行套绘，得出 2017 年桩埕路监测断面、一千二管理站监测断面地下水矿化度变化曲线，如图 4-108、图 4-109 所示。

2017 年可划分为前期（1 月 1 日至 4 月 30 日）、中期（5 月 1 日至 8 月 31 日）、后期（9 月 1 日至 12 月 31 日）三个时段进行具体分析。

从图 4-108、图 4-109 可以看出，在前期（1 月 1 日至 4 月 30 日），随着时间的增加，各桩井地下水矿化度变化总体呈现先升高后降低的变化趋势，而站井除站 5 井、站 10 井外地下水矿化度总体呈升高趋势。地下水矿化度增大意味着地下水淡水的蒸发量增大，说明该时期黄河来水偏少，对研究区地下水矿化度影响微小，该时间段蒸发量远大于降水量，蒸发在地下水矿化度变化的影响因素中占主导地位。各桩井地下水矿化度为 8.85～38.97 g/L，2 月达到峰值。各站井地下水矿化度为 12.41～40.58 g/L。

在中期（5 月 1 日至 8 月 31 日），各桩井地下水矿化度变化呈现先升高后降低再升高的变化趋势，矿化度为 10.49～24.68 g/L，在 7 月 16 日达到中期最低值。各站井地下水矿化度总体也呈现先升高后降低再升高的变化趋势，但是变化趋势没有桩埕路监测断面监测井统一、整齐，矿化度为 15.46～35.97 g/L，在 7 月达到最低值。桩埕路监测断面较一千二管理站监测断面矿化度变化范围小，人类活动是造成地下水矿化度变化较大的主要原因。

在后期（9 月 1 日至 12 月 31 日），各桩井地下水矿化度变化呈现先急速降低后缓慢升高的变化趋势，地下水矿化度为 6.16～24.97 g/L，在 11 月达到年度最小值。各站井地下水矿化度总体也呈现先急速降低后缓慢升高又降低再缓慢升高的变化趋势,矿化度为 12.02~32.84 g/L,在 11 月达到年度最小值。9 月 17 日生态补水是矿化度急速降低的原因。生态补水的延迟影响和降水量的减少是造成后期地下水矿化度变化较小的主要原因。

4.5.1.3　刁口河流路监测井地下水矿化度在横向距离上的变化规律

1. 2016 年地下水矿化度在横向距离上的变化规律

通过对 2016 年地下水监测井(桩 1~10 井、站 1~10 井)实测矿化度值进行套绘(横坐标表示距刁口河距离,以井号作为标记),得出 2016 年桩埕路监测断面、一千二管理站监测断面地下水矿化度横向变化规律,如图 4-110、图 4-111 所示。

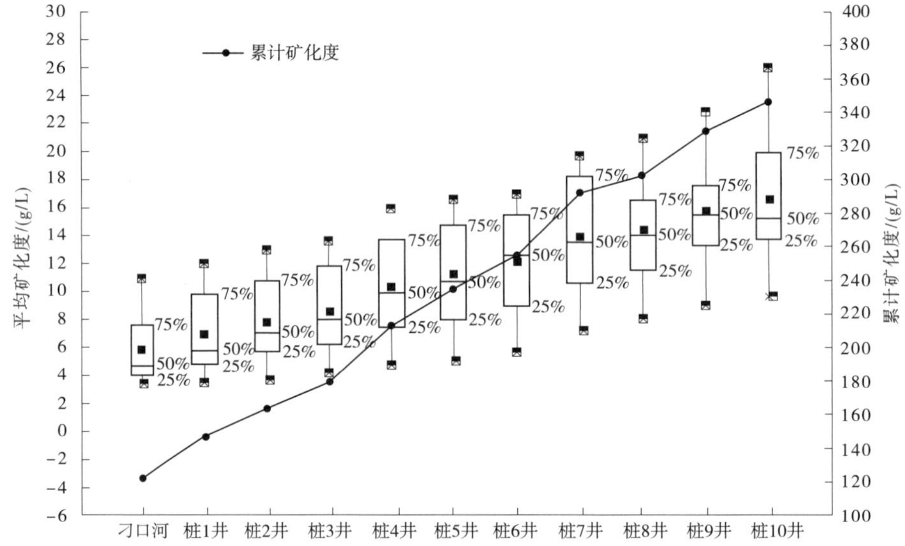

图 4-110　2016 年桩埕路监测断面地下水矿化度横向变化规律

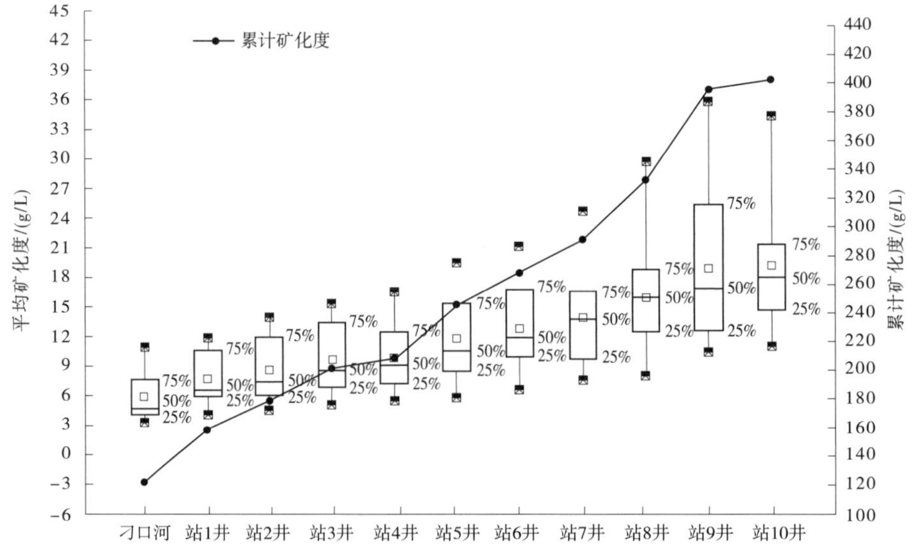

图 4-111　2016 年一千二管理站监测断面地下水矿化度横向变化规律

从图 4-110 可以看出,除桩 1 井外,随着与河槽距离的增加,桩井地下水矿化度总体呈抬升趋势。刁口河河水矿化度比多数监测井地下水矿化度低,桩 2~6 井地下水矿化度基本呈线性缓慢增长趋势,生态调水前、中、后三个时段的变化规律与各井地下水矿化度随时间变化的规律一致。桩 7~10 井地下水矿化度也呈抬升趋势,但各井地下水矿化度的变化受生态调水前、中、后三个时段时间变化的影响较小。

从图 4-111 可以看出,随距离刁口河越远,监测井地下水矿化度呈现抬升趋势。刁口河河水矿化度比多数监测井地下水矿化度低,各站井生态调水前、中、后三个时段的变化规律与各站井地下水矿化度随时间变化的规律基本一致,但一千二管理站监测断面由于受到人类活动的影响,地下水矿化度变化曲线与桩埕路监测断面有一定差别。

2. 2017 年地下水矿化度在横向距离上的变化规律

2017 年地下水矿化度的横向距离变化也按前期(1 月 1 日至 4 月 30 日)、中期(5 月 1 日至 8 月 31 日)、后期(9 月 1 日至 12 月 31 日)三个时段进行具体分析。

通过对 2017 年地下水监测井(桩 1~10 井、站 1~10 井)实测矿化度值进行套绘(横坐标表示离刁口河距离,以井号作为标记),得出 2017 年桩 1~10 井、站 1~10 井地下水矿化度横向距离变化规律,如图 4-112、图 4-113 所示。

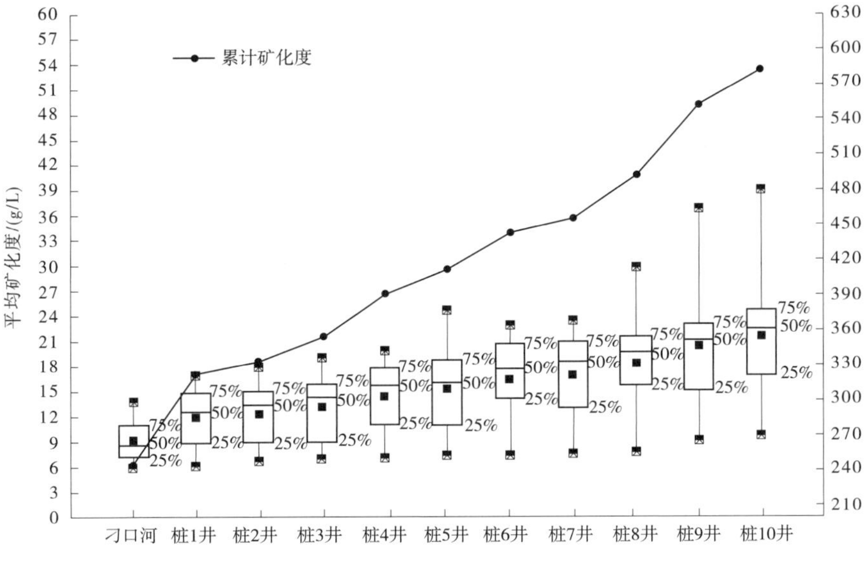

图 4-112　2017 年桩埕路监测断面地下水矿化度横向变化规律

从图 4-112 可以看出,随着与河槽距离的增加,桩井地下水平均矿化度呈缓慢升高趋势,累计矿化度也呈升高趋势,地下水矿化度两极分化大。刁口河河水矿化度比各监测井两极分化小,平均矿化度、累计矿化度均比各监测井低。桩 1~7 井地下水矿化度分布相对均衡,桩 8~10 井地下水矿化度两极分化比较大,且与河槽的距离越远两极分化越严重。

从图 4-113 可以看出,随着与河槽距离的增加,站井地下水平均矿化度、累计矿化度也呈升高趋势。刁口河河水矿化度比各监测井地下水矿化度两极分化小,平均矿化度、累计矿化度均比各监测井低。各站井地下水矿化度两极分化均较大。一千二管理站监测断面由于受到人类活动的影响,变化规律与桩埕路监测断面规律差别明显。

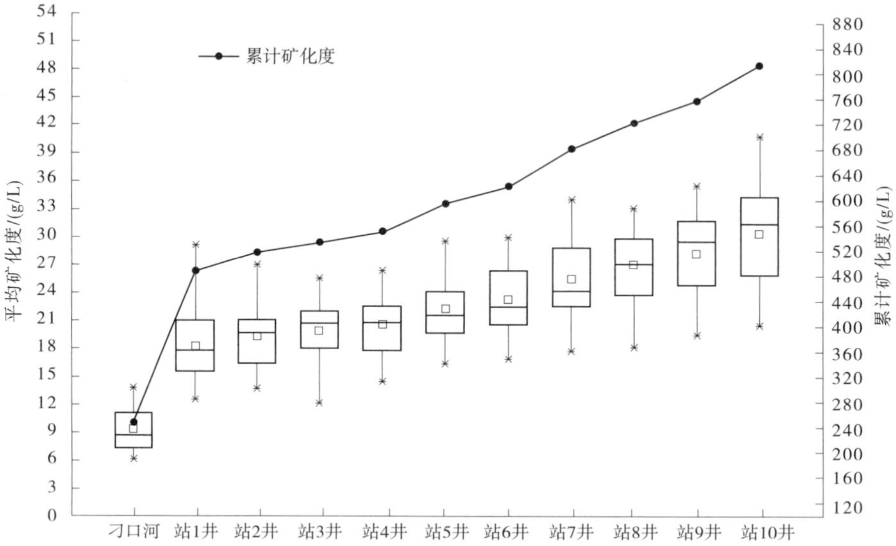

图 4-113　2017 年一千二管理站监测断面地下水矿化度横向变化规律

4.5.1.4　刁口河流路监测井地下水矿化度在纵向距离上的变化规律

1. 2016 年监测井地下水矿化度的纵向距离变化

2016 年地下水矿化度的纵向距离变化按前期(1 月 1 日至 4 月 30 日)、中期(5 月 1 日至 8 月 31 日)、后期(9 月 1 日至 12 月 31 日)三个时段进行具体分析。

通过对前期地下水监测井(桩 1 井、站 1 井至桩 10 井、站 10 井)实测矿化度值进行套绘,得出 2016 年前期刁口河流路地下水矿化度纵向对比,如图 4-114 所示。

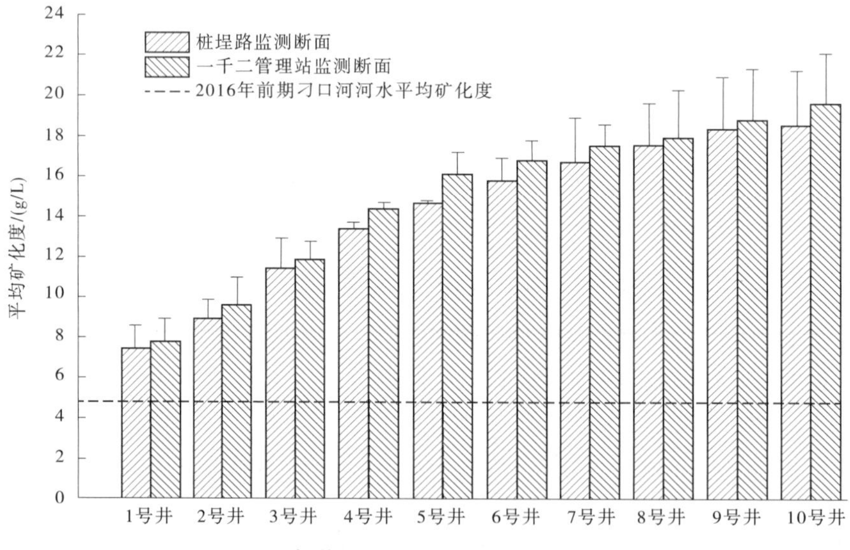

图 4-114　2016 年前期刁口河流路地下水矿化度纵向对比

从图 4-114 可知,前期各桩井与对应的站井地下水平均矿化度相差不大,站井比桩井地下水平均矿化度高,且都比前期刁口河河水矿化度高。随着与河槽距离的增加,桩井和站井地下水平均矿化度均呈升高趋势。各桩井地下水平均矿化度为7.42~18.50 g/L;各站井地下水平均矿化度为7.75~19.61 g/L。7~10号井标准差比其余井要大一些,表明7~10号井地下水平均矿化度的离散程度比其余井大,因为标准差与平均值有关,因此标准差只能在一定程度上反映样本总体特征。

通过对中期地下水监测井(桩1井、站1井至桩10井、站10井)实测矿化度值进行套绘,得出2016年中期刁口河流路地下水矿化度纵向对比,如图4-115所示。从图4-115可以看出,中期各桩井与对应的站井地下水平均矿化度相差不大,站井比桩井地下水平均矿化度高,且都比中期刁口河河水矿化度高。随着与河槽距离的增加,桩井和站井地下水平均矿化度均呈升高趋势。各桩井地下水平均矿化度为4.63~12.90 g/L;各站井地下水平均矿化度为5.61~15.00 g/L。与河槽距离越远,监测井的标准差就越大,表明其地下水矿化度的离散程度越大。

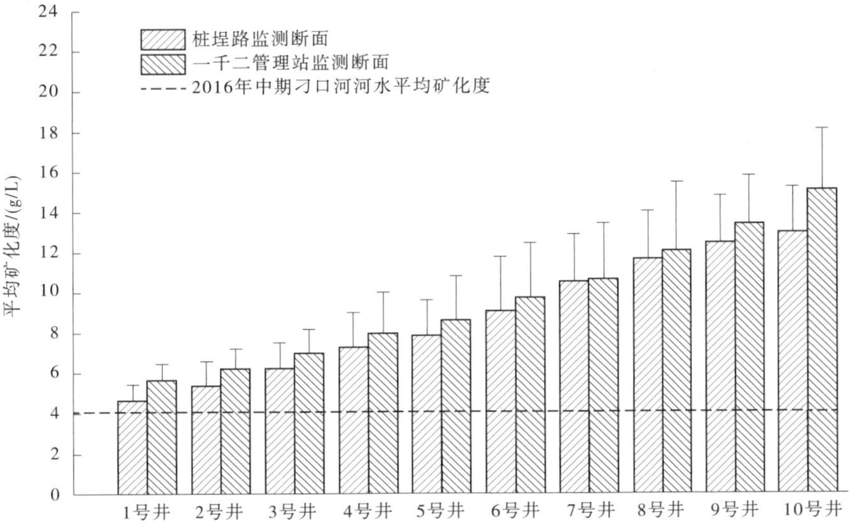

图4-115　2016年中期刁口河流路地下水矿化度纵向对比

通过对后期地下水监测井(桩1井、站1井至桩10井、站10井)实测矿化度值进行套绘,得出2016年后期刁口河流路地下水矿化度纵向对比,如图4-116所示。

从图4-116可以看出,后期桩8井、桩9井、桩10井和站8井、站9井、站10井地下水平均矿化度相差较大,其余桩井和对应站井地下水平均矿化度值相差较小。桩1井、桩2井、桩3井、桩6井、桩8井、桩9井、桩10井比站1井、站2井、站3井、站6井、站8井、站9井、站10井地下水平均矿化度低,其余桩井比站井地下水平均矿化度高。站井、桩井的地下水平均矿化度都比后期刁口河河水矿化度高。随着与河槽距离的增加,桩井地下水平均矿化度总体呈先升高后小幅降低再升高的变化趋势,站井地下水平均矿化度呈现先升高后降低再升高又降低的变化趋势。各桩井地下水平均矿化度为10.18~20.95 g/L,各站井地下水平均矿化度为10.22~26.31 g/L。

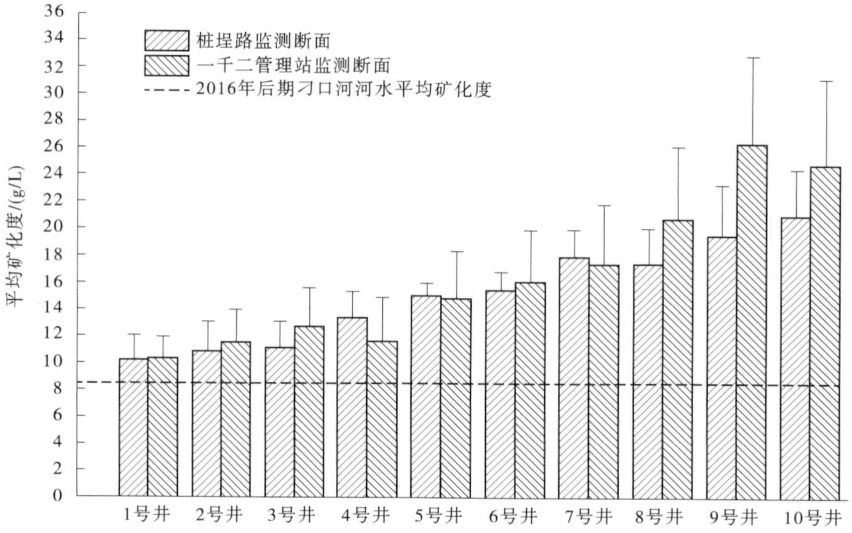

图 4-116　2016 年后期刁口河流路地下水矿化度纵向对比

2. 2017 年监测井地下水矿化度的纵向距离变化

通过对 2017 年前期地下水监测井(桩 1 井、站 1 井至桩 10 井、站 10 井)实测矿化度值进行套绘,得出 2017 年前期刁口河流路地下水矿化度纵向对比,如图 4-117 所示。

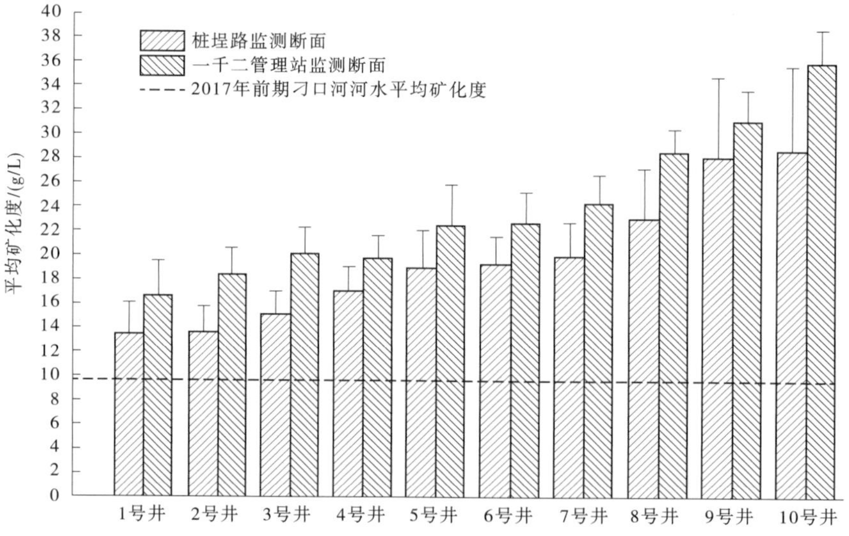

图 4-117　2017 年前期刁口河流路地下水矿化度纵向对比

从图 4-117 可以看出,前期各桩井与对应的站井地下水平均矿化度相差较大,站井比桩井地下水平均矿化度高,且都比前期刁口河河水矿化度高。随着与河槽距离的增加,桩井地下水平均矿化度总体呈升高趋势,站井地下水平均矿化度呈现先升高后小幅降低再升高的变化趋势。各桩井地下水平均矿化度为 13.46~28.64 g/L,各站井地下水平均矿化度为 16.57~35.96 g/L。

通过对中期地下水监测井(桩1井、站1井至桩10井、站10井)实测矿化度值进行套绘,得出2017年中期刁口河流路地下水矿化度纵向对比,如图4-118所示。

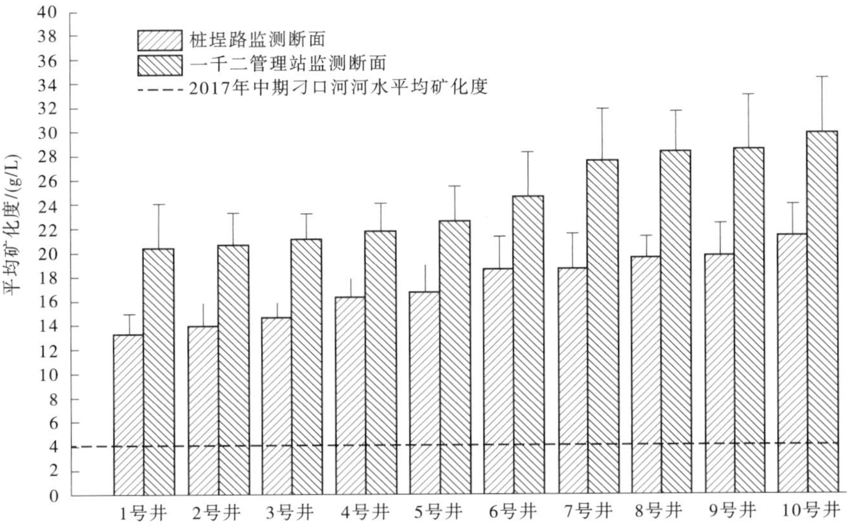

图4-118 2017年中期刁口河流路地下水矿化度纵向对比

从图4-118可以看出,中期各桩井与对应的站井地下水平均矿化度相差较大,站井比桩井平均矿化度高,且都比中期刁口河河水矿化度高。随着与河槽距离的增加,桩井和站井地下水平均矿化度总体均呈升高趋势。各桩井地下水平均矿化度为 13.27~21.32 g/L;各站井地下水平均矿化度为 20.39~29.81 g/L。

通过对后期地下水监测井(桩1井、站1井至桩10井、站10井)实测矿化度值进行套绘,得出2017年后期刁口河流路地下水矿化度纵向对比,如图4-119所示。

从图4-119可以看出,后期各桩井与对应的站井地下水平均矿化度相差更大,站井比桩井地下水平均矿化度高,且都比后期刁口河河水矿化度高。随着与河槽距离的增加,桩井和站井地下水平均矿化度总体均呈升高趋势。各桩井地下水平均矿化度为 8.53~14.93 g/L,各站井地下水平均矿化度为 16.34~24.95 g/L。

4.5.1.5 刁口河来水对湿地地下水矿化度影响的偏相关分析

1.2016年刁口河来水对湿地地下水矿化度影响的偏相关分析

运用SPSS数据分析软件,对2016年刁口河河水矿化度与桩埕路监测断面地下水矿化度进行相关分析,净降水作为干扰值加入数据分析,进而完成偏相关分析,剔除气象因素对研究结论的影响。设定地下水矿化度对刁口河河水矿化度响应的延迟时间为0 d、1 d、2 d、3 d、4 d、5 d、6 d、7 d、8 d、9 d、10 d,通过对延迟时间内的刁口河河水矿化度、各监测井地下水矿化度、净降水量三系列数据进行偏相关分析(其中净降水量为常量),得出偏相关系数(见表4-14)。

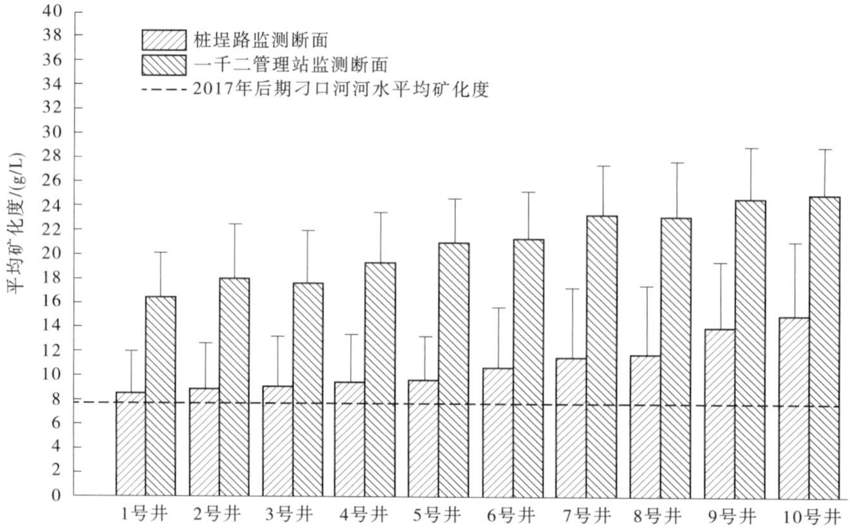

图 4-119　2017 年后期刁口河流路地下水矿化度纵向对比

表 4-14　2016 年刁口河河水矿化度与桩埕路监测断面监测井地下水矿化度偏相关系数

井号	延长时间										
	0 d	1 d	2 d	3 d	4 d	5 d	6 d	7 d	8 d	9 d	10 d
桩 1 井	-0. 24	0. 13	0. 21	0. 38	0. 31	0. 28	0. 21	0. 07	-0. 1	-0. 13	-0. 21
桩 2 井	-0. 14	-0. 13	0. 30	0. 37	0. 33	0. 25	0. 25	0. 19	0. 10	0. 23	0. 13
桩 3 井	0. 03	0. 11	0. 12	0. 46	0. 55	0. 78	0. 66	0. 64	0. 54	0. 47	0. 31
桩 4 井	0. 13	0. 14	0. 20	0. 34	0. 47	0. 46	0. 44	0. 40	0. 21	-0. 12	-0. 23
桩 5 井	0. 29	0. 31	0. 32	0. 46	0. 55	0. 41	0. 48	0. 36	0. 23	0. 32	0. 17
桩 6 井	-0. 22	-0. 26	-0. 14	0. 11	0. 20	0. 19	-0. 09	-0. 10	-0. 13	-0. 12	-0. 19
桩 7 井	-0. 13	-0. 19	-0. 14	0. 15	0. 17	0. 24	0. 16	-0. 05	-0. 16	-0. 11	-0. 23
桩 8 井	-0. 11	-0. 13	-0. 18	-0. 23	-0. 16	0. 14	0. 27	0. 28	0. 35	0. 29	0. 16
桩 9 井	-0. 26	-0. 28	-0. 28	-0. 23	-0. 47	-0. 28	-0. 24	-0. 54	-0. 42	-0. 54	-0. 36
桩 10 井	-0. 27	-0. 46	-0. 46	-0. 75	-0. 54	-0. 68	-0. 65	-0. 64	-0. 80	-0. 77	-0. 84

从表 4-14 可以看出，桩 1～8 井在设定的延迟时间内都出现了正相关，而桩 9 井、桩 10 井一直表现为负相关，因此可以判断，刁口河河水矿化度对地下水矿化度的有效明显影响边界为桩 8 井，即离河 1. 4 km；桩 9 井、桩 10 井矿化度对刁口河河水矿化度的变化无明显相关性。

根据统计学理论，相关系数最大值为相关性最大，正值为正相关，负值为负相关。对应于每个监测井，其相关系数最大值对应的天数即为相关性最大的延迟天数。结合

表 4-14 可以筛选出偏相关系数正相关最大值对应的延迟天数，即 Δt（见表 4-15）。

表 4-15　2016 年刁口河河水矿化度对地下水矿化度影响的最大延迟时间 Δt

桩井号	1	2	3	4	5	6	7	8	9	10
Δt/d	3	3	5	4	4	4	5	8	—	—

从表 4-15 可以看出，桩 1～8 井相关系数最大值对应的最大延迟时间为 3～8 d，大致表现为随离河距离的增大，最大延迟时间增大的规律。

综上所述，刁口河来水改善了刁口河水质，降低了其矿化度，进而在有效的延迟时间（3～8 d）内，在一定的影响范围（桩 8 井，即 1.4 km）内，对地下水矿化度起到了较为明显的降低作用。

2. 2017 年刁口河来水对湿地地下水矿化度影响的偏相关分析

设定 2017 年地下水矿化度对刁口河河水矿化度响应的延迟时间为 0 d、1 d、2 d、3 d、4 d、5 d、6 d、7 d、8 d、9 d、10 d，通过对延迟时间内的刁口河河水矿化度、各监测井地下水矿化度、净降水量三系列数据进行偏相关分析（其中净降水量为常量），得出偏相关系数（见表 4-16）。

表 4-16　2017 年刁口河河水矿化度与桩埕路监测断面监测井地下水矿化度偏相关系数

井号	延迟时间										
	0 d	1 d	2 d	3 d	4 d	5 d	6 d	7 d	8 d	9 d	10 d
桩 1 井	-0.11	0.14	0.21	0.49	0.44	0.38	0.33	0.17	-0.1	-0.14	0.11
桩 2 井	-0.24	-0.16	0.20	0.47	0.41	0.25	0.30	0.24	0.20	0.17	0.13
桩 3 井	0.11	0.15	0.20	0.36	0.42	0.48	0.46	0.34	0.34	0.27	0.11
桩 4 井	0.18	0.19	0.23	0.31	0.38	0.37	0.24	0.20	0.21	-0.15	-0.03
桩 5 井	0.19	0.21	0.30	0.36	0.45	0.31	0.18	0.16	0.03	-0.09	-0.21
桩 6 井	-0.12	-0.20	-0.26	0.11	0.25	0.13	-0.09	0	-0.11	-0.15	-0.14
桩 7 井	-0.12	-0.16	-0.14	0.18	0.15	0.19	0.16	-0.15	-0.16	-0.08	-0.23
桩 8 井	-0.22	-0.23	-0.18	-0.13	-0.12	0.10	0.17	0.24	0.29	0.25	0.09
桩 9 井	-0.16	-0.18	-0.24	-0.23	-0.27	-0.25	-0.34	-0.44	-0.56	-0.40	-0.44
桩 10 井	-0.20	-0.50	-0.44	-0.45	-0.14	-0.38	-0.26	-0.35	-0.42	-0.42	-0.36

从表 4-16 可以看出，桩 1～8 井在设定的延迟时间内都出现了正相关，而桩 9 井、桩 10 井一直表现为负相关，因此可以判断，刁口河河水矿化度对地下水矿化度的有效明显影响边界为桩 8 井，即离河 1.4 km；桩 9 井、桩 10 井地下水矿化度对刁口河河水矿化度的变化无明显相关性。对应于每个监测井，其相关系数最大值对应的天数即为相关性最大的延迟天数。结合表 4-16 可以筛选出偏相关系数正相关最大值对应的延迟天数，即 Δt

(见表 4-17)。

表 4-17　2017 年刁口河河水矿化度对地下水矿化度影响的最大延迟时间 Δt

桩井号	1	2	3	4	5	6	7	8	9	10
Δt/d	3	3	5	4	4	4	5	8	—	—

由表 4-17 可以看出,桩 1~8 井相关系数最大值对应的最大延迟时间为 3~8 d,大致表现为随离河距离的增大,最大延迟时间增大的规律。

综上所述,2017 年生态补水改善了刁口河水质,降低了其矿化度,进而在有效的延迟时间(3~8 d)内,在一定的影响范围(桩 8 井,即 1.4 km)内,对地下水矿化度起到了较为明显的降低作用。

4.5.2　清水沟流路来水对湿地地下水矿化度的影响研究

本书分别对 2016 年、2017 年清水沟河水实测矿化度进行套绘,得出 2016 年、2017 年清水沟流路河水矿化度变化曲线,如图 4-120、图 4-121 所示。

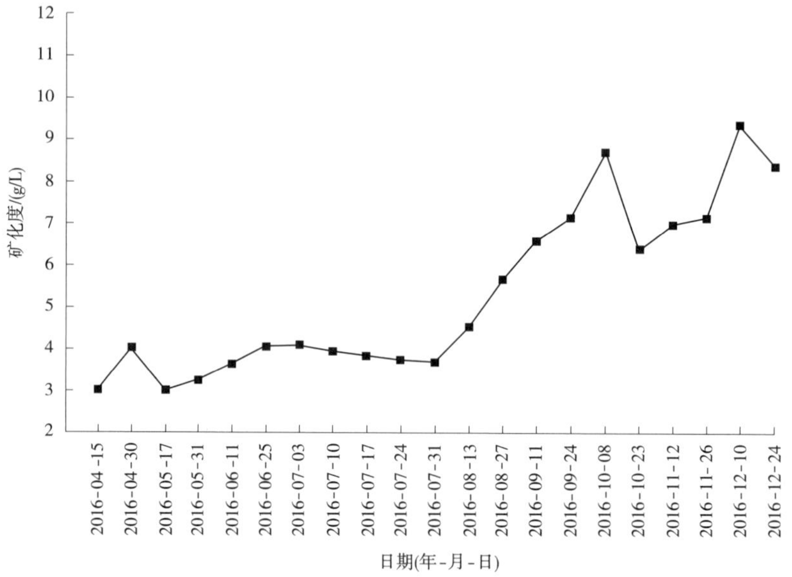

图 4-120　2016 年清水沟流路河水矿化度变化曲线

从图 4-120 可以看出,2016 年清水沟河水矿化度大致呈现升高→降低的循环变化趋势。主要变化过程如下:在 4 月 15 日至 6 月 25 日总体呈升高趋势,5 月 17 日矿化度突然下降,此值为 2016 年最低值;6 月 25 日至 7 月 31 日矿化度呈小幅下降趋势;7 月 31 日至 10 月 8 日矿化度呈升高趋势;10 月 8 日至 10 月 23 日矿化度大幅下降;10 月 23 日至 12 月 24 日矿化度总体呈升高趋势,但在 12 月 10 日至 12 月 24 日有小幅下降。

从图 4-121 可知,2017 年清水沟河水矿化度呈现先在 11 g/L 上下振荡,后降低又升高再降低又升高的变化趋势。主要的变化如下：在 1 月 8 日至 5 月 14 日矿化度在 11 g/L 上下振荡；5 月 14 日至 7 月 30 日矿化度呈下降趋势；7 月 30 日至 10 月 26 日矿化度呈上升趋势，中间偶有小幅下降过程；10 月 26 日至 11 月 26 日矿化度呈下降趋势；11 月 26 日至 12 月 24 日矿化度呈上升趋势。

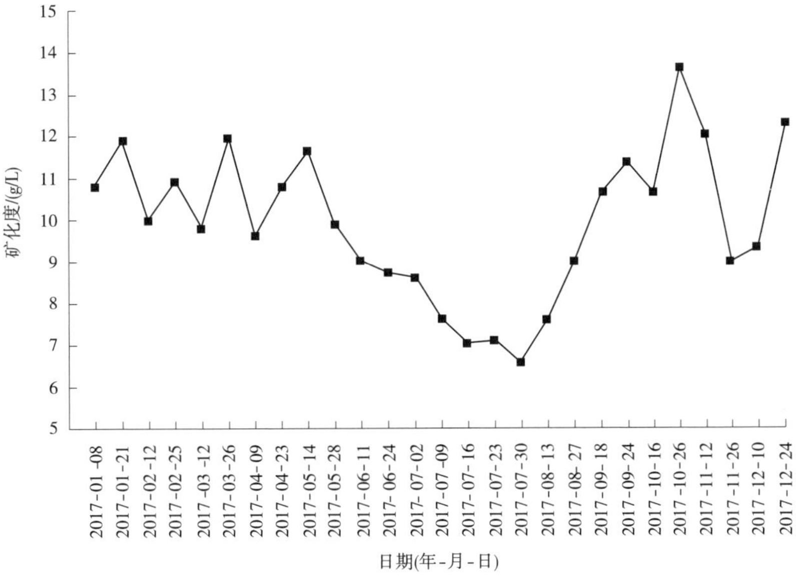

图 4-121　2017 年清水沟流路河水矿化度变化曲线

清水沟河水矿化度的变化受到上游来水、降水、蒸发影响，结合气象变化分析资料可以看出产生变化的主要原因如下：在每年 1~5 月，清水沟河道来水较少，降水、蒸发的影响较大。降水较多时，降水与蒸发交替起主导作用使清水沟河水矿化度在一个小范围内波动；降水较少时，蒸发起主导作用使清水沟河水矿化度持续升高。每年 6~7 月，由于降水量和上游来水量增多，明显降低了清水沟河水的矿化度。每年 8 月至年底，由于清水沟地区横跨了秋季、冬季、春季三个季节，降水量较小、蒸发量较大，从总体上看，蒸发对清水沟河水矿化度起主导作用。因此，清水沟河水矿化度开始缓慢抬升，中间出现的小的降幅、升幅是由当时的降水造成的。

结合清水沟河水矿化度数据，通过对整个观测期内大汶流监测断面的地下水矿化度数据分年度整理套绘，从随时间变化和距河槽横向距离变化两个方面分析研究区地下水矿化度的变化。

4.5.2.1　2016 年清水沟流路来水对湿地地下水矿化度的影响研究

通过对 2016 年大汶流监测断面监测井地下水实测矿化度值进行套绘，得出 2016 年大汶流监测断面地下水矿化度变化曲线，如图 4-122 所示。

2016 年划分为前期(1 月 1 日至 4 月 30 日)、中期(5 月 1 日至 8 月 31 日)、后期(9 月 1 日至 12 月 31 日)三个时段进行具体分析。

从图 4-122 可以看出，在前期(1 月 1 日至 4 月 30 日)，随着时间的增加，各监测井地下水矿化度呈升高趋势。地下水矿化度增大意味着地下水淡水的蒸发量增大,说明该时期大河来水偏少,对研究区地下水矿化度影响微小,该时间段蒸发量远大于降水量,蒸发在地下水矿化度变化的影响因素中占主导地位。各监测井矿化度为 6.05~17.00 g/L,4 月达到峰值。

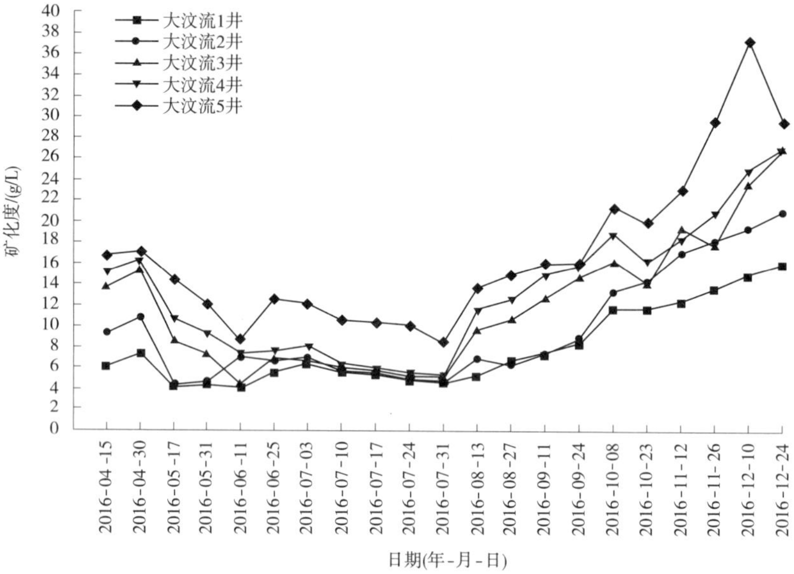

图 4-122　2016 年大汶流监测断面地下水矿化度变化曲线

在中期(5 月 1 日至 8 月 31 日),清水沟来水量大,但随着时间的增加,大汶流监测断面地下水矿化度呈现降低→小幅升高→缓慢降低→升高的变化趋势,各监测井地下水矿化度为 4.00~14.86 g/L。最低值出现在 5 月或 7 月,说明清水沟来水在短时间内对各监测井地下水矿化度影响不大,有延迟作用。上游来水、蒸发、降水是造成中期地下水矿化度变化的主要原因。

在后期(9 月 1 日至 12 月 31 日),各监测井地下水矿化度总体呈明显升高趋势,在 12 月达到最高值。各监测井地下水矿化度为 7.29~37.28 g/L。由于该时间段降水量较小、蒸发量较大,蒸发对监测井地下水矿化度起主导作用,因此地下水矿化度呈明显升高趋势,中间出现的小的降幅、升幅是由降水造成的。

通过对 2016 年大汶流监测断面监测井地下水实测矿化度值进行套绘(横坐标表示离清水沟距离,以井号作为标记),得出 2016 年大汶流监测断面地下水矿化度横向变化规律,如图 4-123 所示。

从图 4-123 可以看出,随着与河槽距离的增加,监测井平均矿化度、累计矿化度均呈升高趋势。清水沟河水矿化度比各监测井两极分化小,平均矿化度、累计矿化度均比各监测井低。大汶流 1 井和大汶流 2 井地下水矿化度分布相对均衡,大汶流 3~5 井地下水矿化度两极分化比较大,这与距离清水沟越远,矿化度变化与蒸发、降水的关系越密切有关。

4.5.2.2　2017 年清水沟流路来水对湿地地下水矿化度的影响研究

通过对 2017 年大汶流监测断面监测井地下水实测矿化度值进行套绘,得出 2017 年大汶流监测断面地下水矿化度变化规律,如图 4-124 所示。

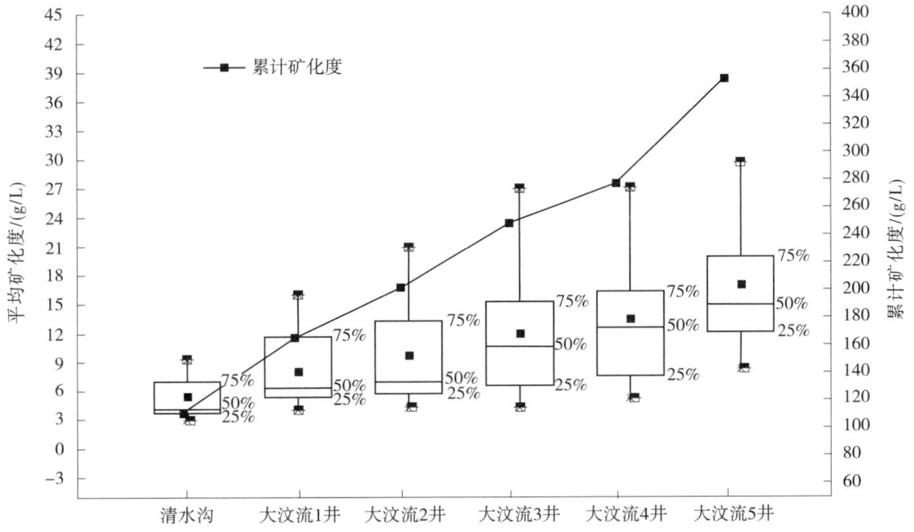

图 4-123　2016 年大汶流监测断面地下水矿化度横向变化规律

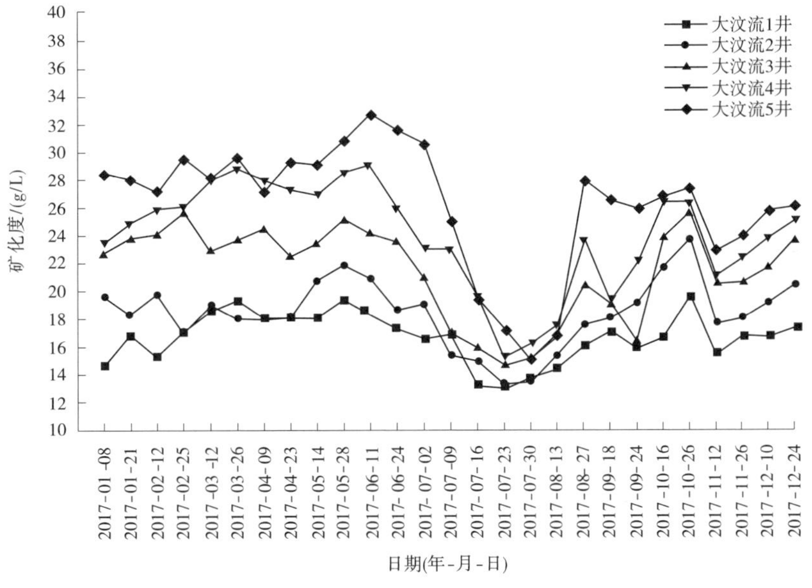

图 4-124　2017 年大汶流监测断面地下水矿化度变化曲线

2017 年划分为前期(1 月 1 日至 4 月 30 日)、中期(5 月 1 日至 8 月 31 日)、后期(9 月 1 日至 12 月 31 日)三个时段进行具体分析。

从图 4-124 可知,在前期(1 月 1 日至 4 月 30 日),各监测井地下水矿化度在一个小范围内波动,矿化度为 14.58~29.64 g/L。该时期清水沟来水较少,降水、蒸发的影响较大,由于 2017 年前期降水较多,降水与蒸发交替起主导作用使各监测井地下水矿化度在一个小范围内波动。在中期(5 月 1 日至 8 月 31 日),随着时间的增加,各监测井地下水矿化度呈现升高→降低→升高的变化趋势,在 7 月下旬达到最低值,各监测井地下水矿化度为 12.98~32.69 g/L。可以认为是清水沟上游来水的延迟影响,降水、蒸发是造成矿化度变化的主要原因。在后期(9 月 1 日至 12 月 31 日),随着时间的增加,除大汶流 2 井外,各监测井地下水矿化度呈现降低→升高→降低→升高的变化趋势,但总体呈升高趋势。各监测井地下水矿化度为 15.44~27.37 g/L。由于该时间段降水量较小、蒸发量较大,蒸发对监测井地下水矿化度起主导作用,因此地下水矿化度总体呈明显升高趋势,但是降水造成 9 月、11 月两次地下水矿化度降低。

通过对 2017 年大汶流监测断面监测井地下水实测矿化度值进行套绘(横坐标表示离清水沟距离,以井号作为标记),绘制 2017 年大汶流监测断面地下水矿化度横向变化规律,如图 4-125 所示。

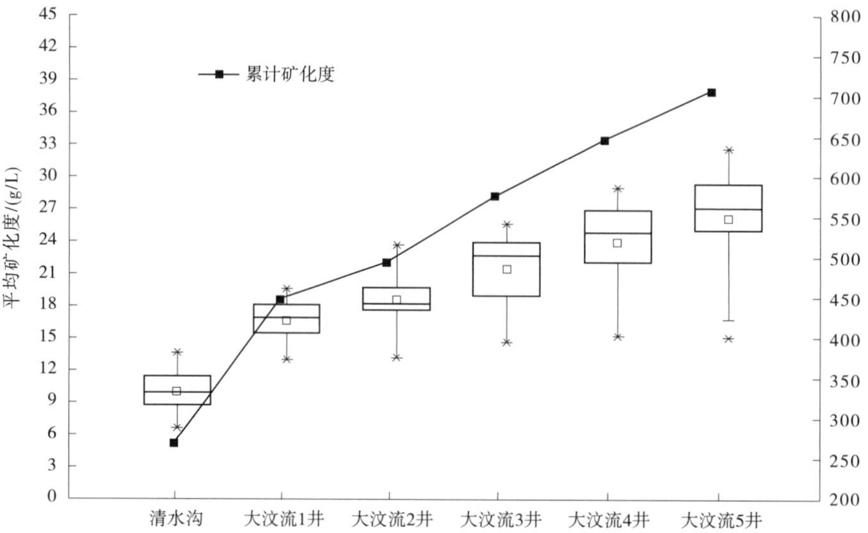

图 4-125　2017 年大汶流监测断面地下水矿化度横向变化规律

从图 4-125 可以看出,随着与河槽距离的增加,各监测井平均矿化度、累计矿化度均呈升高趋势。清水沟河水矿化度比各监测井(大汶流 1 井除外)两极分化小,平均矿化度、累计矿化度均比各监测井低。大汶流 1~3 井地下水矿化度分布相对均衡,大汶流 4 井、大汶流 5 井地下水矿化度两极分化相对较大,且与河槽的距离越大两极分化越严重。

4.5.3　黄河来水来沙对湿地地下水矿化度影响的结论

通过以上分析,得出黄河来水来沙对刁口河流路及清水沟流路湿地地下水矿化度的影响结论,归纳如下:

(1)整个观测期内,影响湿地地下水矿化度因素较多,上游来水、生态补水、降水、蒸发、地形地貌、地层构造、人类活动等因素都在不同程度上影响着地下水矿化度,其中上游来水、生态补水、降水、蒸发、人类活动是影响整个研究区湿地地下水矿化度的五大因素。

(2)整个观测期内,桩埕路和大汶流两个监测断面监测井地下水矿化度随着时间的增加呈明显的规律性变化。前期,各监测井地下水矿化度总体呈升高趋势;中期,总体呈先降低后升高的趋势;后期,总体呈升高趋势。上游来水、生态补水和降水会造成地下水矿化度的降低,引起曲线变化。一千二管理站监测断面地下水矿化度随着时间的增加变化规律不明显,说明人类活动对地下水矿化度影响明显。各监测断面两年的地下水矿化度同比在 2017 年生态补水前呈升高趋势,补水后呈降低趋势。

(3)随着与河槽距离的增加,各断面监测井地下水平均矿化度、累计矿化度均呈升高趋势,且矿化度两极分化越大(个别井除外)。河水矿化度比同一监测段断面大部分监测井两极分化小,平均矿化度、累计矿化度均比各监测井低。桩埕路监测断面距河槽 1 000 m 范围内,地下水矿化度随时间增加的变化规律明显,距河槽 1 000~3 000 m 内,地下水矿化度相对变化较大,随时间变化规律不明显。一千二管理站监测断面因为受人类活动影响较大,地下水矿化度曲线呈连续 W 形变化。清水沟监测断面距河槽越近,地下水矿化度变化规律越明显;距河槽越远,矿化度越不稳定。刁口河两个监测断面纵向比较,与河槽相同距离的站井地下水矿化度总体上比桩井高。人类活动是造成地下水矿化度纵向差值的主要原因。

(4)上游来水不仅在汛期影响着刁口河流路及清水沟流路湿地地下水矿化度的变化,在汛期结束后仍然会存在一定时间的延续影响。刁口河来水对地下水矿化度影响的延迟时间为 3~8 d,影响范围在 1.4 km 左右。黄河来水在一定程度上改善了湿地地下水矿化度,但是也可以明显地看出,由于降水、蒸发、人类活动的存在,这一改善效果不大,应该在未来继续采取生态补水措施,并选择有利时机,延长补水时长、加大补水量,以期达到更好的改善效果。

4.6 2023~2024 年黄河来水对湿地地下水矿化度的影响

地下水作为黄河三角洲地区水循环的重要环节,对河口湿地自然保护区的存在与发展具有重要作用。在咸水广泛分布的黄河三角洲地区,地下水咸化已经成为黄河三角洲生态环境最突出的问题之一。矿化度是反映某一地区地下水水质好坏的重要指标,根据矿化度的大小可将地下水分为淡水、弱咸水、咸水、强咸水、卤水。黄河三角洲地区地下淡水主要分布在小清河以南地区(全淡水区),小清河以北淡水分布在埋深大于 60 m 的地层中。微咸水和咸水广泛分布在全淡水区外的地区,分布范围广、含量大。此外,受多次海侵的影响,该区还分布有浅层和深层地下卤水,一般卤水的矿化度高于 50 g/L。浅层地下卤水沿渤海湾岸边分布,是由埋藏的古海水蒸发和浓缩形成的。

4.6.1 2023~2024 年刁口河流路矿化度变化

通过分析刁口河流路河流实测矿化度数据,对 2023~2024 年刁口河河水实测矿化度进行套绘,得出整个观测期刁口河河水矿化度变化曲线,如图 4-126 所示。刁口河流路河流矿化度年际间变化规律复杂,有明显起伏,矿化度为 2.19~4.94 g/L,最高值出现在 5 月中旬至 6 月中旬,随后出现明显下降,并在 7 月中下旬出现最低值。

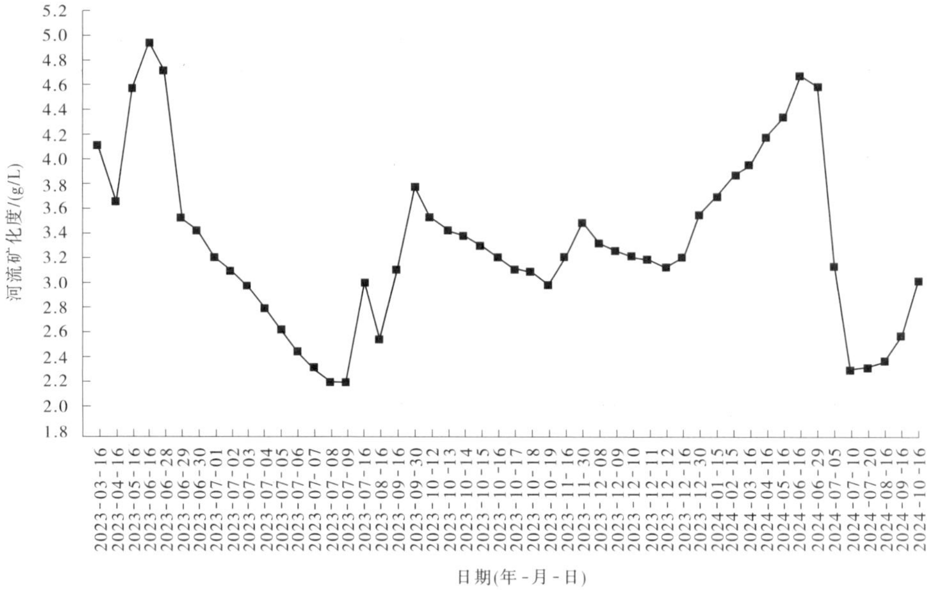

图 4-126　2023～2024 年刁口河流路河流矿化度变化曲线

可以看出，2023 年刁口河河水矿化度呈现“先小幅上升，后持续降低，再持续升高，最终维持稳定状态”的趋势。主要的变化如下：5 月 16 日至 6 月中旬，受降雨短期影响，矿化度下降；6 月中旬至 7 月上旬，河水矿化度持续降低，降幅达 47.6%；7 月中旬至 9 月底，河水矿化度持续升高，涨幅达 72.7%；10～12 月，矿化度变化曲线有涨有降，总体维持在 3.3 g/L 左右。2024 年刁口河河水矿化度呈现“先升后降，逐步上升”的趋势。主要的变化如下：1 月至 6 月中旬为上升曲线，全年矿化度最高值为 6 月 16 日的 4.68 g/L；6 月下旬至 8 月中旬为下降曲线，全年矿化度最低值为 7 月 10 日的 2.28 g/L；8 月下旬至 10 月底为逐步上升曲线。

刁口河河水矿化度的变化受到来水补给、降水、蒸发的影响，结合气象变化分析资料可以看出河流矿化度变化的主要原因如下：在每年 1 月至 5 月中旬，随着春灌的开始，刁口河河道内无来水补给，河道内水位持续降低，影响矿化度的因素有降水、蒸发，其中降水较少，蒸发起主导作用，因此该时段刁口河河水矿化度总体呈升高趋势；5 月中旬至 6 月中旬，降雨事件偶然发生，采样频次为每月 1 次，矿化度出现短暂下降可能是由于降雨作用，但结合以往历史观测资料及 2024 年数据来看，此阶段刁口河河水矿化度应为持续上升阶段；6 月中旬至 7 月上旬，刁口河启动生态补水，河道内水位大幅增高，矿化度显著降低；7 月中旬至 9 月底，降水量虽有小幅增加，但蒸发量更大，叠加河道内来水对周边区域渗透补水，并挟带周边土壤中的可溶性固体回流，因此矿化度有显著上升；10 月至 12 月底，主要受到降水、蒸发的影响，降水与蒸发交替起主导作用使刁口河河水矿化度有一个小范围的波动，但总体维持在一个稳定范围。

值得说明的是，2021～2022 年，东营市相继实施了刁口河一期治理工程和二期治理工程。2023 年调水调沙前，16.8 km 河道疏浚项目全部完成，刁口河过流能力大大提高。为保障刁口河流路生态补水有序开展，河务部门适时开启崔家节制闸、西河口护滩取水工程实施联合补水，并加强刁口河流路沿线巡查，控制两岸分水。2023 年刁口河流路补水水头仅用 44 h 即到达山东黄河三角洲国家级自然保护区一千二管理站，补水效率再创历史最高。

观测期内，由于刁口河地区降水量偏少、蒸发量较多，从总体上看，蒸发对刁口河河水矿化度起主导作用，矿化度将持续上升。每年 7 月的生态补水对刁口河河水矿化度起到了良性改善作用，其作用时间虽只有 2 个月，但在年际矿化度平衡中起关键作用。值得探讨的是，不同生态补水方式和补水量对刁口河周边区域矿化度的影响规律和范围需要进一步明确。

4.6.2　刁口河流路湿地地下水矿化度变化

为探讨现行补水方式对刁口河流路周边湿地地下水矿化度的影响范围和时间，在黄河三角洲国家级自然保护区刁口河流路一千二管理站设置一条垂直于刁口河河道的监测断面，每隔 100 m 布设 1 口监测井，布设 12 口井，断面长度 1.2 km。将观测期划分为三个时期，分别为补水前期(3~6 月)、补水期(7~9 月)、补水后期(10~12 月)。在不同时期采集浅层地下水样，通过重量分析法测定矿化度。

4.6.2.1　刁口河流路湿地地下水矿化度时间变化规律

通过对整个观测期内一千二管理站监测断面的矿化度整理数据套绘，分析刁口河流路湿地地下水矿化度的变化，见图 4-127。从整个观测期刁口河流路湿地地下水矿化度变化曲线可以看出，除 11 号井和 12 号井外，1~10 号井的变化趋势基本同步。影响湿地地下水矿化度的主要因素仍是黄河来水、降水、蒸发、海水入侵等因素。

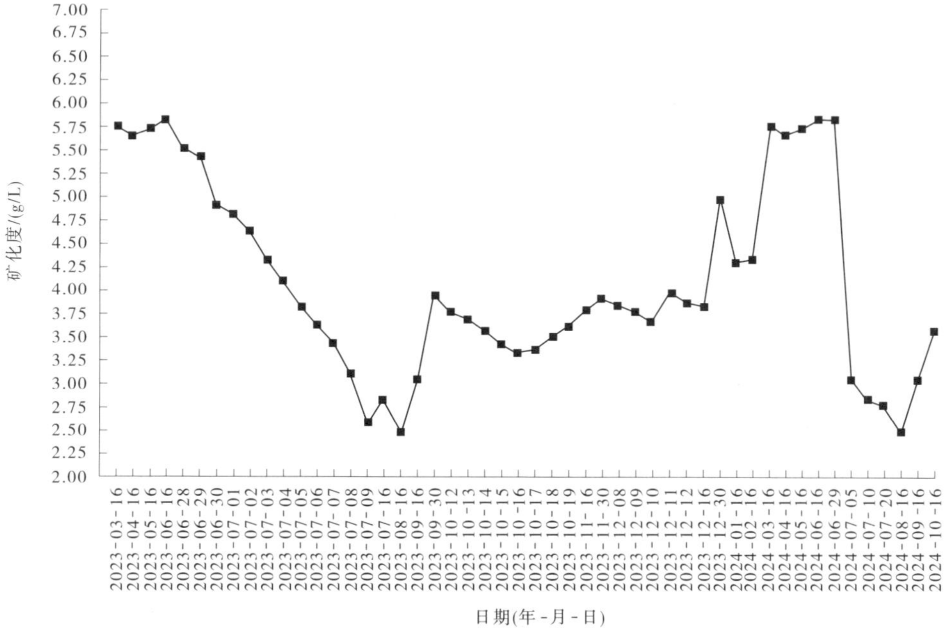

(a)1号井矿化度

图 4-127　2023~2024 年刁口河流路湿地地下水矿化度变化曲线

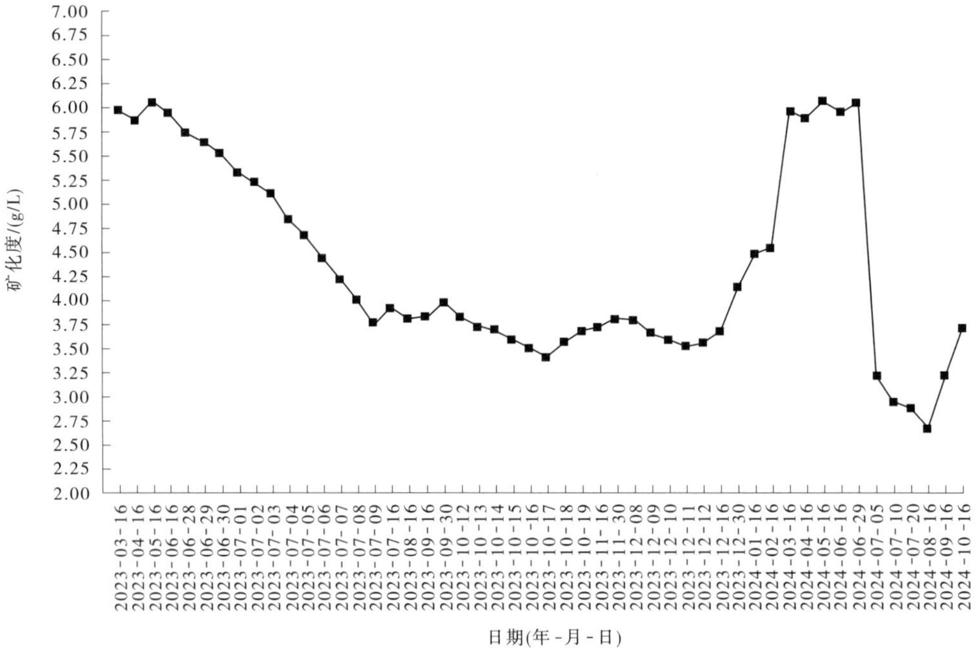

(b)2号井矿化度

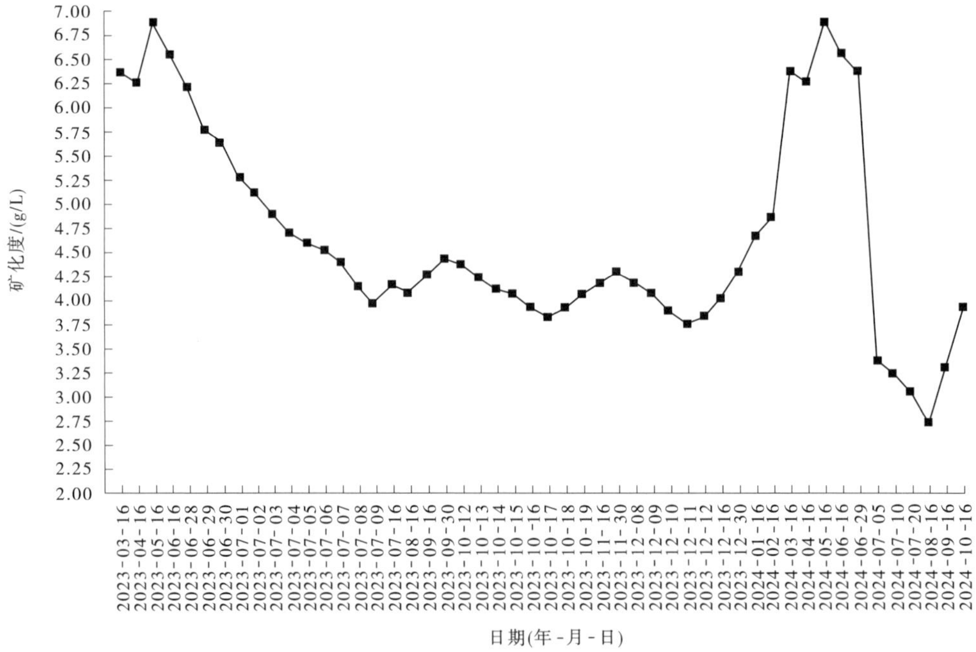

(c)3号井矿化度

续图 4-127

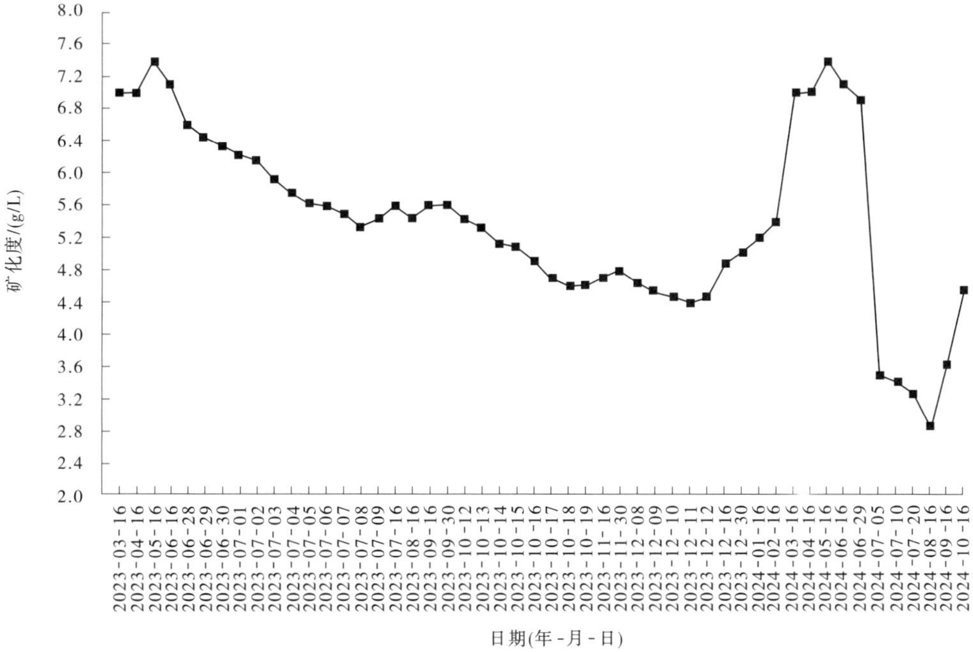

(d)4号井矿化度

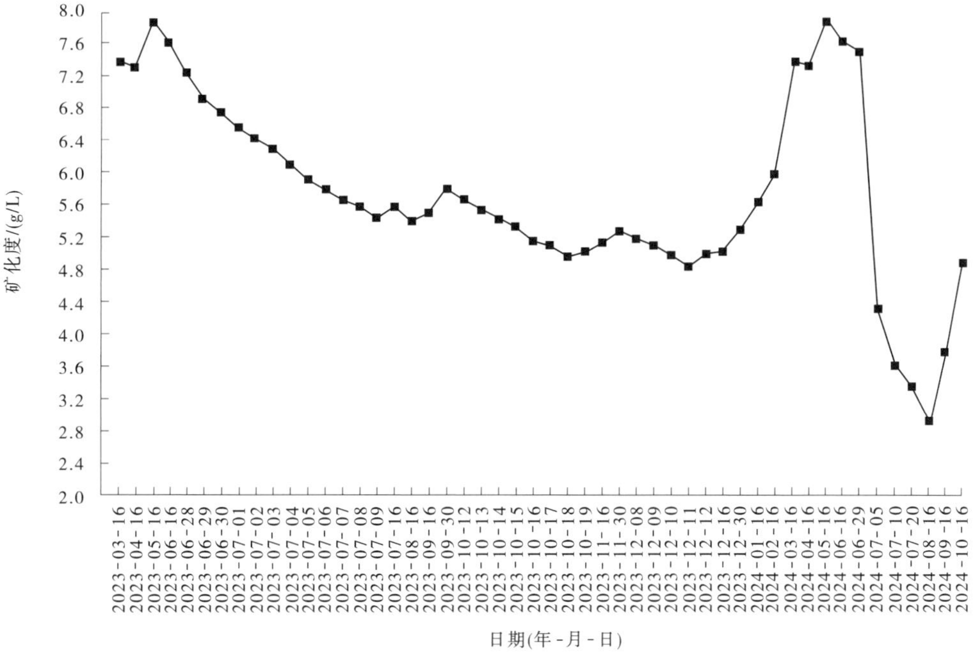

(e)5号井矿化度

续图 4-127

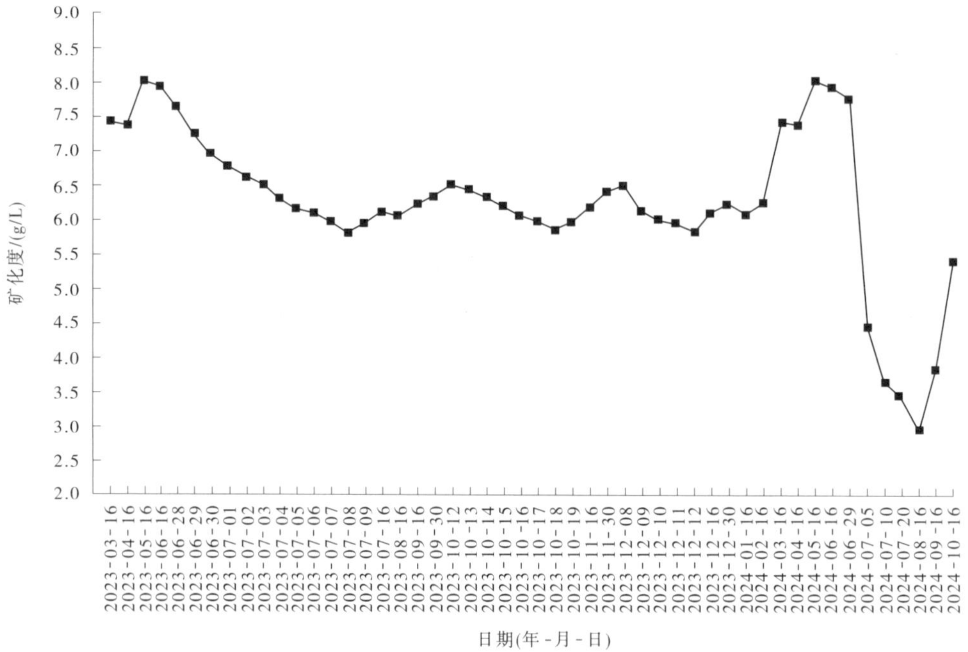

(f)6号井矿化度

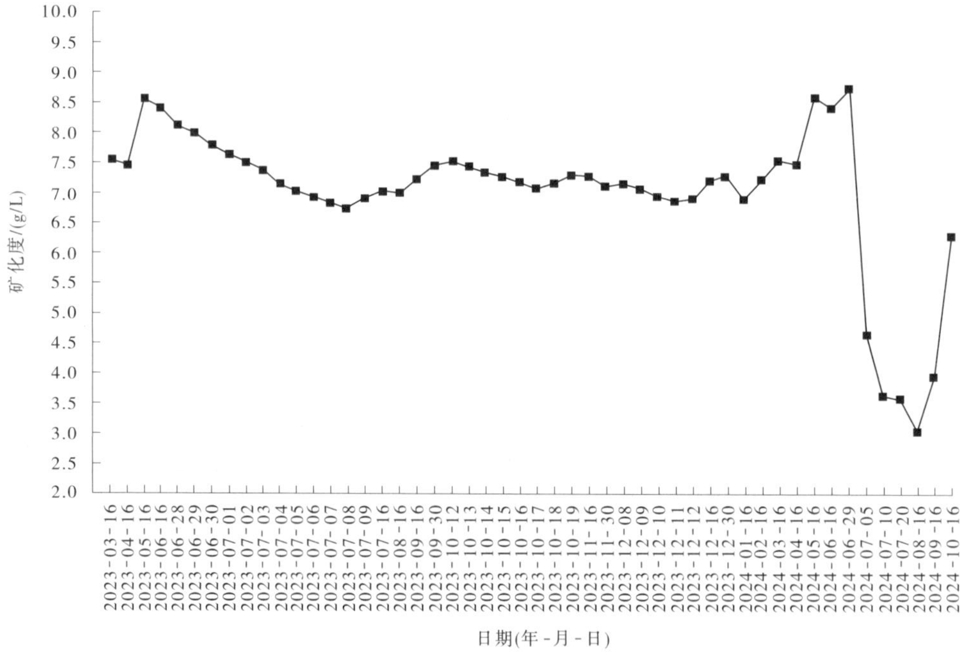

(g)7号井矿化度

续图 4-127

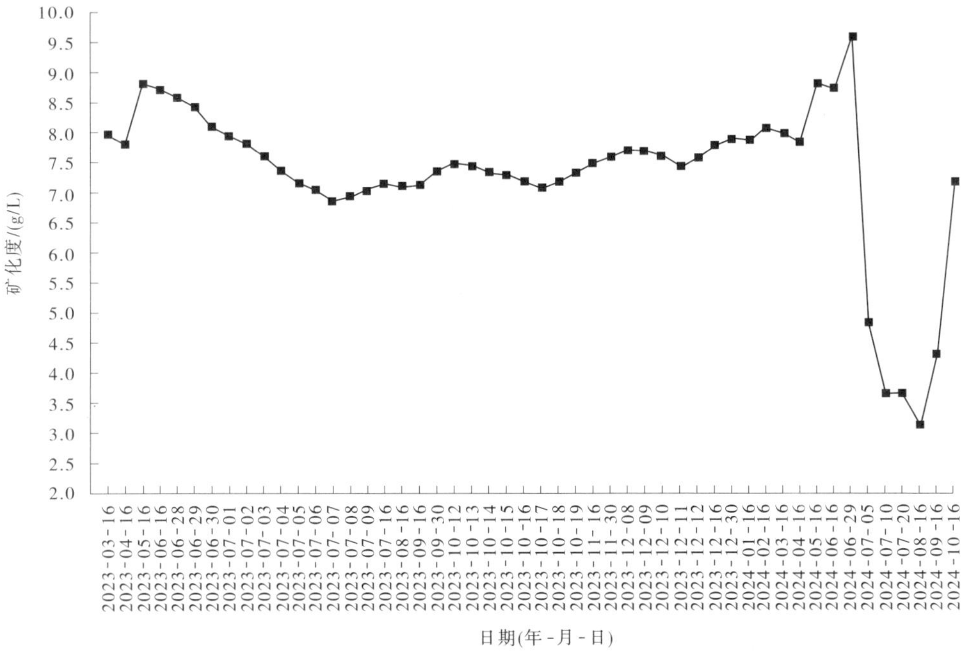

(h)8号井矿化度

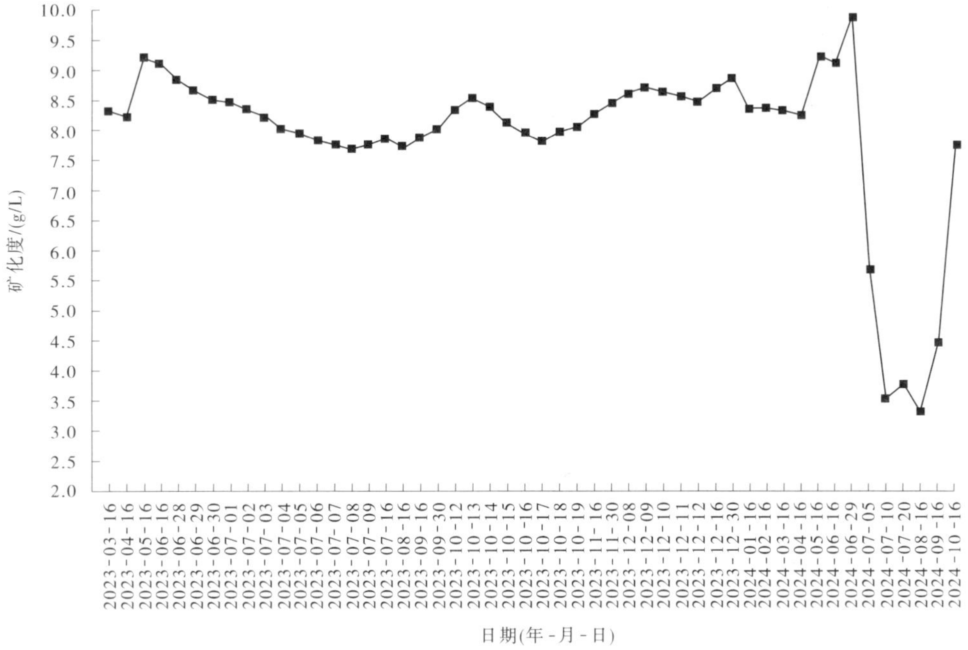

(i)9号井矿化度

续图 4-127

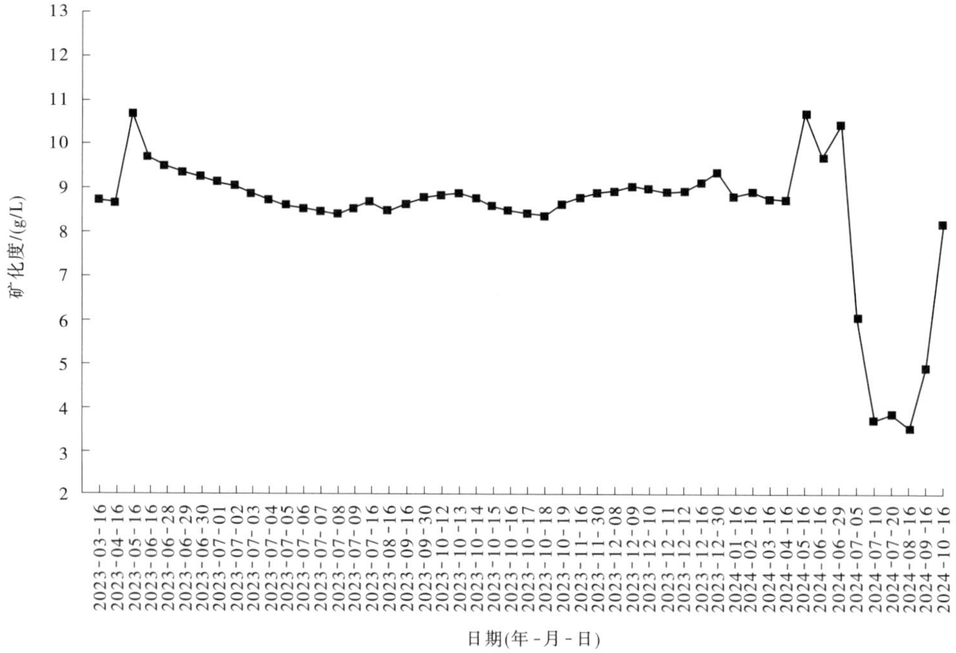

(j)10号井矿化度

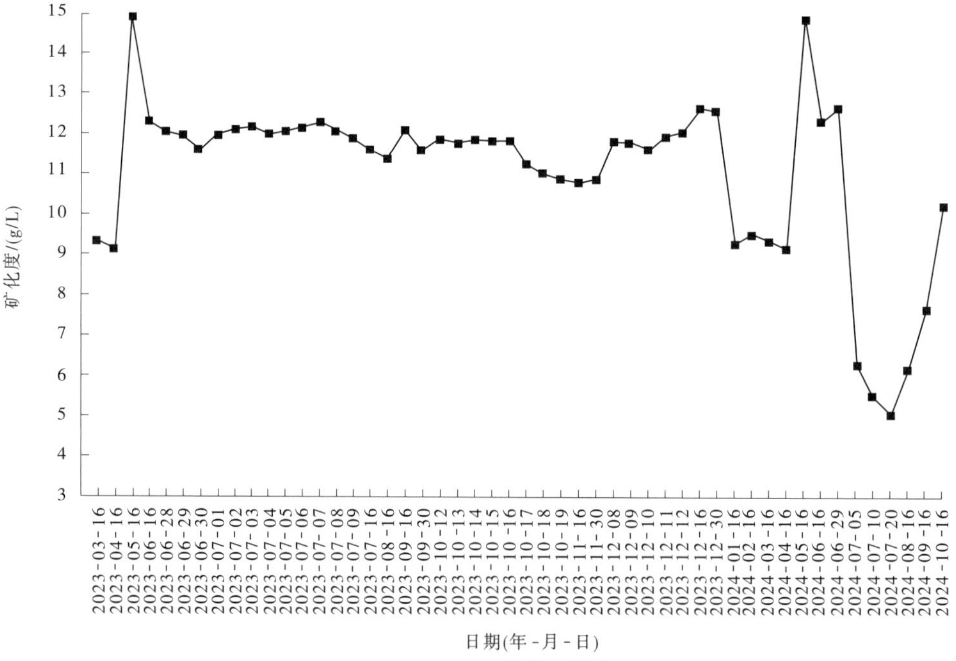

(k)11号井矿化度

续图 4-127

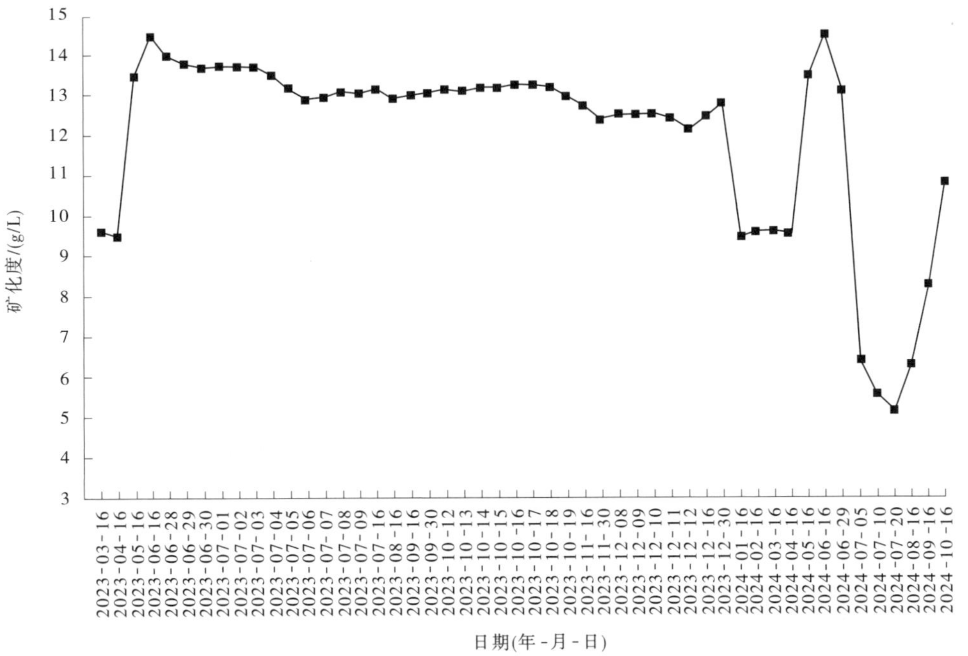

(l)12号井矿化度

续图 4-127

黄河三角洲地区浅层地下水主要是微咸水、咸水和卤水及一些地下淡水透镜体,河积粉沙和潮汐沉积物是地下水赋存介质。地下水普遍埋藏较浅,为0~3 m。该区域地下水由于较浅的埋深和极强的蒸发作用,同时受没有防潮堤的海水入侵作用,导致该区域盐渍化严重。通过连续多年的生态补水,地下水矿化度下降明显,基本可以维持良性循环。经过2023年和2024年两个监测年的观察,降水量普遍偏少,但湿地地下水矿化度同比总体呈下降趋势。

因此,在无人类活动的影响背景下,常态化、大流量的生态补水可以整体上降低研究区地下水的矿化度,降低土壤盐渍化程度,为湿地植物多元化提供良好的水和土壤生态环境。通过实施刁口河综合治理一期工程、二期工程,人工清淤疏浚刁口河流路,实现西崔南闸以南段30 m^3/s、以北段满足50 m^3/s 过流,切实增强了生态补水改善湿地生态环境的效果,是改进生态补水方式的有益实践。

按照2023年与2024年分别分析地下水矿化度时间变化规律。

1.2023年观测井地下水矿化度与时间的动态变化关系

2023年观测可划分为前期(3~6月)、中期(7~9月)、后期(10~12月)三个时段具体分析。

可以看出,在前期(3~6月),随着时间的增加,一千二管理站监测断面各观测井矿化度均呈现升高后下降趋势,各监测井矿化度为5.51~14.87 g/L。结合气象数据和黄河来水情况看,该时期黄河来水量偏少,对研究区地下水的矿化度影响微小,该时间段蒸发量远大于降水量,蒸发在矿化度变化的影响因素中占主导地位,各监测井矿化度值处于全年最高水平。值得说明的是,5 月 16 日至 6 月中旬,受降水短期影响,浅层地下水矿化度下降,可能与监测频次较少、取样时间与偶发降雨期叠加有关,可在以后取样频次设置时加以优化。

在中期(7~9 月),随着时间的增加,一千二管理站监测断面总体呈现显著降低趋势,各监测井矿化度为 2. 48~13. 81 g/L。结合气象数据和黄河来水情况看,该时期刁口河有大流量生态补水过境,对研究区地下水的矿化度影响显著,其中,1~10 号井对生态补水的响应较为明显,1 号井矿化度由 4. 81 g/L 下降到 2. 48 g/L,降幅达 48. 44%;10 号井由 9. 13 g/L 下降到 8. 4 g/L,降幅达 8%;气象资料显示,该时间段降水量虽有所提高,但区域总蒸发量远大于降水量。因此,生态补水和蒸发在本期矿化度变化的影响因素中占主导地位,近河道浅层地下水在生态补水的影响下,不仅冲抵蒸发因素导致的矿化度升高的影响,而且对一定范围内的浅层地下水进行了抬升水位和降低矿化度等良性改善,使得矿化度处于全年最低水平。

在后期(10~12 月),一千二管理站监测断面各监测井总体呈现在某一范围内波动平衡的趋势。各监测井矿化度为 3. 33~13. 26 g/L,其中 1 号井的平均矿化度为 3. 75 g/L,2 号井的平均矿化度为 3. 67 g/L,自 3 号井开始,各监测井平均矿化度值逐渐升高,至 12 号井的平均矿化度为 12. 87 g/L。结合气象数据和黄河来水情况看,本期刁口河河道内生态补水受农田灌溉引水影响,水位已由最高值开始逐步呈下降趋势,降水量在本期较少,虽蒸发强度有所减弱,但净降水量依然为负值,因此在降水偏少和河道内来水不足双重影响下,各监测井浅层地下水矿化度已有上升趋势,但受前期生态补水影响下,近河道 1~10 号各监测井基本趋于平衡,且平均矿化度也位于较低水平,处于良好的平衡状态。

2. 2024 年观测井地下水矿化度与时间的动态变化关系

2024 年观测可划分为前期(1~6 月)、中期(7~8 月)、后期(9~10 月)三个时段具体分析。

在前期(1~6 月),随着时间的增加,一千二管理站监测断面各监测井矿化度变化总体呈现显著升高的趋势,各监测井矿化度为 4. 29~14. 57 g/L,其中 1 号井的平均矿化度为 5. 34 g/L,而 12 号井的平均矿化度为 11. 38 g/L,是 1 号井的 2. 13 倍。结合气象数据和黄河来水情况看,本期春灌引水较多,刁口河水位持续降低,河道来水对研究区地下水的矿化度影响微小。该时间段蒸发强度逐渐增加,而春季降水量少,蒸发量远大于降水量,净降水量为负值,蒸发活动在矿化度变化的影响因素中占主导地位,导致河道周边浅层地下水矿化度持续增高,1 号井矿化度从 4. 29 g/L 上升为 5. 82 g/L,涨幅 36%,12 号井矿化度从 9. 49 g/L 上升到 14. 57 g/L,涨幅 54%。

在中期(7~8 月),随着时间的增加,一千二管理站监测断面各监测井矿化度总体呈现显著降低的趋势,各监测井矿化度为 2. 41~6. 39 g/L。结合气象数据和黄河来水情况看,该时期刁口河有大流量生态补水过境,对研究区地下水的矿化度影响显著,其中 1~10 号井对生态补水的响应较为明显,1 号井矿化度由 6. 34 g/L 下降到 2. 71 g/L,降幅达 57. 26%;10 号井由 10. 43 g/L 下降到 3. 51 g/L,降幅达 66. 35%。气象资料显示,该时间段降水量虽有所提高,但区域总蒸发量远大于降水量。因此,生态补水和蒸发在本期矿化度变化的影响因素中占主导地位,近河道浅层地下水在生态补水的影响下,不仅冲抵蒸发因素导致的矿化度升高的影响，而且对一定范围内的浅层地下水进行了抬升水位和降低矿化度等良性改善，使得矿化度值处于全年最低水平。

受监测计划频次所限，未进行 11~12 月的水样监测。因此，后期只进了 9~10 月观测。各监测井矿化度在该时间段呈现了明显的上升趋势。各监测井矿化度为 3.05~10.86 g/L，自 1 号井开始，各监测井平均矿化度逐渐升高，其中 1 号井的平均矿化度为 3.31 g/L，12 号井的平均矿化度为 9.59 g/L。结合气象数据和黄河来水情况看，本期刁口河河道内生态补水受农田灌溉引水影响，水位已由最高值开始逐步呈下降趋势，降水量在本期较少，虽蒸发强度有所减弱，但净降水量依然为负值，因此在降水偏少和河道内来水不足双重影响下，各监测井浅层地下水矿化度呈显著上升趋势。

4.6.2.2　刁口河流路湿地地下水矿化度影响范围

1. 2023 年地下水矿化度在横向距离上的变化规律

通过对 2023 年一千二管理站监测断面地下水观测井实测矿化度进行套绘（横坐标表示距刁口河距离，以井号作为标记），得出 2023 年一千二管理站监测断面地下水矿化度横向变化曲线，如图 4-128 所示，左侧为平均矿化度，右侧为 2023 年 3~12 月累计矿化度。

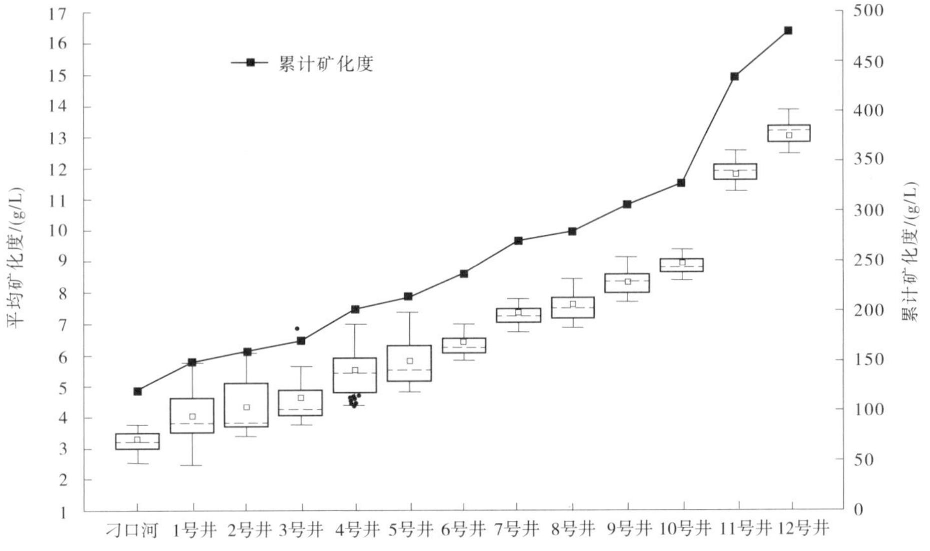

图 4-128　2023 年一千二管理站监测断面地下水矿化度横向变化曲线

从图 4-128 可以看出，一千二管理站监测断面浅层地下水矿化度在横向距离上（垂直于刁口河河道）变化特征显著。12 口监测井统计地下水矿化度均低于刁口河河道内矿化度，受 7 月生态补水侧流补给的影响，地下水矿化度主要呈现“近低远高”的变化趋势，与地下水位呈明显的正相关关系。刁口河水位在 7 月 10 日达到最高值，相应 1 号井地下水位达到最高，此时 1~10 号井地下水矿化度普遍位于全年最低值，11 号井、12 号井地下水矿化度高低主要受降水及蒸发影响，受黄河来水影响较小。随距离刁口河越远，监测井累计矿化度逐渐升高，其中刁口河河道内累计矿化度最低，为 120.7 g/L；12 号井累计矿化度最高为 480.7 g/L，是刁口河河道的 3.98 倍，是 1 号井的 3.22 倍。累计矿化度在 11 号井、12 号井出现显著增长，相较 10 号井分别增长 32%和 46%。

2. 2024 年地下水矿化度在横向距离上的变化规律

通过对 2024 年一千二管理站监测断面地下水观测井实测矿化度进行套绘(横坐标表示距刁口河距离,以井号作为标记),得出 2024 年一千二管理站监测断面地下水矿化度横向变化曲线,如图 4-129 所示,左侧为平均矿化度,右侧为 2024 年 1~10 月累计矿化度。

从图 4-129 可以看出,2024 年一千二管理站监测断面浅层地下水矿化度在横向距离上(垂直于刁口河河道)变化特征显著。12 口监测井平均地下水矿化度均高于刁口河河道内矿化度,但与 2023 年相比,平均矿化度变化趋势较缓,各井位差距不显著。受 7 月生态补水侧流补给的影响,地下水矿化度主要呈现“近低远高”的变化趋势,与地下水位呈明显的正相关关系。1~10 号井地下水矿化度在生态补水期普遍位于全年最低值,11~12 号井矿化度值高低主要受降雨及蒸发影响,受黄河来水影响较小。2024 年,随距离刁口河越远,监测井累计矿化度逐渐升高,其中刁口河河道内累计矿化度最低,为 44. 99 g/L;1 号井累计矿化度为 55. 12 g/L;12 号井累计矿化度最高,为 122. 18 g/L,是刁口河河道的 2. 72 倍,是 1 号井的 2. 22 倍。累计矿化度在 11 号井、12 号井出现显著增长,相较 10 号井分别增长 22%和 27%,相较于 2023 年均差距趋于缩小。

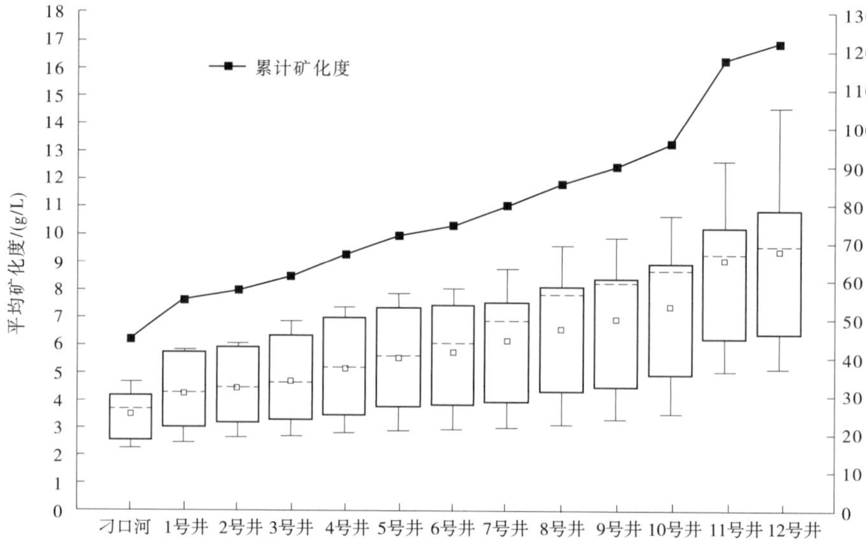

图 4-129　2024 年一千二管理站监测断面地下水矿化度横向变化曲线

4. 6. 3　生态补水对刁口河流路湿地地下水矿化度影响分析

研究生态补水对刁口河流路湿地地下水矿化度的影响需剔除蒸发与降水的影响。对观测期内刁口河河道矿化度与监测井矿化度进行相关分析,将净降水列为干扰项进行偏相关统计分析。结合水位数据变化情况,将地下水位对河道水位的响应延迟时间设定为 0~10 d。通过分析刁口河河水矿化度、监测井矿化度、净降水等各项数据,得出偏相关系数,其中相关系数最大值为相关性最大,正值为正相关,负值为负相关,数值越大,相关性越强。

运用 SPSS 数据分析软件,对 2023~2024 年刁口河河水矿化度与一千二管理站监测断面矿化度进行偏相关分析,净降水作为干扰值加入数据分析,进而完成偏相关,剔除气象因素对研究结论的影响。设定地下水矿化度对刁口河河水矿化度响应的延迟时间定为 0 d、1 d、2 d、3 d、4 d、5 d、6 d、7 d、8 d、9 d、10 d,通过延迟时间内的刁口河河水矿化度、各监测井地下水矿化度、净降水三系列数据进行偏相关分析,其中净降水为常量,得出偏相关系数见表 4-18。

从表 4-18 可以看出,1~10 号井在设定的延迟时间内都出现了正相关,其中 1 号井、2 号井的延迟时间为 3 d,3 号井的延迟时间为 5 d,4~6 号井为 4 d,7 号井为 5 d,8 号井为 6 d,9 号井为 8 d,10 号井为 10 d,而 11 号井和 12 号井一直为负相关表现。因此,可以判断,刁口河河水矿化度对地下水矿化度的有效明显影响边界为 10 号井,即离河 1 km;11 号井和 12 号井地下水矿化度与刁口河河水矿化度的变化相关性不明显。

表 4-18　2023~2024 年刁口河河水矿化度与一千二管理站监测断面监测井地下水矿化度偏相关系数

井号	延迟时间										
	0 d	1 d	2 d	3 d	4 d	5 d	6 d	7 d	8 d	9 d	10 d
1 号井	-0.24	0.13	0.21	0.38	0.31	0.28	0.21	0.07	-0.1	-0.13	-0.21
2 号井	-0.14	-0.13	0.30	0.37	0.33	0.25	0.25	0.19	0.10	0.23	0.13
3 号井	0.03	0.11	0.12	0.46	0.55	0.78	0.66	0.64	0.54	0.47	0.31
4 号井	0.13	0.14	0.20	0.34	0.47	0.46	0.44	0.40	0.21	-0.12	-0.23
5 号井	0.29	0.31	0.32	0.46	0.55	0.41	0.48	0.36	0.23	0.32	0.17
6 号井	-0.22	-0.26	-0.14	0.11	0.20	0.19	-0.09	-0.10	-0.13	-0.12	-0.19
7 号井	-0.13	-0.19	-0.14	0.15	0.17	0.24	0.16	-0.05	-0.16	-0.11	-0.23
8 号井	-0.18	-0.19	-0.13	-0.16	0.11	0.19	0.32	0.28	0.14	-0.08	-0.17
9 号井	-0.11	-0.13	-0.18	-0.23	-0.16	0.14	0.27	0.28	0.35	0.29	-0.16
10 号井	-0.25	-0.31	-0.24	-0.22	-0.18	-0.14	-0.11	0.21	0.28	0.35	0.46
11 号井	-0.26	-0.28	-0.28	-0.23	-0.47	-0.28	-0.24	-0.54	-0.42	-0.54	-0.36
12 号井	-0.27	-0.46	-0.46	-0.75	-0.54	-0.68	-0.65	-0.64	-0.80	-0.77	-0.84

根据统计学理论,相关系数最大值为相关性最大,正值为正相关,负值为负相关。对应于每个监测井,其相关系数最大值对应的天数即为相关性最大的延迟天数。对表 4-18 进行筛选,挑选出偏相关系数正相关最大值对应的延迟天数进行统计,即 Δt,见表 4-19。

表 4-19　2023~2024 年刁口河河水矿化度对地下水矿化度影响的最大延迟时间 Δt

井号	1	2	3	4	5	6	7	8	9	10	11	12
Δt/d	3	3	5	4	4	4	5	6	8	10	—	—

由表 4-19 可以看出,1～10 号井相关系数最大值对应的最大延迟时间范围为 3～10 d,大致表现为随离河距离的增大,最大延迟时间增大的规律。

综上所述,刁口河来水改善了刁口河水质,降低了其矿化度,进而在有效的延迟时间内(3～10 d),在一定的影响范围内(1～10 号井,即 1 km),对地下水矿化度起到了较为明显的降低作用。

4.6.4 小结

(1)观测期内,由于刁口河地区降水量偏少、蒸发量较多,从总体上看,蒸发对刁口河河水矿化度起主导作用,矿化度将持续上升。每年 7 月的生态补水对刁口河河水矿化度起到了良性改善作用,其作用时间虽只有 2 个月,但在年际矿化度平衡中起关键作用。

(2)常态化、大流量的生态补水可以整体上降低研究区地下水的矿化度,降低土壤盐渍化程度,为湿地植物多元化提供良好的水和土壤生态环境。刁口河故道仍需继续实施刁口河综合治理工程,对河道进行清淤整治,进一步提升输水效率,维持生态补水对刁口河故道湿地生态环境的改善效果。

(3)刁口河来水改善了刁口河河水水质,降低了河水矿化度,进而在有效的延迟时间(3～10 d)内,在一定的影响范围(1～10 号井,即 1 km)内,对地下水矿化度起到了较为明显的降低作用。

第 5 章　黄河来水对其他主要水质指标的影响

5.1　2011 年调水调沙对清水沟流路地下水其他主要水质指标的影响

除对矿化度这一主要地下水质指标进行观测外，还对其他主要指标（K^+、Na^+、Ca^{2+}、总碱度、总硬度、pH 值）的变化进行了相应的观测。观测时间分别是调水调沙前（4 月 25 日）、调水调沙期间（7 月 2 日）、调水调沙结束后（9 月 27 日），每次取样位置均为 2 号井、4 号井和 6 号井。各监测井其他主要水质指标变化见表 5-1～表 5-3。

表 5-1　2 号井不同时间主要水质指标变化

时间	K^+/(mg/L)	Na^+/(mg/L)	Ca^{2+}/(mg/L)	总碱度/(mg/L)	总硬度/(mg/L)	pH 值
4 月 25 日	5.83	307.45	164.29	256.77	962.05	7.57
7 月 2 日	6.90	312.25	198.08	366.81	1 056.71	7.26
9 月 27 日	16.78	195.15	182.53	421.35	1 004.45	7.58

注：总碱度、总硬度均以 $CaCO_3$ 计，下同。

表 5-2　4 号井不同时间主要水质指标变化

时间	K^+/(mg/L)	Na^+/(mg/L)	Ca^{2+}/(mg/L)	总碱度/(mg/L)	总硬度/(mg/L)	pH 值
4 月 25 日	7.94	289.55	143.69	334.2	859.15	7.59
7 月 2 日	6.94	432.2	196.27	423.87	1 185.22	7.49
9 月 27 日	20.08	144.2	131.28	272.22	602.15	7.63

表 5-3　6 号井不同时间主要水质指标变化

时间	K^+/(mg/L)	Na^+/(mg/L)	Ca^{2+}/(mg/L)	总碱度/(mg/L)	总硬度/(mg/L)	pH 值
4 月 25 日	15.71	635.94	197.25	362.73	1 329.89	7.6
7 月 2 日	8.48	601.68	265.62	493.16	1 507.85	7.39
9 月 27 日	6.67	438.94	257.32	520.77	1 622.27	7.49

2 号井：与调水调沙前（4 月 25 日）相比，调水调沙期间（7 月 2 日）K^+、Na^+、Ca^{2+}、总碱

度、总硬度普遍增大,pH 值降低;调水调沙结束后(9 月 27 日),K^+、Ca^{2+}、总碱度、总硬度增大,Na^+降低,pH 值微升。

4 号井:与调水调沙前(4 月 25 日)相比,调水调沙期间(7 月 2 日)Na^+、Ca^{2+}、总碱度、总硬度普遍增大,K^+、pH 值降低;调水调沙结束后(9 月 27 日),Na^+、Ca^{2+}、总碱度、总硬度降低,K^+增大,pH 值微升。

6 号井:与调水调沙前(4 月 25 日)相比,调水调沙期间(7 月 2 日)和调水调沙结束后(9 月 27 日),K^+、Na^+降低,Ca^{2+}、总碱度、总硬度增大,pH 值降低。

总体而言,与调水调沙前相比,调水调沙期间,Ca^{2+}、总碱度、总硬度普遍增大,Na^+、K^+出现升降变化,pH 值降低。

5.2 2012~2013 年刁口河生态调水对地下水其他主要水质指标的影响

为进一步明确刁口河地下水水质对生态调水的响应作用,项目组通过实地水样采集,在规定时间内送达委托单位,对桩埕路监测断面的桩 1 井、桩 5 井、桩 7 井和一千二管理站监测断面的站 1 井、站 5 井、站 7 井地下水不同时期采集的 54 个水样进行水质全分析及污染分析。

主要检测仪器设备包括:TAS-990 原子吸收分光光度计、PHS-25 酸度计、50 mL 酸式滴定管、TU-1901 分光光度计、2100DV 全谱直读电感耦合等离子体发射光谱仪。

为了研究方便,特挑选较有代表性的 5 个指标进行分析,以确定生态调水对主要水质指标的影响。

5.2.1 生态调水对 K^+浓度的影响

对送样水质分析报告进行 K^+指标筛选,得出整个观测期内两个监测断面内 6 个监测井地下水 K^+浓度变化,见表 5-4、表 5-5。

表 5-4 桩埕路监测断面监测井中地下水 K^+浓度变化 单位:mg/L

时间(年-月-日)	桩 1 井	桩 5 井	桩 7 井
2012-04-29	17.82	9.17	10.06
2012-05-10	19.90	11.20	12.16
2012-06-07	45.42	22.36	37.58
2012-07-02	99.57	37.33	57.48
2012-08-04	16.11	22.43	35.53
2012-09-30	14.55	17.85	24.58
2012-11-14	12.04	11.03	15.77
2013-03-07	13.19	10.96	19.16
2013-04-18	12.90	9.60	13.16

表 5-5 一千二管理站监测断面监测井中地下水 K^+浓度变化 单位:mg/L

时间(年-月-日)	站 1 井	站 5 井	站 7 井
2012-04-29	19.02	29.10	20.96
2012-05-10	21.12	31.02	28.36
2012-06-07	55.02	40.15	35.78
2012-07-02	112.07	67.12	47.66
2012-08-04	56.31	42.03	45.03
2012-09-30	24.01	37.05	34.08
2012-11-14	19.12	21.57	25.07
2013-03-07	17.12	17.06	19.99
2013-04-18	11.15	10.96	15.56

为了更直接明了地分析两个监测断面监测井地下水 K^+浓度的变化,根据表 5-4 和表 5-5 绘制了整个观测期的两个监测断面监测井地下水 K^+浓度变化曲线,见图 5-1、图 5-2。

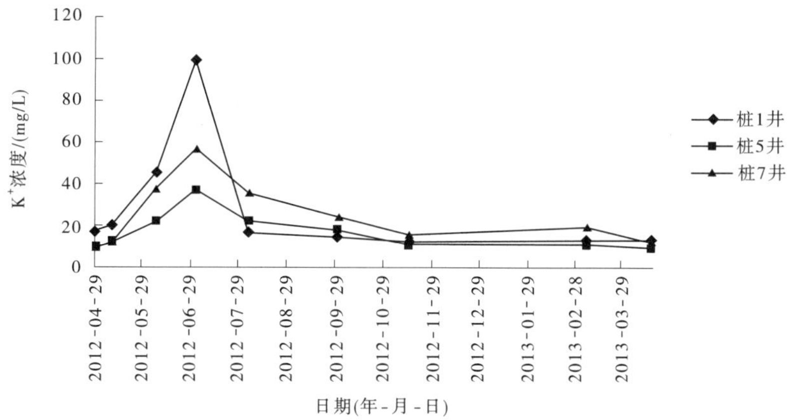

图 5-1 桩埕路监测断面监测井地下水 K^+浓度变化曲线

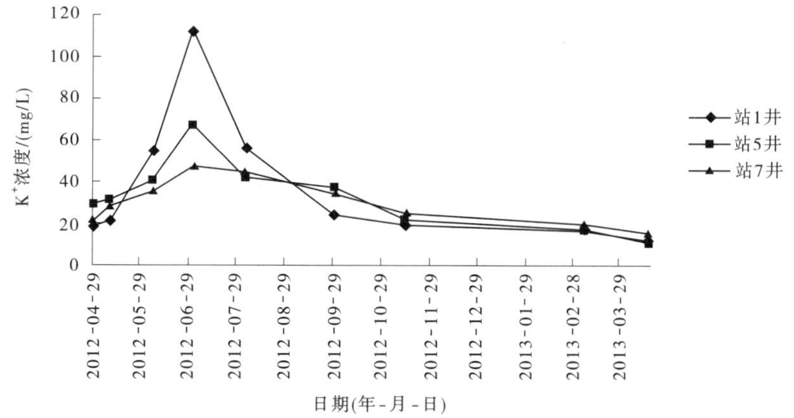

图 5-2 一千二管理站监测断面监测井地下水 K^+浓度变化曲线

整个观测期内,桩 1 井、桩 5 井、桩 7 井地下水 K^+浓度在 2012 年 7 月 2 日达到最高值,之后总体降低,中间偶有小幅抬升。整个观测期内,桩 1 井地下水 K^+浓度变化范围为 12.04~99.57 mg/L;桩 5 井地下水 K^+浓度变化范围为 9.17~37.33 mg/L;桩 7 井地下水 K^+浓度变化范围为 10.06~57.48 mg/L。整个观测期内,桩 1 井地下水 K^+浓度变化幅度最大,桩 5 井地下水 K^+浓度变化幅度最小;生态调水期内,桩 1 井地下水 K^+浓度最大,桩 5 井地下水 K^+浓度最小。

整个观测期内,站 1 井、站 5 井、站 7 井地下水 K^+浓度在 2012 年 7 月 2 日达到最高值后总体呈降低变化趋势。整个观测期内,站 1 井地下水 K^+浓度变化范围为 11.15~112.07 mg/L;站 5 井地下水 K^+浓度变化范围为 10.96~67.12 mg/L;站 7 井地下水 K^+浓度变化范围为 15.56~47.66 mg/L。整个观测期内,站 1 井地下水 K^+浓度变化幅度最大,站 7 井地下水 K^+浓度变化幅度较小;生态调水期内,站 1 井地下水 K^+浓度最大,站 7 井地下水 K^+浓度最小。

5.2.2　生态调水对 Na^+浓度的影响

对送样水质分析报告进行 Na^+指标筛选,得出观测期两个监测断面内 6 个监测井地下水 Na^+浓度变化,见表 5-6、表 5-7。两个监测断面监测井地下水 Na^+浓度随时间的变化曲线见图 5-3、图 5-4。

表 5-6　桩埕路监测断面监测井地下水 Na^+浓度变化　　单位:mg/L

时间(年-月-日)	桩 1 井	桩 5 井	桩 7 井
2012-04-29	2 735.00	496.00	1 102.12
2012-05-10	2 939.35	653.00	1 302.52
2012-06-07	5 765.17	1 100.00	1 452.32
2012-07-02	7 174.93	1 489.79	1 700.55
2012-08-04	885.18	837.00	1 458.34
2012-09-30	1 000.00	602.00	1 309.12
2012-11-14	1 127.55	433.52	1 212.58
2013-03-07	1 877.79	467.38	1 171.07
2013-04-18	2 833.35	483.50	1 102.22

表 5-7　一千二管理站监测断面监测井地下水 Na^+浓度变化　　单位:mg/L

时间(年-月-日)	站 1 井	站 5 井	站 7 井
2012-04-29	3 145.00	666.00	1 299.25
2012-05-10	3 919.15	746.12	1 412.99
2012-06-07	6 017.07	1 200.77	1 978.52
2012-07-02	7 900.13	1 984.29	2 107.00
2012-08-04	2 485.91	1 008.37	1 798.34
2012-09-30	1 700.96	709.12	1 409.02

续表 5-7

时间(年-月-日)	站 1 井	站 5 井	站 7 井
2012-11-14	1 521.25	499.59	1 345.12
2013-03-07	2 007.72	407.18	1 301.71
2013-04-18	2 231.15	499.35	1 221.02

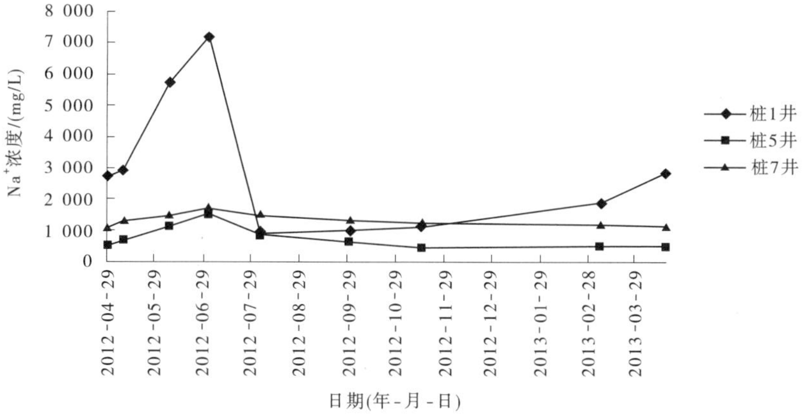

图 5-3　桩埕路监测断面监测井地下水 Na^+浓度变化曲线

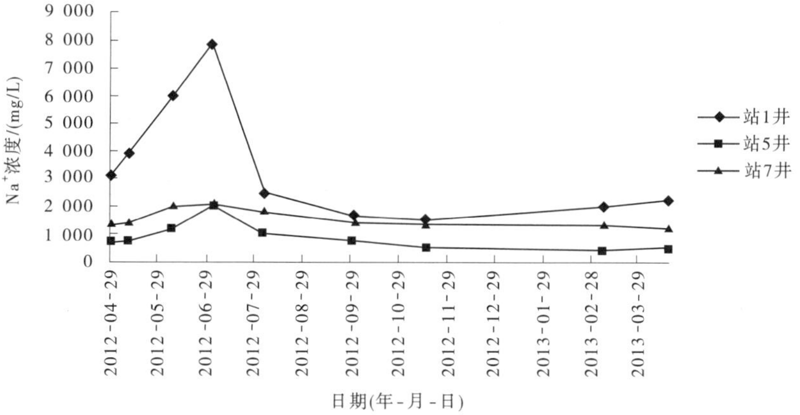

图 5-4　一千二管理站监测断面监测井地下水 Na^+浓度变化曲线

通过表 5-6 和图 5-3 可以看出,整个观测期内,桩 1 井、桩 5 井、桩 7 井地下水 Na^+浓度变化曲线先抬升,至 2012 年 7 月 2 日出现明显拐点开始下降,到 8 月 4 日左右桩 1 井开始呈缓慢抬升变化,桩 5 井、桩 7 井仍缓慢下降至观测期结束。整个观测期内,桩 1 井地下水 Na^+浓度变化范围为 885.18~7 174.93 mg/L;桩 5 井地下水 Na^+浓度变化范围为 433.52~1 489.79 mg/L;桩 7 井地下水 Na^+浓度变化范围为 1 102.12~1 700.55 mg/L;桩 1 井地下水 Na^+浓度变化幅度最大,桩 7 井地下水 Na^+浓度变化幅度最小;生态调水期桩 1 井地下水 Na^+浓度最高,桩 5 井地下水 Na^+浓度最低。

通过表 5-7 和图 5-4 可以看出,整个观测期内站 1 井、站 5 井、站 7 井地下水 Na^+浓度变化曲线先抬升,到 2012 年 7 月 2 日出现拐点后开始下降,8 月 2 日出现变化拐点,站 1 井先缓慢降低后开始抬升,站 5 井、站 7 井表现出缓慢下降趋势。整个观测期内,站 1 井地下水 Na^+浓度变化范围为 1 521.25~7 900.13 mg/L;站 5 井地下水 Na^+浓度变化范围为 407.18~1 984.29 mg/L;站 7 井地下水 Na^+浓度变化范围为 1 221.02~2 107.00 mg/L;站 1 井地下水 Na^+浓度变化幅度最大,站 7 井地下水 Na^+浓度变化幅度最小。生态调水期,站 1 井地下水 Na^+浓度最高,站 5 井地下水 Na^+浓度最低。

5.2.3　生态调水对总硬度的影响

对送样水质分析报告进行总硬度指标筛选,得出观测期内两个监测断面 6 个监测井地下水总硬度变化,见表 5-8、表 5-9。整个观测期内两个监测断面监测井地下水的总硬度随时间的变化曲线见图 5-5、图 5-6。

表 5-8　桩埕路监测断面监测井地下水总硬度变化　　单位:mg/L

时间(年-月-日)	桩 1 井	桩 5 井	桩 7 井
2012-04-29	6 919.33	1 358.00	2 514.21
2012-05-10	7 330.00	1 400.33	2 612.70
2012-06-07	7 459.13	1 541.00	2 715.60
2012-07-02	7 667.45	1 600.00	2 800.00
2012-08-04	3 361.32	1 179.26	2 380.40
2012-09-30	3 829.32	1 000.59	2 401.58
2012-11-14	4 219.73	978.14	2 426.49
2013-03-07	5 000.00	1 197.72	2 428.70
2013-04-18	7 200.00	1 159.33	2 522.75

表 5-9　一千二管理站监测断面监测井地下水总硬度变化　　单位:mg/L

时间(年-月-日)	站 1 井	站 5 井	站 7 井
2012-04-29	7 001.13	1 667.48	2 751.41
2012-05-10	7 455.10	1 840.93	2 912.57
2012-06-07	7 779.23	1 915.41	3 015.56
2012-07-02	7 894.67	1 712.45	3 280.06
2012-08-04	5 761.34	1 512.79	3 123.80
2012-09-30	4 292.29	1 121.00	2 924.58
2012-11-14	4 219.73	1 012.78	2 616.22
2013-03-07	4 795.66	1 245.97	2 108.22
2013-04-18	5 780.00	1 378.59	2 432.70

通过表 5-8 和图 5-5 可以看出,整个观测期内,桩 1 井、桩 5 井、桩 7 井地下水总硬度变化曲线先缓慢抬升至 2012 年 7 月 2 日出现拐点后开始下降,到 8 月 4 日开始缓慢提升。整个观测期内,桩 1 井地下水总硬度变化范围为 3 361.32~7 667.45 mg/L;桩 5 井地

下水总硬度变化范围为 978.14~1 600.00 mg/L；桩 7 井地下水总硬度变化范围为 2 380.40~2 800.00 mg/L；桩 1 井地下水总硬度变化幅度最大，桩 7 井地下水总硬度变化幅度最小。生态调水期桩 1 井地下水总硬度最高，桩 5 井地下水总硬度最低。

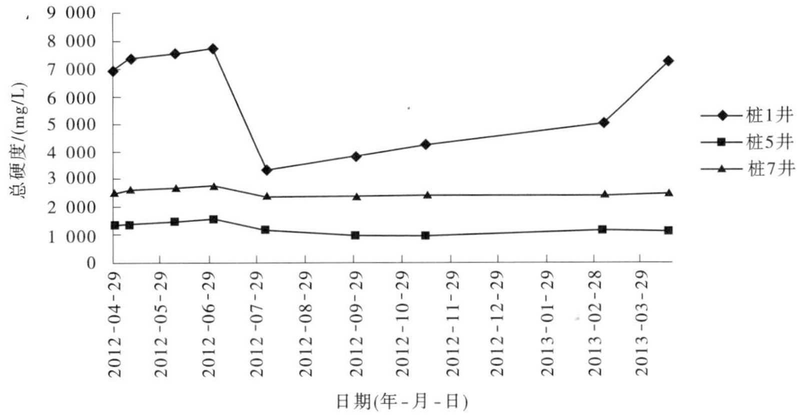

图 5-5 桩埕路监测断面监测井地下水总硬度变化曲线

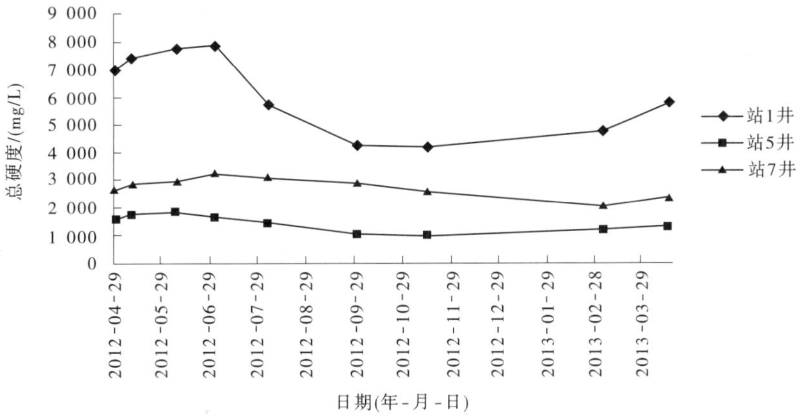

图 5-6 一千二管理站监测断面监测井地下水总硬度变化曲线

通过表 5-9 和图 5-6 可以看出，整个观测期内，站 1 井、站 5 井、站 7 井地下水总硬度变化曲线先缓慢抬升至 2012 年 7 月 2 日后缓慢下降，到 9 月底站 1 井、站 5 井开始缓慢抬升，站 7 井到 2013 年 2 月底才出现缓慢抬升。整个观测期内，站 1 井地下水总硬度变化范围为 4 219.73~7 894.67 mg/L；站 5 井地下水总硬度变化范围为 1 012.78~1 915.41 mg/L；站 7 井地下水总硬度变化范围为 2 108.22~3 280.06 mg/L；站 1 井地下水总硬度变化幅度最大，站 7 井地下水总硬度变化幅度最小。生态调水期站 1 井地下水总硬度最高，站 5 井地下水总硬度最低。

5.2.4 生态调水对总碱度的影响

对送样水质分析报告进行总碱度筛选，得出观测期内两个监测断面 6 个监测井地下水总碱度变化，见表 5-10、表 5-11。

为了更直接明了地分析两个监测断面监测井地下水总碱度的变化，根据表 5-10、表 5-11 绘制了整个观测期两个监测断面监测井地下水总碱度随时间的变化曲线，见图 5-7、图 5-8。

表 5-10　桩埕路监测断面监测井地下水总碱度变化　　单位:mg/L

时间(年-月-日)	桩 1 井	桩 5 井	桩 7 井
2012-04-29	579.90	600.15	599.00
2012-05-10	633.00	653.90	611.00
2012-06-07	640.00	660.90	611.00
2012-07-02	648.00	672.39	611.00
2012-08-04	461.79	549.74	470.58
2012-09-30	479.56	561.23	500.18
2012-11-14	496.00	571.28	530.83
2013-03-07	533.00	606.00	583.00
2013-04-18	556.00	632.29	622.80

表 5-11　一千二管理站监测断面监测井地下水总碱度变化　　单位:mg/L

时间(年-月-日)	站 1 井	站 5 井	站 7 井
2012-04-29	619.14	633.45	609.00
2012-05-10	643.45	643.19	615.21
2012-06-07	649.99	654.14	632.21
2012-07-02	652.32	677.29	641.12
2012-08-04	501.24	595.97	509.78
2012-09-30	456.79	571.53	496.78
2012-11-14	477.65	588.71	513.08
2013-03-07	503.45	612.36	555.53
2013-04-18	526.22	624.32	602.98

从表 5-10 和图 5-7 可以看出，整个监测期内，桩 1 井、桩 5 井、桩 7 井地下水总碱度先呈缓慢抬升趋势，后在 2012 年 7 月 2 日出现拐点开始下降，至 8 月 4 日后又呈缓慢抬升趋势。整个观测期内，桩 1 井地下水总碱度变化范围为 461.79~648.00 mg/L；桩 5 井地下水总碱度变化范围为 549.74~672.39 mg/L；桩 7 井地下水总碱度变化范围为 470.58~622.80 mg/L；其中桩 1 井地下水总碱度变化幅度最大，桩 5 井地下水总碱度变化幅度最小。生态调水期，桩 5 井地下水总碱度最大，桩 7 井地下水总碱度最小。

从表 5-11 和图 5-8 可以看出，整个观测期内，站 1 井、站 5 井、站 7 井地下水总碱度先呈缓慢抬升趋势，后在 2012 年 7 月 2 日出现拐点开始下降，至 8 月 4 日后又呈缓慢抬升趋势。站 1 井地下水总碱度变化范围为 456.79~652.32 mg/L；站 5 井地下水总碱度变化范围为 571.53~677.29 mg/L;站 7 井地下水总碱度变化范围为 496.78~641.12 mg/L;站 1 井地下水总碱度变化幅度最大,站 5 井地下水总碱度变化幅度最小。生态调水期站 5 井地下水总碱度最大,站 1 井、站 7 井地下水总碱度值相对较小。

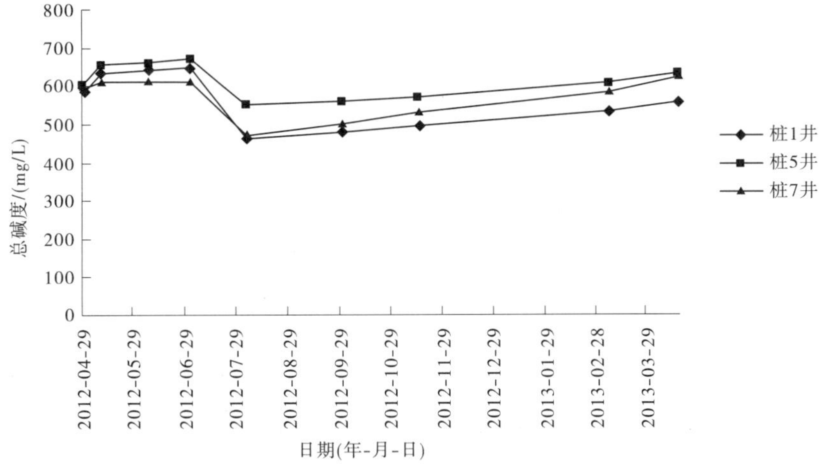

图 5-7　桩埕路监测断面监测井地下水总碱度变化曲线

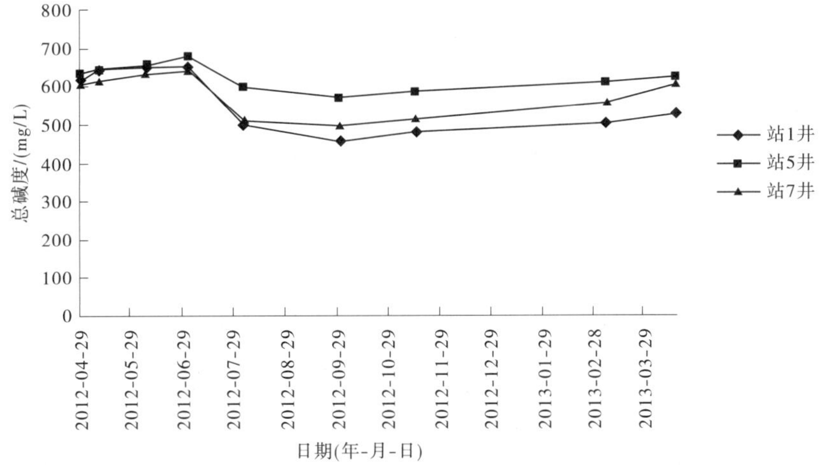

图 5-8　一千二管理站监测断面监测井地下水总碱度变化

5.2.5　生态调水对 pH 值的影响

对水质分析报告中 pH 值数据进行整理,得出观测期内两个监测断面 6 个监测井地下水 pH 值变化,见表 5-12、表 5-13。

表 5-12　桩埕路监测断面监测井地下水 pH 值变化

时间(年-月-日)	桩 1 井	桩 5 井	桩 7 井
2012-04-29	7.47	7.99	7.88
2012-05-10	7.48	8.14	7.96
2012-06-07	7.53	8.16	7.99
2012-07-02	7.58	8.20	8.04
2012-08-04	7.54	8.13	7.99
2012-09-30	7.44	8.07	7.96
2012-11-14	7.29	8.02	7.94
2013-03-07	7.34	7.99	7.85
2013-04-18	7.33	8.05	7.88

表 5-13　一千二管理站监测断面监测井地下水 pH 值变化

时间(年-月-日)	站 1 井	站 5 井	站 7 井
2012-04-29	7.32	7.98	7.89
2012-05-10	7.45	8.01	7.86
2012-06-07	7.51	8.12	7.95
2012-07-02	7.68	8.32	8.00
2012-08-04	7.34	8.02	7.79
2012-09-30	7.22	8.10	7.69
2012-11-14	7.19	8.12	7.88
2013-03-07	7.46	8.11	7.85
2013-04-18	7.43	8.09	7.78

为了更直观地分析两个监测断面监测井地下水 pH 值在整个观测期的变化，根据表 5-12、表 5-13 数据进行套绘，得到图 5-9 和图 5-10。

从表 5-12 和图 5-9 可以看出，整个观测期内，桩 1 井、桩 5 井、桩 7 井地下水 pH 值总体表现为：初期先抬升，至 2012 年 7 月 2 日出现拐点后开始缓慢降低，至 11 月 14 日前后，桩 1 井、桩 5 井地下水 pH 值曲线开始抬升，桩 7 井地下水 pH 曲线仍降低至 2013 年 3 月 7 日后才出现抬升。整个观测期内，桩 1 井地下水 pH 值变化范围为 7.29~7.58；桩 5 井地下水 pH 值变化范围为 7.99~8.20；桩 7 井地下水 pH 值变化范围为 7.85~8.04；桩 1 井地下水 pH 值变化幅度最大，桩 7 井地下水 pH 值变化幅度最小。生态调水期，桩 5 井地下水 pH 值最大，桩 1 井地下水 pH 值最小。

通过表 5-13 和图 5-10 可以看出，整个观测期内，站 1 井、站 5 井、站 7 井地下水 pH 值总体表现为：初期先抬升，至 2012 年 7 月 2 日出现明显拐点后开始降低，其后站 1 井自 11

月 14 日开始出现抬升，站 5 井 8 月 4 日出现抬升，站 7 井在 9 月 30 日开始出现抬升。整个观测期内，站 1 井地下水 pH 值变化范围为 7.19～7.68；站 5 井地下水 pH 值变化范围为 7.98～8.32；站 7 井地下水 pH 值变化范围为 7.69～8.00；站 1 井地下水 pH 值变化幅度最大，站 7 井地下水 pH 值变化幅度最小。生态调水期内，站 5 井地下水 pH 值最大，站 1 井地下水 pH 值最小。

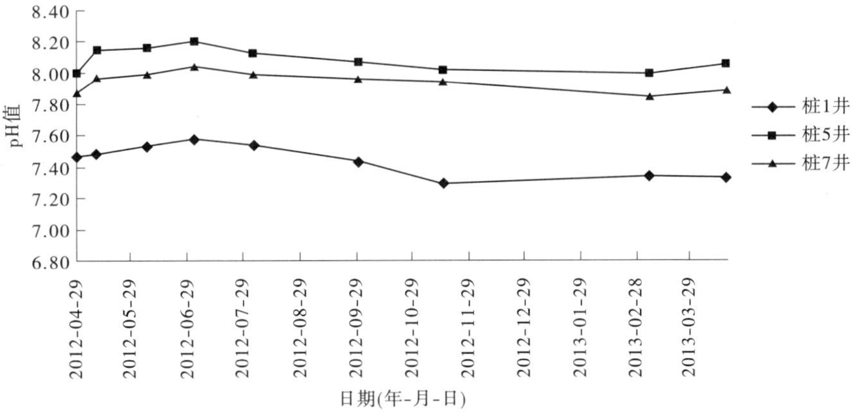

图 5-9　桩埕路监测断面监测井地下水 pH 值变化曲线

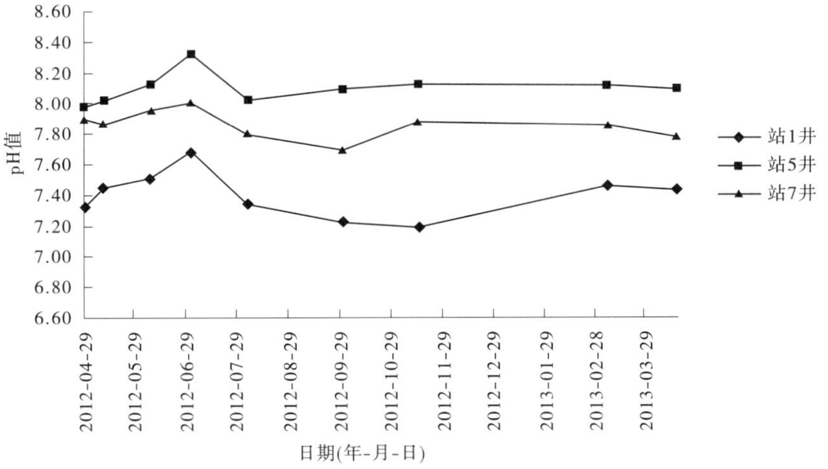

图 5-10　一千二管理站监测断面监测井地下水 pH 值变化曲线

5.2.6　生态调水对主要水质指标的影响总结

分析后可以看出生态调水对刁口河地区地下水其他主要水质指标有一定的影响，生态调水期，五个其他主要水质指标受到生态调水来水补给、降水、蒸发的影响，其对应的变化曲线均表现出了不同程度上的降低变化。生态调水对其他主要水质指标的影响结论如下：

（1）生态调水期之前，K^+、Na^+、总硬度、总碱度、pH 值均表现为抬升，但抬升幅度不一致。

（2）生态调水期，K^+、Na^+、总硬度、总碱度、pH 值均表现为降低变化趋势。

(3)生态调水后期，K^+、Na^+、总硬度、总碱度、pH 值变化曲线走势不太一致，或抬升或降低或出现抬升和降低交替变化过程。

(4)从改善生态环境角度考虑，生态调水对刁口河湿地地下水其他主要水质指标产生良性影响，降低了各指标在地下水中的含量，降低了地下水的矿化度和 pH 值，促进了研究区地下水生态系统的改良进程，增强了研究区地下水生态系统的稳定性。

5.3 2014~2015 年黄河来水对湿地地下水其他主要水质指标的影响

为进一步明确黄河三角洲湿地地下水水质对黄河来水的响应作用，项目组通过实地水样采集，在规定时间内送达委托单位，对研究区布设的桩埕路、一千二管理站和大汶流 3 个监测断面的 8 个监测井不同时期采集的地下水水样进行水质全分析及污染分析，见表 5-14。

表 5-14 地下水水质取样观测井情况

井号	桩 2 井	桩 5 井	站 3 井	站 5 井	站 7 井	大汶流 1 井	大汶流 3 井	大汶流 5 井
离河槽距离/m	200	500	300	500	1 000	100	500	2 000
高程/m	4.71	4.18	3.46	3.52	3.54	2.41	2.18	1.92

主要检测仪器设备包括：TAS-990 原子吸收分光光度计、PHS-25 酸度计、50 mL 酸式滴定管、TU-1901 分光光度计、2100DV 全谱直读电感耦合等离子体发射光谱仪。

为了研究方便，选取较有代表性的 5 个关键指标进行定量分析，以确定黄河来水对主要水质指标的影响。

5.3.1 黄河来水对 K^+浓度的影响

对送样水质分析报告进行 K^+指标筛选，得出整个观测期内 3 个监测断面 8 个监测井地下水 K^+浓度变化，见表 5-15~表 5-17；同时为了更直观地分析这 3 个监测断面监测井地下水 K^+浓度的变化，绘制了整个观测期的 K^+浓度变化曲线，见图 5-11。

表 5-15 桩埕路监测断面监测井地下水 K^+浓度变化 单位：mg/L

时间(年-月-日)	清水沟	刁口河	桩 2 井	桩 5 井
2014-02-27	4.25	24.62	7.22	
2014-04-15	3.66	34.03	8.54	
2014-06-28	5.98	39.57		22.63
2014-07-15	5.17	6.34		
2014-08-31	6.22	11.87		
2014-09-23	5.11	17.06	13.40	37.64
2014-10-27	4.61	20.07	13.36	34.94

续表 5-15

时间(年-月-日)	清水沟	刁口河	桩 2 井	桩 5 井
2014-12-18	4.64	35.91	22.72	45.16
2015-04-15	5.42	65.89	18.81	62.34
2015-05-12	5.80	90.76	46.50	19.55
2015-06-09	5.22	59.26	28.16	38.37
2015-07-06	4.98	45.22	14.45	35.26
2015-08-13	5.24	7.13	29.16	42.21
2015-09-07	4.81	8.94	11.02	32.08
2015-10-09	6.50	12.29	16.75	41.84

表 5-16　一千二管理站监测断面监测井地下水 K^+ 浓度变化　单位：mg/L

时间(年-月-日)	刁口河	站 3 井	站 5 井	站 7 井
2014-06-28	39.57			15.08
2014-07-15	6.34			14.44
2014-08-31	11.87			34.39
2014-09-23	17.06	12.98	27.29	14.20
2014-10-27	20.07	14.95	22.91	14.74
2014-12-18	35.91			19.05
2015-04-15	65.89	16.13	22.24	16.54
2015-05-12	90.76	14.19	22.95	15.75
2015-06-09	59.26			15.68
2015-07-06	45.22			11.32
2015-08-13	7.13		63.48	17.60
2015-09-07	8.94	11.62	38.48	11.35
2015-10-09	12.29	17.14	28.73	16.61

表 5-17　大汶流监测断面监测井地下水 K^+ 浓度变化　单位：mg/L

时间(年-月-日)	清水沟	大汶流 1 井	大汶流 3 井	大汶流 5 井
2014-06-28	5.98	18.40	121.68	129.07
2014-07-15	5.17	21.42	142.00	134.31
2014-08-31	6.22	57.89	140.26	154.47
2014-09-23	5.11	17.32	114.85	116.91

续表 5-17

时间(年-月-日)	清水沟	大汶流 1 井	大汶流 3 井	大汶流 5 井
2014-10-27	4.61	17.72	128.14	139.66
2014-12-18	4.64	30.02	76.39	88.37
2015-04-15	5.42	23.55	102.72	139.10
2015-05-12	5.80	19.83	98.90	136.64
2015-07-06	4.98	16.11	60.79	74.05
2015-08-13	5.24	11.67	116.25	118.50
2015-09-07	4.81	32.88	114.18	122.71
2015-10-09	6.50	11.77	52.92	109.25

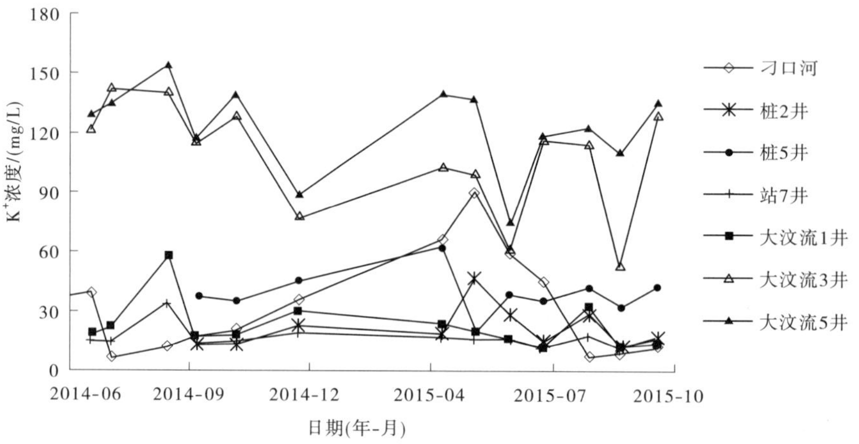

图 5-11　各监测断面监测井地下水 K^+浓度变化曲线

由表 5-15 可知,观测期内清水沟、刁口河 K^+ 浓度变化范围为 3.66~6.50 mg/L、6.34~90.76 mg/L,清水沟 K^+浓度变化幅度小,刁口河 K^+浓度变化幅度大,相邻水样数据变化幅度较大的月份都是在夏季;同一时期,刁口河与清水沟 K^+浓度比为 1.7~14.0,两者浓度差较小值出现在生态补水后(7~8 月)。

观测期内桩埕路监测断面桩 2 井、桩 5 井地下水 K^+浓度变化范围为 7.22~46.50 mg/L、19.55~62.34 mg/L,两井地下水 K^+浓度变化幅度基本相同,桩 2 井地下水 K^+浓度偏小;2014 年 9 月至 2015 年 6 月桩 2 井、桩 5 井地下水 K^+浓度不断升高,与同时期刁口河 K^+浓度变化一致。桩 2 井在 2015 年 5 月 12 日达到最高值后总体降低,中间偶有小幅抬升,变化不大,桩 5 井在 2015 年 4 月 15 日达到最高值后变化不明显。

由表 5-16 可知,观测期内一千二管理站监测断面站 3 井、站 5 井和站 7 井地下水 K^+浓度变化范围为 11.62~17.14 mg/L、22.24~63.48 mg/L 和 11.32~34.39 mg/L,站 3 井地下水 K^+浓度变化幅度最小,站 5 井地下水 K^+浓度变化幅度最大,站 7 井地下水 K^+浓度变化比较平缓，站 7 井地下水 K^+浓度在两个生态调水期内都最小。

由表 5-17 可知，观测期内大汶流监测断面大汶流 1 井、大汶流 3 井和大汶流 5 井地下水 K^+浓度变化范围为 11.67～57.89 mg/L、52.92～142.00 mg/L 和 74.05～154.47 mg/L，大汶流 1 井地下水 K^+浓度变化幅度最小，大汶流 3 井地下水 K^+浓度变化幅度最大。整个观测期间，受河槽距离的影响，距主槽最近的大汶流 1 井地下水 K^+浓度最小，大汶流 5 井地下水 K^+浓度最大。从曲线变化上来看，大汶流 1 井 2014 年 8 月 31 日地下水 K^+浓度突升至全年最大 57.89 mg/L，随后 9 月突降至全年最小，到 2014 年 12 月 18 日又缓慢升至全年次高 30.02 mg/L，2014 年大汶流 1 井曲线变化呈现升高—降低—升高的变化趋势，截至 2015 年 8 月 13 日 K^+浓度缓慢下降至全年最小 11.67 mg/L，2015 年 9 月 7 日随后突升到全年最大 32.88 mg/L，随后突降至全年最小；大汶流 3 井和大汶流 5 井地下水 K^+浓度变化规律和大汶流 1 井基本相同，受降水影响，2014 年 12 月 18 日大汶流 3 井和大汶流 5 井地下水 K^+浓度降低明显。

5.3.2　黄河来水对 Na^+浓度的影响

对送样水质分析报告进行 Na^+指标筛选，得出观测期 3 个监测断面 8 个监测井地下水 Na^+浓度变化，见表 5-18～表 5-20；同时为了更直观地分析这 3 个监测断面监测井地下水 Na^+的浓度变化，绘制了整个观测期的 Na^+浓度变化曲线，见图 5-12。

表 5-18　桩埕路监测断面监测井地下水 Na^+浓度变化　单位：mg/L

时间(年-月-日)	清水沟	刁口河	桩 2 井	桩 5 井
2014-08-31	115.77	434.11		
2014-09-23	112.65	557.58	5 496.67	6 428.82
2014-10-27	95.31	793.86	5 638.68	6 927.22
2014-12-18	93.19	1 456.74	6 785.09	7 915.86
2015-04-15	117.42	1 951.42	5 568.67	5 932.56
2015-05-12	112.22	2 548.18	6 076.38	5 255.79
2015-06-09	107.39	2 179.11	6 522.41	6 359.12
2015-07-06	95.67	2 056.92	5 518.77	7 263.76
2015-08-13	134.35	347.15	5 509.42	4 392.70
2015-09-07	100.34	384.43	4 127.07	5 980.17
2015-10-09	116.07	412.10	4 039.35	6 176.38

表 5-19　一千二管理站监测断面监测井地下水 Na^+ 浓度变化　　单位：mg/L

时间(年-月-日)	刁口河	站 3 井	站 5 井	站 7 井
2014-06-28	1 512.25			2 978.89
2014-07-15	211.93			3 357.25
2014-08-31	434.11			3 523.24
2014-09-23	557.58	2 273.34	5 694.78	3 574.68
2014-10-27	793.86	3 114.43	5 816.55	3 871.76
2014-12-18	1 456.74			4 384.79
2015-04-15	1 951.42	3 679.32	5 471.41	3 240.79
2015-05-12	2 548.18	3 492.94	5 307.30	2 898.43
2015-06-09	2 179.11			3 659.87
2015-07-06	2 056.92			4 909.53
2015-08-13	347.15		6 566.85	3 145.81
2015-09-07	384.43	3 598.44	5 112.69	3 155.55
2015-10-09	412.10	3 424.92	3 997.05	3 201.50

表 5-20　大汶流监测断面监测井地下水 Na^+ 浓度变化　　单位：mg/L

时间(年-月-日)	清水沟	大汶流 1 井	大汶流 3 井	大汶流 5 井
2014-06-28	123.34	6 869.70	9 508.35	6 299.33
2014-07-15	147.83	6 724.25	11 309.77	7 170.51
2014-08-31	115.77	7 211.65	9 493.48	7 339.23
2014-09-23	112.65	6 620.68	10 165.35	6 926.16
2014-10-27	95.31	6 527.69	9 955.79	7 468.69
2014-12-18	93.19	7 810.75	11 848.35	9 676.28
2015-04-15	117.42	6 415.68	9 314.05	8 153.02
2015-05-12	112.22	6 084.26	10 221.99	7 189.96
2015-07-06	95.67	5 385.33	10 984.89	7 001.96
2015-08-13	134.35	5 521.92	8 982.53	7 904.75
2015-09-07	100.34	5 864.61	8 808.63	7 684.95
2015-10-09	116.07	3 974.19	9 106.79	7 417.20

通过表 5-18～表 5-20 和图 5-12 可以看出，观测期内清水沟 Na^+ 浓度变化不大，刁口河 Na^+ 浓度在每年的生态调水期最小，之后逐渐增大；3 个监测断面监测井地下水 Na^+ 浓度在 2015 年黄河洪水期变化明显。

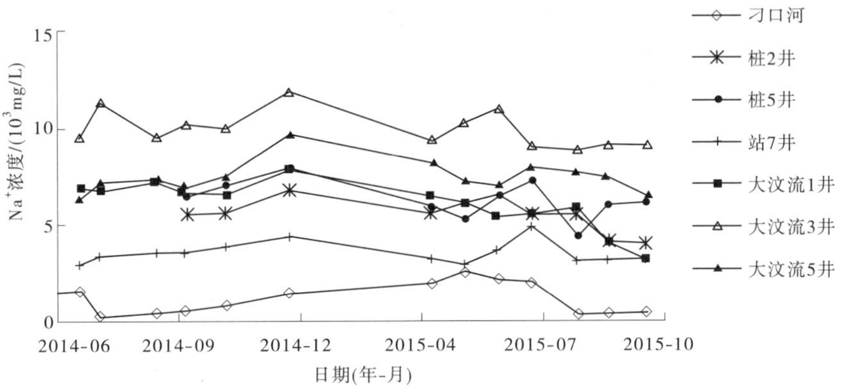

图 5-12　各监测断面监测井地下水 Na^+浓度变化曲线

观测期内桩埕路监测断面桩 2 井、桩 5 井地下水 Na^+浓度变化范围分别为 4 039. 35～6 785. 09 mg/L、4 392. 70～7 915. 86 mg/L，两井地下水 Na^+浓度相差不大，变化幅度基本相同；生态调水期桩 2 井地下水 Na^+浓度比桩 5 井地下水 Na^+浓度略低，桩 2 井受生态调水作用变化明显；桩 2 井、桩 5 井地下水 Na^+浓度变化曲线基本一致，桩 2 井曲线升高至 2014 年 12 月 18 日出现明显拐点下降，2015 年 4 月 15 日开始缓慢上升至生态调水期之前，生态调水期又达到最低值，之后桩 2 井缓慢下降，桩 5 井又开始缓慢上升至观测期结束。

观测期内一千二管理站监测断面站 7 井地下水 Na^+浓度变化范围为 2 898. 43～4 909. 53 mg/L，站 5 井地下水 Na^+浓度最大；站 7 井地下水 Na^+浓度变化曲线先抬升，到 2014 年 12 月 18 日达到全年最大 4 384. 79 mg/L，之后开始缓慢下降至 2015 年 5 月 12 日达到全年最低 2 898. 43 mg/L，到 2015 年 7 月 6 日又急剧上升到全年最大 4 909. 53 mg/L，8 月 13 日至 10 月 9 日以后变化不明显，基本上保持在 3 000 mg/L 以上。

观测期内大汶流监测断面大汶流 1 井、大汶流 3 井和大汶流 5 井地下水 Na^+浓度变化范围为 3 974. 19～7 810. 75 mg/L、8 808. 63～11 848. 35 mg/L 和 6 299. 33～9 676. 28 mg/L，大汶流 1 井地下水 Na^+浓度最小，变化幅度最大，大汶流 3 井地下水 Na^+浓度最大，大汶流 3 井和大汶流 5 井变化幅度相当。从曲线变化上来看，由图 5-12 可以看出大汶流监测断面监测井 3 条曲线变化规律基本一致，2014 年 12 月 18 日达到全年最高之后缓慢下降，2015 年 7 月 6 日出现拐点，先升高后降低至观测期结束。

5.3.3　黄河来水对总硬度的影响

对送样水质分析报告进行总硬度指标筛选，得出观测期内 3 个监测断面 8 个监测井地下水总硬度变化，见表 5-21～表 5-23；同时为了更直观地分析这 3 个监测断面总硬度的变化情况，绘制了整个观测期的总硬度变化曲线，见图 5-13。

表 5-21　桩埕路监测断面监测井地下水总硬度变化　单位：mg/L

时间(年-月-日)	清水沟	刁口河	桩 2 井	桩 5 井
2014-02-27	319.22	985.00	1 583.70	
2014-04-15	330.40	1 336.52	1 542.71	
2014-06-28	269.74	1 814.63		825.64
2014-07-15	134.11	181.26		
2014-08-31	210.89	443.85		
2014-09-23	256.76	587.51	10 009.40	5 505.17
2014-10-27	268.73	826.86	10 498.99	5 983.88
2014-12-18	275.98	1 437.51	9 765.38	5 436.16
2015-04-15	335.78	2 144.95	10 513.62	4 974.93
2015-05-12	291.98	2 515.54	5 682.43	10 848.27
2015-06-09	305.46	2 577.31	10 668.36	5 525.21
2015-07-06	285.24	2 302.17	10 780.89	5 502.75
2015-08-13	238.38	471.41	10 475.82	3 206.88
2015-09-07	192.64	644.00	11 480.07	6 160.04
2015-10-09	224.00	616.00	10 489.99	5 678.44

表 5-22　一千二管理站监测断面监测井地下水总硬度变化　单位：mg/L

时间(年-月-日)	刁口河	站 3 井	站 5 井	站 7 井
2014-06-28	1 814.63			4 217.79
2014-07-15	181.26			3 568.82
2014-08-31	443.85			5 517.46
2014-09-23	587.51	1 436.13	5 798.92	5 211.42
2014-10-27	826.86	2 502.35	6 310.27	6 119.88
2014-12-18	1 437.51			4 147.25
2015-04-15	2 144.95	6 428.11	5 929.49	5 671.20
2015-05-12	2 515.54	5 659.97	5 907.03	5 210.77
2015-06-09	2 577.31			6 041.79
2015-07-06	2 302.17			6 632.50
2015-08-13	471.41		5 505.15	4 756.88
2015-09-07	644.00	4 200.03	4 911.23	6 020.04
2015-10-09	616.00	3 528.02	2 990.42	5 615.72

表 5-23　大汶流监测断面监测井地下水总硬度变化　单位：mg/L

时间(年-月-日)	清水沟	大汶流 1 井	大汶流 3 井	大汶流 5 井
2014-06-28	269.74	7 111.39	8 129.06	4 561.10
2014-07-15	134.11	6 451.64	9 414.24	3 966.84
2014-08-31	210.89	7 601.84	8 582.72	5 149.63
2014-09-23	256.76	7 050.10	8 915.98	4 721.83
2014-10-27	268.73	7 289.45	8 948.62	5 276.69
2014-12-18	275.98	6 126.11	7 627.31	5 383.09
2015-04-15	335.78	6 872.82	8 478.72	6 046.28
2015-05-12	291.98	6 738.06	8 512.41	5 839.65
2015-06-09	305.46	5 154.61	10 556.29	4 959.21
2015-07-06	285.24	4 379.74	7 861.07	5 109.69
2015-08-13	238.38	5 344.81	6 413.77	5 131.01
2015-09-07	192.64	2 867.22	7 980.05	6 580.04
2015-10-09	224.00	2 172.81	8 254.45	5 342.43

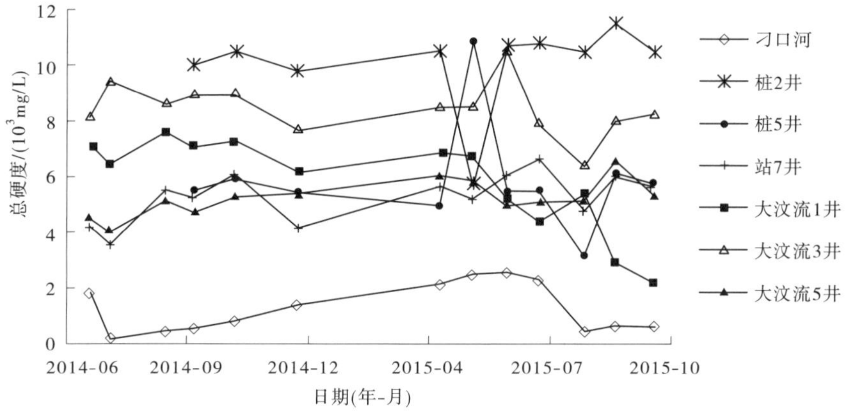

图 5-13　各监测断面监测井地下水总硬度变化曲线

通过表 5-21 可以看出，观测期内清水沟总硬度变化范围为 134.11～335.78 mg/L，刁口河总硬度变化范围为 181.26～2 577.31 mg/L，清水沟总硬度变化幅度不大，刁口河总硬度在每年的生态调水后期伊始降到最小。

观测期内桩埕路监测断面桩 2 井、桩 5 井地下水总硬度变化范围为 1 542.71～11 480.07 mg/L、825.64～10 848.27 mg/L，桩 2 井地下水总硬度变化范围更大；生态调水期桩 2 井地下水总硬度最高，桩 5 井地下水总硬度最低；2015 年观测期内，桩 2 井、桩 5 井地下水总硬度变化曲线先缓慢抬升至 7 月 6 日出现拐点后开始下降，到 8 月 13 日开始缓慢提升。

通过表 5-22 可以看出,观测期内一千二管理站监测断面站 3 井、站 5 井和站 7 井地下水总硬度变化范围为 1 436.13 ~6 428.11 mg/L、2 990.42 ~ 6 310.27 mg/L 和 3 568.82~6 632.50 mg/L,站 3 井地下水总硬度变化幅度最大,站 7 井地下水总硬度变化幅度最小,站 7 井在生态调水后期伊始降到最小。

通过表 5-23 可以看出,观测期内大汶流监测断面大汶流 1 井、大汶流 3 井和大汶流 5 井总硬度变化范围为 2 172.81~7 601.84 mg/L、6 413.77~10 556.29 mg/L 和 3 966.84~6 580.04 mg/L,大汶流 5 井地下水总硬度变化幅度最小,大汶流 1 井和大汶流 3 井变化幅度相当,同期大汶流 3 井地下水总硬度最大,大汶流 1 井在 2015 年 6 月 9 日之前地下水总硬度比大汶流 5 井大,8 月 13 日以后大汶流 1 井地下水总硬度下降明显,由图 5-13 可以看出,大汶流监测断面 3 条曲线变化规律基本相同。

5.3.4　黄河来水对总碱度的影响

对送样水质分析报告进行总硬度指标筛选,得出观测期内 3 个监测断面 8 个监测井地下水总碱度变化,见表 5-24~表 5-26。

表 5-24　桩埕路监测断面监测井地下水总碱度变化　单位:mg/L

时间(年-月-日)	清水沟	刁口河	桩 2 井	桩 5 井
2014-02-27	199.72	135.53	458.88	
2014-04-15	209.23	142.66	482.66	
2014-06-28	164.06	76.08		132.12
2014-07-15	1.58	0		
2014-08-31	104.62	99.86		
2014-09-23	147.41	109.37	408.95	354.27
2014-10-27	156.92	118.88	466.02	356.65
2014-12-18	182.48	174.98	489.95	354.96
2015-04-15	208.98	169.98	459.95	327.47
2015-05-12	184.98	118.99	344.97	445.95
2015-06-09	179.98	149.98	444.96	344.97
2015-07-06	167.48	92.49	444.96	349.96
2015-08-13	148.59	153.39	455.36	263.63
2015-09-07	98.99	153.48	499.95	369.96
2015-10-09	118.68	151.26	460.76	353.72

表 5-25　一千二管理站监测断面监测井地下水总碱度变化　单位:mg/L

时间(年-月-日)	刁口河	站 3 井	站 5 井	站 7 井
2014-06-28	76.08			620.56
2014-07-15	0			
2014-08-31	99.86			706.16
2014-09-23	109.37	706.16	753.71	794.13
2014-10-27	118.88	775.11	756.09	822.66
2014-12-18	174.98			734.93
2015-04-15	169.98	551.44	697.93	691.43
2015-05-12	118.99	589.94	745.92	703.93
2015-06-09	149.98			704.93
2015-07-06	92.49			679.43
2015-08-13	153.39		680.65	695.03
2015-09-07	153.48	730.43	854.41	684.93
2015-10-09	151.26	595.74	1 086.75	451.46

表 5-26　大汶流监测断面监测井地下水总碱度变化　单位:mg/L

时间(年-月-日)	清水沟	大汶流 1 井	大汶流 3 井	大汶流 5 井
2014-06-28	164.06	18.40	121.68	129.07
2014-07-15	1.58	21.42	142.00	134.31
2014-08-31	104.62	57.89	140.26	154.47
2014-09-23	147.41	17.32	114.85	116.91
2014-10-27	156.92	17.72	128.14	139.66
2014-12-18	182.48	30.02	76.39	88.37
2015-04-15	208.98	23.55	102.72	139.10
2015-05-12	184.98	19.83	98.90	136.64
2015-07-06	167.48	16.11	60.79	74.05
2015-08-13	148.59	11.67	116.25	118.50
2015-09-07	98.99	32.88	114.18	122.71
2015-10-09	118.68	11.77	52.92	109.25

通过表 5-24 可以看出,清水沟总碱度变化范围为 1.58~209.23 mg/L,刁口河总碱度变化范围为 0~174.98 mg/L;清水沟总碱度变化幅度更大,在黄河洪水期降到最小,刁口河总碱度在生态调水后期伊始降到最小。

观测期内桩埕路监测断面桩 2 井、桩 5 井地下水总碱度变化范围为 344.97~499.95 mg/L、132.12~445.95 mg/L,桩 2 井地下水总碱度变化幅度更大。

由表 5-25 知,观测期内一千二管理站监测断面站 3 井、站 5 井和站 7 井地下水总碱度变化范围为 551.44~775.11 mg/L、680.65~1 086.75 mg/L 和 451.46~822.66 mg/L,站 3 井地下水总碱度变化幅度最小,站 5 井地下水总碱度变化幅度最大,站 3 井总碱度最小,站 5 井和站 7 井在生态调水后期伊始降到最小。

由表 5-26 知,观测期内大汶流监测断面大汶流 1 井、大汶流 3 井和大汶流 5 井地下水总碱度变化范围为 11.67~57.89 mg/L、52.92~142.00 mg/L 和 74.05~154.47 mg/L;大汶流 1 井地下水总碱度变化幅度最小,大汶流 3 井地下水总碱度变化幅度最大,同期大汶流 5 井地下水总碱度最大。

5.3.5 黄河来水对 pH 值的影响

将水质分析报告中 pH 值数据进行整理,得出观测期内 3 个监测断面 8 个监测井地下水 pH 值变化,见表 5-27~表 5-29;为了更直观地分析 3 个监测断面监测井地下水 pH 值在整个观测期的变化情况,绘制了整个观测期的 pH 值变化曲线,见图 5-14。

表 5-27 桩埕路监测断面监测井地下水 pH 值变化

时间(年-月-日)	清水沟	刁口河	桩 2 井	桩 5 井
2014-02-27	8.38	8.16	7.72	
2014-04-15	8.22	8.25	7.35	
2014-06-28	8.10	7.95		8.07
2014-07-15	8.16	8.32		
2014-08-31	8.42	9.06		
2014-09-23	8.48	9.42	7.09	7.46
2014-10-27	8.80	8.72	6.54	6.86
2014-12-18	8.08	8.06	7.49	7.77
2015-04-15	8.45	8.32	7.10	7.38
2015-05-12	8.58	8.32	7.43	7.16
2015-06-09	8.37	7.79	7.09	7.31
2015-07-06	8.33	8.38	7.06	7.18
2015-08-13	7.91	8.13	7.25	7.86
2015-09-07	8.96	8.40	7.08	7.39
2015-10-09	9.13	8.94	7.80	8.03

表 5-28　一千二管理站监测断面监测井地下水 pH 值变化

时间(年-月-日)	刁口河	站 3 井	站 5 井	站 7 井
2014-06-28	7.95			7.58
2014-07-15	8.32			7.08
2014-08-31	9.06			7.20
2014-09-23	9.42	7.37	6.85	7.02
2014-10-27	8.72	7.00	6.60	6.74
2014-12-18	8.06			7.65
2015-04-15	8.32	7.22	7.06	7.12
2015-05-12	8.32	7.24	7.25	7.30
2015-06-09	7.79			7.14
2015-07-06	8.38			6.96
2015-08-13	8.13		7.58	7.61
2015-09-07	8.40	7.20	7.26	7.16
2015-10-09	8.94	8.00	7.99	7.84

表 5-29　大汶流监测断面监测井地下水 pH 值变化

时间(年-月-日)	清水沟	大汶流 1 井	大汶流 3 井	大汶流 5 井
2014-06-28	8.10	7.24	7.30	7.53
2014-07-15	8.16	6.81	7.13	7.36
2014-08-31	8.42	7.08	7.18	7.46
2014-09-23	8.48	6.89	7.10	7.20
2014-10-27	8.80	6.57	6.57	6.99
2014-12-18	8.08	7.63	7.80	7.79
2015-04-15	8.45	7.26	7.27	7.24
2015-05-12	8.58	7.17	7.31	7.38
2015-07-06	8.33	7.41	7.09	7.16
2015-08-13	7.91	7.16	7.05	7.15
2015-09-07	8.96	7.47	7.78	7.79
2015-10-09	9.13	7.45	7.43	7.54

通过表 5-27~表 5-29 和图 5-14 可以看出,清水沟 pH 值变化不大,水体偏碱性,pH 值变化范围为 7.91~9.13,刁口河 pH 值变化范围为 7.79~9.42,可见刁口河 pH 值变化幅度更大。

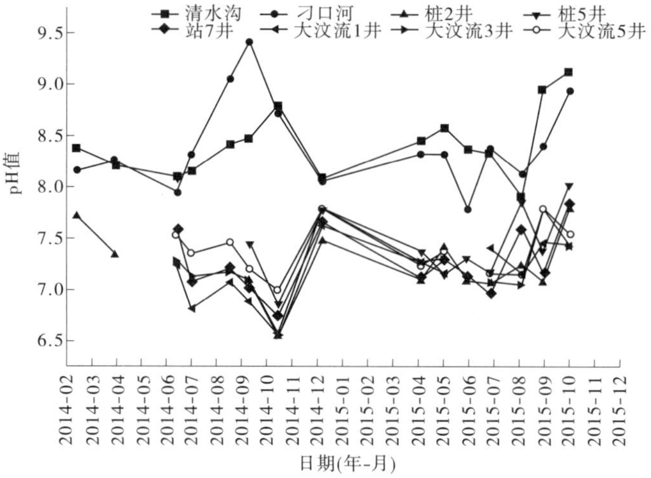

图 5-14　各监测断面监测井地下水 pH 值变化曲线

观测期内桩埕路监测断面桩 2 井、桩 5 井地下水 pH 值变化范围分别为 6.54~7.80、6.86~8.07,两井地下水 pH 值相差不大,同期桩 5 井比桩 2 井 pH 值略大,受酸雨影响,2014 年 10 月 27 日两井地下水 pH 值低于 7,水样呈酸性。一千二管理站监测断面站 3 井、站 5 井和站 7 井地下水 pH 值变化范围为 7.00~8.00、6.60~7.99 和 6.74~7.84,站 3 井 pH 值变化幅度最小,水样呈碱性,站 5 井变化幅度最大。大汶流监测断面大汶流 1 井、大汶流 3 井和大汶流 5 井地下水 pH 值变化范围为 6.57~7.63、6.57~7.80 和 6.99~7.79,大汶流监测断面大汶流 3 井 pH 值变化幅度最大,大汶流 1 井变幅最小。

由图 5-14 可以看出,观测期内,大汶流 3 个监测断面 pH 值曲线变化规律基本一致,2014 年 10 月 27 日各曲线 pH 值最低,水样呈弱酸性,随后逐渐升高到 2014 年 12 月 18 日出现拐点后逐渐下降到 2015 年生态调水期。

5.3.6　黄河来水对主要水质指标的影响总结

综上所述,可以看出黄河来水对黄河三角洲地区地下水其他主要水质指标有一定的影响,5 个其他主要水质指标受到黄河来水补给、降水、蒸发的影响,其对应的变化曲线均表现出了不同程度的降低变化。黄河来水对其他主要水质指标的影响结论如下:

(1)生态调水期之前,K^+、Na^+、总硬度、总碱度、pH 值均表现为抬升,但抬升幅度不一致。

(2)生态调水期,K^+、Na^+、总硬度、总碱度、pH 值均表现为降低变化趋势。

(3)生态调水后期,K^+、Na^+、总硬度、总碱度、pH 值变化曲线走势不太一致,或抬升或降低或出现抬升和降低交替变化过程。

(4)从改善生态环境角度考虑,生态调水对刁口河湿地地下水其他主要水质指标产生良性影响,降低了各指标在地下水中的含量,降低了地下水的矿化度和 pH 值,促进了研究区地下水生态系统的改良进程,增强了研究区地下水生态系统的稳定性。

5.4 2016~2017年黄河来水对湿地地下水其他主要水质指标的影响

为进一步明确黄河三角洲湿地地下水水质对黄河来水的响应作用，项目组通过实地水样采集，在规定时间内送达委托单位，对研究区布设的桩埕路、一千二管理站和大汶流3个监测断面的8个监测井不同时期采集的地下水水样进行水质全分析及污染分析。

主要检测仪器设备包括：TAS-990原子吸收分光光度计、PHS-25酸度计、50 mL酸式滴定管、TU-1901分光光度计、2100DV全谱直读电感耦合等离子体发射光谱仪。

为了研究方便，选取较有代表性的5个关键指标进行定量分析，以确定黄河来水对主要水质指标的影响。

5.4.1 黄河来水对Cl^-浓度的影响

对送样水质分析报告进行Cl^-指标筛选，得出整个观测期内3个监测断面8个监测井地下水Cl^-浓度变化，见表5-30~表5-32。

表5-30 桩埕路监测断面监测井地下水Cl^-浓度变化 单位：mg/L

时间(年-月-日)	清水沟	刁口河	桩2井	桩5井
2016-02-21	288.76	1 588.65	10 739.02	12 886.96
2016-04-18	117.03	3 706.03	10 251.69	13 541.75
2016-06-14	173.27	2 996.02	9 172.28	10 309.58
2016-07-12	196.35	3 536.23	7 838.71	10 633.87
2016-08-15	169.60	367.38	8 728.01	9 787.68
2016-09-13	88.68	774.74	10 187.95	11 736.68
2016-10-11	100.07	876.41	10 017.68	12 187.13
2016-12-13	146.39	2 493.27	10 125.02	12 223.68
2017-03-01	257.11	5 076.03	14 582.46	12 875.53
2017-04-27	372.43	3 261.80	13 823.01	13 026.61
2017-06-15	196.62	2 663.73	9 101.85	9 843.80
2017-07-20	64.76	3 481.43	7 781.61	9 078.75
2017-08-17	74.64	615.09	8 149.44	8 919.64
2017-09-21	162.71	413.17	10 732.41	11 632.70
2017-10-19	103.67	406.31	12 911.86	12 784.43
2017-12-14	210.75	950.68	13 052.22	13 666.67

表 5-31　一千二管理站监测断面监测井地下水 Cl^- 浓度变化　　单位：mg/L

时间(年-月-日)	清水沟	刁口河	站 3 井	站 5 井	站 7 井
2016-02-21	288.76	1 588.65	12 844.17	17 296.99	17 217.33
2016-04-18	117.03	3 706.03	12 048.23	14 547.64	15 242.21
2016-06-14	173.27	2 996.02	9 914.19	11 533.98	12 075.49
2016-07-12	196.35	3 536.23	8 259.95	10 772.18	12 127.10
2016-08-15	169.60	367.38	9 103.41	10 125.59	11 953.01
2016-09-13	88.68	774.74	9 723.28	11 227.45	12 224.14
2016-10-11	100.07	876.41	12 392.12	13 418.59	14 365.69
2016-12-13	146.39	2 493.27	9 484.37	11 405.76	13 741.60
2017-03-01	257.11	5 076.03	12 816.85	14 029.58	16 894.12
2017-04-27	372.43	3 261.80	11 689.64	12 999.91	13 722.96
2017-06-15	196.62	2 663.73	8 632.92	9 131.61	10 501.83
2017-07-20	64.76	3 481.43	7 972.36	8 455.55	9 759.25
2017-08-17	74.64	615.09	7 059.19	8 268.09	11 033.60
2017-09-21	162.71	413.17	7 472.69	10 127.68	12 866.53
2017-10-19	103.67	406.31	8 263.08	8 832.42	9 992.82
2017-12-14	210.75	950.68	9 332.92	10 078.62	11 391.42

表 5-32　大汶流监测断面监测井地下水 Cl^- 浓度变化　　单位：mg/L

时间(年-月-日)	清水沟	刁口河	大汶流 1 井	大汶流 3 井	大汶流 5 井
2016-02-21	288.76	1 588.65	10 884.83	13 217.15	19 640.14
2016-04-18	117.03	3 706.03	12 362.17	17 240.69	18 541.28
2016-06-14	173.27	2 996.02	12 301.89	16 910.74	18 158.16
2016-07-12	196.35	3 536.23	8 780.46	10 067.99	12 201.30
2016-08-15	169.60	367.38	11 207.91	14 112.35	16 056.26
2016-09-13	88.68	774.74	7 238.30	13 640.03	18 775.61
2016-10-11	100.07	876.41	5 674.63	13 772.56	15 343.91
2016-12-13	146.39	2 493.27	13 715.07	14 514.18	18 636.53
2017-03-01	257.11	5 076.03	12 233.48	13 027.31	19 505.41
2017-04-27	372.43	3 261.80	12 304.81	17 050.31	18 474.72
2017-06-15	196.62	2 663.73	12 105.84	16 549.00	17 616.59
2017-07-20	64.76	3 481.43	8 568.15	9 833.09	12 083.78

续表 5-32

时间(年-月-日)	清水沟	刁口河	大汶流 1 井	大汶流 3 井	大汶流 5 井
2017-08-17	74.64	615.09	11 228.23	16 177.78	14 653.50
2017-09-21	162.71	413.17	12 988.65	13 602.71	15 702.15
2017-10-19	103.67	406.31	13 643.14	15 758.81	16 900.80
2017-12-14	210.75	950.68	13 508.07	14 964.05	18 611.86

由表 5-30 可知,观测期内清水沟、刁口河 Cl^-浓度变化范围为 64.76~372.43 mg/L、367.38~5 076.03 mg/L,刁口河 Cl^-浓度数值和变化幅度都明显高于清水沟的,这主要是流路来水情况不同造成的。观测前期由于受来水不足、农业需水量大等因素影响,二者 Cl^-浓度数值都较高;中期受上游来水充沛、雨季来临等因素影响,二者 Cl^-浓度数值都降到年内低值;后期受来水和降水不足、蒸发加剧、人为活动等因素影响,二者 Cl^-浓度又都缓慢回升。同一时期,刁口河与清水沟 Cl^-浓度比变化范围为 0.02~0.46,两者浓度最小差值出现在 2016 年 8 月,为 197.78 mg/L。

观测期内桩埕路监测断面桩 2 井、桩 5 井地下水 Cl^-浓度变化范围为 7 781.61~14 582.46 mg/L、8 919.64~13 666.67 mg/L,两井地下水 Cl^-浓度变化幅度基本相同,桩 2 井地下水 Cl^-浓度值偏小,这与距离河槽远近不同有关。观测前期桩 2 井、桩 5 井地下水 Cl^-浓度均较高,其中桩 2 井在 2017 年 3 月 1 日达到最高值,桩 5 井在 2017 年 12 月 14 日达到最高值;观测中期两井均表现出了明显的降低趋势,二者的最低值均出现在观测中期,其中桩 2 井在 2017 年 7 月 20 日达到最低值,桩 5 井在 2017 年 8 月 17 日达到最低值;观测后期二者数值均出现了不同幅度的回升,整个观测期的曲线规律都与同时期清水沟和刁口河 Cl^-浓度变化一致,均表现为高—低—高的变化趋势。

由表 5-31 可知,观测期内一千二管理站监测断面站 3 井、站 5 井和站 7 井地下水 Cl^-浓度变化范围为 7 059.19~12 844.17 mg/L、8 268.09~17 296.99 mg/L 和 9 759.25~17 217.33 mg/L,站 3 井至站 7 井数值和变化幅度总体逐渐加大,这与井点距离河槽远近程度有关。观测前期 3 个站井地下水 Cl^-浓度都较高,均在 2016 年 2 月 21 日达到最高值;观测中期 3 个站井地下水 Cl^-浓度都出现了不同幅度的下降,且下降趋势都很明显;观测后期 3 个站井地下水 Cl^-浓度总体呈现回升态势,有个别点位受到人为活动因素影响表现异常,但总体表现规律与清水沟和刁口河同期曲线基本吻合。

由表 5-32 可知,观测期内大汶流监测断面大汶流 1 井、大汶流 3 井和大汶流 5 井地下水 Cl^-浓度变化范围为 5 674.63~13 715.07 mg/L、9 833.09~17 240.69 mg/L 和 12 083.78~19 640.14 mg/L,3 个监测井地下水 Cl^-浓度变化幅度差别不大,但数值由大汶流 1 井至大汶流 5 井逐渐升高,这与距离河槽远近程度有关;从曲线变化上来看,大汶流 1 井 2016 年 10 月 11 日的地下水 Cl^-浓度由全年最小 5 674.63 mg/L 突升至 2016 年 12 月 13 日的全年最大 13 715.07 mg/L,随后变化不大;大汶流 3 井和大汶流 5 井地下水 Cl^-浓度变化程度不如大汶流 1 井剧烈但波动趋势和大汶流 1 井基本相同,都与同时期清水沟和刁口河 Cl^-浓度变化基本一致,总的曲线均呈现高—低—高的变化趋势。

观测期内清水沟和刁口河监测断面监测井地下水 Cl^-浓度变化趋势基本相同，拐点出现基本处于同时期，只是变化幅度有所不同。主要呈现出以下几点显著变化：刁口河监测断面 2016 年 8～12 月变化不同步而出现的差异高值是当年未进行生态补水造成的。观测前期由于上游来水少，降水和蒸发成为影响 Cl^-浓度变化的主要因素，当降水较多时会出现一定程度的下降；观测中期由于降水和上游来水都增多，Cl^-浓度呈现出了明显的下降趋势；观测后期降水和来水都不足，蒸发成为关键影响因素，其间出现的小幅波动是由降水造成的。整个观测期内 3 个监测断面 8 个监测井地下水 Cl^-浓度变化大致都呈现出了高—低—高的变化趋势，只是变化幅度有所不同。

5.4.2　黄河来水对 Na^+浓度的影响

对送样水质分析报告进行 Na^+指标筛选，得出观测期 3 个监测断面 8 个监测井地下水 Na^+浓度变化，见表 5-33～表 5-35；同时为了更直观地分析这 3 个监测断面监测井 Na^+的浓度变化，绘制了整个观测期的 Na^+浓度变化曲线，见图 5-15。

表 5-33　桩埕路监测断面监测井地下水 Na^+浓度变化　　单位：mg/L

时间(年-月-日)	清水沟	刁口河	桩 2 井	桩 5 井
2016-02-21	859.30	874.21	3 150.25	3 783.54
2016-04-18	125.84	859.74	5 481.14	5 877.24
2016-06-14	337.08	368.92	4 420.87	4 823.77
2016-07-12	322.02	365.61	5 498.82	7 194.52
2016-08-15	125.06	441.53	3 473.84	4 385.70
2016-09-13	181.86	582.89	4 106.60	5 976.85
2016-10-11	100.46	689.72	4 017.67	6 173.80
2016-12-13	169.64	712.57	6 717.02	7 866.03
2017-03-01	671.51	698.16	3 056.77	3 727.06
2017-04-27	831.32	899.10	5 222.42	5 738.26
2017-06-15	115.35	308.14	4 121.45	4 560.33
2017-07-20	206.11	386.17	5 440.60	6 944.66
2017-08-17	171.45	557.42	3 609.13	4 559.07
2017-09-21	281.12	632.89	3 884.78	5 925.22
2017-10-19	192.76	657.77	3 649.39	5 997.78
2017-12-14	267.55	811.16	6 693.67	7 557.96

表 5-34　一千二管理站监测断面监测井地下水 Na^+ 浓度变化　单位：mg/L

时间(年-月-日)	清水沟	刁口河	站 3 井	站 5 井	站 7 井
2016-02-21	859.30	874.21	2 991.42	3 301.16	3 968.37
2016-04-18	125.84	859.74	3 615.37	5 771.28	6 841.77
2016-06-14	337.08	368.92	3 602.30	4 729.89	5 845.28
2016-07-12	322.02	365.61	4 834.76	5 105.32	6 100.94
2016-08-15	125.06	441.53	5 846.01	6 569.68	7 120.53
2016-09-13	181.86	582.89	3 567.92	5 044.97	7 127.99
2016-10-11	100.46	689.72	3 406.75	4 974.89	6 187.48
2016-12-13	169.64	712.57	5 262.62	6 360.99	7 478.39
2017-03-01	671.51	698.16	5 985.21	7 071.76	8 879.46
2017-04-27	831.32	899.10	3 605.60	5 511.85	6 532.00
2017-06-15	115.35	308.14	3 360.52	4 632.68	5 616.36
2017-07-20	206.11	386.17	3 744.43	4 703.92	6 908.83
2017-08-17	171.45	557.42	6 218.44	7 715.37	8 170.62
2017-09-21	281.12	632.89	3 562.62	4 863.51	5 856.37
2017-10-19	192.76	657.77	4 047.63	5 702.06	8 063.89
2017-12-14	267.55	811.16	5 034.62	7 156.85	7 369.99

表 5-35　大汶流监测断面监测井地下水 Na^+ 浓度变化　单位：mg/L

时间(年-月-日)	清水沟	刁口河	大汶流 1 井	大汶流 3 井	大汶流 5 井
2016-02-21	859.30	874.21	5 137.21	6 467.89	8 883.00
2016-04-18	125.84	859.74	5 439.74	7 596.52	8 017.36
2016-06-14	337.08	368.92	4 491.54	5 508.87	6 977.30
2016-07-12	322.02	365.61	5 501.09	5 955.43	6 350.05
2016-08-15	125.06	441.53	5 853.84	6 790.36	7 682.22
2016-09-13	181.86	582.89	3 914.87	6 163.40	7 405.49
2016-10-11	100.46	689.72	3 120.92	6 019.40	9 507.38
2016-12-13	169.64	712.57	7 764.83	8 836.40	9 621.87
2017-03-01	671.51	698.16	7 888.24	8 321.46	8 699.82
2017-04-27	831.32	899.10	5 290.40	7 301.06	7 951.18
2017-06-15	115.35	308.14	4 191.64	5 225.80	6 645.93
2017-07-20	206.11	386.17	5 185.80	5 782.85	6 497.33
2017-08-17	171.45	557.42	6 122.35	6 795.96	7 041.66
2017-09-21	281.12	632.89	3 804.97	5 896.09	7 050.75
2017-10-19	192.76	657.77	4 001.83	6 785.04	8 340.65
2017-12-14	267.55	811.16	7 723.83	9 678.90	11 233.01

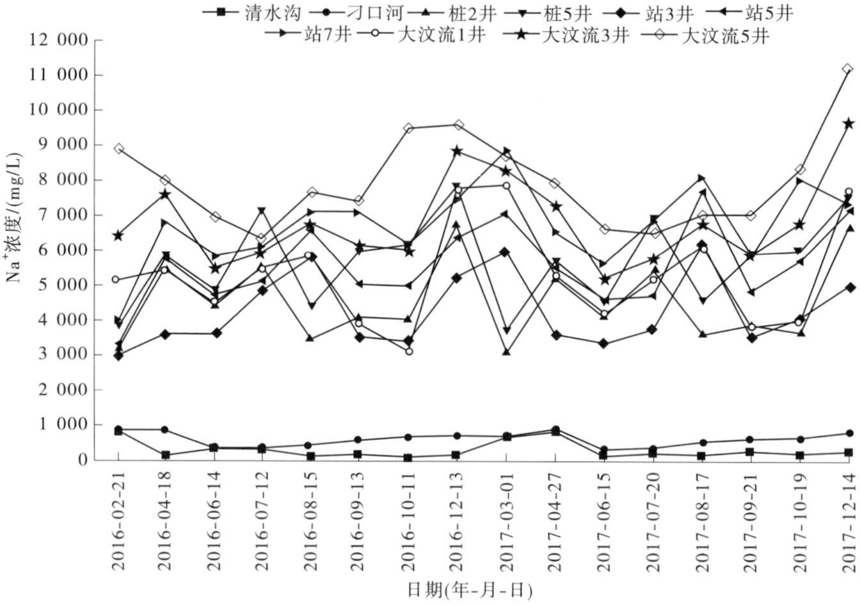

图 5-15　2016~2017 年各监测断面监测井地下水 Na^+ 浓度变化曲线

通过表 5-33~表 5-35 和图 5-15 可以看出,观测期内清水沟和刁口河 Na^+ 浓度变化表现略有不同,清水沟年度内两次出现拐点,数值较大幅度下降,而刁口河年内只出现一次拐点,数值降低幅度也较不明显,分析认为这主要是 2016 年刁口河未进行生态补水和人为因素干预造成的。

观测期内桩埕路监测断面桩 2 井、桩 5 井地下水 Na^+ 浓度变化范围分别为 3 056. 77~6 717. 02 mg/L、3 727. 06~7 866. 03 mg/L,桩 5 井地下水 Na^+ 浓度比桩 2 井 Na^+ 浓度高,这是由离河槽远近程度不同造成的,但同期变化曲线基本同步于清水沟和刁口河,大致都表现出高—低—高的变化趋势;桩 2 井、桩 5 井地下水 Na^+ 浓度高峰值出现在观测中期,低值出现在观测中期,其中出现的小幅波动差异主要与来水量不同有关。

观测期内一千二管理站监测断面站 3 井 Na^+ 浓度变化范围为 2 991. 42~6 218. 44 mg/L,站 5 井地下水 Na^+ 浓度变化范围为 3 301. 16~7 715. 37 mg/L,站 7 井地下水 Na^+ 浓度变化范围为 3 968. 37~8 879. 46 mg/L,由站 3 井到站 7 井地下水 Na^+ 浓度逐渐升高,这也与距河槽距离成正比;3 个监测井地下水 Na^+ 浓度均在 2016 年 2 月 21 日出现最低值,在 2017 年 8 月 17 日均出现高值,且其中 2 个监测井出现最高值,3 个监测井地下水 Na^+ 浓度变化曲线出现拐点且变化剧烈,说明 Na^+ 浓度对来水量反应明显,当来水充足时 Na^+ 浓度下降明显,当来水量不足时 Na^+ 浓度反弹响应及时。

观测期内大汶流监测断面大汶流 1 井、大汶流 3 井和大汶流 5 井地下水 Na^+ 浓度变化范围为 3 120. 92~7 888. 24 mg/L、5 225. 80~9 678. 90 mg/L 和 6 350. 05~11 233. 01 mg/L,Na^+ 浓度由大汶流 1 井至大汶流 5 井逐步增大,与距河槽距离增加有关。

由图 5-15 可以看出,观测期 3 个监测断面 8 个监测井地下水中 Na^+ 浓度变化规律基本相同,主要呈现出以下几点显著变化:受水文气象条件影响剧烈,年内波动频繁,在蒸发占据主导因素的观测后期 Na^+浓度出现明显抬升,低值的分布较为分散,与当年降水情况和上游来水情况关系密切。观测中期降水和上游来水增多时,Na^+浓度都呈现出明显的下降趋势。受 2016 年未进行生态补水、人类活动等因素影响,出现了少量偏差值。

5.4.3　黄河来水对总硬度的影响

对送样水质分析报告进行总硬度指标筛选,得出观测期内 3 个监测断面 8 个监测井地下水总硬度变化,见表 5-36~表 5-38;同时为了更直观地分析这 3 个监测断面监测井地下水总硬度的变化情况,绘制了整个观测期的总硬度变化曲线(见图 5-16)。

表 5-36　桩埕路监测断面监测井地下水总硬度变化　单位:mg/L

时间(年-月-日)	清水沟	刁口河	桩 2 井	桩 5 井
2016-02-21	455.28	2 070.53	9 530.10	10 400.98
2016-04-18	255.10	2 078.33	4 419.86	10 968.04
2016-06-14	278.80	1 889.80	4 250.60	7 902.58
2016-07-12	246.78	773.25	5 758.85	8 453.63
2016-08-15	212.18	672.13	6 483.99	9 201.72
2016-09-13	168.36	919.81	7 472.79	10 157.20
2016-10-11	193.41	1 007.92	8 468.85	10 640.75
2016-12-13	257.03	1 405.76	9 743.74	10 402.86
2017-03-01	355.29	1 970.53	8 540.80	10 400.98
2017-04-27	596.77	2 030.14	8 331.96	9 877.42
2017-06-15	378.80	1 657.50	5 250.60	6 902.58
2017-07-20	216.98	648.36	5 729.48	6 437.75
2017-08-17	234.86	481.14	6 487.73	7 226.03
2017-09-21	144.64	591.29	6 416.95	7 089.66
2017-10-19	173.91	555.55	6 446.64	6 577.68
2017-12-14	228.57	484.08	6 680.49	7 347.96

表 5-37　一千二管理站监测断面监测井地下水总硬度变化　单位:mg/L

时间(年-月-日)	清水沟	刁口河	站 3 井	站 5 井	站 7 井
2016-02-21	455.28	2 070.53	7 896.31	8 428.34	10 608.43
2016-04-18	255.10	2 078.33	7 606.35	5 851.04	9 354.50
2016-06-14	278.80	1 889.80	4 559.56	5 481.74	6 120.62
2016-07-12	246.78	773.25	4 120.66	4 833.66	6 627.35

续表 5-37

时间(年-月-日)	清水沟	刁口河	站 3 井	站 5 井	站 7 井
2016-08-15	212.18	672.13	4 750.19	5 482.56	7 129.42
2016-09-13	168.36	919.81	4 998.34	5 897.27	6 187.99
2016-10-11	193.41	1 007.92	5 612.42	6 964.42	7 498.30
2016-12-13	257.03	1 405.76	6 204.05	7 111.70	8 285.48
2017-03-01	355.29	1 970.53	5 896.31	7 428.34	8 608.43
2017-04-27	596.77	2 030.14	5 525.34	6 771.71	7 283.66
2017-06-15	378.80	1 657.50	3 559.56	4 481.74	5 120.62
2017-07-20	216.98	648.36	4 063.55	4 015.28	5 625.25
2017-08-17	234.86	481.14	4 775.34	5 512.80	5 195.28
2017-09-21	144.64	591.29	4 952.32	4 848.66	5 142.01
2017-10-19	173.91	555.55	2 580.56	2 951.39	3 474.10
2017-12-14	228.57	484.08	3 155.13	4 018.84	4 208.86

表 5-38　大汶流监测断面监测井地下水总硬度变化　　单位：mg/L

时间(年-月-日)	清水沟	刁口河	大汶流 1 井	大汶流 3 井	大汶流 5 井
2016-02-21	455.28	2 070.53	5 161.04	6 224.42	8 133.40
2016-04-18	255.10	2 078.33	6 797.06	8 426.76	9 001.10
2016-06-14	278.80	1 889.80	4 617.43	5 280.69	6 776.52
2016-07-12	246.78	773.25	4 347.79	5 829.90	6 041.35
2016-08-15	212.18	672.13	4 330.89	5 390.45	6 106.75
2016-09-13	168.36	919.81	5 846.59	6 958.09	7 569.46
2016-10-11	193.41	1 007.92	5 148.34	7 220.91	8 317.46
2016-12-13	257.03	1 405.76	6 069.94	7 617.33	9 382.02
2017-03-01	355.29	1 970.53	6 661.04	8 224.42	10 133.40
2017-04-27	596.77	2 030.14	6 737.74	8 340.06	10 921.49
2017-06-15	378.80	1 657.50	5 617.43	6 280.69	6 776.52
2017-07-20	216.98	648.36	4 344.66	5 795.71	7 040.29
2017-08-17	234.86	481.14	5 333.69	6 399.75	8 119.52
2017-09-21	144.64	591.29	5 783.99	6 919.70	8 565.25
2017-10-19	173.91	555.55	6 082.78	7 215.80	8 301.81
2017-12-14	228.57	484.08	6 003.97	7 552.37	8 333.40

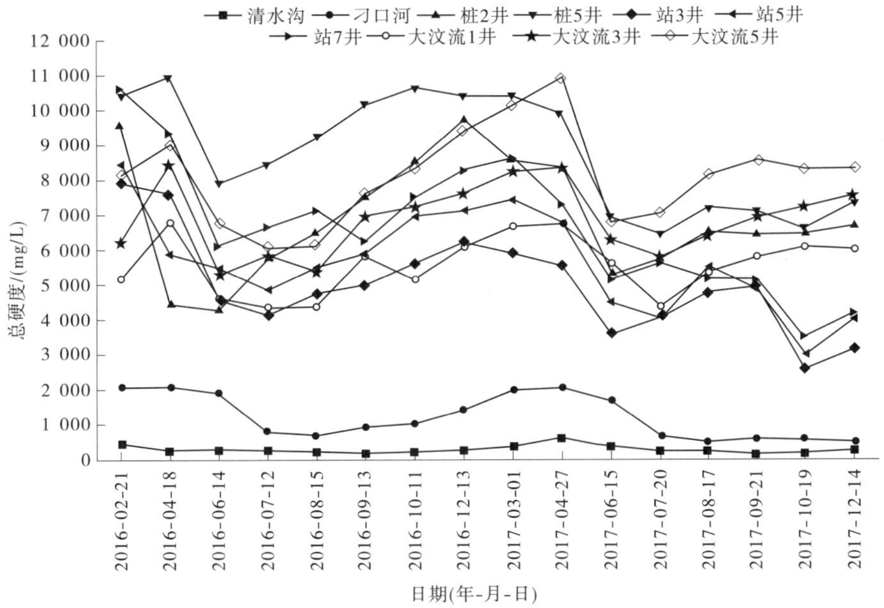

图 5-16　2016~2017 年各监测断面总硬度变化曲线

通过表 5-36 可以看出,观测期内清水沟总硬度变化范围为 144.64 ~596.77 mg/L,刁口河总硬度变化范围为 481.14~2 078.33 mg/L,清水沟总硬度变化幅度不大,刁口河总硬度变化幅度较大,观测前期总硬度较高,刁口河总硬度在 2016 年 4 月 18 日达到高峰值;观测中期受降水和上游来水影响均有明显下降;观测后期又都逐渐开始回升。

观测期内桩埕路监测断面桩 2 井、桩 5 井地下水总硬度变化范围为 4 250.60~9 743.74 mg/L、6 437.75~10 968.04 mg/L,受与河槽距离远近的影响,桩 5 井地下水总硬度比桩 2 井地下水总硬度普遍偏高,但总硬度的变化范围基本相同;由于 2017 年对刁口河进行了生态补水,所以 2017 年两监测井地下水总硬度较 2016 年有所下降。两监测井地下水总硬度曲线变化与同时期清水沟、刁口河总硬度变化基本一致,只是变化幅度有不同。

通过表 5-37 可以看出,观测期内一千二管理站监测断面站 3 井、站 5 井和站 7 井地下水总硬度变化范围为 2 580.56~7 896.31 mg/L、2 951.39~8 428.34 mg/L、3 474.10~10 608.43 mg/L,由站 3 井到站 7 井随距河槽距离增加地下水总硬度逐渐增大,变化幅度也逐渐加大,年内高值均出现在观测初期的 2 月,而低值受 2016 年未进行生态补水影响,分布有所差异,但主要还是集中在观测中期和观测后期。

通过表 5-38 可以看出,观测期内大汶流监测断面大汶流 1 井、大汶流 3 井和大汶流 5 井地下水总硬度变化范围为 4 330.89~6 797.06 mg/L、5 280.69~8 426.76 mg/L 和 6 041.35~10 921.49 mg/L,由大汶流 1 井至大汶流 5 井地下水总硬度和变化幅度随距河槽距离增加都逐渐增大,年内高值均出现在观测前期,低值均出现在观测中期,比较两年的同期数据,受生态补水影响,2017 年总硬度出现小幅下降,但不明显。

由图 5-16 可以看出,观测期内 3 个监测断面 8 个监测井地下水总硬度变化曲线大致都呈现出了高—低—高的变化趋势,变化规律基本相同,拐点基本处于同一时期,只是变化幅度有差异。主要表现如下:观测前期的 1~5 月受上游来水少、降水少和人类活动多种因素影响,总硬度较高;观测中期 6~8 月受降水和来水丰富影响,总硬度都显著下降;观测后期 9~12 月曲线变化有所差异是由 2017 年 9 月进行了生态补水、降水和人类活动的多重因素影响造成的。总硬度指标变化与来水情况密切相关,生态补水后刁口河总硬度不仅出现明显下降而且后期回升也变缓慢,说明生态补水对抑制总硬度抬升具有良性作用。

5.4.4 黄河来水对总碱度的影响

对送样水质分析报告进行总碱度指标筛选,得出观测期内 3 个监测断面 8 个监测井地下水总碱度变化,见表 5-39~表 5-41;同时为了更直观地分析这 3 个监测断面监测井地下水总碱度的变化情况,绘制了整个观测期的总碱度变化曲线(见图 5-17)。

表 5-39 桩埕路监测断面监测井地下水总碱度变化 单位:mg/L

时间(年-月-日)	清水沟	刁口河	桩 2 井	桩 5 井
2016-02-21	386.70	526.81	132.68	394.25
2016-04-18	207.13	260.68	458.14	322.79
2016-06-14	168.68	268.02	430.21	322.72
2016-07-12	154.48	191.54	438.30	332.93
2016-08-15	148.59	153.39	455.36	263.63
2016-09-13	162.76	243.48	482.22	369.46
2016-10-11	183.19	241.31	434.81	352.09
2016-12-13	273.01	259.11	479.13	338.31
2017-03-01	359.83	423.85	101.04	370.29
2017-04-27	270.20	505.77	412.31	281.67
2017-06-15	153.10	135.88	406.00	290.44
2017-07-20	150.77	188.26	398.86	326.07
2017-08-17	162.02	188.68	467.41	300.11
2017-09-21	133.42	210.18	444.54	347.69
2017-10-19	189.98	220.23	399.61	325.61
2017-12-14	252.43	321.23	465.16	269.76

表 5-40 一千二管理站监测断面监测井地下水总碱度变化 单位:mg/L

时间(年-月-日)	清水沟	刁口河	站 3 井	站 5 井	站 7 井
2016-02-21	386.70	526.81	336.34	555.69	1 004.97
2016-04-18	207.13	260.68	558.50	702.50	699.76
2016-06-14	168.68	268.02	519.17	683.82	767.54

续表 5-40

时间(年-月-日)	清水沟	刁口河	站 3 井	站 5 井	站 7 井
2016-07-12	154.48	191.54	639.43	487.95	553.56
2016-08-15	148.59	153.39	663.87	680.65	895.03
2016-09-13	162.76	243.48	718.44	830.04	948.75
2016-10-11	183.19	241.31	592.36	1 060.08	1 434.36
2016-12-13	273.01	259.11	610.65	1 217.15	1 602.12
2017-03-01	359.83	423.85	301.23	525.68	986.99
2017-04-27	270.20	505.77	523.18	669.67	657.90
2017-06-15	153.10	135.88	512.96	575.11	652.19
2017-07-20	150.77	188.26	427.61	558.98	634.45
2017-08-17	162.02	188.68	664.11	699.72	751.03
2017-09-21	133.42	210.18	682.55	828.46	938.30
2017-10-19	189.98	220.23	565.34	1 027.89	1 417.96
2017-12-14	252.43	321.23	569.94	1 261.76	1 396.21

表 5-41　大汶流监测断面监测井地下水总碱度变化　单位:mg/L

时间(年-月-日)	清水沟	刁口河	大汶流 1 井	大汶流 3 井	大汶流 5 井
2016-02-21	386.70	526.81	387.61	459.82	502.34
2016-04-18	207.13	260.68	437.04	576.56	712.43
2016-06-14	168.68	268.02	316.77	486.55	500.98
2016-07-12	154.48	191.54	327.42	478.95	524.45
2016-08-15	148.59	153.39	451.15	468.14	527.68
2016-09-13	162.76	243.48	446.36	462.54	501.59
2016-10-11	183.19	241.31	581.38	629.68	698.98
2016-12-13	273.01	259.11	591.84	654.96	709.41
2017-03-01	359.83	423.85	564.40	652.86	697.01
2017-04-27	270.20	505.77	499.76	555.38	653.58
2017-06-15	153.10	135.88	405.89	476.82	561.75
2017-07-20	150.77	188.26	413.34	468.86	493.44
2017-08-17	162.02	188.68	481.42	505.03	560.47
2017-09-21	133.42	210.18	429.24	558.62	664.11
2017-10-19	189.98	220.23	558.47	613.41	669.00
2017-12-14	252.43	321.23	640.49	694.27	734.90

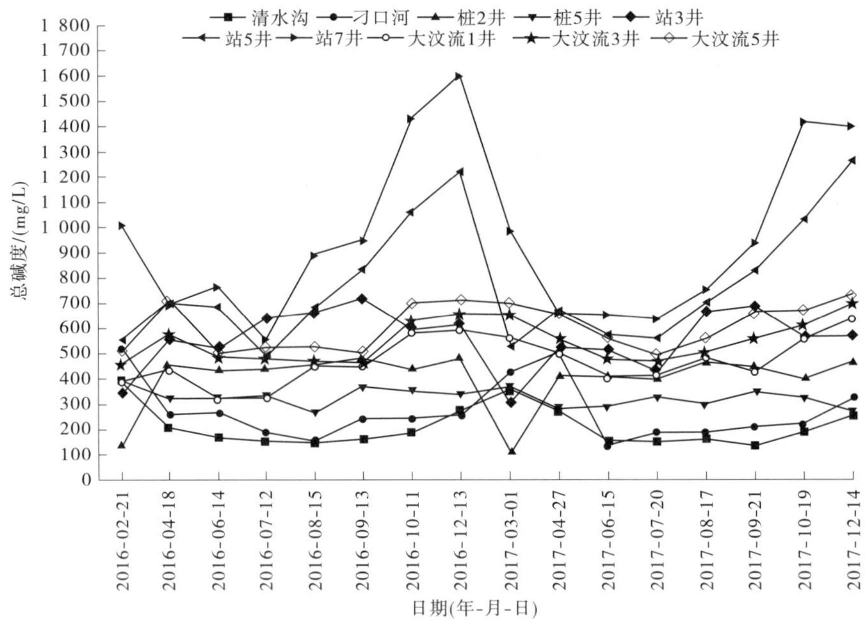

图 5-17　2016~2017 年各监测断面监测井地下水总碱度变化曲线

通过表 5-39 可以看出,清水沟总碱度变化范围为 133.42~386.70 mg/L,刁口河总碱度变化范围为 135.88~526.81 mg/L;清水沟总碱度变化幅度较小,两者的高峰值均出现在观测前期,低值均出现在观测中期,两者的曲线波动趋势基本同步,都呈现高—低—高的变化趋势。

观测期内桩埕路监测断面桩 2 井、桩 5 井地下水总碱度变化范围为 101.04~482.22 mg/L、263.63~394.25 mg/L,桩 2 井地下水总碱度变化幅度较大,桩 5 井地下水总碱度同期对比偏高,这与距离河槽远近程度相关;桩 5 井观测期内地下水总碱度变化情况基本与清水沟、刁口河总碱度变化同步,但桩 2 井地下水总碱度变化曲线存在较大差异性,这与距河槽距离适中而导致地下水位变化大这一特点有关。

由表 5-40 知,观测期内一千二管理站监测断面站 3 井、站 5 井和站 7 井地下水总碱度变化范围为 301.23~718.44 mg/L、487.95~1 261.76 mg/L 和 553.56~1 602.12 mg/L,抛去站 5 井的差异性来看,站 3 井、站 7 井地下水总碱度和变化幅度均逐渐增大,与距河槽距离成正比;年内高值均出现在观测后期,低值出现在观测中期,变化情况与清水沟和刁口河基本保持一致;由于站 5 井地下水位年内变化较大,地下水总碱度也出现了较大的波动。

观测期内大汶流监测断面大汶流 1 井、大汶流 3 井和大汶流 5 井地下水总碱度变化范围为 316.77~640.49 mg/L、459.82~694.27 mg/L 和 493.44~734.90 mg/L;大汶流 1 井至大汶流 5 井地下水总碱度和变化幅度逐渐加大,与距河槽距离成正比;受来水和降水不足影响,蒸发占据主导作用,3 个监测井地下水总碱度年内高值均出现在观测后期,而受降水和上游来水增加影响,地下水总碱度低值均出现在观测中期。

由图 5-17 可以看出,观测期内 3 个监测断面 8 个监测井地下水总碱度大致呈现出高—低—高的变化趋势,拐点分布基本在同一时期。主要表现出以下几点变化:观测期前后的总碱度指标变化不大,说明短时间的生态补水对总碱度的降低虽然有作用但来水结束后总碱度回升较快。站 5 井、站 7 井的数据波动起伏较大,是由这两个点位附近的地下水变化剧烈造成的,当地下水位抬升时总碱度随之降低,当地下水位降低时总碱度随之升高,这说明总碱度指标的变化受地下水位变化的影响作用明显。

5.4.5　黄河来水对 pH 值的影响

对水质分析报告中 pH 值数据进行整理,得出观测期内 3 个监测断面 8 个监测井地下水 pH 值的变化,见表 5-42~表 5-44;为了更直观地分析 3 个监测断面监测井地下水 pH 值在整个观测期的变化,绘制图 5-18。

通过表 5-42~表 5-44 和图 5-18 可以看出,清水沟和刁口河的 pH 值变化幅度较大,水体偏碱性。受到来水和降水不足、人类活动影响等因素干预,年内高值出现在观测中前期的 4~6 月,拐点明显;受来水和降雨充足影响,低值出现在中期的 8 月、9 月,由于 2017 年 9 月实施了生态补水,刁口河当月 pH 值出现了明显下降。清水沟和刁口河 pH 值变化范围分别为 7.27~8.45、7.32~8.37,两者 pH 值和变化幅度差别不大。

观测期内桩埕路监测断面桩 2 井、桩 5 井地下水 pH 值变化范围分别为 7.26~7.63、7.06~7.49,桩 2 井地下水位 pH 值稍高,变化幅度差别不大,两者大致都表现出了高—低—高的频繁变化趋势。一千二管理站监测断面站 3 井、站 5 井和站 7 井地下水 pH 值变化范围为 7.18~7.69、7.09~7.55 和 6.99~7.36,站 3 井至站 7 井地下水 pH 值和变化幅度均逐渐减小,3 个监测井也均表现出了与桩井类似的密集变化趋势,其中站 3 井出现的个别点位差异值主要是人类活动影响造成的。大汶流监测断面大汶流 1 井、大汶流 3 井和大汶流 5 井地下水 pH 值变化范围为 6.94~7.57、7.12~7.50 和 6.97~7.46,该监测断面大汶流 1 井 pH 值变化幅度最大,大汶流 3 井 pH 值变化幅度最小。

由图 5-18 可以看出,观测期内清水沟和刁口河 pH 值变化基本同步,其余监测井地下水 pH 值变化曲线基本一致,少量差异值的出现主要是由人类活动因素和距离过远造成的。整个观测期内 3 个监测断面 8 个监测井水中 pH 值变化主要表现出以下几个特点:观测初期上游来水较少时,降水和蒸发成为 pH 值波动的主导因素;观测中期降水和上游来水共同起主导作用;观测后期降水和来水减少,蒸发和人类活动影响成为主要影响因素。清水沟和刁口河 pH 值在观测中前期拐点明显,是由枯水季和人类活动因素影响造成的,监测井由于来水量较小,降水成为主要影响因素,所以 pH 值虽振荡频繁但变化幅度不大。pH 值的年度最小值不是出现在观测中期的 6 月、7 月,在此期间却有不同幅度提升;在观测中后期的 8~10 月出现低值,高值也未见于后期,而是出现在前期的 4~6 月,这都说明 pH 值的变化对来水的响应存在一定的滞后性。

表 5-42　桩埕路监测断面监测井地下水 pH 值变化

时间(年-月-日)	清水沟	刁口河	桩 2 井	桩 5 井
2016-02-21	7.32	7.41	7.51	7.39
2016-04-18	8.45	8.32	7.50	7.38
2016-06-14	8.21	8.37	7.43	7.37
2016-07-12	7.33	7.32	7.26	7.18
2016-08-15	7.41	7.33	7.45	7.29
2016-09-13	7.31	7.47	7.28	7.09
2016-10-11	7.68	7.53	7.38	7.25
2016-12-13	7.75	7.84	7.62	7.49
2017-03-01	7.28	7.40	7.48	7.30
2017-04-27	8.43	8.24	7.44	7.34
2017-06-15	8.16	8.36	7.51	7.31
2017-07-20	8.29	8.31	7.63	7.45
2017-08-17	7.46	7.38	7.49	7.29
2017-09-21	7.27	7.46	7.27	7.06
2017-10-19	7.64	7.49	7.34	7.24
2017-12-14	7.74	7.81	7.32	7.29

表 5-43　一千二管理站监测断面监测井地下水 pH 值变化

时间(年-月-日)	清水沟	刁口河	站 3 井	站 5 井	站 7 井
2016-02-21	7.32	7.41	7.54	7.51	7.36
2016-04-18	8.45	8.32	7.42	7.26	7.12
2016-06-14	8.21	8.37	7.69	7.51	7.32
2016-07-12	7.33	7.32	7.66	7.46	7.29
2016-08-15	7.41	7.33	7.37	7.28	7.11
2016-09-13	7.31	7.47	7.30	7.23	7.16
2016-10-11	7.68	7.53	7.53	7.35	7.28
2016-12-13	7.75	7.84	7.58	7.41	7.31
2017-03-01	7.28	7.40	7.43	7.39	7.32
2017-04-27	8.43	8.24	7.18	7.09	6.99
2017-06-15	8.16	8.36	7.67	7.48	7.26
2017-07-20	8.29	8.31	7.63	7.55	7.25

续表 5-43

时间(年-月-日)	清水沟	刁口河	站 3 井	站 5 井	站 7 井
2017-08-17	7.46	7.38	7.38	7.31	7.12
2017-09-21	7.27	7.46	7.38	7.23	7.12
2017-10-19	7.64	7.49	7.52	7.32	7.24
2017-12-14	7.74	7.81	7.55	7.41	7.29

表 5-44 大汶流监测断面监测井地下水 pH 值变化

时间(年-月-日)	清水沟	刁口河	大汶流 1 井	大汶流 3 井	大汶流 5 井
2016-02-21	7.32	7.41	7.43	7.29	7.46
2016-04-18	8.45	8.32	7.26	7.27	7.24
2016-06-14	8.21	8.37	6.97	7.50	6.99
2016-07-12	7.33	7.32	7.16	7.15	7.04
2016-08-15	7.41	7.33	7.39	7.27	7.29
2016-09-13	7.31	7.47	7.30	7.19	7.34
2016-10-11	7.68	7.53	7.48	7.45	7.27
2016-12-13	7.75	7.84	7.57	7.48	7.33
2017-03-01	7.28	7.40	7.41	7.25	7.42
2017-04-27	8.43	8.24	7.19	7.23	7.20
2017-06-15	8.16	8.36	6.94	7.47	6.97
2017-07-20	8.29	8.31	7.14	7.12	7.03
2017-08-17	7.46	7.38	7.42	7.27	7.32
2017-09-21	7.27	7.46	7.27	7.18	7.32
2017-10-19	7.64	7.49	7.43	7.40	7.24
2017-12-14	7.74	7.81	7.54	7.43	7.32

5.4.6 河口地区地下水化学特征及其空间分布

地下水化学研究是地下水资源质量评价的重要内容,它对流域地下水资源利用和管理及其有关的生态环境保护与建设具有重要的意义。地下水化学组分是地下水与环境长期相互作用的产物,受蒸发、降水、洪水、海水入侵、生态输水、人类活动等多种因素影响,需要对其进行长期跟踪观测研究。但由于该地区地下水长期监测井较少,区内开展系统性、长期性地下水动态监测更少,缺乏地下水资源质量评价的基础数据,该地区生态系统改良效果及其演化趋势尚未得到深入阐述和揭示。在野外调查、水样分析的基础上,结合数理统计、Piper 三线图、离子比例系数等方法,深入分析该地区浅层地下水化学特征及其空间分布规律，为进一步输水和湿地生态恢复提供科学参考。

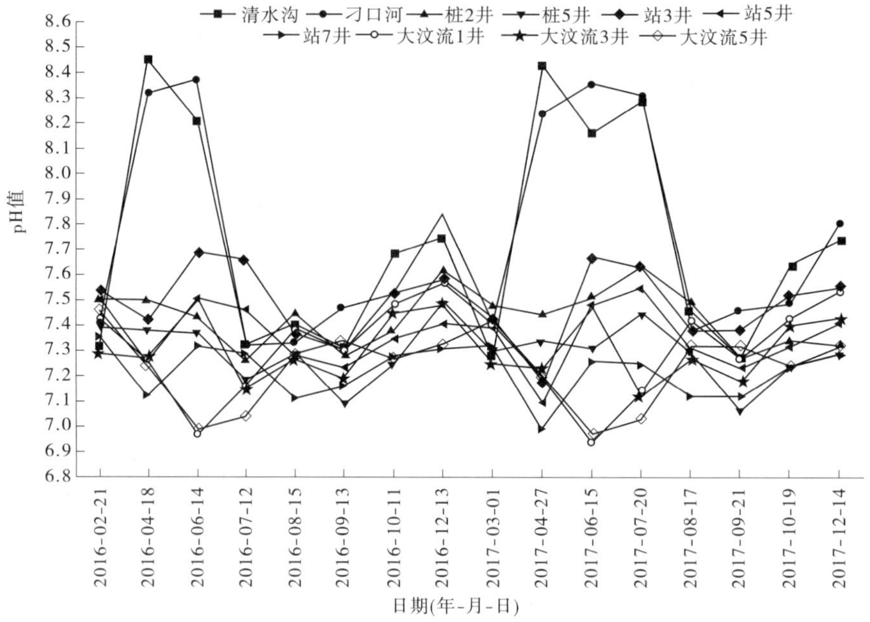

图 5-18　2016~2017 年各监测断面监测井地下水 pH 值变化曲线

2014~2017 年的调水前期（2 月、4 月）、调水期（6~9 月）、调水后期（10 月、12 月）采集浅层地下水样，每次采集 10 个水样（桩埕路监测断面 2 个、一千二管理站监测断面 3 个，大汶流监测断面 3 个、清水沟 1 个、刁口河 1 个），每年采集 80 个水样，共计 320 个水样。所采水样水质分析项目包括 K^+、Na^+、Ca^{2+}、Mg^{2+}、Cl^-、HCO_3^-、SO_4^{2-}、CO_3^{2-}、NO_3^- 及溶解性总固体（TDS），其中 K^+ 和 Na^+ 测试方法为火焰原子吸收分光光度法；Ca^{2+} 和 Mg^{2+} 为 EDTA 滴定法；HCO_3^- 和 CO_3^{2-} 为酸碱滴定法；Cl^-、SO_4^{2-}、NO_3^- 为离子色谱法；TDS 为计算值，用八大离子（K^+、Na^+、Ca^{2+}、Mg^{2+}、Cl^-、HCO_3^-、SO_4^{2-}、CO_3^{2-}）的浓度总和来代表。

利用 SPSS 软件对水化学参数进行相关性分析，利用 Aquachem3.7 软件绘制 Piper 三线图，分析其水化学类型。

5.4.6.1　水化学参数统计特征

利用 SPSS 软件对黄河河口地区 320 个浅层地下水样有关水化学参数进行统计特征值分析，结果见表 5-45。统计结果显示，黄河河口地区浅层地下水 Na^+、Cl^- 和 TDS 浓度较高，K^+、HCO_3^-、CO_3^{2-} 浓度很低，其中 Na^+ 平均浓度为 3.6 g/L，Cl^- 平均浓度为 5.4 g/L，TDS 平均浓度为 9.3 g/L，而 K^+ 平均浓度为 27.5 mg/L、HCO_3^- 平均浓度为 285.3 mg/L、CO_3^{2-} 平均浓度为 2.1 mg/L。由表 5-45 可知，各断面离子浓度均呈现 $Na^+>Mg^{2+}>Ca^{2+}>K^+$、$Cl^->SO_4^{2-}>HCO_3^->CO_3^{2-}$，说明刁口河故道附近浅层地下水呈现典型海水入侵的水化学特征。

表 5-45　2014~2017 年黄河河口地区浅层地下水水化学参数的统计特征值

断面	项目	K^+/(mg/L)	Na^+/(g/L)	Ca^{2+}/(mg/L)	Mg^{2+}/(mg/L)	Cl^-/(g/L)	HCO_3^-/(mg/L)	SO_4^{2-}/(mg/L)	CO_3^{2-}/(mg/L)	TDS/(g/L)	NO_3^-/(mg/L)
桩埕路监测断面	Min	8.4	1.3	59.7	88.7	0.3	119.6	138.7	0	0.3	0
	Max	263.5	11.7	1 968.9	2 678.4	20.8	794.8	2 698.2	11.5	68.9	14.8
	Mean	31.2	4.9	547.8	589.3	7.1	395.4	571.8	3.4	12.1	6.8
	StdDev	52.3	5.2	439.5	563.4	6.9	283.7	630.5	3.8	13.7	8.9
	C_V	1.7	0.8	0.8	1.0	1.0	0.7	0.8	1.3	0.8	1.2
一千二管理站监测断面	Min	4.5	4.9	48.5	97.1	0.5	167.5	153.9	0	0.3	0
	Max	207.6	19.3	2 143.7	2 818.9	37.9	983.4	3 351.7	7.3	86.4	17.9
	Mean	26.7	12.5	568.4	627.4	16.8	529.7	1 684.6	4.3	29.6	8.4
	StdDev	34.8	6.3	504.3	584.1	10.9	437.5	1 141.9	5.8	16.9	10.2
	C_V	1.3	0.5	0.9	0.9	0.7	0.8	0.7	1.4	0.6	1.2
刁口河	Min	2.1	0.1	19.7	55.7	0.2	48.9	98.6	0	0.2	0
	Max	50.3	2.1	303.8	404.7	2.9	286.9	1 298.5	19.7	16.7	5.9
	Mean	21.9	0.46	78.1	283.7	0.8	76.4	598.2	10.5	8.7	2.4
	StdDev	19.8	0.61	74.2	179.1	0.5	39.7	367.9	9.6	6.6	2.1
	C_V	0.9	1.1	1.0	0.6	0.6	0.5	0.6	0.9	0.8	0.9
大汶流	Min	5.4	0.1	22.8	66.8	0.1	51.7	89.4	0	0.1	0
	Max	288.6	1.9	354.9	583.4	2.5	362.9	897.5	11.2	18.4	6.2
	Mean	40.7	0.38	84.3	267.5	0.3	154.6	369.2	3.6	5.1	2.4
	StdDev	26.8	0.54	89.5	128.4	1.7	169.9	239.4	2.8	3.6	0.9
	C_V	0.7	0.6	0.9	0.9	0.9	0.8	1.1	1.3	0.9	0.5
清水沟	Min	7.5	0.07	26.8	74.6	0.09	62.8	68.2	0	0	0
	Max	325.4	1.2	641.8	631.8	1.9	418.3	845.1	12.7	15.3	6.8
	Mean	46.8	0.21	129.5	359.4	0.38	126.7	265.7	2.9	6.2	2.5
	StdDev	23.7	0.19	39.4	208.7	1.2	125.8	214.3	3.5	3.1	1.3
	C_V	0.9	0.5	0.8	0.7	0.8	1.2	1.1	1.0	0.9	0.7

注：表中 Min 为最小值、Max 为最大值、Mean 为平均值、StdDev 为标准偏差、C_V 为变异系数，NO_3^- 以 N 计。

2014 年、2015 年调水调沙期间及 2017 年 9 月黄河河口管理局对刁口河流路进行生态补水，由于淡水资源的补给，刁口河流路 Na^+ 与 Cl^- 浓度明显低于河道外侧的两个断面。一千二管理站监测断面地下水 Na^+ 与 Cl^- 浓度明显高于桩埕路监测断面，分析其原因为：一千二管理站监测断面离海较近，而刁口河故道入海口未修筑防潮坝，加之古河道地表层沉积物粒度大，更有利于海水入侵。一千二管理站监测断面地下水 HCO_3^- 平均离子浓度明显高于桩埕路监测断面，分析其原因为：一千二管理站区域为地下水排泄区，且地下水埋深较浅，蒸发浓缩作用极为强烈。该区域浓度变异系数较大的为 K^+ 与 CO_3^{2-}，说明其对生态补水、水文条件、地形地貌及人类活动等外界环境更为敏感。

表 5-46 为黄河河口地区浅层地下水水化学参数相关性系数矩阵。由表 5-46 可知，Cl^- 与 Na^+、Mg^{2+}、SO_4^{2-} 及 TDS 浓度之间具有显著的正相关性，且 TDS 与 Cl^-、Na^+、Mg^{2+}、SO_4^{2-} 间的相关系数均达到 0.9 以上，说明影响 TDS 主要离子为 Cl^-、Na^+、Mg^{2+}、SO_4^{2-}。黄河三角洲地区常见矿物资源为岩盐（NaCl）、钠长石（$Na_2Al_2Si_6O_{16}$）与白云石[$CaMg(CO_3)_2$]，其风化溶解是 Cl^-、Na^+、Mg^{2+} 的主要来源。

表 5-46　黄河河口地区浅层地下水水化学参数相关性系数矩阵

水质分析项目	K^+	Na^+	Ca^{2+}	Mg^{2+}	Cl^-	HCO_3^-	SO_4^{2-}	CO_3^{2-}	TDS	NO_3^-
K^+	1									
Na^+	0.721**	1								
Ca^{2+}	0.351*	0.547**	1							
Mg^{2+}	0.398*	0.905**	0.634**	1						
Cl^-	0.496**	0.989**	0.517**	0.928**	1					
HCO_3^-	0.215	0.365**	0.196*	0.394**	0.186*	1				
SO_4^{2-}	0.743**	0.862**	0.679**	0.742**	0.923**	0.297*	1			
CO_3^{2-}	0.059	0.067	0.186*	−0.084	−0.049	0.065	0.067	1		
TDS	0.693**	0.995**	0.462**	0.947**	0.997**	0.468**	0.904**	0.204	1	
NO_3^-	0.108	0.138	0.037	0.141	0.157	0.096	0.183	−0.046	0.135	1

注：* 和 ** 分别代表 0.05 和 0.01 的显著水平。

5.4.6.2　水化学类型

如图 5-19 所示，Piper 将三线图的菱形区域分为 9 个区，其中第 7 区碱金属及强酸离子浓度较高，近海地区地下水化学类型多位于该区，第 9 区阴阳离子浓度均衡。

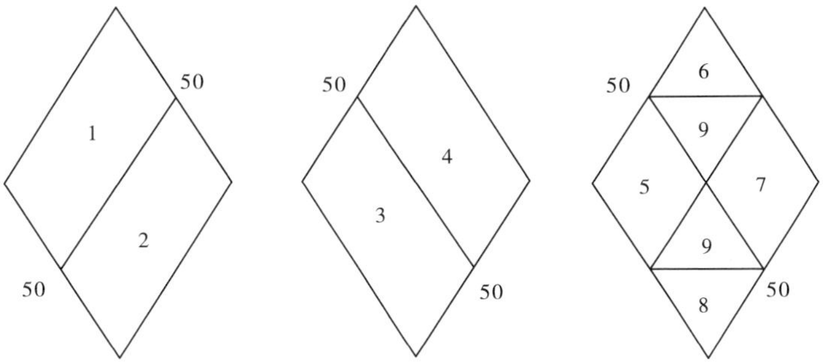

图 5-19　Piper 三线图菱形区域分区示意图

根据地下水中 6 种主要离子（K^++Na^+、Ca^{2+}、Mg^{2+}、HCO_3^-+CO_3^{2-}、SO_4^{2-}、Cl^-）的毫克当量浓度（Meq/L），将主要离子中含量大于 25%毫克当量的离子参与水化学类型的分类命名，并绘制黄河河口地区浅层地下水 2014～2017 年的水化学类型 Piper 图（见图 5-20、图 5-21）。如图 5-20、图 5-21 所示，较多水样分布于 7 区，该区非碳酸碱金属（原生盐度）超过 50%，地下水化学类型以碱金属和强酸为主，Cl^-与 Na^+占绝对优势。通过年份比较可知，2016 年该区地下水类型趋向单一的 Na^+-Cl^-型水，其原因为该年份未进行生态补水，缺少淡水资源补给。通过比较调水期前后水化学类型可知，生态补水导致研究区地下水化学类型趋向于 9 区，具有明显的改善作用。对比分析两监测断面水化学类型可知，一千二管理站监测断面地下水咸化严重，受海水入侵程度高。

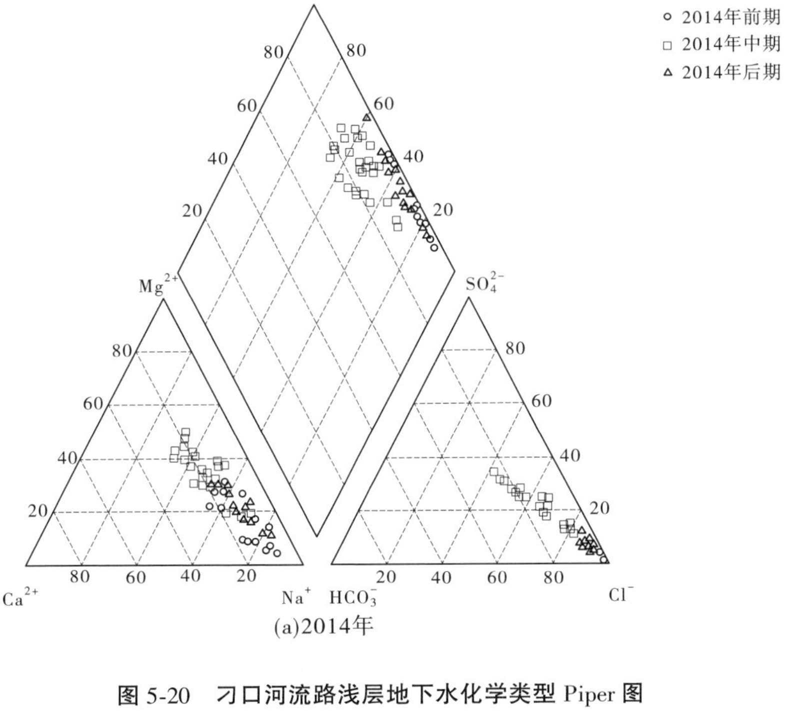

(a)2014年

图 5-20　刁口河流路浅层地下水化学类型 Piper 图

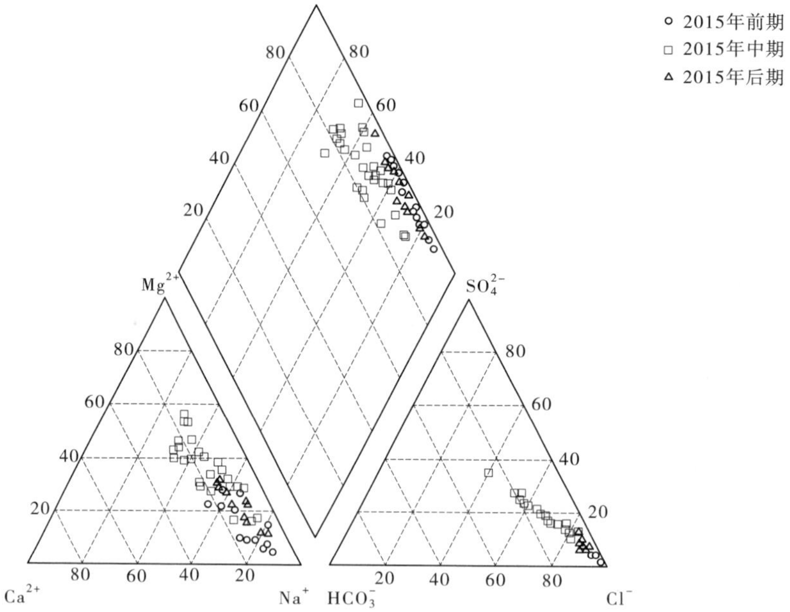

(b)2015年

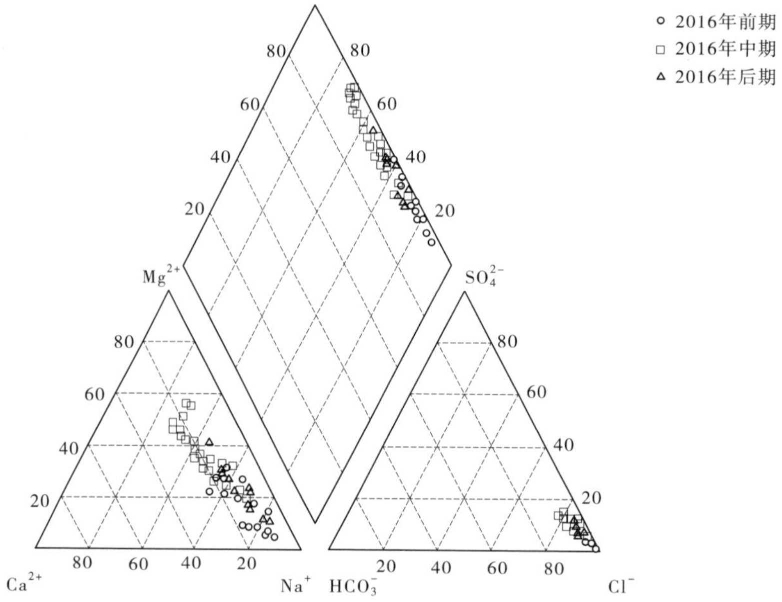

(c)2016年

续图 5-20

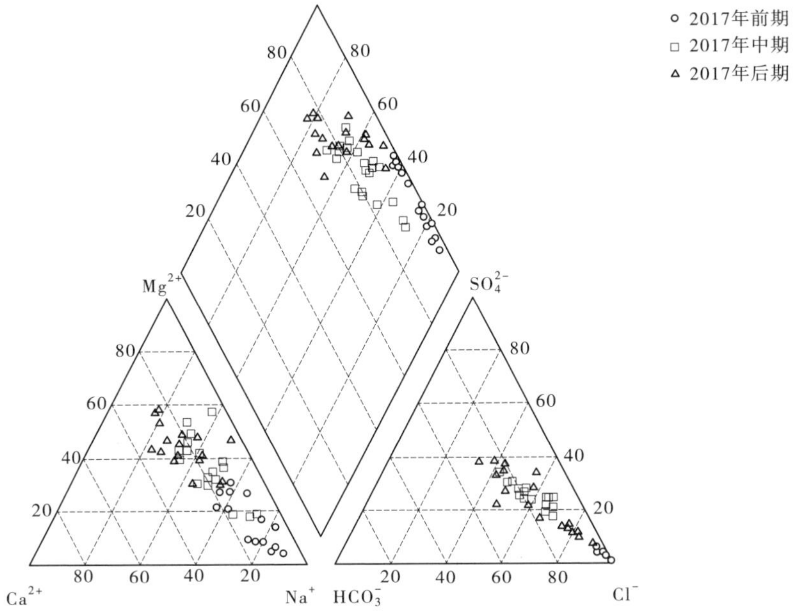

(d)2017年

续图 5-20

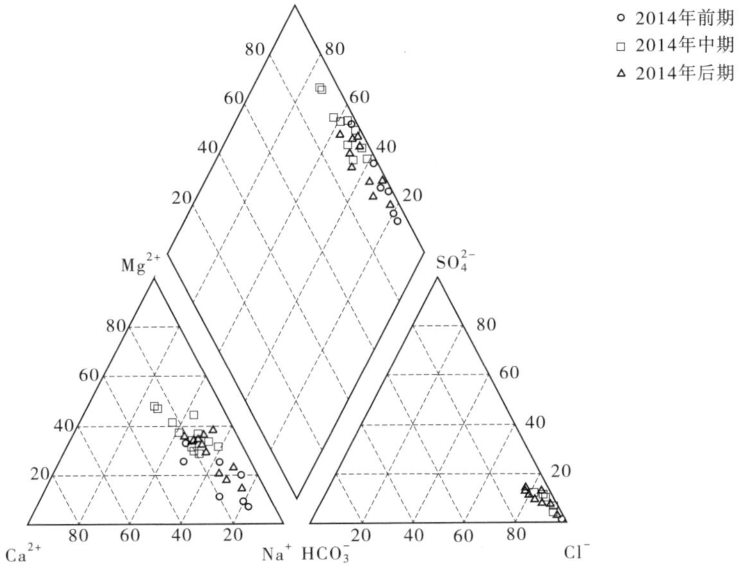

(a)2014年

图 5-21 清水沟流路浅层地下水化学类型 Piper 图

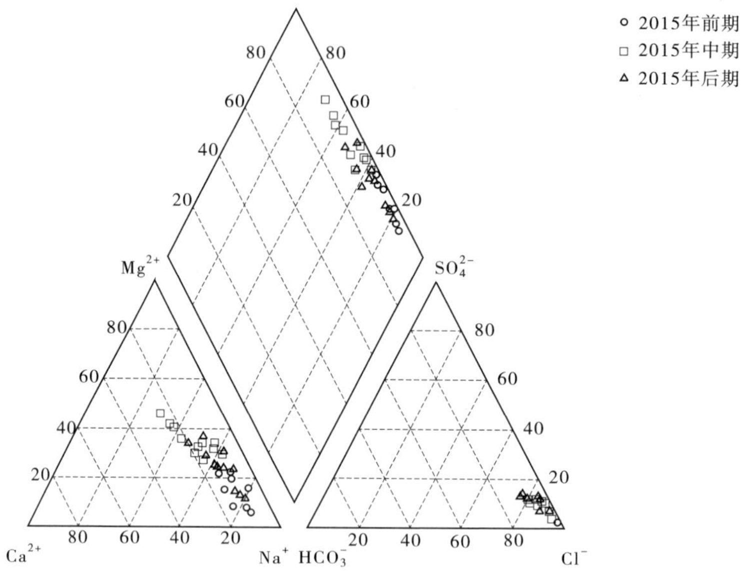

(b)2015年

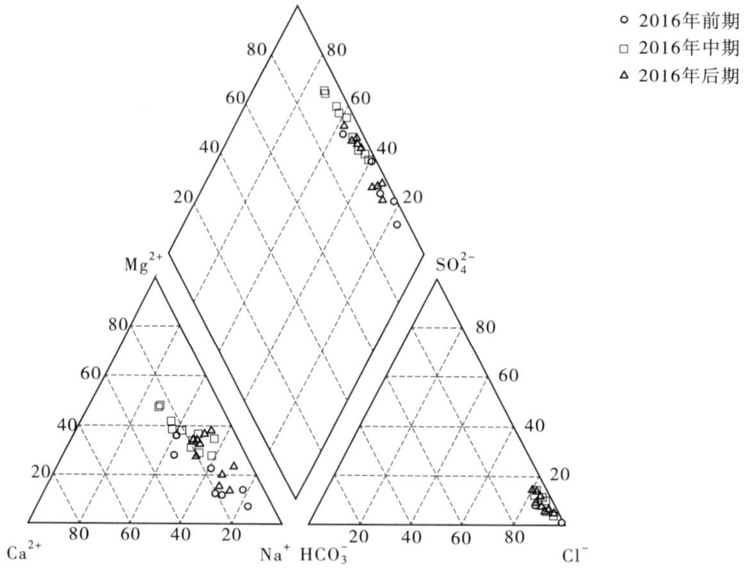

(c)2016年

续图 5-21

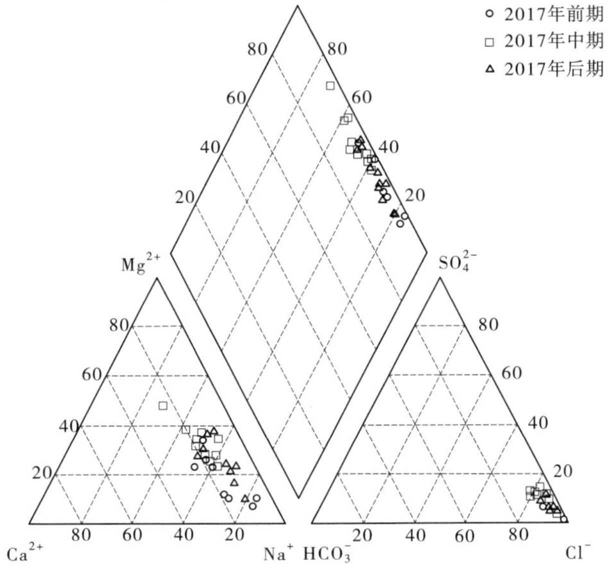

(d)2017年

续图 5-21

5.4.7　黄河来水对主要水质指标的影响结论

综上所述,可以看出黄河来水对黄河三角洲地区地下水其他主要水质指标有一定的影响,5 个其他主要水质指标受到黄河来水补给、降水、蒸发的影响,其对应的变化曲线均表现出了不同程度上的降低变化。黄河来水对其他主要水质指标的影响结论如下:

(1)前期,Cl^-、Na^+、总硬度、总碱度、pH 值均表现为抬升,但是抬升幅度不一致。中期,Cl^-、Na^+、总硬度、总碱度、pH 值均表现为降低变化趋势。后期,Cl^-、Na^+、总硬度、总碱度、pH 值变化曲线走势不太一致,或抬升或降低,或出现抬升和降低交替变化过程。

(2)从改善生态环境角度考虑,生态调水对刁口河湿地地下水其他主要水质指标产生良性影响,降低了各指标在地下水中的含量,降低了地下水的矿化度和 pH 值,促进了研究区地下水生态系统的改良进程,增强了研究区地下水生态系统的稳定性。

(3)刁口河故道浅层地下水离子浓度最高的是 Cl^-,其次为 Na^+,而 K^+、HCO_3^-、CO_3^{2-} 浓度则较低,一千二管理站监测断面的 Cl^-、Na^+ 及 TDS 的平均浓度均明显高于桩埕路监测断面,但两监测断面离子浓度均呈现 $Na^+>Mg^{2+}>Ca^{2+}>K^+$、$Cl^->SO_4^{2-}>HCO_3^->CO_3^{2-}$。

(4)Cl^- 与 Na^+、Mg^{2+}、SO_4^{2-} 及 TDS 浓度之间具有显著的正相关性,且 Cl^- 是该区浅层地下水水质的主控离子。

(5)由于缺少淡水资源补给、海水入侵严重,该区浅层地下水非碳酸碱金属浓度占比超过 50%,为典型的以碱金属和强酸为主的水化学类型,Cl^- 与 Na^+ 在浅层地下水中占绝对优势。生态补水导致研究区地下水化学类型趋向于 9 区,具有明显的改善作用。

5.5　2023~2024 年黄河来水对湿地地下水其他主要水质指标的影响

5.5.1　生态补水对刁口河湿地地下水 pH 值的影响

刁口河生态补水不但对两岸地下水位产生影响，也通过侧向补给，影响着两岸地下水 pH 值。如图 5-22 所示，刁口河流路地下水 pH 值变化不大，变化范围介于 6.97~8.43，平均值为 7.72。

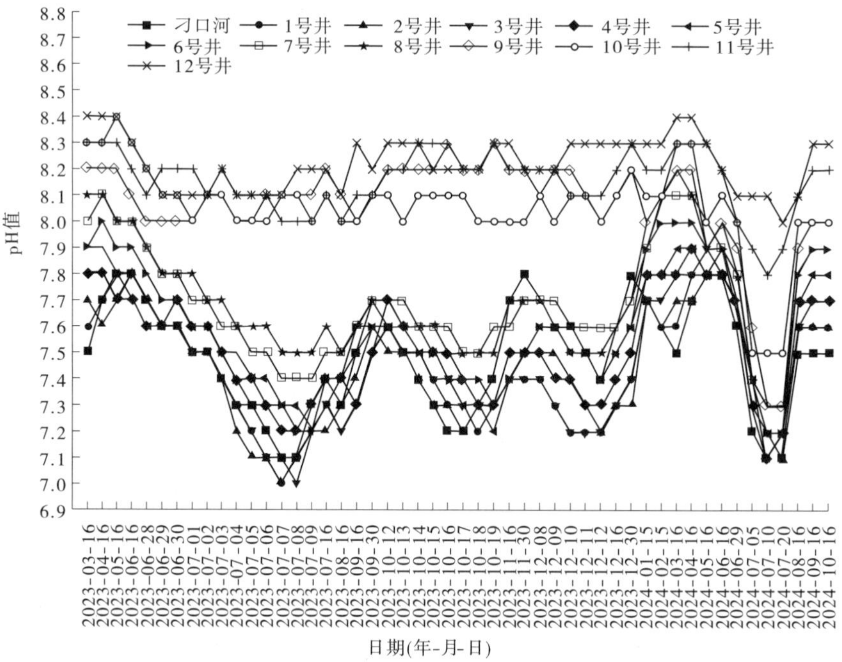

图 5-22　2023~2024 年刁口河河水与地下水 pH 值变化曲线

2023 年存在 3 个补水期，刁口河河水 pH 值、地下水 pH 值均出现“先降后升”的变化趋势，说明生态补水对河水、地下水的 pH 值产生直接影响。但生态补水因补水时长和补水量的影响，补水存在局限性，11 号井、12 号井地下水 pH 值与刁口河河水 pH 值、1~10 号井地下水 pH 值的变化相关性不明显，由此可以判定，在 1 km 范围内，刁口河生态补水对地下水 pH 值有影响，1 km 外的地下水 pH 值主要与蒸发、降水等气象因素有关。

第一次生态补水，刁口河河水 pH 值、1~10 号井 pH 值均出现降低，11~12 号井 pH 值变化规律与刁口河河水、1~10 号井 pH 值变化规律不一致。由此可以判定，第一次生态补水对地下水 pH 值的影响范围在 10 号井，直线距离 1 km 以内。地下水 pH 值对生态补水的响应与水位一样，出现延迟现象，其中 1~5 号井在补水当日出现降低，无延迟现象；6~8 号井在补水次日出现降低，延迟 1 d；9~10 号井在补水第 3 天出现降低，延迟 2 d。刁口河河水 pH 值、地下水 pH 值均呈现一定变幅，其中变幅最大的为 1 号井、2 号井，降幅达到 0.7,变幅最小的为 9 号,降幅仅为 0.1,刁口河河水 pH 值降幅为 0.6,11 号井、12 号井 pH 值不降反升。地下水 pH 值降幅基本呈现离河距离越近降幅越大、离河距离越远降幅越小的规律,但因 pH 值变化受气象、生态补水、土壤组分、植被等多重因素影响,规律性弱于水位变化规律。

第二次生态补水,刁口河河水 pH 值、1~8 号井 pH 值同样出现降低,9~12 号井 pH 值变化规律与河水、1~8 号井 pH 值变化规律不一致,由此可以判断,第二次生态补水对地下水 pH 值的影响范围在 8 号井位置以内,即不大于 0.8 km。在补水影响范围内,基本呈现离河越近变幅越大、离河越远变幅越小的规律,其中刁口河河水 pH 值降幅为 0.4,1 号井位 pH 值降幅为 0.3,2~8 号井(除 7 号井降幅为 0.1 外)均为 0.2,9~12 号井 pH 值增幅均为 0.1。第二次生态补水对地下水 pH 值的影响同样出现延迟现象,其中 1~4 号井补水当日 pH 值降低,未出现延迟;5~7 号井补水次日 pH 值降低,延迟 1 d;8 号井补水第 3 天 pH 值降低,延迟 2 d。

第三次生态补水,刁口河河水 pH 值、1~8 号井 pH 值出现降低,9~12 号井 pH 值变化规律与刁口河河水、1~8 号井 pH 值变化规律不一致,由此可以判断,第三次生态补水对地下水 pH 值的影响范围在 8 号井位置以内,即不大于 0.8 km。第三次生态补水 pH 值变幅规律性较差,其中刁口河河水 pH 值、1~4 号井 pH 值降幅均为 0.2,5~7 号井 pH 值降幅为 0.1,9~12 号井 pH 值增幅为 0.1。第三次生态补水对地下水 pH 值的影响存在延迟现象,其中 1~4 号井补水当日 pH 值降低,未出现延迟;5~7 号井补水次日 pH 值降低,延迟 1 d;8 号井补水第 3 天 pH 值降低,延迟 2 d。

2024 年 7 月 4 日 13 时起崔家护滩、西河口取水工程联合向刁口河及一千二自然保护区实施补水,最大补水流量 48 m^3/s,水头到达一千二保护区仅用 41 h,在 2023 年用时 44 h 的基础上又缩短了 3 h,进入一千二保护区水量 0.16 亿 m^3,也为近年来最大补水量。从图 5-23 可知,刁口河及一千二管理站监测断面浅层地下水的 pH 值在生态补水后都有明显下降,但 11 号井、12 井的 pH 值受蒸发、降水和海水入侵等多种因素的共同影响。

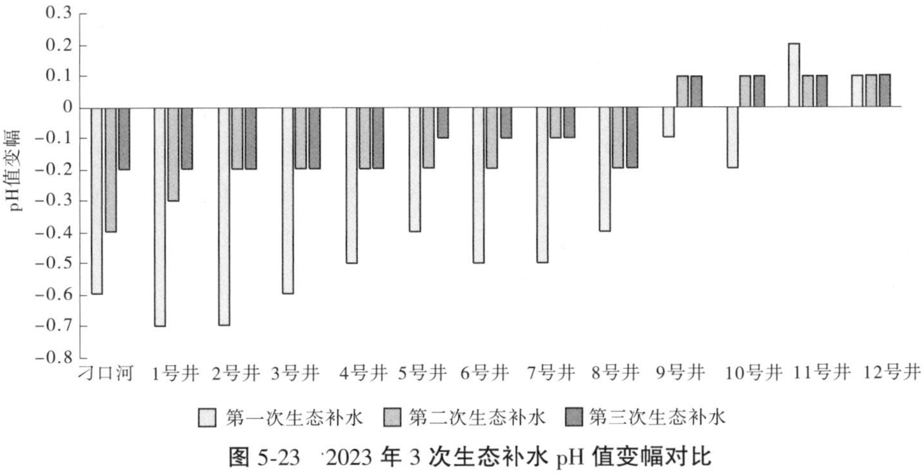

图 5-23　2023 年 3 次生态补水 pH 值变幅对比

为说明刁口河来水对地下水 pH 值的影响作用范围,将距刁口河河道垂直距离为横坐标,绘制 pH 值的变化,见图 5-24。

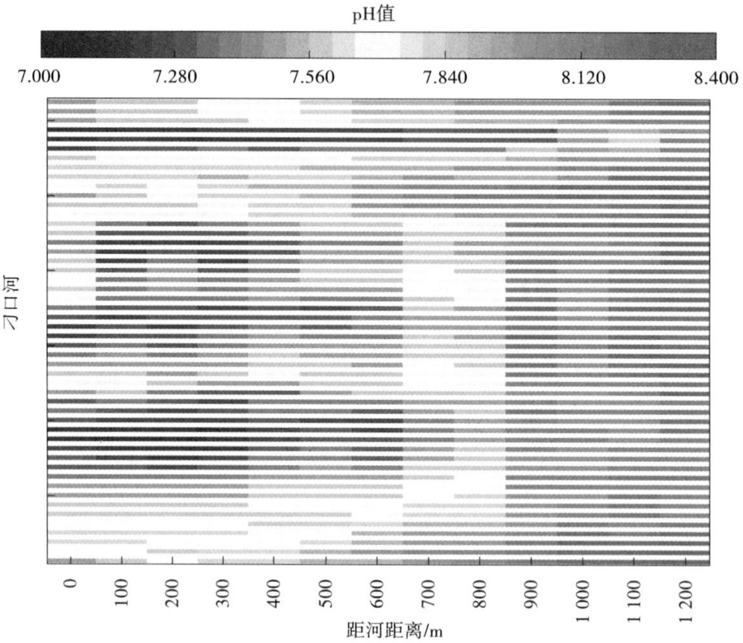

图 5-24 刁口河湿地地下水 pH 值在横向距离上的变化

如图 5-24 所示,距刁口河 0~800 m 的垂直距离上,pH 值普遍偏低,均位于 7.7 以下;最远到 1 000 m 的垂直距离上,刁口河来水对浅层地下水的 pH 值仍有影响;但 1 000 m 以后,pH 值普遍高于 8,受蒸发、降水和海水入侵影响较大,土壤盐渍化程度高。

5.5.2 生态补水对刁口河湿地浅层地下水化学特征的影响

刁口河是黄河优先启用的备用入海流路,其尾闾涵养着黄河三角洲国家级自然保护区内 485 km^2 的重要湿地,也是拟建黄河口国家公园内的重要生物联系通道。刁口河故道湿地浅层地下水是高度动态的复杂系统,分析水化学特征及生态补水的作用过程对科学管理地下水资源和保护故道湿地生态环境具有重要意义。自 1976 年停止行河后,其水沙条件发生巨大变化,生态环境受海洋动力作用及人类活动影响,逐步显现海岸线蚀退、河槽严重萎缩、土壤盐碱化等生态问题,对生态系统稳定及区域社会经济高质量发展形成威胁。为保护黄河入海备用流路,2009 年 7 月黄河水利委员会提出“启用刁口河流路,实施生态补水”的战略,并于 2010 年黄河调水调沙期对刁口河流路进行了生态补水。通过实施生态补水工程,一定程度上减轻了区域土壤盐渍化,受损敏感生境得到一定修复,湿地植被和水生鸟类多样性显著增加。探索地下水水化学特征、起源演化,能准确了解地下水循环、水动力条件和环境变化的响应关系。相关研究表明,浅层地下水的水文地质化学过程十分复杂,包括溶解、沉淀、蒸发、离子交换和混合。当前研究水化学特征的主要方法有多元分析、离子比值、矿物饱和度指数、水体模型和同位素追踪等。刁口河故道尾闾浅层地下水埋藏深度浅,可能会对生态补水有着强烈响应。以往的研究主要集中于海水入侵对浅层地下水环境的影响,对生态补水影响下的地下水化学特征和响应机制的研究较少。本次研究设置了 20 处地下水采样井(除刁口河 12 处监测井外,另外采集以往 8 处现状监测井的水质进行分析)。利用 SPSS 软件对水文化学参数进行统计分析,利用 Aquachem 2014 软件绘制 Piper 三线图,分析其水化学类型。利用 Origin8.0 软件绘制累积频率分布曲线、Gibbs 图,分析其水文地质化学分区及形成过程。

5.5.2.1　水化学参数统计特征

对 220 个水样相关水化学参数进行统计分析,结果如表 5-47 所示。

表 5-47　黄河刁口河故道浅层地下水水化学参数的统计特征值

断面	项目	K^+/(mg/L)	Na^+/(g/L)	Ca^{2+}/(mg/L)	Mg^{2+}/(mg/L)	Cl^-/(g/L)	HCO_3^-/(mg/L)	SO_4^{2-}/(mg/L)	CO_3^{2-}/(mg/L)	TDS/(g/L)
渤海	Min	5.38	9.63	10.52	19.28	19.21	85.81	50.24	9.28	28.21
	Max	13.87	13.45	64.26	66.63	24.58	174.74	115.57	24.01	35.85
	Mean	9.08	11.64	28.68	38.05	21.24	126.49	89.72	14.40	32.98
	StdDev	2.61	1.56	16.05	14.86	0.14	33.68	19.02	5.54	2.55
	C_V	28.76	13.44	55.98	39.04	6.65	26.63	21.18	38.46	7.75
刁口河	Min	29.37	0.39	87.28	121.59	0.58	195.54	201.78	5.64	2.03
	Max	206.83	1.85	420.18	195.24	2.03	265.28	374.45	16.63	4.12
	Mean	84.85	0.87	204.77	157.46	1.37	233.36	300.30	11.13	3.18
	StdDev	78.90	0.45	145.34	23.36	0.54	26.26	67.11	3.01	0.77
	C_V	92.99	51.73	70.98	14.84	39.09	11.25	22.35	27.05	24.16
区域 1	Min	29.15	0.41	208.34	261.87	0.60	383.49	192.23	5.28	2.48
	Max	187.54	5.60	388.57	413.58	7.96	624.88	550.24	49.57	14.87
	Mean	68.78	2.49	279.11	338.70	3.44	531.74	370.69	18.67	6.49
	StdDev	45.10	1.53	49.17	26.57	2.06	52.03	97.64	12.97	2.65
	C_V	65.56	61.55	17.62	7.84	59.7	9.78	26.34	69.49	40.81
区域 2	Min	89.76	0.36	307.72	389.21	0.58	528.54	275.18	18.7	2.89
	Max	190.57	1.38	407.24	536.37	2.37	724.52	387.69	41.08	4.81
	Mean	149.22	0.73	367.68	461.63	1.62	566.23	334.15	28.24	4.00
	StdDev	23.88	0.31	17.68	37.96	0.61	38.04	32.22	7.03	0.64
	C_V	16.00	42.67	4.81	8.22	37.77	6.72	9.64	24.90	16.02
区域 3	Min	124.67	0.28	312.29	428.75	0.59	541.71	297.58	26.90	3.02
	Max	237.58	1.06	457.58	592.54	1.72	598.97	392.27	36.88	8.45
	Mean	203.55	0.61	422.67	510.59	1.19	568.83	350.99	30.43	3.88
	StdDev	27.94	0.25	29.27	56.19	0.37	27.64	22.14	2.32	0.85
	C_V	13.72	41.19	6.93	11.01	31.11	13.61	6.31	7.64	22.02

注:表中项目 Min 为最小值,Max 为最大值,Mean 为平均值,StdDev 为标准偏差,C_V 为变异系数。

整个刁口河故道 TDS 浓度异常高,变化幅度很大,从 2.03 g/L 升到 14.81 g/L;整个研究区域的地下水样本中,通常 $Na^+>Mg^{2+}>Ca^{2+}>K^+$、$Cl^->SO_4^{2-}>HCO_3^->CO_3^{2-}$,说明各区域地下水化学特征具有一定的相似性,较高的 Na^+ 和 Cl^- 表明研究区盐碱化程度较高,呈现典型海水入侵的水化学特征;K^+、Na^+、Ca^{2+}、Cl^- 在刁口河河道内变化幅度较大,且多集中于生态补水期 7~9 月，说明生态补水对故道内以上 4 种离子的浓度影响较大；区域 1 浅层地下水 Na^+、Cl^-和 TDS 质量浓度最高，其中 Na^+平均浓度为 2.49 g/L，Cl^-平均浓度为 3.44 g/L，TDS 平均浓度为 6.49 g/L；区域 3 浅层地下水 K^+、Ca^{2+}、Mg^{2+}、CO_3^{2-} 浓度最高，其中 K^+平均浓度为 203.55 mg/L，Ca^{2+}平均浓度为 422.67 mg/L，Mg^{2+}平均浓度为 510.59 mg/L，CO_3^{2-} 平均浓度为 30.43 mg/L；HCO_3^- 与 SO_4^{2-} 在各区域间平均浓度差别较小。区域 1 位于山东黄河三角洲国家级自然保护区一千二管理站东侧，距离渤海仅有 5.8 km。由于刁口河故道在 2010 年前处于停止行河状态，长期缺少淡水补给，且故道入海口两侧存有开放式海岸（部分未修筑防潮坝），地表沉积物颗粒大，构成了海水入侵的最佳通道，故此在该区出现 Na^+、Cl^-和 TDS 浓度的最大值；区域 2 和区域 3 位于刁口河河道径流补给区，受海水入侵影响较小，且 2010 年后的常态化生态补水活动对浅表地下水化学环境进行了改善，缓解了土壤积盐作用，浅表地下水中的 Na^+、Cl^-和 TDS 浓度较小。

5.5.2.2 水化学参数相关性分析

对 220 个水样相关水化学参数进行 Pearson 相关性分析，如图 5-25 所示。

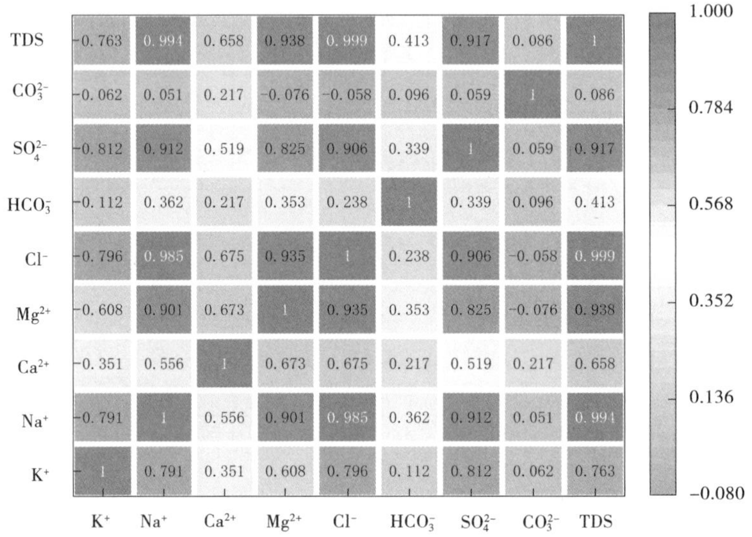

图 5-25 黄河刁口河故道浅层地下水水化学参数相关性系数矩阵

TDS 与 Na^+、Mg^{2+}、Cl^-及 SO_4^{2-} 质量浓度呈显著正相关性，且相关系数均大于 0.9（$p<0.01$），这表明刁口河故道浅层地下水的水化学类型由 Na^+、Mg^{2+}、Cl^-及 SO_4^{2-} 组成，是影响 TDS 的主要离子，其中 Na^+、Cl^-与 TDS 间的相关系数高达 0.994 与 0.999，说明两种离子对 TDS 起决定作用；以上 4 种离子之间也具有较高的相关性，可能具有相同来源，属于同类水文地质化学过程；结合地质勘探结果，刁口河故道常见矿物资源为岩盐（NaCl），白云石[$CaMg(CO_3)_2$]与钠长石（$Na_2Al_2Si_6O_6$），其风化溶解是 Na^+、Cl^-和 Mg^{2+}的主要来源；HCO_3^-、CO_3^{2-} 与其他水化学参数之间的关系较弱，均小于 0.5（$p<0.01$），这表明两种离子可能来源于不同的水文地质化学过程。

5.5.2.3　水化学类型及其空间分布

对渤海、刁口河河道、区域 1、区域 2 及区域 3 范围内的 220 个水样进行水化学类型分析，结果见图 5-26。如图 5-26(a)所示，生态补水前刁口河河道内水化学类型为 Na^+-Cl^- 型。区域 1 内 12 个监测井内水样多分布于 Piper 图的 7 区，原生盐度均超过 50%，浅层地下水离子以碱金属阳离子和强酸阴离子为主，Cl^- 与 Na^+ 占绝对优势，水化学类型多为 Na^+-Cl^- 型；区域 2 与区域 3 多为 $Na^+-Mg^{2+}-Cl^-$ 型及 $Na^+-Mg^{2+}-Ca^{2+}-Cl^-$ 型。如图 5-26(b)所示，生态补水期刁口河河道水化学类型为 $Na^+-Ca^{2+}-Mg^{2+}-Cl^-$ 型和 $Ca^{2+}-Na^+-Mg^{2+}-Cl^-$ 型。区域 1 水化学类型由 Na^+-Cl^- 型转变为 $Na^+-Mg^{2+}-Cl^-$、$Na^+-Mg^{2+}-Ca^{2+}-Cl^-$、$Mg^{2+}-Ca^{2+}-Na^+-Cl^-$ 等多种水化学类型，河道淡水补给导致近海区域地下水化学类型更加多元化，并整体趋向于 9 区，具有较为明显的改善效果；区域 2 与区域 3 多为 $Mg^{2+}-Ca^{2+}-Na^+-Cl^-$ 型及 $Mg^{2+}-Na^+-Ca^{2+}-Cl^-$ 型，同时 K^+、SO_4^{2-}、HCO_3^- 的质量浓度有明显提升。如图 5-26(c)所示，生态补水期后，刁口河河道内水化学类型为 $Na^+-Mg^{2+}-Cl^-$ 型。区域 1 水化学类型由 Na^+-Cl^- 型转变为 $Na^+-Mg^{2+}-Cl^-$、Na^+-Cl^- 两种水化学类型，水化学类型重回较为单一模式，整体趋向回撤至 7 区；区域 2 与区域 3 为 $Mg^{2+}-Ca^{2+}-Na^+-Cl^-$ 型、$Mg^{2+}-Na^+-Ca^{2+}-Cl^-$ 型及 $Mg^{2+}-Ca^{2+}-Cl^-$ 型，同时 K^+、SO_4^{2-}、HCO_3^- 的质量浓度有下降趋势。如图 5-26(d)所示，监测全过程中，刁口河故道区域受海水入侵和生态补水的双重影响。近海区域作为生态补水的排泄区，由于靠近渤海，地下水化学类型以 Na^+-Cl^- 型为主。刁口河河道作为生态补水的径流区是改善故道区域浅层水化学组分的重要渠道，在补水期间，显著减轻了海水入侵的影响，驱动水化学类型向多种类型转变，趋于良性恢复过程。清水沟流路河道作为生态补水的补给区，在与刁口河流路相接区域（利津崔庄护滩附近）通过侧流补渗的方式影响周边地下水化学类型，但影响范围较小，仅在黄河汛期大流量来水（7~8 月）时通过生态补水方式进行长距离输水补给，改善故道末端水生态环境。

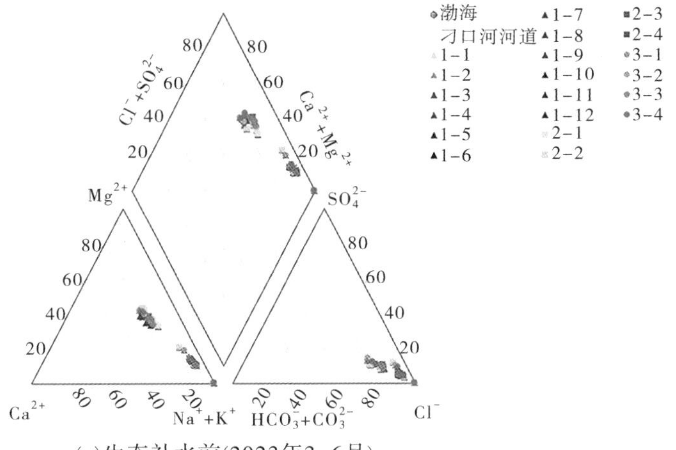

(a)生态补水前(2023年3~6月)

图 5-26　不同时期刁口河流路及相关海域水化学类型 Piper 图

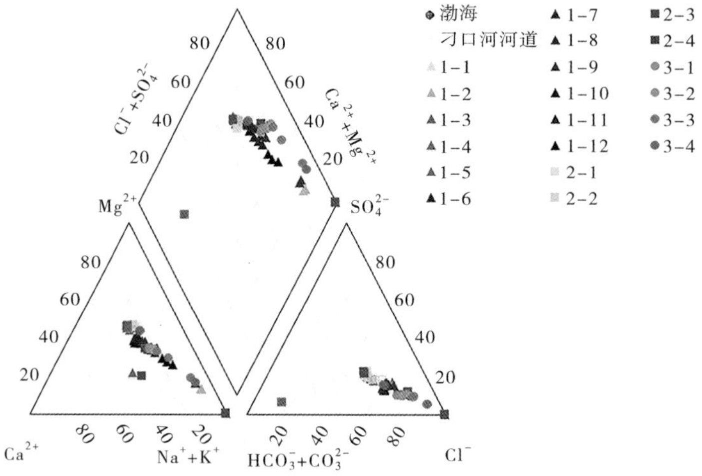

(b)生态补水期(2023年7~9月)

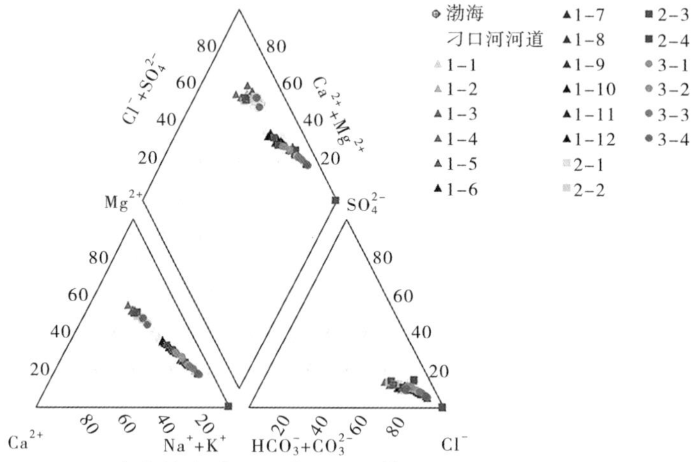

(c)生态补水后(2023年10~12月)

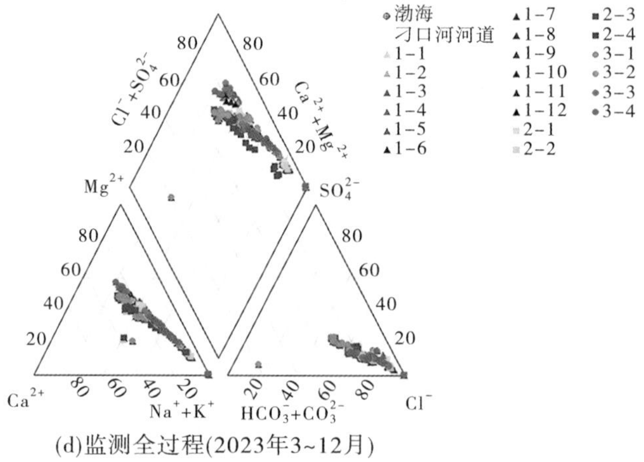

(d)监测全过程(2023年3~12月)

续图 5-26

5.5.3　刁口河浅层地下水化学分区及其形成过程

地下水按成因和生成环境可以分为大气成因溶滤水、海相成因沉积水、变质成因再生水和岩浆成因初生水等四种类型。不同成因或不同条件下形成的地下水，其化学成分存在明显的差异，因此通过对地下水化学成分特征、环境同位素特征的研究判断地下水的成因，并分析地下水化学成分的主要形成作用。地下水化学成分形成作用主要包括混合作用、阳离子交替吸附作用和溶滤沉淀作用等。

黄河三角洲地区受河流和海洋的共同影响，地下水与黄河水、海水处于不断的相互作用过程中，海侵将淡水驱替，海水存留于含水层中，使地下水咸化、水质恶化。大气降水和黄河淡水补给地下水，使地下水淡化。研究地下水与黄河水及海水的相互作用，分析地下水与黄河水、海水的化学成分特征，能够有效地研究地下水的来源、成因及地下水化学成分的形成机制。

由于水文地质条件的差异，刁口河湿地浅层地下水化学特征在空间分布上显著。识别水化学分区和水文地质化学过程对有效控制海水入侵和改良湿地生态环境具有指导意义。当前研究水化学特征的主要方法有多元分析、离子比值、矿物饱和度指数、水体模型和同位素追踪等。刁口河故道尾闾浅层地下水埋藏深度浅，受海水入侵、淡水补给、岩石风化、蒸发结晶等交互作用，可能会出现异常水化学特征。然而，以往的研究主要集中于海水入侵对浅层地下水环境的影响，对浅层地下水化学特征分区和形成机制的研究较少。

为科学判定刁口河故道水化学特征空间分区情况，为生态补水实施方案提供更加细化的科学建议，根据综合地形地貌及水文地质特征，将研究区划分为 3 个区域，共布设监测井 20 口。区域 1 位于刁口河入海口门段，海拔较低，是生态补水的排泄区。区域 2 位于刁口河河道中段，是生态补水的径流区。区域 3 位于刁口河河道前段，海拔较高，是生态补水的补给区。

5.5.3.1　水化学参数统计特征

对刁口河、区域 1、区域 2 及区域 3 的 220 个水样各离子浓度进行统计分析，结果如图 5-27 所示。整体来看，刁口河故道浅层地下水离子浓度表现为：$Na^+>Mg^{2+}>Ca^{2+}>K^+$、

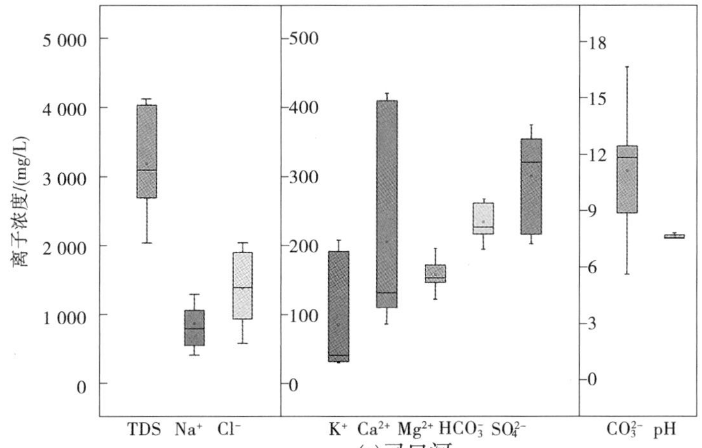

(a)刁口河

图 5-27　刁口河湿地浅层地下水化学特征统计图

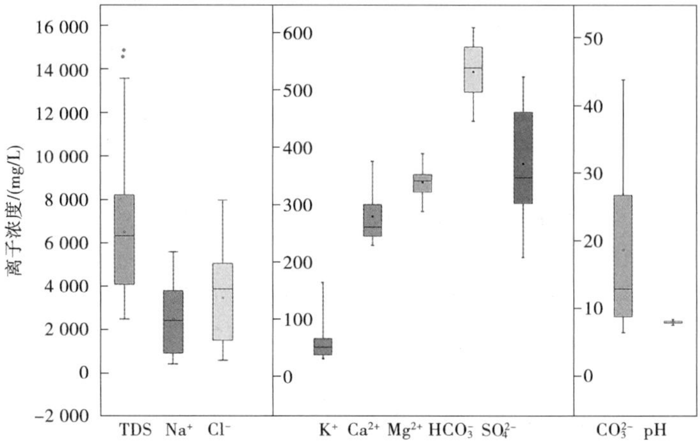

(b)区域1

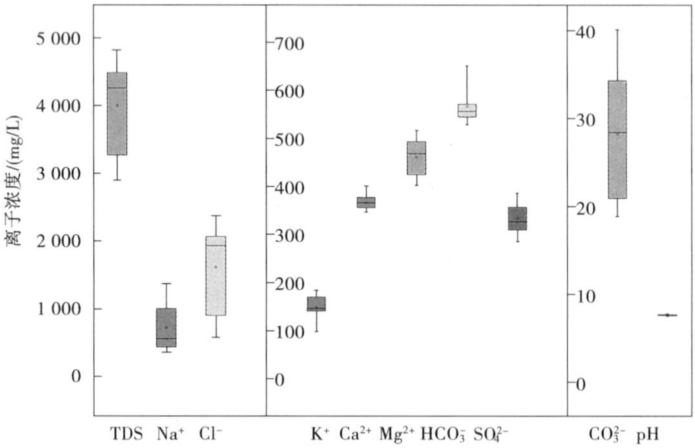

(c)区域2

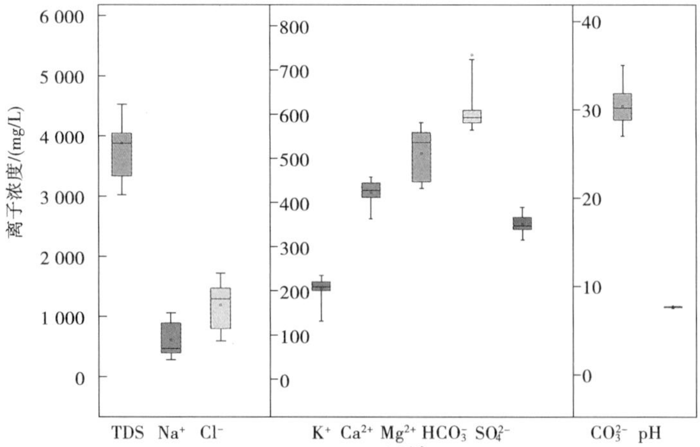

(d)区域3

续图 5-27

$Cl^->SO_4^{2-}>HCO_3^->CO_3^{2-}$。$Na^+$和$Cl^-$在各区域均为主导离子，表明研究区浅层地下水受海水入侵影响，盐碱化程度较高。与其他区域相比，刁口河河道内Na^+、Cl^-、K^+、Ca^{2+}变化范围较大。结合时间分析，生态补水期(7~9 月)K^+、Ca^{2+}浓度明显升高，Na^+、Cl^-浓度明显降低，说明生态补水活动对以上四种离子浓度影响显著。与其他区域相比，区域 1 浅层地下水 TDS、Na^+和Cl^-质量浓度最高，Na^+当量浓度占阳离子总量的 70.98%，Cl^-当量浓度占阴离子总量的 73.29%，TDS 均值分别是区域 2、区域 3 的 1.62 倍和 1.67 倍。结合环境空间分析，区域 1 虽位于刁口河故道附近，但由于紧邻渤海，缺乏淡水补给，受海水入侵频繁；区域 2、区域 3 紧邻淡水径流补给源头，且距海较远，受海水入侵较弱，浅层地下水化学环境得到了进一步改善。

5.5.3.2　水化学类型及水文地质化学分区

离子比率可有效用于揭示地下水的水化学类型。本书通过频率分布统计方法对Ca^{2+}/Cl^-、Mg^{2+}/Ca^{2+}和Na^+/HCO_3^-比率的相对频率和累积频率分布进行了分析，并完成水化学分区。如图 5-28(a)所示，根据Ca^{2+}/Cl^-比率的累积频率分布曲线可将样品分为三组，其中 a_1 组(比率为 0~0.25)主要分布于沿渤海区，Cl^-含量较高，明显受海水混合作用影响；a_2 组(比率为 0.25~0.55)位于 a_1 组的东南部，样本多为$Na^+-Mg^{2+}-Cl^-$型及$Na^+-Mg^{2+}-Ca^{2+}-Cl^-$型，$Mg^{2+}$、$Ca^{2+}$浓度上升，$Na^+$主导地位减弱，受海水混合作用较弱；$a_3$ 组(比率>0.55)位于 a_1 组的西南部，SO_4^{2-}和HCO_3^-浓度上升，Cl^-主导地位减弱，表现出较强的溶滤作用。Ca^{2+}和Mg^{2+}是地下水中常见的二价阳离子，其比率常用于评估海水入侵程度。如图 5-28(b)所示，Mg^{2+}/Ca^{2+}比率的累积频率同样分为三组，其中 b_1 组(比率为 0~0.17)主要分布于沿刁口河平原地区，其地下水主要由降水和地表水入渗补给；b_2 组(比率为 0.17~0.90)样本在研究区内广泛分布；b_3 组(比率>0.90)明显集中在 Piper 图中菱形区域右侧，主要分布于沿海地带，显示出海水混合后的高镁浓度。Na^+/HCO_3^-比率反映了陆地与海洋水溶质来源情况。如图 5-28(c)所示，c_1 组(比率为 0~0.01)分布于HCO_3^-含量较高的淡水补给区域；c_2 组(比率为 0.01~0.61)分布于冲积-陆相与冲积-海相之间的过渡带；而 c_3 组(>0.61)则主要分布于冲积-海相含水层中。

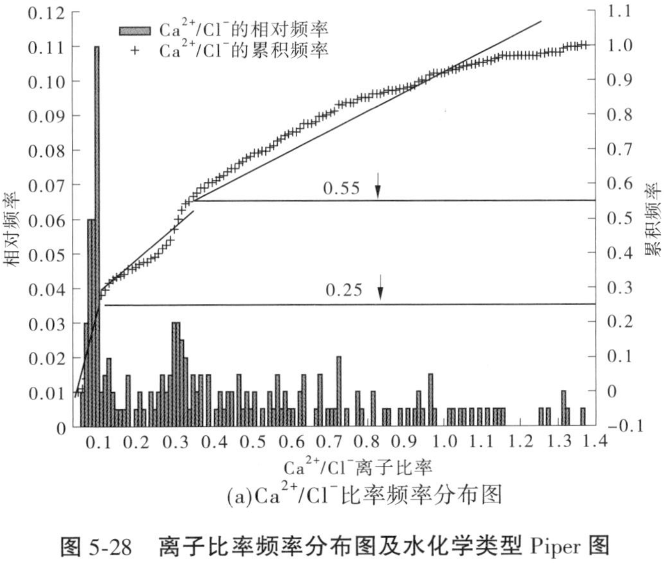

(a)Ca^{2+}/Cl^-比率频率分布图

图 5-28　离子比率频率分布图及水化学类型 Piper 图

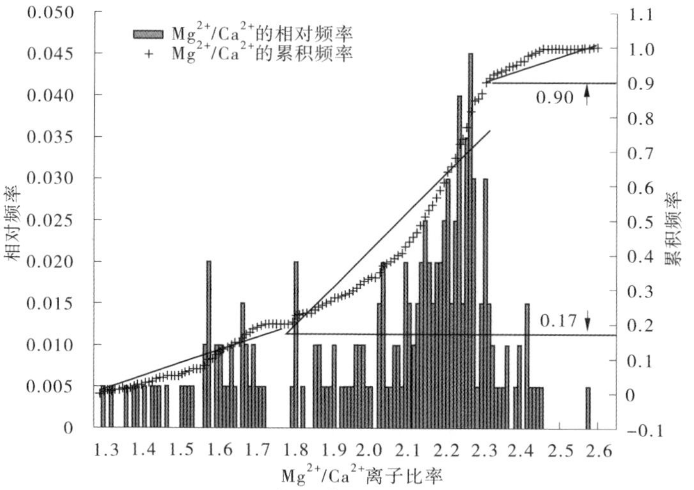

(b)Mg^{2+}/Ca^{2+}比率频率分布图

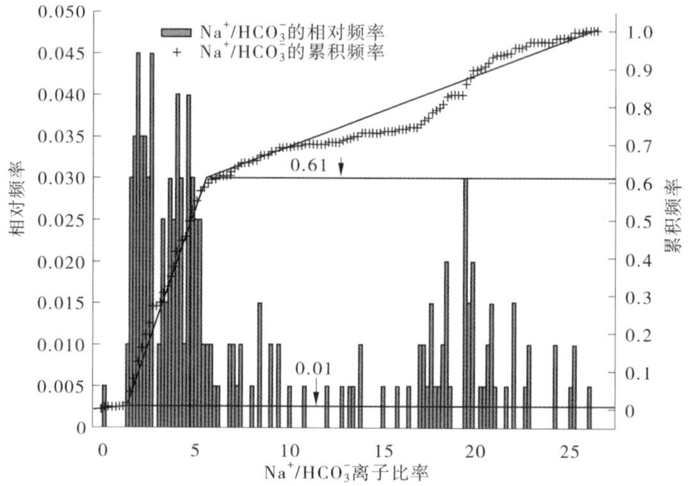

(c)Na^+/HCO_3^-比率频率分布图

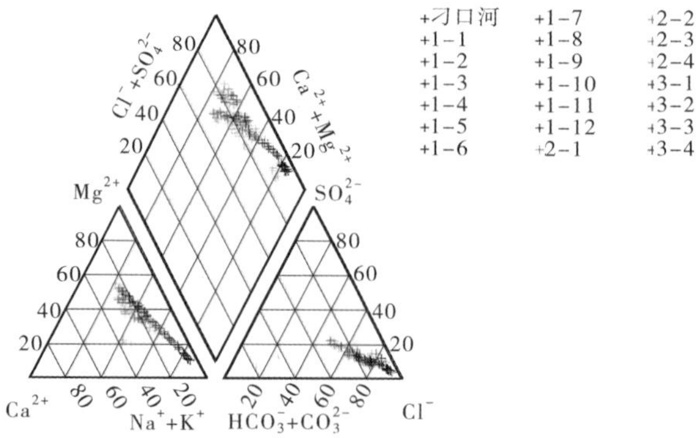

(d)刁口河故道水化学类型Piper图

续图 5-28

为揭示研究区的水文地质化学过程，本研究利用 Ca^{2+}/Cl^-、Mg^{2+}/Ca^{2+} 和 Na^+/HCO_3^- 比率及水文地质环境确定了三个水文地质化学区，如图 5-29 所示。

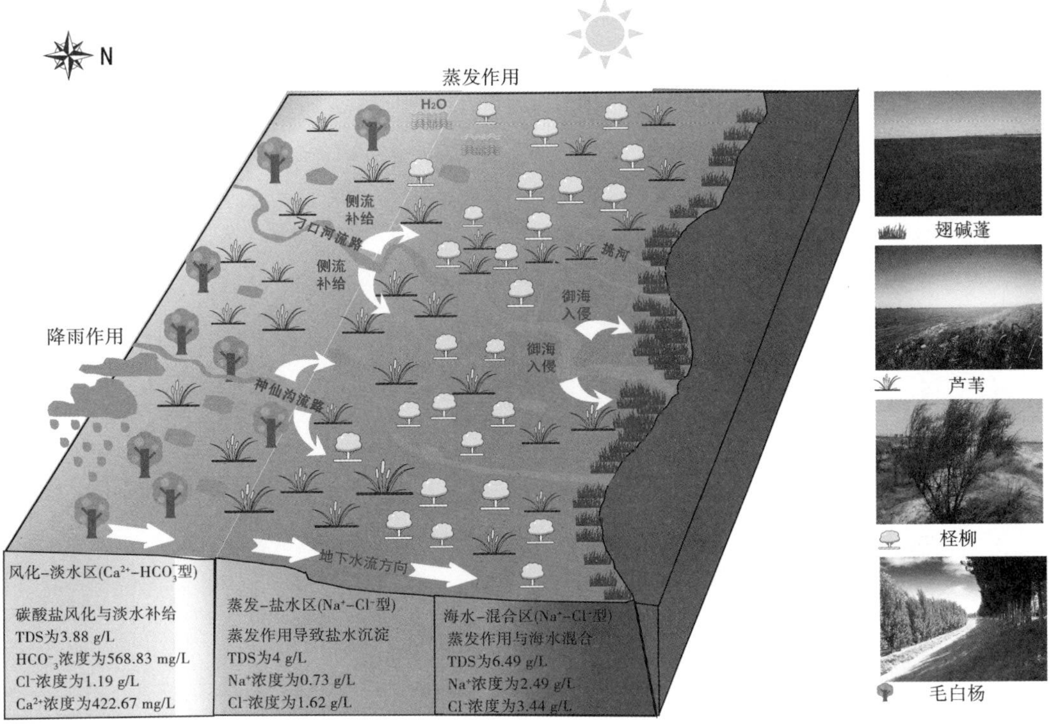

图 5-29　刁口河湿地浅层地下水水文地质化学分区示意图

海水-混合区（Ⅰ区）：主要位于沿海地区，存在海水上溯、风暴潮等现象。经过长期蒸发和浓缩，海洋沉积物中的盐水会变成 TDS 超高的盐水。该区 TDS 最高浓度达 14.87 g/L（平均浓度 6.49 g/L）。其地下水化学成分的特点是 Ca^{2+}/Cl^- 比率最低（<0.25），Mg^{2+}/Ca^{2+}（>0.90）和 Na^+/HCO_3^- 比率（>0.61）高。

蒸发-盐水区（Ⅱ区）：主要位于冲积-陆相与冲积-海相之间的过渡带，是蒸发盐水区，含水层介质由粗颗粒到细颗粒不等，渗透率相对较低，水力梯度小于 0.5‰。可以看出，该区地下水样品介于岩石风化主导和海水指示主导之间，这说明蒸发和浓缩是该区地下水组成的重要水化学过程。该区的 TDS 浓度（平均浓度 4 g/L）低于Ⅰ区。Na^+是主要阳离子（平均浓度 0.73 g/L），Cl^-是主要阴离子（平均浓度 1.62 g/L）。其特点是 Ca^{2+}/Cl^- 比率为 0.25~0.55，Mg^{2+}/Ca^{2+} 比率为 0.17~0.90，Na^+/HCO_3^- 比率为 0.01~0.61。

风化-淡水区（Ⅲ区）：主要位于山麓冲积平原，是碳酸盐风化和地下水补给区，含水层沉积物主要由细砂和中砂组成，渗透率较高，水力梯度约为 5‰。较强的溶解作用导致 TDS 浓度较低（平均浓度 3.88 g/L），HCO_3^-浓度较高（平均浓度 568.83 mg/L），Cl^-浓度相对较低（平均浓度 1.19 g/L）。其特点是 Ca^{2+}/Cl^- 比率高（>0.55），Mg^{2+}/Ca^{2+}（<0.17）和 Na^+/HCO_3^- 比率低（<0.01）。

5.5.3.3　水文地质化学过程

浅层地下水水化学性质主要受岩石风化融滤、蒸发结晶和大气降水、生态补水、海水混合、阳离子交换吸附、人为活动等因素影响。为判断浅层地下水水化学控制因素，以 TDS 为纵坐标、$Na^+/(Na^++Ca^{2+})$ 和 $Cl^-/(Cl^-+HCO_3^-)$ 为横坐标绘制 Gibbs 图。如图 5-30 所示，区域 1 地下水样品多位于蒸发结晶的海水优势区（Ⅰ区），水化学组成主要受蒸发和海水混合相互作用；区域 2 地下水样品偏向于蒸发结晶优势区（Ⅱ区），水化学组成主要受蒸发作用控制；区域 3 地下水样品偏向于岩石风化优势区（Ⅲ区），水化学组成主要受水-岩相互作用的控制。

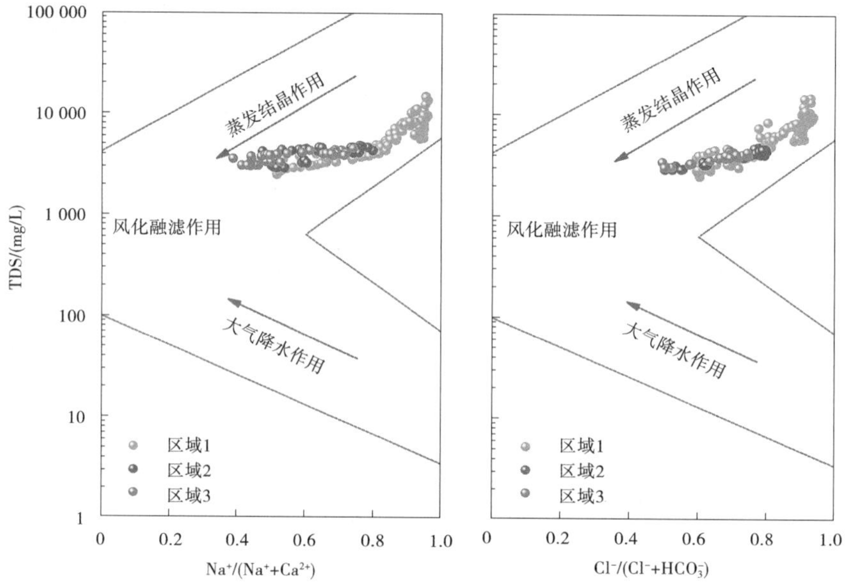

图 5-30 刁口河湿地浅层地下水 Gibbs 图

为评估碳酸盐、硅酸盐和蒸发岩风化三个主要风化过程的相对贡献，以 Ca^{2+}/Na^+ 为横坐标、HCO_3^-/Na^+ 与 Mg^{2+}/Na^+ 为纵坐标，绘制双变量图。如图 5-31 所示，区域 1 浅层地下水化学成分更接近冲积海相平原区蒸发岩风化（Ⅰ区）；区域 2 浅层地下水化学成分主要与硅酸盐风化优势相关（Ⅱ区）；区域 3 浅层地下水化学成分主要来自南部基岩碳酸盐矿物和硅酸盐矿物溶解（Ⅲ区）。

5.5.3.4 地下水化学成分的形成作用

从水化学参数和水化学类型空间特征的分析可以看出，形成研究区浅层地下水化学特征的主要驱动力是黄河入海流路的变迁和海水入侵，而区域浅层地下水化学成分正是在两大因素影响下，通过一系列物理、化学作用及人类干扰来形成的。由于地下水化学成分的形成作用沿径流路径往往呈现较大的差异，因此沿区域浅层地下水的典型水流路径，在补给区、径流区及排泄区内采集水样，分析其离子比例系数，揭示区域浅层地下水化学成分的主要形成作用。

1. 混合与浓缩作用

研究区浅层地下水一方面受到来自黄河淡水（或大气降水）的侧渗（或入渗）补给，另一方面受到海水入侵造成的咸水顶托，成分不同的 2 种水汇合在一起，在水质形成的初始阶段即发生了强烈的混合作用. 补给区位于黄河河道附近，黄河水对河道两侧的地下水具有强烈的补给作用，同时与其他补给源来水不断混合。其中，最靠近河道站位的地下水补给源混合情况可利用保守性离子 Cl^- 质量守恒法近似分析。该站位地下水三元补给体系的各补给源（黄河水、大气降水和海水），补给的混合比分别为 90.7%、8.9%和 0.4%。王锦利用更为可靠的氢氧同位素示踪理论分析得出，东、北部自然保护区浅层地下水是黄河水（38.4%）、海水（37.6%）及大气降水（24.0%）的混合物。研究区地下水埋深通常在 1.0~3.0 m，滨海地带普遍在 1.0 m 左右，加之滨海滩涂区植被盖度小，由陆向海蒸发作用愈加显著，此外，地下水从补给区带来的大量盐分在排泄区集聚，使研究区具备了产生浓缩作用的条件。蒸发浓缩作用导致从补给区到径流区地下水中 TDS 浓度逐渐上升，溶解度较小的盐类（如 $CaCO_3$）相继沉淀析出，易溶盐类（如 NaCl）的离子逐渐成为水中主要成分。

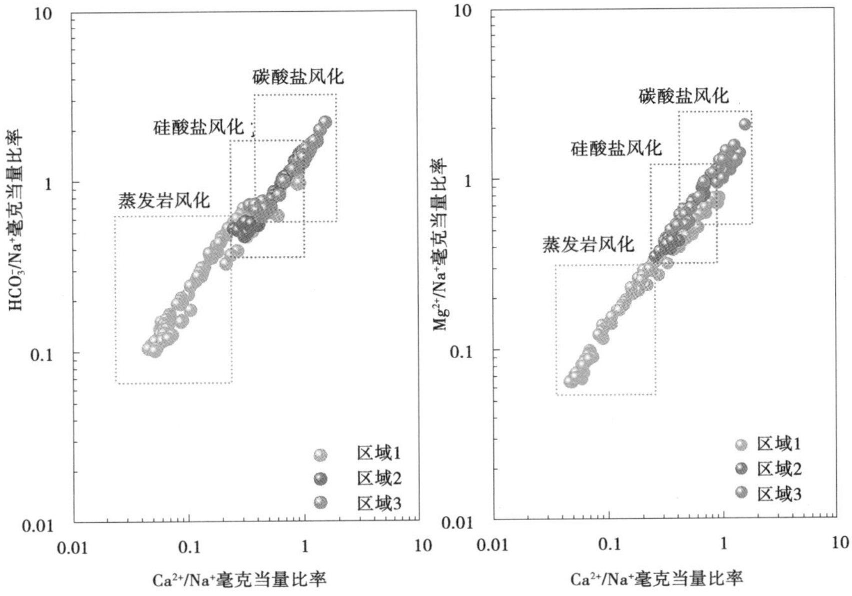

图 5-31　刁口河湿地浅层地下水双变量图

2. 阳离子交替吸附作用

黄河三角洲地区地下水系统中 Na-Ca 交换是进行的最广泛的一种阳离子交换，淡水流入咸水含水层，由于淡水中含有大量的 Ca^{2+}，含水层颗粒表面的交换性阳离子主要是 Na^+，因此水中的 Ca^{2+} 与颗粒表面的 Na^+ 产生交换，Ca^{2+} 被吸附而 Na^+ 被解吸。

为研究该区潜水中阳离子交替吸附作用的强弱，从靠近黄河到海边，沿水流方向设置约 15 km 的测线，并沿测线布置 7 个采样点，每个采样点处，从地表开始每隔 50 cm 采集土样，至地面以下 3~4 m。从各采样点处地下水水面下所采集土样中提取吸附的 Na^+、Ca^{2+}，各点处土壤颗粒吸附 Na^+、Ca^{2+} 含量和 Na^+/Ca^{2+} 比率如图 5-32 所示，其中土壤吸附离子量是该处不同深度土壤吸附离子含量的平均值。靠近黄河的地区由于黄河水和大气降水对潜水的补给较为明显，该处土壤吸附的 Ca^{2+} 量明显高于其他地区。由于补给淡水中含有大量的 Ca^{2+}，与含水层颗粒表面的交换性 Na^+ 发生阳离子交换作用，地下水中的 Ca^{2+} 与颗粒表面的 Na^+ 产生交换，Ca^{2+} 被吸附而 Na^+ 被解吸。随着远离黄河到靠近海边，含水层受黄河水补给的影响逐渐减弱，土壤颗粒中吸附的 Na^+ 量逐渐增加，而吸附的 Ca^{2+} 量逐渐减少，因此 Na^+/Ca^{2+} 比率逐渐增大，说明由陆向海随着远离黄河距离的增加，含水层中 Ca^{2+} 与土壤颗粒表面的交换性 Na^+ 之间的阳离子交替吸附作用呈减弱趋势。

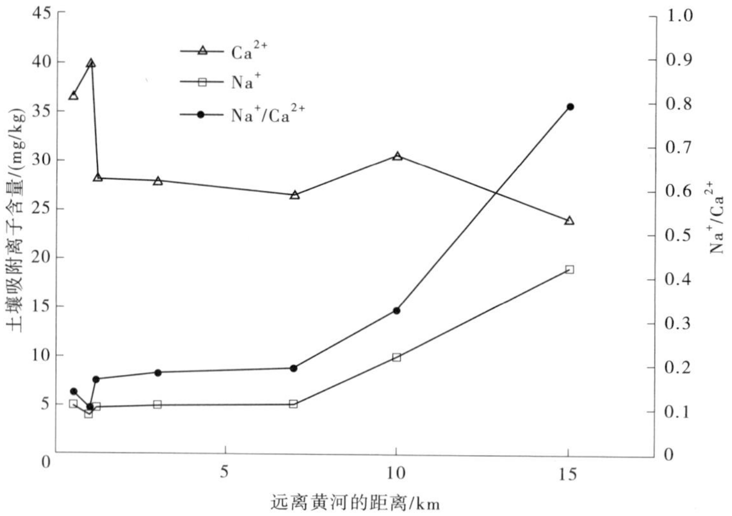

图 5-32　土壤颗粒吸附的 Ca^{2+}、Na^+ 含量及 Na^+/Ca^{2+} 比率随远离黄河距离的变化关系

3. 溶滤作用

岩盐的溶解是区域地下水咸化的主要形成过程。滨海平原地区地下水中 Na^++Cl^- 与岩盐矿物饱和指数(负值)之间的逆抛物线关系表明，水中岩盐始终处于不饱和状态，这进一步揭示岩盐的溶解在滨海地区是个持续发生的过程。Na^+<Cl^-，显然多余的 Cl^- 需要 Ca^{2+} 或 Mg^{2+} 来平衡(研究区浅层地下水 pH 值常处于 7~8)，研究区表层沉积物非黏土矿物中富含白云石，加上盐效应的存在，白云石在富含 Na^+ 和 Cl^- 的地下水中较纯水有较高的溶解度，其大量溶解是地下水中相对高浓度 Mg^{2+} 的主要来源。虽然 Na^+ 与 SO_4^{2-} 浓度间有较高的相关性，但芒硝溶解对地下水中 SO_4^{2-} 贡献小，不断增加的 SO_4^{2-} 可能来源于白云石和石膏的溶解，来源于白云石的风化溶解。补给区方解石的溶解量很小，而排泄区有更多的方解石溶解。

4. 主要人类活动的影响

人类活动对研究区地下水化学成分的影响主要通过改变黄河入海流路、调节径流及超采地下水等方式实现。这些人类干扰导致地下水补给条件变化和咸淡水界面移动，对混合、溶滤、阳离子交换等作用带来复杂影响。按上述 3 种人类干扰方式，自 1855 年以来区域浅层地下水的影响可分为 3 个阶段。第一阶段为 1855~1980 年，区域人口相对稀少，人为因素对地下水的影响主要是黄河改道。该阶段黄河大改道 10 次，经历了自然摆动到人工控制河道的转变过程，其中后 3 次均受到人为因素的影响(1947 年改道神仙沟、1964 年改道刁口河及 1976 年改道清水沟)，3 次人为改道对过水区域沉积环境和地下水补给条件等产生了巨大影响，直接导致地下水化学成分的急剧变化。1976 年黄河改道清水沟后，刁口河河口再无淡水补给，迅速受到海岸蚀退和海水入侵的影响，发展至今其

TDS 达到 4~80.72 g/L。第二阶段为 1980~1997 年,区域人口激增,导致深层地下水的无序开采,加剧了海水入侵的程度。随着经济社会的快速发展,该地区地下水开采量迅速增加,出现深层地下水的超采,导致区域含水层水动力条件发生改变,在距强抽水中心不远向内陆一侧形成咸淡水界面,并随抽水中心位置变化而移动,使混合、溶滤、阳离子交换作用在时空和作用强度上发生改变。此外,工农业生产等活动导致石油类等污染物随地表水转入地下水,对浅层地下水水质产生负面影响。第三阶段为 1998 年至今,黄河水利委员会结合黄河调水调沙工程,有计划地开展了黄河下游生态调度,通过人工调节黄河下游河道的水文过程,增大黄河淡水对浅层地下水的补给。

2010 年 6 月,黄河调水调沙向河口三角洲补水 6 000 万 m^3,其中,通过刁口河流路恢复过水试验项目首次向刁口河故道河口湿地补水 3 620 万 m^3。从目前人工补水的时间、方式和规模上看,生态调度产生的压咸补淡作用在时空上较为有限,对区域浅层地下水水化学的影响还需要长期的动态跟踪研究。

第 6 章 黄河来水对湿地浅表土壤的影响

湿地作为与海洋、森林并列的全球三大生态系统之一，是由水陆交互作用形成的生物多样性最丰富的独特生态系统。湿地被称为“地球之肾”，具有以下几个方面重要作用：调节气候、调蓄洪水、减少土壤侵蚀、控制污染、维护生物多样性、提供生物生产力、美化环境、净化污水等。同时，在全球每年各类生态系统提供的总生态价值中，湿地生态系统提供的服务价值能够占到一半以上，其中湿地生态系统每年单位面积所创造的价值为热带雨林生态系统的 2~7 倍和农田生态系统的 45~160 倍。然而，自 1900 年以来由于全球环境变化以及工农业的迅猛发展，全球湿地面积减少了近一半，我国湿地生态功能也出现了严重退化，生态环境遭到破坏，湿地生态系统的恢复与重建已成为各国的研究热点。

自 20 世纪后期以来，我国黄河三角洲湿地生态系统由于受到气候条件变化、工业污染加剧、人类不合理开发利用等因素的影响，出现了一系列生态环境问题，淡水湿地萎缩、黄河口黄河河道断流次数增加、植被生态功能退化、物种多样性衰减、土壤盐碱化程度高等，都显著影响了黄河三角洲生态系统的稳定以及经济社会的可持续发展。因此，为了发挥黄河三角洲湿地生态系统的功能，维护其生态服务功能的稳定，必须采取措施保护和恢复黄河三角洲湿地。黄河三角洲湿地恢复工程自 2002 年 7 月起实施，恢复区位于黄河三角洲自然保护区的核心区及试验区，为恢复退化湿地，修筑了 4 个蓄水水库和 1 个引水渠，同时修建了长 9 km、宽 3.4 m、高 1.5 m 的围堤以避免潮水冲刷。水文恢复方案为每年 6 月在黄河丰水期向恢复区引入黄河水，恢复工程设计淡水输入量每年约 3×10^6 m^3。水作为湿地生态系统生态功能最重要的影响因素之一，对湿地生态系统的发育、演化、结构的维持及功能的发挥起到了关键的作用。由于水资源短缺是黄河三角洲湿地退化的关键因素，所以本书以黄河三角洲湿地为研究对象，比较连续淡水恢复区与未恢复区典型土壤理化性质(酸碱度、电导率)、土壤养分以及植被群落的变化特征，探讨淡水水源恢复对黄河三角洲湿地的影响。该研究不仅为评估淡水恢复对湿地生态系统生源要素的影响提供基础数据，而且对其他湿地的恢复实践具有指导作用。

在黄河三角洲自然保护区根据湿地退化与恢复情况，设置了四个试验区样地，即未进行人工恢复的退化湿地(Ⅰ)、恢复 3 年湿地(Ⅱ)、恢复 5 年湿地(Ⅲ)、恢复 7 年湿地(Ⅳ)，2023 年 4~12 月，分 5 次进行了系统的湿地植被类型及群落样方调查，在样地内设置 20 m×30 m、5 m×5 m 和 1 m×1 m 的样方，利用 GPS 确定样方经纬度位置，观察采集植物标本，测量并记录样地内的乔、灌和草本植被种类、数量、覆盖度和高度。

2023 年 5 月采集不同研究区研究植被群落时设置的样方内的土壤剖面，在每一样地随机确定 6 个样点，每个样点按 0~20 cm、20~40 cm 分层采取土样，3 个样点的同层次土样充分混合为一个样品，将样品带回实验室，拣出根及其他枯落物，将一半新鲜土样于 0~4 ℃保存，采用常规方法进行土壤硝态氮、氨态氮的测定；另一半土样自然风干，用 2 mm、0.25 mm 直径的土壤筛筛取土样，进行各项试验分析，如土壤盐分、有机碳、总氮、总磷等的测定。

6.1　测定方法

按照表 6-1 所示方法测定土壤各项指标。

表 6-1　浅层土壤指标的测定方法

指标	测定方法
pH 值	酸度计
盐分	电导法
有机质	重铬酸钾容量法-消煮法
总氮	重铬酸钾-硫酸消化法
铵态氮	2 mol/L KCl(氯化钾)浸提-靛酚蓝比色法
硝态氮	酚二磺酸比色法
总磷	硫酸-高氯酸消煮法
速效磷	0.05 mol/L $NaHCO_3$(碳酸氢钠)法

6.1.1　pH 值的测定步骤

仪器:酸度计(PHS-3D)。

称取通过 2 mm 土壤筛的风干土壤 6 g 于 50 mL 离心管中,再加 15 mL 去离子水,以 2.5∶1的水土比进行浸提抽滤,置于摇床中以 180 r/min 转速摇匀 30 min,使土粒充分分散,待静置 30 min 后进行测定。将电极插入待测液中,静置片刻,读数稳定后记下 pH 值。

6.1.2　土壤盐分的测定步骤

仪器:DDS-307 电导率仪。

称取过 2 mm 土壤筛的风干土壤 4 g 于 50 mL 离心管中,加入 20 mL 去离子水,以水土比 5∶1进行浸提抽滤,置于摇床中以 180 r/min 转速摇匀 30 min,使土粒充分分散,待静置 30 min 后使用电导率仪测定。将电极插入待测液中,静置片刻,读数稳定时记下电导率值。用水洗涤,滤纸条吸干水分后进行第二个样品的测定。

6.1.3　土壤有机质含量测定

仪器:AIM600 电热消解仪。

所需试剂如下:

(1)0.8 mol/L 的重铬酸钾标准溶液:用分析天平准确称取 39.23 g 重铬酸钾于烧杯中,再加入 100 mL 蒸馏水后加热溶解,冷却后定容至 1 L。

(2)邻菲罗啉试剂:准确称取 1 g 硫酸亚铁于烧杯中,加入 100 mL 蒸馏水溶解,再加入准确称取的 1.485 g 邻菲罗啉,由于此指示剂易变质,应于密闭棕色瓶中保存备用。

(3)0.2 mol/L 的硫酸亚铁溶液:用分析天平准确称取 56 g 硫酸亚铁于烧杯中,加入

50 mL 蒸馏水溶解，再加入 15 mL 浓硫酸，最后定容至 1 L，此溶液应置于棕色瓶中保存。

测定步骤如下：

（1）用分析天平称取过 100 目筛的风干土样 0.2 g 于消煮管中，使用移液管或移液枪准确移入 5 mL 浓度为 0.8 mol/L 的重铬酸钾标准溶液，再使用移液管或移液枪加入 5 mL 浓硫酸，小心摇动消煮管混匀溶液，将消煮管置于消解仪中，并在消煮管上加盖小漏斗。

（2）打开消解仪的开关，将其预热到 180 ℃，待观察到消煮管中液体沸腾冒泡时开始计时，将消煮管中的溶液煮沸 5 min，中间摇动几次。

（3）关闭消解仪的电源，取下消煮管，冷却后，将试管中的内容物小心洗入 250 mL 三角瓶中，注意用水洗净小漏斗及试管内部，少量多次，维持三角瓶内体积在 60~80 mL。

（4）加 3~4 滴邻菲罗啉指示剂于三角瓶中，使用 0.2 mol/L 硫酸亚铁溶液滴定三角瓶中的溶液，溶液经橙黄→蓝绿→砖红色为滴定终点，记录滴定所用溶液体积。

6.1.4　土壤总氮含量测定

仪器：AIM600 电热消解仪、凯氏定氮仪。

所需试剂如下：

（1）0.01 mol/L 硫酸标准溶液。

（2）400 g/L 氢氧化钠溶液：准确称取 400 g 氢氧化钠于烧杯中，加入 100 mL 蒸馏水溶解，并稀释至 1 L。

（3）混合指示剂：准确称取 0.1 g 甲基红和 0.5 g 溴甲酚绿于烧杯中，加入 100 mL 乙醇搅拌溶解。

（4）20 g/L 硼酸指示剂：准确称取 20 g 硼酸于烧杯中，加入 100 mL 蒸馏水溶解，稀释至 1 L，在每升硼酸溶液中加入 5 mL 混合指示剂，用稀酸或稀碱调节至溶液呈红紫色，pH 值约为 4.8。

（5）饱和重铬酸钾溶液：准确称取 200 g 重铬酸钾，溶于 1 L 热蒸馏水中。

测定步骤如下：

（1）准确称取过 0.25 mm 土壤筛的风干土壤 0.5~1 g 于消煮管中，使用移液管或移液枪准确移入 5 mL 浓硫酸，小心摇动消煮管，将消煮管置于消解仪中，并在消煮管口加盖小漏斗，打开电源，在高温（250 ℃）条件下消煮 15 min 左右，过程中会大量冒烟，直至看不见黑色碳粒，关闭电源，消解结束。

（2）将消煮管取下冷却后，用移液管或移液枪准确移入 5 mL 饱和重铬酸钾溶液，再将其置于消解仪中，在 175 ℃下微沸 5 min。

（3）将消煮管取下冷却后，用蒸馏水将消煮液全部转入蒸馏器内，少量多次。

（4）将配好的氢氧化钠溶液、硼酸溶液、蒸馏水加入塑料桶中，与凯氏定氮仪相连；并用胶头滴管加 4~5 滴硼酸指示剂于 150 mL 的锥形瓶中，将其置于冷凝管末端，设定凯氏定氮仪的程序使氢氧化钠溶液加入量为 20 mL，硼酸溶液流入量为 5 mL，按启动键开始蒸汽蒸馏，待锥形瓶自动落下时蒸馏完毕。

（5）取下锥形瓶，用 0.01 mol/L 硫酸标准溶液滴定，溶液由蓝绿色至红紫色滴定结束，记录所用标准溶液的体积。

6.1.5　土壤总磷含量测定

主要使用仪器:AIM600 电热消解仪、2100 型分光光度计。

所需试剂如下:

(1)二硝基酚:准确称取 0.25 g 二硝基酚于烧杯中,加入 100 mL 蒸馏水搅拌溶解。

(2)硫酸钼锑贮存液:首先将装有约 400 mL 蒸馏水的 1 L 烧杯浸于冷水中,缓缓注入 208.3 mL 分析纯浓硫酸,用玻璃棒不断搅拌,使溶液冷却至室温;准确称取 20 g 分析纯钼酸铵于烧杯中,再加入 200 mL 蒸馏水,加热溶解,冷却后,将硫酸溶液慢慢倒入钼酸铵溶液中,用玻璃棒不断搅拌,再加入 100 mL 0.5%酒石酸锑钾溶液,用蒸馏水将溶液稀释至 1 L,摇匀贮存。

(3)磷标准溶液:准确称取 0.22 g 在 45 ℃下烘干 8 h 的磷酸二氢钾,用少量蒸馏水溶解后,定容至 1 L,即得 50 mg/L 的磷基准溶液。用移液管或移液枪吸取 50 mL 磷基准溶液于烧杯中,并稀释至 500 mL,即为 5 mg/L 的磷标准溶液。

(4)钼锑抗显色剂:准确称取 1.5 g 左旋(旋光度+21°~+22°)抗坏血酸,将其加入到 100 mL 钼锑贮存液中,搅拌混匀即得钼锑抗混合色剂,此试剂应用前配制,有效期为 24 h。

操作步骤如下:

(1)准确称取通过孔径 0.25 mm 土壤筛的土壤样品(精确至 0.000 1 g)1 g 于消煮管中,用少量水湿润,再用移液管或移液枪加入 8 mL 浓硫酸,小心摇动后(最好放置过夜)加入 10 滴 70%~72%的高氯酸摇匀。

(2)将消煮管置于消解仪中,并在消煮管口上加放小漏斗,打开开关,开始加热消煮,待消煮管内溶液开始转白后继续消煮 20 min,全部消煮时间大约为 60 min。

(3)关闭开关,将消煮管取下,冷却后将消煮液用蒸馏水小心洗入 100 mL 容量瓶中,少量多次。轻轻摇动容量瓶使溶液完全冷却后,用蒸馏水定容,再通过无磷滤纸和干燥漏斗将容量瓶内溶液过滤到干燥的 100 mL 锥形瓶中。

(4)用移液管或移液枪吸取 5 mL 滤液,加入到 50 mL 容量瓶中,用蒸馏水稀释到大约 30 mL,再用胶头滴管加入 2 滴二硝基酚指示剂,使用稀氢氧化钠溶液和稀硫酸溶液调节 pH 值,直至容量瓶内溶液呈现微黄色,再加入 5 mL 钼锑抗显色剂,用蒸馏水定容。

(5)将容量瓶在高于 15 ℃的室温条件下放置 30 min 后,打开分光光度计的开关,预热 30 min,在 700 nm 波长下比色,选取空白试验溶液为参比液调整分光光度计的零点,读取吸收值。

(6)绘制工作曲线:用移液管分别吸取 5 mg/L 的标准溶液 1 mL、2 mL、3 mL、4 mL、5 mL、6 mL 于 50 mL 容量瓶中,加蒸馏水稀释至大约 30 mL,再用移液管加入 5 mL 钼锑抗显色剂,最后使用蒸馏水摇匀定容。依此步骤即可得出 0.1 mg/L、0.2 mg/L、0.3 mg/L、0.4 mg/L、0.5 mg/L、0.6 mg/L 磷标准系列溶液,读取吸收值。以磷标准溶液浓度值为横坐标、测出的吸收值为纵坐标,绘制工作曲线。

6.1.6 土壤硝态氮的测定

主要仪器：2100 型分光光度计。

主要试剂如下：

(1)二水硫酸钙、碳酸钙、氢氧化钙、碳酸镁、硫酸银、1∶1氨水、活性炭。

(2)酚二磺酸试剂：准确称取 25 g 苯酚于 500 mL 三角瓶中，用 150 mL 浓硫酸搅拌溶解，再加入 75 mL 发烟硫酸，将三角瓶置于水浴锅沸水中加热 2 h，即得酚二磺酸溶液，此溶液需在棕色瓶中保存(使用时一定注意酚二磺酸试剂强烈的腐蚀性)。如果没有发烟硫酸，可以使用 25 g 苯酚，加 225 mL 浓硫酸，于水浴锅沸水中加热 6 h；酚二磺酸试剂冷却后可能会析出部分结晶，使用时必须重新加热溶解，但是不可在此试剂中再加水。

(3)10 μg/mL 硝酸盐氮(NO_3-N)标准溶液：准确称取 0.722 1 g 硝酸钾于烧杯中，加入少量蒸馏水溶解，定容至 1 L，此即 100 μg/mL NO_3-N 溶液，将此溶液准确稀释 10 倍，即为 10 μg/mL NO_3-N 标准溶液。

操作步骤如下：

(1)称取 50 g 新鲜土样于 500 mL 的三角瓶中，加入 0.5 g 二水硫酸钙及 250 mL 蒸馏水，加上塞子后，置于振荡机中，打开开关振荡 10 min。取下放置 5 min 后，用干滤纸将悬液的上部清液过滤，将澄清的滤液收集于干燥洁净的三角瓶中。如果滤液因为含有有机质而呈现出颜色，可以通过加入活性炭除之。

(2)用移液管吸取 50 mL 清液于瓷蒸发皿中，加入 0.05 g 碳酸钙，将瓷蒸发皿放于水浴锅中，加热蒸干，呈现干燥时停止加热。待瓷蒸发皿冷却后，用移液管迅速加入 2 mL 酚二磺酸试剂，并旋转蒸发皿，使酚二磺酸试剂接触到所有的蒸干物。静止 10 min 充分作用后，用移液管加入 20 mL 蒸馏水，不断用玻璃棒搅拌直到蒸发皿中的蒸干物完全溶解。待蒸发皿中冷却后缓缓加入 1∶1氨水并不断搅拌，直至溶液呈黄色再多加 2 mL 1∶1氨水，以此保证氨水试剂过量。然后将蒸发皿中全部溶液转入 100 mL 容量瓶中定容。打开分光光度计，预热 30 min，使用光径 1 cm 的比色杯在波长 420 nm 处比色，将空白溶液作为参比。

(3)NO_3-N 工作曲线绘制：分别用移液管量取 1 mL、2 mL、5 mL、10 mL、15 mL、20 mL 的 10 μg/mL NO_3-N 标准液于蒸发皿中，在水浴锅上蒸干，用与待测液相同的操作步骤，进行显色、比色，绘制出标准曲线，求出回归方程。

6.1.7 土壤铵态氮的测定

主要仪器：往复振荡机、UV2100 型分光光度计。

主要试剂如下：

(1)2 mol/L 氯化钾溶液：准确称取氯化钾 149.1 g 于烧杯中，加入 500 mL 蒸馏水溶解，稀释至 1 L。

(2)苯酚溶液：准确称取 10 g 苯酚和 100 mg 亚硝基铁氰化钠[$Na_2Fe(CN)_5NO \cdot 2H_2O$]于烧杯中，加蒸馏水溶解，稀释至 1 L。由于此试剂不稳定，需贮于棕色瓶中在 4 ℃冰箱中保存。

(3)次氯酸钠碱性溶液：准确称取 10 g 氢氧化钠，7.06 g 七水磷酸氢二钠($Na_2HPO_4 \cdot 7H_2O$)，31.8 g 十二水磷酸三钠($Na_3PO_4 \cdot 12H_2O$)于烧杯中，再用移液管或移液枪加入 10 mL 52.5 g/L 次氯酸钠，使用蒸馏水稀释定容至 1 L，此溶液需贮于棕色瓶中在 4 ℃冰箱中保存。

(4)掩蔽剂：将浓度为 400 g/L 的酒石酸钾钠($KNaC_4H_4O_6 \cdot 4H_2O$)与浓度为 100 g/L 的 EDTA 二钠盐溶液等体积混合，每 100 mL 此混合液中用移液管加入 0.5 mL 10 mol/L 氢氧化钠。

(5)2.5 μg/mL 铵态氮标准溶液：准确称取 0.471 7 g 干燥硫酸铵于烧杯中，加水溶解，稀释定容至 1 L，即为 100 μg/mL 的氨氮(NH_4^+-N)溶液；在使用前将此贮存溶液加水稀释 40 倍，即配制成为 2.5 μg/mL 的氨氮(NH_4^+-N)标准溶液。

操作步骤如下：

(1)称取相当于 20 g 干土质量的新鲜土样(精确到 0.01 g)，放置于 200 mL 三角瓶中，用量筒加入 100 mL 氯化钾溶液，塞紧塞子，打开开关在振荡机上振荡 1 h。

(2)关闭开关，取出三角瓶静置，待此悬浊液澄清后，用移液管或移液枪吸取 2～10 mL 土壤浸出液于 50 mL 容量瓶中，用氯化钾溶液补充至 10 mL，再用移液管或移液枪加入 5 mL 苯酚溶液和 5 mL 次氯酸钠碱性溶液，摇晃混匀。将容量瓶在 20 ℃左右的室温下放置 1 h 后，用移液管或移液枪加 1 mL 掩蔽剂，之后用蒸馏水定容。打开分光光度计，预热 30 min 后，在 625 nm 波长处进行比色，读取吸光度。

(3)使用移液管或移液枪分别吸取氨氮(NH_4^+-N)标准溶液 2 mL、4 mL、6 mL、8 mL、10 mL 于 50 mL 容量瓶中，各自加入 10 mL 氯化钾溶液，同以上步骤进行比色测定。

6.1.8　土壤速效磷测定

主要仪器：往复振荡机、2100 型分光光度计。

主要试剂如下：

(1)0.05 mol/L $NaHCO_3$ 浸提液：准确称取 42 g 碳酸氢钠于烧杯中，加入 800 mL 蒸馏水溶解，使用 0.5 mol/L NaOH 溶液将浸提液的 pH 值调节至 8.5。将此溶液贮存于塑料瓶中更易保存。

(2)无磷活性炭：一般活性炭常含有磷，所以使用前应做空白试验，检验活性炭中有无磷存在。如果活性炭含磷较多，应先用 2 mol/L 盐酸浸泡过夜，再用蒸馏水冲洗多次后，使用 0.05 mol/L $NaHCO_3$ 浸泡过夜，在平瓷漏斗上抽气过滤，直至无磷状态。如果含磷量较少，则直接使用碳酸氢钠溶液处理即可。

操作步骤如下：

准确称取 2.5 g 通过 20 目筛的风干土样(精确至 0.001 g)于 150 mL 三角瓶中，用移液管或移液枪加入 50 mL 0.05 mol/L 的碳酸氢钠溶液，再加入一勺无磷活性炭，塞紧瓶塞，打开开关，在振荡机上振荡 30 min，取出三角瓶后立即用无磷滤纸将溶液过滤到 100 mL 三角瓶中，用移液管或移液枪吸取 10 mL 滤液于 150 mL 三角瓶中，准确加入 35 mL 蒸馏水，之后用移液管或移液枪加入 5 mL 钼锑抗显色剂，摇匀并放置 30 min；打开分光光度计的开关，预热 30 min 后，在 80 nm 或 700 nm 波长处进行比色。设定空白液的吸收值为零，记录待测液的吸收值。

标准曲线绘制：用移液管分别吸取 1 mL、2 mL、3 mL、4 mL、5 mL 的 5 μg/ mL 磷标准溶液于 150 mL 三角瓶中，加入 0. 05 mol/L 碳酸氢钠溶液 10 mL，再加入蒸馏水使各三角瓶的总体积达到 45 mL，最后用移液管或移液枪加入 5 mL 钼锑抗显色剂，混匀显色。标准溶液的比色步骤同待测液一致，绘制出标准曲线。

6.2 黄河来水对湿地浅表土壤理化性质的影响

在 2010 年生态补水开展前，刁口河流路湿地浅表土壤呈现出一定程度的盐碱化，对植物的生长造成了不利影响。由于失去黄河水沙供给，刁口河流路河槽严重萎缩，过流能力大大降低；淡水湿地面积大幅减少，生物多样性受到破坏，刁口河流路湿地面临生态退化的风险，其中土壤盐碱化和养分流失问题尤为突出。土壤中的营养元素如氮、磷、钾的有效含量较低，限制了植被的正常生长。土壤微生物的多样性和活性也受到盐碱化影响，从而影响了土壤的自我修复能力和养分循环。

6.2.1 往年刁口河流路生态补水对土壤的影响分析

2010 年 6 月，水利部黄河水利委员会在黄河调水调沙期间开展了黄河三角洲生态调水及刁口河流路恢复过水试验，当年刁口河生态引水共计 3 620 万 m^3，入海仅 273 万 m^3，绝大部分留在自然保护区和河槽内。据观测，刁口河尾闾湿地补水对周边地区地下水的影响范围约为 1 500 m，其中距离湿地补水区 500 m 范围内的地下水位升高明显，最大抬升幅度 45 cm。

地下淡水水位的升高，有效阻碍了海水入侵，同时由于河道水位不断升高，起到了压咸补淡的作用，刁口河沿线土壤盐度明显下降，尤其是 0~30 cm 层土壤含盐量显著降低，其中 10 cm 层土壤含盐量平均下降了 55%，30 cm 层土壤含盐量平均下降了 41%（见图 6-1），土壤环境得到明显改善，对淡水湿地植被的发育有利好影响，受损的湿地植被结构也得到修复。此外，鸟类栖息地环境也得到了明显改善，根据 2010 年夏末和秋季鸟类迁徙期的观测数据，刁口河沿岸及尾闾湿地补水区 2010 年夏末与 2009 年同期相比水禽增加了近 5 000 只（见图 6-2），11 月初与 2009 年同时期相比水禽数量增加了 6 000 余只。在鸟类中选取六种代表性鸟类（普通鸬鹚、斑嘴鸭、白骨顶、红嘴鸥、绿翅鸭、绿头鸭）进行数量分析。

据图 6-3 和图 6-4 可见，2010 年生态补水开展后，鸟类数量明显增加，从种类组成上看，变化较大的有斑嘴鸭、绿头鸭、白骨顶等水禽。此类水禽主要是游禽，数量整体增加是因为生态补水区形成了大面积水域及芦苇沼泽，为其提供了理想的生活环境。这也进一步说明刁口河流路尾闾湿地补水区的生态环境在补水后大为改善。

自 2010 年起，刁口河生态补水已持续 14 年，极大地改善了刁口河流路生态环境。为直观研判生态补水对刁口河流路的生态改善情况，选取山东黄河三角洲国家级自然保护区一千二管理站内的一条理想监测断面设置土壤监测点，研究 2023 年度刁口河流路生态补水前后，该流路湿地浅表土壤的物化指标（土壤含盐量、碱解氮、有效磷、速效钾）和生态改善情况。本章旨在通过对比生态补水前、中、后的土壤样品数据，分析生态补水对刁口河流路湿地浅表土壤物化性质的影响，为湿地生态修复提供科学依据。

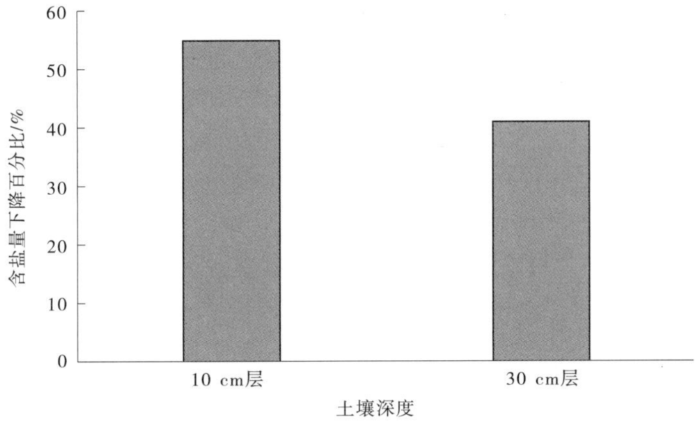

图 6-1　刁口河沿线土壤盐度变化情况

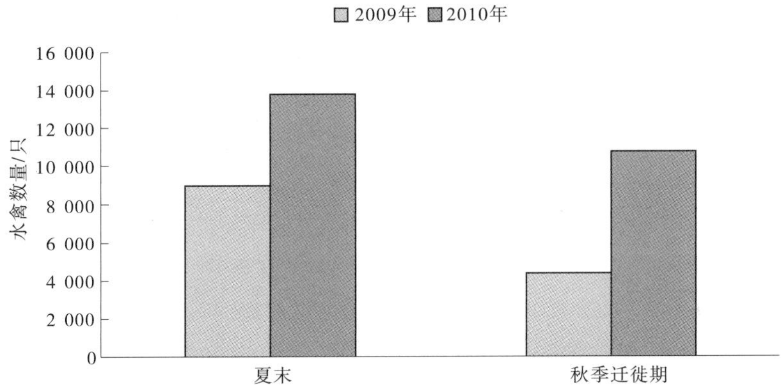

图 6-2　2009~2010 年刁口河尾闾湿地补水区水禽数量

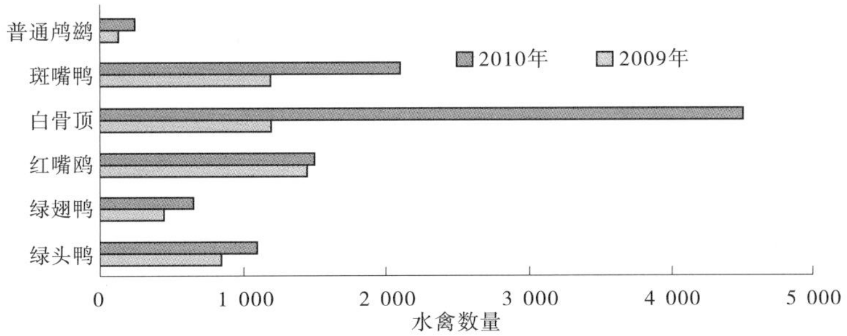

图 6-3　2009 年、2010 年夏末水禽数量

6.2.2　研究方法

采用野外实地采样与实验室分析相结合的方法，对刁口河流路湿地进行系统研究。

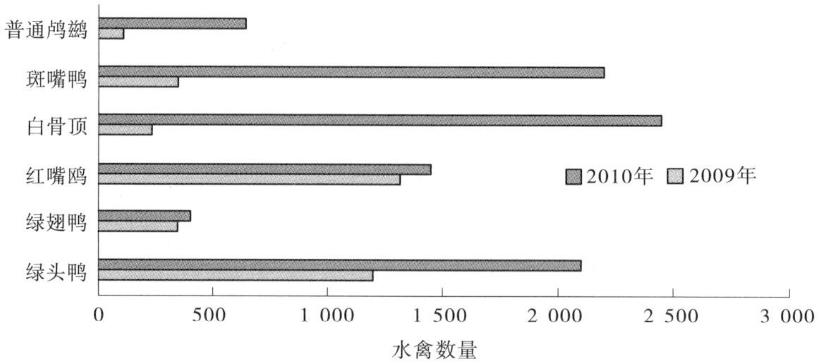

图 6-4　2009~2010 秋季鸟类迁徙期水禽数量变化

采样频次见表 6-2,具体步骤如下:

表 6-2　土壤采样频次

检测频次	采样时间(年-月-日)					
	1 号井位	3 号井位	5 号井位	7 号井位	9 号井位	11 号井位
1	2023-04-17	2023-04-17	2023-04-17	2023-04-17	2023-04-17	2023-04-17
2	2023-06-05	2023-06-05	2023-06-05	2023-06-05	2023-06-05	2023-06-05
3	2023-06-28	2023-06-28	2023-06-28	2023-06-28	2023-06-28	2023-06-28
4	2023-07-10	2023-07-10	2023-07-10	2023-07-10	2023-07-10	2023-07-10
5	2023-07-25	2023-07-25	2023-07-25	2023-07-25	2023-07-25	2023-07-25
6	2023-08-10	2023-08-10	2023-08-10	2023-08-10	2023-08-10	2023-08-10
7	2023-08-30	2023-08-30	2023-08-30	2023-08-30	2023-08-30	2023-08-30
8	2023-10-16	2023-10-16	2023-10-16	2023-10-16	2023-10-16	2023-10-16
9	2023-12-11	2023-12-11	2023-12-11	2023-12-11	2023-12-11	2023-12-11
10	2024-02-26	2024-02-26	2024-02-26	2024-02-26	2024-02-26	2024-02-26
11	2024-04-10	2024-04-10	2024-04-10	2024-04-10	2024-04-10	2024-04-10
12	2024-05-15	2024-05-15	2024-05-15	2024-05-15	2024-05-15	2024-05-15
13	2024-06-03	2024-06-03	2024-06-03	2024-06-03	2024-06-03	2024-06-03
14	2024-06-18	2024-06-18	2024-06-18	2024-06-18	2024-06-18	2024-06-18
15	2024-07-09	2024-07-09	2024-07-09	2024-07-09	2024-07-09	2024-07-09
16	2024-07-24	2024-07-24	2024-07-24	2024-07-24	2024-07-24	2024-07-24
17	2024-08-06	2024-08-06	2024-08-06	2024-08-06	2024-08-06	2024-08-06
18	2024-08-29	2024-08-29	2024-08-29	2024-08-29	2024-08-29	2024-08-29
19	2024-10-04	2024-10-04	2024-10-04	2024-10-04	2024-10-04	2024-10-04

(1)选择刁口河流路的典型断面作为研究对象,在山东黄河三角洲国家级自然保护区一千二管理站内发掘一条监测断面,并在研究区内布设地下水监测井,将监测井上游 1 m 处作为土壤检测取样点。

(2)进行土壤采样,采样深度设定为 0~10 cm,以反映浅表土壤的物理化学性质。采样频次为 19 次,根据表 6-2 可知,2023 年补水前、中、后共计 9 次采样,2024 年补水前、中、后共计 10 次采样。

(3)将采集的土壤样品送至具备资质的检测机构进行分析,对土壤典型物化指标(含盐量、碱解氮、有效磷、速效钾)开展原型监测。这些指标能够反映土壤的盐碱化程度、氮磷钾营养状况以及土壤肥力水平。

(4)数据分析:通过分析刁口河流路湿地同一断面上不同距河距离条件下土壤典型物化指标数据,绘制 2023 年、2024 年刁口河流路湿地浅表土壤物化指标在生态补水前、中、后三个时段的变化曲线,通过分析变化规律,对比 2023 年和 2024 年生态补水对土壤物化指标的影响,可以揭示生态补水对土壤物化性质的影响机制,评估生态补水对刁口河流路湿地浅表土壤的影响效果。

6.2.3　生态补水期间土壤物化指标动态变化分析

2023 年,刁口河生态补水一共开展了三次,分别为:6 月 28 日至 7 月 7 日、10 月 12~17 日、12 月 8~11 日;2024 年,刁口河生态补水仅开展一次,为 6 月 13 日至 7 月 16 日。为尽量减少气候、温度等变量条件影响,在对 2023 年和 2024 年数据开展对比分析时,使用 2023 年第一次生态补水和 2024 年生态补水数据进行对比分析。通过对比生态补水前、中、后的土壤样品数据,发现生态补水对刁口河流路湿地浅表土壤的物化性质产生了显著的影响。

6.2.3.1　生态补水期间土壤含盐量动态变化分析

1. 2023 年土壤含盐量的动态变化分析

如图 6-5 所示,2023 年刁口河第一次生态补水开展前,各井位的土壤含盐量均处于最高点,且距河距离越远的井位土壤含盐量越高,其中 9 号井位和 11 号井位土壤含盐量尤为突出,导致这一现象可能是 4 月正值春季,黄河上游来水量少,加之春季降水量少、蒸发量大,土壤中的盐分难以被水分冲刷,因此容易在土壤中积累,导致土壤含盐量偏高。

进入补水期后,在一定影响范围内,土壤含盐量出现了三次降低过程,其中以 6 月 28 日至 7 月 7 日首次生态补水期影响效果最大,10 月 12~17 日第二次生态补水期影响效果其次,12 月 8~11 日第三次生态补水期影响效果最弱。这一变化是由于补水带来河水漫溢,大量淡水的补充起到了压碱降盐的作用,改善了海水入侵的情况,使得土壤含盐量降低。

通过图 6-5 可以看出,第一次生态补水在一定范围内降低了土壤含盐量,这一影响范围在 11 号井位以内,即距河道 1.1 km 以内,因各井位附近土壤成分、浅表植被、地形的不同,各井位土壤取样点的变幅大小并未出现显著的与离河距离的反比关系。根据表 6-3 可知,第二次生态补水,因来水量较少、补水期较短,土壤含盐量在 7 号井位以内(距离河道 0.7 km 以内)降低,即第二次生态补水的影响范围小于或等于 0.7 km。第三次生态补水,补水期、补水量虽好于第二次生态补水,但因第二次生态补水期间连续三日降水的影响,第三次生态补水期土壤含盐量变幅弱于第二次生态补水期,影响距离也在 7 号井位置(影响范围小于或等于 0.7 km)。

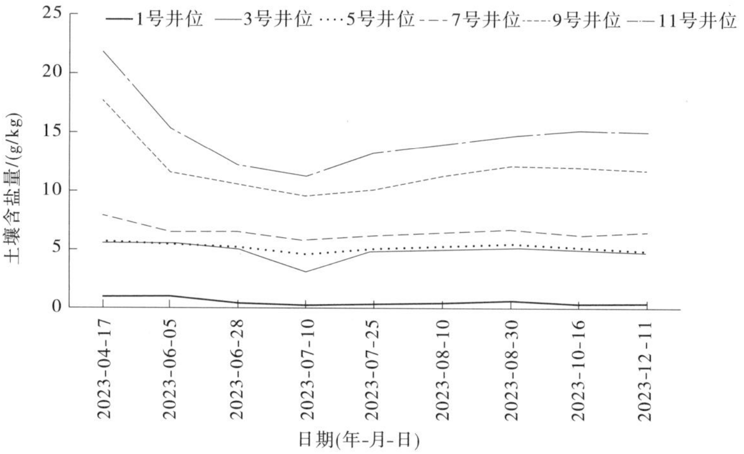

图 6-5　2023 年刁口河流路湿地土壤含盐量变化曲线

表 6-3　2023 年三次生态补水土壤含盐量降幅对比　　单位:g/kg

时间	1 号井位	3 号井位	5 号井位	7 号井位	9 号井位	11 号井位
第一次生态补水	-0.72	-2.4	-0.84	-0.75	-2.02	-4.01
第二次生态补水	-0.105	-0.085	-0.215	-0.27	0.085	0.235
第三次生态补水	-0.07	-0.3	-0.33	-0.05	0.24	0.44

生态补水结束后,土壤含盐量有短暂回升,这是由于生态补水结束后,地下水位升高,湿地深处的盐分会随着水分上升来到表层。此外,第一次生态补水结束后正是七八月,在夏季蒸发强烈的作用下,有可能在补水结束后引起地下水中盐分上升并在地表聚集,加重研究区内土壤盐渍化。第一次生态补水结束后,各井位土壤含盐量均出现回升,11 号井位土壤含盐量回升幅度最大,1 号井位土壤含盐量回升幅度最小。其中,1 号井位土壤含盐量回升 0.19 g/kg,3 号井位土壤含盐量回升 1.75 g/kg,5 号井位土壤含盐量回升 0.52 g/kg,7 号井位土壤含盐量回升 0.44 g/kg,9 号井位土壤含盐量回升 0.54 g/kg,11 号井位土壤含盐量回升 1.97 g/kg。

2. 2024 年土壤含盐量的动态变化分析

2024 年,刁口河流路只开展了一次生态补水,补水期为 6 月 13 日至 7 月 16 日。由图 6-6 可知,生态补水开展前,土壤含盐量随时间变化出现先降低后升高的趋势,这是由于 3~4 月较为干旱,同时降水偏少也导致地下水位降低,土壤表层盐分随水位降低到较深处,从而浅表土壤含盐量指标降低。5 月温度回升,地表水分蒸发速度快,土壤含水量减少,土壤含盐量随之大增。

进入生态补水期后,土壤含盐量出现不同程度的波动,土壤含盐量整体呈现回升,这可能是由于生态补水使得湿地地下水位上升,土壤深处的盐分被淋洗到土壤表层,同时河水也不断为湿地带来盐分,导致距离河道较近的井位土壤含盐量指标小幅度回弹,其中 1 号井位土壤含盐量上升 0.09 g/kg,3 号井位土壤含盐量上升 1.47 g/kg,5 号井位土壤含盐量上升 0.75 g/kg。从 7 号井位开始，土壤总盐量整体呈下降趋势，其中 7 号井位土壤含盐量下降 10.38 g/kg，9 号井位土壤含盐量下降 2.37 g/kg，11 号井位土壤含盐量下降 3.95 g/kg。

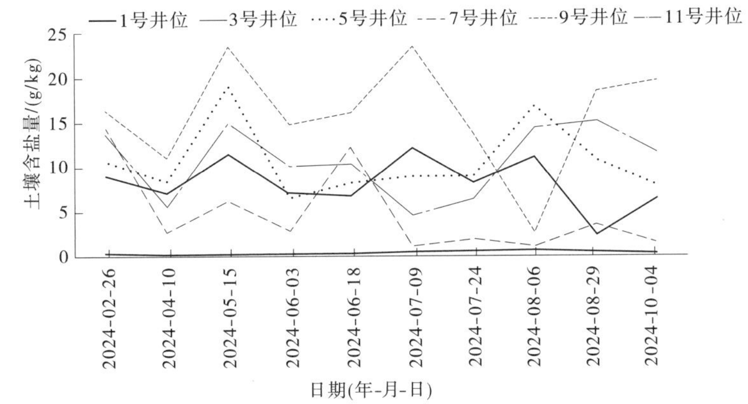

图 6-6　2024 年刁口河流路湿地土壤含盐量变化曲线

生态补水结束后，土壤含盐量有短暂回升，这是由于生态补水结束后，地下水位升高，湿地深处的盐分会随着水分上升来到表层。在一定范围内，土壤含盐量出现轻微上升，这一范围在 5 号井位以内(距河 0.5 km 以内)，其中 1 号井位土壤含盐量上升 0.27 g/kg，3 号井位土壤含盐量上升 4.39 g/kg，5 号井位土壤含盐量上升 8.54 g/kg。但在一定范围中，土壤含盐量下降幅度明显，这一范围在 7 号井位和 9 号井位之间(距河道 0.7~0.9 km 的范围内)，其中 7 号井位土壤含盐量下降 11.2 g/kg，9 号井位土壤含盐量下降 13.5 g/kg。

3. 2023~2024 年土壤全盐量的动态变化对比

如图 6-7 所示，2024 年 4 月各井位土壤含盐量明显低于 2023 年同期数据，这一情况表明在 2023 年生态补水后，土壤表层的易溶盐分被冲洗掉，土壤含盐量显著下降。但随着 5 月天气回暖，土壤表层水分加速蒸发，深层土壤中积累的盐分随着水分转移至上层，导致 2024 年 5 月土壤含盐量出现短暂反弹。

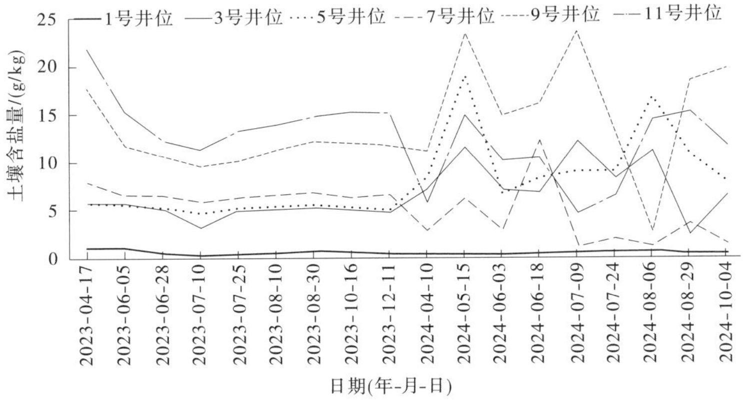

图 6-7　2023~2024 年土壤含盐量动态变化曲线

生态补水期间,9 号井位和 11 号井位的土壤含盐量波动明显,两处井位的土壤含盐量峰值均在 20 g/kg 以上,这表明生态补水对距离河道一定距离的土壤含盐量产生了直接影响。相比之下,距河道较近的 1 号井位,尽管同样接受了补水,但其土壤含盐量数值相对稳定,显示出了较低的波动性。这一观察结果揭示了生态补水作用下的土壤盐度分布特征及其与河道距离远近的关系。随着距河道距离的增加,土壤含盐量的稳定性减弱,波动幅度增大。距河道较近的区域,由于直接接受补水,地下水位较高,形成了较为稳定的水分交换环境,从而保持了土壤盐度的相对稳定,为植物生长创造了有利的土壤条件;反之,远离河道的地方,生态补水带来的稳定效果递减,加之自然蒸发等因素的影响,土壤含盐量表现出较高的波动性。

6.2.3.2 生态补水期间土壤碱解氮含量动态变化分析

1.2023 年土壤碱解氮含量的影响分析

如图 6-8 所示,生态补水开始前,土壤中的碱解氮含量偏高,可能是由于 4 月降水量偏低,土壤经历了一段时间的干旱,导致土壤中的有机物质分解减缓,氮素转化过程受阻,从而使得土壤中的碱解氮累积。生态补水期间,土壤中的碱解氮含量有所降低。这是因为生态补水提供了充足的水分,有利于土壤微生物的活动,加速了有机质的分解和氮素的转化。

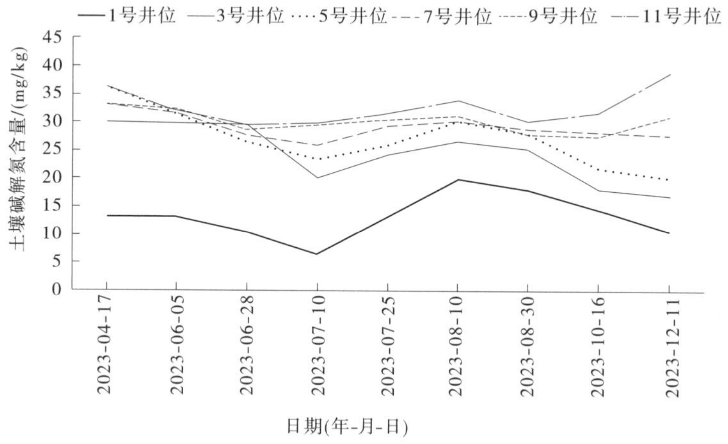

图 6-8 2023 年刁口河流路湿地土壤碱解氮变化曲线

由表 6-4 可见,第一次生态补水时,在 11 号井位以内(距河道 1.1 km 内)降低了土壤碱解氮含量。第二次生态补水时,在影响范围内,土壤碱解氮含量降幅与影响距离均小于第一次生态补水,本次生态补水的影响范围在 7 号井位以内(距河道 0.7 km 内)。第三次生态补水,影响范围弱于前两次,仅在 5 号井位以内对土壤碱解氮含量起到了改善作用,即第三次生态补水的影响范围在距河道 5 km 以内。

表 6-4 2023 年三次生态补水土壤碱解氮含量降幅对比 单位:mg/kg

时间	1 号井位	3 号井位	5 号井位	7 号井位	9 号井位	11 号井位
第一次生态补水	−2.62	−0.42	−4.92	−3.95	−3.56	−2.29
第二次生态补水	−2.21	−1.53	−0.153	−1.53	0.88	1.16
第三次生态补水	−2.2	−2.19	−2.45	1.5	1.17	5.38

生态补水结束后，各井位土壤碱解氮含量均出现回升，回升幅度与距河距离呈负相关，即距河道距离越近，回升幅度越大，其中以 1 号井位回升幅度最大。这可能是由于生态补水使土壤中的水分含量大幅增加，这种快速湿润促进了土壤中氮素的初步矿化，即土壤中的有机氮被转化为可供植物直接利用的无机氮（如铵离子和硝酸根离子），这个过程释放出大量的碱解氮，因而导致土壤碱解氮含量的增加。

2. 2024 年土壤碱解氮含量的影响分析

2024 年刁口河流路只开展了一次生态补水，补水期为 6 月 13 日至 7 月 16 日。根据图 6-9 可知，在补水前，土壤碱解氮含量总体呈现下降趋势，仅在 9 号井位出现短暂提升。春季气候干旱，土壤湿度降低，影响了土壤内氮素的循环效率，因此此时土壤碱解氮含量总体呈下降趋势，而 9 号井位的短暂提升可能是由于各井位所处的微环境不同，9 号井位可能位于地下水流经地带，这创造了一个独特的微气候环境，有利于氮素的转化和释放。

如图 6-9 所示，2024 年生态补水期间，土壤碱解氮含量在 9 号井位以内（距河道 0.9 km 以内）总体出现上升趋势，其中 1 号井位土壤碱解氮含量上升 3.66 mg/kg，3 号井位土壤碱解氮含量下降 0.73 mg/kg，5 号井位土壤碱解氮含量上升 13.38 mg/kg，7 号井位土壤碱解氮含量上升 14.52 mg/kg，9 号井位土壤碱解氮含量上升 21.12 mg/kg，11 号井位土壤碱解氮含量下降 8.62 mg/kg。这可能是由于生态补水过程中，水流挟带了大量的氮素，这些氮素沉积在土壤中，提高了土壤的氮素储备。原本干燥的土壤迅速吸水，土壤中的水分含量大幅增加。这种快速湿润促进了土壤中氮素的初步矿化，即土壤中的有机氮被转化为可供植物直接利用的无机氮，这个过程释放出大量的碱解氮，因而会观察到土壤碱解氮含量的提高。

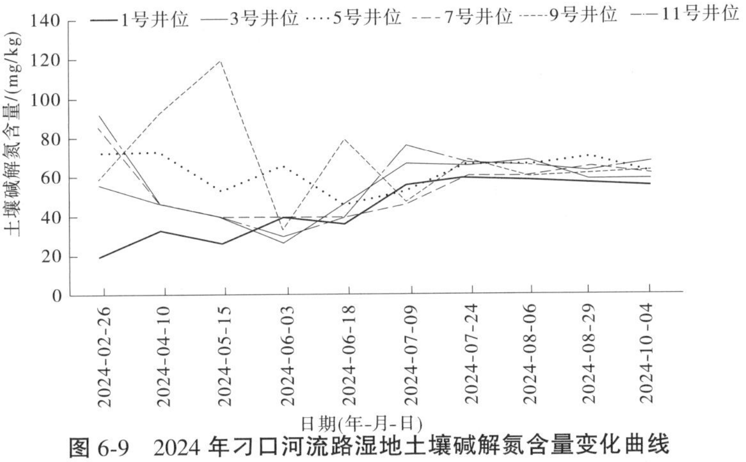

图 6-9　2024 年刁口河流路湿地土壤碱解氮含量变化曲线

2024 年生态补水后，土壤碱解氮含量总体趋于平稳，在一定范围内有所降低，这一范围在 5 号井位以内（距河道 0.5 km 以内），其中 1 号井位下降 4.14 mg/kg，3 号井位下降 6.73 mg/kg，5 号井位下降 4.59 mg/kg。这一现象可能说明生态补水改变了补水区域的氮素循环，土壤中的碱解氮含量已相对稳定。

3. 2023～2024 年土壤碱解氮含量的动态变化对比

如图 6-10 所示，与 2024 年同期相比，2023 年生态补水开始前碱解氮含量明显低于

2024 年。生态补水期间,在一定范围内,2023 年、2024 年生态补水期间土壤碱解氮含量整体呈现下降趋势,图 6-10 描述的是 2023~2024 年生态补水期土壤碱解氮含量变幅对比,可见在 5 号井位以外(距河道 0.5 km 以上),土壤碱解氮含量开始出现明显降幅,且 7 号井位、9 号井位、11 号井位 2024 年生态补水期间土壤碱解氮含量的降幅明显高于 2023 年,这是因为生态补水刚开始时会激发土壤氮素循环,增加碱解氮的可用性。但是,随着时间推移,特别是在较远离河道的地区,土壤中累积的水分可能引发氮素淋溶,导致碱解氮含量下降。

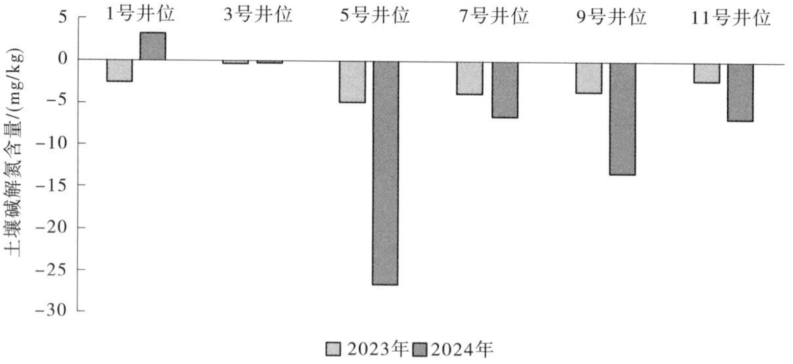

图 6-10 2023~2024 年生态补水期土壤碱解氮含量变幅对比

2024 年的生态补水比 2023 年的更集中,使得这些区域的土壤经历了更快的水分流失和氮素转移。同时,植物生长周期的推进也意味着对氮素需求的增加,尤其是在生态补水后,土壤有机质吸收分解速率加快,而土壤有机质的转移、积累与消耗直接影响着各形态氮在土壤中的积累和转化,对土壤氮素含量起着主导作用。2024 年天气回暖较快,气温的提前回升可能导致植物生长周期提前,对碱解氮的吸收超过了 2023 年,导致 7 号井位、9 号井位和 11 号井位附近的土壤碱解氮指标显著下降。

如图 6-11 所示,距河道越远的井位,土壤碱解氮含量变化越明显,这可能是因为在接近水源的地方,稳定的水分条件有助于维持较高的土壤湿度,这有利于氮素处于更稳定的溶解状态,不易遭受大幅度波动。在远离水源的区域,干湿交替频繁,氮素的生物化学过程可能因此加速或减速,导致碱解氮含量出现较大起伏。水源周边的土壤往往质地较密,形成自然屏障,减少了氮素外流的可能性。在远离水源的区域,土壤疏松度增加,氮素更易随水流动或气体交换,特别是在降水丰富的季节,土壤内氮素消耗损失增大,从而影响土壤碱解氮含量的整体稳定性。

6.2.3.3 生态补水期间土壤有效磷动态变化分析

1. 2023 年土壤有效磷含量的影响分析

第一次生态补水前,观察图 6-12 的曲线变化,各井位有效磷含量较低,含量数值均在 2 mg/kg 以下,这可能是由于春季的长期干旱,土壤水分不足抑制了微生物的活动,也限制了有机磷化合物的分解速度,从而减少可溶性有效磷的产生,使得生态补水前土壤中有效磷含量较低。

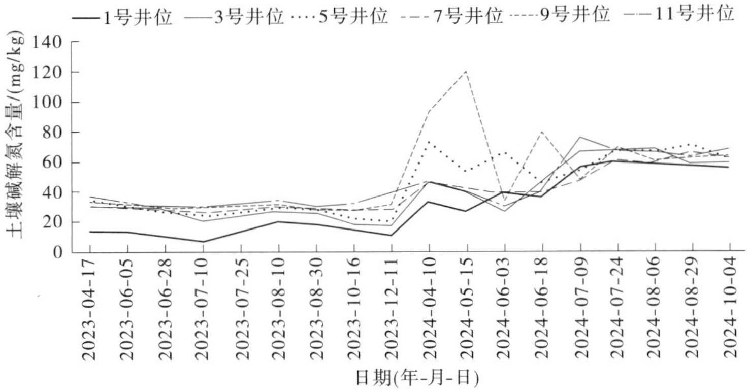

图 6-11　2023～2024 年土壤碱解氮动态变化曲线

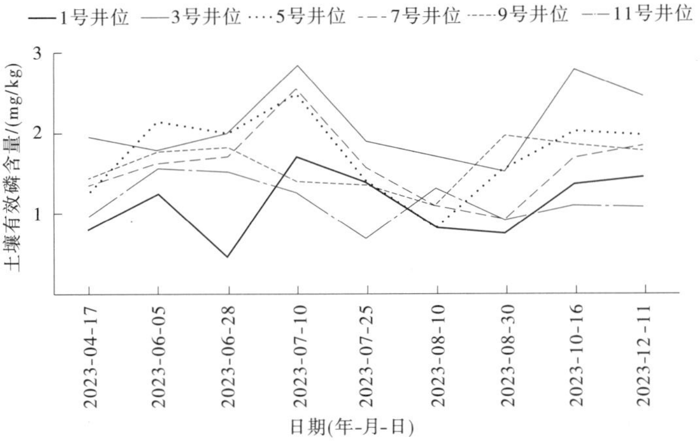

图 6-12　2023 年刁口河流路湿地土壤有效磷含量变化曲线

据图 6-12 可知,第一次生态补水,在 7 号井位以内显著地提升了土壤有效磷含量,其中 1 号井位土壤有效磷含量增幅 1. 25 mg/kg,3 号井位土壤有效磷含量增幅 0. 86 mg/kg,5 号井位土壤有效磷含量增幅 1. 49 mg/kg,7 号井位土壤有效磷含量增幅 0. 85 mg/kg,而 9 号井位、11 号井位土壤有效磷含量在补水期出现了降低,其中 9 号井位土壤有效磷含量降幅为 0. 42 mg/kg,11 号井位土壤有效磷含量降幅为 0. 26 mg/kg。

第二次生态补水的影响范围也在 7 号井位以内,即影响距离在距河道 0. 7 km 内。1 号井位土壤有效磷含量增幅为 0. 28 mg/kg,3 号井位土壤有效磷含量增幅为 0. 25 mg/kg,5 号井位土壤有效磷含量增幅为 0. 54 mg/kg,7 号井位土壤有效磷含量增幅为 0. 44 mg/kg,9 号井位土壤有效磷含量降幅为 0. 13 mg/kg,11 号井位土壤有效磷含量降幅为 0. 04 mg/kg。

第三次生态补水对土壤有效磷的影响也限定在 7 号井位以内,其中 1 号井位土壤有效磷含量增幅为 0. 14 mg/kg,3 号井位土壤有效磷含量增幅为 0. 21 mg/kg,5 号井位土壤有效磷含量增幅为 0. 21 mg/kg,7 号井位土壤有效磷含量增幅为 0. 09 mg/kg,9 号井位土壤有效磷含量降幅为 0. 21 mg/kg,11 号井位土壤有效磷含量降幅为 0. 07 mg/kg。

由图 6-12 可知,第一次生态补水后,各井位土壤有效磷含量均出现一定降低,这可能是由于生态补水增加了土壤中的水分,促使原本吸附在土壤颗粒表面的磷化合物随水流动,沿土壤剖面向下淋溶,减少了表层土壤中有效磷的储备。水分的增多也激活了土壤微生物群体,加速了有机磷的分解与转化过程,部分磷元素可能因微生物代谢而快速消耗,暂时降低了有效磷的含量。

2. 2024 年土壤有效磷含量的影响分析

根据图 6-13 可见,生态补水前,土壤有效磷含量略有波动但总体平稳。

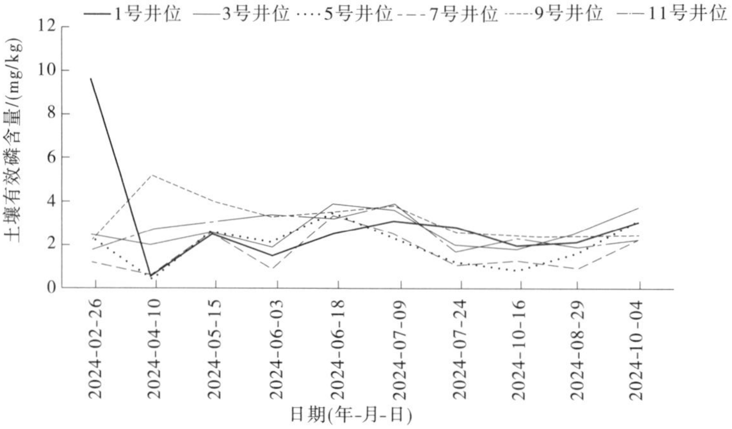

图 6-13　2024 年刁口河流路湿地土壤有效磷含量变化曲线

在 2024 年生态补水开始后,在一定范围内,有效磷含量升高,这一范围在 9 号井位以内(距河道 0. 9 km 以内),其中 1 号井位土壤有效磷含量上升 1 mg/kg,3 号井位土壤有效磷含量上升 2 mg/kg,5 号井位土壤有效磷含量上升 1. 4 mg/kg,7 号井位土壤有效磷含量上升 2. 4 mg/kg,9 号井位土壤有效磷含量上升 0. 2 mg/kg,11 号井位土壤有效磷含量下降 0. 2。生态补水结束后,有效磷含量曲线呈现平稳中波动上升的趋势,这一上升趋势在 7 号井位的范围内(距河道 0. 7 km 以内),其中 1 号井位土壤有效磷含量上升 0. 27 mg/kg,3 号井位土壤有效磷含量上升 1. 71 mg/kg,5 号井位土壤有效磷含量上升 1. 91 mg/kg,7 号井位土壤有效磷含量上升 1. 15 mg/kg,9 号井位土壤有效磷含量下降 0. 08 mg/kg,11 号井位土壤有效磷含量下降 0. 57 mg/kg。

3. 2023~2024 年土壤有效磷含量的动态变化对比

生态补水开始前,2023 年 4 月土壤有效磷含量与 2024 年同期土壤有效磷含量基本持平,仅在 9 号井位出现短暂提升。2023 年和 2024 年生态补水期间,土壤有效磷含量均有不同程度的上升,这是因为生态补水带来的水分改善了土壤的渗透性和孔隙度,促进了磷的溶解和迁移,使其更易被植物根系吸收。同时,水分也加速了有机磷化合物的矿化过程,增加了土壤中无机磷的比例,提升了有效磷的含量。

纵观 2023~2024 年土壤有效磷动态变化曲线(见图 6-14),可见土壤有效磷含量总体呈现波动上升趋势,较高的土壤有效磷浓度能够促进微生物的代谢和增加群落多样性,这一现象说明生态补水对于改造土壤生态条件起到了积极作用。可能是由于生态补水提供的额外水分促进了磷从固体矿物相到溶液相的转换，增加了土壤中有效磷的浓度。同时水分的存在极大地促进了土壤微生物的生命活动，尤其是那些负责分解有机物并将磷转化为有效形态的微生物。这些微生物的活跃大大加速了磷的循环，从而增加了有效磷的供应。同时，生态补水带来的充足水分也有助于建立更稳定的土壤生态系统，使之更能抵抗干旱、盐碱等不利环境条件，从而间接保护土壤中的有效磷免受极端条件的损耗。

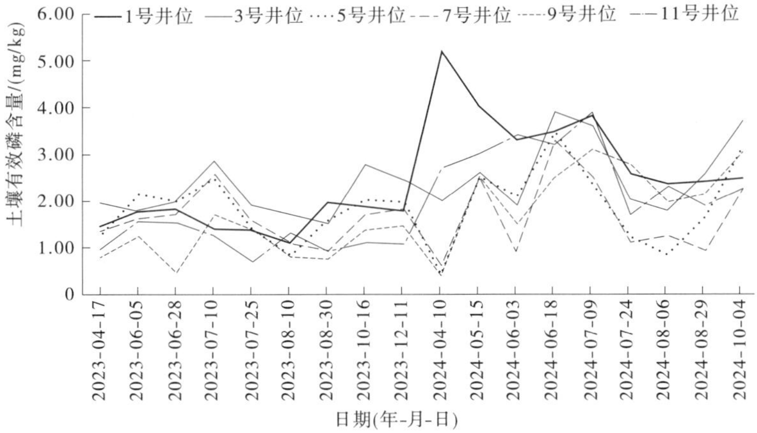

图 6-14　2023~2024 年土壤有效磷动态变化曲线

6.2.3.4　生态补水期间土壤速效钾含量的动态变化分析

1. 2023 年土壤速效钾含量的动态变化分析

2023 年生态补水前，各井位土壤速效钾含量较为接近，数值在 60~80 mg/kg，含量稳定。在生态补水过程中，土壤速效钾含量也基本保持稳定，仅在一定范围内有明显提升（见图 6-15），即第一次生态补水后有短暂提升，并在补水期结束后 15 d 左右达到峰点。这表明速效钾在土壤中的含量相对稳定，不容易受到生态补水的影响。

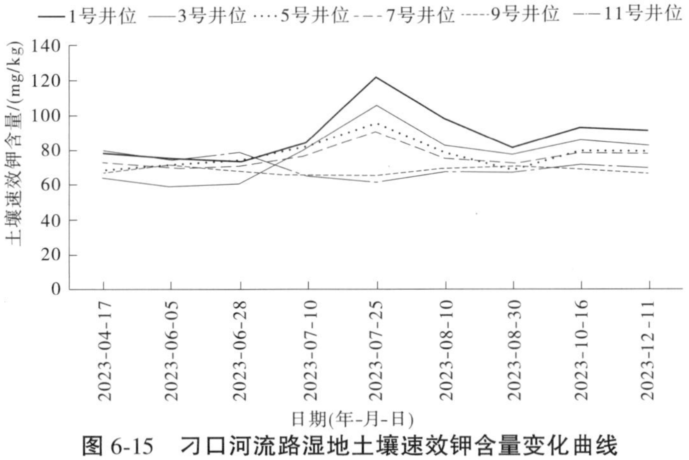

图 6-15　刁口河流路湿地土壤速效钾含量变化曲线

第一次生态补水，对土壤速效钾含量的提升范围在 7 号井位以内，即影响距离在距河道 0.7 km 内，且增幅与离河距离成反比，其中 1 号井位土壤速效钾含量增幅 49.89

mg/kg,7 号井位增幅 19. 48 mg/kg。第二次生态补水和第三次生态补水,土壤速效钾含量增幅明显弱于第一次生态补水,影响范围仍到 7 号井位,影响距离没变,但影响幅度降低。

生态补水结束后,土壤速效钾含量回落至补水前水平,但在一定范围内,土壤速效钾含量有所提升,这一范围在 3 号井位以内,即距河道 0. 3 km 以内,且增幅与距河距离呈反比,距离河道越近,增幅越大,其中 1 号井位土壤速效钾含量增幅为 13. 34 mg/kg,3 号井位土壤速效钾含量增幅为 0. 89 mg/kg。这一现象表明生态补水确实有提升土壤速效钾含量的作用。

2. 2024 年土壤速效钾含量的动态变化分析

如图 6-16 所示,2024 年生态补水开始前,土壤速效钾含量在 5 月达到峰值,这一变化发生在 3 号井位以外(距河道 0. 3 km 以上),随后在 6 月迅速降低。可能是由于气温上升,蒸发蒸腾作用增强,土壤水分减少,土壤结构变得紧实,不利于钾在土壤中的积累。

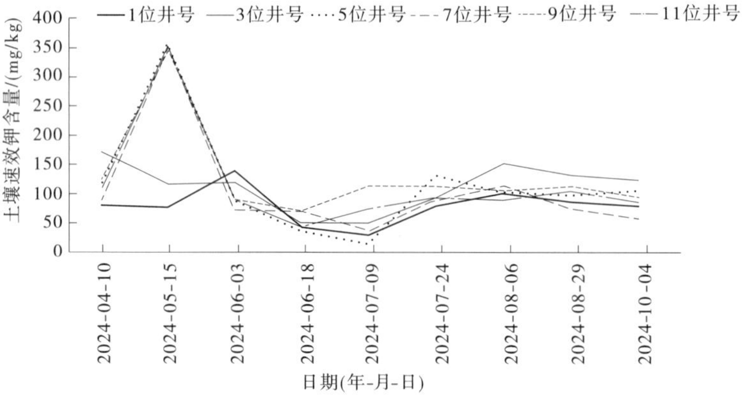

图 6-16　2024 年刁口河流路湿地土壤速效钾含量变化曲线

生态补水期间,土壤速效钾含量呈现先下降后回升,整体平稳的趋势,仅在生态补水结束后有短暂提升,这一范围在 7 号井位以内(距河道 0. 7 km 以内),其中 1 号井位土壤速效钾含量增幅 71 mg/kg,3 号井位土壤速效钾含量增幅 102 mg/kg,5 号井位土壤速效钾含量增幅 87 mg/kg,7 号井位土壤速效钾含量增幅 78 mg/kg。这是因为生态补水刚开始时,河水带来的大量水分促使土壤中的钾离子更容易溶解,这一过程中,钾元素可能被迅速转移到植物根系易于接触的土层,但由于水分过量,部分钾素也可能随水流失,导致速效钾含量短时下降。在补水后期,土壤中的水分逐渐稳定,有助于钾素保留在根系可达层,减少了过度淋失的风险。同时,适量的水分有助于保持土壤结构的透气性,防止钾素因干燥而固化,确保了速效钾含量的增加。

生态补水结束后,土壤速效钾含量呈现波动平稳,这是因为在生态补水完成后,土壤中的水分处于一个相对平衡的状态,既不过多也不过少。适宜的水分条件有利于土壤中钾素的保留和循环,避免了因缺水而导致的钾固定,也减少了过量水分引起的钾素淋溶流失。

3. 2023~2024 年土壤速效钾含量的动态变化对比

对比 2023 年和 2024 年土壤速效钾含量的变化(见图 6-17),可见土壤速效钾含量呈现波动但总体保持平稳状态，在 2024 年 5 月有短暂提升，可能是由于这一期间温度上升，较高的温度增加了钾离子的活动性，使得原本绑定在土壤颗粒上的钾得以释放，转化为植物可直接利用的形式，即速效钾。而 6 月初的快速升温可能导致土壤内微生物活性升高，6 月的降水增多也会导致土壤含水量上升，速效钾含量下降。在整个生态补水过程中，土壤速效钾含量经历了一个由快降快升至稳升的过程，充分展现了湿地生态系统内部的自适应性和复原力。生态补水结束后，土壤速效钾含量呈现波动但总体平稳的状态，标志着生态系统内部建立起了一个相对稳定的钾素循环机制。这一状态不仅支持了植物生长所需的钾素供应，还体现了土壤对环境变化的良好适应能力和自我修复功能。

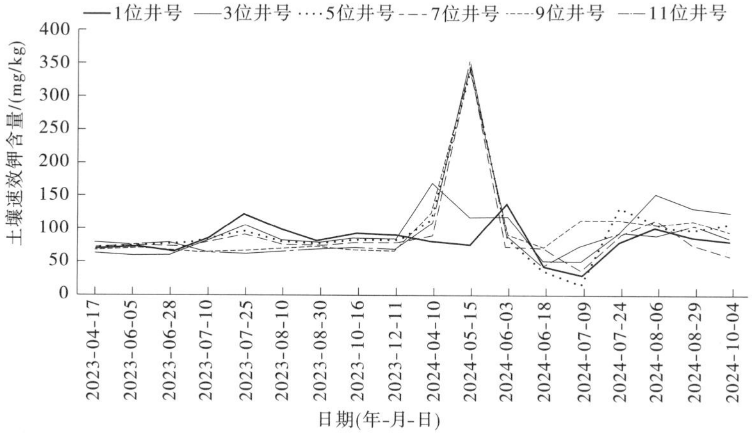

图 6-17　2023～2024 年土壤速效钾含量动态变化曲线

第 7 章　黄河三角洲湿地典型植物群落特征及其对环境因子的响应

7.1　研究方法

研究样地样点的设计与选择区域位于黄河三角洲自然保护区内，该地区滨海湿地广布、植物生长发育较好，典型植物类型为碱蓬(*Suaeda salsa*)、柽柳(*Tamarix chinensis*)、芦苇(*Phragmites australis*)等。但由于其独特的地理位置，生态环境也极易遭到破坏。同时，由于咸淡水交互、地下水埋深、矿化度等，该地区土壤含盐量也相对较高，且整体空间分布并不均匀，这就使得地区植物结构组成较为单一化、整体分布较为集中化。

利用野外调查、实地踏勘的方式收集数据、采集样品，结合实际条件与研究需求，在植物生长旺盛且水热条件较好的月份(6~9 月)开展研究工作。在此期间，对样地内整个植物群落基本状况进行了基础调查。

结合初步的野外调查情况，选择 3 块典型区块，每个区块内间隔约 500 m 随机选择两个大致为 20 m×20 m 大小的正方形样地，总计 6 个。样地内设样方，木本植物样方大小为 5 m×5 m，草本植物样方大小为 1 m×1 m。在土壤采样点设置上，按照植物调查的情况，在各典型群落内部各自间隔布设 6 个采样点，总计样点为 18 个。在采样阶段，于各个群落内部各选取 3 个样点实行土壤分层采样，采集并带回 0~80 cm 范围内的样品，其余样点仅采集表层并带回。

物种多样性指数包括四个指标：丰富度指数(Margalef)、辛普森指数(Simpson)、均匀度指数(Pielou)、香农-维纳指数(Shannon-Wiener)。主要计算公式如下：

丰富度指数
$$R = \frac{S - 1}{\ln N} \tag{7-1}$$

辛普森指数
$$D = 1 - \sum_{i=1}^{n} \left(\frac{n_i}{N}\right)^2 \tag{7-2}$$

均匀度指数
$$E = \frac{H}{\ln S} \tag{7-3}$$

香农-维纳指数
$$H = -\sum (n_i/N)\ln(n_i/N) \tag{7-4}$$

其中，式(7-1)中的 N 表示样方内的物种个数之和，S 表示样方内的物种数；式(7-2)中的 N 表示所有种的重要值之和；式(7-3)中的 S 表示第 i 个种的重要值。

数据处理、分析均使用 Excel 与 SPSS 软件进行，制图在 Origin 8.5 软件中完成。数据分析方面，主要运用单因素方差分析、Pearson 相关性分析、LSD 法检验、冗余分析等。

在不同群落盐分指标分析中，应用单因素方差分析方法衡量其变化特征，应用 LSD 法检验单因素下差异的显著性(显著性水平统一设定为 0.05)，相关性分析采用 Pearson

相关系数进行评价,不同群落土壤盐分指标的空间变异性以变异系数作为反映;在养分指标分析中,应用单因素方差分析、Pearson 相关性分析衡量其变化特征与相关性,以变异系数说明其空间变异性,并通过生态化学计量比的计算、分析,探讨不同群落下养分指标的变化特征;在小气候环境因子中,不同植物群落下的土壤水分含量、光照强度、大气温湿度要素间的差异性运用单因素方差分析方法,用 LSD 法检验其差异的显著性(显著性水平统一设定为 0.05),用 Pearson 相关性分析来检验各个要素之间的相关关系。

在影响植物群落变化的关键因子分析中,首先采用 DCA 分析方法对植物群落与各个环境因子进行分析,分析结果中可见 Lengths of gradient 的第一轴小于 3.0,故而选择采用冗余分析方法进行分析。利用 Canoco for Windows 分析软件对植物群落与各个环境因子进行冗余分析,探讨各环境因子与植物群落的相关性,并通过蒙特卡洛检验法检验二者的显著性。

7.2　典型植物群落特征

7.2.1　植物物种组成

在植物群落中,物种组成是区别不同群落的最主要的特征之一,目前对植物群落方面研究大多是以了解其物种组成为首要出发点,进而对其整个群落进行综合性的分析、研究。因此,对群落结构特征的相关研究首先要对研究区域内的物种组成进行了解、调查。经实地踏勘与结合相关资料,发现研究区内有 14 种植物,隶属 7 科 14 属,其名称分别为:①白茅(*Imperata cylindrica*),被子植物门-单子叶植物纲-禾本目-禾本科- 黍亚科-高粱族-白茅属;②荻(*Triarrhena sacchariflora*),被子植物门-单子叶植物纲-禾本目-禾本科-黍亚科-荻属;③狗牙根(*Cynodon dactylon*),被子植物门-单子叶植物纲-禾本目-禾本科-狗牙根属;④芦苇(*Phragmites australis*),被子植物门-单子叶植物纲-禾本目-禾本科-芦苇属;⑤獐茅(*Aeluropus sinensis*),被子植物门-单子叶植物纲-禾本目-禾本科-獐毛属;⑥柽柳(*Tamarix chinensis*),被子植物门-双子叶植物纲-侧膜胎座目-山茶亚目-柽柳科-芦苇属;⑦鹅绒藤(*Cynanchum chinense*),被子植物门-双子叶植物纲-龙胆目-萝藦科-鹅绒藤属;⑧小香蒲(*Typha minima*),被子植物门-双子叶植物纲-菊目-菊科-河西菊属;⑨苦苣(*Sonchus oleraceus*),被子植物门-双子叶植物纲-桔梗目-菊科-苣荬菜属;⑩茵陈蒿(*Artemisia capillaris*),被子植物门-双子叶植物纲-桔梗目-菊科-蒿属;⑪野蓟(*Ciralummaackii Maxim*),被子植物门-双子叶植物纲-菊科-蓟属;⑫碱蓬(*Suaeda salsa*),被子植物门-双子叶植物纲-中央种子目-藜科-碱蓬属;⑬猪毛菜(*Salsolacollina*),被子植物门-双子叶植物纲-中央种子目-藜科-猪毛菜属;⑭罗布麻(*Apocynum venetum*),被子植物门-双子叶植物纲-捩花目-夹竹桃科-罗布麻属。

7.2.2　植物群落结构

在对群落结构优势度的研究过程中,需要使用重要值这个参数进行界定,重要值是指测度某个物种在某群落中的重要程度或优势程度,其数值大小是表征在群落中某一种或某几种植物种的优势度、重要性的一个度量指标。目前,湿地学领域普遍认为,优势种是在同一区域内或同一群落内重要值数值最大的物种,亚优势种是仅次于优势种重要值大小的物种,重要值小于0.01的物种通常称为罕见种或偶见种,其余的物种则归类为伴生种。

如表7-1所示,通过对整体植物物种的调查后发现,碱蓬、柽柳、芦苇三种植物在样地内的相对高度、相对盖度、相对密度相较于其他植物而言明显数值较大。结合调查数据,在对样地内各种植物重要值进行计算后发现,样地1、样地2是典型的以碱蓬为优势种的碱蓬群落,碱蓬所对应的重要值分别为0.79、0.57;样地3、4是以柽柳为优势种的柽柳群落,柽柳所对应的重要值分别为0.29、0.39;样地5、样地6为典型的芦苇群落,芦苇重要值分别为0.38、0.49。这与起初进行样地选择、布设时的实地踏勘情况也是能够相对应的。

表7-1 黄河三角洲滨海湿地植物群落物种重要值统计

编号	中文名称	重要值					
		碱蓬群落		柽柳群落		芦苇群落	
		样地1	样地2	样地3	样地4	样地5	样地6
1	白茅	—	—	—	—	0.09	—
2	荻	—	—	—	—	—	0.03
3	狗牙根	—	—	—	—	—	0.02
4	芦苇	0.17	—	0.07	0.19	0.38	0.49
5	獐茅	—	—	0.19	0.22	0.02	0.02
6	柽柳	—	0.27	0.29	0.39	0.10	0.07
7	鹅绒藤	—	—	0.02	0.10	0.02	0.08
8	小香蒲	—	—	—	—	0.02	0.04
9	苦苣	—	—	—	0.05	0.06	—
10	茵陈蒿	—	—	—	—	0.02	0.06
11	野蓟	—	—	0.01	0.02	0.02	0.05
12	碱蓬	0.79	0.57	0.27	0.33	0.13	0.15
13	猪毛菜	—	—	—	—	—	0.04
14	罗布麻	—	—	—	0.04	0.03	—

在碱蓬群落中,有碱蓬、柽柳、芦苇这3种植物,物种组成较为简单。其中,碱蓬作为群落内的优势种,其相对高度为29.33%、相对盖度为85.02%、相对密度为89.65%。碱蓬属一年生植物,耐盐碱性较好且生长繁殖能力较强,具有防止海岸地区水土流失、盐碱地生态修复、促进湿地群落良性演替等多方面的功能。

在柽柳群落中,物种组成较丰富,共出现7种植物,分别是柽柳、芦苇、獐茅、鹅绒藤、苦苣、野蓟和碱蓬。柽柳是其优势种,相对高度为32.69%、相对盖度为31.91%、相对密度为37.40%。柽柳群落的植物种类较多的原因,主要是在柽柳的生长发育过程中,其枯枝落叶在土壤中经微生物分解后,土壤有机质含量增多,从而促进了其他植物的生长繁育。

在芦苇群落中,物种组成最为丰富,有芦苇、碱蓬、柽柳、荻、狗牙根、獐茅、鹅绒藤、小香蒲、茵陈蒿、野蓟、猪毛菜这11种植物,基本涵盖了研究区内现有的植物物种。群落优势种为芦苇,其相对高度为31.78%、相对盖度为40.06%、相对密度为58.66%。造成这种现象的原因是芦苇生长力旺盛、抗逆力强,经过多种植物生长,土壤内有机质含量不断增加,群落内其他生物也随之生长发育。

7.2.3　物种多样性特征

从三种典型植物群落物种多样性α指数的统计结果(见图7-1)中可以了解到,从香农-维纳指数(Shannon-Wiener)来看,芦苇群落数值最高,柽柳群落次之,碱蓬群落最小;辛普森指数(Simpson)数值大小变化也是由芦苇群落到柽柳群落到碱蓬群落逐渐变小;从丰富度指数(Margalef)来看,变化趋势呈现出由碱蓬群落到柽柳群落再到芦苇群落数值不断增大,物种丰富程度在不断提高;从均匀度指数(Pielou)来看,碱蓬群落的均匀度指数数值相对较高,柽柳群落次之,芦苇群落的均匀度指数相对是最低的。

香农-维纳指数(Shannon-Wiener)与辛普森指数(Simpson)在碱蓬群落、柽柳群落、芦苇群落中呈现逐渐增长的趋势,这说明研究区内植物群落结构在从简单到复杂慢慢发生变化,整体生态环境呈现较好的发展态势。丰富度指数(Margalef)中,碱蓬群落数值最小,说明其群落结构相对较为简单,群落的稳定性也较差,而芦苇群落的多样性指数最大,说明其群落结构比较复杂,因此其群落相对而言也较为稳定。均匀度指数(Pielou)是反映植物群落中个体分散状况的指数,随着其数值的逐渐降低,说明碱蓬群落至柽柳群落再至芦苇群落中,群落内的物种个体的分散程度逐渐变大,分布状况也逐渐向不显著性的均匀化、斑块状、破碎状分散发展。

通过计算两个不同群落中的相似性系数和相似性距离,来探讨不同群落的种间相似程度。

表7-2显示,种间相似性系数中最大值(0.33)出现在碱蓬-柽柳群落中,碱蓬-芦苇群落、柽柳-芦苇群落次之,这说明碱蓬群落和柽柳群落之间物种共有数量较多且种间差异性较小,物种替代速率较慢;而相似性距离则正好相反,最大值(0.81)出现在柽柳-芦苇群落中,碱蓬-芦苇群落、碱蓬-柽柳群落次之,说明具有最大值的柽柳群落与芦苇群落二者种间差异最大、物种相似程度最小,物种替代速率较快。

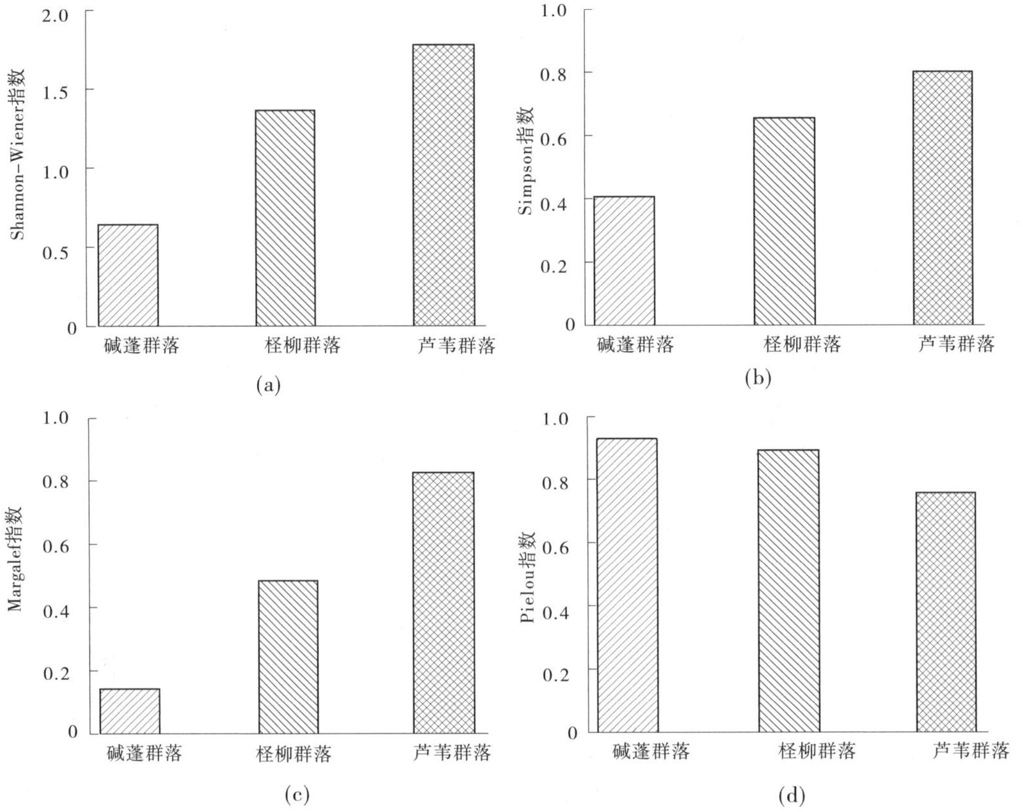

图 7-1　典型植物群落物种多样性 α 指数统计结果

表 7-2　典型植物群落物种多样性 β 指数统计

群落类型	相似性系数	相似性距离
碱蓬-柽柳	0.33	0.67
碱蓬-芦苇	0.27	0.73
柽柳-芦苇	0.19	0.81

7.2.4　群落演替特征

湿地植物群落的演替过程一定意义上来讲就是植物的发育过程，群落发生演替的原因是多方面的，如植物物种多样性、物种的种间关系、植物群落结构及其特征等因素。有研究指出，随着植物群落整体演替的进行，群落物种优势度在显著增加，而物种多样性则大致呈先增加后降低的变化性趋势。对浮游植物群落演替的相关研究也表明，其演替趋势基本一致于 Simpson 指数和 Shannon-Wiener 指数的变化趋势。

在黄河三角洲滨海湿地地区，碱蓬大多沿海岸、滩涂成片生长分布，伴随着生长繁殖能力旺盛的碱蓬存在范围的不断扩张，盐分含量高的土壤环境下，其土壤盐度得到了一定程度的改善和调节，柽柳、芦苇等开始在此生境下小范围生长。随着地势升高、盐分降低、水位下降，柽柳群落逐渐形成，且逐渐出现多种其他物种，物种多样性开始丰富。而后，随着盐分的明显降低、土壤有机质含量的显著提高，芦苇群落开始出现。这也大致可以反映出黄河三角洲滨海湿地植物群落的一种自然演替的进程和规律，与该地区植物群落的正向演替特征基本相符。总体来看，黄河三角洲滨海湿地植物群落变化、演替特征大致为：由海到陆，随着距海距离的增加，植物群落分布呈现出碱蓬-柽柳-芦苇的变化特征与演替规律。

在对研究区内植物群落进行实地调查后可见，该地区植物物种组成较为简单，有14种植物，隶属7科14属，典型植物群落为碱蓬群落、柽柳群落、芦苇群落。在物种多样性方面，经综合指标判定，随着香农-维纳指数(Shannon-Wiener)、辛普森指数(Simpson)、丰富度指数(Margalef)在碱蓬群落、柽柳群落、芦苇群落中的逐渐增大，均匀度指数(Pielou)的逐渐减小，研究区内植物群落结构也大致为碱蓬-柽柳-芦苇的特征。同时，相似性系数和相似性距离数值也表明，碱蓬群落和柽柳群落之间物种共有数量较多且种间差异性较小，物种替代速率较慢，但柽柳群落与芦苇群落二者种间差异最大、物种相似程度最小，物种替代速率较快。这一系列的变化趋势也说明了在黄河三角洲滨海湿地区域，由海到陆呈现出碱蓬-柽柳-芦苇的群落演替特征。

7.3　典型植物群落对环境因子的响应

在自然界中，植物是重要的生物存在，植物依赖于环境而生存，但同时也反作用于环境，特别是对其生长过程极为重要的土壤环境而言，二者之间的互为影响、相互关联极为密切，处在不断的相互作用、相互影响之中。在植物进行生长、繁育以及植物群落在此过程中所表现的状态改变、分布改变的同时，其土壤环境也会随之不断地发生变化，如土壤有机质含量的增减、土壤盐分含量的增减、含水量的多寡以及微生物环境的改变状况，都可以说明环境因植物生长而发生相应变化；同时，土壤条件的改变也会对植物生长和动态边界变化产生较大影响，关键因子如土壤盐分、养分、水分含量发生改变。很明显地，植物生长与其群落分布也随之改变，如盐分条件不同的土壤下生长有不同的植物，盐分环境一旦发生改变，相应地，植物生长、物种变化也会随之发生，这是一种土壤-环境-土壤相互作用的典型机制。因此，从土壤盐分环境、养分环境、小气候环境这三个主要影响植物群落变化与演替的典型环境因子入手，阐明各因子在不同群落下的分布状况及其不同维度上的变化状况，以期探讨黄河三角洲滨海湿地典型植物群落与环境因子之间的相互关系与响应状况。

7.3.1　植物群落与盐分环境

7.3.1.1　不同群落盐分的水平分布

对全盐(TS)、电导率(EC)、酸碱度(pH值)这3个盐分指标进行统计(见表7-3)可以发现，在不同群落中各个指标的含量高低状况各有不同，具体表现为：在碱蓬群落中，全盐(TS)含量的数值波动范围为41.33～67.56 g/kg，最大值与最小值之间的变幅数值为

26.23 g/kg,平均值为 53.22 g/kg;对应的电导率(EC)数值波动范围为 14.40~22.73 mS/cm,最大值与最小值之间的变幅数值为 8.33 mS/cm,平均值为 16.98 mS/cm;酸碱度(pH 值)数值波动范围为 7.34~7.89,最大值与最小值之间的变幅数值为 0.55,平均值为 7.71。在柽柳群落中,全盐(TS)含量的数值波动范围为 21.08~39.71 g/kg,最大值与最小值之间的变幅数值为 18.63 g/kg,平均值为 27.85 g/kg;电导率(EC)数值波动范围为 7.37~13.52 mS/cm,最大值与最小值之间的变幅数值为 6.15 mS/cm,平均值为 9.71 mS/cm;酸碱度(pH)数值波动范围为 7.21~7.81,最大值与最小值之间的变幅数值为 0.60,平均值为 7.60。在芦苇群落中,全盐(TS)含量的数值波动范围为 2.63~43.67 g/kg,最大值与最小值之间的变幅数值为 41.04 g/kg,平均值为 13.22 g/kg;电导率(EC)数值波动范围为 0.86~15.67 mS/cm,最大值与最小值之间的变幅数值为 14.81 mS/cm,平均值为 5.21 mS/cm;酸碱度(pH 值)数值波动范围在 7.79~7.87,最大值与最小值的变幅数值为 0.08,平均值为 7.79。

表 7-3　不同植被群落下土壤盐分各项指标统计

统计指标		群落类型		
		碱蓬	柽柳	芦苇
平均值	TS/(g/kg)	53.22a	27.85ab	13.22b
	EC/(mS/cm)	16.98a	9.71ab	5.21bc
	pH 值	7.71	7.60	7.79
最大值	TS/(g/kg)	67.56	39.71	43.67
	EC/(mS/cm)	22.73	13.52	15.67
	pH 值	7.89	7.81	7.87
最小值	TS/(g/kg)	41.33	21.08	2.63
	EC/(mS/cm)	14.40	7.37	0.86
	pH 值	7.34	7.21	7.79

注:同行不同小写字母表示差异性显著($p<0.05$)。

通过差异性检验可以看出,不同群落下 3 个盐分指标的差异状态各有不同:全盐(TS)含量中,碱蓬群落相对于芦苇群落而言,含量的差异性呈现显著状态($p<0.05$),其土壤全盐(TS)含量相比于芦苇群落而言,含量较高且相差巨大;在碱蓬群落与柽柳群落之间,柽柳群落与碱蓬群落、芦苇群落之间,互相而言有所差异但差异性并不呈现显著状态($p>0.05$);电导率(EC)中,三个群落的整体差异性状况与全盐(TS)的差异状况大体是一致的,主要表现为在芦苇群落与碱蓬群落之间,其差异性呈现出显著的状态($p<0.05$),

在柽柳群落与碱蓬群落、芦苇群落之间的差异性并不呈现显著状态($p>0.05$)。

整体而言,在水平方向上,全盐(TS)与电导率(EC)作为盐分指标,由碱蓬群落到芦苇群落含量在逐渐降低,在不断降低的过程中,对应的植物群落也会出现相应含量的数值波动,盐分由高至低的分布,群落大致呈现出由碱蓬群落到柽柳群落再到芦苇群落的含量的数值波动趋势。

7.3.1.2　不同群落盐分的垂直分布

1. 土壤盐分指标的垂直分布

对不同群落下不同深度土壤样品的全盐(TS)、电导率(EC)、酸碱度(pH 值)进行统计分析(见图 7-2)可以发现:土壤全盐(TS)在表层集聚效应显著,0~5 cm 土壤深度中全盐含量最高且其最大数值出现在柽柳群落中。随着土壤深度的增加,其含量变化趋势为由碱蓬群落到柽柳群落再到芦苇群落,在 0~20 cm 土壤深度呈现先增加后减少的趋势,20~80 cm 土壤深度中则大致呈现逐渐减少的趋势。由差异性检验的结果可以看出,碱蓬群落、柽柳群落、芦苇群落之间在不同土壤深度总体差异不大,除在 0~5 cm、60~80 cm 土壤中,芦苇群落的全盐含量相对最低,与碱蓬群落、柽柳群落之间的差异性呈现显著状态($p<0.05$)外,在其余的土壤深度下并没有呈现出显著的差异($p>0.05$)。

土壤电导率(EC)变化趋势与全盐(TS)的变化趋势大致相同,在 0~20 cm 深度中由碱蓬群落向柽柳群落再向芦苇群落呈先增加后减少的变化状况,在其下土壤深度中呈逐渐减少的变化状况。由差异性检验结果可见,在 0~5 cm 内的表层土壤中,芦苇群落的电导率(EC)数值与碱蓬群落、柽柳群落之间差异性显著($p<0.05$),在其他土壤深度中,各个群落之间则并没有呈现出显著的差异($p>0.05$)。

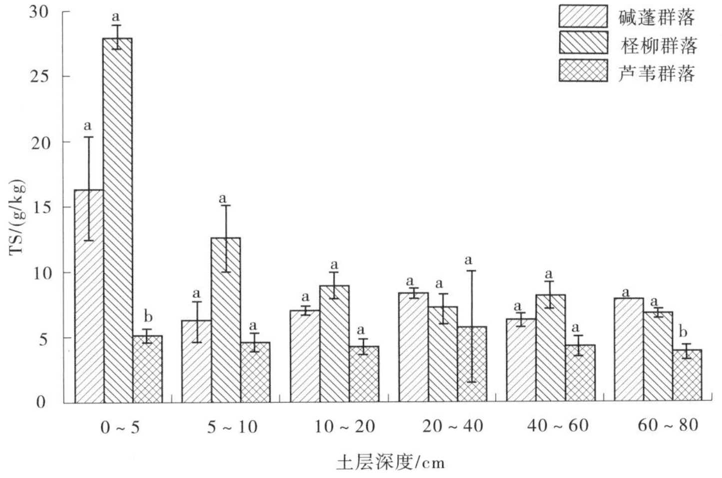

(a)

图中不同小写字母代表差异性显著($p<0.05$),下同。

图 7-2　不同群落盐分指标的垂直分布

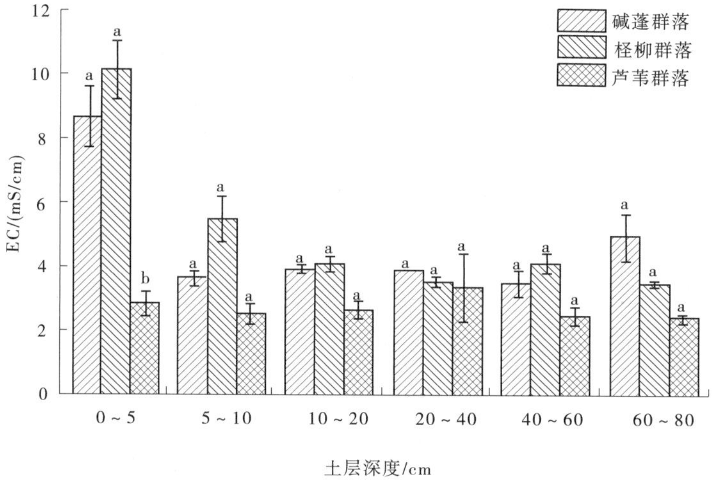

(b)

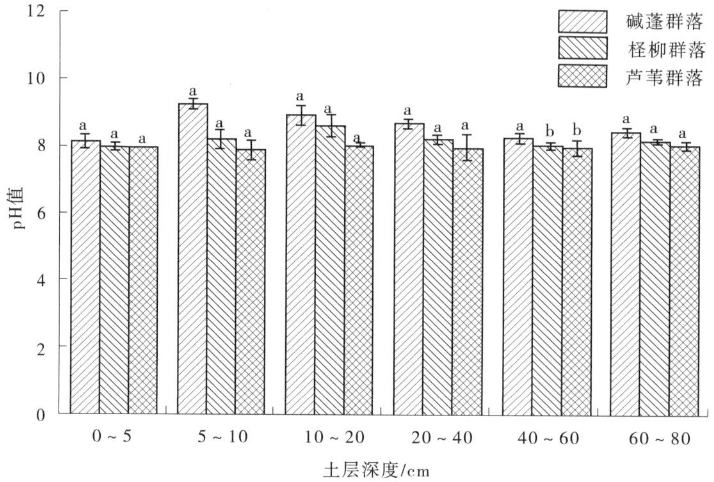

(c)

续图 7-2

在酸碱度（pH 值）条件下，碱蓬群落、柽柳群落、芦苇群落三者的酸碱度数值整体变化较小、数值波动范围不大，在各个土壤深度下整体而言差异不大，仅在 40～60 cm 土壤中出现了显著性的差异（$p<0.05$），在其他的各个土壤深度下并没有呈现出显著差异（$p>0.05$）。

总体而言，植物群落与土壤盐分指标的垂直分布状况息息相关，在土壤表层盐分含量最高且相关变化尤为显著，在 0～20 cm 深度下由碱蓬群落向柽柳群落再向芦苇群落呈先增加后减少的变化趋势，在 20～80 cm 土壤深度下大致呈逐渐减少的变化趋势；不同群落中，除芦苇群落盐分含量在各个土壤深度下变化不明显外，碱蓬群落、柽柳群落表层土壤的盐分含量存在明显高于底层土壤的现象。

2. 土壤盐分离子的垂直分布

对不同群落土壤的钾离子（K^+）、钠离子（Na^+）、钙离子（Ca^{2+}）、镁离子（Mg^{2+}）、氯离子（Cl^-）、碳酸氢根离子（HCO_3^-）、硫酸根离子（SO_4^{2-}）、碳酸根离子（CO_3^{2-}）这 8 个盐分离子进行测定和统计，发现碳酸根离子（CO_3^{2-}）含量极少，尤其是在碱蓬群落、柽柳群落中含量甚微，故不做统计和举例。对钾离子（K^+）、钠离子（Na^+）、钙离子（Ca^{2+}）、镁离子（Mg^{2+}）、氯离子（Cl^-）、碳酸氢根离子（HCO_3^-）、硫酸根离子（SO_4^{2-}）进行相关统计（见图 7-3）后发现如下特征：整体上，土壤盐分离子含量在垂直方向上，其变化基本呈现为下降的趋势。除碳酸氢根离子（HCO_3^-）外，钾离子（K^+）、钠离子（Na^+）、钙离子（Ca^{2+}）、镁离子（Mg^{2+}）、氯离子（Cl^-）、硫酸根离子（SO_4^{2-}）在碱蓬群落、柽柳群落中表聚现象较为明显，芦苇群落各盐分离子在 0~80 cm 土壤深度下的变动幅度不大。在所有阳离子中，钠离子（Na^+）的总含量最高、钾离子（K^+）的总含量最低；在所有阴离子中，氯离子（Cl^-）的总含量最高，硫酸根离子（SO_4^{2-}）次之，碳酸氢根离子（HCO_3^-）的含量最少。

具体来看，阳离子中，K^+含量在各土壤深度中均表现为由碱蓬群落到柽柳群落再到芦苇群落的逐渐降低趋势，由差异性分析结果可见，碱蓬群落与柽柳群落、芦苇群落在 20~40 cm 土壤深度范围内差异性显著（$p<0.05$），碱蓬群落与芦苇群落在 40~60 cm 土壤深度范围内差异性显著（$p<0.05$）。Na^+含量在柽柳群落、碱蓬群落、芦苇群落中逐渐降低，由差异性分析结果可见，芦苇群落与碱蓬群落、柽柳群落在 5~10 cm 的土壤中，含量存在显著差异性（$p<0.05$）；Ca^{2+}整体含量的变化趋势大致表现为从碱蓬群落到柽柳群落再到芦苇群落先升后降的态势，但在 20~40 cm 土壤深度范围内其含量在由碱蓬群落到柽柳群落再到芦苇群落中出现了逐渐升高的现象，由差异性分析结果可见，在三个群落中其含量的差异性并不显著（$p>0.05$）。Mg^{2+}含量在表层土壤中呈现出了集中分布的现象，且由碱蓬群落到柽柳群落再到芦苇群落在 0~5 cm 土壤深度范围内呈现出先升高后降低的趋势，同时由差异性分析结果可见，其含量在各群落之间并没有呈现出显著性的差异（$p>0.05$）。

在阴离子中，Cl^-含量在柽柳群落、碱蓬群落、芦苇群落中逐渐降低，大体分布主要集中在表层土中，由差异性分析结果可见，三个群落之间的 Cl^-含量差异性并不显著（$p>0.05$）；HCO_3^-在柽柳群落中的含量最少，在碱蓬群落中含量最高，芦苇群落次之，其变化除在 40~60 cm 的土壤深度范围内由碱蓬群落向芦苇群落呈递降趋势外，在其他土壤深度下均表现出先降低后升高的变化趋势，由其差异性分析结果可见，其含量分布在各个典型群落之间并没有呈现出显著性的差异（$p>0.05$）；SO_4^{2-} 在各土壤深度下，其总含量在柽柳群落最高、碱蓬群落次之、芦苇群落最低，由碱蓬群落到柽柳群落再到芦苇群落的变化趋势并不一致且波动性变化较大，其差异性分析结果也显示，碱蓬群落、柽柳群落、芦苇群落间其含量的差异并不显著（$p>0.05$）。

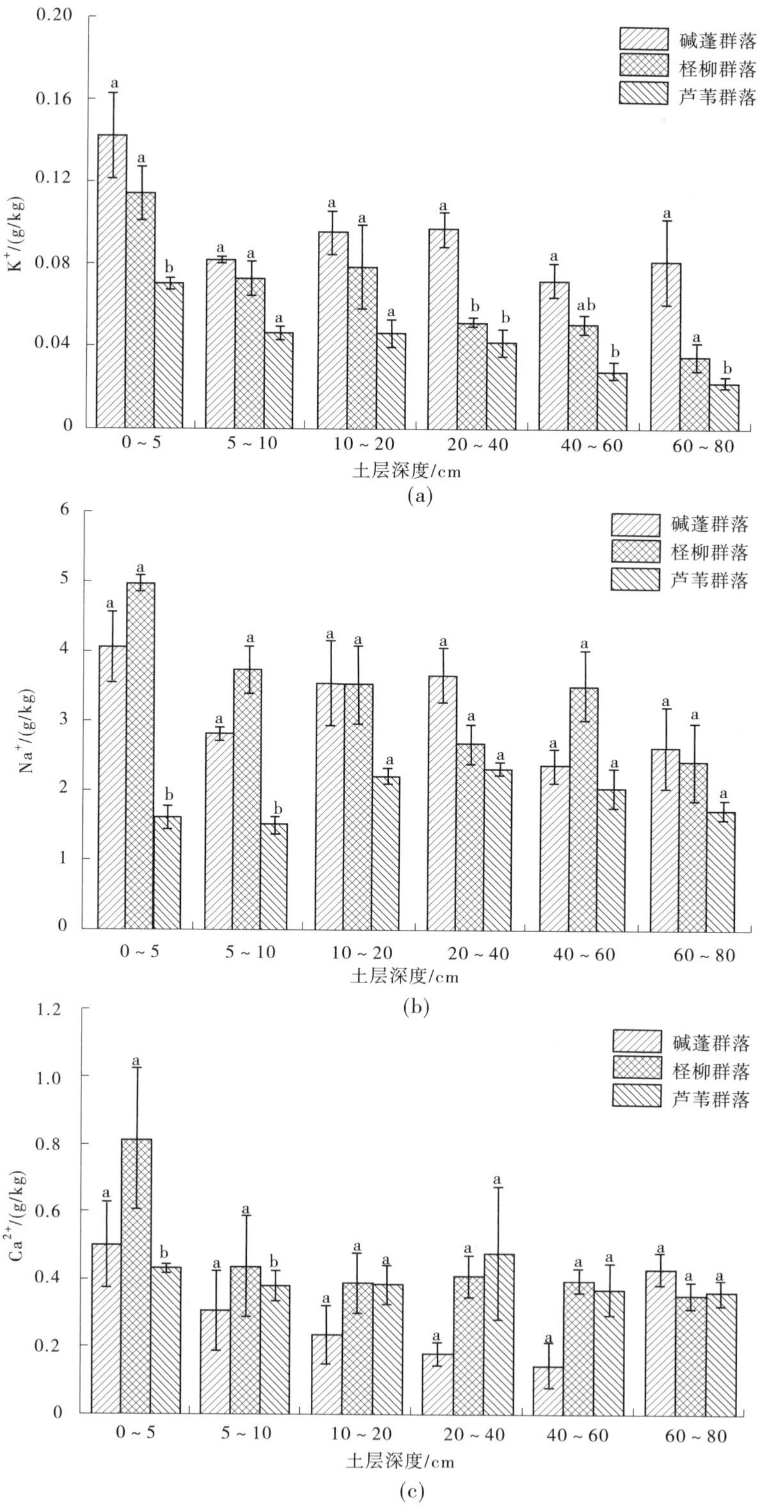

图 7-3　不同群落土壤盐分离子的垂直分布

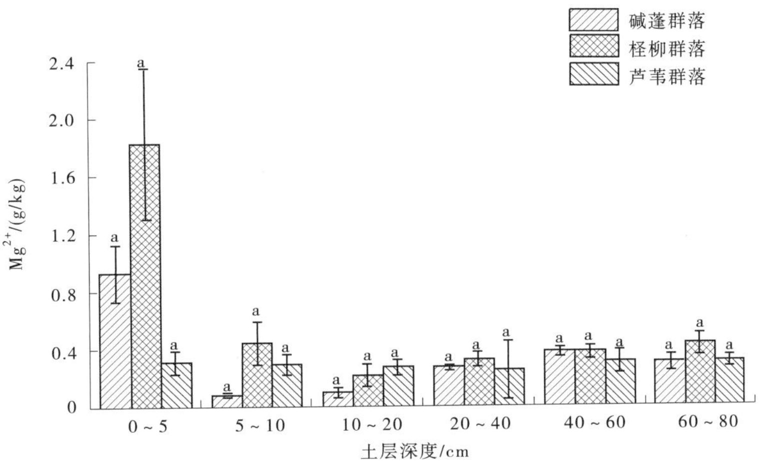
碱蓬群落
柽柳群落
芦苇群落
Mg^{2+}/(g/kg)
2.4
2.0
1.6
1.2
0.8
0.4
0
0 ~ 5
5 ~ 10
10 ~ 20
20 ~ 40
40 ~ 60
60 ~ 80
土层深度/cm

(d)

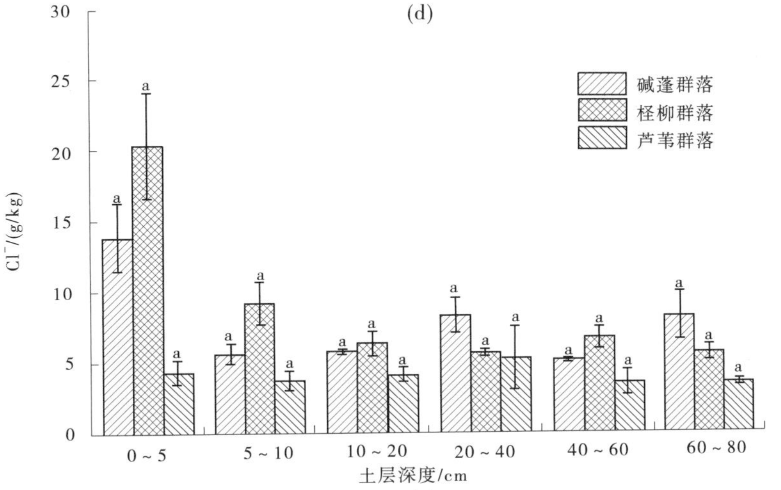
碱蓬群落
柽柳群落
芦苇群落
Cl^-/(g/kg)
30
25
20
15
10
5
0
0 ~ 5
5 ~ 10
10 ~ 20
20 ~ 40
40 ~ 60
60 ~ 80
土层深度/cm

(e)

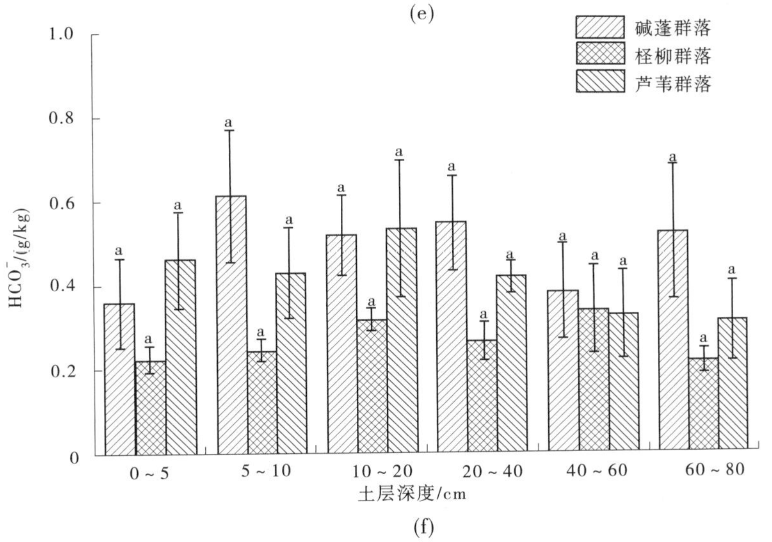
碱蓬群落
柽柳群落
芦苇群落
HCO_3^-/(g/kg)
1.0
0.8
0.6
0.4
0.2
0
0 ~ 5
5 ~ 10
10 ~ 20
20 ~ 40
40 ~ 60
60 ~ 80
土层深度/cm

(f)

续图 7-3

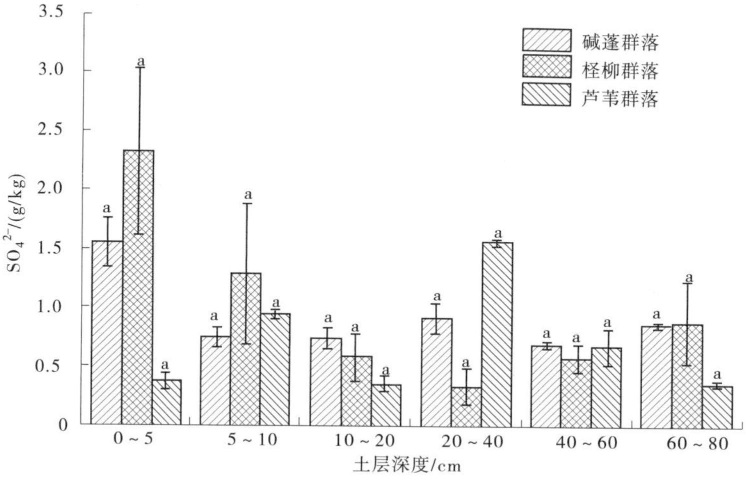

(g)

续图 7-3

7.3.1.3　不同群落土壤盐分离子的变异特征

从水平角度来看,各个群落盐分于 0~5 cm 的表层土壤中的变异特征各有不同(见表 7-4)。在碱蓬群落中,全盐(TS)与群落内各盐分离子均属中等强度变异。在柽柳群落中,硫酸根离子(SO_4^{2-})属强变异,变异系数为 1.28,钾离子(K^+)、钠离子(Na^+)、钙离子(Ca^{2+})、镁离子(Mg^{2+})、氯离子(Cl^-)、碳酸氢根离子(HCO_3^-)等均属中等强度变异。在芦苇群落中,镁离子(Mg^{2+})、氯离子(Cl^-)以及全盐(TS)属于强变异,其余离子属中等强度变异。对于全盐(TS),其变异系数最大的为芦苇群落,数值最小的为碱蓬群落。在阳离子中,钾离子(K^+)变异系数在碱蓬群落中最大,在芦苇群落中最小。对于钠离子(Na^+),变异系数最小的为柽柳群落,最大的为芦苇群落。对于钙离子(Ca^{2+}),芦苇群落变异系数最小,碱蓬群落变异系数最大。对于镁离子(Mg^{2+}),变异系数最小的为柽柳群落,变异系数最大的为芦苇群落。阴离子中,氯离子(Cl^-)的变异系数最大的为芦苇群落,最小的为碱蓬群落。对于碳酸氢根离子(HCO_3^-),柽柳群落变异系数最大,碱蓬群落次之,芦苇群落最小。对于硫酸根离子(SO_4^{2-}),变异系数最大的为柽柳群落,最小的为碱蓬群落。

表 7-4　土壤表层盐分离子变异系数

群落类型	TS	K^+	Na^+	Ca^{2+}	Mg^{2+}	Cl^-	HCO_3^-	SO_4^{2-}
碱蓬	0.28	0.29	0.25	0.68	0.70	0.32	0.35	0.72
柽柳	0.39	0.28	0.10	0.65	0.64	0.40	0.49	1.28
芦苇	1.10	0.19	0.64	0.14	1.83	1.23	0.34	0.88

从不同深度下的垂直角度(见表 7-5)来看:对于全盐(TS),变异系数最大为柽柳群落,最小为芦苇群落。阳离子中,除镁离子(Mg^{2+})外,在三种群落中各阳离子的变异均呈现为中等强度变异。具体而言,钾离子(K^+)的变异系数表现为柽柳群落>芦苇群落>碱蓬

群落；对于钠离子（Na^+），变异系数最大的为柽柳群落，最小的为芦苇群落；对于钙离子（Ca^{2+}），变异系数最大为碱蓬群落，最小的为芦苇群落；对于镁离子（Mg^{2+}），变异系数最大的为柽柳群落，最小的为芦苇群落。在阴离子中，对于氯离子（Cl^-），变异系数最大的为柽柳群落，最小的为芦苇群落；碳酸氢根离子（HCO_3^-）在各群落中的变异系数，表现为碱蓬群落>芦苇群落=柽柳群落；对于硫酸根离子（SO_4^{2-}），变异系数最大的为柽柳群落，最小的为碱蓬群落。

表 7-5　不同土壤深度下盐分离子变异系数

群落类型	TS	K^+	Na^+	Ca^{2+}	Mg^{2+}	Cl^-	HCO_3^-	SO_4^{2-}
碱蓬	0.31	0.24	0.20	0.45	0.88	0.38	0.19	0.32
柽柳	0.55	0.39	0.27	0.34	1.00	0.60	0.18	0.73
芦苇	0.20	0.37	0.17	0.13	0.09	0.16	0.18	0.70

7.3.1.4　不同群落盐分指标与离子的相关性

不同群落的土壤盐分指标与各盐分离子间所表现出的相关性各有不同，但也有相似之处，分析结果（见表 7-6）如下：在碱蓬群落中，全盐（TS）与氯离子（Cl^-）、硫酸根离子（SO_4^{2-}）呈极显著的正相关关系（$p<0.01$），与钾离子（K^+）、钠离子（Na^+）、镁离子（Mg^{2+}）呈显著的正相关关系（$p<0.05$）；电导率（EC）与氯离子（Cl^-）、硫酸根离子（SO_4^{2-}）呈极显著的正相关关系（$p<0.01$），与钾离子（K^+）、镁离子（Mg^{2+}）呈显著的正相关关系（$p<0.05$）；pH 值与碳酸氢根离子（HCO_3^-）呈显著的正相关关系（$p<0.05$），与其他离子未表现出显著性相关。在柽柳群落中，全盐（TS）和电导率（EC）均与钙离子（Ca^{2+}）、镁离子（Mg^{2+}）、氯离子（Cl^-）、硫酸根离子（SO_4^{2-}）呈极显著的正相关关系（$p<0.01$），与钾离子（K^+）、钠离子（Na^+）呈显著的正相关关系（$p<0.05$）；pH 值与所有盐分离子的相关性均不显著。在芦苇群落中，全盐（TS）与氯离子（Cl^-）呈极显著的正相关关系（$p<0.01$），与钠离子（Na^+）呈显著的正相关关系（$p<0.05$）；电导率（EC）仅与氯离子（Cl^-）呈极显著的正相关关系（$p<0.01$），与其他离子均未呈现相关性；pH 值仅与镁离子（Mg^{2+}）呈显著的正相关关系（$p<0.05$），与其他离子未表现出相关性。

表 7-6　不同群落盐分指标与各离子间的相关性

群落类型	盐分指标	K^+	Na^+	Ca^{2+}	Mg^{2+}	Cl^-	HCO_3^-	SO_4^{2-}
碱蓬	TS	0.806*	0.750*	0.611	0.761*	0.966**	−0.060	0.930**
	EC	0.753*	0.611	0.710	0.816*	0.930**	−0.159	0.921**
	pH 值	0.039	0.101	−0.289	−0.742	−0.370	0.802*	−0.465

续表 7-6

群落类型	盐分指标	K^+	Na^+	Ca^{2+}	Mg^{2+}	Cl^-	HCO_3^-	SO_4^{2-}
柽柳	TS	0.844*	0.878*	0.952**	0.943**	0.978**	-0.404	0.924**
	EC	0.856*	0.886*	0.946**	0.931**	0.997**	-0.407	0.926**
	pH 值	-0.004	-0.249	-0.459	-0.542	-0.461	0.359	-0.452
芦苇	TS	0.040	0.764*	0.451	0.277	0.926**	-0.195	0.719
	EC	0.156	0.654	0.423	0.430	0.973**	-0.265	0.582
	pH 值	-0.342	0.633	-0.412	0.787*	0.477	-0.687	-0.102

注：* 表示 $p<0.05$（显著相关）；** 表示 $p<0.01$（极显著相关），下同。

总体而言，三种群落中土壤全盐（TS）和电导率（EC）均与氯离子（Cl^-）呈极显著的正相关关系（$p<0.01$），这也在一定程度上说明了氯离子（Cl^-）是三种群落土壤中的主要盐分离子，且对研究区内植物群落的生长发育与变化演替起主要作用。

7.3.2 植物群落与养分环境

土壤内的营养元素主要有 13 种，其中碳（C）、氮（N）、磷（P）3 种元素是最为典型的元素。营养元素是植物生长发育的保障，也是决定植物生长状况良性与否、整体长势强弱的重要因素。土壤中的养分含量在植物的生长过程中是其摄入、吸收养分的主要来源，土壤中养分含量特别是碳、氮、磷元素含量的多寡对植物影响巨大，如对其新陈代谢、体内元素及化合物积聚等具有重要的影响。在土壤养分的相关研究中，除对其全量养分、速效养分等的计算比较外，生态化学计量学的研究方法也被普遍应用，其在探讨土壤的化学计量比特征的变化规律以及不同植物的限制性养分元素方面发挥着极为重要的作用。通过对黄河三角洲滨海湿地典型植物群落中的土壤养分整体含量以及不同深度下的含量特征进行相关性分析，加之对其生态化学计量比进行计算，进而研究土壤养分与该地区典型植物群落的相互关系与响应情况。

7.3.2.1 不同群落养分的垂直分布

全量养分是研究土壤养分含量状况的一个重要的指示标准，其中的碳（C）、氮（N）、磷（P）元素作为一类基本元素，其含量多少与实际的分布状况在 3 种典型群落间各有不同。图 7-4 为研究区中 3 种基本营养元素在不同群落下的整体含量与变异系数，通过对总氮（TN）、总磷（TP）、总有机碳（TOC）含量的相关分析，发现其各自含量及变化特征下不同群落中各有不同。对于总有机碳（TOC）含量，在碱蓬群落与柽柳群落中，两群落间含量相差不大，并没有呈现出显著的差异（$p>0.05$），而在芦苇群落中，其含量呈现出峰值状态，与碱蓬、柽柳两群落差异显著（$p<0.05$），含量远超碱蓬群落与柽柳群落；从变异系数来看，其空间分布的变异情况在三群落间属于中等强度变异。对于总氮（TN）含量，由碱蓬群落到柽柳群落再到芦苇群落不断增加，芦苇群落中达到最大值，但各个群落之间的差异并不显著（$p>0.05$）；从变异系数来看，三群落间属于中等强度变异。对于总磷（TP）含量,由碱蓬群落到柽柳群落再到芦苇群落不断增加,在芦苇群落中达到最大值,差异性结果显示,芦苇群落与碱蓬群落、柽柳群落之间差异显著($p<0.05$),碱蓬群落、柽柳群落间差异并不显著;从变异系数来看,在典型群落中,其含量呈现出弱变异性。

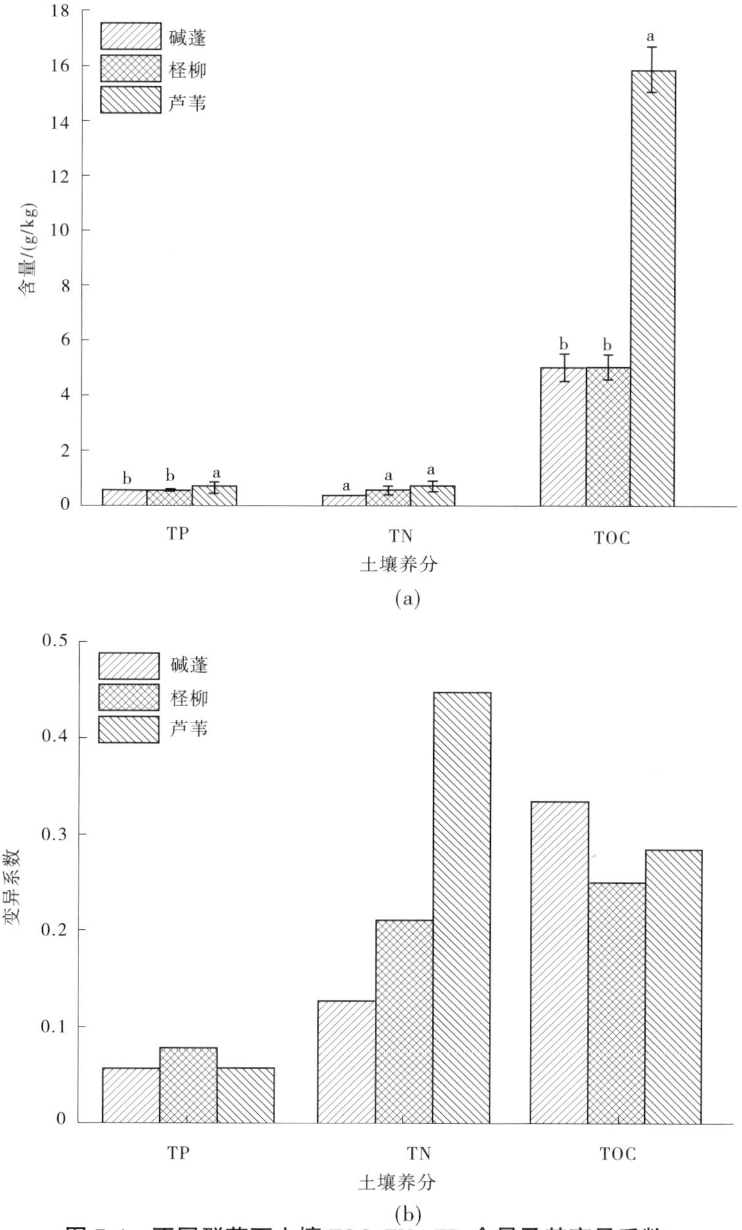

图 7-4 不同群落下土壤 TOC、TN、TP 含量及其变异系数

由图 7-5 可以看出,整体上,总磷(TP)指标在不同群落中的变化不大,总氮(TN)、速效氮(AN)、速效磷(AP)、速效钾(AK)在不同群落中、不同土壤深度下的含量变化均较为明显;总氮(TN)、速效氮(AN)含量变化表现为在碱蓬群落、柽柳群落、芦苇群落中呈逐渐升高的趋势,速效磷(AP)、速效钾(AK)含量在碱蓬群落、柽柳群落、芦苇群落中则呈逐渐

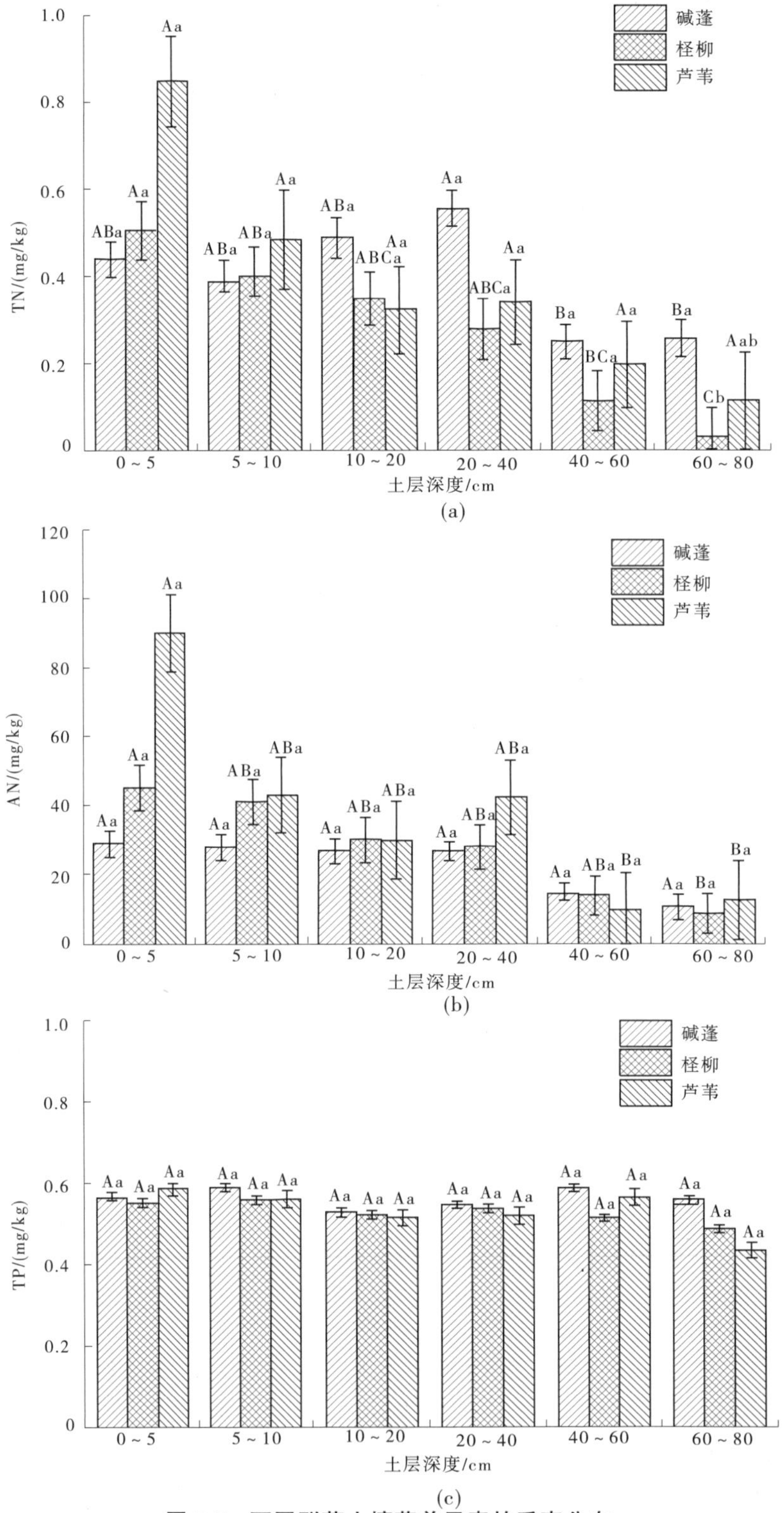

图 7-5　不同群落土壤营养元素的垂直分布

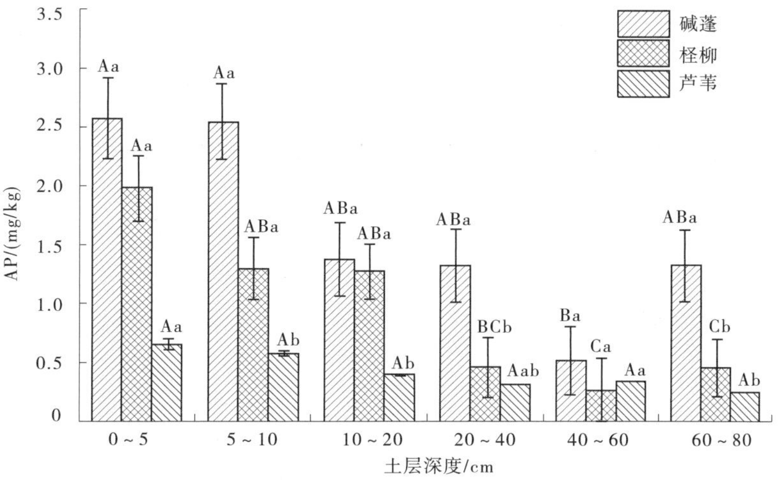
碱蓬
柽柳
芦苇
AP/(mg/kg)
0 ~ 5
5 ~ 10
10 ~ 20
20 ~ 40
40 ~ 60
60 ~ 80
土层深度/cm

(d)

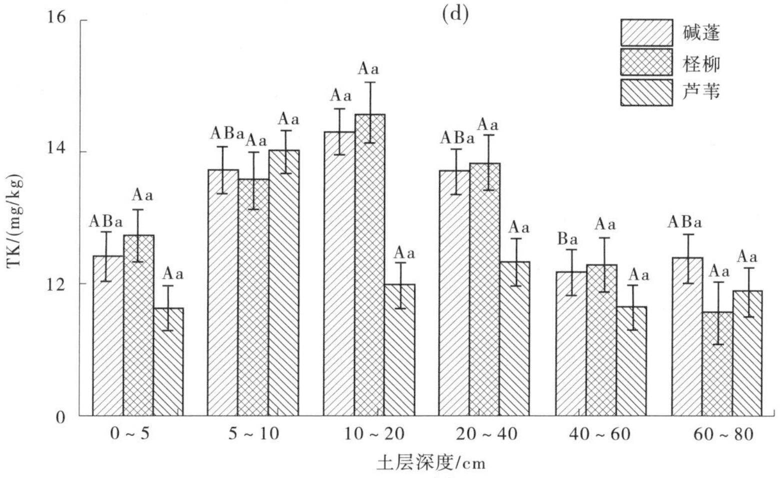
碱蓬
柽柳
芦苇
TK/(mg/kg)
0 ~ 5
5 ~ 10
10 ~ 20
20 ~ 40
40 ~ 60
60 ~ 80
土层深度/cm

(e)

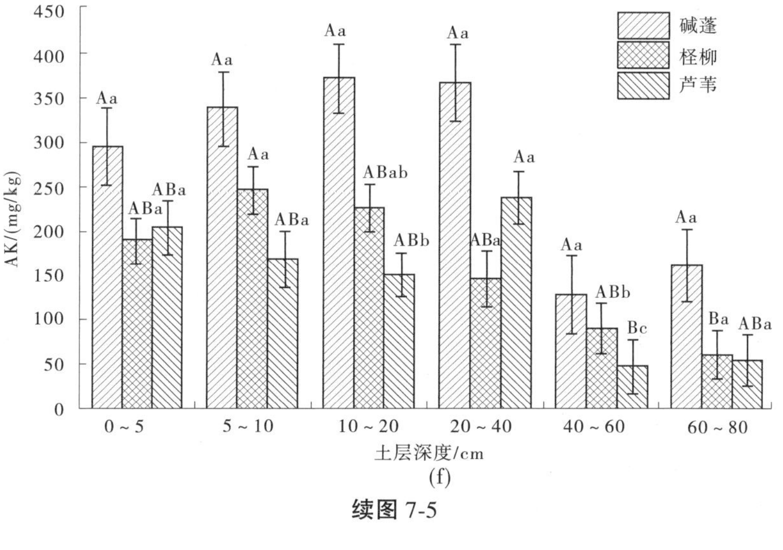
碱蓬
柽柳
芦苇
AK/(mg/kg)
0 ~ 5
5 ~ 10
10 ~ 20
20 ~ 40
40 ~ 60
60 ~ 80
土层深度/cm

(f)

续图 7-5

降低的趋势。

全量含量中,总氮(TN)在碱蓬群落中先升后降,在柽柳与芦苇群落中呈逐渐降低趋势,总磷(TP)为先降后升,全钾(TK)在各个群落中的变化趋势大致为先升后降。

速效含量中,速效氮(AN)在芦苇群落中含量为最高,碱蓬群落中为最少,速效磷(AP)在三群落中整体呈降低之势。速效钾(AK)相对于速效磷(AP)、速效氮(AN)含量较高,多分布于 0~40 cm 的土壤深度,尤其是速效钾(AK)。速效钾(AK)、速效磷(AP)在碱蓬群落含量为最高,芦苇群落中为最少。随着土壤深度的增加,碱蓬群落、柽柳群落的速效钾(AK)含量先升后降,芦苇群落则是先降后升再降。

差异显著性检验结果表明:总氮(TN)除在碱蓬群落和柽柳群落中 60~80 cm 的土壤深度下差异性显著($p<0.05$)外,在三个植物群落,在相同的土壤深度下均呈现出不显著的差异性($p>0.05$)。其中,在碱蓬群落中,20~40 cm、40~80 cm 的土壤深度下呈现出显著的差异性($p<0.05$);柽柳群落中,0~5 cm、60~80 cm 土壤深度下呈现出显著的差异性($p<0.05$);芦苇群落中,在各土壤深度下均呈现出不显著的差异性($p>0.05$)。

对于总磷(TP)而言,在不同植物群落同一土壤深度下、同一植物群落不同土壤深度下,均呈现出不显著的差异性($p>0.05$)。对于全钾(TK)而言,其在同一土壤深度不同植物群落之间均呈现出不显著的差异性($p>0.05$);在碱蓬群落中,10~20 cm 和 40~60 cm 的土壤深度之间呈现出显著的差异性($p<0.05$);在柽柳群落、芦苇群落中,其含量在各个土壤深度之间均呈现出不显著的差异性($p>0.05$)。

速效氮(AN)在相同土壤深度不同植物群落之间均呈现出不显著的差异性($p>0.05$);碱蓬群落在各土壤深度之间呈现出不显著的差异性($p>0.05$);柽柳群落在 0~5 cm 和 60~80 cm 的土壤深度之间,芦苇群落在 0~5 cm 和 40~80 cm 的土壤深度之间呈现出显著的差异性($p<0.05$)。

对于速效磷(AP),在 5~10 cm 的碱蓬群落、芦苇群落之间,10~20 cm 的碱蓬群落、柽柳群落与芦苇群落之间,20~40 cm 的碱蓬群落、柽柳群落之间,60~80 cm 的碱蓬群落与柽柳群落、芦苇群落之间呈现出显著的差异性($p<0.05$);碱蓬群落在 0~10 cm 和 40~60 cm 的土壤深度之间,柽柳群落在 0~10 cm 和 40~80 cm 的土壤深度之间呈现出显著的差异性($p<0.05$),芦苇群落在各土壤深度之间呈现出不显著的差异性($p>0.05$)。

对于速效钾(AK),总体而言,碱蓬群落在 10~20 cm 中显著高于芦苇群落,二者间差异性显著($p<0.05$),在 40~60 cm 的土壤深度下三群落之间呈现出显著的差异性($p<0.05$);而在其余的土层中,同一土壤深度下三群落间的差异并不显著($p>0.05$)。在各个群落中,不同的土壤深度下其分布差异性也各有不同,碱蓬群落中的各个土壤深度之间均呈现不显著差异性($p>0.05$),对于柽柳群落与芦苇群落,除柽柳群落在 5~10 cm 和 60~80 cm 的土壤深度之间、芦苇群落在 20~40 cm 和 40~60 cm 的土壤深度之间均呈现出显著的差异性($p<0.05$),两群落中其余土壤深度下的差异性相对而言并不显著($p>0.05$)。

7.3.2.2　不同群落营养元素的化学计量学特征

通过计算不同群落间不同营养元素的碳氮比(C∶N)、碳磷比(C∶P)、氮磷比(N∶P)、碳氮磷比(C∶N∶P)的值,加之差异性分析,以分析其化学计量比在各个典型群落中的变化特征与变化情况(见图 7-6),可以发现,对于不同群落类型,土壤内各营养元素的生态化学计量学特征存在着较大差别。

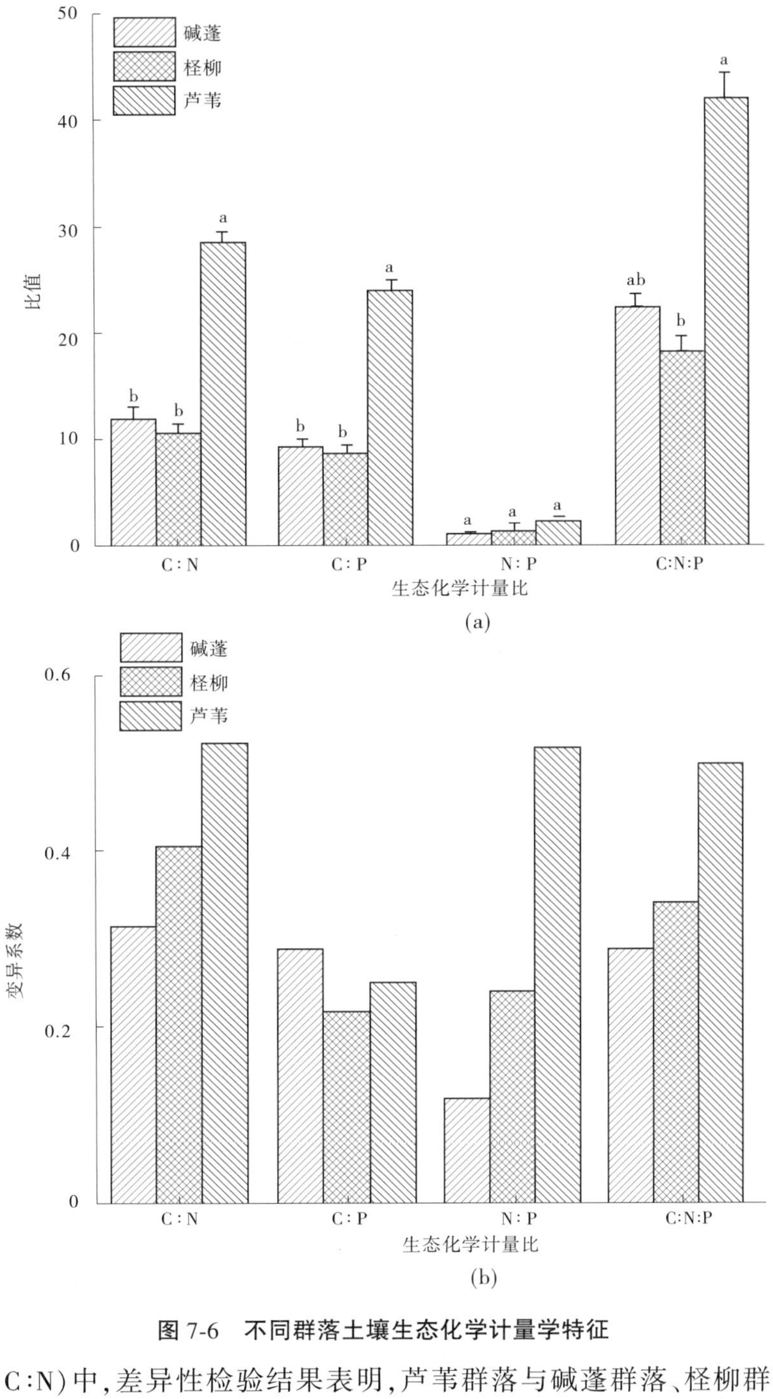

(a)　(b)

图 7-6　不同群落土壤生态化学计量学特征

碳氮比(C∶N)中,差异性检验结果表明,芦苇群落与碱蓬群落、柽柳群落差异显著($p<0.05$),柽柳群落与碱蓬群落之间差异不显著,数值变化较小,最大值出现在芦苇群落中。对于碳磷比(C∶P),在三种群落中的变化规律与碳氮比(C∶N)相似,差异性检验结果说明,芦苇群落与碱蓬群落、柽柳群落差异显著($p<0.05$),柽柳群落与碱蓬群落二者之间

差异不显著($p>0.05$)。氮磷比(N:P)中,其比值变化表现为从碱蓬群落到柽柳群落再到芦苇群落呈先降低后增加的趋势,差异性检验结果表明,三个群落之间的差异并不显著($p>0.05$)。碳氮磷比(C:N:P)中,其比值变化表现为从碱蓬群落到柽柳群落再到芦苇群落呈先降低后增加的趋势,最大值出现在芦苇群落中,差异性检验结果表明,柽柳群落与芦苇群落的差异性呈现显著状态($p<0.05$),碱蓬群落与柽柳群落、芦苇群落差异性均呈并不显著的状态($p>0.05$)。在变异系数统计中可见,整体而言,碱蓬群落、柽柳群落、芦苇群落中,碳氮比(C:N)、碳磷比(C:P)、氮磷比(N:P)、碳氮磷比(C:N:P)均呈现出中等强度变异;尤其是在芦苇群落中,除碳磷比(C:P)外,碳氮比(C:N)、氮磷比(N:P)、碳氮磷比(C:N:P)均表现出明显的中等强度变异。

7.3.2.3 不同群落营养元素与化学计量比的相关性

通过对不同群落中总磷(TP)、总氮(TN)、总有机碳(TOC)含量以及碳氮比(C:N)、碳磷比(C:P)、氮磷比(N:P)、碳氮磷比(C:N:P)进行相关性分析(见表 7-7)发现,不同群落下各个元素含量与化学计量比之间所表现出的相关性各有不同。在碱蓬群落中,呈显著正相关($p<0.05$ 或 $p<0.01$)的有:总有机碳(TOC)与碳氮比(C:N)、总有机碳(TOC)与碳磷比(C:P)、总氮(TN)与氮磷比(N:P)。在柽柳群落中,总有机碳(TOC)与碳磷比(C:P)、总有机碳(TOC)与碳氮磷比(C:N:P)呈现出显著的正相关关系($p<0.05$),总氮(TN)与氮磷比(N:P)呈现出极显著的正相关关系($p<0.01$)。在芦苇群落中,总有机碳(TOC)与总氮(TN)、氮磷比(N:P)呈现出极显著的负相关关系($p<0.01$),与总磷(TP)、碳氮比(C:N)、碳氮磷比值(C:N:P)呈现显著的正相关关系($p<0.05$ 或 $p<0.01$);总氮(TN)与氮磷比(N:P)呈极显著的正相关关系($p<0.01$),与总有机碳(TOC)、总磷(TP)、碳氮比(C:N)、碳磷比(C:P)、碳氮磷比值(C:N:P)均呈现显著的负相关关系($p<0.05$ 或 $p<0.01$);总磷(TP)与碳氮比(C:N)、碳磷比(C:P)、碳氮磷比值(C:N:P)均呈现显著的正相关关系($p<0.05$ 或 $p<0.01$),与总氮(TN)、氮磷比(N:P)则呈现出极显著的负相关关系($p<0.01$)。

表 7-7 不同群落土壤营养元素与生态化学计量比间的相关性

群落类型	营养元素	TOC	TN	TP	C:N	N:P	C:P	C:N:P
碱蓬	TOC	1.000	0.174	0.633	0.909^{*}	−0.100	0.988^{**}	0.836
	TN	0.174	1.000	0.439	−0.208	0.889^{*}	0.114	−0.367
	TP	0.633	0.439	1.000	0.448	0.026	0.509	0.254
柽柳	TOC	1.000	−0.363	0.618	0.856	−0.468	0.948^{*}	0.878^{*}
	TN	−0.363	1.000	−0.533	−0.766	0.974^{**}	−0.239	−0.757
	TP	0.618	−0.533	1.000	0.806	−0.711	0.313	0.699
芦苇	TOC	1.000	-0.977^{**}	1.000	0.957^{*}	-0.981^{**}	1.000	0.957^{*}
	TN	-0.977^{**}	1.000	-0.989^{**}	-0.977^{*}	1.000	-0.990^{**}	-0.961^{*}
	TP	1.000	-0.989^{**}	1.000	0.950^{*}	-0.990^{**}	1.000	0.951^{*}

通过相关性分析可见，在碱蓬群落中，碳元素（C）是影响碳氮比（C∶N）、碳磷比（C∶P）的主要元素，氮元素（N）是影响氮磷比（N∶P）的主要元素；在柽柳群落中，碳元素（C）是影响碳磷比（C∶P）、碳氮磷比（C∶N∶P）的主要元素，氮元素（N）是影响氮磷比（N∶P）的主要元素；在芦苇群落中，碳元素（C）、氮元素（N）、磷元素（P）对各元素生态化学计量比均有一定的影响作用。

7.3.3　植物群落与小气候环境

小气候环境的形成原因与机制是多种小气候环境因素共同作用、互为关联的结果，在每一个地区、每一个小的地块中都存在着或多或少差异性的小气候环境。对于植物而言，其生存环境除受大范围、大尺度区域内的气候条件影响外，小气候环境也是影响其生长发育的环境因子。植物的生长发育与受到小气候环境间处在一种互相制约、互为影响的机制下，植物因小气候环境的不同呈现不同的生长趋势，因小气候环境的变化呈现不同的变化；反之，可通过其自身的生理活动作用于小气候环境，如代谢、蒸腾、光合作用和呼吸作用会对小气候环境中的因子变化产生影响。在此选择典型群落的小气候环境中较为典型的小因子作为调查对象，对土壤含水量、光照强度、大气温湿度要素进行统计分析，阐明各小气候因子要素的日动态变化特征，以期简要阐述小气候环境因子与植物群落的相互关系、响应状况。

7.3.3.1　不同群落小气候环境因子的变化特征

1. 土壤含水量

对土壤含水量（WC）进行实地调查，检测实际样地一天中从 8 时至 18 时的日间变化特征，对相关数据做出统计与计算（见图 7-7），发现在不同群落下，其土壤含水量呈现不同的变化特征。

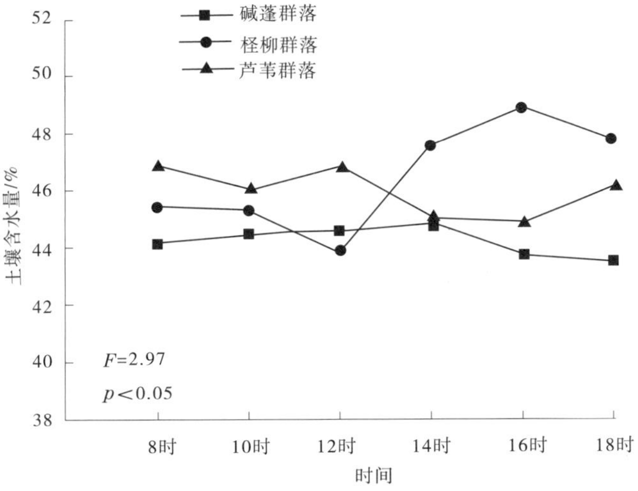

图 7-7　土壤含水量日变化特征

土壤含水量的日间变化表明，在各群落中土壤水分含量多少各有差异，且变动状况不同。在 8 时至 18 时,碱蓬群落中的水分含量少于柽柳群落、芦苇群落,呈现出先升高后降低的变化趋势;柽柳群落中,土壤含水量呈现降—升—降的变化;芦苇群落土壤含水量呈现降—升—降的变化。通过方差分析计算结果可见,碱蓬群落和柽柳群落之间存在着显著的差异性($p<0.05$),芦苇群落与碱蓬群落、柽柳群落之间的差异性呈现不显著状态($p>0.05$)。

2. 光照强度

通过对样地内的光照强度进行统计(见图 7-8)分析,发现光照强度在不同群落中的变化趋势基本一致,三种群落光照强度的峰值均大致出现在 12 时左右,在 8 时至 12 时光照强度呈现逐渐增强的趋势,12 时至 18 时逐渐下降,在 18 时左右太阳落山后达到最低,强度变化均是呈现先升高后降低的变化趋势。通过方差分析的结果可知,各群落之间的光照强度整体呈现不显著的差异性($F=0.02$,$p<0.05$)。

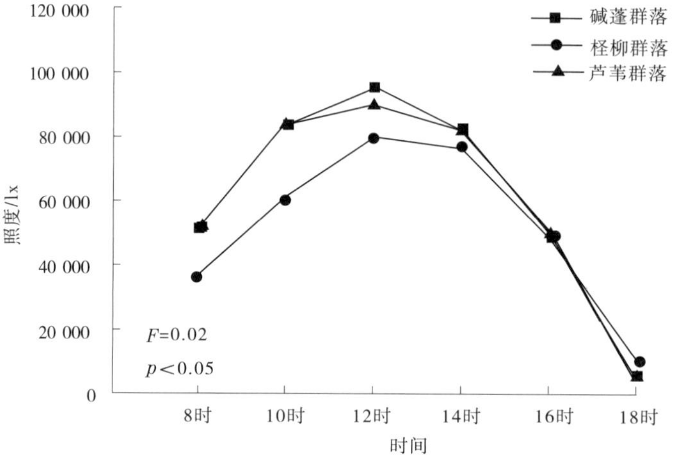

图 7-8　光照强度日变化特征

3. 大气温湿度

在对小气候环境中的大气湿度、大气温度数据进行统计(见图 7-9)分析后可发现,大气温度与大气湿度二者在不同植物群落下的变化呈现大致相反的态势。对于大气温度(AT),经方差分析结果可知,各群落之间的大气温度差异性并不显著;同时,在不同群落中其数值的变化趋势大致相同,基本均呈现出先缓慢升高后逐渐降低的一个过程,不同之处在于各个群落温度增高过程中最高温出现的时间不同,如碱蓬群落和芦苇群落在 12 时至 14 时大气温度出现最高值,柽柳群落在 8 时至 10 时出现最高值。

对于大气湿度(AM),方差分析结果表明,各群落之间的大气湿度差异性并不显著($p>0.05$);不同群落在 8 时至 18 时,其数值变化均呈现先逐渐降低后缓慢增加的变化趋势,且最高值、最低值分别出现在 18 时左右和 14 时左右。

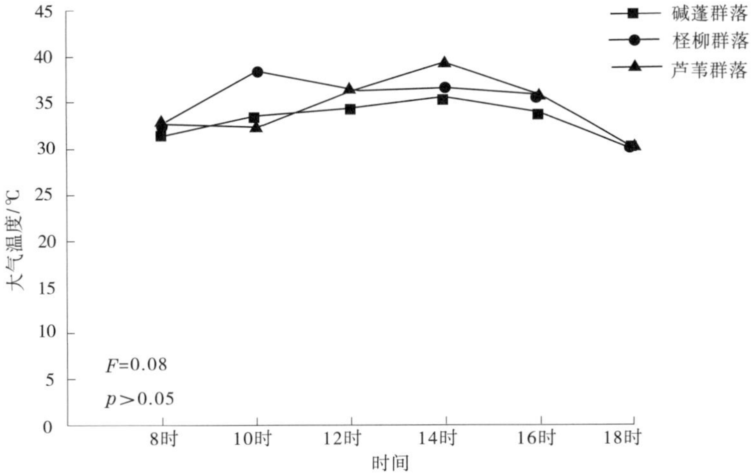

(a)

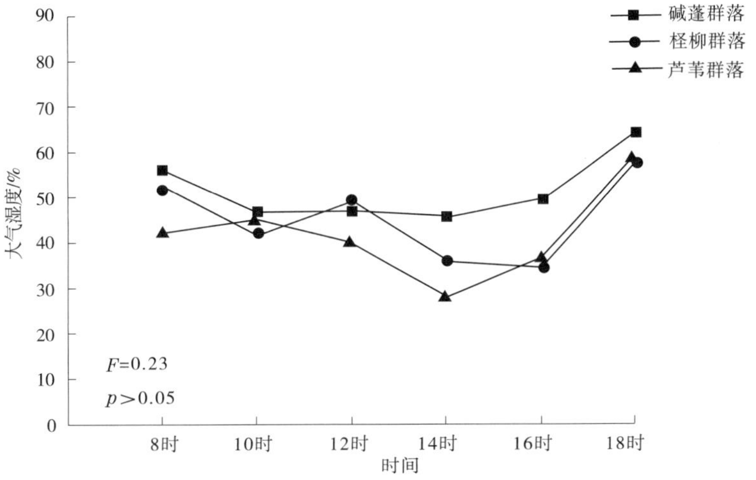

(b)

图 7-9　大气温湿度日变化特征

7.3.3.2　不同群落各要素间的相关性

通过对不同群落下小气候因子各要素进行相关分析,不同群落小气候因子各要素间的相关性不同,表 7-8 仅列举出相关性极为显著($p<0.01$)或较为显著($p<0.05$)的部分,通过数据可以得知:碱蓬群落中,光照强度与土壤含水量呈极显著正相关性($p<0.01$),与大气温度也呈极显著正相关性($p<0.01$),大气湿度与光照强度和大气温度呈极显著负相关性($p<0.01$);柽柳群落中,大气温度与土壤含水量呈显著负相关性($p<0.05$),光照强度与大气温度呈极显著正相关性($p<0.01$),大气温度与大气湿度呈极显著负相关性($p<0.01$);在芦苇群落中,大气湿度与大气温度呈极显著负相关性($p<0.01$)。

表 7-8　不同群落小气候因子间的相关性

群落类型	小气候因子要素	土壤含水量	光照强度	大气温度	大气湿度
碱蓬	土壤含水量	—	0.911**	—	—
	光照强度	—	—	—	-0.813**
	大气温度	—	0.793**	—	-0.887**
	大气湿度	—	—	—	—
柽柳	土壤含水量	—	—	-0.661*	—
	光照强度	—	—	—	—
	大气温度	—	0.911**	—	-0.898**
	大气湿度	—	—	—	—
芦苇	土壤含水量	—	—	—	—
	光照强度	—	—	—	—
	大气温度	—	—	—	-0.866**
	大气湿度	—	—	—	1.000

7.3.4　关键环境因子分析

黄河三角洲滨海湿地植物群落结构较为简单,生态环境较为脆弱且多变,在湿地植物生长发育与不断发生变化、演替的过程中,存在着多种多样的影响因素,各个影响因素所发挥的作用也各有不同。为了解影响该区域典型植物群落的关键环境因子,结合对典型植物群落与环境因子相互关系、响应状况的分析,利用冗余分析方法进行关键因子测度、排序。冗余分析方法是数量生态学中的一种约束性排序,能够显示出环境因子对研究对象的影响程度,在分析结果中将各个因子放在排序轴上,以图像化形式更好、更便捷地对因子与研究对象的相互关系、影响力大小进行说明。

7.3.4.1　典型植物群落与环境因子的冗余分析

经冗余分析得到二维排序图(见图 7-10),可见全盐(TS)、土壤含水量(WC)、速效氮(AN)与排序轴间的夹角较小且箭头连线较长,其中,TS 的相关系数为 0.947 0,WC 的相关系数为-0.939 9,AN 的相关系数为 0.611 9,均与排序轴呈现极显著性相关,说明这 3 个主要因子与植物群落关系相对密切。

7.3.4.2　环境因子的重要值排序

通过研究、计算环境因子对植物群落影响的重要性,经蒙特卡洛检验得到各个环境因子的重要值排序及其显著性检验(见表 7-9)。经重要性排序可见,由大到小的排列次序为:全盐(TS)、土壤含水量(WC)、速效氮(AN)、速效磷(AP)、酸碱度(pH 值)、速效钾(AK)、大气湿度(AM)、大气温度(AT)。其中,TS、WC 这两个因子解释量分别为 64.7%、

32.0%，且与排序轴，即植物群落之间达到了极显著性相关（$p<0.01$）；其次，AN 的解释量为 23.1%，是第三高值；其余因子的解释量分别为 AP 19.3%、pH 值 12.2%、AK 11.9%、AM 8.10%、AT 5.0%。说明 TS、WC、AN 与黄河三角洲滨海湿地典型植物群落之间的响应情况最好、相互关系最紧密，且对群落内物种生长发育及整个群落的变化、演替具有重要的作用。

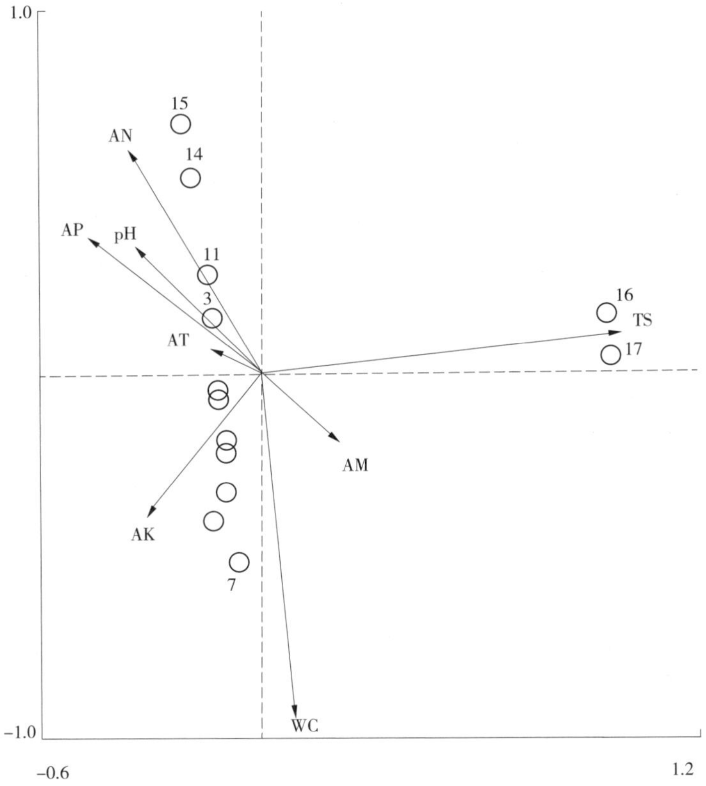

图 7-10　典型植物群落与环境因子的二维排序图

表 7-9　环境因子的重要值排序及其显著性检验

环境因子	重要值排序	解释量/%	F	p
TS	1	64.7	22.901	0.002
WC	2	32.0	6.773	0.002
AN	3	23.1	3.863	0.033
AP	4	19.3	3.407	0.039
pH 值	5	12.2	2.066	0.119
AK	6	11.9	1.970	0.136
AM	7	8.1	1.119	0.289
AT	8	5.0	0.683	0.563

7.4 生态补水对植被群落的影响

7.4.1 植被逆向演替趋势不断减弱

生态调水前,刁口河故道区域(含北部自然保护区)植物种类较少,主要为菊科、禾本科、藜科等,植被类型较为单一,多为盐生植被,如柽柳灌丛、芦苇草甸、翅碱蓬滩涂以及光板地等,生态系统逆向演替明显。其中主要原因之一是黄河改道清水沟以后,刁口河区域失去了淡水资源和泥沙、养分补充,使得海水倒灌,土壤盐碱化和板结化严重,原有湿地生态系统遭到严重干扰破坏。

刁口河流路湿地恢复区生态调水前植物群落主要包括柽柳灌丛、单一芦苇群落、柽柳-芦苇群落、獐茅伴生芦苇群落、柽柳-翅碱蓬灌丛和单一翅碱蓬群落。植被群落平均高度为7~221 cm,总体来说群落平均高度并不是很高,群落多样性指数较小,生物量不高,由于湿地恢复区补水后,土壤盐度尤其是表层土壤盐度显著降低、补水区及涉及区地下水位明显上升,新的生态环境改变原有的湿地植被的逆向演替方向。湿地植被顺向演替趋势明显,总体趋势是盐渍化光板地或干枯杂草-湿生植被(见图7-11),主要演替序列为干枯杂草-芦苇草甸+芦苇沼泽、盐渍化光板地-多年生盐生植被(翅碱蓬)、干枯芦苇+柽柳-芦苇草甸+芦苇沼泽,主要表现为形成了大面积的芦苇沼泽生境。但因补水量较小,湿地恢复区周边植物群落变化不是太明显。

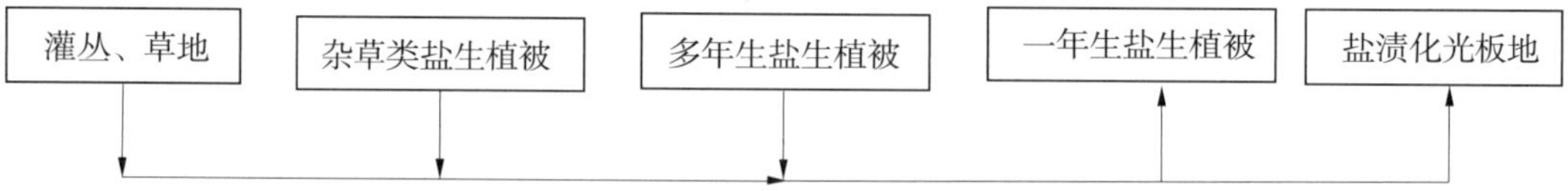

图7-11 黄河三角洲刁口河湿地恢复区植被演替序列

刁口河湿地破坏后的恢复演替属于长期演替,可以预测,随着刁口河恢复过水和湿地生态补水的深入开展,湿地恢复区顺向演替趋势将更加明显,并将最终形成两条演替序列:盐生植被演替序列和湿生植被演替序列(见图7-12)。

7.4.2 观测期野生植物类型变化情况

在刁口河流路恢复区植物调查共得到13种植物分属10科,调水后植物的种类有了较大幅度的增加,从调水前的13种增加至调水后的17种(见表7-10),而科的种类与调水前相同,都为10科。这说明生态调水后对恢复区的土壤状况有明显的改善,使得一些物种能够重新定居进来。但总的来说,刁口河湿地恢复区的植物种类还是比较少的。

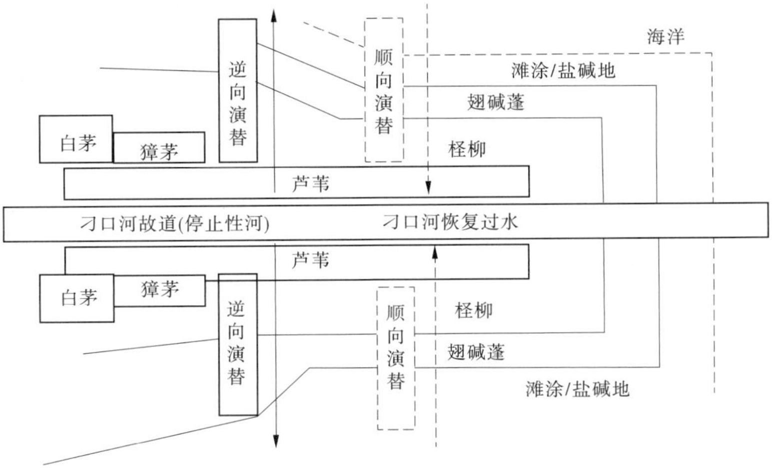

图7-12　湿地恢复过程生态演替方向示意图

表7-10　刁口河流路湿地实验区调水后植物调查情况

种名	科名	拉丁名
狗牙根	禾本科	*Cynodondactylon*(Linn.)*Pers*
芦苇		*Phragmites australis*
獐茅		*Aeluropus sinensis*
狗尾草		*Setaria viridis* (L.) *Beauv*
白茅		*Imperata cylindrica* (Linn.) *Beauv*
苦荬菜	菊科	*Ixeris*
苦苣菜		*Sonchus oleraceus*
紫菀		*Aster tataricus* L. F
猪毛蒿		*Artemisia scoparia* Waldst. et Kit
翅碱蓬	藜科	*Suaeda heteroptera Kitagawa*
萝藦	萝藦科	*Metaplexis japonica* (Thunb.)*Makino*
柽柳	柽柳科	*Tamarix chinensis*
龙葵	茄科	*Solanum nigrum*
野大豆	豆科	*Glycine soja* Sieb. et Zucc.
麦瓶草	石竹科	*Silene conoidea* L.
葎草	大麻科	*Humulus japonicus*
铁苋菜	大戟科	*Acalypha australis* Linn.

7.4.3 典型植被生长变化状况

实施生态调水，由于淡水补充压咸作用，土壤盐度下降、地下水位上升，影响着植被（芦苇、柽柳和翅碱蓬）的生长、发育状况。

7.4.3.1 植被群落平均高度变化趋势

刁口河流路湿地恢复区生态调水后植被群落平均高度较调水前有明显增加，其中草地群落增高幅度较大（见图 7-13）。

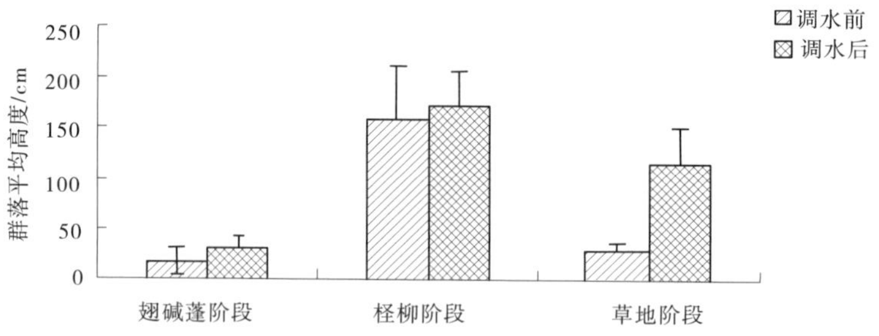

图 7-13　刁口河生态补水前后典型植被群落高度

7.4.3.2 多样性指数

对比刁口河流路湿地恢复区补水前后群落平均多样性指数，生态调水后群落物种平均多样性指数较调水前有小幅上升，但上升幅度不大。

7.4.3.3 植被生物量

植被生物量直接反映了植被的生长状况以及当地自然环境的变化情况，刁口河流路湿地恢复区实行生态补水后对其地下水位产生明显的影响，从而间接影响地上植物的生物量。由图 7-14 可知，从生态调水前后两次生态调查的结果来看，不同植被类型的地上生物量均有增加，但不同植被群落增加幅度不同，其中草地群落和柽柳群落增幅较大，而翅碱蓬群落地上生物量增幅较小。

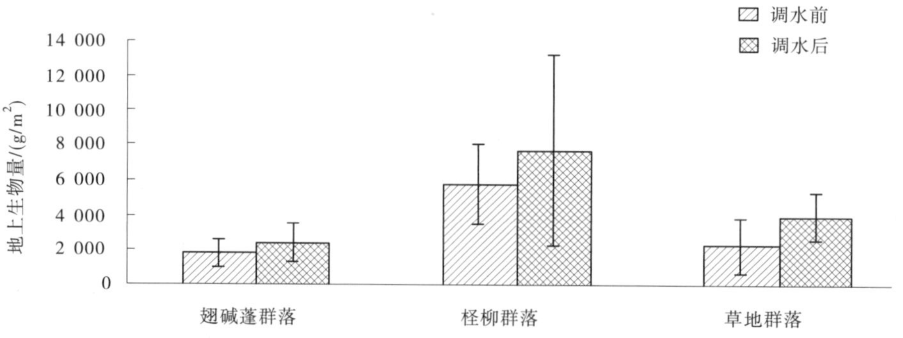

图 7-14　刁口河生态补水前后不同群落类型地上生物量

7.4.4 地下水位对典型植被的影响

地下水位是影响黄河三角洲湿地生态系统演替的主要因素,在一定程度上决定了土壤的盐渍化程度和地表基质的状况,影响着植被的生长、发育状况和生态景观格局的变化,是黄河三角洲湿地生态系统类型演替的最直接动力之一。

根据相关研究,黄河三角洲湿地地区,在水深大于零的区域物种主要由芦苇和蒲草组成;水面在地面以下的区域,耐盐碱和耐干旱的物种逐渐成为群落种的优势种。随水深下降,蒲草、芦苇出现,盖度增大,在 0.55 m 水深梯度上蒲草较为茂盛,盖度达到峰值。水深降低,盖度又减小,到 0.45 m 水深梯度上植被盖度一直较小。水深为-0.3~0.4 m,水分充足,旱生水生植物并存,该段水深上植被盖度达到最大。-0.5~ -0.3 m 水深上,大部分地方可见一定厚度的盐结皮,由于水深较低,土壤通过蒸散发使盐分在地表富集,有些地方生长一些耐盐碱或喜盐植物,有些地方由于盐碱化程度太高,成为裸地。当水深低于-0.5 m 时,由于水深较低不能给地表以充足的水分供应,地表干旱,盐碱化程度有所降低,水分成为植物生长的胁迫因子,不能满足湿地植被对水的需求,湿地植被被耐干旱植被代替。如上所述,根据前人研究成果,随着水深的不同,植被种类对水深的响应见表 7-11。

表 7-11 植被随水深变化分类

水深/m	群落组成	优势种
0.4~0.7	蒲草、芦苇	蒲草
0~0.4	芦苇	芦苇
-0.3~0	芦苇、翅碱蓬、獐茅	芦苇
-0.5~-0.3	翅碱蓬、芦苇	翅碱蓬
-0.6~-0.5	荻、獐茅、白茅、翅碱蓬	荻、白茅

芦苇是研究区典型植被,地下水位对芦苇株高的影响较为明显,地下水浅处植株增长迅速,地下水深处植株增长缓慢。有关试验表明,芦苇生长情况与地下水位呈现一定的相关关系,这与芦苇生长所需的水分条件密切相关。生长初期,芦苇植株幼苗对水分需求有限,-0.6 m 地下水位亦能维持其生长,进入生长旺盛季节后,低地下水位导致的低土壤含水量不能满足其生长的需要。但随着植株生长、根系拓展,地下水位对植株形态的影响减弱。

在生态调水前期,由于研究区无外来水源补给,地下水位主要受到蒸发的影响而降低,这一时期,典型植被(柽柳、翅碱蓬和芦苇)处于生长初期,根系在土壤中的深度不大,地下水位的降低会直接影响典型植被根系汲取水分的效率,阻碍典型植被的生长。在生态调水期,由于来水较大且适逢研究区降水,地下水位抬升明显,有利于典型植被汲取水分。在生态调水后期,由于生态调水的延迟影响以及雨季的到来,地下水位仍然保持在一个较高的程度,特别是 8 月的降水,将研究区水位抬升到年内最高值,极大地提高了典型植被汲取水分的效率。

通过第 4 章的研究可以看出,研究区地下水中矿化度较高,且由于矿化度受到的影响因素较多,生态调水来水与降水、蒸发、人类活动等因素共同作用,使得矿化度变化无规律,但是在生态调水期仍然有小幅降低。

典型植被虽然都属于耐碱植被,但是耐碱程度是有限的,研究区地下水矿化度高,会间接引起土壤矿化度抬高,加剧土壤盐渍化程度,阻碍典型植被的生长;而生态调水期的地下水矿化度降低,会改善这一状况,间接改善典型植被生存环境。

第 8 章　黄河河口湿地植被时空分布及其景观格局演变特征分析

本章基于长时序 Landsat 系列影像,考虑植被的物候特征,采用面向对象的随机森林算法提取了 2000~2020 年南部现行黄河口保护区与北部刁口河口保护区湿地植被分布信息,分别对现行黄河口保护区和刁口河口保护区湿地植被时空变化特点进行分析。结合景观生态学知识,系统阐述了保护区湿地景观格局演变特征及规律。此外,通过黄河入海水沙时间序列数据,进一步探讨了湿地景观变化的主要驱动因子。

8.1　长时序湿地植被时空分布格局

8.1.1　湿地植被监测结果

8.1.1.1　现行黄河口保护区

图 8-1 为基于多时相 Landsat 系列影像提取的 2000~2020 年现行黄河口保护区内典型湿地植被的空间分布。从分类结果来看,保护区湿地植被呈条带状交替分布,表现出明显的地带性,自河岸向两侧依次是芦苇、碱蓬和互花米草。保护区内芦苇群落主要分布在黄河河道两侧及人工恢复区,受黄河淡水的调控,沿河道向现行河口新生湿地方向发展;碱蓬主要分布在保护区的滨海滩涂,时空变化显著;互花米草主要生长在潮间带的中下部,在 2002 年时仅有小片分布,2008 年之后开始爆发式增长,逐步向陆地新生湿地方向发展。

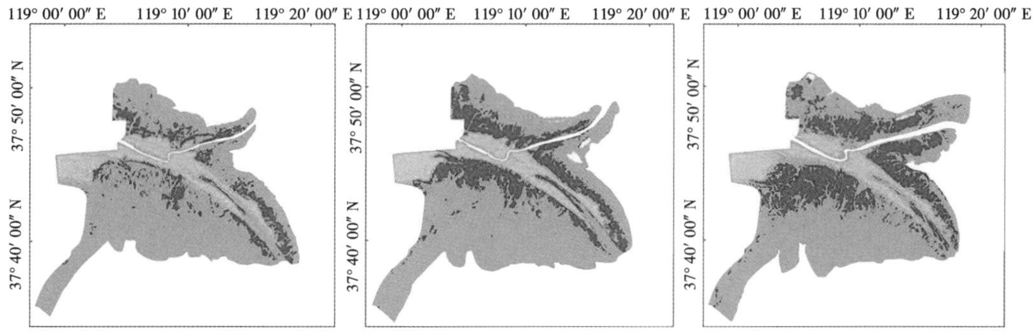

(a)2000年　　(b)2002年　　(c)2004年

图 8-1　2000~2020 年现行黄河口保护区典型湿地植被的空间分布

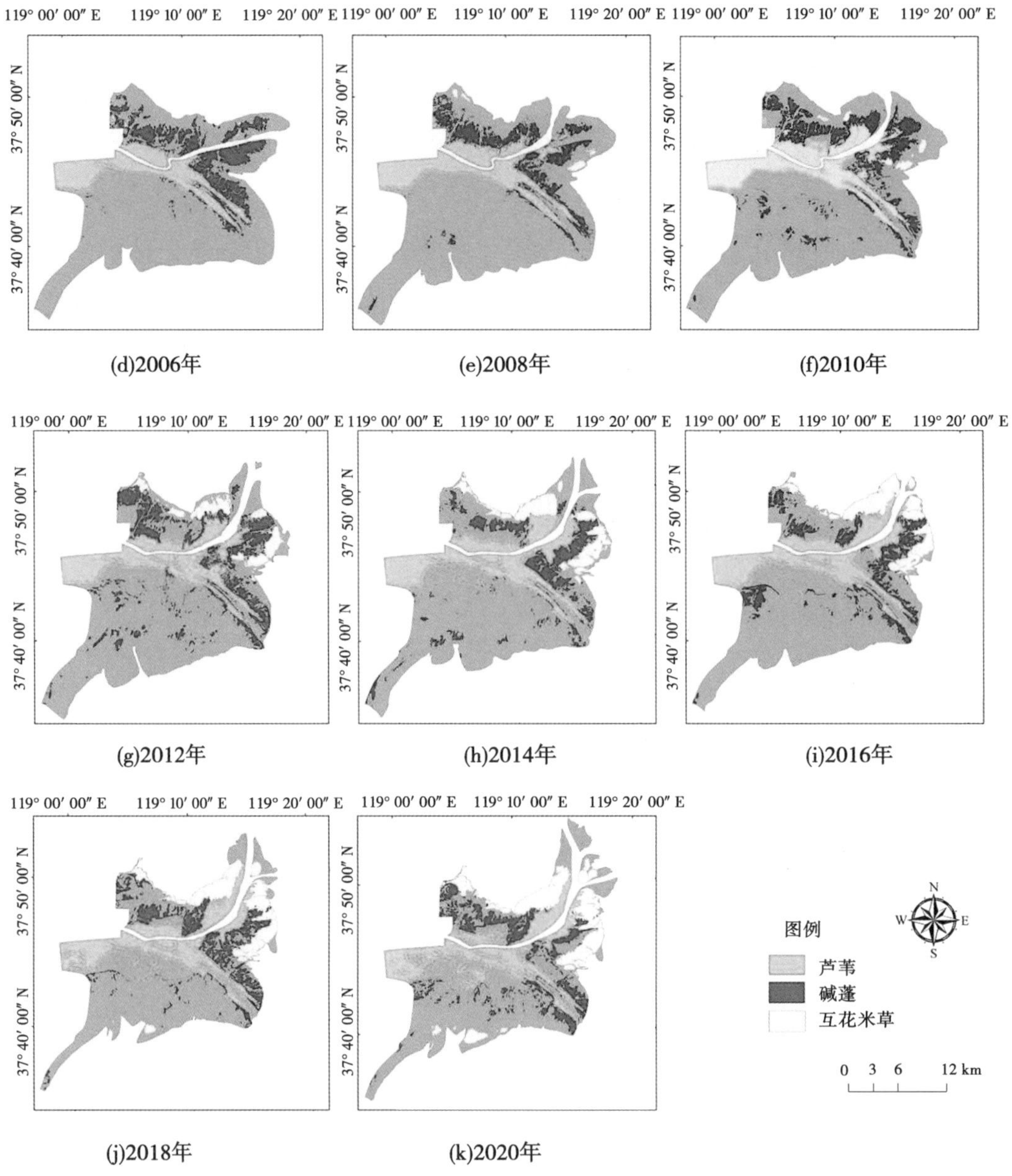

续图 8-1

8.1.1.2　刁口河口保护区

刁口河口保护区即一千二管理站保护区,位于黄河三角洲北部,湿地景观从海洋向陆地依次为光滩、碱蓬盐沼、柽柳-碱蓬群落、柽柳灌丛、芦苇沼泽。刁口河口保护区芦苇群落主要分布在一千二管理站东侧及东北侧,碱蓬盐沼则呈斑块状分布在北侧地势较高的潮滩上。此外,从图 8-2 可以看出不同时期碱蓬盐沼的分布存在较大差异。这是由于邻海部分的碱蓬群落受潮汐影响显著,大潮时期潮间带滩涂几乎被完全淹没,碱蓬因长期淹水而死亡。小潮时期碱蓬受到的淹水胁迫得到缓解,碱蓬种子开始萌发并重新生长。与现行黄河口区域相比,刁口河口保护区内未发现互花米草的入侵。整个黄河三角洲北部仅在保护区外刁口河口西侧发现有小片互花米草,且出现时间较晚,2010 年才首次发现。

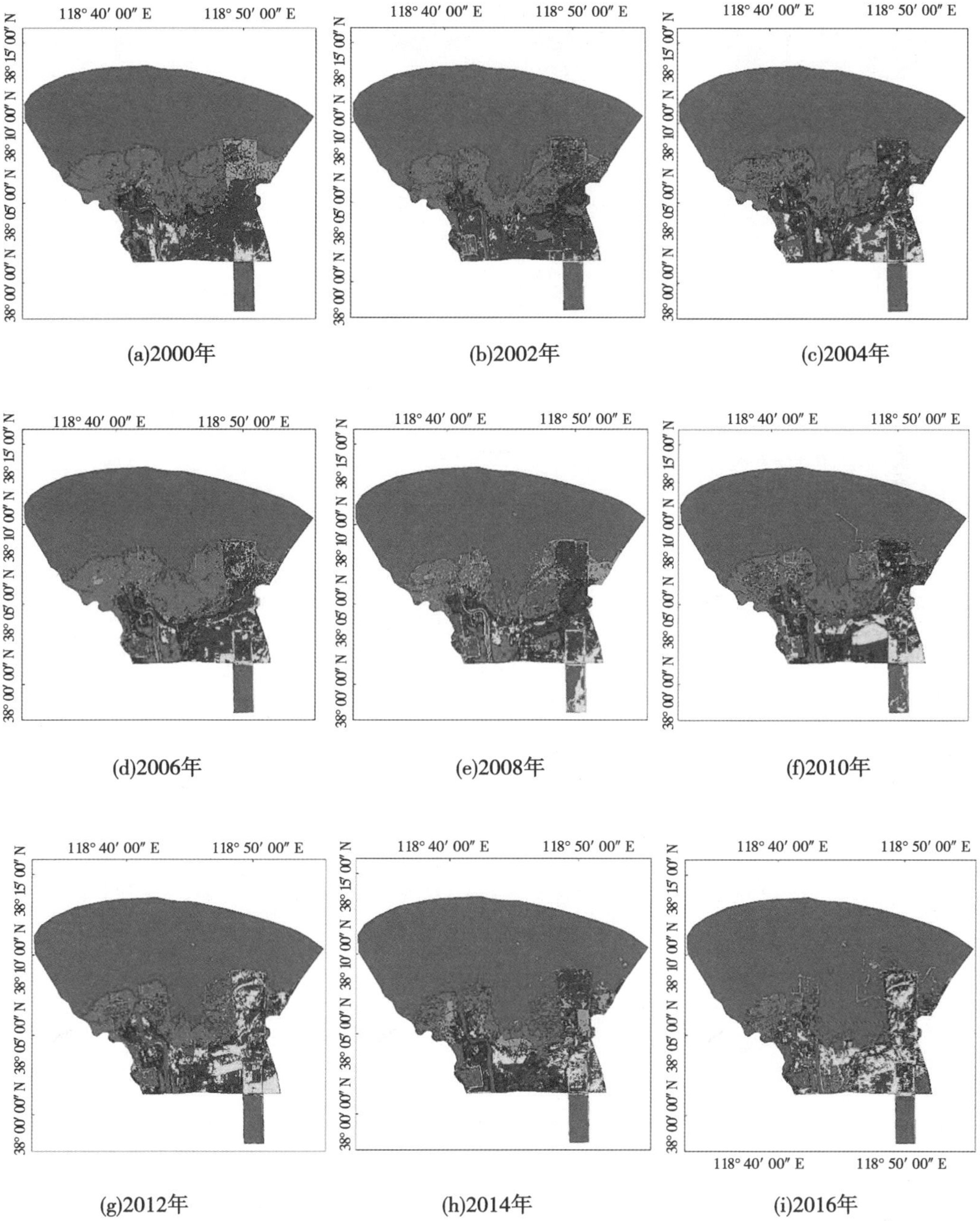

图 8-2　2000~2020 年刁口河口保护区典型湿地植被分布

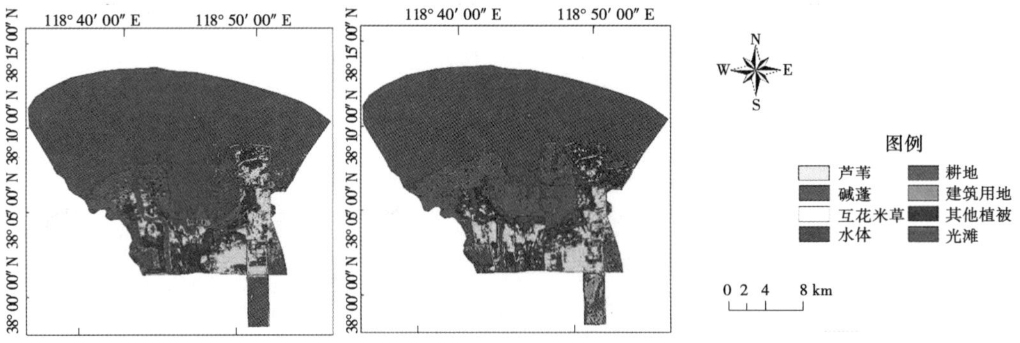

(j)2018年　　(k)2020年

续图 8-2

8.1.2　湿地植被时空变化特征

黄河三角洲自然保护区南北部湿地环境条件不同,其植被演变也有明显的差异。

8.1.2.1　现行黄河口保护区

由图 8-3 可以看出,现行黄河口保护区三种典型湿地植被中芦苇群落的分布面积最广。2000~2004 年芦苇面积有所减少,2004 年后随着湿地恢复工程的实施,保护区内湿地水域面积扩大,芦苇面积也逐渐增加。2014 年芦苇面积达到最高值,为 9 008.28 hm^2,较 2000 年时增加了 1 874.52 hm^2。总的来看,2000~2020 年芦苇群落面积整体上呈增加态势。碱蓬群落面积从 2000 年的 4 503.33 hm^2 增长到 2004 年的 11 163.51 hm^2,这一期间碱蓬增长最为明显的区域为大汶流区域。2000 年流域盐地碱蓬仅呈小片分布,2004 年时已大面积分布,这与 2002 年开始的调水调沙淡水恢复工程有关。引黄河淡水进入生态恢复区,降低了土壤含盐量,土壤肥力得到改善,因此碱蓬的生物量达到最高值。2006 年大汶流区域的盐地碱蓬大面积退化,碱蓬面积下降到 6 007.23 hm^2。这是因为保护区内已完成了湿地恢复,人工恢复区淡水比例过大,这种高水深及低盐分环境不适宜碱蓬生长。此后,碱蓬仍在进一步退化,到 2020 年碱蓬面积仅为 4 945.14 hm^2,平均每年丧失约 75.86 hm^2。互花米草群落作为入侵物种,出现时间较晚。2000 年区域内尚未发现互花米草的存在,2002 年才首次监测到互花米草。互花米草强大的繁殖能力,使得其群落面积由 2002 年的 221.85 hm^2 增加到 2020 年的 5 267.79 hm^2,年均增加约 280.33 hm^2。

8.1.2.2　刁口河口保护区

自 1976 年黄河由刁口河改道清水沟入海后,刁口河流路到 2009 年已停止行河 33 年。由于长期缺少淡水资源补给,位于黄河三角洲北部的刁口河口保护区湿地不断退化,土壤盐渍化程度加剧,河流与潮滩之间的自然水文关系遭到严重破坏。2000~2009 年刁口河口保护区湿地以盐渍化光板地和盐生植被群落为主,芦苇群落的面积甚至一度减少到 662.76 hm^2,仅占研究区总面积的 0.7%。

为遏制湿地退化,保障刁口河作为黄河备用流路的基本通水条件,2010 年 6 月黄河水利委员会开展了刁口河湿地生态补水工作。刁口河流路实现全线过水,保护区湿地获得了有效的淡水补充。因此,2010 年后芦苇群落的生存条件得到明显改善,群落面积稳定增长,至 2020 年区域内芦苇群落面积已达到 4 282.47 hm^2(见图 8-4)。刁口河口保护区内碱蓬群落的面积远小于现行黄河口保护区,这是由于生长在废弃河口的碱蓬群落失去了咸淡水交汇的湿地环境,加上风暴潮等自然灾害的影响,碱蓬的生存条件不稳定。此外,保护区内没有出现互花米草,但在保护区外刁口河口西侧分布有小片互花米草群落,2010 年首次出现时其面积为 38.97 hm^2,经过十年的发展,至 2020 年群落面积为 169.83 hm^2。这主要是因为刁口河区域水沙供应不足,海岸线不断侵蚀后退,适宜互花米草的生存空间很少。

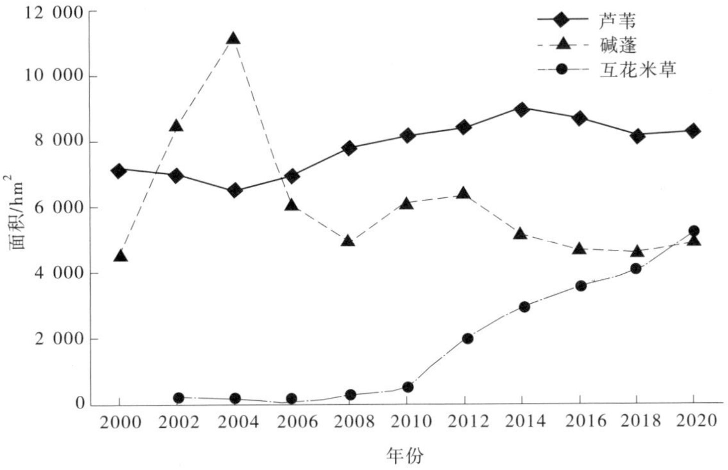

图 8-3　现行黄河口保护区湿地植被面积变化

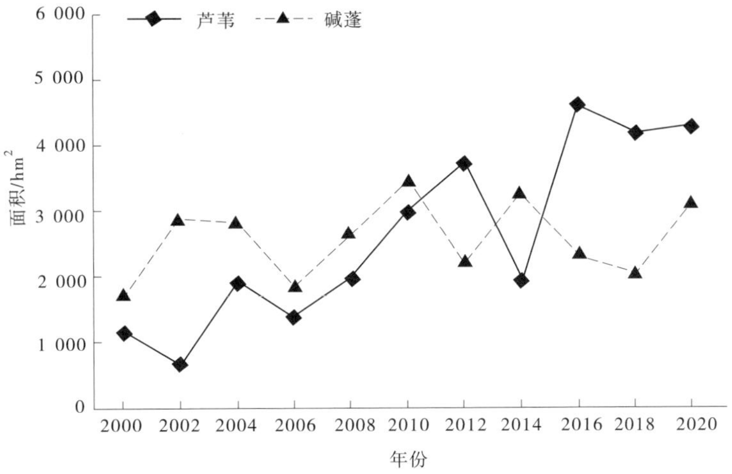

图 8-4　刁口河口保护区湿地植被面积变化

8.2 典型湿地植被景观格局变化

8.2.1 研究方法

景观格局是指不同大小、形状景观斑块的空间排列，是景观异质性的重要体现。湿地景观格局是各种生态和水文过程综合作用的结果，通过计算景观格局指数，可以得到一系列具有统计特征的数据，从而对不同尺度上的湿地景观格局进行比较分析。这些指数可以分为斑块水平、类型水平、景观水平三大类。本书结合遥感技术和景观生态学知识，将2000~2020年11期黄河三角洲湿地景观分类图转化成像元大小为30 m×30 m的栅格文件，通过ArcGIS和Fragstats软件计算每个时期三种典型湿地植被（芦苇、碱蓬、互花米草）的景观格局指数。为了全面系统地了解湿地植被景观格局的长时序演变特征，本书在景观类型水平上选取了斑块密度、平均斑块面积、斑块所占景观面积比例、最大斑块指数、斑块形状指数、聚合指数、散布与并列指数、凝聚度指数来表征三种典型湿地植被的景观格局演变特征。此外，在整体景观水平上选取破碎度指数、分维度指数、景观均匀度指数及景观多样性指数来评估湿地整体景观格局状况。

8.2.2 景观格局演变特征分析

8.2.2.1 现行黄河口保护区

从景观类型尺度来看，现行黄河口保护区三种典型湿地植被类型具有不同的景观格局演变特征。

1. 芦苇群落

2000~2020年现行黄河口保护区芦苇群落景观格局指数变化趋势见图8-5。从斑块所占景观面积比例和最大斑块指数的变化趋势来看，芦苇斑块所占景观面积比例（PLAND）一直维持在6%以上，并且最大斑块指数（LPI）明显高于其他植被类型。这主要得益于湿地恢复工程的实施，淡水对土壤的洗盐作用，使得芦苇成为该地区的优势物种。然而自2014年以来，伴随其他湿地类型（如互花米草）景观优势度的上升，芦苇群落的景观优势略有下降趋势。芦苇群落平均斑块面积（MPS）从2000年的134.60 hm^2下降到2020年的45.25 hm^2，与此相对应的是芦苇斑块密度（PD）的增大。这一结果表明，芦苇群落斑块趋于分散，整体景观呈现破碎化。这主要是由于石油开采和旅游修建的道路将原本大的芦苇群落斑块切割为若干个小斑块。斑块形状指数（LSI）越大，表明该景观类型的斑块形状越复杂，受人类活动的影响越大。2000~2006年芦苇群落LSI呈下降趋势，2006年后开始升高。这说明人类活动对芦苇湿地景观的影响先减弱后增强。芦苇群落散布与并列指数（IJI）的变化趋势表明水分条件对芦苇的影响很大。2000~2004年IJI减小，2006年随着保护区内人工恢复区的建成，芦苇在水文条件良好的情况下更有可能向外扩张，从而与其他类型景观邻接。芦苇景观凝聚度指数（COHESION）始终保持在99.2以上，聚合指数（AI）略有下降。这表明芦苇景观虽然被分割且呈现破碎化趋势，但整体仍趋于连通并聚集分布。

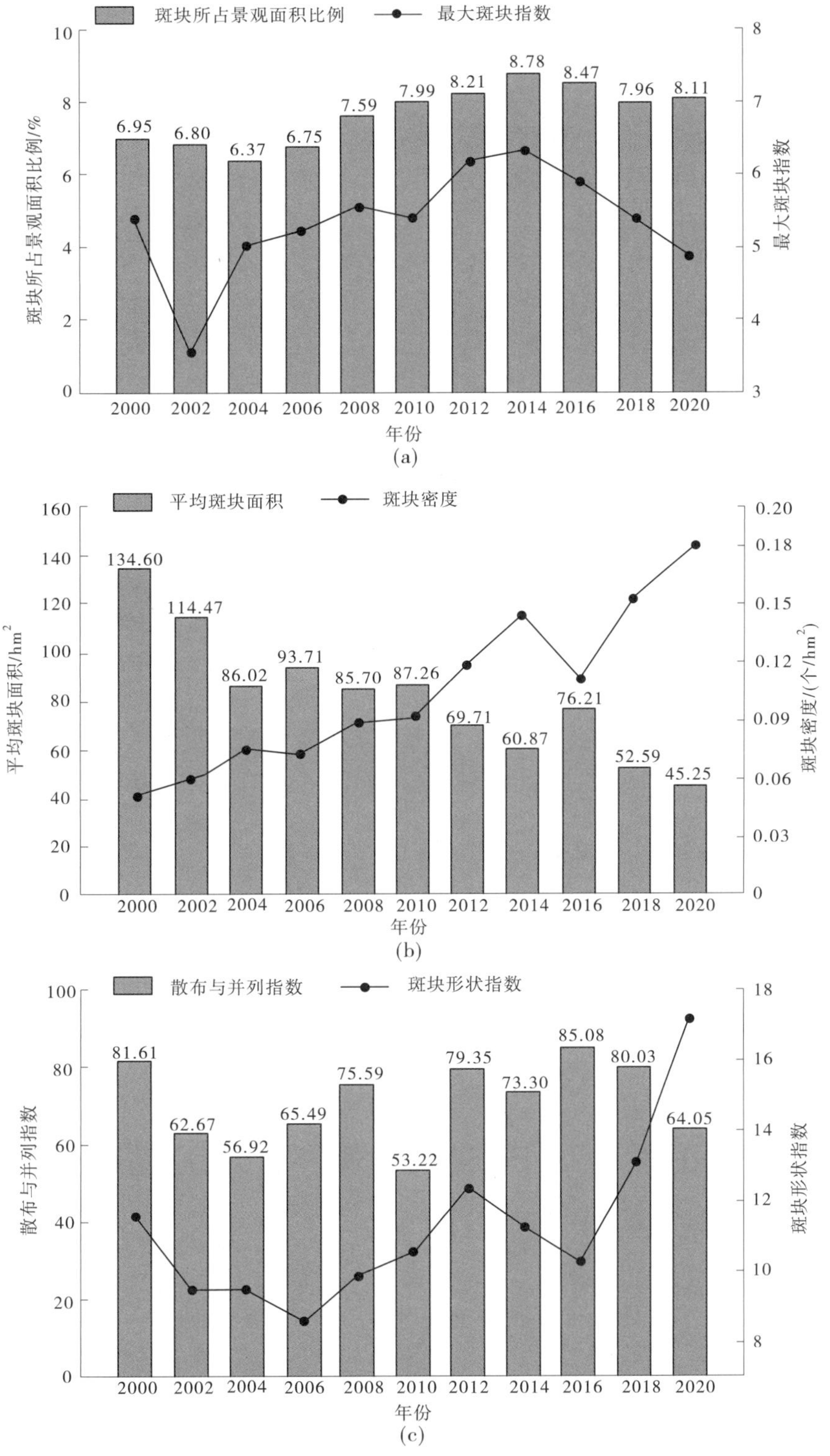

图 8-5　2000～2020 年现行黄河口保护区芦苇群落景观格局指数变化趋势

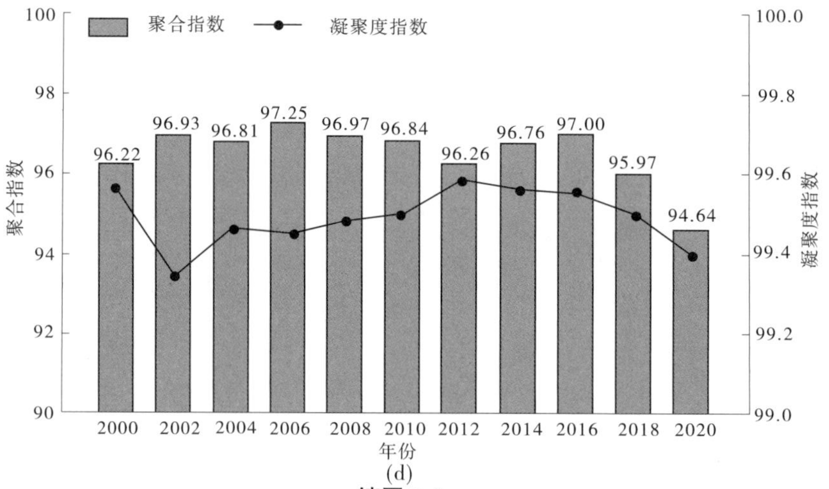

(d)

续图 8-5

2. 碱蓬群落

与芦苇群落相比,碱蓬景观格局随着时间的推移发生了更为复杂的变化。碱蓬盐沼的景观格局指数计算结果(见图 8-6)显示,碱蓬的 PLAND 和 LPI 整体呈下降趋势,说明碱蓬的景观优势度减小,逐渐萎缩退化。碱蓬平均斑块面积在三种植被中最小,斑块密度均在 0.1 以上,这表明碱蓬景观的破碎化程度较高。此外,碱蓬的斑块形状指数远高于其他两种植被,碱蓬的景观结构最为复杂。碱蓬景观的散布与并列指数在 2000~2004 年减小,2004 年之后逐渐增大,这反映出碱蓬与其他景观类型在空间上越来越靠近。凝聚度

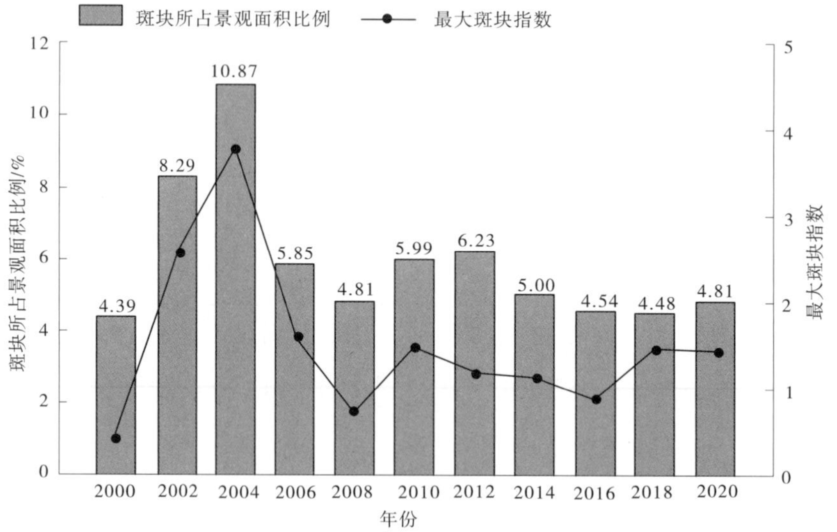

(a)

图 8-6 2000~2020 年现行黄河口保护区碱蓬群落景观格局指数变化趋势

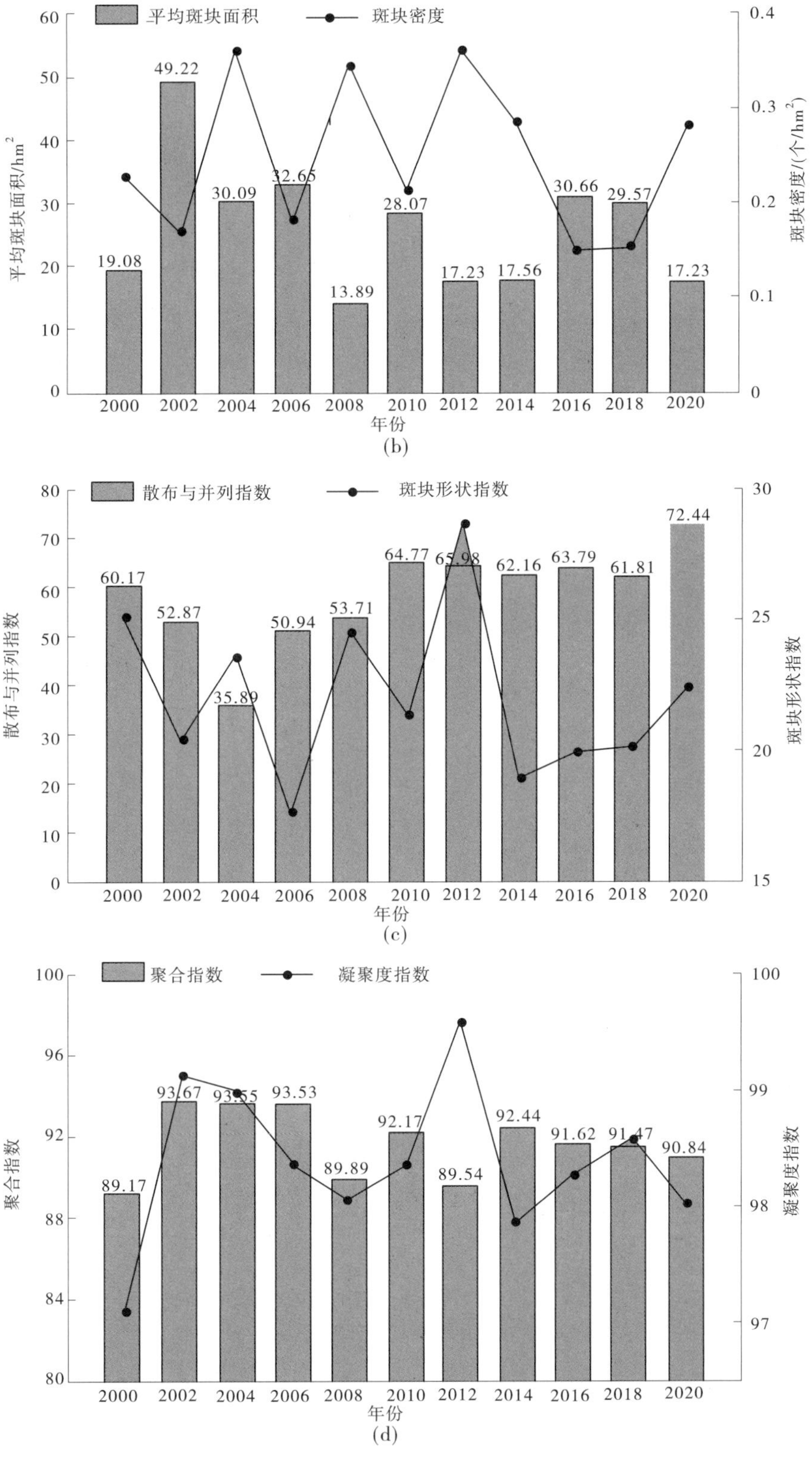
平均斑块面积
斑块密度
平均斑块面积/hm^2
斑块密度/(个/hm^2)
19.08 49.22 30.09 32.65 13.89 28.07 17.23 17.56 30.66 29.57 17.23
2000 2002 2004 2006 2008 2010 2012 2014 2016 2018 2020
年份
(b)
散布与并列指数
斑块形状指数
60.17 52.87 35.89 50.94 53.71 64.77 65.98 62.16 63.79 61.81 72.44
2000 2002 2004 2006 2008 2010 2012 2014 2016 2018 2020
年份
(c)
聚合指数
凝聚度指数
89.17 93.67 93.55 93.53 89.89 92.17 89.54 92.44 91.62 91.47 90.84
2000 2002 2004 2006 2008 2010 2012 2014 2016 2018 2020
年份
(d)

续图 8-6

指数和聚合指数先上升后下降,碱蓬景观的连通性减弱,破碎化程度加剧。这表明随着保护区内人类活动增多,碱蓬盐沼的景观异质性逐渐增强,景观内部越来越不稳定。

3. 互花米草群落

图 8-7 反映了 2002~2020 年互花米草盐沼各景观格局指数的变化情况。自 2006 年开始,互花米草所占景观面积比例和最大斑块指数逐年增加,表明互花米草在现行黄河口保护区内的优势度不断提高,由最初自然情况下传播的零散分布逐渐形成大片面状分布。2006~2018 年,互花米草平均斑块面积由 2.34 hm^2 增加到 175.95 hm^2,说明该时段内互花米草由小斑块生长合并为大斑块;2002~2020 年斑块形状指数呈现小幅度增加态势,互花米草斑块的形状越来越复杂,呈现不规则化。聚合指数与凝聚度指数均呈增加的趋势,表明保护区内互花米草景观不断聚集。此外,散布与并列指数波动增加,这意味着新生成的互花米草斑块会入侵其他景观类型,从而形成交错分布的格局。

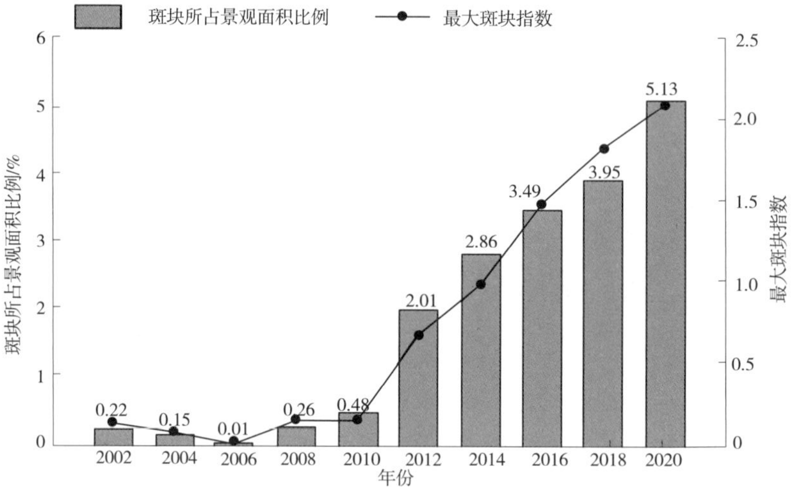

(a)

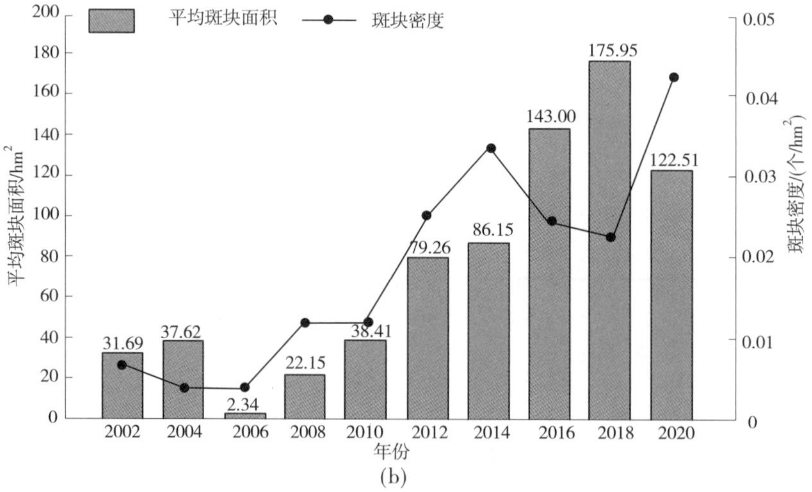

(b)

图 8-7　2000~2020 年现行黄河口保护区互花米草群落景观格局指数变化趋势

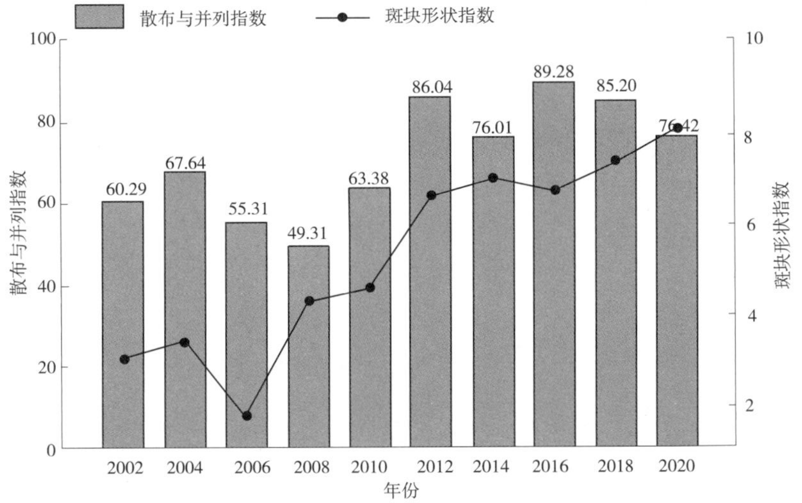

(c)

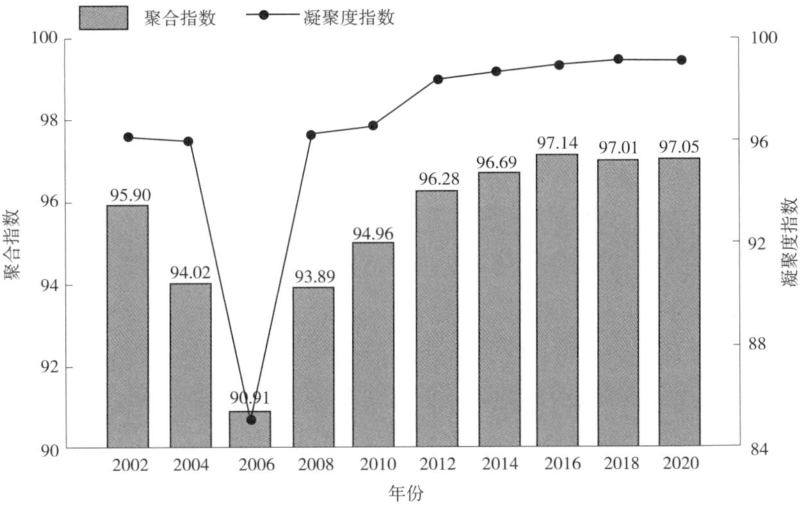

(d)

续图 8-7

为了探究湿地景观格局的整体水平，本书分析了 2000～2020 年的四个主要景观格局指数（见图 8-8）。结果表明，现行黄河口保护区湿地景观格局多样性（SHDI）整体呈下降趋势，景观破碎度波动上升，景观均匀度指数和分维度指数则变化很小。总的来说，整体景观呈现破碎化，斑块分布趋于分散。

8.2.2.2　刁口河口保护区

2000～2020 年刁口河口保护区芦苇群落和碱蓬群落的景观格局指数变化如图 8-9 所示。可以发现 2000～2008 年芦苇群落所占景观面积比例不超过 4%，2010 年后随着生态调水工程的实施，芦苇群落所占景观面积比例和最大斑块指数均呈上升趋势，这表明芦苇群落开始逐渐恢复其在保护区的优势地位。芦苇斑块密度和斑块形状指数整体呈上升趋势，这与刁口河区域频繁的人类活动有很大关系。该区域由于土地、油气资源丰富，当地政府在该地区建设了多条高速公路、港口和工业园区，这切断了景观斑块之间的连通性，使得芦苇景观趋于破碎化且斑块形状复杂化。

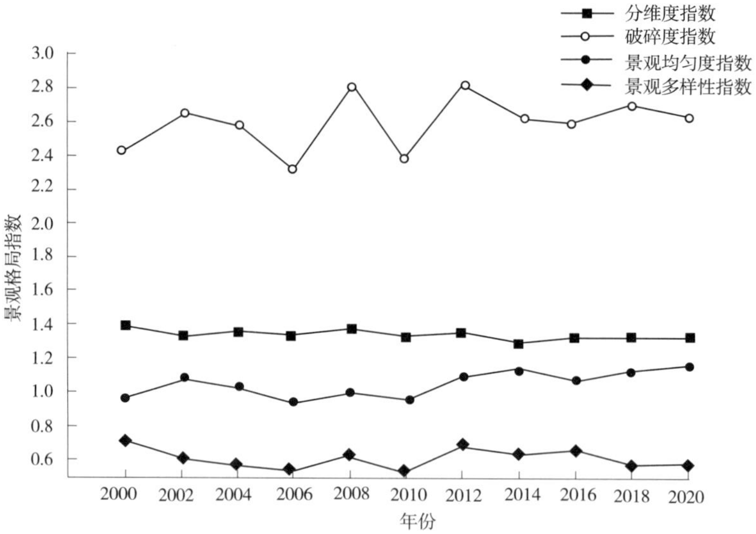

图 8-8　2000~2020 年现行黄河口保护区整体景观格局指数变化

与现行黄河口保护区相比，刁口河口保护区内碱蓬的生存空间有限，碱蓬所占景观面积比例在 7%以下。此外，由于泥沙供应不足，该区域海岸侵蚀严重，导致大量潮间带滩涂被海水周期性淹没。碱蓬作为一年生盐沼植被，被海水淹没时其呼吸作用受到限制而停止生长，因此碱蓬群落生长不稳定，面积波动比较大。2000~2020 年碱蓬景观的斑块密度呈上升趋势，与此对应的是其平均斑块面积的减小，这表明刁口河口保护区碱蓬群落也呈现破碎化，且破碎化程度明显高于现行黄河口保护区。此外，研究期间碱蓬盐沼的斑块形状指数总体升高，景观内部愈加复杂。

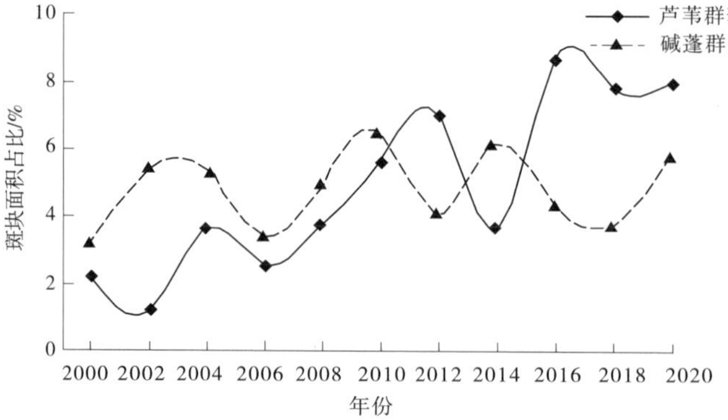

(a)

图 8-9　2000~2020 年刁口河口保护区芦苇群落、碱蓬群落景观格局指数变化

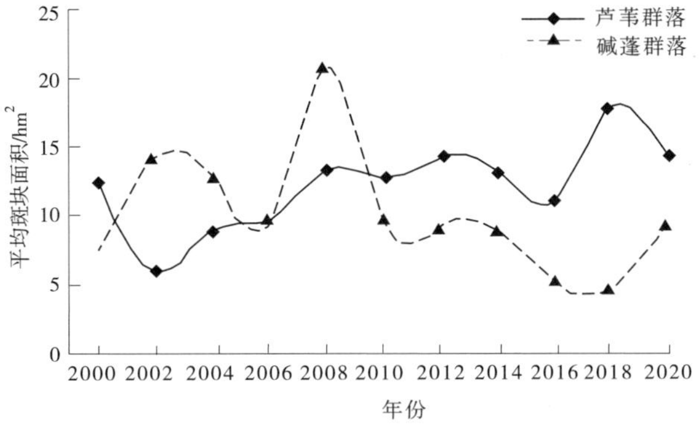
芦苇群落
碱蓬群落
平均斑块面积/hm^2
25
20
15
10
5
0
2000 2002 2004 2006 2008 2010 2012 2014 2016 2018 2020
年份

(b)

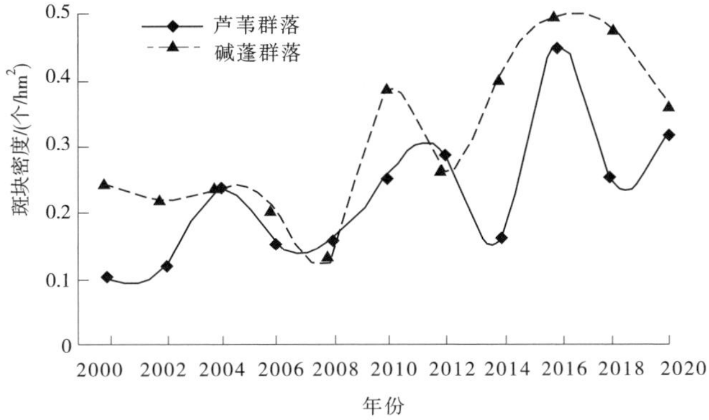
芦苇群落
碱蓬群落
斑块密度/(个/hm^2)
0.5
0.4
0.3
0.2
0.1
0
2000 2002 2004 2006 2008 2010 2012 2014 2016 2018 2020
年份

(c)

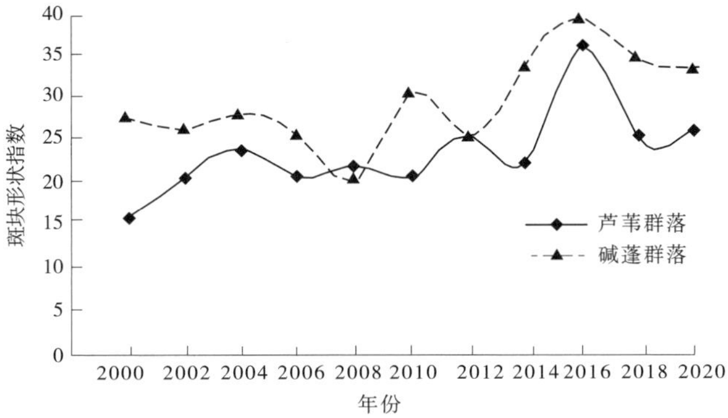
芦苇群落
碱蓬群落
斑块形状指数
40
35
30
25
20
15
10
5
0
2000 2002 2004 2006 2008 2010 2012 2014 2016 2018 2020
年份

(d)

续图 8-9

8.3 滨海湿地景观变化驱动力分析

从上述分析可知,过去20年间黄河三角洲湿地景观格局在不断发生变化,因此了解湿地景观演变的控制因素对于加强区域湿地生态保护具有重要意义。推动黄河三角洲自然保护区景观格局发生变化的主控因子包括自然和人为两大方面。其中,自然驱动力主要包括黄河来水来沙变化与区域降水等,人为驱动力主要有人工改道、生态补水、油田开发以及农业开垦等。

8.3.1 自然驱动力

水文特征是驱动湿地景观格局演变的重要因素。受入海水沙变化的影响,现行黄河口保护区湿地植被景观格局也随之发生变化。2002年现行黄河口自然保护区开展湿地恢复工程,同年黄河水利委员会开始实施调水调沙试验。2000~2020年利津站年径流量和年输沙量情况见图8-10。从图8-10中可以看出,2002年后年径流量显著增大。在调水调沙的影响下,湿地总面积从2002年的45 711.92 hm^2增加到2004年的50 956.38 hm^2,水体面积增加了16 005.24 hm^2。碱蓬盐沼的生长需要一定的盐度空间,调水调沙前保护区碱蓬生境中的土壤盐度超标,不适宜碱蓬生长。调水调沙后,淡水对土壤的洗盐作用使得土壤盐碱化程度得到缓解,碱蓬占湿地面积的比例也从2002年的19%增长到2004年的22%(见图8-11)。以现行清8汊河口区为例,对径流量和输沙量变化与植被景观演变之间的关系进行定量分析。从图8-12可以看出,随着入海径流量的增加,现行清8汊河口区湿地植被的分布格局也发生了相应变化。2008年黄河调水调沙期间,黄河水利委员会有计划地向黄三角清水沟流路南部湿地进行生态补水。大量的淡水补给为喜淡水的湿生植被创造了良好的栖息环境,2008年以来清8汊河口区芦苇群落呈长条状不断向口门位置延伸,河道两岸芦苇发育良好。至2020年时,靠近口门处已形成了芦苇-互花米草交错分布的格局。

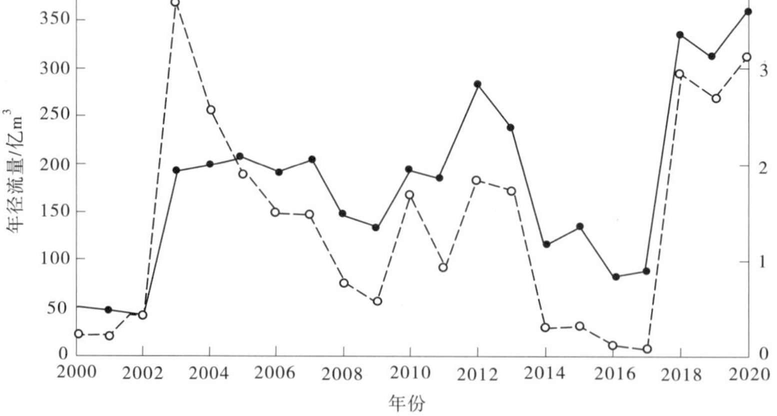

图8-10 2000~2020年利津站年径流量、年输沙量变化

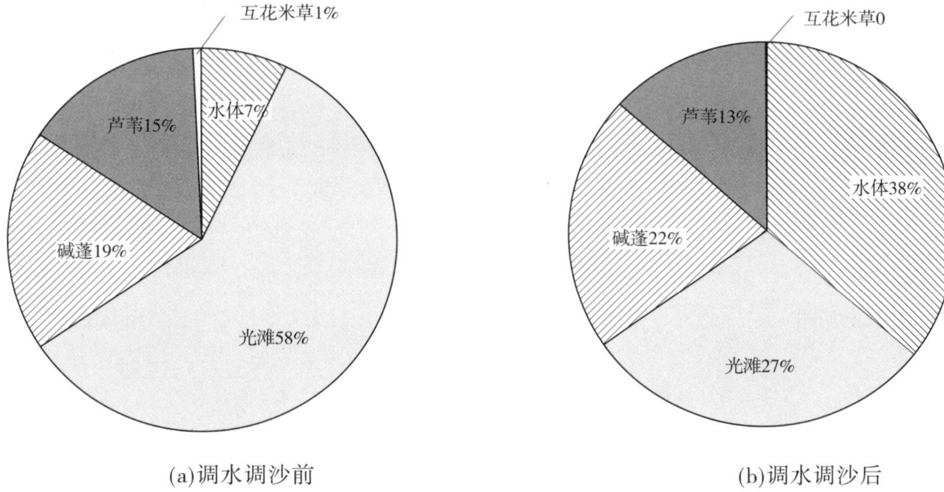

图 8-11　实施调水调沙前、后研究区景观变化

自 1996 年黄河改道清 8 汊流路入海后，现行河口一直处于发育状态。经过统计分析，可以发现清 8 汊河口区湿地面积以及湿地植被面积均与黄河累计年输沙量呈显著正相关性，其线性关系的决定系数 R^2 分别为 0.87 和 0.92（见图 8-13）。2002 年黄河实施调水调沙以来，黄河入海年输沙量呈小幅度波动但整体趋于稳定，稳定的泥沙来源加快了河口的造陆速率，使得现行清 8 汊河口区始终保持淤积状态，特别是河口沙嘴位置不断向海洋方向推进。从不同时期清 8 汊湿地植被空间分布情况（见图 8-12）来看，2002 年清 8 汊河口区南侧首次出现互花米草，但由于靠近废弃清水沟河道，海洋动力导致清水沟老河口岸段呈现明显的侵蚀状态，互花米草一度消失。2008 年以后随着河口段发育逐渐稳定，互花米草得以在潮间带区域“定居”下来。此外，河口区滩面不断向外延伸导致互花米草的生长空间扩大，这也是近几年河口沙嘴处互花米草扩张剧烈的重要原因。

8.3.2　人为驱动力

人类活动通过改变地表覆盖类型和利用形式对水文过程产生影响。此外，人类活动也会通过改变湿地水资源的开发利用方式，如湿地人工生态补水、农业灌溉用水和经济建设用水等，从而对湿地景观格局产生影响。虽然现行黄河口保护区内人类活动较少，湿地景观演变主要受河流水沙变化及海洋动力的制约，但也不可避免地受到区域经济建设的影响。其中，油田开发和建筑设施是导致区域内湿地景观格局发生变化的一个主要原因。这些建筑用地将原本完整的湿地分割开来，切断了植被群落之间的连通，使得湿地景观呈现破碎化的趋势。此外，农业与工业用水的增加、上游水库的建立以及污水的排放也给区域土壤盐度、水分、营养物质带来了一定影响，从而控制湿地植被的生长和消亡。

刁口河口保护区湿地植被景观格局的演变与人类活动密切相关。黄河入海口由刁口河流路人为改道清水沟以来，由于湿地淡水供应不足，蒸发量远大于降水量，区域土壤盐分不断增加，芦苇、碱蓬等中轻度耐盐植被逐渐被柽柳等高耐盐灌丛所取代，部分甚至退化成裸地。与此同时，一些不合理的农业活动如过度放牧、粗放开垦等致使地表植被遭到

图 8-12　不同时期清 8 汊湿地植被空间分布

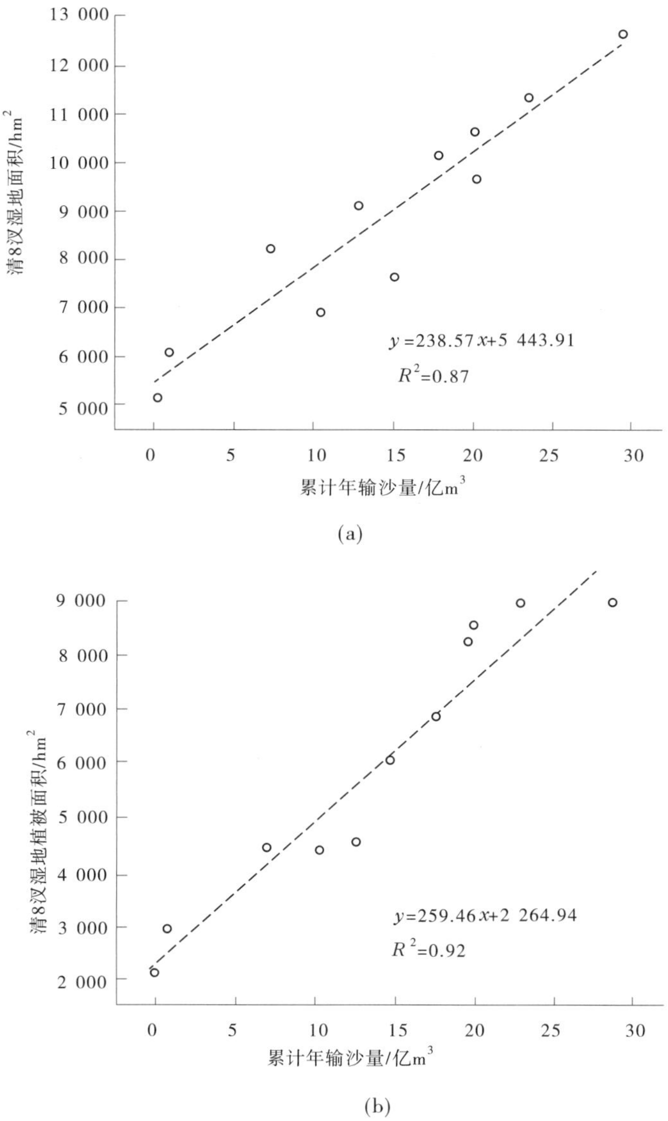

图 8-13　2000~2020 年清 8 汊湿地面积、湿地植被面积与累计年输沙量的关系

破坏,加重了盐渍化,使得湿地退化程度进一步加剧。2000~2010 年保护区内主要湿地植被覆盖类型是柽柳灌丛、柽柳-碱蓬-芦苇盐沼,柽柳等高耐盐灌丛景观面积占比为12%~18%,芦苇景观面积占比仅为 1%~3%(见图 8-14)。

2010~2020 年黄河水利委员会先后对刁口河口保护区进行了 10 次生态补水,10 年间仅 2016 年因北方旱情严重未开启引水。据统计,黄河三角洲刁口河流路在恢复行水的 11 年里,累计调水 2.43 亿 m^3,湿地补水面积达到 5.5 万亩,湿地面积大大增加。生态补水后,保护区土壤条件得到改善,土壤盐渍化程度和土壤含盐量降低。柽柳等高耐盐灌丛植被的面积自 2008 年的 7 039.35 hm^2 减少到 2020 年的 4 443.03 hm^2,芦苇群落面积则以每年 191.43 hm^2 的速度增长。因此,生态补水对现行黄河口保护区湿地景观演变的影响主要表现为原本以盐渍化光板地和盐生灌丛为主的湿地景观类型逐渐被芦苇沼泽和碱蓬盐沼取代。

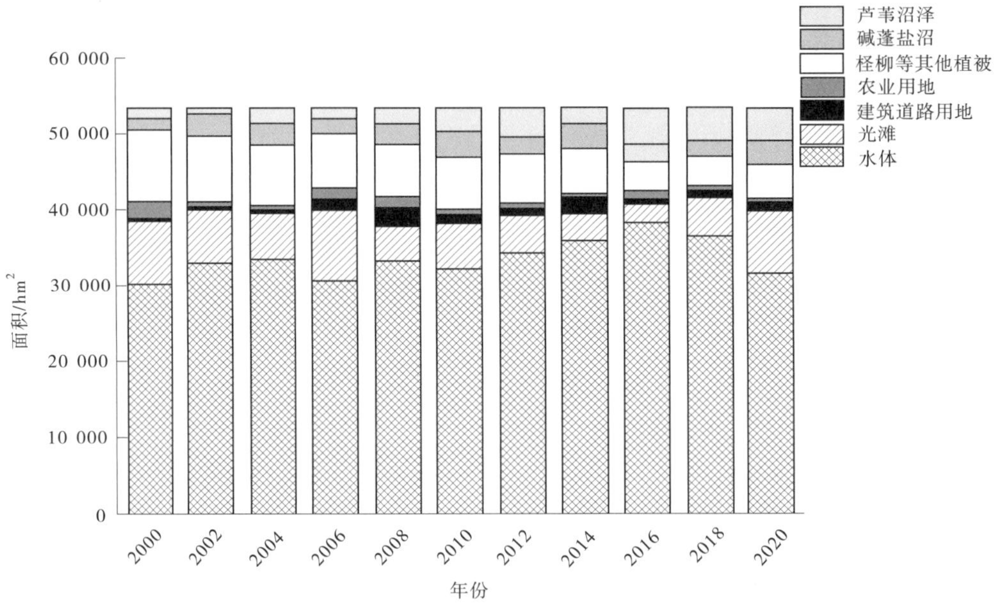

图 8-14　2000~2020 年刁口河口保护区不同景观类型面积变化

为进一步评价生态补水过程在黄河三角洲刁口河流路湿地修复中所发挥的作用,本书对刁口河湿地恢复区内的土地覆盖类型变化进行了对比分析(见图 8-15、图 8-16)。从图 8-15 可以看出,经过多年的引水,刁口河道已呈现清晰的流路,河道水面变宽,并于 2020 年首次实现入海。

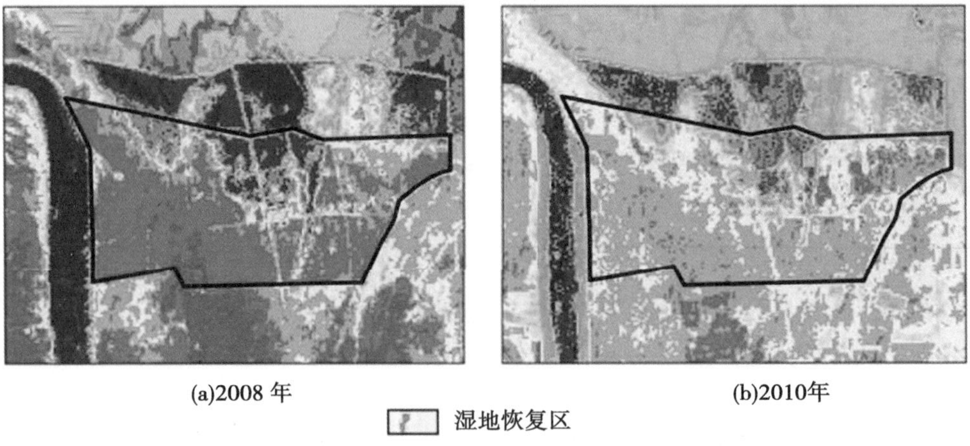

图 8-15　刁口河口保护区湿地修复区水体指数变化情况

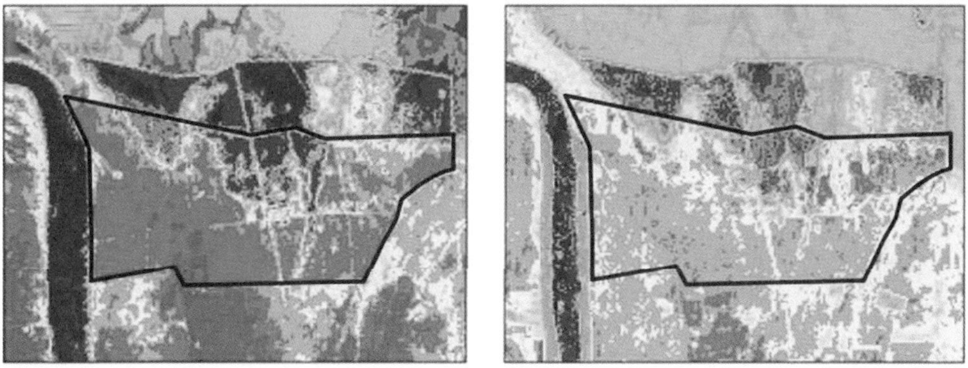

(c)2016年　　(d)2020年

续图 8-15

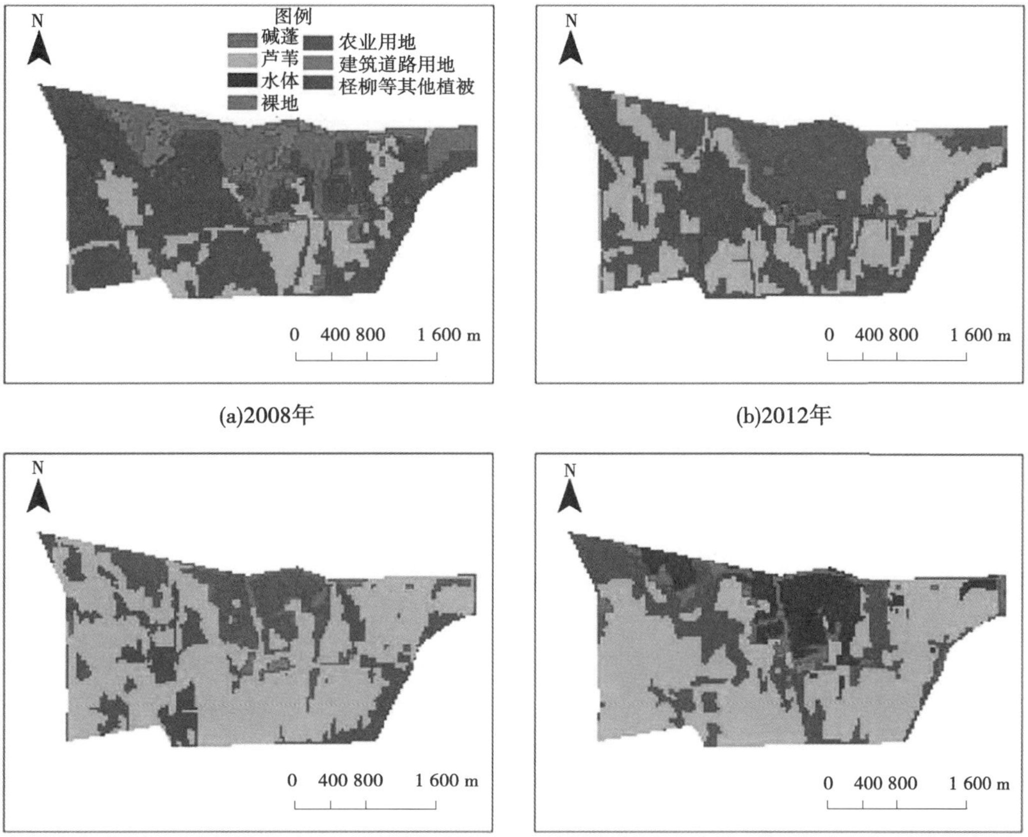

(a)2008年　　(b)2012年

(c)2016年　　(d)2020年

图 8-16　不同时期刁口河湿地恢复区内植被变化情况

由图 8-16 可知，生态补水前，恢复区以柽柳为主的灌丛植被大多分布在地势较高处，2008 年其群落面积为 446.22 hm^2，占恢复区总面积的 54.59%，处于优势地位，而芦苇群落仅占 17.64%。恢复区内湿地植被发生逆向演替，即芦苇等湿生植被逐渐被一年生或多年生盐生植被取代。实施生态补水后，2012 年恢复区内已形成了较大范围的水面。此后经过连续几年的补水，水体面积进一步扩大，2016 年恢复区内水体面积已达到 118.53 hm^2。此外，恢复区长期处于水淹状态，低矮的柽柳、碱蓬等盐生植被因淹水而死亡，逐渐被芦苇沼泽取代。与调水前相比，2016 年恢复区芦苇群落面积增加了 363.25 hm^2，柽柳等其他灌丛植被的面积减少了 332.15 hm^2(见图 8-17)。恢复区内只有地势较高处的柽柳群落因淹水量较少而得以生存，但随着补水工程的长期实施，该部分柽柳灌丛也有被芦苇群落演替的趋势。这说明了生态补水工程使得湿地植被由补水前的逆向演替转变为顺向演替，主要表现为大片芦苇沼泽的出现。

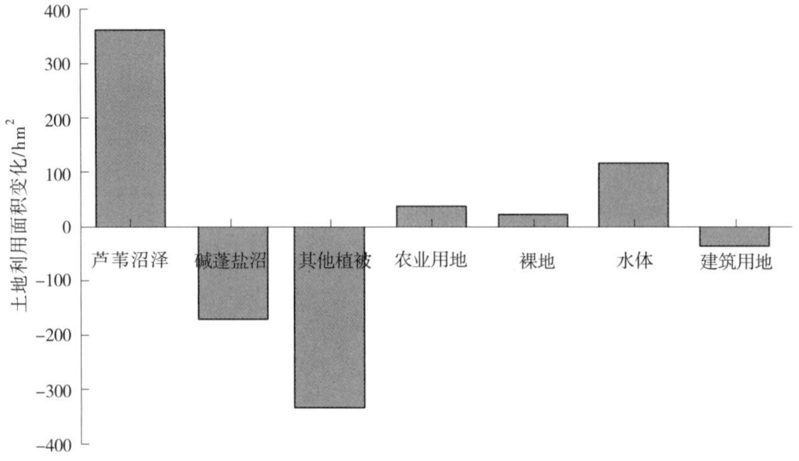

图 8-17　补水前后土地利用面积变化情况(2008~2016 年)

综上可知，现行黄河口保护区和刁口河口保护区景观格局演变的驱动因子存在显著差异：现行黄河口保护区湿地景观变化主要受黄河入海径流量和输沙量的影响，湿地面积及湿地植被面积与累计年输沙量有显著的相关性；刁口河口保护区主要受控于人为因素，生态补水工程有效遏制了湿地的退化，湿地植被由逆向演替转变为正向演替，湿地结构得到优化。

第 9 章　湿地生态系统健康评价研究

本书以 P-S-R 模型为框架，从压力（P）、状态（S）、响应（R）三个层面构建包括人口密度、土地利用程度、年来水量等指标的湿地生态系统健康评价指标体系。在此基础上，采用 Fuzzy-AHP 法对不同时期刁口河地区湿地的生态系统健康状况进行评价。

9.1　生态系统健康评价指标体系

P-S-R 模型由压力-状态-响应三部分组成，以逻辑思维方式体现了环境与人类之间的相互联系与相互作用。压力、状态和响应三个部分之间存在紧密的逻辑关系，根据研究内容和研究目标的差异，在不同的研究指标中选取的侧重点有所不同，最终确定的指标体系也随之变化。在各类研究中，P-S-R 模型以其在指标选取方面灵活便捷的特点得到广泛应用。

9.1.1　指标体系构建原则

湿地生态系统健康评价的关键在于指标体系的建立。一套科学合理的湿地生态系统健康评价指标体系，不仅可以对不同时期刁口河尾闾湿地的生态系统健康状况进行准确判断，而且可以直观地体现刁口河尾闾湿地生态补水的具体效果，从而为制定合理的湿地保护对策提供依据，对提高湿地生态系统管理保护水平具有重要的指导作用。

在指标选取的过程中，需要不断思考以下两点内容：一是选取该指标的原因及依据，二是所选取的指标分属压力（P）、状态（S）和响应（R）中的哪个。这不仅可以约束相应指标的选取，使所选的指标能较好地反映研究区域的生态系统健康状况，而且可以明确所选指标的意义以及不同层次之间的逻辑关系。

国内外湿地生态系统健康评价研究中涉及的指标繁多，但在特定的研究中，必须要在这些众多的评价指标中进一步筛选出最切合研究目的、最能确切反映研究区域湿地生态系统健康状况的指标。因此，本书在选取指标时，首先考虑以下几个指标选取原则。

9.1.1.1　针对性原则

湿地生态系统在结构和功能上具有复杂性和多样性，不同的指标反映出的问题也不同。针对评价的目标与侧重点选取出最能反映出评价目标的生态指标。

9.1.1.2　代表性原则

所选取的指标可充分反映出或充分表示湿地生态系统的某方面状况，同时能够体现出该区域的典型性和特殊性。

9.1.1.3　动态性原则

指标具有时间上的动态变化特征，在数据允许的情况下可以比较不同年份的湿地生态系统健康状况。

9.1.1.4 **可行性原则**

选取的评价指标要充分考虑对研究区域现有资料的掌握程度,或者在现有的设备和技术条件下是否易于获取,指标是否易于量化,以及是否能够保证评价的时效性。

9.1.1.5 **系统性原则**

最终构建的评价指标体系必须具有完整性,这一体系既需要反映湿地生态系统健康的主要方面,而且要避免指标的重复,以免使得评价体系过分庞大和复杂。

9.1.2 评价指标的选取

研究根据针对性、代表性、动态性、可行性和系统性原则,以 P-S-R 模型为主要框架,形成了由目标层、准则层和指标层三个层次构成的生态系统健康评价体系,在这一体系的基础上对刁口河尾间湿地进行生态系统健康评价。

其中,压力层表征刁口河尾间湿地生态系统受到的各种威胁性因素,包括淡水资源匮乏带来的自然压力,以及人为干扰与社会发展造成的社会压力;状态层表征湿地生态因子现状及其所产生的变化,主要包括湿地水面面积、主要植被、土壤理化特征、水禽等指标所处的状态;响应层包括相关管理部门对湿地状态的变化做出的相应调控措施,主要为政策性措施,如生态恢复工程投入等。

刁口河尾间湿地生态系统健康评价指标体系见表 9-1。指标可以分为极小型指标和极大型指标两类。对于极小型指标,取值越小,状态越优;相反,极大型指标取值越大,状态越优。对研究所构建的指标体系的解释及其量化方法如下。

9.1.2.1 C1:**人口密度**

人口密度反映湿地生态系统所受的人口压力或外部受胁迫状况,以刁口河尾间湿地区域内单位面积的人口数量表示。

9.1.2.2 C2:**土地利用程度**

土地利用程度反映湿地生态系统受人类活动的干扰程度,建设用地面积的增长会导致人类对湿地生态系统物质生产需求的提升和污染物排放量的增加,本书以研究区内已开发利用的土地面积占刁口河尾间湿地总面积的比值表示。

9.1.2.3 C3:**湿地年来水量**

湿地年来水量反映水资源的补给量对刁口河尾间湿地生态系统的影响,即湿地生态系统受自然环境的外部胁迫状况,以生态补水工程对刁口河流路的补水量表示。

9.1.2.4 C4:**湿地受胁迫程度**

湿地受胁迫程度反映湿地生态系统受人类破坏的程度,即打鱼、垦殖、捕鸟、猎杀等现象的严重程度,根据实地调查结果以优良、良好、一般、较严重、严重五个程度衡量,分别赋值 5、4、3、2、1。

9.1.2.5 C5:**水面面积**

水面面积即刁口河尾间湿地的水面面积,是反映湿地生态系统状况的主要指标之一,用遥感解译出的水面面积表示。

9.1.2.6 C6:**表层土壤含水量**

表层土壤含水量反映刁口河尾间湿地的表层土壤湿度,以生态调查结果中草本样地的表层土壤含水量表示。

表 9-1　刁口河尾闾湿地生态系统健康评价指标体系

<table>
<tr><th colspan="2">准则层</th><th>指标</th><th>数据来源</th></tr>
<tr><td colspan="2" rowspan="4">B1:压力(P)</td><td>C1:人口密度</td><td>统计资料</td></tr>
<tr><td>C2:土地利用程度</td><td>遥感解译</td></tr>
<tr><td>C3:湿地年来水量</td><td>统计资料</td></tr>
<tr><td>C4:湿地受胁迫程度</td><td>统计资料</td></tr>
<tr><td rowspan="13">B2:状态(S)</td><td rowspan="6">环境状态</td><td>C5:水面面积</td><td>遥感解译</td></tr>
<tr><td>C6:表层土壤含水量</td><td>实地生态调查</td></tr>
<tr><td>C7:土壤有机质</td><td>实地生态调查</td></tr>
<tr><td>C8:土壤含盐量</td><td>实地生态调查</td></tr>
<tr><td>C9:地下水位</td><td>实地生态调查</td></tr>
<tr><td>C10:湿地水质</td><td>实地生态调查</td></tr>
<tr><td rowspan="4">生态状态</td><td>C11:植被种类</td><td>实地生态调查</td></tr>
<tr><td>C12:群落高度</td><td>实地生态调查</td></tr>
<tr><td>C13:植被覆盖面积</td><td>实地生态调查</td></tr>
<tr><td>C14:斑块个数</td><td>遥感解译</td></tr>
<tr><td rowspan="3">功能状态</td><td>C15:栖息地保护功能</td><td>生态调查+统计资料</td></tr>
<tr><td>C16:控制侵蚀功能</td><td>遥感解译+统计资料</td></tr>
<tr><td>C17:科教娱乐功能</td><td>统计资料</td></tr>
<tr><td colspan="2" rowspan="3">B3:响应(R)</td><td>C18:湿地管理水平</td><td>统计资料</td></tr>
<tr><td>C19:生态恢复工程</td><td>统计资料</td></tr>
<tr><td>C20:湿地建设投入</td><td>统计资料</td></tr>
</table>

9.1.2.7　C7:土壤有机质

土壤有机质反映刁口河尾闾湿地的土壤腐殖质含量,以生态调查结果中草本样地的表层土壤有机质含量表示。

9.1.2.8　C8:土壤含盐量

土壤含盐量反映刁口河尾闾湿地的土壤盐分含量,以生态调查结果中草本样地的表层土壤含盐量表示。

9.1.2.9　C9:地下水位

地下水位反映刁口河尾闾湿地的地下水埋深状况,以地下水位的平均值表示。

9.1.2.10　C10：湿地水质

湿地水质反映刁口河尾闾湿地的地表水总体水环境质量，以《地表水环境质量标准》（GB 3838—2002）中的水质类别表示。Ⅰ、Ⅱ、Ⅲ、Ⅳ、Ⅴ类水质类别分别赋值5、4、3、2、1。

9.1.2.11　C11：植被种类

植被种类即刁口河尾闾湿地内植被的种数和类别，反映湿地植被的多样化程度，以生态调查结果中的植物总种数表示。

9.1.2.12　C12：群落高度

群落高度即刁口河尾闾湿地内主要群落的平均高度，反映湿地植被的生长发育情况，以生态调查结果中草本群落的平均高度表示。

9.1.2.13　C13：植被覆盖面积

植被覆盖面积反映刁口河尾闾湿地植被的分布情况及其覆盖度，以遥感解译的植被覆盖面积表示。

9.1.2.14　C14：斑块个数

斑块个数即刁口河尾闾湿地所有景观类型斑块的总数量，以遥感解译的斑块分布情况表示。

9.1.2.15　C15：栖息地保护功能

栖息地保护功能反映刁口河尾闾湿地生态系统是否有利于湿地水禽的栖息与繁育，以湿地代表性珍稀保护动物数量来表示。

9.1.2.16　C16：控制侵蚀功能

控制侵蚀功能反映刁口河尾闾湿地对海水侵蚀与岸线蚀退的控制能力，以湿地与海水相接处的海岸线平均蚀退率来表示。

9.1.2.17　C17：科教娱乐功能

科教娱乐功能反映刁口河尾闾湿地在科研教育与人文娱乐方面发挥的作用，通过查阅资料以定量和定性相结合的方式分为完善、较完善、一般、不完善、极不完善五类，分别赋值5、4、3、2、1。

9.1.2.18　C18：湿地管理水平

湿地管理水平反映刁口河尾闾湿地管理队伍建设情况和科研水平，通过查阅资料以定量和定性相结合的方式分为优秀、良好、一般、较差、极差五类，分别赋值5、4、3、2、1。

9.1.2.19　C19：生态恢复工程

生态恢复工程反映刁口河尾闾湿地生态系统修复工程的实施情况，以有无生态恢复工程以及生态恢复工程规模来表示。由于该指标为描述性指标，难以量化，因此将该指标等级评价标准分为生态恢复工程规模大、生态恢复工程规模较大、生态恢复工程规模一般、生态恢复工程规模较小、无生态恢复工程五类，分别赋值5、4、3、2、1。

9.1.2.20　C20：湿地建设投入

湿地建设投入反映相关机构在湿地保护区建设中的资金投入或政策性措施，以刁口河尾闾湿地建设年资金投入以及政策性文件的发布表示。通过查阅资料，将建设的投入情况分为投入大、投入较大、投入一般、投入偏少、无投入五类，分别赋值5、4、3、2、1。

9.2 指标权重确定

本书采用层次分析法(AHP)确定指标权重。

层次分析法是美国的 T. L. Saaty 提出的一种将定性与定量相结合的分析方法。这一方法将特定的问题分解成具有多层结构的若干个有序层次,由决策者和该领域内专家学者通过对各指标相对重要程度的两两比较,实现对指标的评分和权重的判断。在此基础上,通过对各层次判断矩阵特征向量的计算,得到该层次指标相对于上一层次贡献程度大小的判断,以此类推,最终得到最低层的评价指标相对于总体目标的权重排列结果。该方法通过比较、判断、评价、决策的流程,尽可能地避免了指标权重过于主观化的问题,在实际研究中得到了十分广泛的应用。

层次分析法具体步骤如下:

(1)建立层次结构模型。

根据研究目标、指标选取原则和主要研究对象把评价体系分解成若干层次,对各个层次上的评价指标进行定性分析和定量分析。

(2)构造判断矩阵。

判断矩阵的构造取决于每一对指标的相对重要性比值,在对指标进行两两比较时,采用相对尺度可以尽可能减少不同性质的指标相互比较带来的困难与误差, 以提高权重计算结果的准确性。判断矩阵指标标度见表 9-2。

表 9-2 判断矩阵指标标度

指标比指标	标度
同等重要	1
稍微重要	3
较强重要	5
强烈重要	7
极端重要	9
两相邻判断的中间值	2、4、6、8

(3)矩阵一致性检验。

判断矩阵的一致性检验是验证矩阵合理性的重要步骤。判断矩阵的一致性一定程度上代表着判断思维的逻辑性。如当指标 2 相比指标 1 强烈重要,而指标 2 相比指标 3 稍微重要时,显然指标 1 一定比指标 3 重要。一致性检验的步骤如下:

①计算一致性指标 C. I。

$$\text{C. I} = \frac{1}{n-1}(\lambda_{\max} - n) \tag{9-1}$$

式中:$\lambda_{\max}$ 为判断矩阵的最大特征值;n 为判断矩阵的阶数。

②确定平均随机一致性指标 R. I,见表 9-3。

表 9-3 平均随机一致性指标

矩阵阶数	1	2	3	4	5	6	7	8	9	10
R. I	0	0	0. 58	0. 90	1. 12	1. 24	1. 32	1. 41	1. 45	1. 49

③计算随机一致性比值 C. R。

$$C.R = C.I/R.I \tag{9-2}$$

当随机一致性比值 C. R<0. 1 时,表示该判断矩阵成功通过一致性检验;当随机一致性比值 C. R>0. 1 时,表示该判断矩阵不符合一致性要求,未成功通过一致性检验,此时需要对该判断矩阵中各指标相对重要性判断的逻辑性进行审查和修正。

(4)权重系数计算。

矩阵通过一致性检验后,通过计算矩阵的特征值和其正交化特征向量,从最高层到最低层依次确定出所要分析的指标相对于上一层的权重,在此基础上计算出最低层所有指标相对于总目标的权重,即权重系数。

9. 2. 1 构建判断矩阵

本书依据对刁口河尾闾湿地的实地调研成果,结合专家意见以及相关文献资料,采用 1~9 及其倒数的标度方法对指标的两两对比重要性进行赋值,得到评价体系中各个层次的判断矩阵,见表 9-4~表 9-10。以下判断矩阵随机一致性比值 C. R 均通过矩阵的一致性检验。

表 9-4 A-B 判断矩阵

A-B	B1	B2	B3	权重
B1	1	1/3	2	0. 204 3
B2	3	1	2	0. 576 0
B3	1/2	1/2	1	0. 219 7
$\lambda_{max}=3.004$ C. I=0. 001 9 C. R=0. 003				

表 9-5 B1-C 判断矩阵

B1-C	C1	C2	C3	C4	权重
C1	1	1	1/3	1/2	0. 141 1
C2	1	1	1/3	1/2	0. 141 1
C3	3	3	1	2	0. 454 7
C4	2	2	1/2	1	0. 263 1
$\lambda_{max}=4.001$ C. I=0. 003 C. R=0. 004					

表 9-6 B2-C′判断矩阵

B2-C′	C′1	C′2	C′3	权重
C′1	1	1/2	2	0.267 5
C′2	2	1	3	0.485 1
C′3	1/2	1/3	1	0.247 4
$\lambda_{max}=3.009$ C.I=0.046 C.R=0.008				

表 9-7 C′1-C 判断矩阵

C′1-C	C5	C6	C7	C8	C9	C10	权重
C5	1	1/2	2	1/2	2	3	0.159 4
C6	2	1	4	1	4	5	0.309 8
C7	1/2	1/4	1	1/4	1	2	0.084 4
C8	2	4	1	1	4	5	0.309 8
C9	1/2	1/4	1/4	1/4	1	2	0.084 4
C10	1/3	1/5	1/2	1/5	1/2	1	0.052 2
$\lambda_{max}=6.031$ C.I=0.006 C.R=0.005							

表 9-8 C′2-C 判断矩阵

C′2-C	C11	C12	C13	C14	权重
C11	1	1	1/2	2	0.222 2
C12	1	1	1/2	2	0.222 2
C13	2	2	1	4	0.444 5
C14	1/2	1/2	1/4	1	0.111 1
$\lambda_{max}=4.000$ C.I=0 C.R=0					

表 9-9 C′3-C 判断矩阵

C′3-C	C15	C16	C17	权重
C15	1	2	3	0.510 6
C16	1/2	1	2	0.281 6
C17	1/3	1/2	1	0.207 8
$\lambda_{max}=3.009$ C.I=0.046 C.R=0.008				

表 9-10　B3-C　判断矩阵

B3-C	C18	C19	C20	权重
C18	1	1/3	1/2	0.163 8
C19	3	1	2	0.539 0
C20	2	1/2	1	0.297 2
$\lambda_{max}=3.009$　C.I=0.046　C.R=0.008				

9.2.2　层次总排序

层次总排序,即确定指标层的所有元素相对于总目标重要性的比重,根据各个判断矩阵中的分项权重,采用逐层叠加的方法计算评价指标相对于总目标层的权重并进行层次总排序,得到最低层指标的归一化权重值,见表 9-11。

表 9-11　刁口河尾闾湿地生态系统健康评价指标层次总排序

目标层	准则层	次准则层	指标层	总权重
A	B1(0.204 3)		C1(0.141 1)	0.028 8
			C2(0.141 1)	0.028 8
			C3(0.454 7)	0.092 9
			C4(0.263 1)	0.053 8
	B2(0.576 0)	C′1(0.154 1)	C5(0.159 4)	0.024 6
			C6(0.309 8)	0.047 7
			C7(0.084 4)	0.013 0
			C8(0.309 8)	0.047 7
			C9(0.084 4)	0.013 0
			C10(0.052 2)	0.008 1
		C′2(0.279 4)	C11(0.222 2)	0.062 1
			C12(0.222 2)	0.062 1
			C13(0.444 5)	0.124 2
			C14(0.111 1)	0.031 0
		C′3(0.142 5)	C15(0.510 6)	0.072 8
			C16(0.281 6)	0.040 1
			C17(0.207 8)	0.029 6
	B3(0.219 7)		C18(0.163 8)	0.036 0
			C19(0.539 0)	0.118 4
			C20(0.297 2)	0.065 3

9.3　基于模糊综合评价法的隶属度分析

本书根据所建立的 P-S-R 模型，采用实地调查法、数据分析法等收集刁口河尾闾湿地遥感、生态、经济、水文等方面相关资料，对 P-S-R 模型中各指标 2010 年、2015 年和 2018 年三个时期的数据进行收集、提取和标准化处理，并参考评价指标等级分类标准，采用模糊数学法计算各指标的相对隶属度，从而实现对不同时期黄河三角洲湿地主要补水区——刁口河尾闾湿地生态系统健康状况的评价。

9.3.1　评价指标分级标准

根据湿地生态系统健康评价的需求，结合实地考察和专家咨询结果，本书将刁口河尾闾湿地生态系统健康程度划分为健康（Ⅰ）、亚健康（Ⅱ）、一般（Ⅲ）、亚病态（Ⅳ）、病态（Ⅴ）5 个等级，并确定各评价指标的等级分类标准，见表 9-12。

表 9-12　刁口河尾闾湿地生态系统健康评价指标分级标准

评价指标	分类标准					实际值		
	Ⅰ	Ⅱ	Ⅲ	Ⅳ	Ⅴ	2010 年	2015 年	2018 年
C1	5	10	15	20	25	1.2	1.4	1.4
C2	5	10	15	20	25	3.7	3.6	3.6
C3	3 500	3 000	2 000	1 000	500	0	920	3 621
C4	5	4	3	2	1	3	3	4
C5	4	3	2	1	0.5	0.6	3.4	3.7
C6	30	20	10	5	2	21.1	23.7	24.6
C7	20	15	10	5	2	0.3	0.6	0.5
C8	2 000	4 000	6 000	8 000	10 000	12 046	7 749	6 112
C9	0.5	1	1.5	2	3	1.4	0.9	1.1
C10	Ⅰ	Ⅱ	Ⅲ	Ⅳ	Ⅴ	Ⅳ	Ⅲ	Ⅲ
C11	70	50	30	20	10	13	42	51
C12	80	60	40	20	10	27.3	54	65.5
C13	70	50	30	10	5	19.8	57.7	59.3
C14	15	10	6	4	2	7	8	8
C15	30 000	20 000	15 000	10 000	5 000	9 020	17 344	20 070
C16	0	5	10	13	15	13.6	1.2	0.6
C17	5	4	3	2	1	2	3	3

续表 9-12

评价指标	分类标准					实际值		
	Ⅰ	Ⅱ	Ⅲ	Ⅳ	Ⅴ	2010 年	2015 年	2018 年
C18	5	4	3	2	1	3	4	4
C19	5	4	3	2	1	1	3	3
C20	5	4	3	2	1	2	3	4

注：数据单位 C1：人/km^2，C2：%，C3：万 m^3，C5：km^2，C6：%，C7：%，C8：mg/kg，C9：m，C11：种，C12：cm，C13：km^2，C14：个，C15：只，C16：%。

9.3.2　确定模糊关系矩阵

模糊关系矩阵表示为

$$\boldsymbol{R} = (r_{ij})_{m\times n} \begin{bmatrix} r_{11} & \cdots & r_{1n} \\ \vdots & & \vdots \\ r_{m1} & \cdots & r_{mn} \end{bmatrix} \tag{9-3}$$

式中：r_{ij} 为属于第 j 级的第 i 个指标。

隶属函数表示指标在模糊系统中所属的程度。在每个准则层中，各指标的隶属度可以通过以下公式定量描述：

对于正向指标，有

$$\left.\begin{aligned} & r_{i,1}=1, r_{i,2}=r_{i,3}=r_{i,4}=r_{i,5}=0, x_i<s_{i,1} \\ & r_{i,j+1}=\frac{x_i-s_{i,j}}{s_{i,j+1}-s_{i,j}} \\ & r_{i,j}=1-r_{i,j+1} \\ & s_{i,j}\leqslant x_i\leqslant s_{i,j+1} \quad (j=1,2,3,4) \\ & r_{i,5}=1,\ r_{i,1}=r_{i,2}=r_{i,3}=r_{i,4}=0, x_i>s_{i,5} \end{aligned}\right\} \tag{9-4}$$

对于负向指标，有

$$\left.\begin{aligned} & r_{i,1}=1, r_{i,2}=r_{i,3}=r_{i,4}=r_{i,5}=0, x_i>s_{i,1} \\ & r_{i,j+1}=\frac{x_i-s_{i,j}}{s_{i,j+1}-s_{i,j}} \\ & r_{i,j}=1-r_{i,j+1} \\ & s_{i,j+1}\leqslant x_i\leqslant s_{i,j} \quad (j=1,2,3,4) \\ & r_{i,5}=1, r_{i,1}=r_{i,2}=r_{i,3}=r_{i,4}=0, x_i>s_{i,5} \end{aligned}\right\} \tag{9-5}$$

根据式(9-4)、式(9-5)，计算得到各指标的隶属度，见表 9-13。

表 9-13　生态系统健康评价指标隶属度

指标	2010 年					2015 年					2018 年				
C1	1	0	0	0	0	1	0	0	0	0	1	0	0	0	0
C2	1	0	0	0	0	1	0	0	0	0	1	0	0	0	0
C3	0	0	0	0	1	0	0	0	0.84	0.16	1	0	0	0	0
C4	0	0	1	0	0	0	0	1	0	0	0	1	0	0	0
C5	0	0	0	0.2	0.8	0.4	0.6	0	0	0	0.7	0.3	0	0	0
C6	0.11	0.89	0	0	0	0.37	0.63	0	0	0	0.46	0.54	0	0	0
C7	0	0	0	0	1	0	0	0	0	1	0	0	0	0	1
C8	0	0	0	0	1	0	0	0.13	0.87	0	0	0	0.94	0.06	0
C9	0	0.2	0.8	0	0	0.2	0.8	0	0	0	0	0.8	0.2	0	0
C10	0	0	0	1	0	0	0	1	0	0	0	0	1	0	0
C11	0	0	0	0.7	0.3	0	0.6	0.4	0	0	0.05	0.95	0	0	0
C12	0	0	0.36	0.64	0	0	0.7	0.3	0	0	0.28	0.73	0	0	0
C13	0	0	0.49	0.51	0	0.38	0.62	0	0	0	0.46	0.54	0	0	0
C14	0	0.25	0.75	0	0	0	0.5	0.5	0	0	0	0.5	0.5	0	0
C15	0	0	0	0.8	0.2	0	0.47	0.53	0	0	0.01	0.99	0	0	0
C16	0	0	0	0.8	0.2	0.76	0.24	0	0	0	0.88	0.12	0	0	0
C17	0	0	0	1	0	0	0	1	0	0	0	0	1	0	0
C18	0	0	1	0	0	0	1	0	0	0	0	1	0	0	0
C19	0	0	0	0	1	0	0	1	0	0	0	0	1	0	0
C20	0	0	0	1	0	0	0	1	0	0	0	1	0	0	0

9.3.3　湿地生态系统健康程度

通过模糊算术运算符将模糊隶属度矩阵与总权重相结合，得到一个评估向量：

$$
\begin{aligned}
\boldsymbol{B}_i &= \boldsymbol{w}_i \cdot \boldsymbol{R}_i \\
&= (w_{i1}, w_{i2}, \cdots, w_{in}) \begin{bmatrix} r_{11} & \cdots & r_{1n} \\ \vdots & & \vdots \\ r_{m1} & \cdots & r_{mn} \end{bmatrix} \\
&= (b_1, b_2, \cdots, b_n)
\end{aligned}
\tag{9-6}
$$

其中，b_n 代表湿地生态系统健康评价中 5 个评价等级的隶属度。研究采用综合评价指数

(CEI)来反映湿地生态状况,CEI 可以将多个指标转化为能够反映湿地生态系统健康状况的一个综合性指数,常采用如下多目标线性加权函数计算:

$$CEI = (4b_1 + 3b_2 + 2b_3 + b_4 + b_5)/5 \tag{9-7}$$

湿地生态系统健康程度的 5 个等级分别对应着不同的综合评价指数(CEI),见表 9-14。

表 9-14　湿地生态系统健康程度分级标准

生态系统健康程度	CEI
健康	0. 85≤CEI≤1. 00
亚健康	0. 7≤CEI<0. 85
一般	0. 55≤CEI<0. 7
亚病态	0. 4≤CEI<0. 55
病态	CEI<0. 4

9. 4　刁口河尾闾湿地生态系统健康评价结果

9. 4. 1　评价结果

采用以上方法和指标体系对研究区域生态系统健康程度进行定量化评价,得到刁口河尾闾湿地生态系统健康综合评价指数,见表 9-15。

表 9-15　不同时期刁口河尾闾湿地生态系统健康综合评价指数

准则层		CEI 指数		
		2010 年	2015 年	2018 年
压力		0. 137	0. 121	0. 084
状态	环境状态	0. 069	0. 102	0. 111
	生态状态	0. 132	0. 221	0. 236
	功能状态	0. 052	0. 106	0. 115
	小计	0. 253	0. 429	0. 462
响应		0. 071	0. 139	0. 152
总计		0. 461	0. 689	0. 698

结果显示,2010 年、2015 年、2018 年刁口河尾闾湿地的 CEI 指数分别为 0. 461、0. 689 和 0. 698,三个时期相应的湿地生态系统健康状况分别属于亚病态、一般和一般等级。可

见，随着生态补水工作的规律开展，刁口河尾闾湿地生态系统向着健康方向稳定发展。

生态补水措施的实施对黄河三角洲刁口河尾闾湿地生态系统的各个方面产生了不同程度的积极影响。补水工作开展之前，刁口河流路水量极少，不足以维持刁口河尾闾湿地的良性发育。由于长期缺少淡水资源的补给，湿地生态系统的整体性和自然性急剧退化，水面面积减少，土壤盐碱化加剧，群落逆向演替趋势明显，湿地正常结构与功能难以维持。

经过 5 年的生态补水，2015 年刁口河尾闾湿地水面面积显著扩大，土壤含水量增加，由于淡水压盐作用，土壤含盐量明显下降，盐碱化现象大幅改善，为植被的生长发育提供了良好的条件；随着生境类型的改变，湿地恢复区淡水生物和水中浮游动物数量逐渐增加，水禽栖息地条件得以提高，刁口河尾闾湿地生态系统健康程度显著提升。

2015~2018 年，湿地生态系统健康程度继续提升，主要表现为湿地水面面积、植被种类、群落覆盖面积的持续增长，土壤理化特征的不断改善，以及湿地典型水禽数量的稳步增长，但各生态指标增长幅度逐渐趋缓。这一现象表明生态补水措施在退化湿地的修复中起到快速、显著的作用，但随着湿地生态状况的逐渐好转，修复作用开始减弱，因此要使湿地健康程度达到健康标准，仍需较长时期的生态补水以及一系列湿地保护工作。

9.4.2　压力分析

从 P-S-R 模型中压力层的角度分析，黄河三角洲刁口河尾闾湿地生态系统健康程度主要是受湿地年来水量的制约。生态补水前，刁口河尾闾湿地由于黄河改道的影响长期缺少水资源补给，缺水对湿地生态系统产生的压力使湿地面积日益减少、功能下降、生物多样性降低。

随着生态补水的规律进行，2015 年、2018 年刁口河尾闾湿地来水量分别达到 920 万 m^3、3 621 万 m^3，湿地年来水量得到保障，压力层的 CEI 指数由补水前的 0. 137 下降到 2018 年的 0. 084，刁口河尾闾湿地面临的压力得到一定程度的缓解，见表 9-16。

表 9-16　刁口河尾闾湿地压力层指标隶属度与综合评价指数

准则层	指标	2010 年					2015 年					2018 年				
压力	C1	1	0	0	0	0	1	0	0	0	0	1	0	0	0	0
	C2	1	0	0	0	0	1	0	0	0	0	1	0	0	0	0
	C3	0	0	0	0	1	0	0	0	0. 84	0. 16	1	0	0	0	0
	C4	0	0	1	0	0	0	0	1	0	0	0	1	0	0	0
	CEI	0. 137					0. 121					0. 084				

9.4.3　状态分析

状态层分为环境状态、生态状态和功能状态三个部分。

在环境状态中，表层土壤含水量和土壤含盐量对刁口河尾闾湿地生态系统健康程度影响最大,2009~2017 年,其中表层土壤含水量从 2009 年的 21.1%提高到 24.6%,土壤含盐量从 12 046 mg/kg 降低到 6 112 mg/kg,土壤含盐量明显下降,盐碱化现象大幅改善,为植被的生长发育提供了良好的条件,环境状态的 CEI 指数由 2010 年的 0.069 提高到 2018 年的 0.111。

在生态状态中,植被覆盖面积所占权重最大。2009 年,刁口河尾闾湿地的植被覆盖面积仅占区域总面积的 19.8%,补水 5 年后,这一数值达到 57.7%。截至 2018 年,刁口河尾闾湿地植被覆盖面积占区域总面积的比例达到 59.3%。植被覆盖面积的显著增长是刁口河尾闾湿地生态系统健康程度提高的重要表现,对生态状态层的综合评价指数计算结果显示,生态状态的 CEI 指数由 2010 年的 0.132 提高到 2018 年的 0.236。

功能状态包括栖息地保护功能、控制侵蚀功能和科教娱乐功能,其中栖息地保护功能在刁口河尾闾湿地的生态系统健康评价中有较高的重要性。随着生态补水的进行,湿地生境类型得以改善,刁口河尾闾湿地淡水生物和水中浮游动物数量逐渐增加,水禽栖息地条件得以提高。功能状态的 CEI 指数由 2010 年的 0.052 提高到 2018 年的 0.115(见表 9-17)。

表 9-17　刁口河尾闾湿地状态层指标隶属度与综合评价指数

状态层	指标	2010 年					2015 年					2018 年				
环境状态	C5	0	0	0	0.2	0.8	0.4	0.6	0	0	0	0.7	0.3	0	0	0
	C6	0.11	0.89	0	0	0	0.37	0.63	0	0	0	0.46	0.54	0	0	0
	C7	0	0	0	0	1	0	0	0	0	1	0	0	0	0	1
	C8	0	0	0	0	1	0	0	0.13	0.87	0	0	0	0.94	0.06	0
	C9	0	0.2	0.8	0	0	0.2	0.8	0	0	0	0	0.8	0.2	0	0
	C10	0	0	0	1	0	0	0	1	0	0	0	0	1	0	0
	CEI	0.069					0.102					0.111				
生态状态	C11	0	0	0	0.7	0.3	0	0.6	0.4	0	0	0.05	0.95	0	0	0
	C12	0	0	0.36	0.64	0	0	0.7	0.3	0	0	0.28	0.73	0	0	0
	C13	0	0	0.49	0.51	0	0.38	0.62	0	0	0	0.46	0.54	0	0	0
	C14	0	0.25	0.75	0	0	0	0.5	0.5	0	0	0	0.5	0.5	0	0
	CEI	0.132					0.221					0.236				
功能状态	C15	0	0	0	0.8	0.2	0	0.47	0.53	0	0	0.01	0.99	0	0	0
	C16	0	0	0	0.8	0.2	0.76	0.24	0	0	0	0.88	0.12	0	0	0
	C17	0	0	0	1	0	0	0	1	0	0	0	0	1	0	0
	CEI	0.052					0.106					0.115				

9.4.4　响应分析

湿地生态系统遭受外界环境的持续干扰或面临一定程度的压力时,就会发生与之相对应的响应。本书中响应层包括湿地管理水平、生态恢复工程和湿地建设投入三个指标，其中生态恢复工程在响应层中重要性最大。2010 年起，随着生态补水这一生态恢复工程的实施，刁口河尾闾湿地生态系统健康的压力和生态威胁得到控制，通过相应的保护和修复措施的开展，刁口河尾闾湿地保护水平有所提升。对响应层的综合评价指数计算结果显示，响应层的 CEI 指数由 2010 年的 0.071 提高到 2018 年的 0.152（见表 9-18）。

表 9-18　刁口河尾闾湿地响应层指标隶属度与综合评价指数

准则层	指标	2010 年					2015 年					2018 年				
响应层	C18	0	0	1	0	0	0	1	0	0	0	0	1	0	0	0
	C19	0	0	0	0	1	0	0	1	0	0	0	0	1	0	0
	C20	0	0	0	1	0	0	0	1	0	0	0	1	0	0	0
	CEI	0.071					0.139					0.152				

第 10 章　基于工程手段提升刁口河流路生态补水效果的研究

10.1　已实施的治理工程

为系统治理刁口河流路生态环境，提高生态补水效率，以地方出资金、河务部门出政策、专业队伍出力量的模式实施了 2020 年、2023 年两期刁口河生态治理工程，具体信息详见表 10-1。

表 10-1　刁口河生态治理工程信息

序号	工程名称	时间节点	工程投资/万元	施工内容
1	刁口河治理工程	2020 年 6 月 26 日至 2020 年 11 月 30 日	1 083	崔家泵站维修（15 m^3/s 船闸）；河道清淤疏浚 8.5 km，拆除拦河土坝 2 座及阻水建筑物 1 座
2	刁口河流路整治	2022 年 10 月 10 日至 2023 年 8 月 31 日	3 336	扩建刁口河引水口 1 处（15 m^3/s 船闸），改建生物通道 5 处，疏浚河道 16.8 km

刁口河治理工程于 2020 年 6 月开工建设，工程投资 1 083 万元，施工内容包括崔家泵站维修（15 m^3/s 船闸）；河道清淤疏浚 8.5 km，拆除拦河土坝 2 座及阻水建筑物 1 座。该工程于 2020 年 11 月完工，经验收合格，达到了设计要求，完成了合同约定的施工内容。

该工程在刁口河 8.5 km 的长度内累计清理淤土 20.24 万 m^3，该段河槽河底高程平均下降 0.45 m，见表 10-2。

表 10-2　刁口河治理工程施工项目清淤内容

序号	清淤部位	单位	数量
1	0+000～0+177	m^3	5 121.31
2	0+177～2+400	m^3	64 410.28
3	2+400～3+341	m^3	19 005.26
4	3+341～5+000	m^3	32 510.10
5	5+000～7+800	m^3	64 952.05

续表 10-2

序号	清淤部位	单位	数量
6	7+800～7+850	m^3	150.00
7	7+850～8+507	m^3	16 296.51
合计		万 m^3	20.24

刁口河流路整治于 2022 年 10 月开工建设，工程投资 3 336 万元，施工内容包括扩建刁口河引水口 1 处（15 m^3/s 船闸），改建生物通道 5 处，疏浚河道 16.8 km。该工程于 2023 年 8 月完工，验收合格，达到了设计要求，完成了合同约定的施工内容。

该工程在刁口河 16.8 km 的长度内，在 2020 年实施的刁口河治理工程项目基础上继续进行了河道清淤工作，累计清理淤土 50.58 万 m^3，河槽河底高程平均下降 1 m，见表 10-3、图 10-1。

表 10-3　刁口河流路整治施工项目清淤内容

序号	清淤部位	单位	数量
1	8+500～8+750	m^3	1 791.59
2	8+750～10+550	m^3	64 265.42
3	10+550～10+800	m^3	12 935.7
4	10+800～16+950	m^3	308 150.61
5	18+988～20+600	m^3	18 082.97
6	22+872～25+310	m^3	100 582.3
合计		万 m^3	50.58

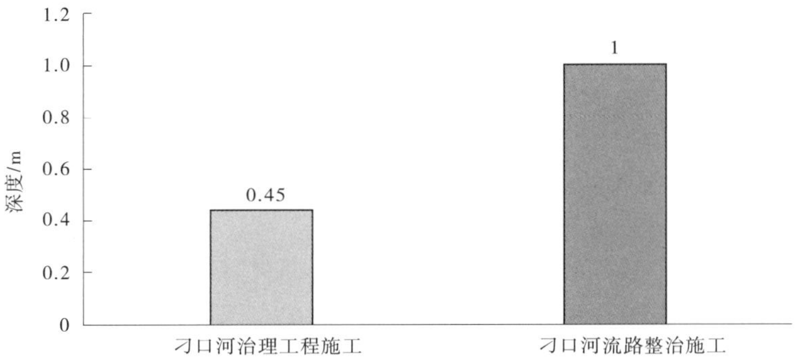

图 10-1　两次工程河底高程平均下降深度

10.2　工程实施后的直观效果

两项工程施工，先后建设两座浮坞提水泵站（30 m^3/s），便于在黄河水位低不利于自流的情况下，向刁口河引入黄河水。在刁口河流路河道内进行了机械化清淤，清淤总长25.3 km。拆除3座阻水建筑物，消除了河道行水障碍。改建5处生物通道，提高了片区水域之间生物的联系条件。

两项工程的施工，最直观的效果就是刁口河生态补水的水头到达山东黄河三角洲国家级自然保护区一千二管理站所用时长由2020年的133 h缩短至2023年的44 h再到2024年的42 h，过水时间缩短68%以上，见图10-2。

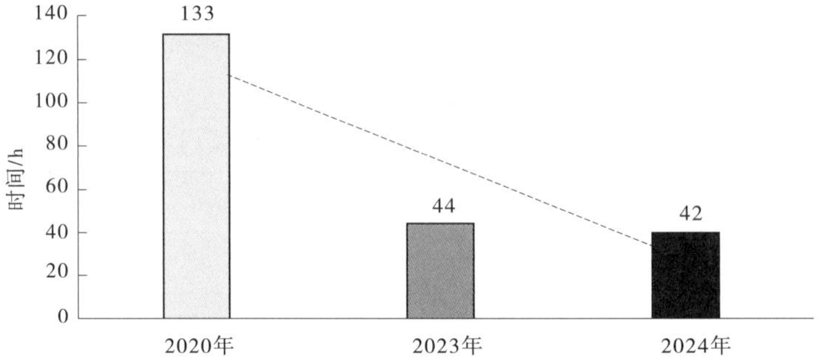

图10-2　生态补水时长比对

因桩埕路上游河段河底高程下探，2020年生态补水时桩埕路位置最高水位与2023年、2024年生态补水时桩埕路位置最高水位有明显差距，水位差达到0.34 m，见图10-3。

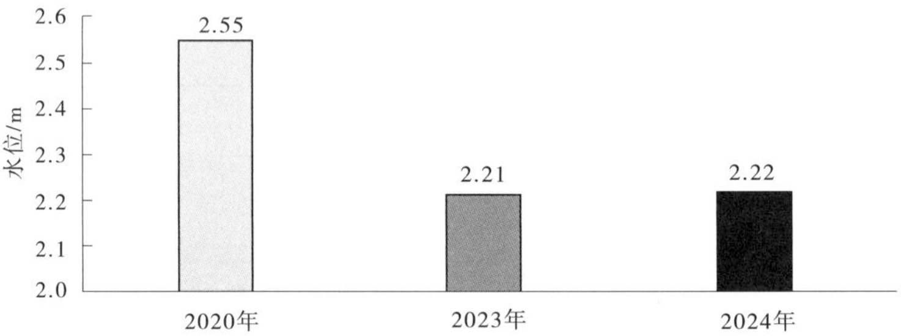

图10-3　工程施工前后桩埕路位置最高水位比对

10.3　存在的问题

通过工程手段加持，刁口河流路生态补水效果改善明显，通过连续跟踪观测的方式可以研判，基于工程手段的生态补水较传统模式具有显著的优势，但也暴露出诸多问题，导致刁口河流路生态环境的改善效果未达预期。主要暴露的问题包括补水时长过短、补水量较少、故道过流条件较差、工程治理规模小等。

10.3.1　补水时长与补水量均不充分

2021～2024 年，每年 6 月底至 7 月初实施的刁口河生态补水，时长 47 d，累计生态补水量 9 207.29 万 m^3，见表 10-4。

表 10-4　近 4 年刁口河生态补水情况

序号	年份	补水时段	补水量/万 m^3
1	2021	6 月 26 日至 7 月 11 日	2 385
2	2022	6 月 26 日至 7 月 5 日	1 933.1
3	2023 年	6 月 27 日至 7 月 5 日	3 272.9
4	2024 年	7 月 6～17 日	1 616.29 万 m^3
合计		47 d	9 207.29

通过表 10-4 可以看出，近 4 年刁口河生态补水存在补水时间短、补水量少的问题。短时间的生态补水，虽有工程手段的加持，但仅能在补水期改善刁口河生态，持久性过差，补水期延后 2～3 个月内，关键生态指标就恢复原状，无法从根本上解决刁口河缺水问题，无法从根本上提升刁口河生态环境质量。

10.3.2　故道过流条件仍不理想

因受刁口河生态补水过程短、水量少等因素的影响，无法对行水河道进行有效冲刷，加之来水流速低，每次的补水都会造成一定程度的河道淤积。在无工程手段清淤的情况下，刁口河河道会逐年淤积，过流条件逐步恶化。2020 年、2022 年两次的生态治理工程，累计清淤 25.31 km，在生态补水期，提升了生态补水的流速、路程，缩短了时长。生态补水期完成后，河道又形成了新的淤积，形成了“清淤—淤积—清淤—淤积”不良循环，见表 10-5。

表 10-5　2024 年生态补水后工程实施河段平均淤积情况

序号	淤积部位	单位	平均淤积
1	0+000～0+177	m	0.21
2	0+177～2+400	m	0.18
3	2+400～3+341	m	0.24
4	3+341～5+000	m	0.23
5	5+000～7+800	m	0.21
6	7+800～7+850	m	0.23
7	7+850～8+500	m	0.23

续表 10-5

序号	淤积部位	单位	平均淤积
8	8+500~8+750	m	0.26
9	8+750~10+550	m	0.24
10	10+550~10+800	m	0.27
11	10+800~16+950	m	0.32
12	18+988~20+600	m	0.35
13	22+872~25+310	m	0.29

10.3.3　工程治理难以形成规模

刁口河自崔庄控导到入海节制闸全长 55 km,而目前工程治理手段清淤仅为 25.31 km,清淤长度占全长的 50%左右。

鉴于资金投入、政策支持等问题的影响,至今仅开展了两次刁口河工程的治理,治理效果虽显著,但实施的范围、程度不足,未能形成良性循环的刁口河生态治理体系,治标不治本的工程投入不足以从根本上解决刁口河河道过流条件差的实际情况。

10.4　新的思路

刁口河流路两项治理工程的实施,证明了工程手段极大地助力了刁口河生态补水的生态改善效果,但是受流路河道条件、工程实施频次、规模及生态补水规模的影响,无法从根本上解决刁口河湿地生态问题。

鉴于此,为提高生态补水改善刁口河流路生态环境的效率,为黄河口国家公园的建设补足短板,提出“工程手段+生态补水”的刁口河生态治理新思路(见图 10-4),该模式依托全过程工程手段,结合刁口河生态补水有利时机,最大程度、最大面积对刁口河流路湿地进行补水,提升刁口河流路生态环境质量,持续稳定刁口河流路生态平衡。

10.4.1　工程治理手段

最大限度争取有利政策和扶持资金,在刁口河流路实施全过程生态治理工程,将 55 km 河道全部进行工程清淤及塑性(塑造 V 形渠道),并在一千二管理站内增设间隔 3 km 的纵横交错补水土渠,让生态补水沿补水土渠深入流路腹地,打通关键区域补水渠道最后一公里,让黄河来水浸润刁口河全流路。

10.4.2　行政调控手段

积极争取生态补水用水指标,摆脱 6~7 月生态补水期局限性,在 3~4 月、11~12 月增加补水频次,增强刁口河生态补水力度。工程手段是提升刁口河治理效果的基础和条件,

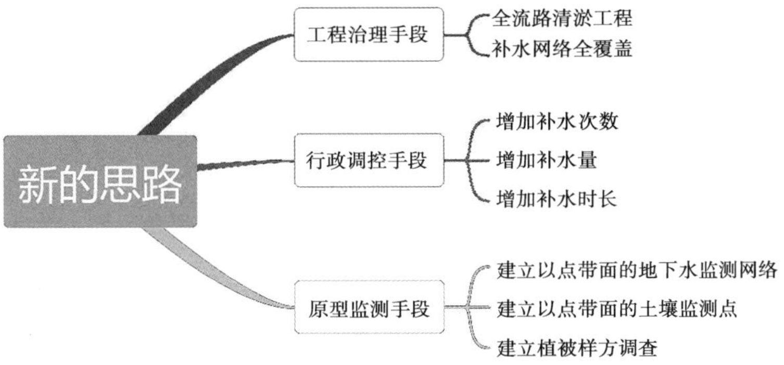

图10-4 思路分解

也是生态补水的承载平台。生态补水是刁口河治理的关键和核心,刁口河生态治理的成功与否,决定因素在于生态补水。现有政策导致刁口河生态补水在补水时长和补水量方面无法满足需求,应在黄河来水充沛时,及时争取用水指标和用水政策,阶段性地开展多批次补水,提高累计补水量,最大程度提升生态补水时长和补水量。

10.4.3 原型监测手段

建立健全生态监测系统,对刁口河生态环境实施全过程动态监测。全覆盖的生态监测系统,通过水位、水质、土壤关键化学指标、植被关键影响因子等要素的监测,对刁口河工程治理后的生态补水改善效果进行全过程、全周期监测,及时根据监测指标的数据反馈,调整生态补水量、补水时长,也可规划下一步工程治理方式和区域。

第 11 章　结论与建议

11.1　结　论

为研究和评价黄河来水对黄河三角洲湿地地下水位及水质的影响，研究利用原型监测手段，在刁口河流路和清水沟流路各设置 2 个监测断面，获取相应地下水位及地下水矿化度等的观测资料，通过对观测数据的归纳、计算及相关分析，研究了黄河来水对研究区地下水位和地下水水质的影响，得出以下结论。

11.1.1　研究区地下水位和矿化度的影响因素

研究区地下水位和矿化度的影响因素复杂，黄河来水、降水、蒸发、人类活动是地下水位和地下水矿化度变化的四大主要影响因素。

11.1.2　黄河来水对地下水位的影响

(1)观测期前期，因无外来水源补给，适逢春旱、春灌，蒸发对研究区地下水位降低起主导作用；中期，黄河来水量大、降水量多，对研究区地下水位影响极为明显；后期，受降水量减小、蒸发量增大等因素影响，地下水位均开始出现降低趋势，受短时降水影响，仍有地下水位小幅抬升、回落过程。

(2)观测期内桩埕路监测断面及一千二管理站监测断面地下水位基本呈现随离刁口河距离增加而降低的趋势，并且受人类活动影响，个别时间段会出现不符合趋势的异常值。

(3)纵向距离上，前期一千二管理站监测断面地下水位高于桩埕路监测断面，但在中期及后期均表现为桩埕路监测断面高于一千二管理站监测断面。分析其原因：前期，一千二管理站监测断面处于自然保护区内，为改善生态环境，加快自然保护区补水速度，在区内人为修筑生态引水土渠，并与刁口河连通，造成了一千二管理站监测断面地下水位高于桩埕路监测断面地下水位的异常现象；中期，刁口河水位提升明显，通过渗流补给，两监测断面地下水位随之抬升，但是桩埕路监测断面地下水位提升速度快，两者地下水位差逐渐变大；后期，受生态补水的延迟影响以及雨季的来临，两监测断面地下水位开始回落，地下水位差变小，但桩埕路监测断面临近刁口河的 4 号井，仍受到刁口河水位的补给，为此地下水位略高于一千二管理站监测断面。

(4)经 SPSS 软件对气象、来水、地下水位变幅进行偏相关分析，得出生态调水能够影响到桩埕路监测断面的 9 号井，延迟时间控制在 0~3 d；生态调水能够影响到桩埕路监测断面的桩 9 井，延迟时间控制在 0~3 d；整个观测期生态调水均可影响到 9 号井，即生态调水对地下水位的影响范围为 2 km。

(5)研究区地下水位动态类型主要属于振荡起伏型,以“降-升-降”型为主。生态补水后,地下水位抬升明显。1~10 号监测井地下水位动态成因类型属于“径流-蒸发”型,地下水补给来源主要以侧向径流为主,并通过蒸发进行地下水排泄。11~12 号井属于“渗入-蒸发”型,补给以接收当地降水入渗为主,径流程度微弱,受气候因素影响。降水、蒸发是影响该地区地下水位动态变化的另一主要因素,尤其是强降雨及强烈的蒸发,容易导致地下水位剧烈变化,出现急涨骤降的情况。

11.1.3　黄河来水对地下水水质的影响

(1)刁口河河水矿化度的变化受到来水补给、降雨、蒸发的影响。观测期内,由于刁口河地区降水量偏少、蒸发量较多,从总体上看,蒸发对刁口河河水矿化度起主导作用,矿化度将持续上升。每年 7 月的生态补水对刁口河河水矿化度起到了良性改善作用,其作用时间虽只有 2 个月,但在年际矿化度平衡中起关键作用。

(2)影响湿地地下水矿化度的主要因素仍是黄河来水、降雨、蒸发、海水入侵等因素。在无人类活动影响的背景下,常态化、大流量的生态补水可以整体上降低研究区地下水的矿化度,降低土壤盐渍化程度,为湿地植物多元化提供良好的水和土壤生态环境。通过实施刁口河综合治理一期工程、二期工程,人工清淤疏浚刁口河流路,实现西崔南闸以南段 30 m^3/s 过流,以北段满足 50 m^3/s 过流,切实增强了生态补水改善湿地生态环境的效果,是改进生态补水方式的有益实践。受 7 月生态补水侧流补给的影响,地下水矿化度主要呈现“近高远低”的变化趋势,与地下水位呈明显的正相关关系。1~10 号井地下水矿化度在生态补水期普遍位于全年最低值,11 号井、12 号井矿化度值高低主要受降雨及蒸发影响,受黄河来水影响较小。刁口河来水改善了刁口河水质,降低了其矿化度,进而在有效的延迟时间内(3~10 d),在一定的影响范围内(1~10 号井,即 1 km),对地下水矿化度起到了较为明显的降低作用。

(3)刁口河河水 pH 值、地下水 pH 值均出现先降后升的变化趋势,说明生态补水对河水、地下水的 pH 值产生直接影响。但生态补水因补水时长和补水量的影响,补水存在局限性。在 1 km 范围内,刁口河生态补水对地下水 pH 值有影响,1 km 以外的地下水 pH 值主要与蒸发、降水等气象因素有关。

(4)刁口河故道湿地浅层地下水中 TDS 较高,其中 Na^+ 和 Cl^- 占绝对优势,K^+、CO_3^{2-} 及 HCO_3^- 浓度较低,整体呈现 $Na^+>Mg^{2+}>Ca^{2+}>K^+$、$Cl^->SO_4^{2-}>HCO_3^->CO_3^{2-}$ 的趋势。TDS 与 Na^+、Mg^{2+}、Cl^- 及 SO_4^{2-} 4 种离子质量浓度呈现显著正相关性,表明这 4 种离子是影响 TDS 的主要离子,其中 Na^+ 与 Cl^- 对 TDS 起决定作用。

(5)该区域浅层地下水化学类型受海水入侵和生态补水的双重影响。近海区域在海水入侵作用影响下,地下水化学类型以 Na^+-Cl^- 型为主。常态化生态补水过程对刁口河故道周边区域的浅层水化学组分进行了改善,丰富了水化学类型,减轻了海水入侵的影响,驱动水生态进入良性恢复进程。

(6)刁口河故道湿地浅层地下水化学特征在不同区域存在显著差异,水文地质化学过程明显不同。通过 Ca^{2+}/Cl^-、Mg^{2+}/Ca^{2+} 和 Na^+/HCO_3^- 离子比率、Piper 图及水文地质条件确定了三个不同的水文地质化学区,分别为海水-混合区(Ⅰ区)、蒸发-盐水区(Ⅱ区)

及风化-淡水区(Ⅲ区)。海水-混合区(Ⅰ区)位于渤海海岸周边的黄河三角洲平原区,浅层地下水中TDS、Na^+和Cl^-浓度异常高,水化学类型主要受蒸发和海水混合相互作用,水化学成分主要来自冲积海相平原区蒸发岩风化;蒸发-盐水区(Ⅱ区)位于冲积-陆相与冲积-海相之间的过渡区,为蒸发结晶优势区,水化学类型主要受蒸发作用控制,水化学成分主要来自过渡区硅酸盐风化;风化-淡水区(Ⅲ区)位于山麓冲积平原区,偏向于岩石风化优势区,水化学类型主要受水-岩相互作用的控制,水化学成分主要来自碳酸盐矿物和硅酸盐矿物溶解。

11.1.4 黄河来水对湿地浅表土壤理化性质的影响

(1)生态补水对湿地浅表土壤具有显著的改良效果,能够有效改善土壤的物理化学性质,为湿地植被的生长提供更加适宜的土壤环境。经监测分析,生态补水最大在距河道0.7km范围内能够显著降低刁口河流路湿地土壤含盐量;对距河道0.9 km以上区域的土壤碱解氮含量有明显的调节作用;对土壤有效磷和速效钾含量则呈现补水抬升、补水后降低的规律。根据数据变化曲线,距离河道越远的位置(距河道距离0.9 km以上),生态补水对其土壤物化指标(含盐量、碱解氮、有效磷、速效钾)的影响越大。

(2)生态补水有效增加了湿地淡水补给,改善湿地土壤的水文条件,通过提高土壤的渗透能力,促进了盐分的淋洗,从而缓解土壤盐碱化程度,提高土壤肥力。通过降低土壤含盐量和提高土壤养分含量(如有效磷、速效钾),生态补水改善了土壤的物理化学性质,土壤微生物多样性和活性也有显著提升。这些变化表明生态补水对土壤生态环境修复起到了积极作用,有助于改善土壤质量,促进植被生长。此外,生态补水还有助于缓解土壤盐碱化带来的负面影响,如土壤结构破坏和生物多样性下降等问题,能够有效增强湿地生态系统的自然修复能力。

(3)在实施生态补水项目时,应根据具体的地理环境和气候条件制订合理的补水方案,以确保生态补水的可持续性和减少潜在的环境影响。

11.1.5 典型植物群落特征及其对环境因子的响应

11.1.5.1 植物群落与盐分环境因子

土壤盐分含量在不断降低的过程中,植物群落的变化、演替大致呈现由碱蓬群落向柽柳群落再向芦苇群落过渡,在芦苇群落中其在各土壤深度中含量分布较为均匀,而在碱蓬群落、柽柳群落中,盐分呈现出显著的表聚现象。Cl^-是三种群落土壤中的主要盐分离子,且对研究区内植物群落的生长发育与变化演替具有主要作用。

11.1.5.2 植物群落对环境因子的响应

全盐(TS)、土壤含水量(WC)、速效氮(AN)是影响黄河三角洲滨海湿地植物群落变化与演替的主要因子,其解释量以TS为最高,达64.7%,WC、AN次之,解释量分别为32.0%、23.1%。WC是小气候环境因子中的重要要素,对植物群落会产生相应的影响。

11.1.5.3 黄河来水对植物群落的影响

黄河来水对刁口河湿地地下水质指标产生了良性影响,降低了地下水矿化度和pH值,改善了研究区地下水水质,降低了土壤盐渍化程度,促进了地下水生态系统的改良进程,增强了研究区地下水生态系统的稳定性,为研究区植被生长提供了有利的条件。

11.1.6　植被时空分布及其景观格局演变特征分析

(1)随着生态补水工作的规律开展,河口湿地生态系统向着健康方向稳定发展,生态补水措施的实施对黄河三角洲湿地生态系统的各个方面产生了不同程度的积极影响。

(2)从 P-S-R 模型中压力层的角度分析,黄河三角洲刁口河尾闾湿地生态系统健康程度主要是受湿地年来水量的制约。生态补水前,刁口河尾闾湿地由于黄河改道的影响长期缺少水资源补给,缺水对湿地生态系统产生的压力使湿地面积日益减少、功能下降、生物多样性降低。

(3)状态层分为环境状态、生态状态和功能状态三个部分。环境状态中,表层土壤含水量和土壤含盐量对刁口河尾闾湿地生态系统健康程度影响最大;生态状态中,植被覆盖面积所占权重最大;功能状态包括栖息地保护功能、控制侵蚀功能和科教娱乐功能,其中栖息地保护功能在河口湿地生态系统健康评价中有较高的重要性。

(4)湿地生态系统遭受外界环境的持续干扰或面临一定程度的压力时,就会发生与之相对应的响应。研究中响应层包括湿地管理水平、生态恢复工程和湿地建设投入三个指标,其中生态恢复工程在响应层中重要性最大。

11.2　建　议

通过研究可以看出,黄河来水对研究区地下水位、水质、土壤、植被的影响是较为明显的,对土壤的改善和植被的生长是有利的,但生态补水时间太短,其影响的范围有限,且随着时间的延长,影响范围会进一步缩小。根据研究区实际情况,提出以下建议:

(1)今后应持续加大生态补水力度,积极争取生态补水用水指标,合理选择生态补水时间,摆脱 6~7 月生态补水期局限性,在 3~4 月、11~12 月增加补水频次,增强刁口河生态补水力度。采取有效措施延长生态补水时长,在调水调沙之前利用蓄水进行生态补水,调水调沙之后黄河汛期来水充沛时期继续进行生态补水,阶段性地开展多批次补水,提高累计补水量,最大程度地提升生态补水时长和补水量。

(2)最大限度地争取有利政策和工程治理扶持资金,在刁口河流路实施全过程生态治理工程,将 55 km 河道全部进行工程清淤及塑性(塑造 V 形渠道),并在一千二管理站内增设间隔 3 km 的纵横交错补水土渠,让生态补水沿补水土渠深入流路腹地,打通关键区域补水渠道最后一公里,让黄河来水浸润刁口河全流路。

(3)建立健全生态监测系统,对刁口河生态环境实施全过程动态监测。全覆盖的生态监测系统,通过水位、水质、土壤关键化学指标、植被关键影响因子等要素的监测,对刁口河工程治理后的生态补水改善效果进行全过程、全周期监测,及时根据监测指标的数据反馈,调整生态补水量、补水时长,也可规划下一步工程治理方式和区域,为湿地环境改善提供技术支撑。

参考文献

[1] 王鸿静. 地下水水质分析与污染防治[J]. 中国科技博览,2011(26):213.

[2] 中华人民共和国水利部. 水质分析方法:SL 78~94—1994[S]. 北京:中国标准出版社,1996.

[3] 雷志栋,杨秀诗,谢森传. 土壤水动力学[M]. 北京:清华大学出版社,1987.

[4] 王大纯,张人权,史毅虹,等. 水文地质学基础[M]. 北京:地质出版社,1995.

[5] 冯璐, 刘京涛, 韩广轩,等. 黄河三角洲滨海湿地地下水位变化对土壤种子库特征的影响[J]. 生态学报, 2021, 41(10): 3826-3835.

[6] 周振. 黄河河口地区浅层地下水位时空演变规律及原因分析[C]//2018 第五届中国(国际)水生态安全战略论坛. 北京:中国水利水电出版社,2018: 72-77.

[7] 侯国华,高茂生,叶思源,等. 黄河三角洲浅层地下水盐分来源及咸化过程研究[J]. 地学前缘, 2022, 29(3): 145-154.

[8] 周振, 宫晓东, 薛菲. 黄河刁口河流路浅层地下水位及其水化学特征空间分布[C]// 中国水利学会. 2017 学术年会论文集. 南京: 河海大学出版社, 2017: 1067-1073.

[9] Jevtejeva S, Jackson L P, Riva R E M, et al. Coastal sea level rise with warming above 2 ℃[J]. Proceedings of the National Academy of Sciences of the United States of America, 2016, 113(47): 13342-13347.

[10] 高茂生, 叶思源, 史贵军, 等. 潮汐作用下的滨海湿地浅层地下水动态变化[J]. 水文地质工程地质, 2010, 37(4): 24-27.

[11] Mao X, Zhu D, Ndikubwimana I, et al. The mechanism of high-salinity thermal groundwater in Xinzhou geothermal field, South China: Insight from water chemistry and stable isotopes[J]. Journal of Hydrology, 2020, 593, 125889.

[12] Fan X M, Pedroli B, Liu G H, et al. Soil salinity development in the yellow river delta in relation to groundwater dynamics[J]. Land Degradation & Development, 2012, 23(2):175-189.

[13] Bu J, Liu W, Pan Z, et al. Comparative Study of Hydrochemical Classification Based on Different Hierarchical Cluster Analysis Methods[J]. International Journal of Environmental Research and Public Health, 2020, 17(24):9515.

[14] 章光新, 邓伟, 何岩, 等. 中国东北松嫩平原地下水水化学特征与演变规律[J]. 水科学进展, 2006, 17(1): 20-28.

[15] 谢振华, 刘凯, 李志萍, 等. 基于沉积物物质来源的地下水化学特征分析: 以北京市平原区为例[J]. 地学前缘, 2010, 17(6): 81-87.

[16] 吕桂芬, 吴永胜, 李浩,等. 荒漠草原不同退化阶段土壤微生物、土壤养分及酶活性的研究[J]. 中国沙漠, 2010, 30(1): 104-109.

[17] 丁秋祎, 白军红, 高海峰, 等. 黄河三角洲湿地不同植被群落下土壤养分含量特征[J]. 农业环境科学学报, 2009, 28(10): 2092-2097.

[18] 王希波. 黄河三角洲湿地存在的主要环境问题及保护对策[J]. 中国环境管理, 2005, 12(4): 21-25.

[19] 张建峰. 黄河三角洲地区土地退化机制及生态修复技术研究[D]. 北京:中国林业科学研究院,2005.

[20] 邢尚军, 张建锋, 宋玉民. 黄河三角洲湿地的生态功能及生态修复[J]. 山东林业科技, 2005(2):

69-70.
[21] 陈敏建, 王立群, 丰华丽, 等. 湿地生态水文结构理论与分析[J]. 生态学报, 2008, 28(6): 2887-2893.
[22] 崔锦龙. 黄河三角洲湿地生态补偿研究[D]. 山东: 山东师范大学,2009.
[23] 张绪良, 叶思源, 印萍, 等. 黄河三角洲自然湿地植被的特征及演化[J]. 生态环境学报, 2009, 18(1): 292-298.
[24] 牛明香, 赵庚星, 李尊英. 湿地研究浅探[J]. 山东农业大学学报, 2003, 34(4): 586-589.
[25] 张春玲. 水资源恢复的补偿机制研究[D]. 北京: 中国水利水电科学研究院, 2003.
[26] 吴后建, 王学雷. 中国湿地生态恢复效果评价研究进展[J]. 湿地科学, 2006, 4(4): 304-310.
[27] Dijk J V, Didden W A M, Kuenen F. Can differences in soil community composition after peat meadow restoration lead to different decomposition and mineralization rates? [J]. Soil Biology & Biochemistry, 2009, 41:1717-1725.
[28] Gleason R A, Tangen B A, Browne B A. Greenhouse gas flux from cropland and restored wetlands in the Prairie Pothole Region[J]. Soil Biology & Biochemistry, 2009, 41: 2501-2507.
[29] 崔保山, 杨志峰. 湿地学[M]. 北京:北京师范大学出版社, 2006.
[30] 彭少麟. 恢复生态学与植被重建[J]. 生态科学, 1996, 15(2): 26-31.
[31] 张绪良, 肖滋民, 徐宗军, 等. 黄河三角洲滨海湿地的生物多样性特征及保护对策[J]. 湿地科学, 2011, 9(2): 125-131.
[32] 栗云召. 黄河三角洲滨海湿地的演变过程与驱动机制[D]. 北京:中国科学院大学,2014.
[33] 郎慧卿, 林鹏, 陆健健. 中国湿地研究和保护[M]. 上海:华东师范大学出版社, 1998.
[34] 吕宪国. 湿地生态系统保护与管理[M]. 北京: 化学工业出版社,2004.
[35] 田家怡. 黄河三角洲生物多样性研究[M]. 青岛:青岛出版社,1999.
[36] 蔡小明. 生态系统生态学[M]. 北京: 科学出版社, 2001.
[37] 王伯荪. 植物群落学[M]. 北京: 高等教育出版社, 1987.
[38] 秦树辉. 生物地理学[M]. 北京: 科学出版社, 2010.
[39] 张晓龙. 现代黄河三角洲滨海湿地环境演变及退化研究[D]. 青岛:中国海洋大学, 2005.
[40] 蒋卫国. 基于 RS 和 GIS 的湿地生态系统健康评价[D]. 南京:南京师范大学, 2003.
[41] 韩美. 基于多期遥感影像的黄河三角洲湿地动态与湿地补偿标准研究[D]. 济南:山东大学, 2012.